“十四五”高等教育机电类专业新形态系列教材

模拟电子技术基础

黄　春　丁国强　栗三一　等◎编著

中国铁道出版社有限公司
北　京

内 容 简 介

本书以新工科人才培养目标为导向，强基础，重实践，充分体现“模拟电子技术”课程的专业基础特性。全书共12章，主要包括二极管、三极管和场效应管及其放大电路，集成运算放大器，差分放大电路，功率放大电路，负反馈放大电路，信号发生电路，信号运算和信号处理电路，直流稳压电源电路，Multisim仿真电路设计等内容。本书内容分层递进，本着培养学生“发现问题、研究问题和解决问题”的科学思维，从设计电路的角度，分析电路的结构、半导体电子元器件的特性，从而获取电路设计的思路。相关章节中放置二维码供学生扫描自主学习。例题、课后习题难易结合，层次分明，为每章知识点的巩固及灵活运用提供参考。

本书适合作为高等院校电气工程、自动化、电子信息等专业“模拟电子技术”课程的教材，也可作为工程技术人员的参考书。

图书在版编目(CIP)数据

模拟电子技术基础/黄春等编著.—北京:中国铁道出版社有限公司,2023.8

“十四五”高等教育机电类专业新形态系列教材

ISBN 978-7-113-30337-2

Ⅰ.①模… Ⅱ.①黄… Ⅲ.①模拟电路-电子技术-高等学校-教材 Ⅳ.①TN710

中国国家版本馆CIP数据核字(2023)第113714号

书　　名：模拟电子技术基础
作　　者：黄　春　丁国强　栗三一　等

策　　划：韩从付　　**编辑部电话：**(010)63551926
责任编辑：曾露平　绳　超
封面设计：郑春鹏
责任校对：苗　丹
责任印制：樊启鹏

出版发行：中国铁道出版社有限公司(100054,北京市西城区右安门西街8号)
网　　址：http://www.tdpress.com/51eds/
印　　刷：三河市燕山印刷有限公司
版　　次：2023年8月第1版　2023年8月第1次印刷
开　　本：787 mm×1 092 mm 1/16　**印张：**24.5　**字数：**628千
书　　号：ISBN 978-7-113-30337-2
定　　价：69.80元

前言

"模拟电子技术"是普通高等学校电子信息与电气工程、自动化等电类专业的一门技术基础课,具有较深的理论基础与较强的工程实践性。本书以新工科人才培养目标为导向,基于郑州轻工业大学模拟电子技术课程组全体教师多年的教学创新改革和实践建设经验,贯彻"强基础、重实践、因材施教、促进创新"的教学目标,为广大师生提供学习、探索模拟电子技术工程基础与应用的良好平台。

党的二十大报告强调,教育要以立德树人为根本任务,坚持科技自立自强,加强建设科技强国。新工科建设是我国基于高等工程教育对未来社会发展的深度思考,创新性提出的高等工程教育的建设理念,"学中做、做中学"是其实践特色,培养出符合未来需求的卓越工程师人才是其目标。"模拟电子技术"课程具备的理论基础性和实践实用性,能够充分凸显新工科专业素质教育的重要作用。本书在内容安排上,遵循事物发展与学习认知规律,从半导体的导电机理、PN 结的导电特性,到半导体器件二极管、双极结型三极管(BJT)、场效应管(FET),再延伸至多级放大电路、集成运算放大器,深入浅出,逻辑性强。另外,本书强化模拟电子技术基础理论,比如二极管基本电路的分析方法,BJT 与 FET 基本放大电路的分析,及非线性电子器件线性化的分析等;同时,注重实际工程中模拟电子电路的分析与设计方法,比如信号运算与处理电路,集成运算放大器要引入深度负反馈,采用"虚短"和"虚断"的工程设计方法。除此之外,功率放大电路、波形发生电路、直流稳压电源等经典的应用电路在本书中都有详尽阐述。电子电路仿真软件已成为当前电子电路教学必不可少的辅助软件,能够有效地提高学生的实践创新能力,也是综合性电子电路设计不可缺少的环节。本书在传统教材的基础上,特意引入了电子电路仿真工具 Multisim 软件,并针对经典的模拟电子电路进行了案例分析与设计,为学生"理论、仿真、实践"三位一体的教学提供良好的素材。另外,本书还配备了丰富的视频资源供学生扫描自主学习。

本书体现思政和人文素质培养目标,培养学生职业道德感和社会责任感,这部分内容体现在教材中的扩展阅读部分,强化专业和学科本身所承担的使命与历史责任。在电子技术发展过程中,中国人贡献了大量的基础性研究成果,他们的探索过程及其科技报国的人格情怀,激励着无数中国青年树立高远志向、历练敢于担当和不懈奋斗的科学精神和创新精神,涵养主动奋斗学习的意志和毅力。

本书由黄春、丁国强、栗三一、陈文博、武小鹏、张晨然、雷霆编著。

本书在撰写过程中得到了郑州轻工业大学电气信息工程学院领导的支持和帮助;同时,也得到了郑州轻工业大学许多老师和学生的帮助,在此一并表示衷心感谢!

本书撰写过程中参阅了众多国内外已出版的模拟电子技术教材,在此向相关作者表示诚挚的谢意!

由于编著者水平有限,书中疏漏和不妥之处在所难免,恳请读者给出中肯的修改建议,以便进一步完善和提高。

编著者

2022年11月

目录

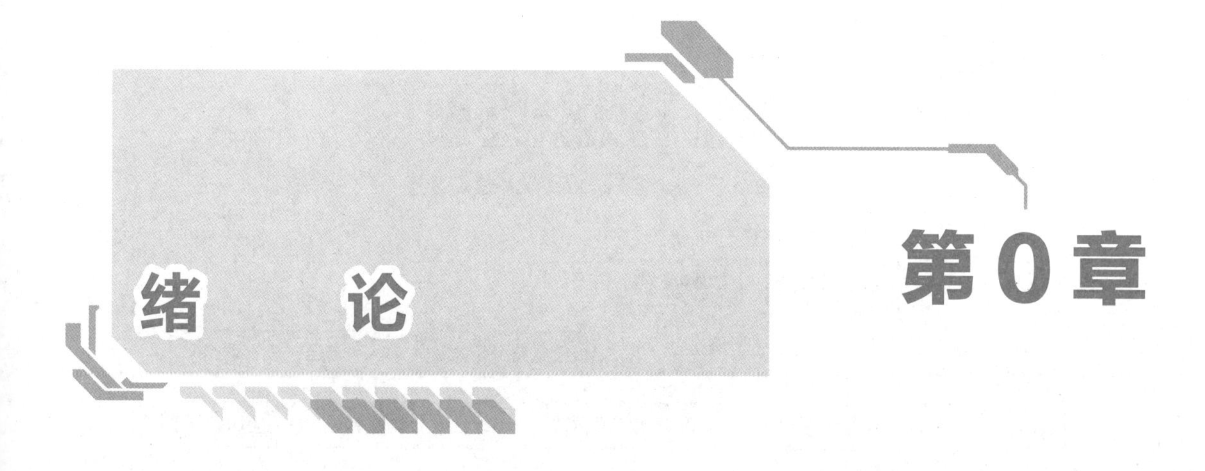

0.1 引　　言

电子技术包括模拟电子技术和数字电子技术两大部分。本书为模拟电子技术，主要介绍常用半导体器件和集成芯片或模块的组成结构、基本原理和电气特性，以此为基础阐述半导体器件及其集成模块构建的电子电路组成、工作原理和分析方法，从而形成复杂电子电路系统分析、设计和计算方法的思维体系。本课程要求学生在掌握高等数学、大学物理、电路网络分析等基础课程知识基础上，进一步系统性学习电子电路技术、非线性电路分析方法和实践应用技能，最终具备适应信息时代电子技术发展要求的电子电路分析、计算、仿真与设计能力，为深入学习后续课程和从事专业相关技术工作奠定基础。

0.2 模拟电子技术教学内容体系

视 频

模拟电子技术课程体系介绍

模拟电子技术课程是以半导体器件、放大电路、非线性电路分析方法和应用电路的脉络主线组织起来的，其知识分层递阶图如图0.2.1所示，其主要内容包括半导体、PN结结构，二极管、三极管和场效应管及其放大电路，集成运算放大器，差分放大电路，功率放大电路，负反馈放大电路，信号发生电路，以及信号运算和信号整形电路、直流稳压电源电路等基本教学内容，这些教学内容中PN结二极管、三极管、场效应管和集成运算放大器可归类为半导体器件部分，其知识体系图如图0.2.2所示；三极管和场效应管组成的基本放大电路、差分放大电路以及功率放大电路可归类为放大电路，其知识体系图如图0.2.3所示；RC正弦振荡电路、LC正弦振荡电路以及石英晶体振荡电路归类为信号发生器电路，三角波和方波发生器电路都是由正弦振荡电路经由RC积分电路和比较器电路整形获得的信号波形整形电路，直流稳压电源电路作为电子装置的直流供电模块呈现出来。同时，从非线性电路分析方法角度来看，波形发生和整形电路可看作是基于反馈分析法的基本放大电路应用部分。而直流稳压电路部分是基于反馈分析法的基本放大电路的功能应用电路，如图0.2.4所示。

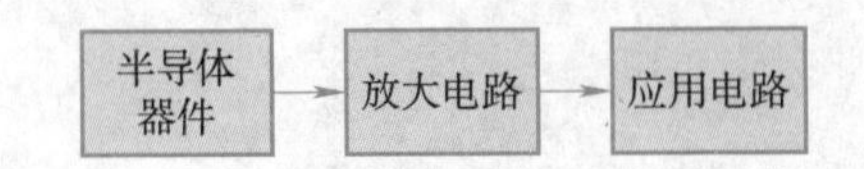

图 0.2.1　模拟电子技术知识分层递阶图

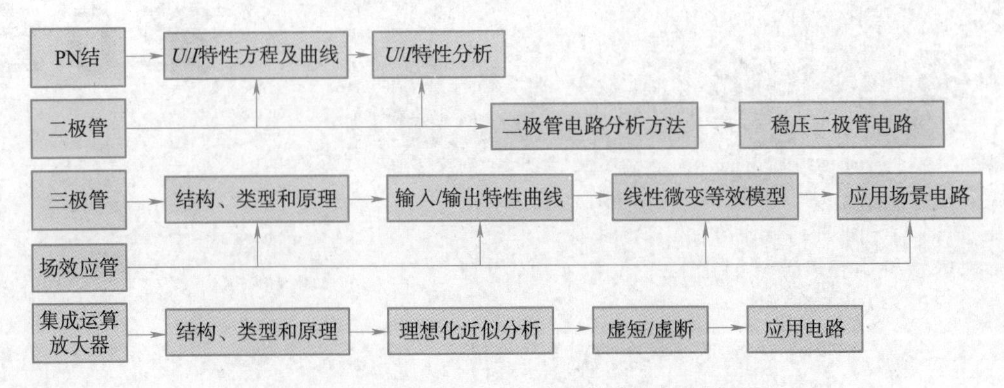

图 0.2.2　模拟电子技术中的半导体器件知识体系图

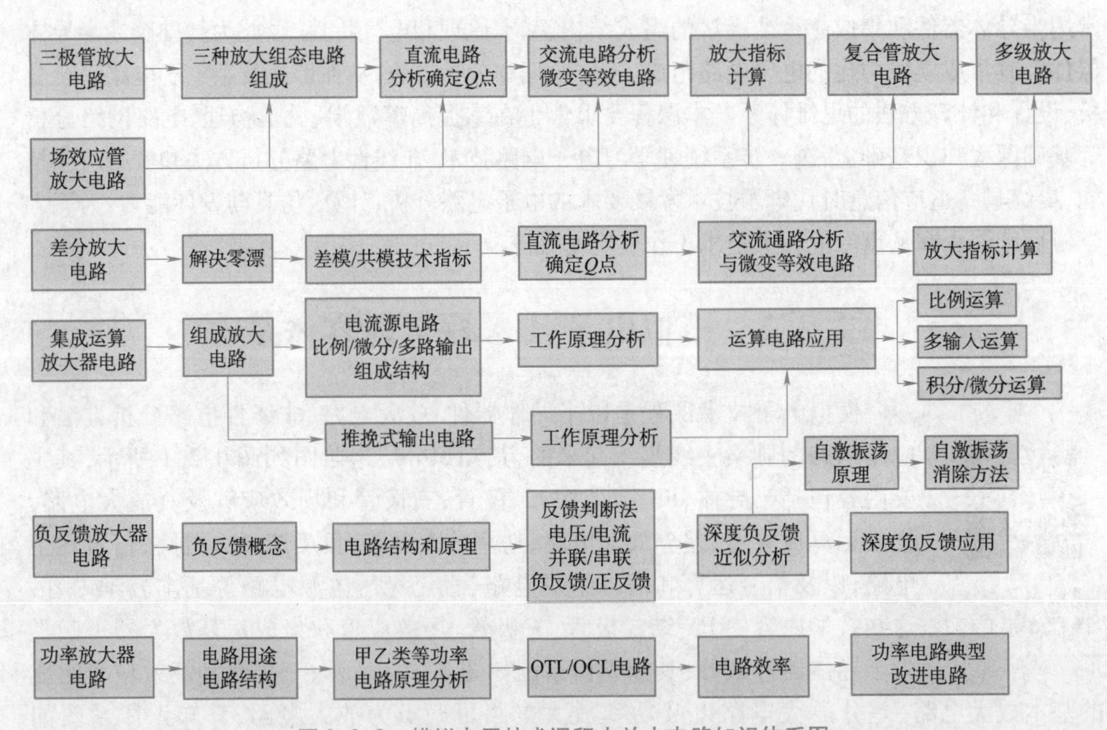

图 0.2.3　模拟电子技术课程中放大电路知识体系图

基于电子技术革新发展，模拟电子技术课程体现着电子电气理论与技术螺旋式创新发展路径，始终遵循技术发展需求与技术研究实现，实际需求扩展与电路改进和完善策略，逐步提出新的电路设计新理论和技术策略以满足当下电子技术发展需求。如分压偏置共射放大组态电路，其提出的目的是解决分布式三极管放大电路中存在的静态工作点会随温度变化而发生漂移的现象。另外，为克服多级放大电路中的零点漂移现象，提出在多级放大电路的输入级电路采取差分放大电路组态,从而引入新的差分放大电路形态及其设计和分析技术。还有串联型稳压电路设计和分析,其来源于简单的稳压管稳压电路,但其存在带负载能力弱、输出电压不可调等问题,那么利用三极管或者场效应管的调整作用,以及负反馈放大器组件,可以将其修改设计为具有调整元件、负反馈放大比较环节、采样环节和基准源等四个组成部分的新型串联型稳压电源模块,从而进一步扩展稳压电源功能和用途。集成运算放大器模块本质上是由差分输入级、中间电压放大级、输出级以及偏置电路等四个部分组成的,其输出级采用了推挽式 OTL 或者 OCL 电路组成。

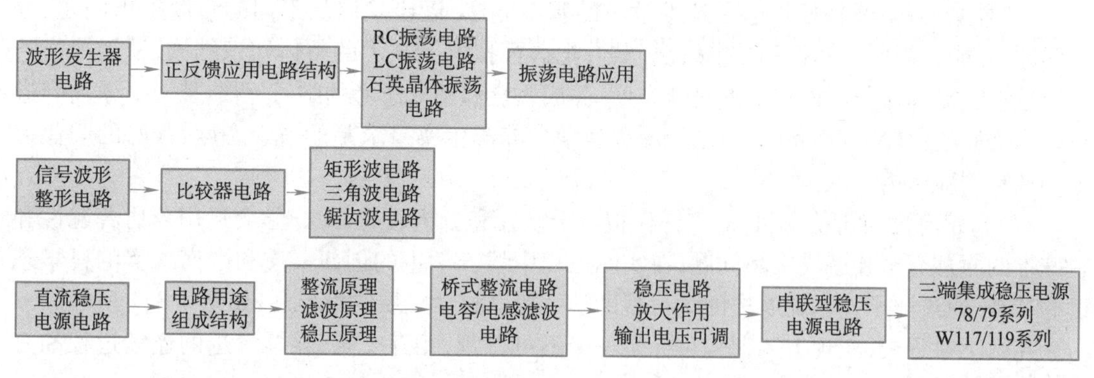

图 0.2.4　模拟电子技术课程中应用电路知识体系图

模拟电子技术课程是在电路理论学习基础上,灵活运用电源等效原理和基尔霍夫定律解决复杂电子电路的设计与分析问题,构建复杂电子电路设计与分析的工程解决思维方法,同时引入了电子技术新的分析理论与方法,即负反馈分析法。在模拟电子技术课程中处处体现出反馈分析方法,如集成运算放大器电路组成,比例运算电路、差分运算电路、积分微分运算电路等都采用负反馈方法设计典型电路;集成运算放大器的理想化模型中的"虚短、虚断"概念,本质上是由深度负反馈方法推导出来的;分压偏置放大电路稳定静态工作点也是运用了负反馈方法,正弦振荡电路设计与分析中,相位平衡法也是负反馈方法的应用,直流稳压电源设计中比较放大环节设计中也用到了负反馈放大器。可以看到在模拟电子技术课程中,反馈分析法是课程内容的核心方法。

0.3　模拟电子技术任务和目标

模拟电子技术课程是电子电气类、计算机类、信息自动化类与机电类等专业的一门专业主干基础课程;是在学习电子电路基础上,面向工程项目开发实践的技术应用型课程。学生要获得模拟电子电路的基本理论应用与复杂电路分析的能力,识别与选用电子元器件的能力,电子电路图识图和绘图能力,对电子电路设计、制图、制版、测量、调试、故障排除和维护的能力,具有对模拟电路进行基本分析计算的能力,对常用电子电路进行设计、调试、检测和维护的能力。

本课程不仅为后续专业课学习打下基础,为培养专业再学习能力服务,而且为后续课程的学习形成专业职业能力打好基础。根据电子电气、计算机和机电类专业应用型人才培养目标,模拟电子技术课程以应用为目的,以强调基础、突出重点、够用为度为原则,以提升每位学生的素质、知识和能力为总目标。学生通过本课程学习,能够对电子线路有理性认识,对模拟电子技术理论有基本理解,学会电子职业操作技能,对行业标准和规范有一定了解,初步形成对电子线路和电子设备整体认识,能够制作、分析和调试模拟电子装置。

本课程教学目标包括如下的三个方面:

(1)知识目标:熟悉常用模拟电子元器件的性能特点及其应用常识,具有查阅手册、合理选用、测试常用电子元器件的能力;掌握常见模拟功能电路组成、工作原理、性能特点及其分析方法,具有阅读和应用能力;通过实验课实习、实践教学环节进行电子技术基本技能训练,具有正确使用常用电子仪器测量电路参数及电路常见故障排除能力。

(2)能力目标:掌握模拟电子技术学习的基本方法,逐步发展从不同的角度提出问题、分析问题,并能运用所学知识和技能解决问题;把握模拟电子技术的整体知识结构,发展严谨的逻辑思维能力和培养严谨求实的科学态度;养成质疑和独立思考的学习习惯,能对所学内容进行较为全面的比较、概括和阐释;结合课程教学培养学生实事求是的科学态度、良好的职业道德和技术创新精神。

(3)情感态度与价值观目标:掌握模拟电子设计和分析思想方法,学会运用矛盾普遍性和特殊性的原理分析和解决实际问题;在实际工程中培养学生的创新素质和严谨求实的科学态度和精神,通过电子技术发展史的学习帮助学生树立科学发展的世界观,如图 0.3.1 所示。

在教学过程中,实现上述课程目标是一个不可分割、相互交融、相互渗透的连续过程和有机整体。

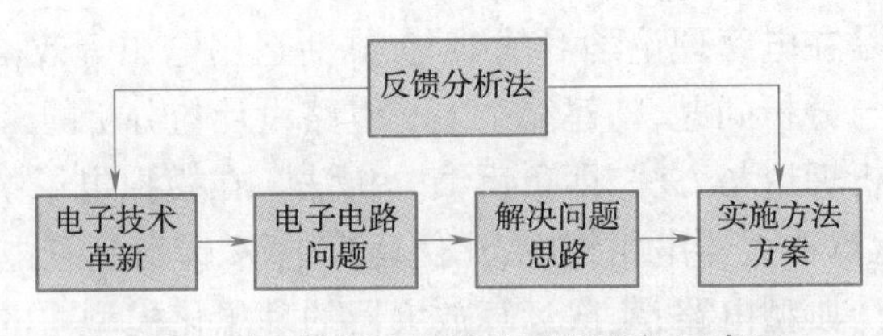

图 0.3.1　模拟电子技术革新路径示意图

0.4　电子技术发展及其处理对象

0.4.1　电子技术发展

视频

模拟电子技术系统及其对象介绍

1904 年英国弗莱明发明真空管(见图 0.4.1),1906 年美国的德福雷斯特发明真空三极管(见图 0.4.2),将人类带入了电子世界,从此电作为人类最伟大的发现之一,已经不再是仅仅提供能源,而是开始在信息领域发挥巨大作用,电话、电报、收音机、电视机等以“电”字起头,或者以“电”为核心的新事物,开始接踵出现在人们面前。但是在晶体管诞生之前,庞大的真空管(又称电子管),就像一个个燃烧的炉子,在处理信息的同时耗费巨大的能量,这直接限制了人类对它的应用。1947 年 12 月美国贝尔实验室的肖克利、巴丁和布拉顿(见图 0.4.3)研制成功世界首个晶体管(见图 0.4.4)。这看似普通的发明,却引发了一场时至今日尚未结束的技术革命。现代电子技术自此展开。但是,这场技术革命却像指数曲线一样,经历了漫长的缓慢爬坡和螺旋式发展,直至今天。

图0.4.1 真空管

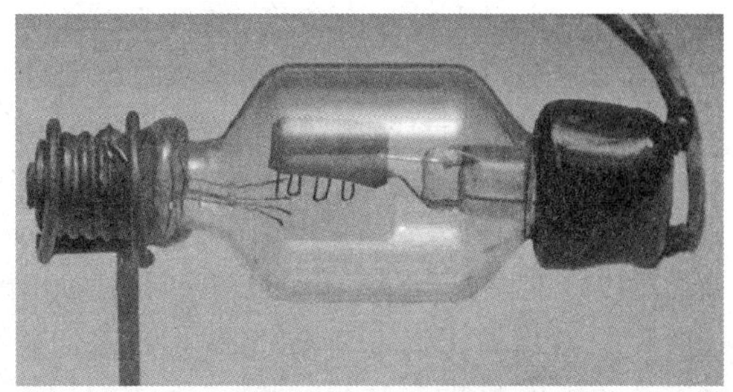

图0.4.2 真空三极管

肖克利

巴丁

布拉顿

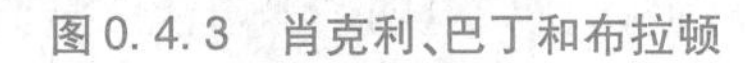

图0.4.3 肖克利、巴丁和布拉顿

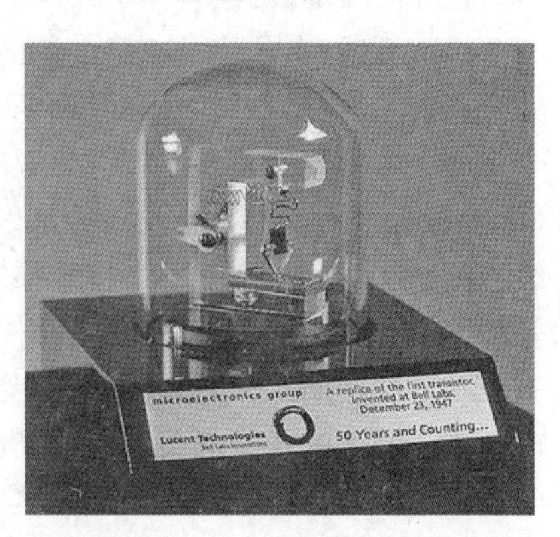

图0.4.4 首个晶体管装置

1969年,美国高等法院颁布认定集成电路是由仙童半导体公司的诺伊斯(见图0.4.5)和得州仪器公司的基尔比共同发明,结束了耗时10年的集成电路发明专利归属权官司审判。诺伊斯1956年加入肖克利的研究所,随后在1957年10月底,以诺伊斯为首的八个年轻人一起从肖克利的研究所辞职,开创自己的事业。这八个年轻人后来都成了半导体行业的顶尖人物,比如诺伊斯是现今大名鼎鼎的英特尔(Intel)公司创始人,摩尔也是创始人且提出了著名的摩尔定律;这八个小伙子开创了仙童半导体(Fairchild Semiconductor)公司,很多半导体公司的创始人都出身于仙童公司。1958年到1960年这紧锣密鼓的两年,得州仪器公司的基尔比和仙童半导体公司的诺伊斯共同发明了集成电路。集成电路可以将更多的晶体管集成在一个微小的芯片内来实现更为复杂的功能,最为典型的是1971年全球第一个微处理器Intel 4004的诞生,它首先用数十个晶体管实现最为简单的逻辑门电路,而后用若干个逻辑门组成一个可以存储指令、读取指令、执行指令的功能模块,微处理器诞生是电子工业的重要里程碑。1979年,Intel公司又推出了具有更多晶体管的微处理器Intel 8088,国际商用机器(IBM)公司随后利用这个微处理器生产出了世界上第一台大规模商业化个人计算机IBM-PC。此时购买IBM-PC的人,都可以利用它编写程序,以控制个人计算机执行一些功能。当然IBM-PC还只能完成一些简单的操作。20世纪80年代,CASIO计算器也开始盛行,取代计算尺和数学用表。随后在硬件上,个人计算机开始沿着Intel公司的命名80286、80386等,年复一年地发展着,IBM公司开放了个人计算机架构。

图0.4.5 集成电路之父诺伊斯

比尔·盖茨于1981年通过改进一种操作系统MS-DOS(微软磁盘操作系统),并将其出售给IBM,在IBM-PC获得成功的同时,让我们熟知了"微软"这个名字。随后不久出现视窗操作系统Windows 31,再后逐步发展出来Windows 95/98/2000/XP等。20世纪90年代后期基于个人计算机的网络开始进入人们的生活。在通信领域以晶体管为核心的手机也在悄悄改变着人们的生活。1973年4月3日,美国摩托罗拉(Motorola)公司的库珀打通了世界上第一次手机通话。1983年摩托罗拉公司经过10年研发推出了世界上第一部发售手机DynaTAC。我们身边的计算机、电话、洗衣机、冰箱、空调、电视机、汽车、医疗设备,到处都是晶体管,甚至不需要动力的自行车,也装备了电子码表;最朴素的白炽灯,也被晶体管控制的LED灯取代。晶体管对世界的改变,已经持续了几十年,但是这种改变,还远远没有结束。

综上所述,电子技术在三个层面改变了人类生产生活活动:第一层面是电子元器件的设计生产,第二层面是利用电子元器件实现某种实际的功能,第三层面是把若干个功能模块组成一个系统。如手机内部包含大量集成电路,以及单个的晶体管、电阻、电容等分立元器件,这些部件的设计生产就属于第一层面,这称为器件级;把这些集成电路和分立元器件按照一定的规则组合到一起,形成一部手机,就是第二层面的电路板级;中国移动、联通等运营商建立好庞大的基站和运营体系,实现手机的正常使用,就属于第三层面,称之为系统级层次。电子技术就是完成第二层面的工作。它的核心定义是以集成电路、分立元器件等电子零部件为基础,设计生产出符合要求的功能电路或者独立小系统。一般来讲,电子技术又被分为信息电子技术、功率电子技术(又称电力电子技术)两类,前者以采集信息、处理信息、释放信息为核心,手机、计算机、医疗设备等都属于此类;后者以控制大功率设备为主,比如电网中的电能质量监测和改善、大功率电源、电动汽车等都属于此类。在信息电子技术中,又包含模拟电子技术和数字电子技术,模拟电子技术主要用来处理模拟信号系统,数字电子技术则处理数字信号系统。

假如要记录一段美妙的音乐,至少有两种方法,第一是塑料唱片,第二是数码文件。任何一段音乐都是一个随时间连续变化的信号,如图0.4.6(a)所示。它本身具有如下特点。第一,在时间轴上信号是连续的,即每一个时间位置都具有确定性的信号存在。第二,在纵轴上也是连续的,即其任何一点的实际信号值都是无限精细的,称这种信号为模拟信号,自然界中任何客观存在的信号都是模拟信号。将这种模拟信号用机器压制到一个塑料唱片上就形成了对音乐信号的记录,将这个唱片放入留声机中,唱针位置不动而唱片匀速运动,就导致唱针上下运动,引起喇叭发出与音乐完全相同的声音信号,如图0.4.6(b)所示。理论上这种记录、重现唱片音乐的过程应该是完全保真的,但是这种方法存在巨大弊端,就是随着唱片播放次数的增加,唱针对唱片上的形状会带来磨损,导致一些原本尖锐的形状就会变得圆滑,使得声音的高频分量越来越小。现今能够保存模拟音乐信号的媒介的唱片和磁带都存在上述弊端。

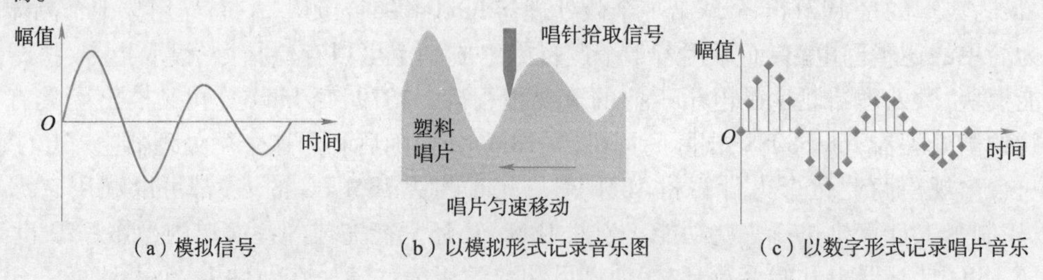

(a)模拟信号　(b)以模拟形式记录音乐图　(c)以数字形式记录唱片音乐

图0.4.6　音乐唱片的音乐信号存储格式示意图

如果将音乐信号用数字记录在纸上或者其他数字媒介上，它将永远不会被磨损。记录方法是以固定采样率，比如 10 μs 一次，对音乐信号进行采样，获得每个采样点音乐信号的量化值，按照顺序记录这些量化值，就永久性保存了音乐信号，图 0.4.6(c) 中的样点在外形上基本与原始音乐信号吻合，记录成数据依次为:0,99,189,255,190,101, 0,…, -44,0，这些被记录的数字就是数字信号。数字信号有两个特点：第一在时间轴上它是离散的；第二在纵轴上它是被量化的。如果在时间轴上的离散点特别细密，比如由 10 μs 采样一次改为 1 ns 采样一次，并且在纵轴上的量化是无限精细的，比如 99 变为 98.854 782 3，那么它可以非常接近原始信号。实际上，数字信号可以用多种媒介保存，比如计算机的存储器、硬盘、U 盘、SD 卡和光盘等。

将原本连续的模拟信号转变成离散、量化的数字信号，虽然可能带来一些微弱的失真，但是由此引发的好处是非常多的，首先它不会被磨损，数字信号是以二进制 0、1 的形式保存的，当一个 1 被磨损得快要变成 0 时，可以轻松把它重新写为 1；再者可以使用各种各样的算法对原始数字信号进行后期处理；第三它可以被精准访问。目前越来越多的电子设备开始采用数字化技术，其核心是先用模/数转换器(analog to digital converter, ADC)将模拟信号转变成数字信号，处理器按照设计者的意愿，对这些数字信号进行各式各样的复杂处理，然后再通过数/模转换器(digital to analog converter, DAC)，将数字信号转变成模拟信号，驱动扬声器发出声音。

模拟电子技术就是对原始信号不进行数字化处理的电子技术，如图 0.4.7 所示。专门研究数字信号的运算处理的电子技术称为数字电子技术。模拟电子技术一般分为信号放大、信号调理、信号功率驱动、信号产生，以及专门的直流电源技术等内容。在我们生活的世界中存在的信号都是模拟信号，我们的感官也只能接收模拟信号，因此，无论数字电子技术怎样发展，它都不能取代模拟电子技术。比如我们现在使用的手机都是数字化手机，但是传声器(俗称"麦克风")拾取说话声音，扬声器发出对方的说话声，都是模拟电子技术在发挥作用。双麦克风降噪技术，可以把远处嘈杂的背景音几乎全部去掉，而只保留人说话的声音，就是一个典型的模拟电子技术应用。

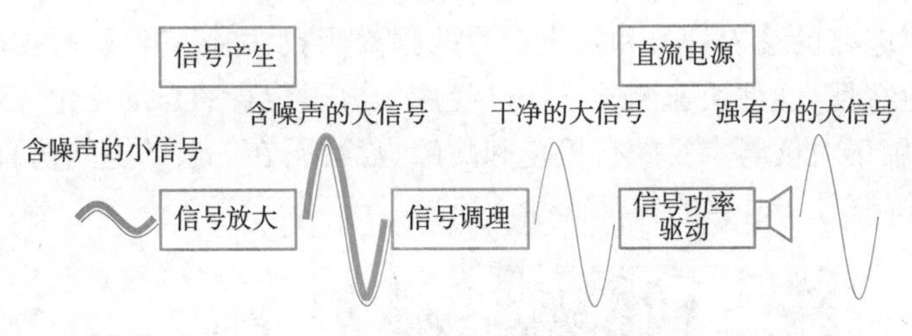

图 0.4.7 以信号为基础的模拟电子技术课程内容示意图

0.4.2 信号及其表示方式

自然界中存在着各种各样的信息，如周围环境中的温度、气压、湿度和风速等，机械运动中的力、位移、振动等，人类语言、声音、脉搏、心跳、呼吸等。信号就是这些信息的载体或者表达形式，信号的物理量形式是多种多样的，从信号处理实现技术看，目前便于实现的是电信号处理，对于非电信号，通常是将非电信号转换为电信号后再进行处理，如播音员播音的时候，麦克风将声音(声波)信号转换为电信号，经过电子系统的放大、滤波等信号调理电路，最后通过驱动扬声器复原放大播音员的声音，被广大听众收听到。

能将各种非电信号转换为电信号的器件或者装置称为传感器，上述的麦克风就是将声音转换为电信号的传感器，传感器输出电信号，所以在电路中常把传感器描述为信号源，根据电路理论，电路中的信号源都可以等效为图0.4.8所示的电压源或者电流源模型图中右侧点画线部分表示电子系统。图0.4.8(a)中的理想电压源和内阻串联的等效形式称为戴维南等效电路，图0.4.8(b)所示的恒流源和内阻并联的等效形式称为诺顿等效电路，这两种电源等效模型可以相互等效转换，可以根据不同的使用场合采取不同的信号源表达形式。

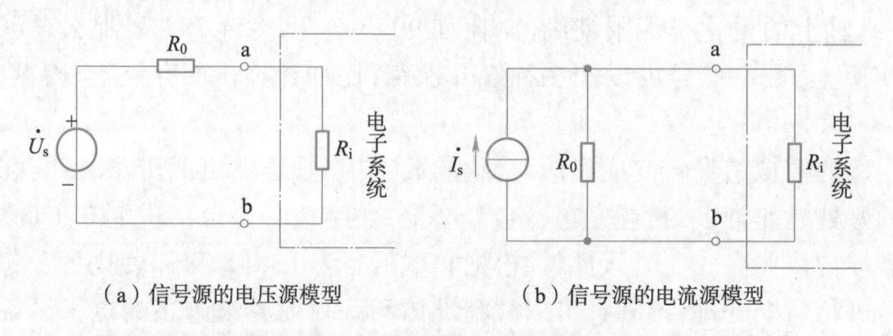

图0.4.8　信号的等效电源模型

通常信号都是与时间有关的，也就是时间的函数，前述的麦克风输出的某一段电信号波形，以及唱片音乐信号都是时间的变换函数，如图0.4.9所示，这些信号波形看上去都是无规则的，分析其特性就显得有些困难，但实际上已经有很多方法从中可以提取出它的特征参数。信号中的特征参数是设计放大电路和电子系统的重要依据。在信号分析中，为了简化信号特征参数的提取，通常是把信号从时域变换到频域，从图0.4.9可以看出音频波形图中包含了很多频率成分，若以频率作为横轴，幅值作为纵轴把信号在频域中表示出来，就形成了信号的频域曲线或者称之为信号的频谱图，其方法是采用傅里叶变换算法实现信号从时域到频域的变换操作。信号的频域表达方式可以获得某些比时域方式更有意义的参数，信号的频谱特性是设计电子电路频率响应指标的重要依据。但是在计算机普及之前，确定一个任意非周期信号的频谱特性并非易事，自从快速傅里叶变换(fast Fourier transform, FFT)算法出现后，人们可以利用计算机快速计算出非周期时间函数的频谱函数，将此方法应用于电路频率特性测试中可以快速获得被测电路的输入信号和输出信号的频谱函数，并将它们进行比较，可以直接计算出电路的频率响应特性，这种快速测试方法已经用于电子装置的自动化生产线上，可以安装在智能仪器装置中，用于对仪器本身的自校正和故障自诊断，在一般的电路仿真软件中都包含有FFT程序，用来分析信号和电路的频率特性。

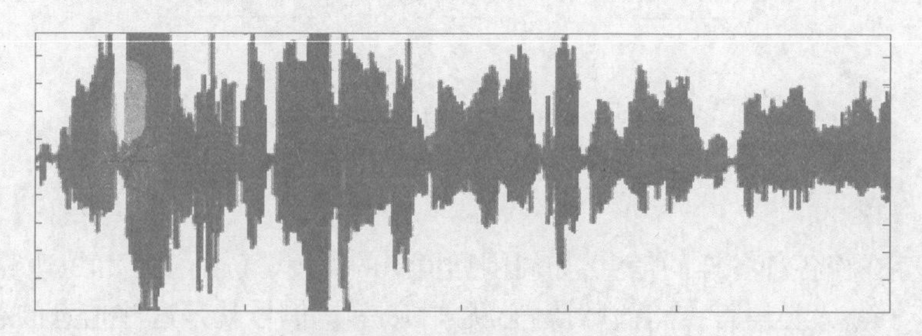

图0.4.9　音频波形图

自然界中的物理量都是模拟信号，是指“模拟”物理量的变化(如声音、温湿度等的变化)所得出的电压或电流信号。模拟信号的特点是，在时间和幅值上均是连续的，在一定动态范围内取任意值。而数字信号是离散的、不连续的。数字信号的幅值是有限的,通常用二进制(只有两种可能的幅值)来表示。计算机键盘的输出属于典型的数字信号。

实际上,信号从来都不是孤立存在的,它总是由某个系统产生又被另外系统所处理的。传感器输出电信号总是被某个电子系统所处理。所谓电子系统,是指由若干个相互连接、相互作用的基本电路组成的具有特定功能的电路整体装置。根据实际情况,电子装置系统规模可大可小,由于大量的大规模集成电路涌现,目前已有不少单个集成芯片包含着多种不同类型的电路而自组成一个系统。尽管如此,学习各种基本电子电路的工作原理和电路分析方法,仍然是分析设计电子系统必不可少的前提。根据处理信号类型的差异,电子系统通常可分为模拟系统、数字系统或者混合系统。模拟系统处理模拟信号,其特征就是在时间上和幅值上均是连续的信号,也就是数学上所说的连续函数,前述的麦克风信号和唱片输出信号都是模拟信号。宏观上,自然界中多数物理量都是时间连续、数值连续的变量,如气温、压力、速度和位移等,都可以经由相应传感器检测并输出为模拟电信号,进入电子系统进行处理,这就是模拟电路。而数字信号则是由二进制 0 和 1 表示的阶跃信号,其特征就是幅值上离散、时间上离散的不连续信号,并且模拟信号可经由采样保持、量化编码等步骤转换为数字信号,其转换过程示意图如图 0.4.10 所示。

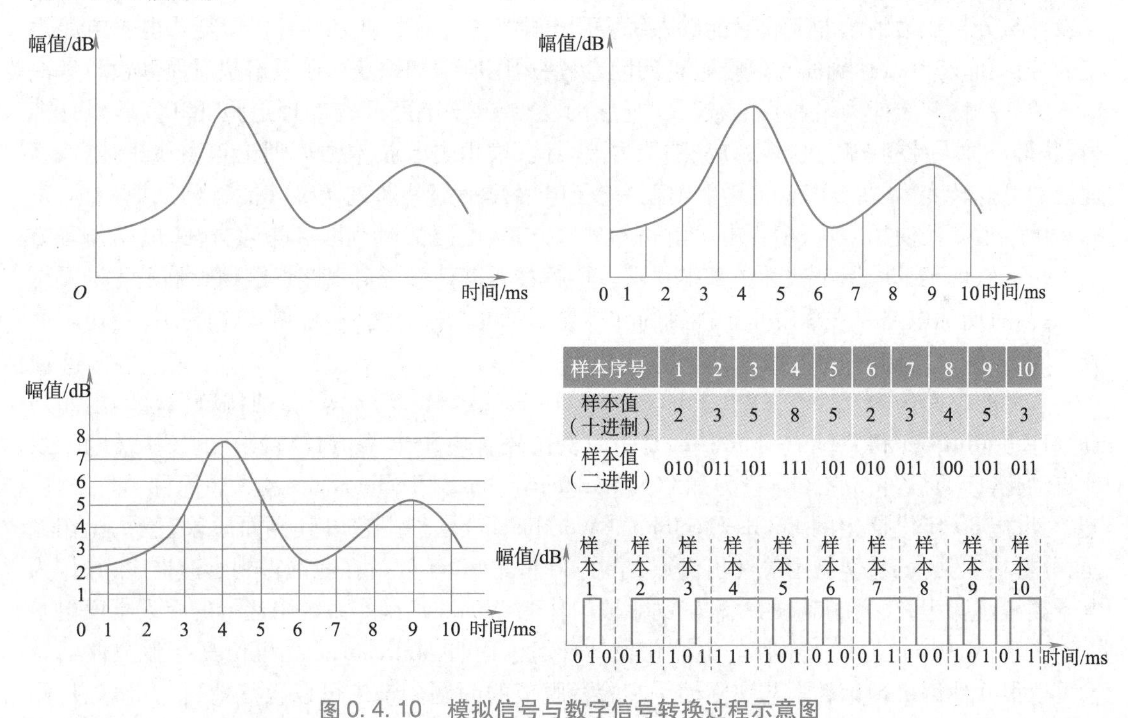

样本序号	1	2	3	4	5	6	7	8	9	10
样本值(十进制)	2	3	5	8	5	2	3	4	5	3
样本值(二进制)	010	011	101	111	101	010	011	100	101	011

图 0.4.10 模拟信号与数字信号转换过程示意图

0.5 模拟电子技术课程的学习方法

模拟电子技术属于专业技术基础课,它是在学习完电路分析、大学物理、高等数学等理论基础课程基础上,面向实际问题,利用所学习的理论知识解决实际工程问题,并给出科学可行解决方案的理论与实践沟通的纽带课程,因此在学习方法上,它与此前的基础课程有所不同,主要表现在:

(1) 它以工程性为主,以解决实际电路工程分析与工程设计问题为主。在模拟电子技术课程中,需要学会从工程角度思考和处理问题。学习过程中需要根据电路组成、结构特征及各部分电路特点,认识整个电路的基本功能和性能特点,学会电子电路的定性分析技能,从而在实际工程解决方案设计中掌握方案设计的可行性分析方法,阐明能够达到的预期功能和性能的理由,实现多种方案的比较筛选。另外,实际工程设计中要求在满足基本性能指标前提下容许存在一定的误差范围,在电子电路定量分析中也容许一定的误差范围,这种电子电路设计计算称为“估算”。因此,模拟电子技术学习过程不再严格遵循“公理—定理—推论”的理论化流程。模拟电子技术课程中有很多分析场景中的结论,可能是来自实验科学,给出的公式,可能是一个近似公式。

估算不同的参数需要采用不同模型,模拟电子电路归根到底也是电路,其特殊性表现在具有非线性特性的半导体器件,通常在分析计算模拟电子电路中需要将其转换成线性元件组成的模型电路,也就是将其中的半导体器件用其等效模型(又称等效电路)取代掉,不同条件、解决不同的问题,应构造不同的等效模型,就可以利用解决一般电路问题的原理、定理来求解分析模拟电子电路了。

(2)它具有较强的实践性。在模拟电子技术学习中不要忽视理论的作用,要强化电路模型设计与分析能力的培养。要求能够熟练应用电学定律、定理和基本概念于复杂电子电路系统的分析和设计中,达到面对复杂电路问题,灵活运用所学知识获取问题解决思路和设计解决措施的创新性素质能力培养目的,这其中包括了复杂电子电路问题的理论验证和实验设计能力,获得一种设计问题解决方案办法的能力。因此,模拟电子技术强调理论与实践相结合,将理论的可行转变为硬件实现。实用的模拟电子电路几乎都要通过调试才能达到预期指标,掌握常用电子仪器使用方法、模拟电子电路的测试方法、电路故障判断和排除方法、电路仿真方法及仿真软件工具应用是教学的基本要求。了解各元器件参数对电路性能的影响是正确调试的前提,对所测电路原理理解是正确判断和排除故障的基础,掌握一种仿真软件的操作是提高分析问题、解决问题的必要手段。

常见的电路仿真软件有 EWB、Protel、ORCAD、Pspice、Multisim 等,目前比较流行的电路仿真软件是 Multisim 和 Pspice。Multisim 是一个专门用于电子电路仿真与设计的 EDA(电子设计自动化)工具软件。它的前身为加拿大 Interactive Image Technologies 公司(简称 IIT 公司)于 20 世纪 80 年代推出的 EWB(Electronics Workbench)软件。它以其界面形象直观、操作方便、分析功能强大、易学易用等突出优点,早在 20 世纪 90 年代就在我国得到迅速推广,并作为电子类专业课程教学和实验的一种辅助手段。作为 Windows 操作系统中运行的个人桌面电子设计工具,Multisim 是一个完整的集成化设计环境。而且 Multisim 计算机仿真与虚拟仪器技术可以很好地解决理论教学与实际动手实验相脱节的问题。学生可以很好地、很方便地把刚刚学到的理论知识用计算机仿真软件真实地再现出来,并且可以用虚拟仪器技术创造出真正属于自己的仪表。

因此建议遵循以下规则,学好这门课。

(1)熟练掌握电子电路或者电子技术仿真软件。随着计算机技术的飞速发展,电子电路的分析与设计手段发生了重大变革,电路设计可以通过计算机辅助设计(computer aided design,CAD)和仿真技术来完成。计算机仿真技术在教学中的应用,可以代替试验电路,大大减轻电路测试与验证阶段的工作量;其强大的实时交互性、信息的集成性和生动的直观性;并能保存仿真中产生的各种数据,为整机检测提供参考数据,还可保存大量的单元电路、元器件的模型参数。采用仿真软件能满足电子电路整个设计及验证过程的自动化。

(2)对上课讲的关键电路进行“理论估算、仿真验证、对比分析”。所谓对比分析，是指当理论估算与仿真验证存在差异时，最好能够通过更细致的探测、推算，找到它们之间误差产生的根本原因。每构建一个仿真电路，就在仿真工作台上写下自己的分析过程和结论，并记录仿真结论，写下对比分析。

(3)注重实验。学习模拟电子技术的过程无非就是理论分析、仿真验证、实验实证三部分。请珍惜实验过程，珍惜发现实验与仿真、理论分析的区别，抓住一个机会，就深入研究，直到清晰认识到，实验结论是合理的。

文本

扩展阅读

(4)注重课前预习，课前阅读教材，熟悉讲授内容，总结疑问，带着问题在课堂上学习。

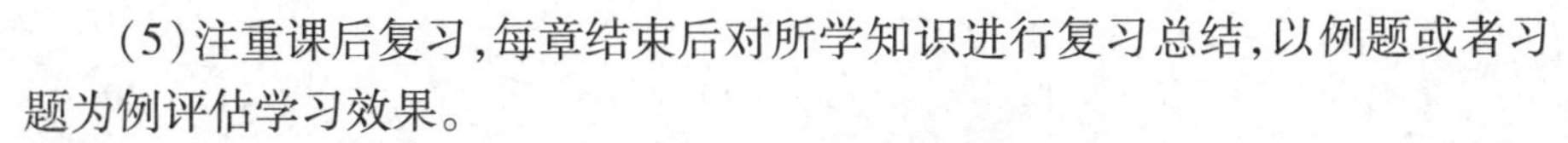

(5)注重课后复习，每章结束后对所学知识进行复习总结，以例题或者习题为例评估学习效果。

小 结

本章主要介绍模拟电子技术的教学内容体系、教学目标等内容，使学生明确本课程特点、学习方法等。

模拟电子技术是研究电子器件和电子电路工作原理、分析方法与应用的一门科学技术。它是以电子系统装置为对象，以电子元器件，如二极管、三极管、场效应管和集成运算放大器为基础部件，组建基本放大电路，进而级联构建多级复杂电路系统的信号处理过程，在此逐级复杂化过程中，学习信号放大、信号发生与信号运算处理等电路分析方法。

通过本章学习，初步奠定对模拟电子技术的感性认识，认识到模拟电子技术产生的意义，学习电子技术螺旋式革新发展的历史，培养学生辩证唯物主义的矛盾分析方法。通过拓展阅读内容的学习，认识到中国人在电子技术发展中的贡献，培养学生的民族自尊心和自豪感。

习 题

0.1 引言

电子技术课程的研究对象是什么？处理对象是什么？

0.2 模拟电子技术教学内容体系

模拟电子技术与数字电子技术的区别和联系是什么？

半导体二极管及其基本电路

第1章

导读 >>>>>>

半导体二极管(简称二极管)是一种半导体元件,二极管的特性主要体现在单向电导性,利用这一特性,二极管可以用于限流、检测、整流、调压、开关、保护等方面。本章首先介绍了半导体材料的基本知识和术语,然后重点介绍了二极管的伏安特性、主要参数和常用型号,通过实例介绍了二极管应用电路的结构及其分析方法,最后介绍了常用专用二极管的工作原理和使用方法。

1.1 半导体基础知识

自然界的材料根据其导电能力可分为导体、半导体和绝缘体。半导体是一种导电性可控的材料,可以从绝缘体过渡到导体。如今大多数电子产品都是由半导体材料制成的,半导体的发展对经济发展起着重要的作用。常见的半导体材料有硅(Si)、锗(Ge)、砷化镓(GaAs)等,其中硅材料应用最为广泛。

视频

本征半导体

1.1.1 本征半导体

完全纯净、没有杂质的半导体被称为"本征半导体"。它通常以硅和锗的单晶结构来表示。硅和锗在元素周期表中属于第四周期第ⅣA族元素,它们最外层的原子有四个价电子。硅和锗晶体材料是硅和锗原子在空间上按特定结构有序排列而形成的规则四面体结构,其结构示意图如图1.1.1所示。每个原子的四个价电子和邻近原子的价电子形成四个共享电子对,它们被原子核强烈束缚,这种结构称为共价键。

当热力学温度处于0 K时,价电子无法摆脱共价键,本征半导体此时不导电。当温度升高或暴露在光线下时,一些价电子可以获得足够的能量来摆脱共价键,即自由电子,并在共价键中留下一个带正电的空穴,这种现象称为本征激发,如图1.1.1所示。空穴很容易吸引附近的价电子移动,所以空穴可以移动,只是不像电子那样移动。

当一个自由电子和一个空穴在半导体中相遇时,它们会重新结合然后电性抵消,这称为复合。当外部条件固定时，本征激发和复合会达到动态平衡，本征半导体中的自由电子-空穴对的浓度保持固定。

自由移动的电荷称为电荷载流子，只有电荷载流子才能参与导电。在电场作用下，载流子定向移动形成漂移电流。由此可见，在半导体中有两种类型的载流子参与导电，即自由电子和空穴，在某种程度上这与导体中只涉及一种类型的载流子不同。

在室温下，本征激发产生的自由电子-空穴对数量非常有限，本征半导体的载流子浓度很低，电导率很弱。

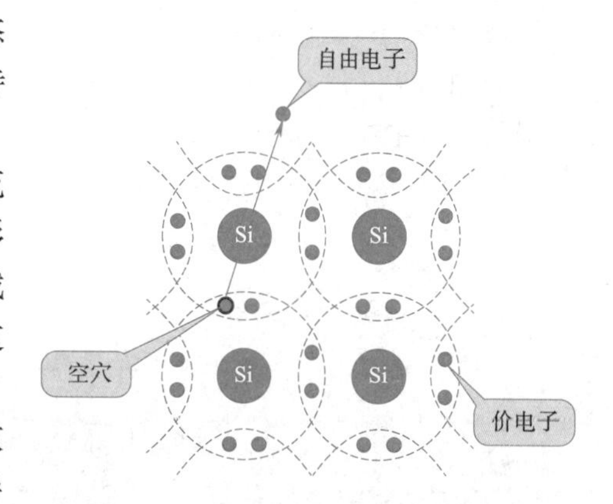

图 1.1.1　硅本征半导体的结构示意图

1.1.2　杂质半导体

当本征半导体掺入杂质元素时，构成的杂质半导体的导电性会大大提高，因此半导体器件一般由杂质半导体制成。

视　频

杂质半导体

掺杂的杂质元素主要为三价或五价元素，三价元素一般为硼、铝和镓；五价元素一般为磷、砷和锑。根据掺杂杂质的性质不同，杂质半导体可分为 N 型半导体和 P 型半导体。

1. N 型半导体

通过半导体工艺将微量的五价元素（如磷）加入本征半导体硅（或锗）中，磷原子取代硅晶体中少量的硅原子，如图 1.1.2 所示。

磷原子最外层有五个价电子，其中四个价电子分别与相邻的四个硅原子形成共价键结构。额外的价电子在共价键之外，仅受磷原子的弱束缚。在室温下，它可以获得挣脱束缚成为自由电子所需的能量。本征半导体中每增加一个磷原子就能产生一个自由电子，本征激发产生的空穴数量很小。这里自由电子称为多数载流子（多子），空穴称为少数载流子（少子）。由于电子携带负电荷，这种杂质半导体称为 N 型半导体。磷原子被称为施主原子，因为它们为 N 型半导体提供电子，施主原子失去电子，变成不能移动的正离子。

N 型半导体示意图如图 1.1.3 所示。N 型半导体中的自由电子一方面由掺杂杂质原子提供，另一方面由本征激发产生，此时自由电子数近似等于掺杂杂质原子数，而空穴数仅由本征激发产生。

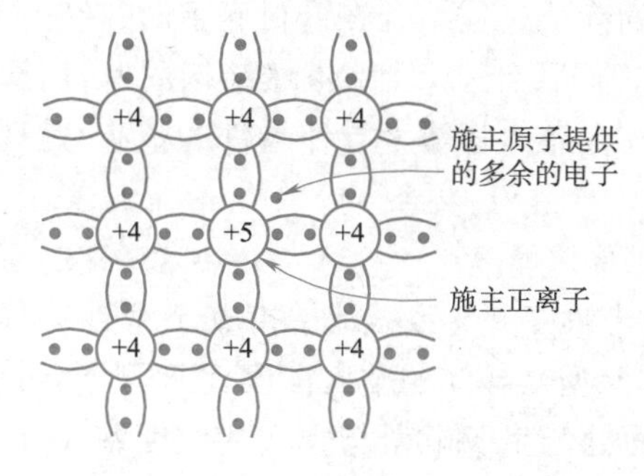

图 1.1.2　N 型半导体

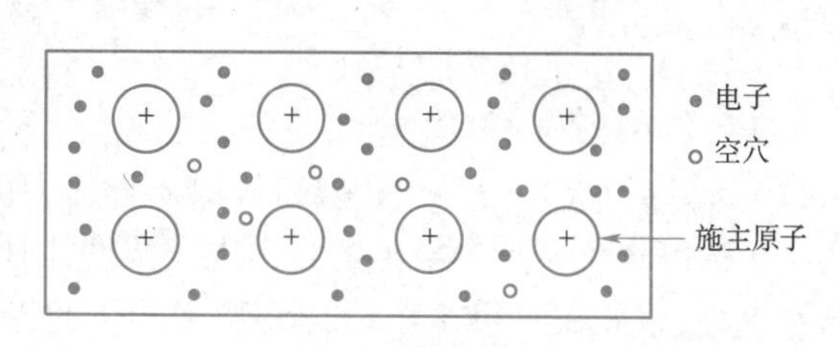

图 1.1.3　N 型半导体示意图

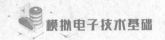

2. P 型半导体

如图 1.1.4 所示,在本征半导体硅(或锗)中加入少量的三价元素(如硼)时,硼原子会取代晶体中少量的硅原子。

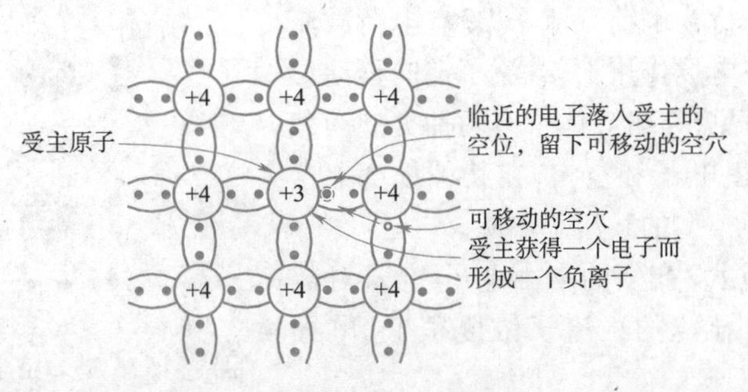

图 1.1.4　P 型半导体

由图 1.1.4 可以看出,硼原子的三个价电子与相邻的三个硅原子的价电子形成电子对,而另一个相邻的硅原子只有一个电子,从而形成空穴。这个空穴对电子有很强的吸引力,附近硅原子中的价电子填补了这个空穴,在相邻的共价键中出现了一个空穴,因此本征半导体中每掺杂一个硼原子可以产生一个空穴,本征激发产生的电子数量非常少,此时空穴被称为多子,自由电子被称为少子。由于空穴带有正电荷,这种杂质半导体称为 P 型半导体。硼原子因能吸收电子而被称为受主原子,受主原子由于接受电子而变成了不能移动的负离子。

P 型半导体示意图如图 1.1.5 所示。P 型半导体中的空穴一方面由掺杂原子产生,另一方面由本征激发产生,但掺杂产生的空穴数量远远大于本征激发产生的空穴数量,因此空穴数量约等于掺杂原子的数量,而自由电子的数量仅由本征激发产生。

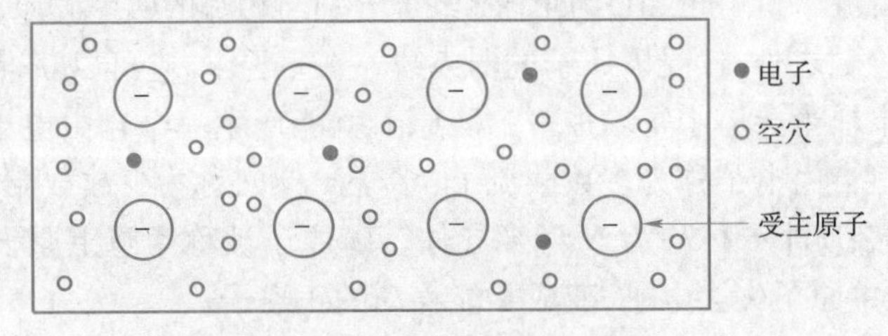

图 1.1.5　P 型半导体示意图

1.1.3　PN 结

当 N 型和 P 型半导体通过不同的掺杂过程结合在硅衬底上时,在它们的界面附近形成一个空间电荷区域,称为 PN 结。PN 结虽然结构简单,但应用非常广泛,它是二极管、三极管和场效应晶体管等半导体器件的核心,是现代电子技术的基础。

1. PN 结的形成

(1)如图 1.1.6(a)所示,P 型和 N 型半导体中由于浓度差导致载流子扩散,N 型半导体的自由电子浓度大于 P 型半导体的自由电子浓度,同样 P 型半导体的空穴浓度比 N 型半导体的空穴浓度高,因此在 N 型半导体与 P 型半导体的界面处产生了电子与空穴的浓度差,浓度差导致载流子扩散运动的产生,即 N 型半导体的一部分电子扩散到 P 型半导体中,P 型半导体的一部分空穴扩散到 N 型半导体中。

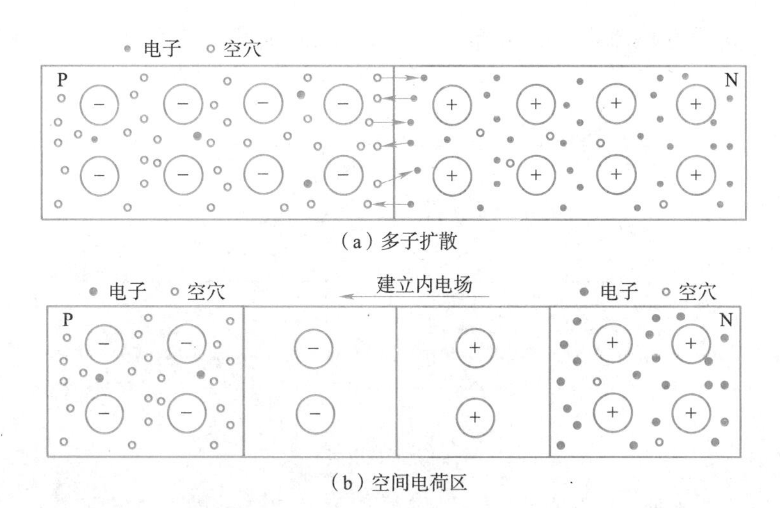

图 1.1.6 PN 结的形成示意图

载流子扩散运动产生的电流称为扩散电流,N 型半导体的电子向 P 型半导体扩散并与 P 型半导体中的空穴重新结合而消失。同样 P 型半导体的空穴扩散到 N 型半导体,并与 N 型半导体的电子重新结合而消失,导致 P 区损失空穴并留下一个带负电的杂质离子,N 区一侧失去电子,留下一个带正电的杂质离子,这些无法移动的带电粒子在 P 区和 N 区的界面附近,形成了一个空间电荷区(又称耗尽区),同时产生由 N 区向 P 区建立的内电场,如图 1.1.6(b)所示。

(2)内电场促使少子漂移。一方面 PN 结内电场阻碍了多子的扩散,另一方面会促进少子的漂移,即内电场会使 N 区少数载流子(空穴)向 P 区漂移,P 区少数载流子(电子)向 N 区漂移,而漂移运动方向与扩散运动方向正好相反。少数载流子在内电场作用下漂移形成的电流称为漂移电流。

(3)多子扩散和少子漂移达到动态平衡。最后固定离子留在 P 型和 N 型半导体之间的界面两侧,这层离子形成了一个空间电荷区,形成稳定的 PN 结结构,此时 PN 结的内电场方向为 N 区到 P 区。

2. PN 结的单向导电性

当施加电压方向不同时,PN 结表现出不同的特性,可以分为正向偏置和反向偏置。

(1)正向偏置。如图 1.1.7(a)所示,正向偏置(简称"正偏")时 PN 结 P 区加高电位,N 区加低电位,即 $V_P > V_N$。电路中电阻 R 为限流电阻,防止 PN 结因电流过大而烧坏,此时外电场方向和内电场方向相反,使 PN 结中总电场减弱,多子扩散运动加强,少子漂移运动减弱。当正向偏置电压达到一定值时,PN 结形成较大的正向电流,方向为 P 区到 N 区,PN 结呈现低电阻,此时称 PN 结处于导通状态。当 PN 结正向偏置时,扩散电流远大于漂移电流,漂移电流的影响可以忽略。

(2)反向偏置。如图 1.1.7(b)所示,反向偏置(简称"反偏")时 PN 结 P 区加低电位,N 区加高电位,即 $V_P < V_N$。由于外电场方向和内电场方向相同,使 PN 结中总电场增强,空间电荷区变宽,多子扩散运动减弱,少子漂移运动增强。此时,通过 PN 的电流主要为少子漂移形成的漂移电流,方向由 N 区指向 P 区,该反向漂移电流很小(微安级),故 PN 结呈现高电阻,称 PN 结处于截止状态。当反偏电压较小时,几乎所有少子都参与了导电,此时即使反偏电压再

增大，流过 PN 结的反向电流也不会继续增大，因此反向电流又称反向饱和(saturation)电流，用 I_s 表示。

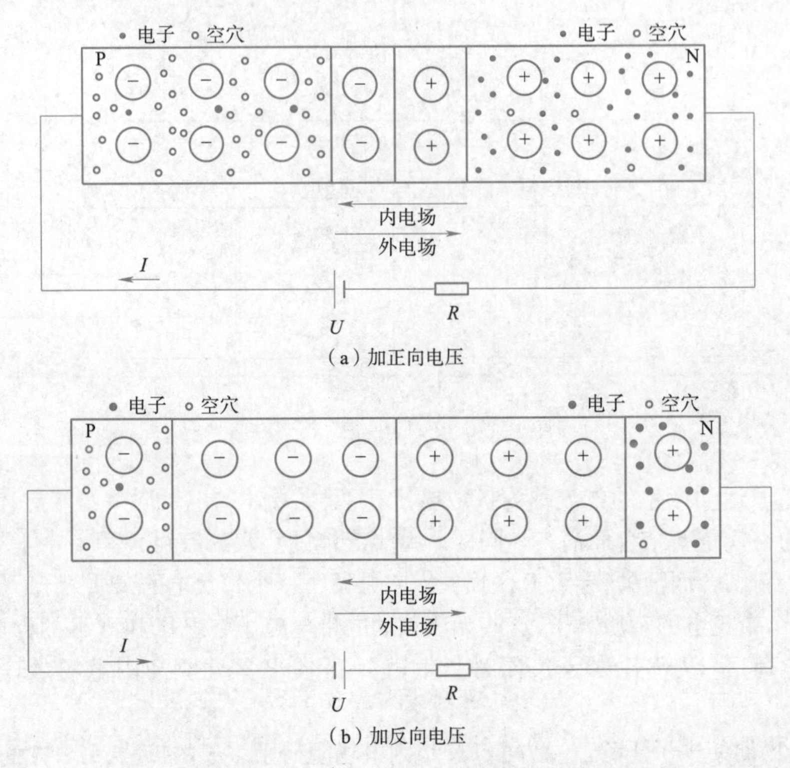

图 1.1.7　PN 结的单向导电性

由上可总结出 PN 结的单向导电性为：当 $V_P > V_N$ 时，PN 结正向偏置，PN 结导通，呈现低电阻，具有较大的正向电流；当 $V_P < V_N$ 时，PN 结反向偏置，PN 结截止，呈现高电阻，具有很小的反向饱和电流。

3. PN 结的反向击穿

当 PN 结的反向电压增大到一定程度时，反向电流会突然增大，反向电流突然增大时的电压称为击穿电压，用 U_{BR} 表示。这种现象称为反向击穿，造成 PN 结反向击穿的机制有两种：雪崩击穿和齐纳击穿。

雪崩击穿通常发生在杂质浓度较低的 PN 结中，当反向电压增大时，载流子的运动速度相应增大，当增大到一定程度时，其动能足以使捆绑在共价键中的价电子发生碰撞，产生新的自由电子-空穴对，形成新的载流子，在强电场作用下与其他中性原子碰撞，并产生新的自由电子-空穴对，这就会引起一系列连锁反应，如雪崩一样，导致 PN 结中载流子数量的急剧增加，从而导致反向电流的急剧增加。

齐纳击穿通常发生在掺杂浓度很高的 PN 结中，由于掺杂浓度高，空间电荷区域很窄，即使以较小的反向电压(如 5 V)，也能在 PN 结中产生强电场，PN 结中原子价电子会被强行从共价键中拉出，形成电子-空穴对，促使载流子数迅速增加，形成较大的反向电流。

反向击穿后，如果能控制反向电流和反向电压，不超过 PN 结的最大耗散功率，PN 结一般不损坏，当外部电压降至击穿电压以下时，PN 结就能恢复正常，这种击穿称为电击穿(可制成稳压二极管)。如果反向击穿后的电流过大，会因高温而导致 PN 结永久损坏。

4. PN 结的伏安特性

PN 结的伏安特性是指通过 PN 结的结电流与 PN 结两端电压的关系，其数学表达式为

$$i = I_S[\exp(u/U_T) - 1] \tag{1.1.1}$$

式中，i 为流过 PN 结的结电流，正方向为从 P 区到 N 区；u 为 PN 结端电压，正方向定义为 P 区指向 N 区，即 $u = V_P - V_N$；I_S为 PN 结的反向饱和电流；U_T为温度的电压当量，在室温下（$T = 300$ K），$U_T \approx 26$ mV。

5. PN 结的结电容

PN 结的结电容主要由势垒电容 C_B 和扩散电容 C_D 组成。PN 结由于所施加的反向电压的变化导致空间电荷区域的变化而产生的电容效应，称为势垒电容，它是一个非线性电容，其值为 0.5 ~ 100 pF。扩散电容是由非平衡载流子浓度的变化引起的，其值随外加电压的变化而变化。它也是一种非线性电容，其取值范围为数十到数百皮法。PN 结的结电容是势垒电容和扩散电容的并联。

PN 结电容随反向电压的增加而减小，可用于制作变容二极管。

1.2　半导体二极管的基本特征

1.2.1　二极管的结构

视频

二极管的结构和二极管的类型

二极管是在 PN 结基础上将电极引线分别从 PN 结的 P 区和 N 区引出，封装外壳形成的，如图 1.2.1 所示。从 P 区引出的电极称为正电极（+或阳极），从 N 区引出的电极称为负电极（-或阴极）。二极管的图形符号如图 1.2.2 所示，箭头方向表示二极管正向电流的方向。

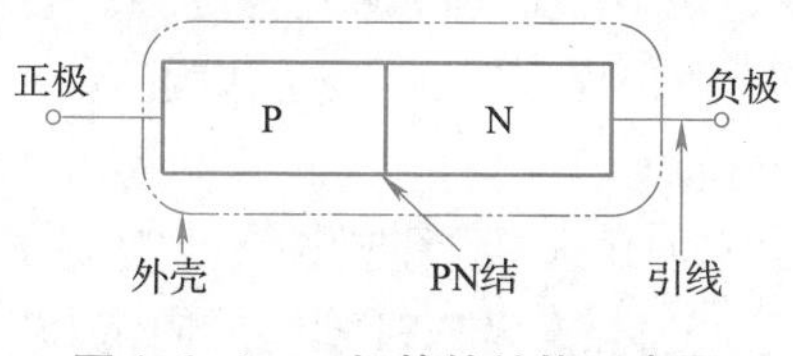

图 1.2.1　二极管的结构示意图

图 1.2.2　二极管的图形符号

1.2.2　二极管的类型

二极管分类如图 1.2.3 所示。点接触型二极管的结构原理图如图 1.2.4(a)所示。点接触型二极管是将金属触丝压在锗或硅材料的单片上，然后通过电流法形成的。点接触型二极管的 PN 结面积小，适用于检测、变频等高频小电流电路，但其正反向特性相对较差，因此不能用于大电流和整流电路中，但结构简单，价格低廉，如 2AP 系列二极管。

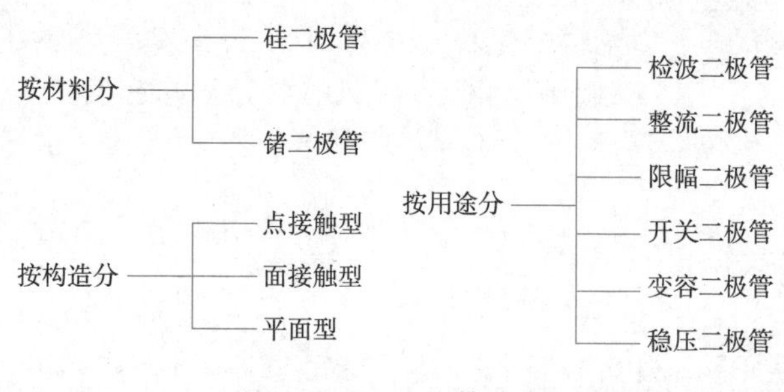

图 1.2.3　二极管分类

图 1.2.4(b)为面接触型二极管结构原理图。面接触型二极管的 PN 结采用合金法(或扩散法)制作。面接触型二极管的 PN 结面积大,能承受大电流,这种器件适用于整流电路,但其结电容也较大,不宜用于 2CP 系列二极管等高频电路中。

平面型二极管结构原理图如图 1.2.4(c)所示。平面型二极管常用于集成电路制造过程中。平面型二极管的 PN 结面积可大可小,主要用于高频整流和开关电路,如 2CK 系列二极管。

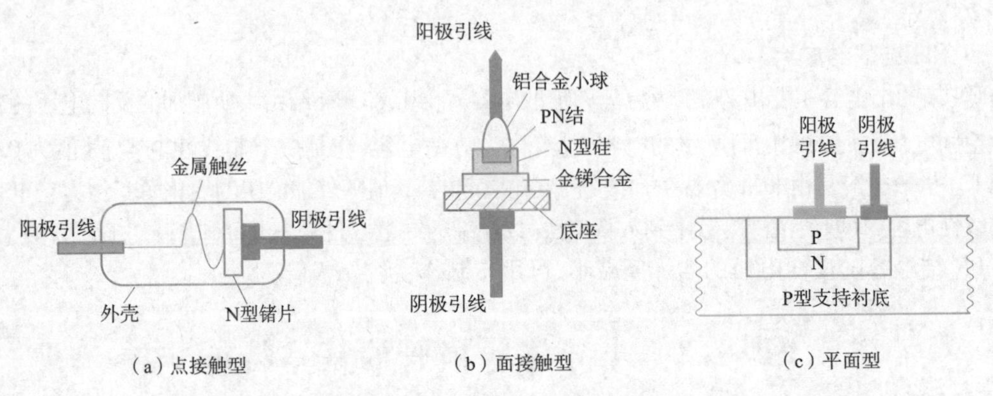

(a)点接触型　(b)面接触型　(c)平面型

图 1.2.4　二极管结构原理图

1.2.3　二极管的伏安特性

视 频

二极管的伏安特性和二极管参数

1. 伏安特性方程

二极管的核心是 PN 结,因此二极管具有 PN 结的单向电导性。二极管的伏安特性是指流过二极管的电流 i_D 与二极管两端电压 u_D 之间的关系。如果忽略二极管的引线电阻和 PN 结的体电阻,则在允许误差范围内二极管的伏安特性方程可近似化为 PN 结的伏安特性方程,其数学表达式为

$$i_D = I_S[\exp(u_D/U_T) - 1] \tag{1.2.1}$$

式中,i_D 为流过二极管的电流,规定正方向由阳极指向阴极;u_D 为加在二极管两端的电压,规定正方向由阳极指向阴极,即 $u_D = (V_+ - V_-)$;I_S 为二极管的反向饱和电流;U_T 为温度的电压当量,在室温下($T = 300$ K),$U_T \approx 26$ mV。

2. 伏安特性曲线

通过图 1.2.5 所示的电路可以测量二极管的伏安特性曲线。二极管的伏安特性曲线如图 1.2.6 所示。由图可知二极管的伏安特性分为正向特性、反向特性和击穿特性三部分。

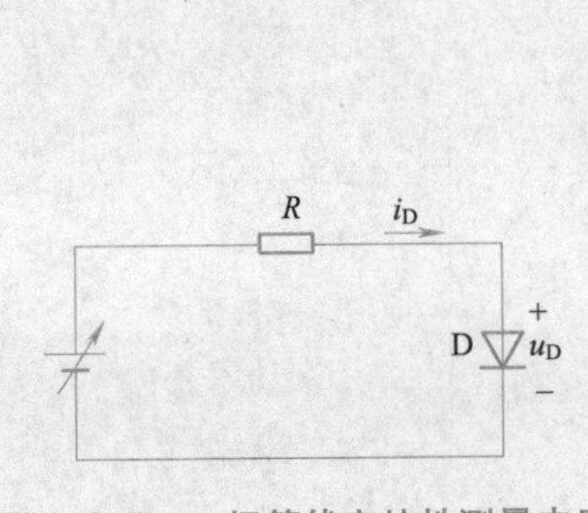

图 1.2.5　二极管伏安特性测量电路

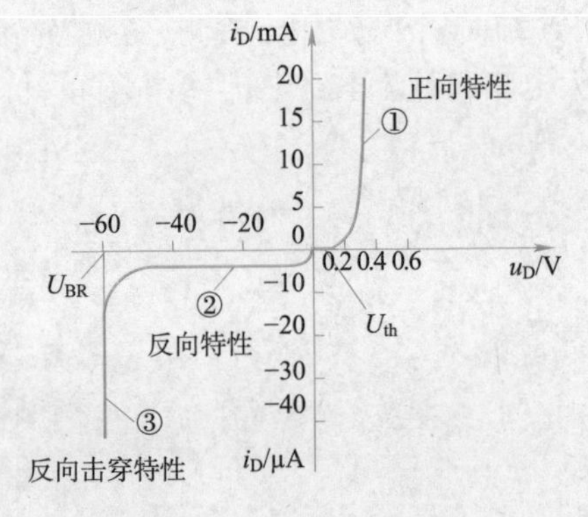

图 1.2.6　二极管的伏安特性曲线

正向特性区域：二极管加正向电压，当电压值较小时，电流极小，近似为零；当电压超过 U_{th} 时，电流逐渐增大，U_{th} 称为死区电压，通常硅管 $U_{th}\approx0.5$ V，锗管 $U_{th}\approx0.1$ V。当 $u_D>U_{th}$ 后，电流开始按指数规律迅速增大，而二极管两端电压近似保持不变，称二极管具有正向恒压特性。工程上定义该恒压为二极管的导通电压，用 $U_{D(on)}$ 表示，硅管 $U_{D(on)}\approx0.7$ V，而锗管 $U_{D(on)}\approx0.2$ V。

反向特性区域：当二极管施加的反向电压不超过一定范围时，二极管的反向电流很小，二极管处于截止状态。这种反向电流称为反向饱和电流或漏电流，用 I_R 表示。在室温下，硅管的反向饱和电流小于 0.1 μA，锗管的反向饱和电流为几十微安。

击穿特征区域：当施加的反向电压超过一定值时，反向电流会突然增大，二极管处于击穿状态。击穿对应的临界电压称为二极管的反向击穿电压，用 U_{BR} 表示。如果二极管不因反向击穿而过热，单向电导性不一定会被永久破坏。去除施加的电压后，其性能仍可恢复，否则会损坏二极管。

由上分析可知：

当 $u_D>U_{D(on)}$ 时，二极管正向导通，二极管流过较大的正向电流，二极管体现正向恒压特性，二极管两端电压 $u_D=U_{D(on)}$。

当 $-U_{BR}<u_D<U_{D(on)}$ 时，二极管截止，二极管流过很小的反向饱和电流。

当 $u_D<-U_{BR}$ 时，二极管反向击穿，二极管的反向电流迅速增大。

3. 二极管的温度特性

温度对半导体材料的特性有明显的影响。由于二极管采用半导体材料，因此温度变化对二极管的导通电阻、正向电压和反向饱和电流有很大影响，温度对二极管特性曲线的影响如图 1.2.7 所示。随着温度的升高，正向特性曲线左移，即正向压降减小；反向特性曲线下移，即反向电流增大。一般在室温附近，温度升高 1 ℃，正向压降降低 2~2.5 mV；温度升高 10 ℃，反向电流增加约 1 倍。

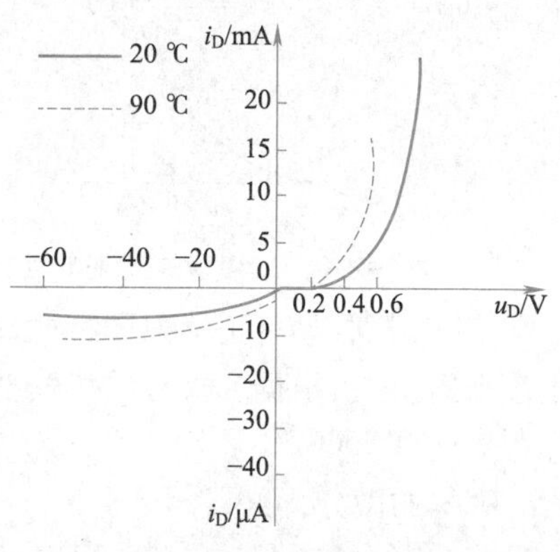

图 1.2.7 温度对二极管特性曲线的影响

1.2.4 二极管参数

二极管参数是指用来表示二极管性能和适用范围的技术指标。不同类型的二极管具有不同的特性参数，因此在实际应用中合理选择二极管是必要的。常用二极管参数介绍如下。

1. 最大整流电流 I_F

最大整流电流是二极管长时间连续工作时允许通过的最大正向平均电流值。I_F 与 PN 结的结面积和外部散热条件有关，当二极管流过电流时，二极管会发热，温度上升到温度极限（硅管约为 140 ℃，锗管约为 90 ℃），二极管就会烧坏。因此在使用二极管时，不要超过二极管的最大整流电流值，例如常用的 1N4001 到 1N4007 型锗二极管的正向工作额定电流为 1 A。

2. 最高反向工作电压 U_{RM}

当二极管工作在反向特性时，若加在二极管两端的 $u_D<-U_{BR}$ 时，二极管会被击穿，电流迅速增大。为了防止二极管反向击穿被损坏，规定了最高反向工作电压值，通常为反向击穿电压的一半，即 $U_{RM}=0.5U_{BR}$，例如 1N4001 二极管的 $U_{RM}=50$ V。

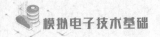

3. 反向电流 I_R

反向电流是指二极管击穿前流过二极管的反向电流。反向电流越小,单向导通性能越好。硅二极管在高温下的反向电流比锗二极管小,因此硅二极管具有更好的稳定性。

4. 直流电阻 R_D 和动态电阻 r_d

直流电阻定义为加在二极管两端的直流电压 U_D 与流过二极管的直流电流 I_D 之比,即

$$R_D = \frac{U_D}{I_D} \tag{1.2.2}$$

由于二极管的非线性伏安特性,直流电阻的大小与二极管的工作点有关,如图 1.2.8 所示,Q_1 和 Q_2 的直流电阻是不同的,一般二极管的正向直流电阻在几十欧到几千欧之间。二极管的直流电阻通常用万用表的欧姆挡来测量。需要注意的是,使用不同的欧姆挡测量的直流电阻是不同的,这是由于流过二极管的直流电流不同,二极管的直流工作点位置不同造成的。

普通二极管的动态电阻定义在正向特性区域,如图 1.2.9 所示。动态电阻记为 r_d,r_d 为二极管特性曲线静态工作点 Q 附近电压的变化量与相应电流的变化量之比,即

$$r_d = \frac{\Delta u_D}{\Delta i_D} \tag{1.2.3}$$

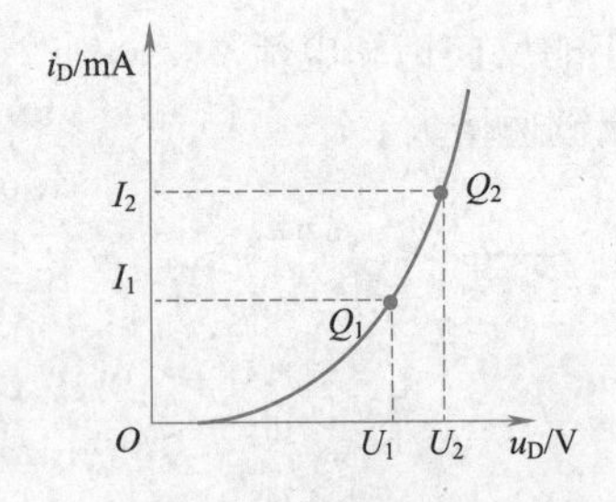

图 1.2.8 二极管的直流电阻

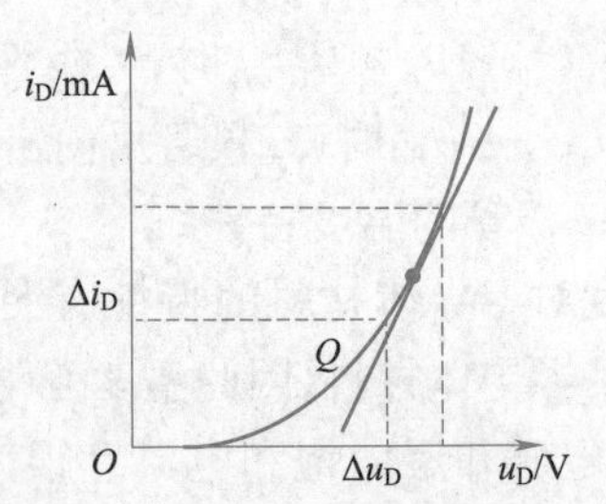

图 1.2.9 二极管的动态电阻

由于二极管具有正的恒压特性,所以 r_d 一般较小,为几欧到几十欧。二极管对小信号的作用相当于电阻。根据二极管的伏安特性方程

$$i_D = I_S[\exp(u_D/U_T) - 1] \tag{1.2.4}$$

取 i_D 对 u_D 的微分,可得

$$g_d = \frac{di_D}{du_D} = \frac{d\{I_S[\exp(u_D/U_T) - 1)]\}}{du_D} = \frac{I_S}{U_T}\exp(u_D/U_T) \tag{1.2.5}$$

在静态工作点 Q 处,$u_D \gg U_T = 26$ mV,$i_D \approx I_S\exp(u_D/U_T)$,则

$$g_d = \frac{I_S}{U_T}\exp(u_D/U_T)\bigg|_Q \approx \frac{i_D}{U_T}\bigg|_Q = \frac{I_D}{U_T} \tag{1.2.6}$$

可得

$$r_d = \frac{1}{g_d} = \frac{U_T}{I_D} = \frac{26(\text{mV})}{I_D(\text{mA})} \tag{1.2.7}$$

从式(1.2.7)可以看出,二极管的动态电阻与静态工作点有关,而不是一个固定值。

视频

二极管基本电路及分析方法

1.3 半导体二极管基本电路及分析方法

根据二极管的伏安特性曲线可知二极管是非线性器件,由它组成的电路

也是一个非线性电路。在工程中,常采用近似法进行处理,将非线性问题转化为允许误差范围内的线性问题,使电路分析更加方便快捷。工程中经常采用模型分析法对二极管电路进行分析。下面主要介绍二极管的理想模型、恒压降模型。

1.3.1　二极管理想模型

二极管理想模型的伏安特性曲线为一条经过原点的折线,如图 1.3.1 所示,此处忽略二极管的导通电压 $U_{D(on)}$ 和反向饱和电流 I_S,二极管不会反向击穿。具有这种伏安特性的二极管称为理想二极管。

当 $u_D>0$ 时,二极管正偏导通,二极管两端电压为 0;

当 $u_D<0$ 时,二极管反偏截止,$i_D=0$。

理想二极管可等效为一个压控开关,正偏时开关闭合,反偏时开关打开。

1.3.2　二极管恒压降模型

二极管理想模型忽略了二极管的导通电压,在某些情况下需要考虑二极管的导通电压,在这种情况下引入了恒压降模型。二极管恒压降模型的伏安特性曲线为导通电压 $U_{D(on)}$ 的折线,如图 1.3.2 所示,忽略二极管的反向饱和电流,此时二极管不会反向击穿。

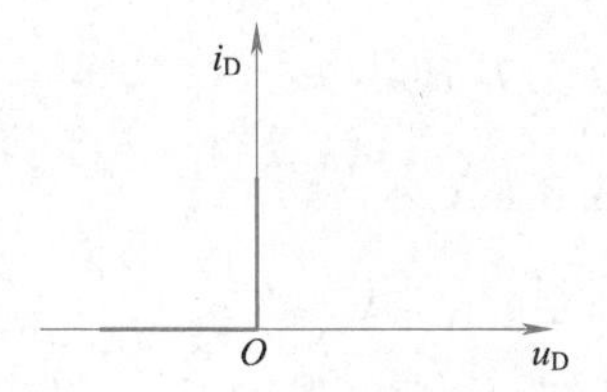

图 1.3.1　二极管理想模型的伏安特性曲线

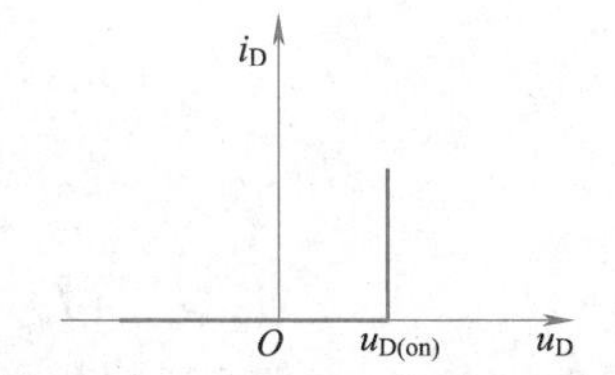

图 1.3.2　二极管恒压降模型的伏安特性曲线

当 $u_D>U_{D(on)}$ 时,二极管正偏导通,二极管两端电压为 $U_{D(on)}$,硅管取 0.7 V,锗管取 0.2 V 或 0.3 V;

当 $u_D<U_{D(on)}$ 时,二极管反偏截止,$i_D=0$。

1.3.3　二极管电路的分析方法及应用

1. 二极管电路的分析方法

二极管电路的分析过程可以分成三个步骤:

(1)标出二极管的阳极、阴极。

(2)断开二极管,求出阳极、阴极电位(V_+、V_-)。

(3)恢复二极管,根据不同的模型解题。

如何选择合适的模型求解是主要的问题。当二极管电路的电源电压大于二极管的开启电压时,可以采用理想模型,也可以采用恒压降模型,理想模型比较简单;当二极管电路的电源电压较小时,为避免较大的误差,应采用恒压降模型。

视频

例1.3.1

2. 二极管电路的应用

例 1.3.1　电路如图 1.3.3(a)所示,D 为硅二极管,$R_L=1\ \text{k}\Omega$,求出当 R 为 1 kΩ、4 kΩ 时电路中的电流和输出电压 U_o。

解　由于二极管电路的供电电压为 3 V 和 10 V,因此采用恒压降模型,避免了较大的误差。

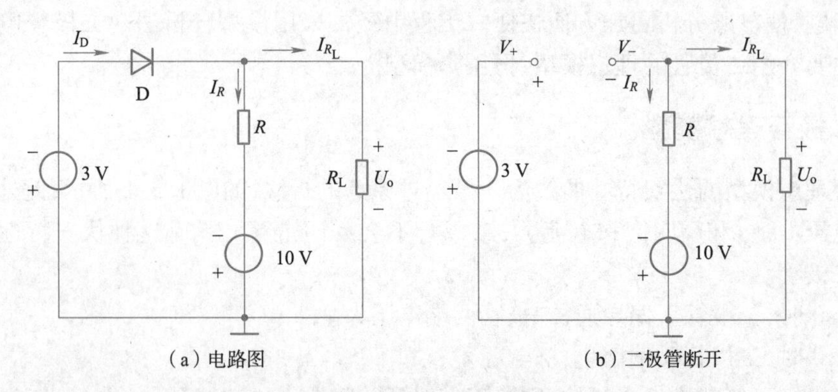

图 1.3.3　例 1.3.1 电路图

先标出二极管的阳极、阴极。

(1)当 $R=1\ \text{k}\Omega$ 时。断开二极管,由图 1.3.3(b)可知,$V_+=-3\ \text{V}$,$V_-=R_L(-10\ \text{V})/(R+R_L)=-5\ \text{V}$。由恒压降模型可知:

$V_+-V_-=(-3+5)\ \text{V}=2\ \text{V}>U_{D(on)}$,故二极管正偏导通,二极管两端电压为 0.7 V。

$$U_o=-3\ \text{V}-0.7\ \text{V}=-3.7\ \text{V}$$

$$I_{R_L}=U_o/R_L=-3.7\ \text{V}/1\ \text{k}\Omega=-3.7\ \text{mA}$$

$$I_R=\frac{-3.7\ \text{V}-(-10\ \text{V})}{1\ \text{k}\Omega}=6.3\ \text{mA}$$

$$I_D=I_R+I_{R_L}=-3.7\ \text{mA}+6.3\ \text{mA}=2.6\ \text{mA}$$

(2)当 $R=4\ \text{k}\Omega$ 时。断开二极管,由图 1.3.3(b)可知,$V_+=-3\ \text{V}$,$V_-=R_L(-10\ \text{V})/(R+R_L)=-2\ \text{V}$。由恒压降模型可知:

$V_+-V_-=(-3+2)\ \text{V}=-1\ \text{V}<U_{D(on)}$,故二极管反偏截止。

$$I_D=0$$

$$U_o=R_L(-10\ \text{V})/(R+R_L)=-2\ \text{V}$$

$$I_{R_L}=U_o/R_L=-2\ \text{V}/1\ \text{k}\Omega=-2\ \text{mA}$$

$$I_R=\frac{-2\ \text{V}-(-10\ \text{V})}{4\ \text{k}\Omega}=2\ \text{mA}$$

例1.3.2

例 1.3.2　电路如图 1.3.4 所示,二极管为理想二极管,$u_i=3\sin\omega t$ V,试画出输出信号的波形。

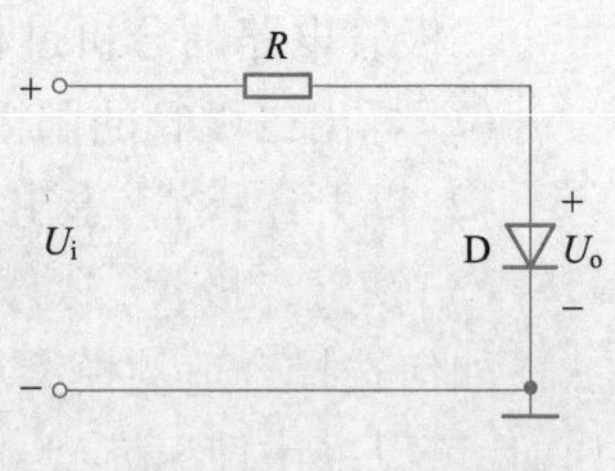

图 1.3.4　例 1.3.2 电路图

解　标出二极管的正、负极后,断开二极管,则

$$V_+=u_i,V_-=0;$$

利用理想模型解题:

$(V_+-V_-)>0$ V,即 $u_i>0$ V 时,二极管正偏导通,$u_o=0$ V;

$(V_+-V_-)<0$ V,即 $u_i<0$ V 时,二极管反偏截止,$u_o=u_i$。

输入、输出信号波形如图 1.3.5 所示。

视频

例1.3.3

例 1.3.3　(限幅电路)如图 1.3.6 所示,D_1、D_2 为硅二极管,导通电压为 0.7 V。画出电路的电压传输特性曲线和相应输入电压 $u_i = 10\sin\omega t$ V 作用下的输出电压波形。

解　电压传输特性指输入信号 u_i 和输出信号 u_o 之间的关系曲线,横坐标为 u_i,纵坐标为 u_o。

注意:当电路中有多个二极管时,两个二极管会相互影响。有必要分析哪些二极管具有最佳的导通通路,并注意具有最佳导通通路的二极管是否对其他二极管的工作状态产生影响。利用二极管的恒压降模型和二极管电路分析的三个步骤,可以推导出 u_i 和 u_o 之间的关系。最后绘出电压传输特性曲线和输出信号波形。

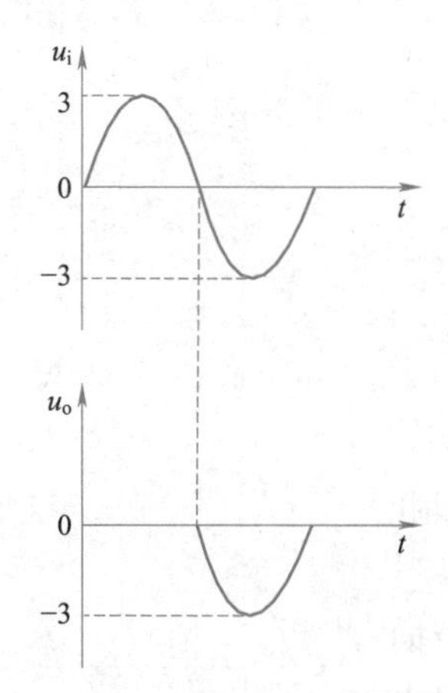

图 1.3.5　例 1.3.2 输入、输出信号波形

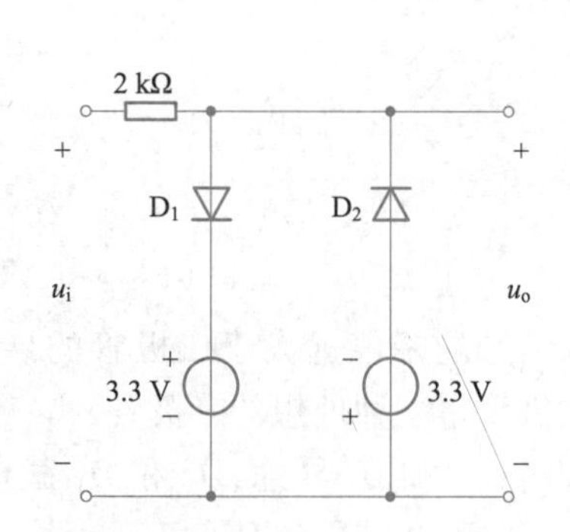

图 1.3.6　例 1.3.3 电路图

(1)标出二极管的阳极、阴极。

(2)断开二极管后,

$V_{1+} = u_i$,$V_{1-} = 3.3$ V;$V_{2+} = -3.3$ V,$V_{2-} = u_i$。其中,右下角标的数字表示二极管编号,"+"表示阳极,"−"表示阴极。

(3)利用恒压降模型解题:

$(V_{1+} - V_{1-}) > 0.7$ V,可得$(u_i - 3.3\text{ V}) > 0.7$ V,即 $u_i > 4$ V 时,D_1 导通;

$(V_{1+} - V_{1-}) < 0.7$ V,可得$(u_i - 3.3\text{ V}) < 0.7$ V,即 $u_i < 4$ V 时,D_1 截止;

$(V_{2+} - V_{2-}) > 0.7$ V,可得$(-3.3\text{ V} - u_i) > 0.7$ V,即 $u_i < -4$ V 时,D_2 导通;

$(V_{2+} - V_{2-}) < 0.7$ V,可得$(-3.3\text{ V} - u_i) < 0.7$ V,即 $u_i > -4$ V 时,D_2 截止。

可见:

$u_i > 4$ V 时,D_1 导通、D_2 截止,$u_o = 3.3\text{ V} + 0.7\text{ V} = 4$ V。

$-4\text{ V} < u_i < 4$ V 时,D_1、D_2 均截止,$u_o = u_i$。

$u_i < 4$ V 时,D_1 截止、D_2 导通,$u_o = -4$ V。

电压传输特性如图 1.3.7 所示,输入、输出信号波形如图 1.3.8 所示。

该电路为限幅电路,它是用来让信号在预置的电平范围内有选择地传输一部分。

视频

例1.3.4

例 1.3.4　(整流电路)电路如图 1.3.9(a)所示,D_1、D_2、D_3、D_4 为整流二极管,$u_i = 20\sin\omega t$ V,试画出输出信号波形。

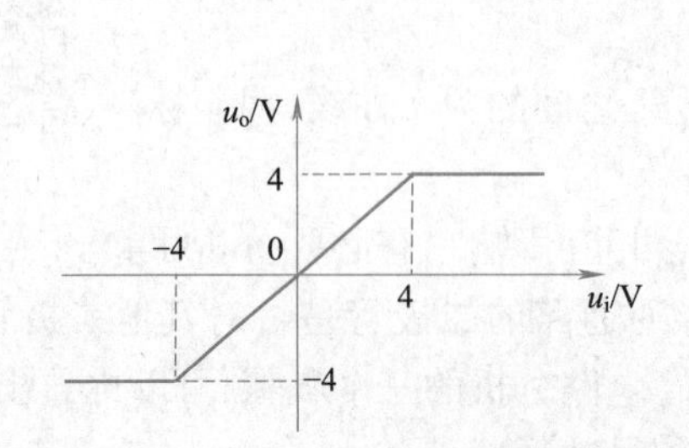

图 1.3.7　例 1.3.3 的电压传输特性

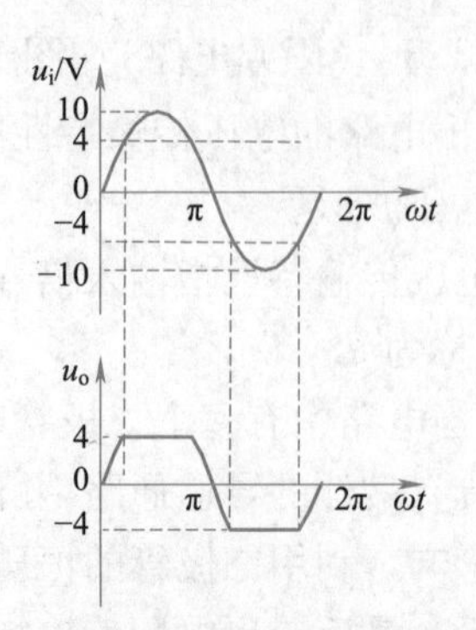

图 1.3.8　例 1.3.3 输入、输出信号波形

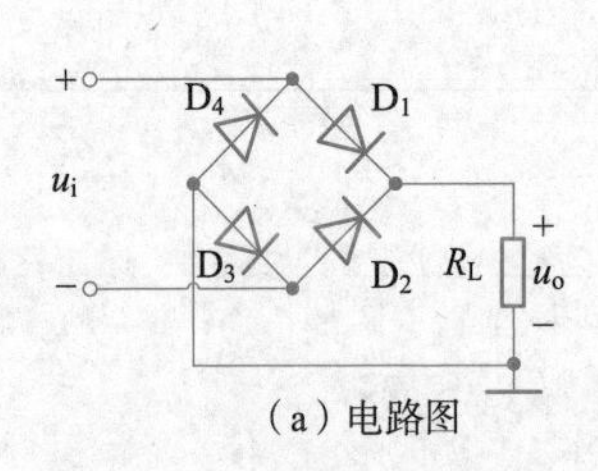

（a）电路图

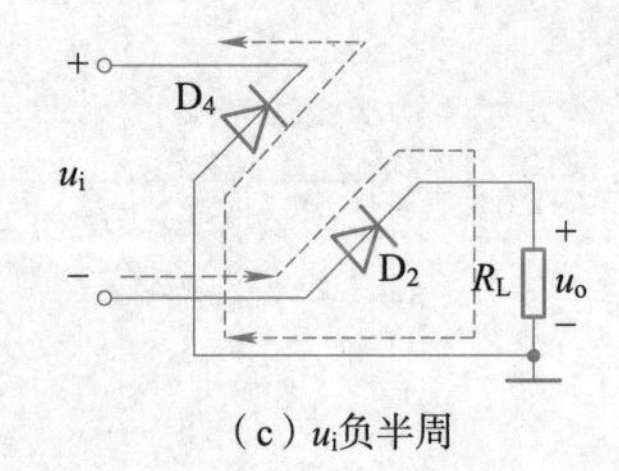

（b）u_i正半周　（c）u_i负半周

图 1.3.9　例 1.3.4 电路图

解　输入信号的峰值远大于二极管的导通电压，因此可以认为该二极管是一种理想的二极管。

u_i 正半周时，D_1 和 D_3 导通，D_2 和 D_4 截止。电流流向如图 1.3.9(b)所示，负载电流从上到下，故 $u_o=u_i$，输出电压波形如图 1.3.10 所示。

u_i 负半周时，D_2 和 D_4 导通，D_1 和 D_3 截止，电流流向如图 1.3.9(c)所示，负载电流由上到下，故 $u_o=-u_i$，输出电压波形如图 1.3.11 所示。

在 u_i 的整个周期中，由于 D_1、D_2、D_3、D_4 的交替导通作用，使得负载 R_L 在 u_i 的整个周期内都有电流流过，而且方向不变，输出电压波形如图 1.3.12 所示。

该电路为直流稳压电源中常用的单相桥式整流电路，可以实现全波整流。

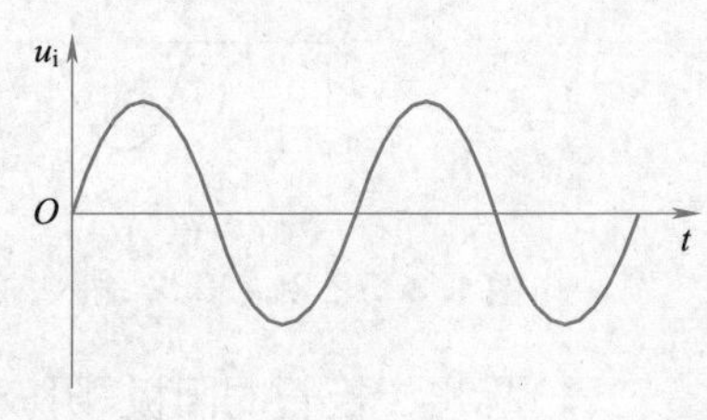

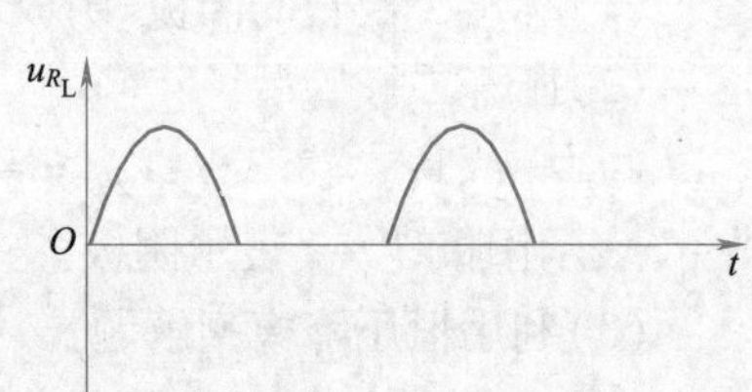

图 1.3.10　u_i 正半周时的输出波形

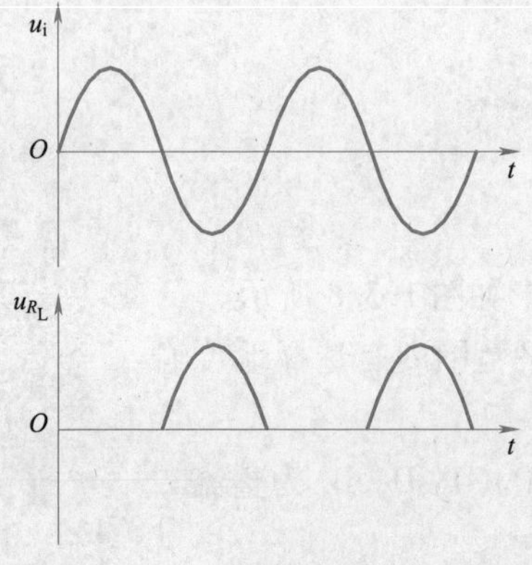

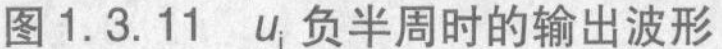

图 1.3.11　u_i 负半周时的输出波形

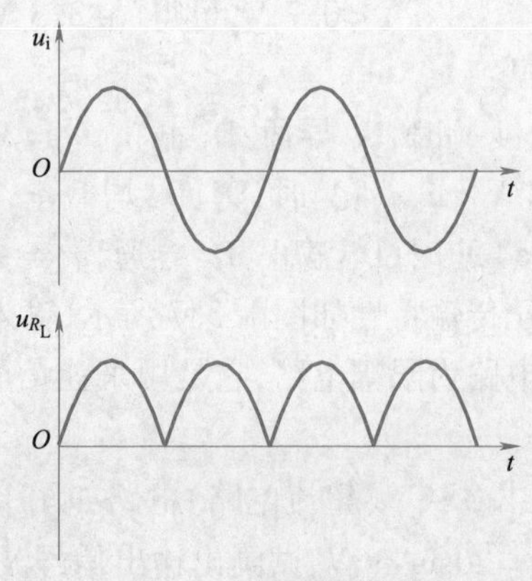

图 1.3.12　u_i 整个周期的输出波形

1.4　特殊二极管

特殊二极管广泛应用于实际工程中。特殊二极管包括稳压二极管、发光二极管、光电二极管、变容二极管、隧道二极管、肖特基二极管等。

稳压二极管是采用硅表面接触型的二极管，主要用于调节电路、基准限幅电路和电源电路，发光二极管包括可见光和不可见光、激光等类型，其中可见光发光二极管的发光颜色主要由二极管的材质决定，目前主要有红色、橙色、黄色、绿色等，主要用于显示电路。光电二极管用于光电耦合、光电传感、微型光电池等。变容二极管由PN结的势垒电容制成，主要用于电子调谐、自动调频、调频调幅、滤波等电路。隧道二极管是利用高掺杂PN结的隧道效应制成的二极管，主要用于振荡、保护和脉冲数字电路。肖特基二极管由金属与半导体之间的接触势垒制成，正向电压和结电容小，广泛应用于微波混合、监控、集成数字电路等领域。

1.4.1　稳压二极管

视频

稳压二极管

稳压二极管又称齐纳二极管，简称稳压管。稳压管是一种特殊的二极管，工作在反向击穿状态。此时流过稳压管的电流可以在很宽的范围内变化，稳压管两端的电压基本不变，稳压管主要用作电压参考元件或稳压元件。

1. 稳压管的伏安特性

稳压管符号及其伏安特性曲线如图1.4.1所示。根据伏安特性，稳压管可以工作在三个区域，每个区域的工作条件和稳压管的特性是非常重要的。

(1)正向特性区域：

工作条件：稳压管两端电压大于稳压管的正向导通电压，即 $u_Z > U_{Z(on)}$。

特点：稳压管的电压和电流呈指数特性关系。稳压管显示恒压特性，可以近似地说，稳压管两端的电压保持不变，即 $u_Z = U_{Z(on)}$。稳压管的正向特性与普通二极管相似。

(2)截止区域：

工作条件：稳压管两端电压大于稳压管的反向击穿电压而小于稳压管的正向导通电压，即 $-U_Z < u_Z < U_{Z(on)}$。

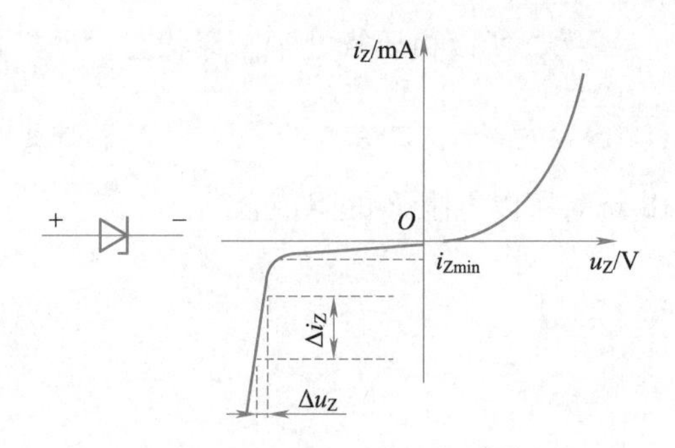

图1.4.1　稳压管符号及其伏安特性曲线

特点：稳压管电流近似为0，此时稳压管可看作开关处于断开状态。

(3)反向击穿特性区域：

工作条件：稳压管两端电压小于稳压管的反向击穿电压，即 $u_Z < U_Z$。

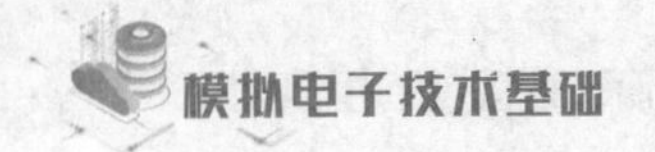

特点:稳压管两端电压几乎维持不变,稳压管体现出稳压特性。

2. 稳压管的主要参数

(1)稳定电压 U_Z。稳定电压指规定电流下稳压管的反向击穿电压。稳压管的稳定电压可以低至3 V,高达300 V。

(2)稳定电流 I_Z。稳定电流指稳压管在稳压状态时的工作电流。稳定电流应处于某一范围之内,即 $I_{Zmin} < I_Z < I_{Zmax}$。$I_{Zmax}$、$I_{Zmin}$ 分别为最大工作电流和最小工作电流,当稳压管电流低于 I_{Zmin} 时,稳压管稳压效果会变差;当稳压管电流高于 I_{Zmax} 时,稳压管有可能因电流过高而发生热击穿。

(3)动态电阻 r_Z。稳压管动态电阻与普通二极管动态电阻不同,稳压管的动态电阻定义在反向击穿区,指稳压管两端电压变化与电流变化的比值。稳压管反向击穿区的曲线越陡,动态电阻越小,稳压管的稳压性能越好,r_Z 很小,一般为几欧到几十欧。

(4)最大耗散功率 P_{ZM}。P_{ZM} 指稳压管的稳定电压与最大工作电流的乘积,即 $P_{ZM}=U_ZI_{ZM}$。

3. 稳压管稳定工作条件及分析步骤

稳压管稳定工作必须同时满足两个条件:

(1)给稳压管加足够大的反偏电压,使稳压管工作于反向击穿区,即 $u_Z < U_Z$。

(2)为稳压管串联大小合适的限流电阻 R,使稳压管的工作电流 $I_{Zmin} < I_Z < I_{Zmax}$。

稳压管电路分析步骤如下:

(1)标出稳压管的阳极、阴极。

(2)断开稳压管,判断稳压管是否击穿并稳压。

(3)判断稳压管的工作电流是否满足 $I_{Zmin} < I_Z < I_{Zmax}$。

稳压管常用稳压电路如图1.4.2所示,R 为限流电阻,R_L 为负载。当稳压管正常工作时

$$U_o = U_Z \tag{1.4.1}$$

$$I_R = I_Z + I_{R_L} \tag{1.4.2}$$

4. 稳压管电路分析举例

例 1.4.1　电路如图1.4.3所示,$V_{CC}=20$ V,$U_Z=12$ V,$I_{Zmin}=3$ mA,$I_{Zmax}=18$ mA,求流过稳压管的电流 I_Z,并判断该电路中电阻 R 阻值是否合适?

解　断开稳压管后,求出稳压管 $V_+=0$ V,$V_-=20$ V。

因为 $V_+-V_-=-20\text{ V}<-U_Z$,所以稳压管处于击穿状态,可得

$$I_Z=\frac{V_{CC}-U_Z}{R}=5\text{ mA}$$

因为3 mA<5 mA<18 mA,所以电阻 R 的阻值合适。

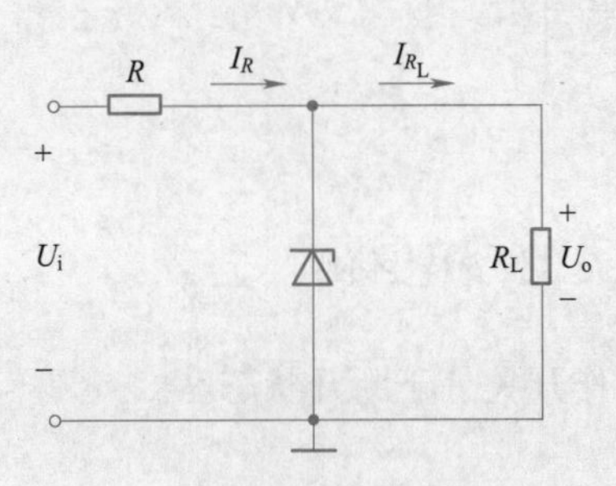

图1.4.2　稳压管常用稳压电路

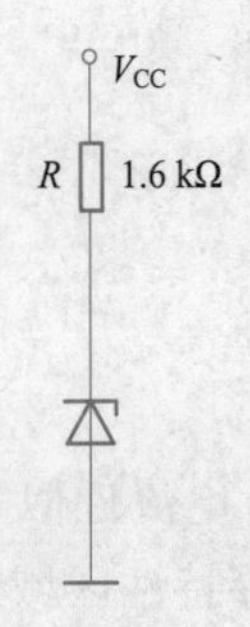

图1.4.3　例1.4.1电路图

例 1.4.2　电路如图 1.4.4 所示，已知 $U_1=12\ \text{V}$，$U_Z=6\ \text{V}$，$R=0.15\ \text{k}\Omega$，$I_Z=5\ \text{mA}$，$I_{Z\max}=30\ \text{mA}$，求稳压管正常工作时 R_L 的取值范围。

解　若题目中没有提供 $I_{Z\min}$，则可认为 I_Z 为稳压管稳定工作的最小电流。

(1)断开稳压管，则

$$V_+=0\ \text{V},V_-=\frac{R_L}{R_L+R}U_1$$

若要稳压管处于击穿状态，则

$$V_+-V_-=-\frac{R_L}{R_L+R}U_1<U_Z$$

代入数值可得：$R_L>0.15\ \text{k}\Omega$。

图 1.4.4　例 1.4.2 电路图

(2)当稳压管击穿后，有

$$I_Z=\frac{U_1-U_Z}{R}-\frac{U_Z}{R_L}$$

由 $I_{Z\min}<I_Z<I_{Z\max}$ 可得

$$\frac{U_Z}{\frac{U_1-U_Z}{R}-I_Z}<R_L<\frac{U_Z}{\frac{U_1-U_Z}{R}-I_{Z\max}}$$

代入数值可得：$0.17\ \text{k}\Omega<R_L<0.6\ \text{k}\Omega$。

综合(1)、(2)的结果可知，稳压管正常工作时 R_L 的取值范围为 $0.17\ \text{k}\Omega<R_L<0.6\ \text{k}\Omega$。

1.4.2　发光二极管

视频

发光二极管、光电二极管

发光二极管(light emitting diode，LED)是一种能将电能转化为光能的半导体电子元件，其图形符号及实物如图 1.4.5 所示。

发光二极管由含硅(Si)、镓(Ga)、砷(As)、磷(P)、氮(N)等的半导体化合物制作而成。目前，发光二极管发出的光已遍及可见光、红外线及紫外线，不同半导体材料的发光二极管发光颜色不同，发光波长也不同。在可见光波段，红色发光二极管的波长一般为 650～700 nm，琥珀色发光二极管的波长一般为 630～650 nm，橙色发光二极管的波长一般为 610～630 nm，黄色发光二极管的波长一般为 585 nm 左右，绿色发光二极管的波长一般为 555～570 nm。

图 1.4.5　发光二极管图形符号及实物

发光二极管具有单向电导性，其伏安特性与普通二极管相似，但其导通电压较大，而且发光二极管的颜色不同，导通电压也不同(1.5～3 V)。红色发光二极管导通电压约为 1.6 V，绿色发光二极管导通电压约为 2 V，白色发光二极管导通电压约为 3 V。只有当施加的正向电压使正向电流足够大时，发光二极管才会发光。它的亮度会随着正向电流的增大而增大。工作电流在几毫安到几十毫安之间，典型的工作电流约为 10 mA。发光二极管的反向击穿电压一般大于 5 V，电源电压可以是直流也可以是交流。

发光二极管基本应用电路如图 1.4.6 所示。电路中应合理选择限流电阻 R，保证发光二极管能够正常工作，不会因电流过大而烧坏。发光二极管作为一种新型发光器件，具有体积小、电压低、使用寿命长、亮度高、发热小、环保等优点。目前主要应用于指示、照明、显示、装饰、背光源、交通、汽车等领域。常见的数码管也是半导体发光器件，可分为七段数码管和八段数码管，区别在于八段数码管比七段数码管多一个用来显示小数点的发光二极管单元，其基本单元是发光二极管。一个典型的七段数码管有八个发光二极管来显示十进制数字 0 到 9，也可以显示英文字母。现在大多数七段数码管以斜体显示。

数码管分为共阳极和共阴极。共阳极数码管的阳极为八个发光二极管的共有阳极，其他接点为独立发光二极管的阴极，使用者只需把阳极接电源，不同的阴极接地就能控制七段数码管显示不同的数字。共阴极七段数码管与共阳极七段数码管接法相反。数码管共阴极接法如图 1.4.7 所示。

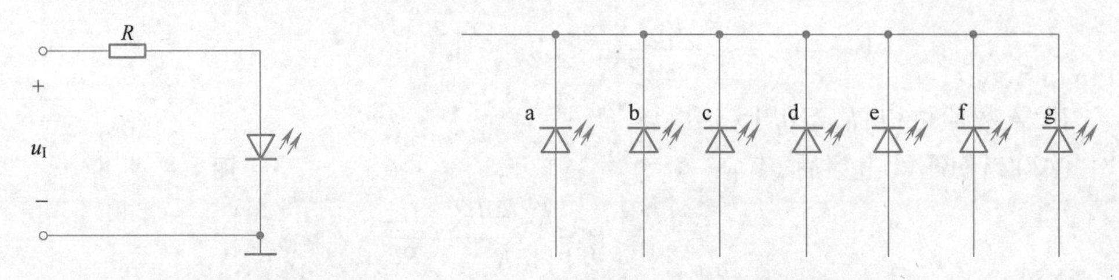

图 1.4.6　发光二极管基本应用电路　　　　图 1.4.7　数码管共阴极接法

数码管的工作电流为 3 ~ 10 mA，当电流超过 30 mA 时会将数码管烧毁。因此，需要在数码管的每一段串入一个电阻进行限流。电阻的选择范围为 470 Ω ~ 1 kΩ。如电源电压为 5 V，限流电阻为 1 kΩ，则一个二极管的导通电压约为 1.8 V，电流为(5 V - 1.8 V)/1 kΩ = 3.2 mA。即采用 1 kΩ 的限流电阻时，流过数码管每段的电流为 3.2 mA，数码管可以正常发光显示。

1.4.3　光电二极管

光电二极管也是一种由 PN 结组成的光传感器，它将光信号转换为电信号。光电二极管的 PN 结面积比较大，壳体上有一个透明的接收光的窗口，其图形符号及实物如图 1.4.8 所示。光电二极管在反向电压的作用下，当光电二极管不接收光时，其反向电流极弱，称为暗电流；当光电二极管接收到光时，反向电流迅速增加到几十微安，称为光电流。反向电流随光强的增加而增加。外部光照强度的变化引起光电二极管反向电流的变化，可以将光信号转换为电信号，成为光电传感器。

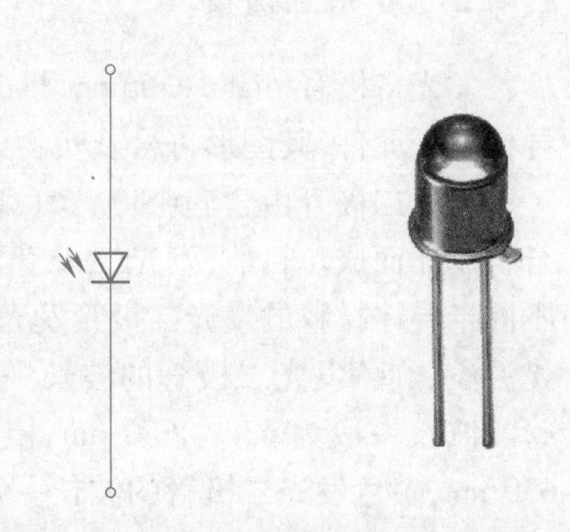

图 1.4.8　光电二极管图形符号及实物

1.4.4　肖特基二极管

肖特基二极管是以其发明人肖特基(Schottky)命名的。肖特基二极管(Schottky barrier diode，SBD)不是利用 P 型半导体与 N 型半导体接触形成 PN 结原理制作的，而是利用金属与半导体接触形成的金属-半导体结原理制作的。因此，SBD 又称金属-半导体(接触)二极管或表面势垒二极管，它是一种热载流子二极管。

SBD 的主要优点包括两个方面：

(1)由于肖特基势垒高度低于 PN 结势垒高度，肖特基势垒的正向通过阈值电压和正向压降均低于 PN 结二极管(约低 0.2 V)。

(2)由于 SBD 是一种多数载流子导电器件，因此不存在少数载流子寿命和反向回收问题。SBD 的反向恢复时间仅为肖特基势垒电容的充放电时间，与 PN 结二极管的反向恢复时间完全不同。由于SBD具有很小的反向恢复电荷,开关速度非常快,开关损耗非常小,特别适合于高频应用。

肖特基二极管是一种低功耗、高速的半导体器件,广泛应用于开关电源、变频器、驱动电路、高频整流二极管、低压整流二极管、大电流整流二极管、续流二极管、保护二极管等,或在微波通信电路中用作整流二极管、小信号检测。

小 结

(1)在本征(纯)半导体中加入杂质,一方面可以显著提高半导体的导电性,另一方面可以降低温度对半导体导电性的影响。此时半导体的电导率主要取决于掺杂浓度。P型半导体和N型半导体可以通过将受体或供体杂质混合成纯半导体制成。空穴导通是半导体不同于金属导体的一个重要特性。

(2)PN结是N型半导体和P型半导体在其交界面附近形成的空间电荷区。PN结的主要特性为单向导电性:当$V_P > V_N$时,PN结正向偏置,PN结导通,呈现低电阻,具有较大的正向电流;当$V_P < V_N$时,PN结反向偏置,PN结截止,呈现高电阻,具有很小的反向饱和电流。

(3)二极管的核心部分为PN结,二极管的伏安特性分为正向特性、反向特性和击穿特性三部分。二极管具有正向恒压特性,其导通电压用$U_{D(on)}$表示,硅管的$U_{D(on)} \approx 0.7$ V,锗管的$U_{D(on)} \approx 0.2$ V。当二极管外加反向电压不超过一定范围时,二极管反向电流很小,二极管处于截止状态。当二极管外加反向电压超过某一数值时,反向电流会突然增大,二极管处于击穿状态。二极管的主要参数包括最大整流电流、最高反向工作电压、反向电流、直流电阻、动态电阻、最高工作频率等。

(4)在工程中,常采用近似法进行处理,将非线性问题转化为允许误差范围内的线性问题,使电路分析更加方便快捷。理想模型和恒压降模型是工程中分析二极管电路的常用方法。

(5)特殊二极管广泛应用于实际工程中。特殊二极管包括稳压二极管、发光二极管、光电二极管、变容二极管、隧道二极管、肖特基二极管等。

习 题

1.1 半导体基础知识

1.1.1 选择填空题:

(1)N型半导体中多数载流子是________,P型半导体中多数载流子是________。(a. 空穴,b. 自由电子)

(2)N型半导体________,P型半导体________。(a. 带正电,b. 带负电,c. 呈中性)

(3)PN结中扩散电流的方向是________,漂移电流的方向是________。(a. 从P区到N区,b. 从N区到P区)

(4)在PN结未加外部电压时,扩散电流________漂移电流。(a. 大于,b. 小于,c. 等于)

(5)当PN结外加反向电压时,扩散电流________漂移电流。(a. 大于,b. 小于,c. 等于)此时,耗尽层________。(a. 变宽,b. 变窄,c. 不变)

(6)二极管的正向电阻________,反向电阻________。(a. 大,b. 小)

(7)当温度升高后,二极管的正向电压________,反向电流________。(a. 增大,b. 减小,c. 基本不变)

1.3 半导体二极管基本电路及分析方法

1.3.1 电路如图题1.3.1所示,二极管为理想二极管,$u_i = 5\sin \omega t$,试画出输出信号u_o的波形。

1.3.2 在图题1.3.2所示电路中,用恒压降模型求解I、U。(设D_1、D_2为硅管)

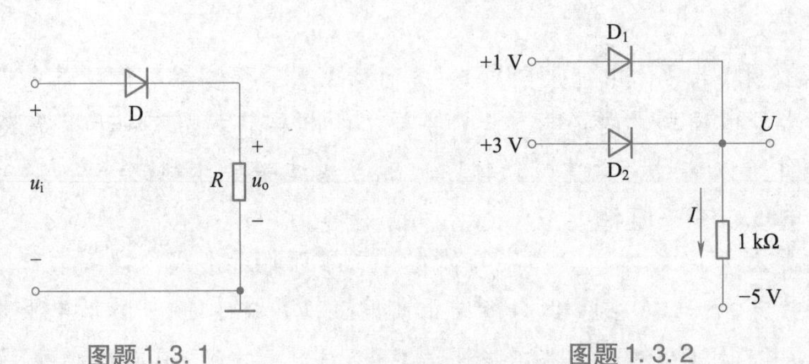

图题1.3.1　　图题1.3.2

1.3.3 在图题1.3.3所示各电路中,已知$E = 5$ V,$u_i = 10\sin \omega t$ V,二极管的正向压降可忽略不计。试分别画出图题1.3.3(a)、(b)所示电路中输出电压u_o的波形。

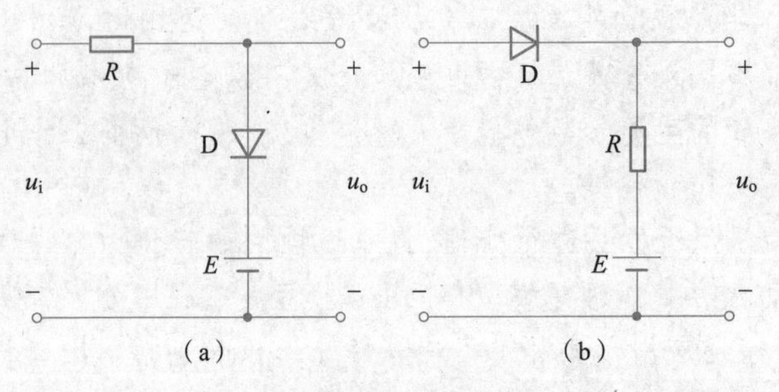

图题1.3.3

1.3.4 二极管电路如图题1.3.4所示,试判断图中的二极管是导通还是截止,并求出AO两端输出电压,假设二极管是理想的。

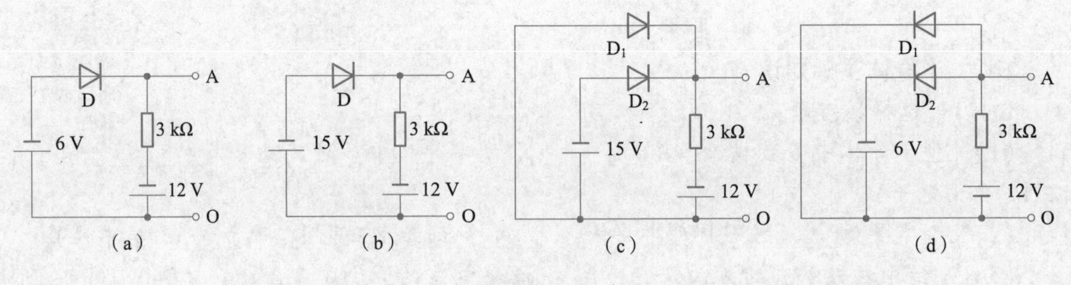

图题1.3.4

1.3.5 二极管电路如图题1.3.5(a)所示,设输入电压$u_i(t)$的波形如图题1.3.5(b)所示,在$0 < t < 5$ ms的时间间隔内,试绘出$u_o(t)$的波形,设二极管是理想的。

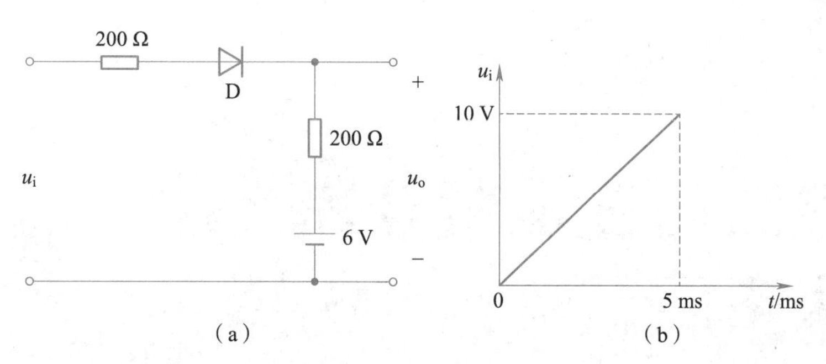

图题 1.3.5

1.4　特殊二极管

1.4.1　电路如图题 1.4.1 所示，D_1、D_2 为硅二极管，导通电压为 0.7 V，$u_i=10\sin\omega t$，试画出电路的电压传输特性曲线及输出电压波形。

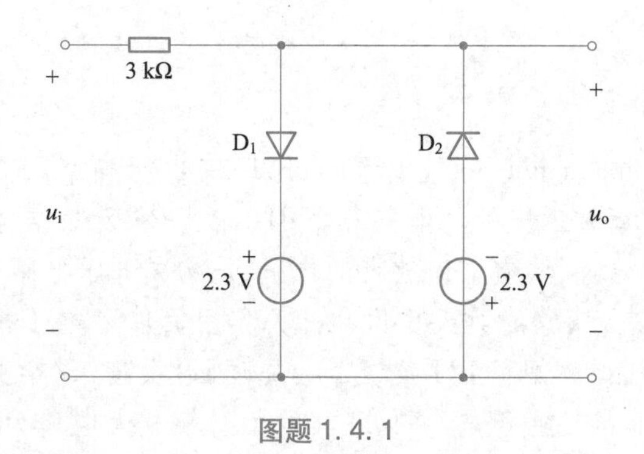

图题 1.4.1

1.4.2　已知稳压管的稳压值 $U_Z=6$ V，稳定电流的最小值 $I_{Zmin}=3$ mA，最大值 $I_{Zmax}=20$ mA，试问如图题 1.4.2(a)、(b)所示电路中的稳压管能否正常稳压工作，并求出 U_{o1} 和 U_{o2}。

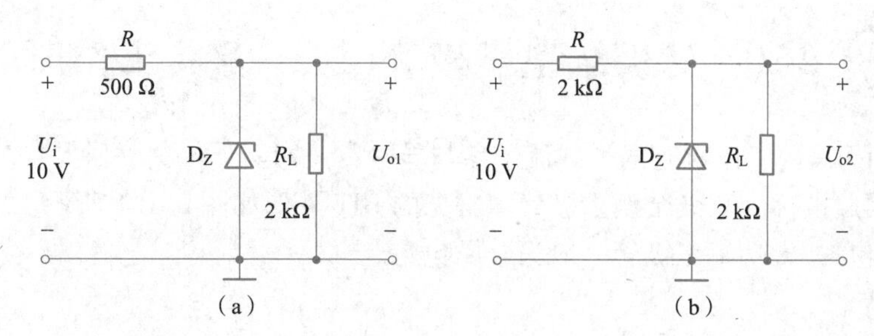

图题 1.4.2

1.4.3　电路如图题 1.4.3 所示，设稳压管的稳定电压 $U_Z=10$ V，试画出 0 V$\leqslant U_i\leqslant$30 V 范围内的传输特性曲线 $U_o=f(U_i)$。

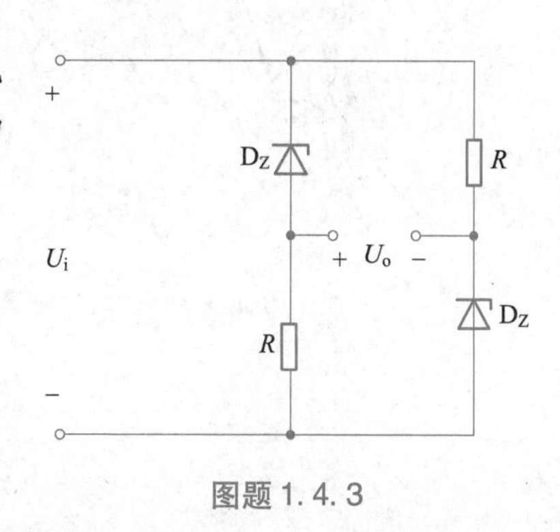

图题 1.4.3

第2章 双极结型三极管及其放大电路

导读 >>>>>>

双极结型三极管(bipolar junction transistor,BJT)有电子和空穴两种不同极性的载流子参与导电,又称晶体管,简称三极管。本书采用BJT来代替“双极结型三极管”。BJT是一种电流控制电流的半导体器件,具有电流放大的作用,是构成电子电路的核心器件。BJT在电路中通常用字母VT来表示,它的放大作用和开关作用促使了电子技术的飞跃发展。本章从BJT的基本结构着手,详细阐释BJT电流放大原理,以及输入/输出特性曲线和主要技术参数,分析BJT放大电路的三种组态,并以经典的共射极放大电路为例,从电子电路设计者的角度剖析非线性器件BJT的静态和动态分析方法,以及温度对BJT的工作状态影响和如何通过电路设计消除温漂影响。

2.1 双极结型三极管(BJT)及其工作原理

BJT有三个引脚,工作时有两种载流子参与导电:一种是电子,另一种是空穴,且两种载流子极性不同,因此被称为双极结型三极管。常见的BJT外形如图2.1.1所示。中、小功率三极管通常为塑料包封,大功率三极管一般为金属包封。

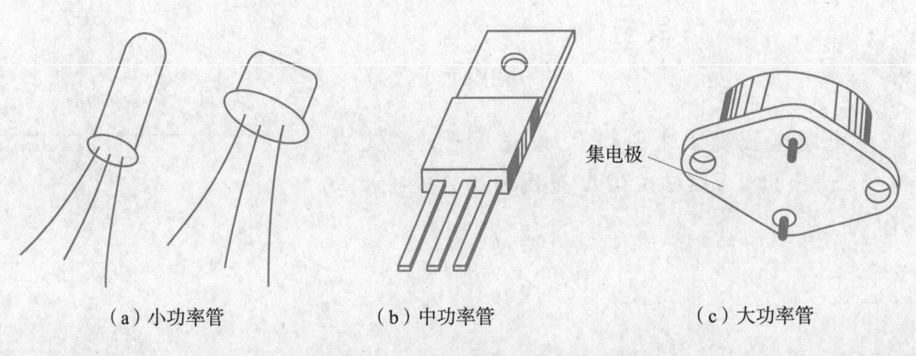

图2.1.1 常见的BJT外形

2.1.1　BJT的基本结构与类型

BJT是在一块半导体基片(硅或锗)上通过掺杂工艺制造出三个掺杂区域,并同时生成两个PN结。BJT按照PN结的组合方式,可分为NPN型和PNP型两种,其结构示意图和图形符号如图2.1.2所示。BJT无论何种类型,都包含有集电区、基区和发射区三个掺杂区域。位于中间区域的基区很薄(BJT厚度为几百微米,而基区只有几微米),且掺杂浓度最低;位于上层的集电区,结面积最大;位于下层的发射区,掺杂浓度最高。集电区与发射区是同类型的杂质半导体,但后者的掺杂浓度远远高于前者,这与BJT的外部导电特性紧密相关,后面会有详细介绍。三个掺杂区域引出三个电极,分别称为集电极(c)、基极(b)和发射极(e)。集电区与基区间的PN结称为集电结,发射区与基区间的PN结称为发射结,集电结的结面积大于发射结的结面积。从图2.1.2中还可以观察到,两种类型的BJT图形符号仅有发射极箭头的方向不同,箭头的指向是代表发射结处在正向偏置时电流的流向,有利于记忆NPN和PNP型三极管的符号,同时还可根据箭头的方向来判别BJT的类型。例如,当看到图2.1.2(b)所示图形符号时,因为该符号中的箭头是由基极指向发射极的,说明当发射结处在正向偏置时,电流是由基极流向发射极。当PN结处在正向偏置时,电流是由P型半导体流向N型半导体,由此可知该三极管的基区是P型半导体,其他的两个区都是N型半导体,所以该三极管为NPN型BJT。

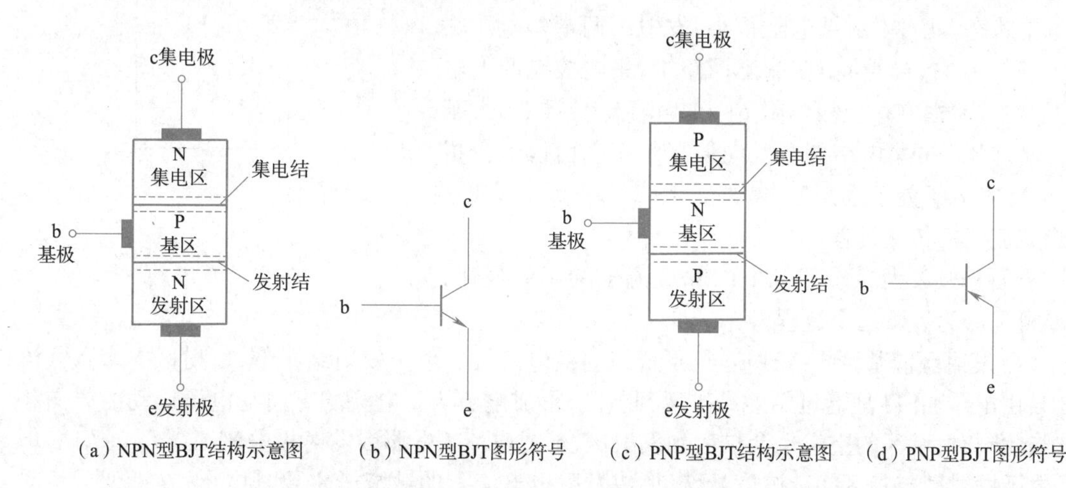

图2.1.2　BJT结构示意图及图形符号

图2.1.3是NPN型BJT的结构图。本章以NPN型BJT为例阐述其电特性和在放大电路中的应用。

注意:NPN型BJT的所有结论对PNP型也适用,两者在电路中的差别仅在所需的直流电压极性相反,且产生的电流方向也相反。

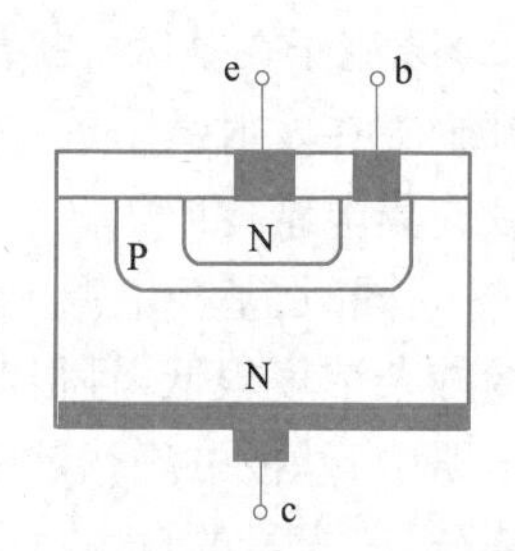

图2.1.3　NPN型BJT的结构图

2.1.2　BJT的电流放大作用

1. BJT放大的内部条件

BJT的电流放大作用与内部PN结的特殊结构紧密相关。从图2.1.2可以看出,每个BJT内部都包含两个背靠背的PN结,如果是两个普通的PN结简单地背靠背连接在一起,是不能实现电流的放大作用的，要想使 BJT 具有电流放大作用，在制作过程中必须要满足以下内部条件：

（1）发射区掺杂浓度最高，主要用于提供大量的载流子。

（2）集电结的结面积最大，便于集电区收集载流子。集电区与发射区虽为同一性质的掺杂半导体，但集电区的掺杂浓度要低于发射区的掺杂浓度。

（3）基区非常薄，且掺杂浓度最低，主要作用是传输和控制发射到基区的载流子。

视频

BJT的电流放大作用

上述的结构特点是 BJT 具有电流放大作用的内因，要使 BJT 工作在放大状态，必须做到：

（1）发射结正向偏置。

（2）集电结反向偏置。

这是 BJT 具有电流放大作用的外部条件。下面，以 NPN 型 BJT 为例，分析其内部载流子的运动规律，即电流分配和放大的规律。

2. BJT 内部载流子的运动规律及电流放大作用

图 2.1.4 所示为由 BJT 搭建的基本放大电路，基极电源 V_{BB}、基极电阻 R_b，与 BJT 的发射结构成输入回路；集电极电源 V_{CC}、集电极电阻 R_c，与 BJT 的集电结、发射结构成输出回路，这里 V_{CC} 大于 V_{BB}。发射极作为输入/输出回路的公共端，因此该电路称为共发射极放大电路。分析输入回路可得出，BJT 的发射结处于正向偏置状态，此时发射结电阻很小，发射结两端的电压很小，0.7 V 左右（硅管）。在输出回路中，集电极电源的电压 V_{CC} 主要降落在集电极电阻 R_c 和集电结上，且 V_{CC} 大于 V_{BB}，因此 BJT 的集电结处在反向偏置状态。由以上分析可知，此时 BJT 处于放大工作状态。图 2.1.4 展示了 BJT 内部载流子的传输过程。

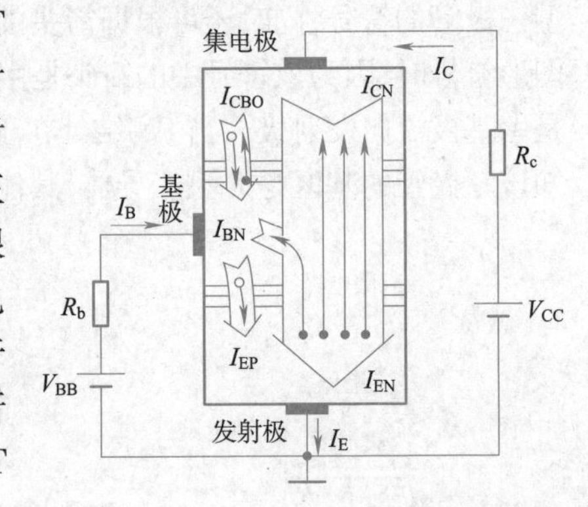

图 2.1.4　由 BJT 搭建的基本放大电路

下面分析放大状态下 BJT 内部载流子的运动规律，主要可以分为以下三个过程。

（1）发射区向基区扩散载流子，形成发射极电流 I_E。由于发射结正偏，发射区的多数载流子（自由电子）不断地通过发射结扩散到基区，形成电流 I_{EN}，电流的方向与电子运动的方向相反；与此同时，基区的空穴也会扩散到发射区，形成电流 I_{EP}，那么发射极电流 $I_E = I_{EN} + I_{EP}$。但是，由于发射区与基区掺杂浓度悬殊，形成发射极电流 I_E 的载流子主要是电子，在近似分析时 I_{EP} 的大小通常忽略。综上所述，发射区向基区扩散电子，形成发射极电流 I_E，即 $I_E \approx I_{EN}$。

（2）载流子在基区的扩散与复合，形成基极电流 I_B。扩散到基区的载流子（自由电子），刚开始都聚集在发射结附近，浓度较高，而靠近集电结的自由电子很少，形成浓度差，导致自由电子继续向集电结方向扩散。在扩散的过程中将有一小部分自由电子与基区的空穴复合，形成电流 I_{BN}。同时，基极电源 V_{BB} 不断地向基区提供空穴，形成基极电流 I_B，两者基本相等。由于基区的掺杂浓度很低，且很薄，所以在基区与空穴复合的电子很少，即基极电流 I_B 也很小，在该放大电路中，基极电流就是输入电流。另一方面，扩散到基区的自由电子除了被基区复合掉的一小部分外，大量的自由电子继续扩散到靠近集电结的基区边缘。

（3）集电结收集载流子，形成集电极电流 I_C。由于集电结反偏，且集电结面积较大，扩散到靠近集电结的基区边缘的载流子（自由电子）被拉入集电区，形成电流 I_{CN}。与此同时，由本征激发所产生的基区少子自由电子与集电区少子空穴也将发生漂移运动，形成电流 I_{CBO}，该电流数值很小，与外加电压无关但受温度影响较大。综上所述，集电极电流 $I_C = I_{CN} + I_{CBO}$，在近似计算中，由于 I_{CBO} 值较小往往忽略不计，即 $I_C = I_{CN}$，在该放大电路中，集电极电流 I_C 是输出电流。

3. BJT 的电流分配关系

当发射结正偏，集电结反偏时，BJT 工作在放大状态，通过 BJT 内部载流子的传输与控制，输入一个较小的基极电流 I_B，输出一个较大的集电极电流 I_C，实现了电流放大的作用。从本质上来看，BJT 是一种电流控制电流的半导体器件，由基尔霍夫电流定律可得，BJT 三个电极的电流 I_E、I_B、I_C 之间的关系为

$$I_E = I_{EN} + I_{EP} \tag{2.1.1}$$

$$I_{EN} = I_{BN} + I_{CN} \tag{2.1.2}$$

$$I_C = I_{CN} + I_{CBO} \tag{2.1.3}$$

$$I_B = I_{EP} + I_{BN} - I_{CBO} = I'_B - I_{CBO} \tag{2.1.4}$$

其中，

$$I'_B = I_{EP} + I_{BN} \tag{2.1.5}$$

从 BJT 的外部看，或者由式(2.1.1)~式(2.1.4)均可得到

$$I_E = I_C + I_B \tag{2.1.6}$$

4. BJT 的电流放大系数

(1)共射极电流放大系数。BJT 的特殊结构使载流子在传输过程中从发射区扩散到基区的电子分为两部分：一部分在基区复合，数量较少，形成电流 I_{BN}，也是基极电流的主要组成部分；绝大部分到达集电区，形成电流 I_{CN}，也是集电极电流的主要组成部分。当 BJT 制作完成后，I_{EN}、I_{CN}、I_{BN} 的分配比值就确定了，并将 I_{CN} 与 I'_B 的比值定义为共射直流电流放大系数，用 $\overline{\beta}$ 表示，即

$$\overline{\beta} = \frac{I_{CN}}{I'_B} = \frac{I_C - I_{CBO}}{I_B + I_{CBO}} \approx \frac{I_C}{I_B} \tag{2.1.7}$$

式中，I_B 为微安级别；I_C 为毫安级别；I_C 远大于 I_B，即 $\overline{\beta} \gg 1$。

$\overline{\beta}$ 表征了 BJT 基极电流对集电极电流控制能力的大小。

BJT 的穿透电流是指当 BJT 的基极开路时，集电极到发射极之间的反向饱和电流，通常用 I_{CEO} 表示，受温度影响比较大，随着工作环境温度的升高而升高。I_{CEO} 大的 BJT，电流损耗大，BJT 易升温，BJT 工作的稳定性就比较差。穿透电流 I_{CEO} 是本征激发的少子引起的，属于不可控电流，在电子电路设计中应考虑到它的影响，可以通过负反馈等技术手段降低它对放大电路产生的影响。通过整理式(2.1.7)，可得 I_{CEO} 的公式如下：

$$I_C = \overline{\beta} I_B + (1 + \overline{\beta}) I_{CBO} = \overline{\beta} I_B + I_{CEO} \tag{2.1.8}$$

即

$$I_{CEO} = (1 + \overline{\beta}) I_{CBO} \tag{2.1.9}$$

(2)共基极电流放大倍数。BJT 有三个电极，放大电路包含输入/输出两个回路，BJT 中的两个电极作为信号的输入/输出端，第三个电极作为输入/输出回路的公共端子，因此，在放大电路中 BJT 有三种组态，共射极放大电路(如图 2.1.4 所示，发射极是输入/输出回路的公共端)、共基极放大电路(基极是输入/输出回路的公共端)和共集电极放大电路(集电极是输入/输出回路的公共端)。图 2.1.5 所示为 BJT 在放大电路中的三种组态方式。

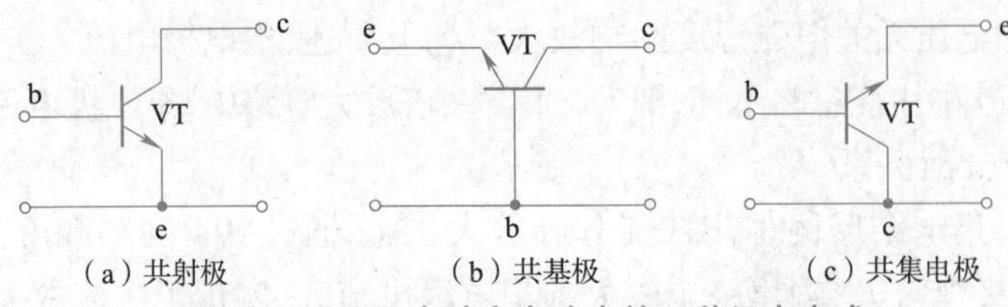

图 2.1.5　BJT 在放大电路中的三种组态方式

无论是哪种组态方式，要使 BJT 工作在放大状态下，必须满足发射结正偏，且集电结反偏的外部条件。放大状态下的 BJT 内部载流子的运动规律是相同的，电流分配关系也是相同的。除了共射直流电流放大系数外，还有另一个重要的共基直流电流放大系数 $\bar{\alpha}$，通常定义为 I_{CN} 与 I_E 的比值，即

$$\bar{\alpha}=\frac{I_{CN}}{I_E} \tag{2.1.10}$$

I_{CN} 小于 I_E，且与 I_E 近似相等，所以共基直流电流放大系数 $\bar{\alpha}$ 数值小于 1，且接近于 1，通常取值不小于 0.98。将式(2.1.10)变形，求出 I_{CN} 的表达式，并代入式(2.1.3)中，可得

$$I_C=\bar{\alpha}I_E+I_{CBO} \tag{2.1.11}$$

I_{CBO} 为发射极开路集电极与基极之间的反向饱和电流，数值比较小，可以忽略不计，因此，式(2.1.11)可变为

$$I_C=\bar{\alpha}I_E \tag{2.1.12}$$

从式(2.1.12)可以看出，共基直流电流放大系数 $\bar{\alpha}$ 表征了在共基极放大电路中输出电流 I_C 受输入电流 I_E 的控制与分配。共射直流电流放大系数 $\bar{\beta}$ 与共基直流电流放大系数 $\bar{\alpha}$ 之间的关系是什么呢？将式(2.1.10)代入式(2.1.3)，可得

$$I_C=\bar{\alpha}I_E+I_{CBO} \tag{2.1.13}$$

再将式(2.1.6)代入式(2.1.13)，可得

$$I_C=\frac{\bar{\alpha}}{1-\bar{\alpha}}I_B+\frac{1}{1-\bar{\alpha}}I_{CBO} \tag{2.1.14}$$

与式(2.1.8)相比较，可得

$$\bar{\beta}=\frac{\bar{\alpha}}{1-\bar{\alpha}}\quad 或\quad \bar{\alpha}=\frac{\bar{\beta}}{1+\bar{\beta}} \tag{2.1.15}$$

视频

BJT的输入/输出特性

2.1.3　共射放大电路 BJT 的输入/输出特性分析

BJT 的输入/输出特性曲线是描述 BJT 各个电极之间电压与电流关系的曲线，它们是 BJT 内部载流子运动规律在 BJT 外部的表现，反映了 BJT 的技术性能，是分析放大电路技术指标的重要依据。BJT 输入/输出特性曲线可在晶体管图示仪上直观地显示出来，也可从器件的数据手册上查到该型号 BJT 的典型曲线。本节以共射极放大电路为例探讨 NPN 型 BJT 的输入/输出特性曲线，又称伏安特性曲线，图 2.1.6 是它的测试电路。

1. 输入特性曲线

输入特性曲线是指 BJT 在管压降 u_{CE} 取某一数值时，基极电流 i_B 和发射结压降 u_{BE} 之间的函数关系，即

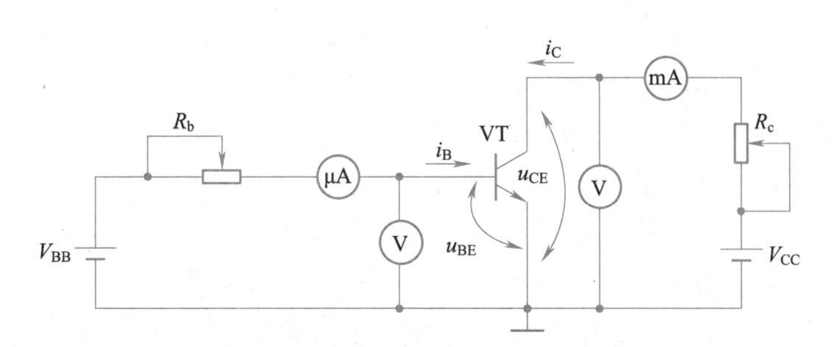

图 2.1.6 共射极放大电路 BJT 输入/输出特性曲线测试电路

$$i_B = f(u_{BE})\big|_{u_{CE}=\text{常数}} \tag{2.1.16}$$

u_{CE}每取一个值,就得到一条输入特性曲线,当 u_{CE} 取不同数值时,就得到一簇特性曲线。图 2.1.7 给出了 u_{CE}取典型数值时 i_B与 u_{BE}之间伏安特性变化曲线。

当 $u_{CE}=0$ V 时,相当于集电极与发射极短路,此时 BJT 可以看成两个并联的 PN 结,因此,输入特性曲线与二极管的伏安特性曲线相类似。当 u_{CE}逐渐增大,由于发射结处于正偏状态,基区内含有大量的由发射区扩散过去的载流子(NPN 型 BJT 是自由电子,PNP 型 BJT 是空穴),当 u_{CE}取值较小时(<1 V),集电结处于正偏状态,或者反偏状态,但反偏电压较小,此时集电结收集电子的能力较弱,如果 u_{CE}增大一点,那么集电结收集电子的能力就会明显增强,i_B就会相应减少,因此,输入特性曲线将会右移。从图 2.1.7 也可以看出,当 u_{CE}逐渐增大时,输入特性曲线右移。u_{CE}继续增大,集电结收集电子的能力越来越强,但当 $u_{CE}=1$ V 时,集电结的电场已足够强,可以将发射区扩散入基区的绝大部分自由电子都收集到集电区,所以再增大 u_{CE},集电极电流 i_C 也不可能明显增大了,从发射极电流 i_E与集电极电流 i_C 和基极电流 i_B的关系可知,此时 i_B基本不变。因此当 $u_{CE}\geqslant 1$ V 后,输入特性曲线不再明显右移而是基本重合,对于小功率的 BJT,可以用 $u_{CE}>1$ V 的任何一条曲线来近似代表 u_{CE}大于 1 V 的任意一条输入特性曲线。

2. 输出特性曲线

输出特性曲线描述了 BJT 在输入电流 i_B取某一数值时,集电极电流 i_C 和管压降 u_{CE}之间的函数关系,即

$$i_C = f(u_{CE})\big|_{i_B=\text{常数}} \tag{2.1.17}$$

i_B每取一个值,就得到一条输出特性曲线,当 i_B 取不同数值时,就得到一簇特性曲线。图 2.1.8 给出了 NPN 型 BJT 共射极放大电路输出特性曲线。由图 2.1.8 可知,BJT 分为三个工作区域截止区、放大区和饱和区。下面分别介绍每个区的工作特点。

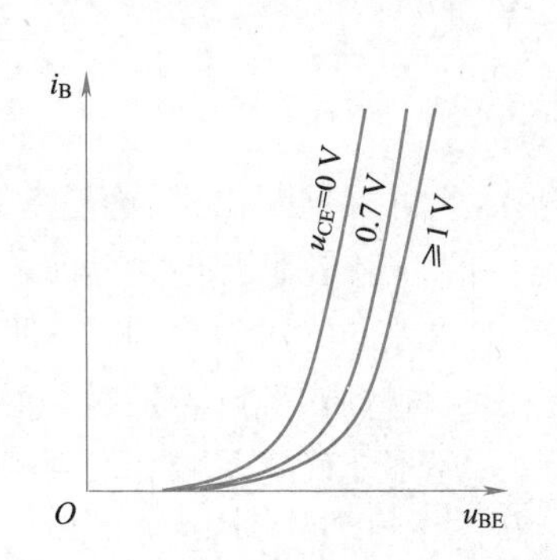

图 2.1.7 共射极放大电路输入特性曲线

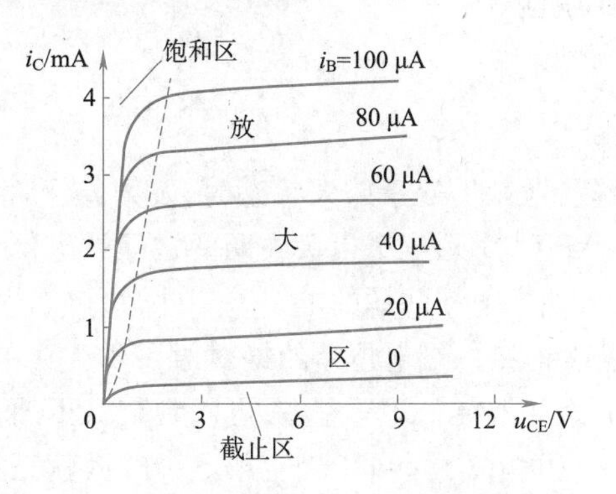

图 2.1.8 共射极放大电路输出特性曲线

(1)截止区。当 BJT 工作在截止区时,发射结两端的电压 u_{BE} 小于 PN 结的开启电压。实际工程为了使 PN 结可靠截止,往往令 $u_{BE}<0$ V,且满足集电结反向偏置,此时发射极电流 i_E 近似为0。由于 $i_B=0$,且 i_C 近似等于反向饱和电流 i_{CEO},而小功率硅管的 i_{CEO} 小于1 μA,锗管的 i_{CEO} 更小,只有几十微安,所以在 BJT 处于截止状态下,近似分析时 $i_C=0$。工程上,将 $i_B=0$ 那条输出特性曲线以下的区域称为 BJT 的截止区。

(2)放大区。当 BJT 工作在放大区时,发射结正向偏置,集电结反向偏置。由放大区的特性曲线可见,特性曲线非常平坦,当 i_B 取值一定时,i_C 几乎不变;当 i_B 等量变化时,i_C 几乎也按一定比例等距离平行变化。这说明 i_C 只受 i_B 控制,几乎与 u_{CE} 的大小无关,处在放大状态下的 BJT 相当于一个输出电流受 i_B 控制的受控电流源。

观察放大区内的输出特性曲线,虽平坦,但略有上翘,这是因为,在 u_{CE} 等于1 V之后,集电结在反偏状态下,已经将发射区扩散到基区的载流子几乎全部吸收到集电区,形成集电极电流 i_C。随着 u_{CE} 逐渐增大,载流子在基区复合的概率有所下降,共射直流电流放大系数 $\overline{\beta}$ 有所增加,在基极电流 i_B 不变的情况下,i_C 略有增加。

(3)饱和区。由图2.1.8可知,虚线的左侧区域为 BJT 的饱和区,在该区域内 BJT 的发射结正偏,集电结正偏。对于共射极放大电路,$u_{BE}>u_{CE}$,又因发射结电压 u_{BE} 大于 PN 结的开启电压,所以,虽然发射区产生了大量的载流子(自由电子),并且由于浓度差扩散到基区,但是由于集电结正偏,收集基区内载流子(自由电子)的能力很弱,那么就增强了基区内电子与空穴复合的机会,基极电流 i_B 就会增大,但此时 $\overline{\beta}i_B>i_C$。在饱和区内,随着 u_{CE} 的逐渐增大,集电结收集载流子(自由电子)的能力增强,集电极电流 i_C 迅速增加。图2.1.8中的虚线是 BJT 处于饱和区与放大区的临界状态,此时 $i_C=\overline{\beta}i_B$。

综上所述,BJT 有三种工作状态,其中截止和饱和的状态与开关断开与接通的特性很相似。数字电路中的各种开关电路就是利用 BJT 的这种特性来制作的。在模拟电路中,大多数情况下 BJT 工作在放大状态。

视频

BJT状态、引脚的判断(例题)

例2.1.1 用万用表测得放大电路中三只 BJT 的直流电位如图2.1.9所示,请在圆圈中画出 BJT 的类型。

0.7 V　0 V　6 V　(a)

−6 V　−0.2 V　0 V　(b)

−5 V　−4.3 V　0 V　(c)

图2.1.9 例2.1.1题图

解 当 BJT 处于放大状态时,发射结正偏,集电结反偏,由此可以推断出,无论是 NPN 型还是 PNP 型 BJT,三个电极中两两之间的电位差的绝对值最小的一定是基极与发射极之间的电位差,即发射结两端的电位差。此时,可以根据发射结两端电位差的绝对值来判断 BJT 的材质。若发射结两端电位差的绝对值在0.7 V左右,可以判定 BJT 的材质是硅;若发射结两端电位差的绝对值在0.2 V左右,可以判定 BJT 的材质是锗。此时,还不能确定基极和发射极与电极的对应关系,不过可以确定第三个电极就是集电极。放大状态下,BJT 三个电极电位的大小有如下关系:在 NPN 型 BJT 中,$V_c>V_b>V_e$;在 PNP 型 BJT 中,$V_c<V_b<V_e$。即若集电极的电

位最高,说明是 NPN 型管;反之,如果集电极的电位最低,说明是 PNP 型管。

图 2.1.9(a)中,最低电位点是 0 V,最高电位点是 6 V,中间电位点是 0.7 V。因此,可以判定 6 V 电位点是集电极 c。又因为集电极在三个电极当中电压最高,所以该管是 NPN 型 BJT。由放大状态下 NPN 型 BJT 三个电极的电位大小关系,易推断出 0 V 电位点是发射极 e,0.7 V 电位点是基极 b,且两极之间的电位差为 0.7 V,因此,该管的材质是硅。综上所述,图 2.1.9(a)为 NPN 型硅材质的 BJT,且 0 V 电位点是发射极 e,6 V 电位点是集电极 c,0.7 V 电位点是基极 b。

图 2.1.9(b)中,最低电位点是 −6 V,最高电位点是 0 V,中间电位点是 −0.2 V,说明 −6 V 电位点是集电极 c,且属于 PNP 型 BJT。发射结两端的电压差的绝对值为 0.2 V,所以该管的材质是锗。又因为集电极 c 的电位最低,所以该管为 PNP 型。由放大状态下 PNP 型 BJT 三个电极的电位大小关系,易判定 0 V 电位点是发射极 e, −0.2 V电位点是基极 b。综上所述,图 2.1.9(b)为 PNP 型硅材质的 BJT,且 0 V电位点是发射极 e,6 V电位点是集电极 c, −0.2 V 电位点是基极 b。

图 2.1.9(c)中,最低电位点是 −5 V,最高电位点是 0 V,中间电位点是 −4.3 V,根据上面的判断依据,可得该管是 NPN 型硅材质的 BJT,且 −5 V电位点是发射极 c, −4.3 V电位点是基极 b,0 V 电位点是集电极 c。

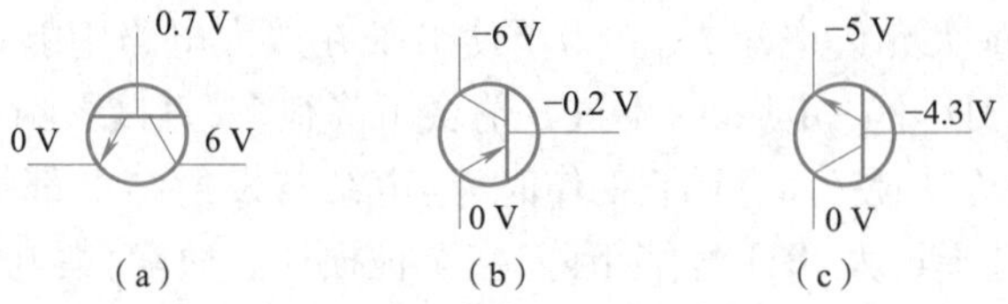

0.7 V　0 V　6 V　(a)　−6 V　−0.2 V　0 V　(b)　−5 V　−4.3 V　0 V　(c)

图 2.1.10　例 2.1.1 题解图

2.1.4　BJT 的主要技术参数

BJT 的技术参数是用来表明其性能优劣和工作时电压、电流取值范围的,也是设计电路时选用 BJT 型号的重要依据。本节只介绍近似分析中常用的主要技术参数,通常在半导体技术手册中都能查到。

1. 共射直流电流放大系数 $\overline{\beta}$ 与共射电流放大系数 β

在共射放大电路中,若交流输入信号为零,则 BJT 各极间的电压和电流都是直流量,在忽略 I_{CEO}反向饱和电流时,此时的集电极电流 I_C 和基极电流 I_B的比就是共射直流电流放大系数 $\overline{\beta}$,即 $\overline{\beta} \approx I_C/I_B$。

当共射放大电路有交流信号输入时,因交流信号的作用,必然会引起基极电流的变化,相应的也会引起集电极电流的变化,这里将两电流变化量的比值称为共射电流放大系数 β,即 $\beta = \Delta i_C/\Delta i_B$。显然,$\overline{\beta}$ 和 β 的含义不同,但当 BJT 工作在放大区时,两者的差异极小,可做近似相等处理,故在今后应用时,通常不加区分,直接互相替代使用。由于制造工艺的分散性,即使是同型号的 BJT,它们的 β 值也有差异。常用的小功率 BJT,β 值一般为 20 ~ 100。β 过小,BJT 的电流放大作用小;β 过大,BJT 工作的稳定性差,一般选用 β 在 40 ~ 80 之间的 BJT 较为合适。

2. 共基直流电流放大系数 $\overline{\alpha}$ 与共基电流放大系数 α

在共基放大电路中,近似分析计算时,往往忽略 I_{CEO} 的大小,并将集电极电流 I_C 与发射极

电流 I_E之间的比值称为共基直流电流放大系数 $\bar{\alpha}$，即 $\bar{\alpha} \approx I_C/I_E$。而共基电流放大系数是指变化的集电极电流与变化的发射极电流的比值，即 $\alpha = \Delta i_C/\Delta i_E$。同样，在 BJT 工作在放大区时，$\bar{\alpha}$ 与 α 可以近似认为相等。通常，α 小于 1 但接近 1，在近似计算中，也可以等效为 1。

3. 极间反向饱和电流 I_{CBO} 和 I_{CEO}

(1)集电结反向饱和电流 I_{CBO} 是指发射极开路，集电结加反向电压时测得的集电极电流，它与 PN 结的反向电流一样，与少数载流子的浓度相关，它的大小取决于温度的变化。常温下，硅管的 I_{CBO} 在纳安量级，比锗管的稳定性好，在近似计算中通常可以忽略。

(2)集电极-发射极反向饱和电流 I_{CEO} 是指基极开路时，集电极与发射极之间的反向电流，即穿透电流，如前所述，$I_{CEO} = (1 + \bar{\beta}) I_{CBO}$，可见穿透电流 I_{CEO} 的大小受温度影响更为严重。硅管的 I_{CEO} 要比锗管小，实际工程中考虑到 BJT 的温度稳定性，通常选择硅管。

4. 极限参数

与普通电子元器件一样，BJT 只有工作在安全的电压、电流和功率范围内，才能够稳定可靠地工作。下面主要介绍 BJT 的集电极最大允许电流 I_{CM}、集电极最大允许功耗 P_{CM}，以及极间反向电压等极限参数。

(1)集电极最大允许电流 I_{CM}。BJT 的集电极电流 i_C 在一定范围内，共射电流放大系数 β 值基本保持不变，但当 i_C 的数值过大时，β 值就会下降，当 β 值下降至额定数值的三分之二时，此时的 i_C 称为集电极最大允许电流 I_{CM}。为了使 BJT 在放大电路中能正常工作，I_C 不应超过 I_{CM}。但是，若 $I_C > I_{CM}$，BJT 不一定烧坏，不过 β 值会下降很多，直接影响 BJT 的放大能力。

(2)集电极最大允许功耗 P_{CM}。BJT 工作时，集电结与发射结上都将产生功耗，并且会发热，如果 PN 结上功耗选择过大，BJT 性能下降，甚至被损坏。通常，集电结两端电压 u_{CE} 远大于发射结两端电压 u_{BE}，因此，与发射结相比，集电结上的功耗远大于发射结上的功耗，这里只考虑集电极最大允许功耗 P_{CM}。它是指流过集电结的电流 i_C 与集电结两端的电压 u_{CE} 之间的乘积，即 $P_{CM} = i_C u_{CE}$。功耗与 BJT 的结温有关，结温又与环境温度、BJT 是否有散热器等条件相关。根据 P_{CM} 表达式可在输出特性曲线上作出 BJT 的允许功耗线，如图 2. 1. 11 所示。

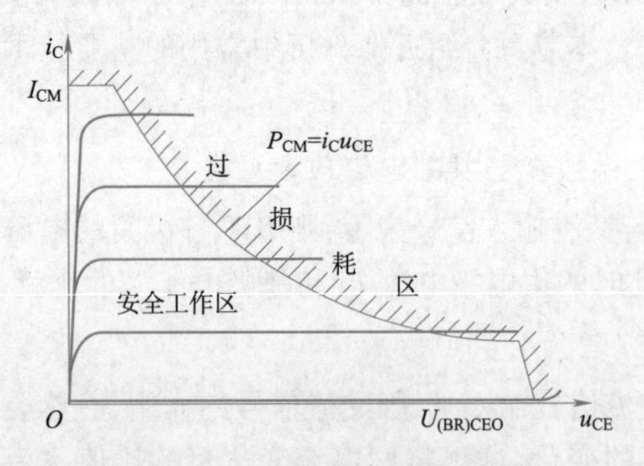

图 2. 1. 11　BJT 的允许功耗线

功耗线的左下方为安全工作区，右上方为过损耗区。手册上给出的 P_{CM} 值是在常温下 25 ℃时测得的。硅管集电结的上限温度为 150 ℃左右，锗管为 70 ℃左右，使用时应注意不要超过此值，否则 BJT 将损坏。

(3)反向击穿电压。BJT 包含三个电极，当某一电极开路时，另外两个电极间所加的最大反向电压就是反向击穿电压。正常工作时，不能超过反向击穿电压，否则 BJT 会被击穿或损坏，击穿原理与 PN 结反向击穿类似。BJT 有三种反向击穿电压，下面分别介绍。

①集电极-基极间反向击穿电压 $U_{(BR)CBO}$。$U_{(BR)CBO}$是指发射极开路时，加在集电极与基极之间的最大允许反向电压。BR 是英文单词 breakdown（击穿）的缩写。$U_{(BR)CBO}$是集电结所能承受的最高反偏电压，往往数值比较高，一般为几十伏，若是高反压管可高达几百伏甚至上千伏。

②发射极-基极间反向击穿电压 $U_{(BR)EBO}$。$U_{(BR)EBO}$是指集电极开路时，加在发射极与基极之间的最大允许反向电压。这是发射结所能承受的最高反偏电压。一般情况下，在模拟电路中，BJT 工作在放大时，发射结均处于正向偏置状态，但是当 BJT 在电子电路中充当开关时，发射结有可能出现较大反向电压，若反偏电压超过极限值，发射结就会被击穿或烧毁。小功率 BJT 一般只有几伏，有的甚至不到 1 V。

(4)集电极-发射极间反向击穿电压 $U_{(BR)CEO}$。$U_{(BR)CEO}$是指基极开路时，加在集电极与发射极之间的最大允许反向电压。使用中如果 BJT 两端的电压 $u_{CE} > U_{(BR)CEO}$，集电极电流 i_C 将急剧增大，这种现象称为击穿。BJT 击穿将造成 BJT 永久性的损坏。若 BJT 电路的电源值选得过大时，在 BJT 处于截止状态时，有可能会出现 $u_{CE} > U_{(BR)CEO}$导致 BJT 击穿而损坏的现象。因此一般情况下，BJT 电路的电源电压应小于(1/2)$U_{(BR)CEO}$。另外，$U_{(BR)CEO}$的大小与 I_{CEO} 相关，当 u_{CE}增大时，I_{CEO}明显增大，容易引起集电结发生雪崩击穿，导致 BJT 损坏。

在实际电路中，发射极与基极之间常常串联一个偏置电阻 R_b，这时，集电极与发射极之间的反向击穿电压称为 $U_{(BR)CEO}$；若 $R_b=0$，反向击穿电压用 $U_{(BR)CES}$表示，下标中的 S 是英文单词 short 的缩写。反向击穿电压之间的关系如下：

$$U_{(BR)CBO} \approx U_{(BR)CES} > U_{(BR)CER} > U_{(BR)CEO} \tag{2.1.18}$$

通过以上对 BJT 极限参数的讨论，要使 BJT 工作在安全工作区，集电极电流应当小于 I_{CM}，集电极-发射极间的电压应当小于 $U_{(BR)CEO}$，集电极耗散功率小于 P_{CM}。另外，如果电路中 BJT 采用共射极的连接方法，发射结两端电压 u_{BE}应当小于 $U_{(BR)EBO}$，并应在基极与发射极之间加上适当的保护措施，比如限幅二极管与限幅电流。

2.1.5 温度对 BJT 特性及参数的影响

由于半导体材料的载流子浓度受温度影响，所以 BJT 的技术参数几乎都与温度有关，如果不解决 BJT 的温度稳定性问题，将严重影响电子电路的使用性能。本节针对受温度影响比较明显的参数进行讨论。

1. 对共射电流放大系数 β 的影响

温度升高时，BJT 内部载流子的扩散速度增加，导致基区内载流子复合的概率降低，即基极电流 i_B减小，集电极电流 i_C 增大，从而 β 增大。温度每上升 1 ℃，β 值增大 0.5%～1%，由式(2.1.15)可知，共基电流放大系数 α 也会随着温度的升高而增大。

2. 对反向饱和电流 I_{CEO}的影响

I_{CEO}是由少数载流子漂移运动形成的，它与环境温度关系很大，I_{CEO}随温度上升会急剧增加。温度上升 10 ℃，I_{CEO}将增加一倍。由于硅管的 I_{CEO}很小，所以，温度对硅管 I_{CEO}的影响不大。另外，温度对反向饱和电流 I_{CBO}也有较明显的影响，它是发射极开路时 BJT 集电结反偏时少子形成的电流，它与 I_{CEO} 受温度影响的变化趋势一致，也是，温度每升高 10 ℃，I_{CBO}增加一倍。

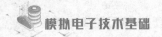

3. 对发射结电压 u_{be} 的影响

和二极管的正向特性一样，温度上升 1 ℃，u_{be} 将下降 2～2.5 mV。

综上所述，随着温度的上升，β 值将增大，i_C 也将增大，u_{CE} 将下降，这对三极管放大作用不利，使用中应采取相应的措施克服温度的影响。

2.1.6 光电 BJT

光电 BJT 又称光敏 BJT，是一种依据光照强度来控制集电极电流大小的一种半导体光电器件，其功能相当于在 BJT 的基极和集电极之间接入一只光电二极管的三极管，并只引出集电极与发射极两个电极作为对外接口的电极，基极作为光接收窗口，光电二极管的电流相当于 BJT 的基极电流，光电 BJT 的等效电路和图形符号如图 2.1.13 所示。在无光照射时，光电 BJT 处于截止状态，无电信号输出。当光信号照射光电 BJT 的基极时，光电 BJT 导通，首先通过光电二极管实现光电转换，再经由 BJT 实现光电流的放大，从发射极或集电极输出放大后的电信号。

光电 BJT 的输出特性与普通的 BJT 类似，只是将参变量 I_B 的大小用光照强度 E 取代，如图 2.1.13 所示。无光照时的集电极电流 I_{CEO} 称为暗电流，大约是光电二极管暗电流的两倍，因为是由少数载流子形成，所以受温度影响很大，温度每上升 25 ℃，I_{CEO} 上升约 10 倍。在进行光信号检测时，应考虑到温度对光电器件输出的影响，必要时还需要采取适当的恒温或温度补偿措施。有光照时的集电极电流 I_C 称为光电流。当管压降 u_{CE} 足够大时，i_C 的大小几乎只取决于入射光强 E。

光电 BJT 与普通的 BJT 一样，也有自己的技术参数，比如反向击穿电压、最高工作电压，以及最大集电极功耗等，技术手册中都能查到，这里不再赘述，注意根据实际电路需求选择。

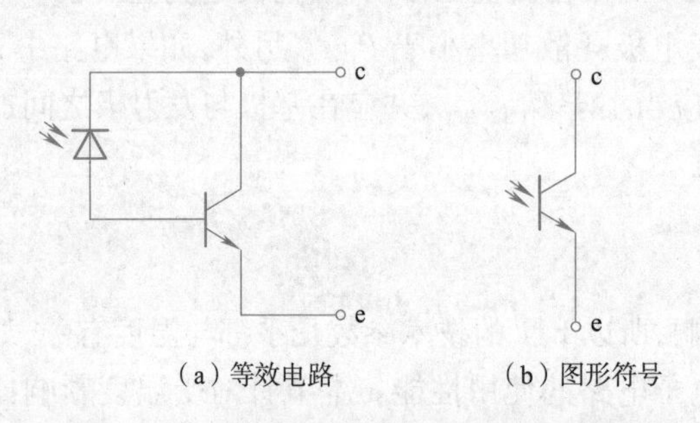

（a）等效电路　（b）图形符号

图 2.1.12　光电 BJT 的等效电路和图形符号

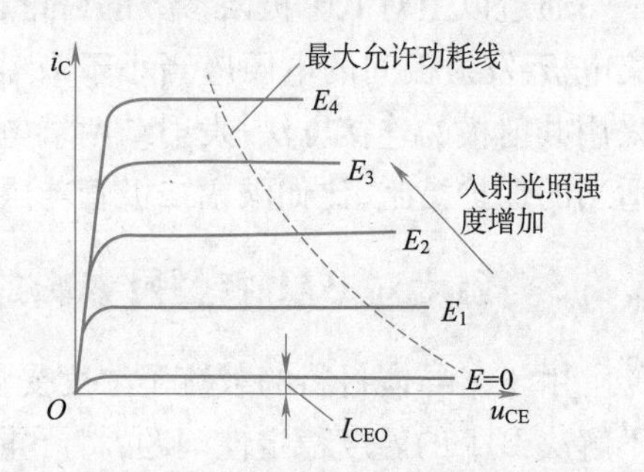

图 2.1.13　光电 BJT 输出特性曲线

2.1.7 多个 BJT 组成的复合管

复合管又称达林顿管，是指将两个 BJT 串联，其中一只 BJT 的集电极或发射极作为另一只 BJT 的基极，组成一只等效的新的 BJT。因为 BJT 有 NPN 和 PNP 两种类型，所以复合管有四种连接方式，即 NPN + NPN、NPN + PNP、PNP + NPN、PNP + PNP，如图 2.1.14 所示。

由图 2.1.14 可知，等效后的复合 BJT 也是只有两种类型，且与第一个 BJT 的类型相同。以图 2.1.14(a)为例，分析复合管的共射电流放大系数。

$$i_c = i_{c1} + i_{c2} = \beta_1 i_{b1} + \beta_2 i_{b2} = \beta_1 i_{b1} + \beta_2 i_{e1}$$

即

$$i_C = (\beta_1 + \beta_2 + \beta_1\beta_2)\, i_b \tag{2.1.19}$$

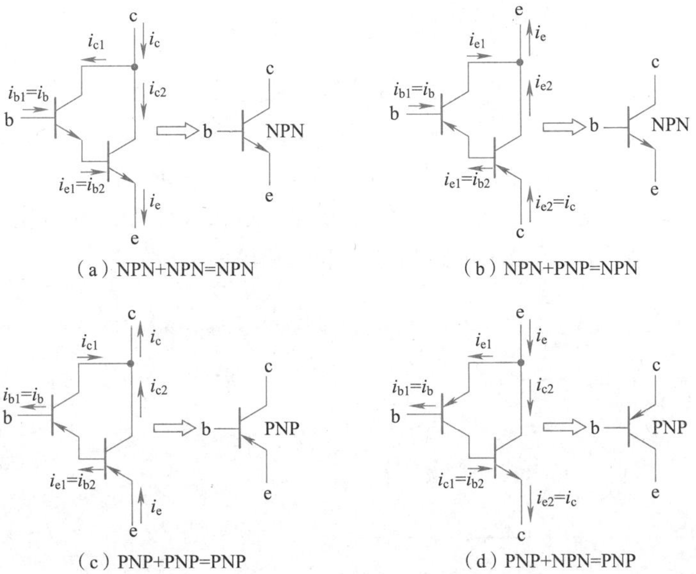

（a）NPN+NPN=NPN

（b）NPN+PNP=NPN

（c）PNP+PNP=PNP

（d）PNP+NPN=PNP

图2.1.14 BJT复合管的四种接法

由式(2.1.19)可以看出,两个BJT组成的复合管的共射电流放大系数远大于单个BJT的共射电流放大系数。因此,复合管常常用于音频功率放大、电源稳压、大电流驱动和开关控制电路中。

2.2 放大电路的基本概念及主要性能指标

放大现象存在于各种场合中,如显微镜放大微小物体,实现了光学技术中的放大作用;人们利用杠杆原理移动重物,实现了力的放大;变压器可以实现高低电压的变换,这是电学中的放大作用。在各类自动控制系统中,人们需要测量或者控制随时间变化的某些物理量,比如温度、压力、流量、质量或者气体含量等,由传感器测量获得的这些参数值对应的电信号通常都是很微弱的模拟信号,需要对其实施放大控制,而BJT组成的放大器可以将这些微弱的电信号放大到足够幅度,并将放大后的信号输送到驱动电路,驱动执行机构完成特定的工作。又如在自动控制机床上,由BJT组成的放大器可将反映加工要求的控制信号进行放大,得到一定的输出功率去推动执行机构电动机、电磁铁等完成自动化生产控制。日常的扩音器、收音机、电视机等电子设备中都有放大电路在起着重要作用。

很明显,BJT作为放大电路的核心元件,只有BJT工作在合适的放大区时,输出量与输入量才能始终保持线性关系,此时电路放大的信号才不会失真。因此衡量放大性能的前提是信号的不失真,只有在信号不失真的情况下的放大才是有意义的。

信号放大是模拟信号处理电路最基本的功能,它经由放大电路实现。大多数模拟电子系统中都应用了不同类型的放大电路,放大电路也是构成其他模拟电路,如滤波、振荡、稳压等功能电路的基本单元电路,所以说放大电路是模拟电子技术的核心电路部分。

所谓的放大是指线性放大,也就是说放大电路输出信号中所包含的信息与输入信号完全相同,既不减少任何原有信息,也不增加任何新的信息,只改变信号幅度或者功率大小(在时域或者频域观察,信号任一点的幅值都是按照相同的比例变化)。针对不同的应用场景,需要设计不同的放大电路。本节简要介绍有关放大电路模型的概念。

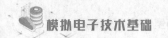

视频
放大电路模型及其放大增益

2.2.1 放大电路模型及其放大增益

基于放大电路放大信号的基本功能，放大电路可看作双端口网络，即它由信号输入端口和信号输出端口组成，如在图 2.2.1(a)所示的信号放大电路及其简化电路图[见图 2.2.1(b)]中，u_s 为信号源，R_{si} 为信号源内阻，R_L 为负载电阻，A 表示放大电路，u_i 和 i_i 分别表示放大电路的输入电压和输入电流，u_o 和 i_o 分别表示放大电路的输出电压和输出电流。

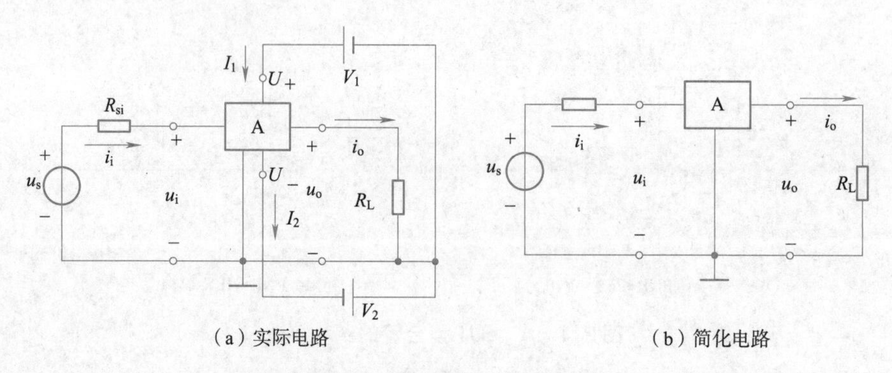

(a) 实际电路　　(b) 简化电路

图2.2.1　信号放大过程电路图

在实际应用中，根据放大电路输入信号形式不同和对输出信号要求差异，放大电路可以有不同的增益(放大倍数)表达形式。

若仅考虑电路的输出电压 u_o 和输入电压 u_i 关系，则可以表达为

$$u_o = A_u u_i \tag{2.2.1}$$

式中，A_u 为放大电路的电压增益，又称电路的电压放大倍数。这种主要考虑电压增益的电路称为电压放大电路，如语音放大系统中对拾音器输出电压信号放大使用的就是这种放大电路。同理，若主要考虑图 2.2.1 中的放大电路的输出电流 i_o 和输入电流 i_i 关系，则可以表达为

$$i_o = A_i i_i \tag{2.2.2}$$

式中，A_i 为放大电路的电流增益，又称电路的电流放大倍数，这种电路称为电流放大电路。

当然有时候需要考虑把电流信号转换为电压信号，则可以利用互阻放大电路，其表达式为

$$u_o = A_r i_i \tag{2.2.3}$$

式中，A_r 表示放大电路的互阻增益，又称电路的互阻放大倍数，单位为 Ω。与此情况相反的是，有时候要求把电压信号转换为电流信号，则放大电路中的输入信号取电压信号 u_i，输出信号取电流信号 i_o，则输出信号与输入信号关系可表示为

$$i_o = A_g u_i \tag{2.2.4}$$

式中，A_g 表示放大电路的互导增益，又称电路的互导放大倍数，它具有导纳量纲，单位为 S，相应的这种电路称为互导放大电路。

这里要注意的是，A_u、A_i、A_r 和 A_g 都是放大电路工作在线性条件下的增益。

根据实际关注的输入信号形式和输出信号形式的不同，以及双端口网络的端口特性，建立如图 2.2.2 所示的四种放大电路模型。这些模型仅从输入/输出端口特性上等效放大电路，而没有关注各种放大电路的实际内部结构，模型中各元件参数值可以通过对一定工作状态下的实际电路和元器件分析来确定，也可以通过对电路进行测量获得。

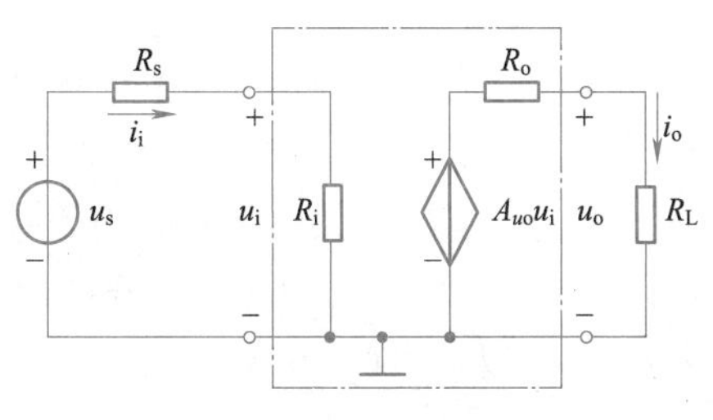

（a）电压放大电路模型

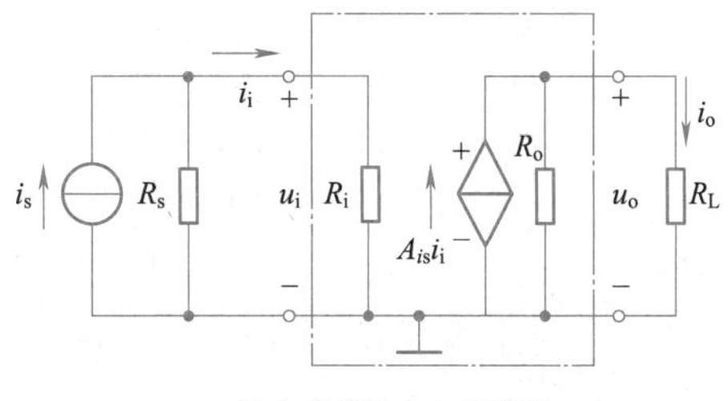

（b）电流放大电路模型

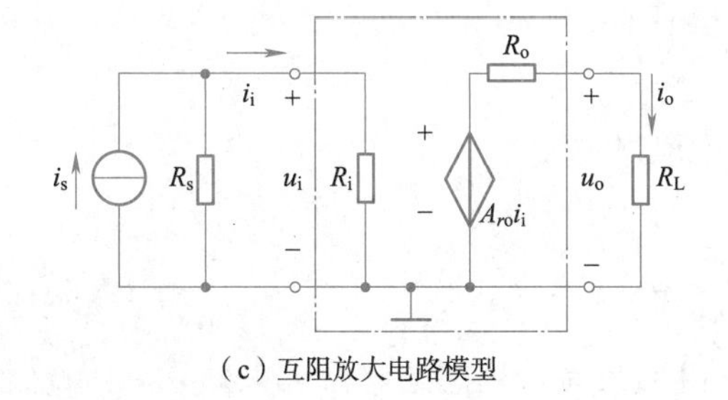

（c）互阻放大电路模型

（d）互导放大电路模型

图 2.2.2　四种放大电路模型

在图 2.2.2 中，放大电路输入端口电压和电流关系可以用等效电阻反映出来，对于放大电路的输出端口可以根据电路理论知识用一个信号源及其内阻来等效，这样便得到了如图 2.2.2 中点画线框内一般化的放大电路模型。一般化的电压放大电路模型由输入电阻 R_i、输出电阻 R_o 和受控源 $A_{uo}u_i$ 三个基本元件构成，其中 A_{uo} 为输出开路（$R_L=\infty$）时的电压增益。值得注意的是，放大电路中输出总是与输入有关的，即受到输入信号的控制，放大电路模型输出端口中的信号源是受控源，而不是独立信号源。在图 2.2.2（a）中，受控电压源 $A_{uo}u_i$ 受到输入端电压 u_i 的控制，并随其线性变化，信号源中的信号可通过该电路模型在负载 R_L 两端得到与 u_o 呈线性关系的输出信号。

从图 2.2.2（a）中可以看出，由于 R_o 与 R_L 的分压作用，使得负载电阻 R_L 上的电压信号 u_o 小于受控电压源的幅值，即

$$u_o = A_{uo}u_i\frac{R_L}{R_o+R_L} \tag{2.2.5}$$

其电压增益为

$$A_u = \frac{u_o}{u_i} = A_{uo}\frac{R_L}{R_o+R_L} \tag{2.2.6}$$

A_u 的恒定性受到 R_L 变化影响，随着 R_L 的减小而降低。为了减小负载电阻对放大电路电压增益影响，就要求在电路设计时使 $R_o \ll R_L$。理想电压放大电路的输出电阻 $R_o=0$。

在输入回路中也存在着信号衰减，信号源内阻 R_s 和放大电路输入电阻 R_i 的分压作用，使得真正到达放大电路输入端的实际电压为

$$u_i = u_s\frac{R_i}{R_s+R_i} \tag{2.2.7}$$

显然只有当 $R_i \gg R_s$ 时，才能使得 R_s 对信号的衰减作用大为减小。这就要求设计电压放大电路时应尽量提高电路的输入电阻 R_i。理想电压放大电路的输入电阻 $R_i\to\infty$，此时 $u_i=u_s$，避免信号在输入回路中的衰减。从而可见电压放大电路适用于信号源内阻 R_s 较小而负载电阻

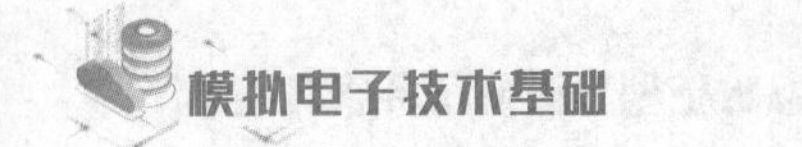

R_L 较大的场合中。

而图 2.2.2(b)中的电流放大电路模型，其输出回路与电压放大电路模型不同，它是由受控电流源 $A_{is}i_i$ 和输出电阻 R_o 并联，其中 i_i 为输入电流，A_{is} 为输出短路($R_L=0$)时的电流增益，受控电流源也是一种受控信号源，该模型中控制信号是输入电流 i_i。电流放大电路与外电路连接时也存在着信号衰减问题。与电压放大电路类似，输出电阻和信号源内阻分别在电路输出端和输入端对信号电流产生分流，造成信号衰减。在电路输出端，R_L 和 R_o 有如下的分流关系：

$$i_o = A_{is} i_i \frac{R_o}{R_o + R_L} \tag{2.2.8}$$

带有负载 R_L 时的电流增益为

$$A_i = \frac{i_o}{i_i} = A_{is} \frac{R_o}{R_o + R_L} \tag{2.2.9}$$

在电路输入端，R_s和 R_i 有如下分流关系：

$$i_i = i_s \frac{R_s}{R_s + R_i} \tag{2.2.10}$$

由此可见，只有当 $R_o \gg R_L$ 和 $R_i \ll R_s$ 时，才可以使电路具有较理想的电流放大效果。因此，设计电流放大电路时应尽量减小电路的输入电阻 R_i，提高电路的输出电阻 R_o。换言之，电流放大电路一般更适合于信号源内阻较大而负载电阻较小的场合。图 2.2.2(c)、(d)中点画线框内分别是互阻放大和互导放大电路模型，两电路的输出信号分别是受控电压源 $A_{ro}i_i$ 和受控电流源 $A_{gs}u_i$ 产生的，理想情况下互阻放大电路要求输入电阻 $R_i=0$ 且输出电阻 $R_o=0$，而互导放大电路则要求输入电阻 $R_i \to \infty$，且输出电阻 $R_o \to \infty$。

根据信号源的戴维南-诺顿等效变换原理，上述四种放大电路模型相互间可以实现任意转换。或者也可以说一个实际电路原则上可以取四种模型中的任意一种作为它的电路模型。

并且应该说明的是，图 2.2.2 中的四种放大电路模型中的输入回路和输出回路是相连的，但是目前有许多工业设备即医疗设备，为了提高安全性和抗干扰能力，在前级信号预放大中，普遍加入隔离放大环节，即放大电路的输入和输出回路(包括供电电源)相互绝缘，输入与输出信号之间不存在任何公共参考点，这种类型的电压放大电路通过磁或者光进行信号传输，如图 2.2.3 所示。

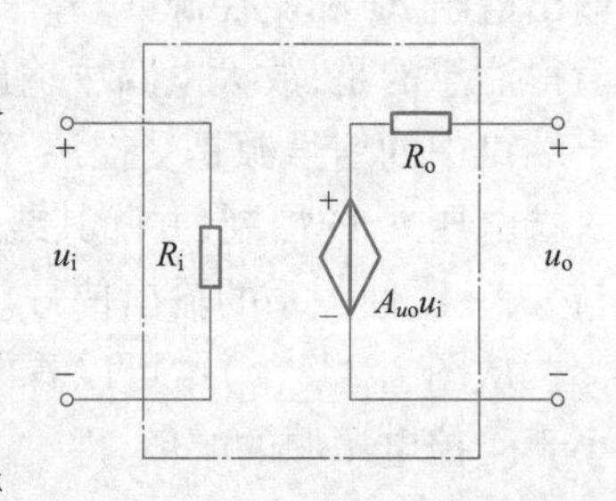

图 2.2.3　隔离放大电路模型

2.2.2　放大电路的性能指标

放大电路的性能指标是衡量放大电路性能好坏的标准，并决定其适用范围，当然放大电路的性能指标有很多种，这里主要讨论放大电路的输入电阻、输出电阻、增益(放大倍数)、频率响应和非线性失真等几项主要性能指标。

1. 输入电阻 R_i

上述四种放大电路模型的输入电阻 R_i和输出电阻 R_o均可用图 2.2.4 表示出来。输入电阻等于输入电压与输入电流之比，即 $R_i = u_i / i_i$，其意义在于输入电阻大小决定了放大电路能从信号源获取多大的信号。对于输入为电压信号的放大电路，即电压放大和互导放大电路，R_i越大，则放大电路输入端的 u_i值越大；输入为电流信号的放大电路，即电流放大和互阻放大电路，R_i越小，则放大电路输入端的 i_i值越大。

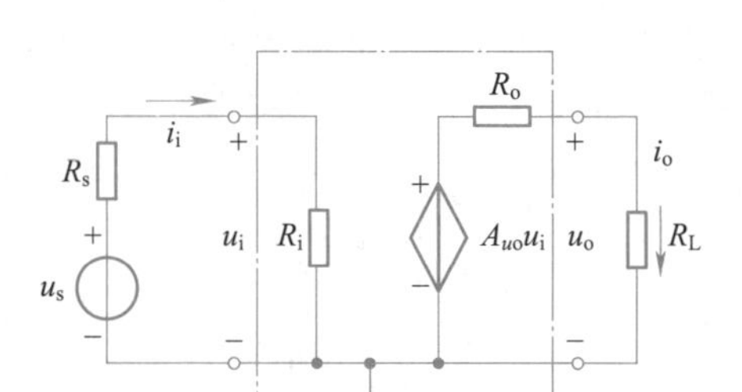

图 2.2.4　放大电路的输入电阻和输出电阻

当定量分析放大电路的输入电阻 R_i 时，一般是可假定在输入端外加一测试电压 u_t，如图 2.2.5(a)所示，相应地产生一个测试电流 i_t，可计算出输入电阻：

$$R_i = \frac{u_t}{i_t} \tag{2.2.11}$$

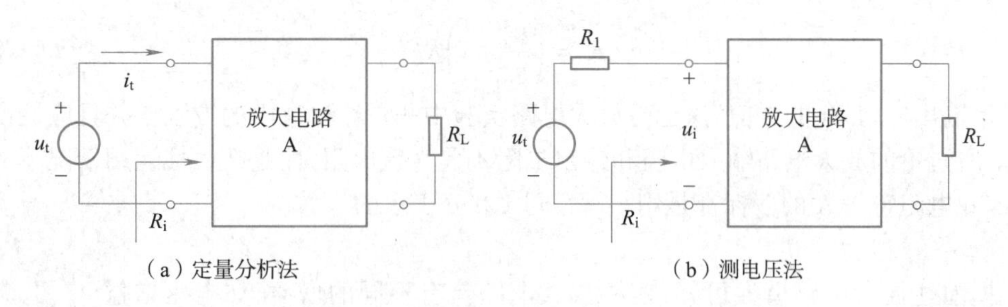

图 2.2.5　放大电路的输入电阻测试电路图

实际上，实验中大多采用测电压法，如图 2.2.5(b)所示。在输入回路中串入一个已知电阻 R_1，测得电压 u_i，再由式(2.2.12)，即

$$R_i = R_1 \frac{u_i}{u_t - u_i} \tag{2.2.12}$$

计算获得输入电阻 R_i 的值，这也是放大电路实验中测量输入电阻的方法。

2. 输出电阻 R_o

放大电路输出电阻大小将会影响放大电路的带负载能力。所谓带负载能力是指放大电路输出量随负载变化的程度。当负载变化时，输出量变化很小或者基本不变表示带负载能力强，即输出量与负载大小的关联程度越弱。对于不同类型的放大电路，输出量表现形式是不一样的，如电压放大和互阻放大电路，输出量是电压信号，对于这类放大电路，R_o 越小，负载电阻 R_L 的变化对输出电压 u_o 的影响越小，这两种放大电路中只要负载电阻 R_L 足够大，信号输出功率 $P_o = u_o^2/R_L$ 就比较低，供电电源能耗也低，它们用于信号的前置放大和中间级放大；对于输出为电流信号的放大电路，即电流放大和互导放大，与受控电流源并联的输出电阻 R_o 越大，负载电阻 R_L 的变化对输出电流 i_o 的影响就越小。在供电电源电压相同条件下，与前两种放大电路相比，后两种放大电路可输出较大的电流信号，从而输出功率 $P_o = i_o^2 R_L$ 可达到较大的数值，同时电源供给的功率也较大，通常用于电子系统输出级，可作为各种变换器(如音响系统的扬声器、动力系统的电动机等)的驱动电路，这些变换器可以将电信号变换为其他物理量。

定量分析放大电路的输出电阻 R_o 时，理论上可采用如图 2.2.6 所示的测试方法，在信号源短路($u_s=0$,但保留 R_s)和负载开路($R_L=\infty$)的条件下,在放大电路的输出端加一个测试电压 u_t,相应地产生一个测试电流 i_t,可以得到输出电阻为

$$R_o=\frac{u_t}{i_t}\bigg|_{u_s=0,R_L=\infty} \tag{2.2.13}$$

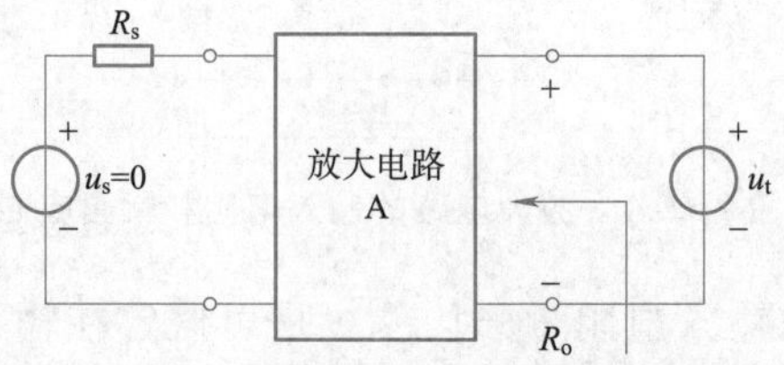

图 2.2.6　放大电路输出电阻测试电路图

在实验测试中,通常采用测量电压方法,即分别测得放大电路开路时的输出电压 u'_o,和带负载 R_L 时的输出电压 u_o,根据式(2.2.14),即

$$R_o=\left(\frac{u'_o}{u_o}-1\right)R_L \tag{2.2.14}$$

计算获得输出电阻 R_o 的数值,这也是放大电路实验中测量输出电阻的方法。并且应该说明的是,以上所讨论的放大电路输入电阻和输出电阻不是直流电阻,而是在线性运用情况下的交流电阻,因此电阻符号 R 的下标都是用小写字母 i 和 o 表示的。

3. 增益(放大倍数)

根据前述放大电路模型可知,四种放大电路具有不同的增益,如电压增益 A_u、电流增益 A_i、互阻增益 A_r 和互导增益 A_g 等,它们反映了放大电路在输入信号控制下将供电电源能量转换为信号能量的能力,称之为放大倍数。其中,电压增益 A_u 和电流增益 A_i 两种无量纲增益,在工程上常用以 10 为底的对数增益表示,其基本单位是分贝(dB),这样用分贝表示的电压增益和电流增益分别为

$$电压增益=20\lg\left|\dot{A}_u\right| \tag{2.2.15}$$

$$电流增益=20\lg\left|\dot{A}_i\right| \tag{2.2.16}$$

功率与电压、电流的二次方成正比,因此功率增益可表示为

$$功率增益=10\lg\left|\dot{A}_p\right| \tag{2.2.17}$$

在某些情况下,A_u 或 A_i 可能为负数,意味着信号的输出与输入之间存在着 180°的相位差,这与对数增益为负值时的意义是不同的。所以为了避免混淆,用分贝表示增益时,A_u 或 A_i 取绝对值,如当放大电路电压增益为 −20 dB 时,表示信号电压经过放大电路后衰减到原来的 1/10,即 $|A_u|=0.1$;而当增益为 −20 倍时,表示 $|A_u|=20$,但输出电压与输入电压之间的相位差是 180°。也就是说,当用分贝表示放大电路增益时,仅反映输出与输入信号之间的大小关系,不包含相位关系。

4. 频率响应

前面所述的放大电路都是很简单的电路模型,实际电路中总是存在着一些电抗性元件,如电容和电感元件以及电子元器件的极间电容、接线电容以及接线电感等电抗性成分,因此放大电路的输入和输出之间的关系必然和信号频率有关。放大电路的频率响应是指在输入正弦信号情况下输出随输入信号的频率连续变化的稳态响应。

考虑电抗性元件作用和信号角频率变量，则放大电路的电压增益可表达为

$$\dot{A}_u(j\omega)=\frac{\dot{U}_o(j\omega)}{\dot{U}_i(j\omega)} \tag{2.2.18}$$

或

$$\dot{A}_u(j\omega)=A_u(\omega)\angle\varphi(\omega) \tag{2.2.19}$$

式中，ω 为信号的角频率；$A_u(\omega)$ 表示电压增益的模与角频率之间的关系，称为幅频响应；而 $\varphi(\omega)$ 表示放大电路输出和输入正弦电压信号的相位差与角频率之间的关系，称为相频响应，将二者综合起来，可全面表征放大电路的频率响应。

图2.2.7所示为普通音响系统放大电路的幅频响应图，图中坐标均采用对数刻度，且横坐标采用频率单位 $f=\omega/(2\pi)$，这样处理不仅把频率和增益变化范围扩展得很宽，而且在绘制近似频率响应曲线时也比较简便。

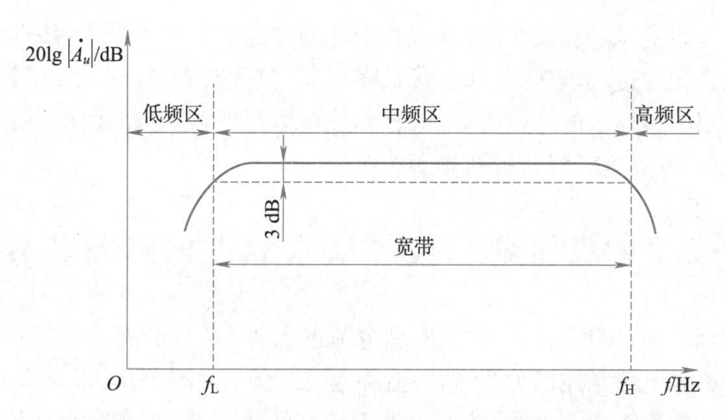

图2.2.7　普通音响系统放大电路的幅频响应图

在图2.2.7中的中间一段是平坦的，增益保持常数不变，称为中频区，也就是通带区。在图2.2.7中的 f_L 和 f_H 处增益下降3 dB，而低于 f_L 和高于 f_H 的两个区域，增益频率远离这两个点而下降，在输入信号幅值保持不变条件下，对应于增益下降3 dB的频率点处，其输出功率约等于中频区输出功率的一半，因此该频率点又称半功率点。一般把幅频响应的高低半功率点间的频率差定义为放大电路的带宽或者通频带，即

$$BW=f_H-f_L \tag{2.2.20}$$

式中，f_L 称为下限频率；f_H 称为上限频率。

5. 非线性失真

从信号的频谱理论可知，许多非正弦信号的频谱范围都延伸到无穷大，而放大电路的带宽却是有限的，并且相频响应也不能保持常数。如果受放大电路带宽所限制，基波增益较大，而其他谐波增益较小，输出电压波形将产生失真，这称为幅度失真。若放大电路对不同频率的信号产生不同的相移，波形也要产生失真，称为相位失真。幅度失真和相位失真总称为频率失真，它们都是由于线性电抗元件所引起的，所以又称线性失真，以区别于因为元器件特性的非线性造成的非线性失真。

而非线性失真是由放大器件引起的失真。构成放大电路的元器件本身是非线性的，而放大电路对信号的放大应该是线性的，这就造成了矛盾，那么对于分立元件如晶体管或者场效应管组成的放大电路，应该在设计时使其工作在线性区。对于集成运算放大器，通常是由正负双

电源供电的，当输出信号的幅值接近双电源值时，也会引起非线性失真，此时的失真称为饱和失真。

为了衡量放大电路的非线性失真程度，引入非线性失真系数概念，其定义为

$$\gamma = \sqrt{\sum_{k=2}^{\infty}\left(\frac{U_{ok}}{U_{o1}}\right)^2} \times 100\% \tag{2.2.21}$$

式中，U_{o1}是输出电压信号基波分量的有效值；U_{ok}是各高次谐波分量的有效值，k是正整数。

可见非线性失真系数越大，表明失真程度越严重。非线性失真程度对某些放大电路来说显得比较重要，高保真度音响系统就是典型例子。目前随着电子技术的进步，即使增益较高、输出功率较大的放大电路，非线性失真系数也可以做到不超过0.01%。

放大电路除了上述介绍的主要性能指标外，针对不同用途的电路，还常会提出一些其他指标，如最大输出功率、效率、转换速率、信号噪声比、抗干扰能力等，甚至在某些特殊场合还会提出体积、质量、工作温度、环境温度等要求。其中有些在通常条件下是很容易达到的技术指标，在特殊条件下往往就变得很难达到，如强背景噪声、高温等恶劣运行环境，就是这类特殊条件。要想全面达到应用中所要求的性能指标，除合理设计电路外，还要靠选择高质量元器件及高水平制造工艺来保证，尤其后者经常被初学者忽略。

2.3 双极型三极管基本放大电路及其分析

由前面的分析可知，BJT是一种电流控制电流的器件，具有电流放大的特性，是放大电路的核心元器件。放大电路常用的分析方法包括：静态分析、动态分析，以及失真分析。静态分析主要分析电路的静态工作点参数，让BJT处于良好的放大状态，满足交变输入信号的范围。动态分析主要分析放大电路的性能参数，比如放大倍数、输入电阻，输出电阻等；放大电路的分析一定要遵循“先静后动”的原则，只有静态工作点选择合适，动态放大才有意义，否则，电路动态放大时容易失真。而放大电路的失真分析，主要着手于输出信号失真的原因，为放大电路的设计提供避免电路失真的方法。

BJT的三种组态和放大电路的组成

2.3.1 放大电路中BJT的三种组态

放大电路是一个两端口网络，包含输入回路和输出回路两部分。BJT包含三个电极，从中选择两个电极接入输入回路，再选择两个电极接入输出回路，因此在输入/输出回路中必包含一个公共电极。根据这个原则，BJT所组成的放大电路有三种组态，共射放大电路（common emitter amplifying circuit，CEAC）、共基放大电路（common base amplifying circuit，CBAC）和共集放大电路（common collector amplifying circuit，CCAC）。判断规则如下：一个电极连接输入信号，另外一个电极连接输出信号，剩下的电极作为公共端，哪个电极作为公共端，就称这个放大电路为共哪个极放大电路。例如图2.3.1(a)中，输入信号u_i从基极输入，输出信号u_o从集电极输出，因此是共射放大电路；图2.3.1(b)中，输入信号u_i从基极输入，输出信号u_o从发射极输出，因此是共集放大电路；图2.3.1(c)中，输入信号u_i从发射极输入，输出信号u_o从集电极输出，因此是共基放大电路。下面将以NPN型BJT组成的基本共射放大电路为例，阐明放大电路的组成原则，以及电路中各元件的作用。

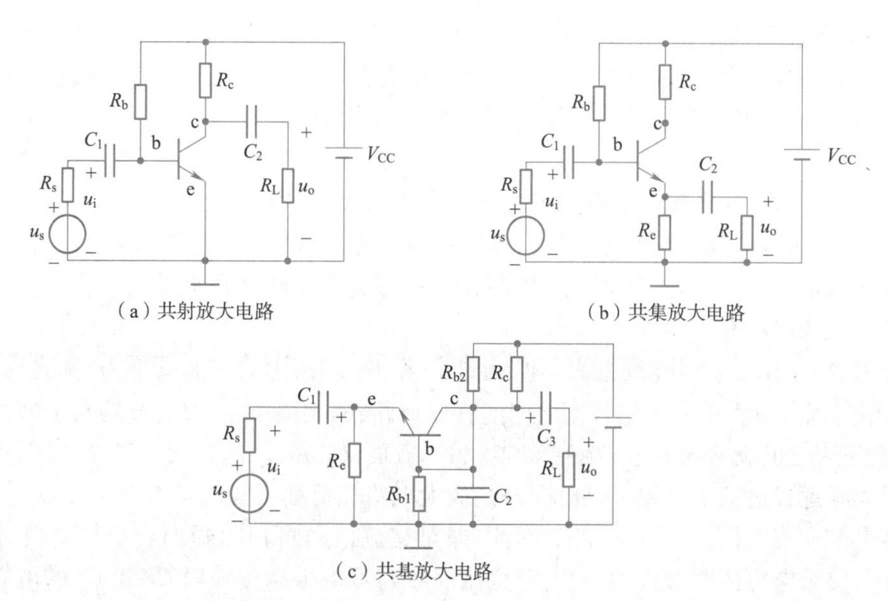

图 2.3.1　BJT 三种组态基本放大电路结构

2.3.2　基本共射放大电路的组成及元器件的作用

图 2.3.2 所示为基本共射放大电路原理图。输入电压为正弦波电压 u_i，连接在 BJT 的基极端；输出端接负载 R_L，输出电压为 u_o，与 BJT 的集电极相连，BJT 的发射极接地，是输入回路与输出回路的公共端，因此该电路为共射放大电路。电路中各个元器件的作用如下：

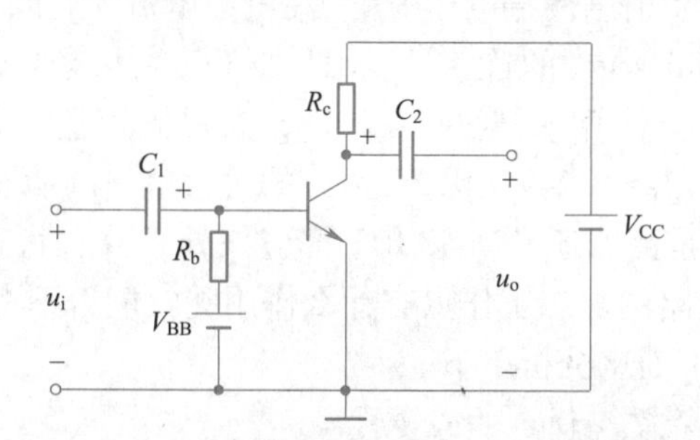

图 2.3.2　基本共射放大电路原理图

1. BJT

电路中的核心元件是 BJT，放大电路的输入与输出回路的电源电压保证 BJT 的发射结正偏与集电结反偏，即保证 BJT 处于放大状态。放大电路利用 BJT 的电流放大作用，在集电极端能够获得放大的电流 i_c，这个电流受输入信号 i_b 的控制，放大状态下 $i_c=\beta i_b$。放大电路遵守能量守恒定律，输出的较大能量来自直流电源 V_{CC}，也就是输入信号 i_b 通过 BJT 的控制作用，去控制电源 V_{CC} 所提供的能量，在输出端获得一个能量较大的信号。因此，BJT 也可以说是一个控制能量转换的器件。

2. 基极电源 V_{BB} 和基极电阻 R_b

基极电源和基极电阻的共同作用使得发射结处于正向偏置，并提供大小合适的基极电流 I_B，以使放大电路获得合适的静态工作点。R_b 的电阻值一般为几十千欧到几百千欧。

3. 集电极电源 V_{CC}

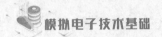

集电极电源有两个方面的作用:一方面它为放大电路提供电源;另一方面,它保证集电结处于反向偏置,以使 BJT 起到放大作用。V_{CC}一般为几伏到几十伏。

4. 集电极电阻 R_c

集电极电阻主要是将集电极电流的变化转换为电压的变化,以实现电压的放大,即 $u_{CE}=V_{CC}-i_C R_c$,如果 $R_c=0$,则 u_{CE}恒等于 V_{CC},也就是没有交流信号电压传送给负载。设置 R_c 可以使放大电路获得合适的静态工作电压,R_c 的阻值一般为几千欧到几十千欧。

5. 耦合电容 C_1 和 C_2

耦合电容 C_1 和 C_2 有"隔离直流"和"通过交流"两个作用,合起来简称为"隔直通交"。一方面,C_1 用来隔断放大电路与信号源之间的直流通路,C_2 用来隔断放大电路与负载之间的直流通路,使三者之间无直流联系,互不影响。另一方面,C_1 和 C_2 起到交流耦合作用,保证交流信号畅通无阻地经过放大电路,沟通信号源、放大电路和负载三者之间的交流通路。一般要求耦合电容上的交流压降小到可以忽略不计,即对交流信号可视为短路。根据容抗计算公式 $X_C=1/\omega C$,要求电容值取得较大一些,对交流信号其容抗很小。一般 C_1 和 C_2 的电容值为几微法到几十微法。采用电解电容,连接时要注意其正、负极性。

2.3.3 基本共射放大电路的工作原理

在图 2.3.2 中,当输入信号 u_i 存在时,放大电路中既存在交流信号又存在直流信号,BJT 各个电极的电信号是直流量与交流量的叠加,此时电路的工作状态称为动态;若 u_i 为 0,那么放大电路中只存在直流信号,此时电路的工作状态称为静态。共射放大电路常用的静态工作点参数包括:基极电流 I_{BQ}、发射结两端电压 U_{BEQ}、集电极电流 I_{CQ},以及集电极与发射极之间的电压 U_{CEQ},Q 是英文单词 Quiescent 的首字母。BJT 处于放大状态时,发射结正偏,其对外电特性与 PN 结相似,所以在近似估算中,常常认为 U_{BEQ} 为一固定值。若 BJT 是硅管,则 $U_{BEQ}\approx 0.7$ V;若 BJT 是锗管,则 $U_{BEQ}\approx 0.2$ V。因此,常说的放大电路的静态工作点参数,只包括 I_{BQ}、I_{CQ}和 U_{CEQ}。无论放大电路是静态还是动态,BJT 都应该处于放大状态。这里研究的是电路的动态放大能力,那么设置电路的静态工作点有什么作用呢?能否不考虑电路的静态工作点,只分析电路的动态参数呢?下面来分析一下。

1. BJT 放大电路设置静态工作点的必要性

在共射放大电路中,BJT 处于放大状态,基极电流 I_B控制集电极电流 I_C 的大小,其关系为 $I_C=\beta I_B$。所以,当放大电路工作状态为静态时,如果将输入回路中的基极电源 V_{BB}去掉,那么,基极电流 I_{BQ}就不存在了,其他静态工作点参数也就无意义了。于是图 2.3.2 就变为图 2.3.3。

u_i 为正弦输入信号,当 u_i 小于发射结的开启电压时,BJT 处于截止状态,此时,$u_o=V_{CC}$,不再随着 u_i 的变化而变化,而是恒为一个数值,所以此时该电路不具备放大功能。当 u_i 大于发射结的开启电压时,BJT 的发射结正偏,集电结反偏,电路处于放大状态。综合以上两种情况,在 u_i 一个周期内,BJT 有时候截止,有时候放大,因此输出信号严重失真。但是,放大电路的原则是基于信号不失真的放大,而图 2.3.3 所示的放大电路,输出信号已经严重失真,那么此时的放大就显得毫无意义了。因此,合理地设计静态工作点是设计放大电路的必要条件,而且静态工作点对放大电路的动态参数也有影响,这个在后面内容中会详细说明。

2. BJT 放大电路的组成原则

放大电路要解决的根本问题是:放大、不失真。那么组成放大电路要遵循以下原则:

(1)提供直流电源,为电路提供能源;

(2)电源设置必须保证 BJT 处于放大工作状态,即发射结正偏,集电结反偏;

(3)没有输入信号时,放大管有一个合适的静态工作点;

(4)输入信号能够加到放大管的输入回路,即输入信号能够引起基极与发射极之间 u_{be} 的变化,进而改变基极电流 i_b,这样才能改变输出回路电流的大小,在输出端得到被放大的输入信号;

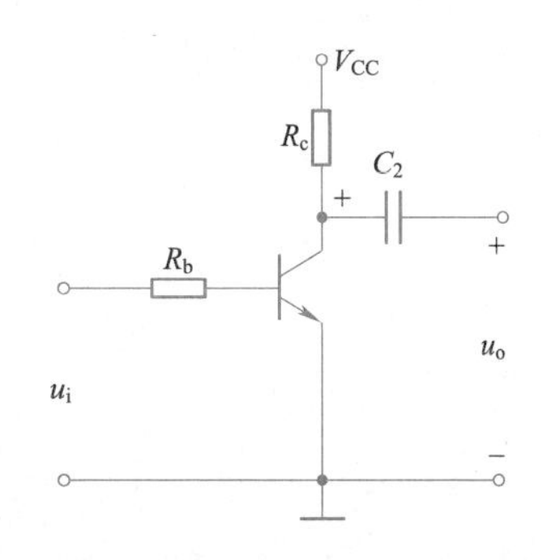

图 2.3.3　无静态工作点的放大电路

(5)当放大电路连接负载时,设计时需要考虑将 BJT 输出回路变化的电流(又称动态电流)能够尽可能多地作用于负载上,从而使负载获得比输入信号大得多的电流信号或者电压信号。

判断一个 BJT 放大电路的组成是否正确,按上述原则进行即可。如用 PNP 型 BJT,则放大电路中的电源和电容 C_1、C_2 与 NPN 型 BJT 所构建的放大电路相比,极性均相反。

3. 基本共射放大电路工作原理及波形分析

图 2.3.2 所示电路中有两个直流电源,为了防止干扰,工程上要求输入信号 u_i、输出信号 u_o,以及直流电源 V_{CC} 共地,因此,将图 2.3.2 的两个电源合二为一变成一个电源,如图 2.3.4 所示。

图中电阻 R_{b1} 不能省略,因为若将 R_{b1} 去掉,当输入信号 $u_i=0$ 时,发射结就会被短路,不能满足 BJT 放大的条件。

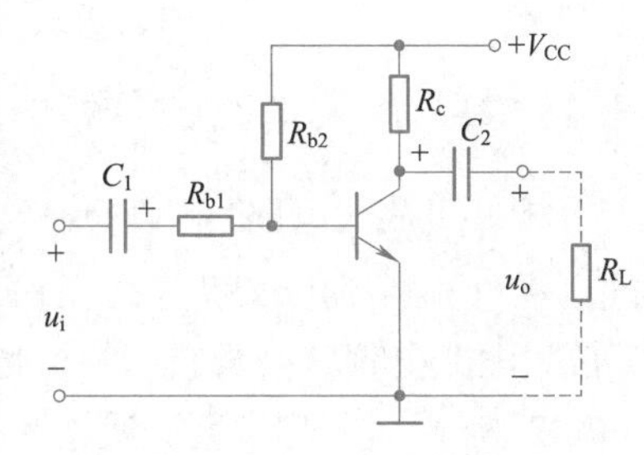

图 2.3.4　单电源共射放大电路

当输入信号 u_i 不为零时,观察图 2.3.4 所示电路不难发现,电容 C_1 两端的电压为 U_{BE},是直流电源 V_{CC} 作用在 BJT 基极与发射极之间的直流电压,因为电容具有“隔直通交”的作用,所以可以将电容 C_1 等效为一个电压为 U_{BE} 的直流电源。这样,在输入回路,BJT 的基极与发射极之间的电压为 $(U_{BE}+u_i)$ 之和。在直流电源 V_{CC} 和输入信号 u_i 的共同作用下,BJT 交流放大电路内部实际上是一个交、直流共存的电路,输入信号 u_i 在放大电路中波形传输过程如图 2.3.5 所示。图中静态工作点 I_{BQ}、I_{CQ} 和 U_{CEQ} 用虚线表示。电容 C_1 具有“隔直通交”的作用,输入信号 u_i 通过 C_1 作用于输入回路,势必引起输入电压 u_{BE} 的变化。将 u_{BE} 的变化用它的交流量 u_{be} 来表示。此时,基极电流 i_b 也有相应的变化。因为 BJT 工作在放大状态下,所以集电极电流的变化 $i_c=\beta i_b$。再来看放大电路的输出回路,$u_{CE}=V_{CC}-i_C R_c$,此时,u_{CE} 和 i_C 是直流量与交流量的叠加,$u_{CE}=U_{CE}+u_{ce}$,$i_C=I_C+i_c$。信号通过电容 C_2,将直流成分滤掉,在负载的两端就能够得到被放大的输入信号 u_o。

由以上分析可知,电路在对输入信号放大的过程中,无论是输入信号电流、放大后的集电极电流,还是 BJT 的输出电压,都是叠加在放大电路内部产生的直流量上的,最后经过耦合电容,滤掉了直流量,从输出端提取的只是放大后的交流信号。因此,在分析放大电路时,可以采用将交、直流信号分开的办法,单独对直流通路和交流通路的情况进行分析讨论。

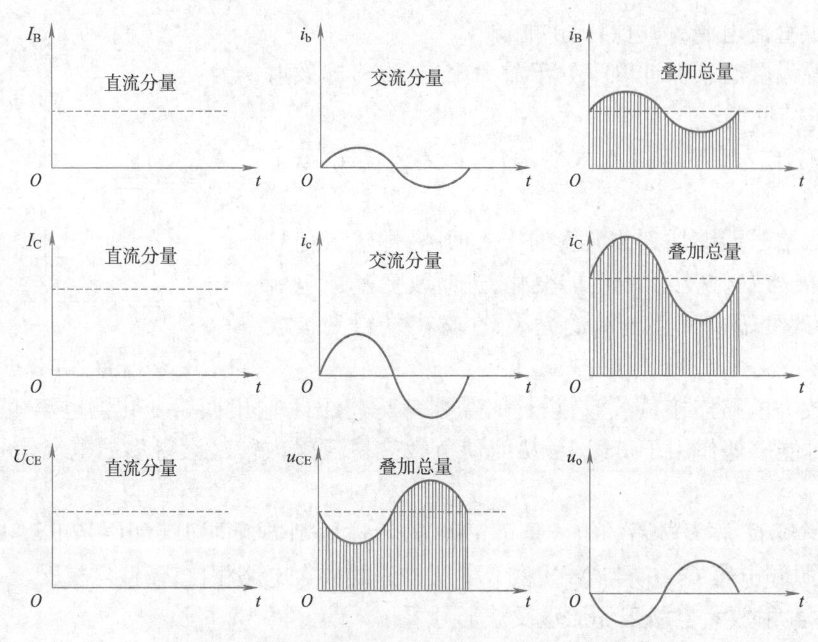

图 2.3.5　共射极放大电路(图 2.3.4)工作原理

2.3.4　BJT 放大电路的分析方法

分析 BJT 放大电路,就是求解放大电路的静态工作点参数 I_{BQ}、I_{CQ} 和 U_{CEQ},以及各项动态参数。在直流通路中求解静态工作点,在交流通路中求解动态参数。下面介绍如何将一个 BJT 放大电路分别转换为它的直流通路和交流通路。

BJT放大电路的分析方法

1. 直流通路和交流通路

由前面的分析可知,放大电路中直流电源的作用和交流信号的作用总是共存的,即静态电流、电压和动态电流、电压总是共存的。但是由于电容、电感等电抗元件的存在,直流量所流经的通路与交流信号所流经的通路不完全相同。因此,为了研究问题方便起见,常把直流电源对电路的作用和输入信号对电路的作用区分开来,分成直流通路和交流通路。

1)直流通路

在直流电源的作用下直流电流流经的通路称为直流通路,直流通路是用于研究放大电路静态工作点的。对于直流通路:电容视为开路;电感视为短路;信号源为电压源视为短路,为电流源视为开路,但电源内阻保留。

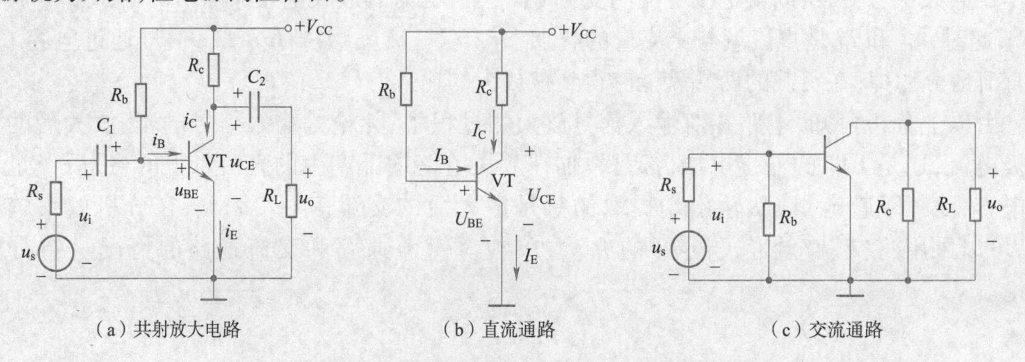

图 2.3.6　BJT 放大电路直流通路与交流通路的变换

图2.3.6所示为BJT放大电路直流通路与交流通路的变换。图2.3.6(a)包含两个电解电容 C_1 和 C_2，根据直流通路变换原则，电容具有“隔直”的作用，所以，在直流通路中，两个电容处相当断路，于是得到直流通路，如图2.3.6(b)所示。通过以上分析可知，信号源的内阻 R_s 和负载 R_L 与直流通路无关，即静态工作点与信号源内阻和负载无关。

不难发现，BJT放大电路的静态工作点可由它的直流通路采用近似估算的方法求得。图2.3.6(b)所示电路静态工作点的求解过程如下：

(1)输入回路，求解基极电流 I_{BQ}：

$$I_{BQ}=\frac{V_{CC}-U_{BEQ}}{R_b} \tag{2.3.1}$$

式中，U_{BEQ} 常被认为是已知量，硅管为0.6～0.7 V，锗管为0.2～0.3 V。

需要注意的是，有些电路会先求解 I_{EQ}。例如图2.3.7所示的直流通路。

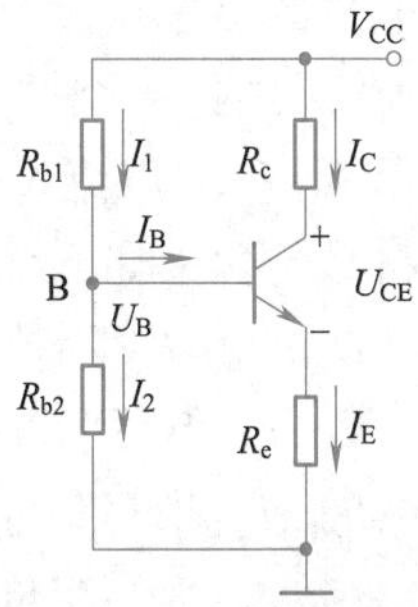

在图2.3.7中，针对B点，由基尔霍夫电流定律可得：$I_1=I_B+I_2$。基极电流 I_B 的取值只有几十微安，电流 I_1 和 I_2 远大于 I_B，可以近似认为 I_B 为0，那么此时 I_1 和 I_2 电流近似相等，即电阻 R_1 和 R_2 可以看成串联，并对电源 V_{CC} 进行分压，所以B点电压 U_B 为

$$U_B=\frac{R_{b2}}{R_{b1}+R_{b2}}V_{CC} \tag{2.3.2}$$

图2.3.7　首先求解 I_{EQ} 的BJT直流通路

接下来，求发射极E点电压 U_{EQ}，该电压是发射极电阻 R_e 两端的电压降，此时可以求解得到 I_{EQ}，即

$$I_{EQ}=\frac{U_B-U_{BEQ}}{R_e} \tag{2.3.3}$$

再由 I_{EQ} 与 I_{BQ} 的关系，$I_{EQ}=I_{BQ}+I_{CQ}=(1+\beta)I_{BQ}$，求出静态工作点 I_{BQ}，即

$$I_{BQ}=\frac{I_{EQ}}{1+\beta} \tag{2.3.4}$$

(2)输出回路，求解集电极 I_{CQ} 和集电极-发射极间的电压 U_{CEQ}：

由于BJT处于放大状态，所以

$$I_{CQ}=\beta I_{BQ} \tag{2.3.5}$$

对于图2.3.6，输出回路 U_{CEQ} 为

$$U_{CEQ}=V_{CC}-I_{CQ}R_c \tag{2.3.6}$$

对于图2.3.7，输出回路 U_{CEQ} 为

$$U_{CEQ}=V_{CC}-I_{CQ}R_c-I_{EQ}R_e \tag{2.3.7}$$

例2.3.1　设图2.3.6所示电路中的 $V_{CC}=12\ \text{V}$，$R_b=226\ \text{k}\Omega$，$R_c=4\ \text{k}\Omega$，$\beta=80$，$U_{BEQ}=0.7\ \text{V}$。试求该电路中的电流 I_{BQ}、I_{CQ}，电压 U_{CEQ}，并说明BJT的工作状态。

$$I_{BQ}=\frac{V_{CC}-U_{BEQ}}{R_b}=\frac{(12-0.7)\ \text{V}}{226\times10^3\ \Omega}=1.5\times10^{-5}\ \text{A}=15\ \mu\text{A}$$

$$I_{CQ}=\beta I_{BQ}=80\times15\ \mu\text{A}=1\ 200\ \mu\text{A}=1.2\ \text{mA}$$

$$U_{CEQ}=V_{CC}-I_{CQ}R_c=12\ \text{V}-1.2\ \text{mA}\times4\ \text{k}\Omega=7.2\ \text{V}$$

因为 $U_{BEQ}=0.7\ \text{V}$，所以发射结正向偏置；又因为 $U_{CEQ}=7.2\ \text{V}$，所以集电极电位高于发射极电位，集电结处于反向偏置状态，综上所述，BJT处于放大状态。

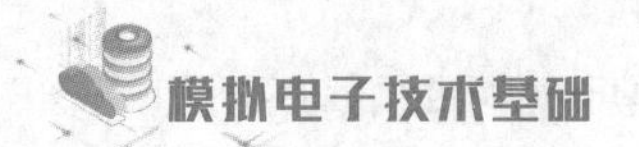

有关 BJT 放大电路静态工作点的求解，还可以采用图解法，该方法将在后面详细说明。

视频

如何画放大电路的交流通路

2）交流通路

交流通路是在输入信号作用下交流信号流经的通路。交流通路用来研究放大电路的动态参数。对于交流通路：容量大的电容（例如耦合电容）视为短路；无内阻的直流电源视为短路。由于理想直流电源的内阻为零，交流电流在直流电源上产生的压降为零（直流电源对交流通路而言视为短路）。

根据交流通路变换原则，图 2.3.6（a）中的两个电容具有“通交”的作用，并视作短路，所以信号源 u_s 通过电容 C_1 作用于放大电路；直流电源 V_{CC} 在交流通路中也视为短路；同理，电容 C_2 也视为短路，经过变换可得图 2.3.6（c）所示交流通路。

在放大电路中，为了分析方便，一般把公共端接“地”，设其电位为零，作为电路中其他各点电位的参考点。同时规定：电压的正方向是以共同地端为负端，其他各点为正端。图 2.3.6 中所标出的“+”和“-”分别表示各电压的参考方向；而电流的参考方向如图 2.3.6 中的箭头所示，即 i_C、i_B 以流入电极为正方向；i_E 则以流出电极为正方向。图 2.3.6 中表示电压、电流的各符号的含义如下（除非特别说明，本书电压和电流的符号均表示此含义）：

U_{BE}、I_B：大写字母、大写下标，表示静态值。

u_{be}、i_b：小写字母、小写下标，表示交流分量瞬时值。

u_{BE}、i_B：小写字母、大写下标，表示总电压、总电流瞬时值，即交直流量之和。

U_{be}、I_b：大写字母、小写下标，表示交流分量有效值。

不难发现，这些符号在前面内容中已经有所应用。在分析放大电路时，应遵循“先静态、后动态”的原则，求解静态工作点时应利用直流通路，求解动态参数时应利用交流通路，两种通路切不可混淆。静态工作点合适，动态分析才有意义。

视频

BJT的图解分析法

2. 图解分析法

图解分析法就是利用 BJT 的输入/输出特性曲线和放大电路的特性方程，通过作图来分析放大电路静态和动态的工作情况。

1）静态工作点的图解分析

为了方便解释图解分析法原理，这里仍采用双电源共射放大电路，如图 2.3.8 所示。

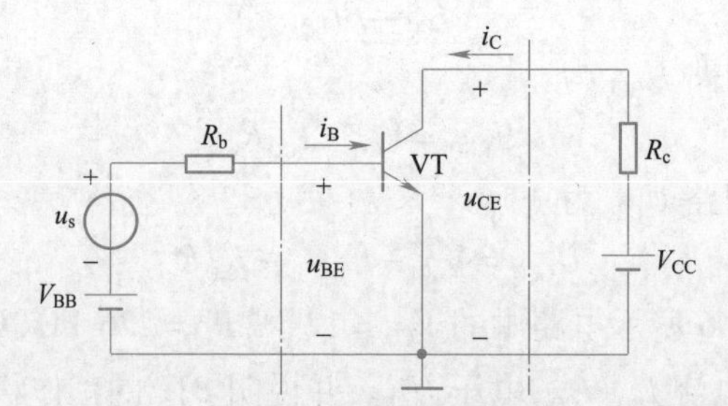

图 2.3.8　基于图解法分析的共射放大电路原理图

将整个电路用两条点画线划分为三部分，核心器件 BJT 单独成为一部分，左边是输入回路的管外电路，右边是输出回路的管外电路。当信号源 $u_s=0$ 时，可得该电路的直流通路。在放大电路的输入回路中，静态工作点（I_{BQ}、U_{BEQ}）应在 BJT 的输入特性曲线上，同时又满足输入回路的管外电路方程：

$$u_{BE}=V_{BB}-i_B R_b \tag{2.3.8}$$

显然，输入回路管外电路方程可以看成是一条斜率为 $-1/R_b$ 的直线，称该直线为输入回路直流负载线。因为静态工作点既在输入特性曲线上，又在输入回路直流负载线上，所以，这两条线必相交于静态工作点。为此，在 BJT 输入特性曲线上画输入回路直流负载线。当 $i_B=0$ 时，$u_{BE}=V_{BB}$；当 $u_{BE}=0$ 时，$i_B=V_{BB}/R_b$。在 BJT 输入特性曲线上取两点，$(V_{BB},0)$ 和 $(0,V_{BB}/R_b)$，连接这两点形成输入回路直流负载线，并与输入特性曲线相交，该交点就是静态工作点 Q，其纵坐标值为 I_{BQ}，横坐标值为 U_{BEQ}，如图 2.3.9(a)所示。

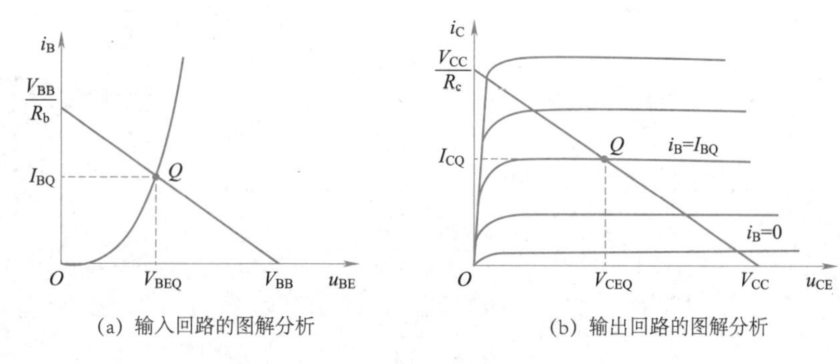

(a) 输入回路的图解分析　　(b) 输出回路的图解分析

图 2.3.9　基于图解法求解静态工作点

与输入回路相似，在 BJT 的输出回路中，静态工作点 (U_{CEQ},I_{CQ}) 既应在 $I_B=I_{BQ}$ 输出特性曲线上，又应满足输出回路管外电路的回路方程，即

$$u_{CE}=V_{CC}-i_C R_c \tag{2.3.9}$$

显然，该方程也是一条直线，该直线称为输出回路直流负载线，其斜率为 $-1/R_c$。对于式(2.3.9)，当 $i_C=0$ 时，$u_{CE}=V_{CC}$；当 $u_{CE}=0$ 时，$i_C=V_{CC}/R_c$。在 BJT 输出特性曲线上，取两点 $(V_{CC},0)$ 和 $(0,V_{CC}/R_c)$。画出输出回路直流负载线，并与 $i_B=I_{BQ}$ 的输出特性曲线相交于 Q 点，如图 2.3.9(b)所示，其纵坐标值为 I_{CQ}，横坐标值为 U_{CEQ}。

应当指出，如果输出特性曲线中没有 $I_B=I_{BQ}$ 的那条输出特性曲线，则应当补充该曲线。

2）动态工作点的图解分析

基于图解法的 BJT 放大电路动态分析，仍然采用图 2.3.8 所示共射放大电路。令信号源电压 u_s 为正弦波，记作 $u_s=U_{sm}\sin\omega t$，其中 U_{sm} 为输入信号 u_s 的最大幅值。因为 u_s 是动态变化的，所以在直流电源和信号源 u_s 的共同作用下，BJT 的工作状态将动态移动。BJT 放大电路的动态分析能够直观地显示出在输入信号作用下，BJT 放大电路中各电压及电流波形的幅值大小和相位关系，可较全面地了解电路的动态工作情况。

(1)在 BJT 输入特性曲线图上画 u_{BE} 和 i_B 的动态波形。加入信号 u_s 后，输入回路方程变为 $u_{BE}=V_{BB}+u_s-i_B R_b$，当 u_s 取某一个值时，对应着一条输入负载线；当 u_s 取某不同的值时，对应着一簇输入负载线，它们的斜率均为 $-1/R_b$，因此所有的输入负载线都是平行的。图 2.3.10(a)中的虚线①、②是 u_s 取最大值 U_{sm} 和最小值 $-U_{sm}$ 时的输入负载线。根据 u_s 与输入特性曲线的相交点的移动，便可画出 u_{be} 和 i_b 的波形。从图 2.3.10(a)中不难发现，若 u_s 信号较大，幅值波动范围较大，那么在 V_{BB} 和 v_s 的共同作用下，Q' 有可能进入饱和区，Q'' 有可能进入截止区，引起输出信号的严重失真。

(2)在 BJT 输出特性曲线图上画 i_C 和 u_{CE} 的动态波形。加入信号 u_s 后，输出回路方程不变，仍然是 $u_{CE}=V_{CC}-i_C R_c$，这说明输出负载线不变。前面通过输入回路的动态特性分析得到了基极电流 i_B 的变化范围，由此，在输出特性曲线上可以得到集电极电流 i_C 的变化范围。输出负载线不变，该负载线与选定的输出特性曲线可以确定 BJT 的工作点 Q' 和 Q''，以及 u_{CE} 的变化范围。由此便可以画出 i_c 和 u_{CE} 的波形，如图 2.3.10(b) 所示。u_{CE} 的交流量就是 u_{ce}，它表示 BJT 放大电路的输出电压 u_o。从图 2.3.10(b) 中可以观察到，输出电压 u_o 与信号源电压 u_s 频率相同，相位相反，即共射放大电路的电压放大倍数是一个负值，这是该组态类型放大电路的重要特点。

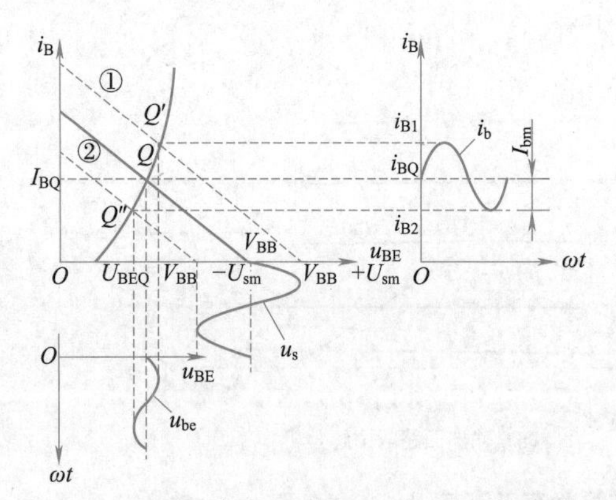

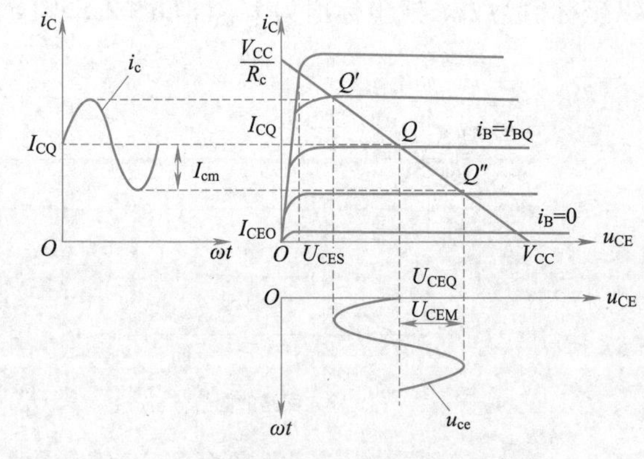

（a）由 u_s 在输入特性曲线上画 u_{BE} 和 i_B 的波形　　（b）由 i_B 在输出特性曲线上画 i_C 和 u_{CE} 的波形

图 2.3.10　基于图解法的 BJT 放大电路动态分析

(3)静态工作点对波形失真的影响。由前面的分析可知，在 BJT 放大电路中，静态是动态的基础，只有当设置合适的静态工作点 Q 且输入信号幅值较小时，电路才能够不失真地放大输入信号。在输入信号较小时，当 Q 点过低或过高，对输出波形有什么影响呢？

①Q 点过低，波形截止失真分析。当静态工作点 Q 选择过低时，在输入信号的负半周靠近峰值的某段时间内，BJT 的基极与发射极之间的电压总量 u_{BE} 小于其开启电压 U_{on}，BJT 截止。此时，基极电流 i_B 与集电极电流 i_C 将产生底部失真，如图 2.3.11 所示。集电极电阻 R_c 上的电压波形将会随着 i_C 的失真产生同样的失真。由输出方程可知，输出电压 u_{CE} 与 R_c 上电压的变化相位相反，所以在 BJT 截止时，输出电压 u_{CE} 的波形将产生顶部失真，且失真时的电压接近 V_{CC}。这里，将 BJT 截止而产生的失真称为截止失真。显然，增大基极电源 V_{BB} 或减小基极电阻 R_b 的阻值，才能使静态工作点 I_{BQ} 的值增加，提高 Q 点位置，消除截止失真。

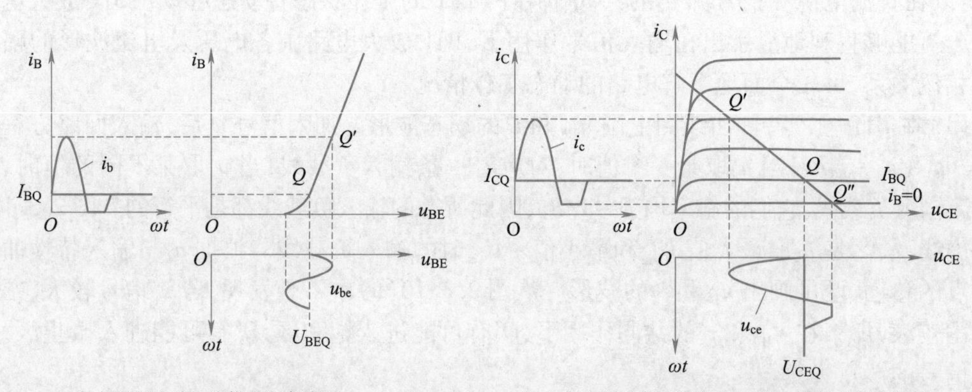

（a）基极电流 i_B 的截止失真波形　　（b）集电极电流 i_C 和输出电压 u_{CE} 的截止失真波形

图 2.3.11　Q 点过低引起波形截止失真

②Q 点过高，波形饱和失真分析。当静态工作点 Q 过高时，基极电流 i_B 为不失真的正弦波。但是，由于输入信号正半周靠近峰值的某段时间内 BJT 进入了饱和区，导致集电极动态电流 i_C 产生顶部失真，集电极电阻 R_c 上的电压波形随之产生同样的失真。由于输出电压 u_{CE} 与 R_c 上电压的变化相位相反，从而导致 u_{CE} 波形产生底部失真，如图 2.3.12 所示。因 BJT 饱和而产生的失真称为饱和失真。为了消除饱和失真，就要适当降低 Q 点。为此，可以减小基极电源 V_{BB} 或增大基极电阻 R_b 的阻值，从而减小基极静态电流 I_{BQ}，使 BJT 在加入动态输入信号后，仍处于放大状态。另外，也可以减小集电极电阻 R_c，以改变负载线斜率，从而增大管压降 U_{CEQ}；或者更换一只 β 较小的 BJT，以便在同样的 I_{BQ} 情况下减小 I_{CQ}。

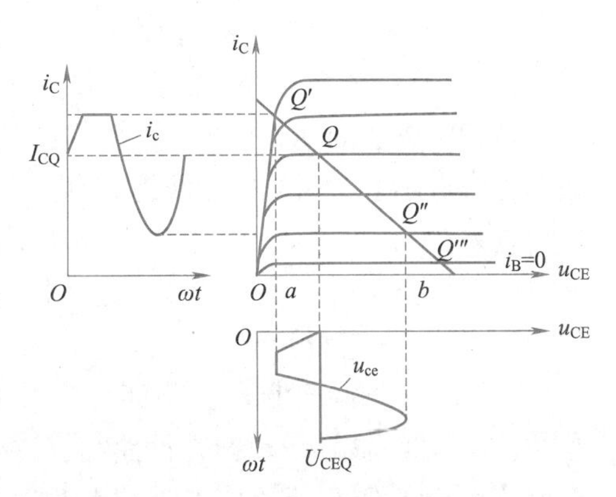

图 2.3.12　Q 点过高引起波形饱和失真

综上所述，为了减小或避免 BJT 放大电路的非线性失真，必须合理地设置其静态工作点 Q。当输入信号 u_s 较大时，应把 Q 点设置在输出交流负载线的中点，这时可得到输出电压的最大动态范围；当 u_s 较小时，为了降低电路的功率损耗，在不产生截止失真和保证一定的电压增益的前提下，可把 Q 点选得低一些。

(4) 直流负载线与交流负载线。前面针对图 2.3.8 分析了 BJT 放大电路的静态特性与动态特性。不难发现，在 BJT 的输出特性曲线中，负载线是必不可少的，但是图 2.3.8 中，由于是空载，所以直流负载线与交流负载线是重合的。从图 2.3.6(c) 中可以看出，当电路带上负载电阻 R_L 时，输出电压不仅仅决定于 R_c，而是集电极动态电流 i_c 与 $(R_c/\!/R_L)$ 的乘积。因此，由直流通路所确定的负载线 $u_{CE}=V_{CC}-i_CR_c$，称为直流负载线。而动态信号遵循的负载线称为交流负载线。交流负载线应具备两个特征：

①当输入电压 $u_i=0$ 时，BJT 的集电极电流应为 I_{CQ}，管压降应为 U_{CEQ}，所以它必过静态工作点 Q。

②由于集电极动态电流 i_c 仅决定于基极动态电流 i_b，而动态管压降 u_{ce} 等于 i_c 与 $(R_c/\!/R_L)$ 之积，所以它的斜率为 $-1/(R_c/\!/R_L)$。

根据上述特征，只要过 Q 点画一条斜率为 $-1/(R_c/\!/R_L)$ 的直线就是交流负载线。除此之外，还可以采用两点确定一条直线的方法。已知直线上一点为 Q，再寻找另一点即可。在图 2.3.13 中，对于直角三角形 QAB，已知直角边 QA 为 I_{CQ}，斜率为 $-1/(R_c/\!/R_L)$，因而另一直角边 AB 为 $I_{CQ}(R_c/\!/R_L)$，所以交流负载线与横轴的交点为 $U_{CEQ}+I_{CQ}(R_c/\!/R_L)$，连接该点与 Q 点所得的直线就是交流负载线，如图 2.3.13 所示。

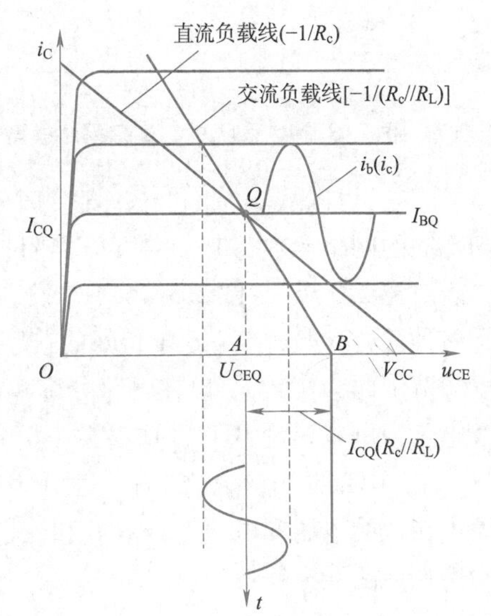

图 2.3.13　BJT 放大电路的负载线

(5) 图解法分析动态特性的步骤及适用范围。

图解法分析动态特性的步骤如下：

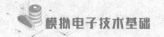

(1)首先画出直流负载线,求出静态工作点 Q。

(2)画出交流负载线。根据要求,从交流负载线可画出输出电流、电压波形。

基于图解法的动态分析,直观地反映了输入电流与输出电流、电压的波形关系,形象地反映了工作点不合适引起的非线性失真。但它对放大电路的增益、输入电阻和输出电阻的分析却比较复杂,有的甚至无法求解。所以,图解法主要用来分析信号的非线性失真和大信号工作状态(其他方法不能用)。至于交流特性的分析计算,多采用小信号模型分析法。

3. 小信号模型分析法

BJT 是一个非线性器件,不能直接采用线性电路的分析方法来分析计算放大电路的性能参数。从 BJT 的输入/输出特性曲线看,在静态工作点 Q 附近做小范围运动,其运动轨迹可以近似认为是线性区,那么当 BJT 放大低频小信号时,就可以把 BJT 小范围内的特性曲线近似地用直线来代替,从而可以把 BJT 这个非线性器件所组成的电路当作线性电路来处理,这就需要对 BJT 建立线性模型。为小信号建模的指导思想,是把非线性问题线性化的工程处理方法。

通常可用两种方法建立 BJT 的小信号模型:一种是根据 BJT 呈现的物理特点,用电阻、受控电流源等电路元件来模拟其物理过程,从而得出模型;另一种是将 BJT 看成一个二端口网络,根据输入、输出端口的电压、电流关系式,求出相应的网络参数,从而得到它的等效模型。下面介绍后一种方法。

1)BJT 的共射 H 参数小信号等效模型

BJT 放大电路是一个有源二端口网络,包含输入部分和输出部分,并以 b-e 作为输入端口,c-e 作为输出端口,如图 2.3.14 所示。网络外部的端电压和电流关系就是 BJT 的输入特性和输出特性。

一个线性二端口网络通常可以通过电压 u_i、u_o 及电流 i_1、i_2 来研究网络的特性,如图 2.1.15 所示。

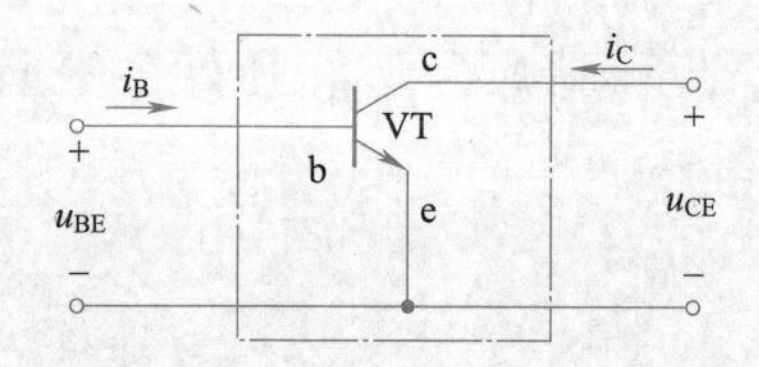

图 2.3.14 BJT 的二端口网络模型

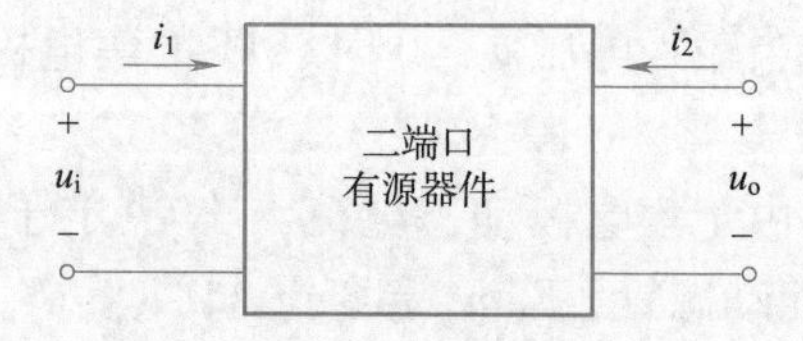

图 2.3.15 二端口网络模型

于是,可以从 u_i、u_o 和 i_1、i_2 这四个变量中选择两个作为自变量,其余两个作为因变量,得到不同的网络参数,如 Z 参数(开路阻抗参数)、Y 参数(短路导纳参数)和 H 参数(混合参数)等。对比 2.3.14 与图 2.3.15 不难发现,BJT 与 H 参数线性二端口网络模型更吻合。H 参数是一种混合参数,是英文 Hybrid 的首字母,它的物理意义明确,测量条件容易实现,加上它在低频范围内为实数,所以在电路分析和设计使用上都比较方便。下面以 NPN 型 BJT 的共射放大电路为例来讨论 BJT 的 H 参数小信号模型。

(1)BJT 的 H 参数的由来。对于 BJT 二端口网络,分别用 u_{BE}、i_B 和 u_{CE}、i_C 表示输入端口和输出端口的电压和电流。若以 i_B 和 u_{CE} 为自变量,u_{BE} 和 i_C 为因变量,则可以写出 BJT 的输入/输出特性曲线方程:

$$u_{BE}=f_1(i_B,u_{CE}) \tag{2.3.10}$$

$$i_C=f_2(i_B,u_{CE}) \tag{2.3.11}$$

式中，i_B、i_C、u_{BE}和 u_{CE}均为总的瞬时值(直流分量和交流分量的叠加)，而小信号模型是指 BJT 在交流低频小信号工作状态下的模型，这时要考虑的是电压、电流间的微变关系。因此，对以上两式取全微分，即

$$du_{BE}=\left.\frac{\partial u_{BE}}{\partial i_B}\right|_{U_{CE}}\cdot di_B+\left.\frac{\partial u_{BE}}{\partial u_{CE}}\right|_{I_B}\cdot du_{CE} \tag{2.3.12}$$

$$di_C=\left.\frac{\partial i_C}{\partial i_B}\right|_{U_{CE}}\cdot di_B+\left.\frac{\partial i_C}{\partial u_{CE}}\right|_{I_B}\cdot du_{CE} \tag{2.3.13}$$

式中，du_{BE}表示 u_{BE}中的变化量，若输入为低频小幅值的正弦波信号，则 du_{BE}可用 u_{be}(发射结两端电压的交流分量)来表示。同理，du_{CE}、di_B、di_C 可分别用自己的交流分量 u_{ce}、i_b、i_c 来表示。于是，可将式(2.3.12)和式(2.3.13)写成下列形式：

$$u_{be}=h_{ie}i_b+h_{re}u_{ce} \tag{2.3.14}$$

$$i_c=h_{fe}i_b+h_{oe}u_{ce} \tag{2.3.15}$$

式中，h_{ie}、h_{re}、h_{fe}、h_{oe}称为 BJT 共射连接时的 H 参数，下标 e 表示共射接法。其中，

$$h_{ie}=\left.\frac{\partial u_{BE}}{\partial i_B}\right|_{U_{CE}} \tag{2.3.16}$$

$$h_{re}=\left.\frac{\partial u_{BE}}{\partial u_{CE}}\right|_{I_B} \tag{2.3.17}$$

$$h_{fe}=\left.\frac{\partial i_C}{\partial i_B}\right|_{U_{CE}} \tag{2.3.18}$$

$$h_{oe}=\left.\frac{\partial i_C}{\partial u_{CE}}\right|_{I_B} \tag{2.3.19}$$

式(2.3.14)表明，电压 u_{be}由两部分组成，第一项表示由 i_b产生的一个电压，因而 h_{ie}应为一电阻；第二项表示由 u_c 产生的一个电压，因而 h_{re}量纲为一；所以 BJT 的基极与发射极之间等效成一个电阻与一个电压控制的电压源串联。式(2.3.15)表明，电流 i_c 也由两部分组成，第一项表示由 i_b控制产生的一个电流，因而 h_{fe}的量纲为一；第二项表示由 u_{ce}产生的一个电流，因而 h_{oe}为电导，所以 BJT 的集电极与发射极之间等效成一个电流控制的电流源与一个电阻并联。这样，得到 BJT 的 H 参数模型如图 2.3.16 所示。

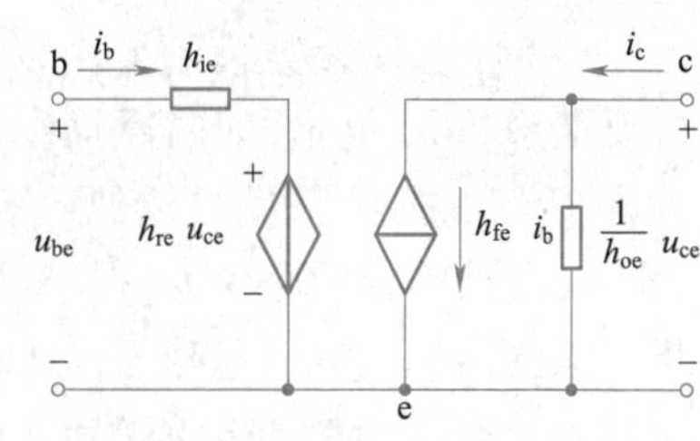

图 2.3.16 BJT 的 H 参数模型

由于式(2.3.14)和式(2.3.15)中四个参数的量纲不同，故称为 H(混合)参数，由此得到的等效电路称为 H 参数模型。下面分别介绍 H 参数代表的物理意义。

(2) H 参数的意义。研究 H 参数与 BJT 的输入/输出特性曲线的关系，可以进一步理解它们的物理意义和求解方法。

①h_{ie}是当 $u_{CE}=U_{CEQ}$时 u_{BE}对 i_B的偏导数。从输入特性上看，就是 $u_{CE}=U_{CEQ}$那条输入特性曲线在 Q 点处切线斜率的倒数。小信号作用时，$h_{ie}=\partial u_{BE}/\partial i_B\approx\Delta u_{BE}/\Delta i_B$，如图 2.3.17(a)所示。因此 h_{ie}表示小信号作用下基极与发射极之间的交流电阻，常记作 r_{be}。Q 点越高，输入特性曲线越陡，r_{be}的值也就越小。

②h_{re}是当 $i_B=I_{BQ}$时 u_{BE}对 u_{CE}的偏导数。从输入特性上看，就是在 $i_B=I_{BQ}$的情况下 u_{CE}对 u_{BE}的影响，可以用 $\Delta u_{BE}/\Delta u_{CE}$求出 h_{re}的近似值，如图 2.3.17(b)所示。h_{re}描述了 BJT 输出回路电压 u_{CE}对输入回路电压 u_{BE}的影响，故称为内反馈系数。当集电极与发射极之间电压足够

大时，如 $U_{CE}\geqslant 1$ V，$\Delta u_{BE}/\Delta u_{CE}$的值很小（小于 10^{-2}）。

③h_{fe}是当 $u_{CE}=U_{CEQ}$时 i_C 对 i_B的偏导数。从输出特性上看，当小信号作用时，$h_{fe}=\partial i_C/\partial i_B\approx\Delta i_C/\Delta i_B$，如图 2. 3. 17（c）所示。所以，$h_{fe}$表示 BJT 在 Q 点附近的共射电流放大系数 β。

④h_{oe}是当 $i_B=I_{BQ}$时 i_C 对 u_{CE}的偏导数。从输出特性上看，h_{oe}是在 $i_B=I_{BQ}$的那条输出特性曲线上 Q 点处的导数，如图 2. 3. 17（d）所示，它表示输出特性曲线上翘的程度，可以利用 $\Delta i_C/\Delta u_{CE}$得到其近似值。由于大多数 BJT 工作在放大区时曲线均几乎平行于横轴，所以其值常小于 10^{-5} S。常称 $1/h_{oe}$为集电极与发射极之间的交流电阻 r_{ce}，其值在几百千欧以上。

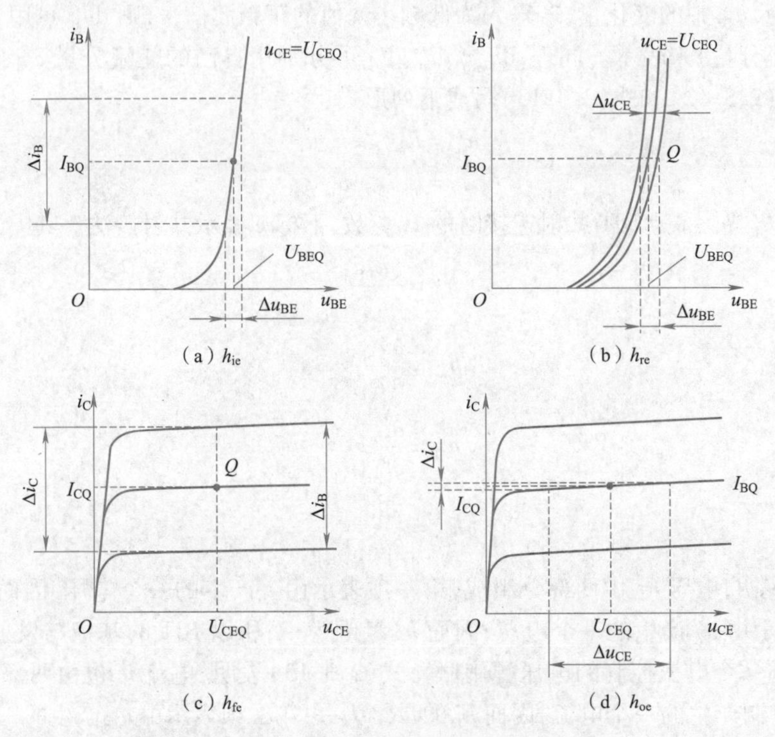

图 2. 3. 17　H 参数的物理意义和求解分析

（3）简化 H 参数模型。由以上分析可知，在输入回路内反馈系数 h_{re}很小，即内反馈很弱，近似分析中可忽略不计，故 BJT 的输入回路可近似等效为只有一个动态电阻 r_{be}（即 h_{ie}）；在输出回路中 h_{oe}很小，即 r_{ce}很大，说明在近似分析中该支路的电流可忽略不计，故 BJT 的输出回路可近似等效为只有一个受控电流源 i_c（$i_c=\beta i_b$）。综上所述，BJT 的 H 参数模型可以简化为图 2. 3. 18 所示形式。

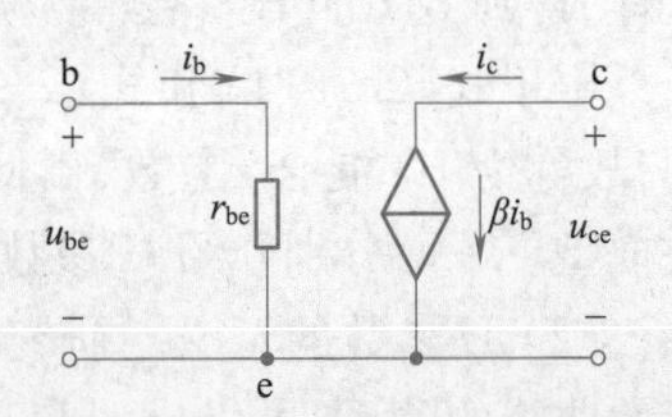

图 2. 3. 18　BJT 的简化 H 参数模型

需要特别说明的是，等效电路中的电流源 βi_b 为一受控电流源，它的数值和方向都取决于基极电流 i_b，不能随意改动。i_b的正方向可以任意假设，但一旦假设好之后，i_b的方向就一定了。如果假设 i_b的方向为流入基极，则 βi_b的方向必定从集电极流向发射极；反之，如果假设 i_b的方向为流出基极，则 βi_b的方向必定从发射极流向集电极。无论电路如何变化，支路如何移动，上述方向必须严格保持。

另外，如果 BJT 输出回路的负载电阻 R_L 与 r_{ce}相比，如 $r_{ce}<10R_L$，则在电路分析中应当考虑 r_{ce}的影响。

(4)简化 H 参数模型中 r_{be}参数值的确定。在简化 H 参数模型中,共射电流放大系数 β 可以通过 BJT 特性图示仪或 H 参数测试仪测得,也可以从 BJT 的特性曲线上求得。r_{be}参数(即 h_{ie})可由下面的表达式求得:

$$r_{be}=r_{bb'}+(1+\beta)(r_e+r'_e) \tag{2.3.20}$$

式中,$r_{bb'}$为 BJT 基区的体电阻,如图 2.3.19 所示;r'_e是发射区的体电阻;r_e 为发射结电阻。

$r_{bb'}$和 r'_e仅与掺杂浓度及制造工艺有关,基区掺杂浓度比发射区掺杂浓度低,所以 $r_{bb'}$比 r'_e大得多,对于小功率 BJT,$r_{bb'}$为几十欧至几百欧,而 r'_e仅为几欧或更小,可以忽略。根据 PN 结的电流方程:

$$i_E=I_S(e^{\frac{u}{U_T}}-1)$$

式中,u 为发射结两端电压。

上式两端对 u 求导:

$$\frac{1}{r_e}=\frac{di_E}{du}=\frac{1}{U_T}\cdot I_S\cdot e^{\frac{u}{U_T}}$$

由于发射结正偏,u 大于开启电压,常温下 $U_T\approx26$ mV,因此可以认为 $i_E\approx I_S e^{\frac{u}{U_T}}$,代入式中可得

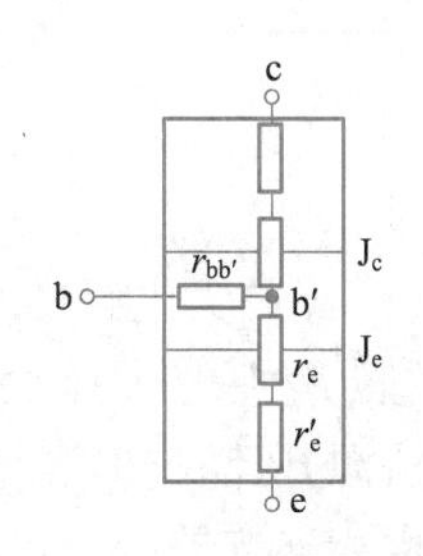

图 2.3.19　BJT 内部动态电阻示意图

$$\frac{1}{r_e}\approx\frac{1}{U_T}\cdot i_E$$

当用以 Q 点为切点的切线取代 Q 点附近的曲线时,可用静态工作点 I_{EQ}代替 i_E。

$$\frac{1}{r_e}\approx\frac{1}{U_T}\cdot I_{EQ}$$

所以

$$r_e\approx\frac{U_T}{I_{EQ}}=\frac{26\ \text{mV}}{I_{EQ}(\text{mA})} \tag{2.3.21}$$

将式(2.3.21)代入式(2.3.20)可得

$$r_{be}=r_{bb'}+(1+\beta)\left[\frac{26\ \text{mV}}{I_{EQ}(\text{mA})}+r'_e\right]$$

又因为 r'_e可以忽略,所以可将其整理为

$$r_{be}=r_{bb'}+(1+\beta)\frac{26\ \text{mV}}{I_{EQ}(\text{mA})} \tag{2.3.22}$$

特别需要指出的是:

(1)流过 $r_{bb'}$的电流是 i_b,流过 r_e 的电流是 i_e,$(1+\beta)r_e$ 是 r_e 折合到基极回路的等效电阻。

(2)r_{be}是交流(动态)电阻,只能用来计算 BJT 放大电路的交流性能指标,不能用来求静态工作点 Q 的值,但它的大小与静态电流 I_{EQ}的大小有关。

H 参数模型用于研究动态参数,它的四个参数都是在 Q 点处求偏导数得到的。因此,只有在信号比较小,且工作在线性度比较好的区域内,分析计算的结果误差才较小。而且,由于 H 参数模型没有考虑结电容的作用,只适用于低频信号的情况,故又称 BJT 的低频小信号模型。

2)基于 H 参数小信号模型分析共射放大电路的动态参数

BJT 放大电路的动态参数分析主要包括电压放大倍数、输入电阻、输出电阻,以及通频带宽度等。下面先介绍前面的三个,通频带宽度在放大器的频率响应特性中介绍。

以图 2.3.20(a)所示基本共射放大电路为例,用小信号模型分析法分析其动态性能指标,具体步骤如下:

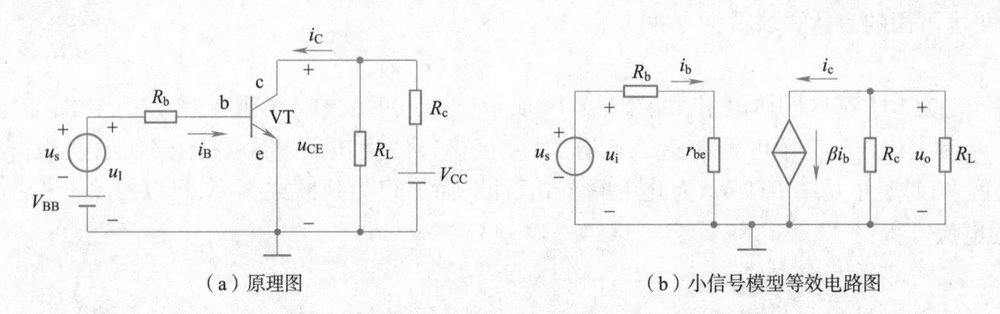

(a)原理图　　(b)小信号模型等效电路图

图 2.3.20　基本共射放大电路

(1)画放大电路的小信号模型等效电路。首先画出 BJT 的 H 参数小信号模型(一般用简化模型),然后按照画交流通路的原则(放大电路中的直流电源应视为零:直流电压源短路、直流电流源开路;同时若电路中有耦合电容,也把它视为对交流信号短路),分别画出与 BJT 三个电极相连支路的交流通路,并标出各有关电压及电流的参考方向,就能得到整个放大电路的小信号等效电路,如图 2.3.20(b)所示。

(2)基于静态工作点 I_{EQ} 估算 r_{be}。先求静态电流 I_{EQ},按式(2.3.22)估算 r_{be}。

(3)求电压放大倍数 A_u。由电压放大倍数定义可知 $A_u=\dfrac{u_o}{u_i}$,分析图 2.3.20(b)所示电路,可得

$$u_i=i_b(R_b+r_{be}) \qquad [2.3.23(a)]$$

$$i_c=\beta i_b \qquad [2.3.23(b)]$$

$$u_o=-i_c(R_c/\!/R_L) \qquad [2.3.23(c)]$$

将式[2.3.23(a)]~式[2.3.23(c)]代入电压放大倍数 A_u 的表达式,可得

$$A_u=\frac{u_o}{u_i}=\frac{-i_c(R_c/\!/R_L)}{i_b(R_b+r_{be})}=-\frac{\beta(R_c/\!/R_L)}{R_b+r_{be}} \qquad (2.3.24)$$

式中,负号表示共射放大电路的输出电压与输入电压相位相反,即输出电压滞后输入电压 180°。

(4)计算输入电阻 R_i。R_i 是从放大电路输入端看进去的等效电阻。输入电阻等于输入电压除以输入电流,对于图 2.3.20(b)有

$$R_i=\frac{u_i}{i_i}=\frac{u_i}{i_b}=\frac{i_b(R_b+r_{be})}{i_b}=R_b+r_{be} \qquad (2.3.25)$$

(5)计算输出电阻 R_o。R_o 是从放大电路输出端看进去的等效电阻,根据前面介绍的求解放大电路输出电阻的方法,令 $u_s=0$ 时,断开 R_L,并在输出端加一正弦波测试信号 u_t,必然产生动态电流 i_t,则

$$R_o=\frac{u_t}{i_t}\bigg|_{u_s=0,R_L=\infty} \qquad (2.3.26)$$

画出图 2.3.20(b)所示等效电路的求解输出电阻 R_o 的电路,如图 2.3.21 所示。

因为 $i_b=0$,所以受控电流 $\beta i_c=0$,于是有

$$R_o=\frac{u_t}{i_t}=\frac{i_tR_c}{i_t}=R_c \qquad (2.3.27)$$

以上分析方法为小信号模型等效电路法，又称微变等效电路法。

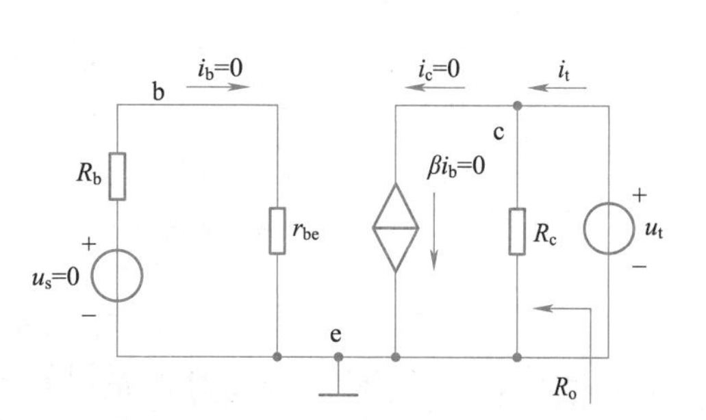

图2.3.21 输出电阻求解电路图

例2.3.2 在图2.3.22所示电路中，已知$V_{CC}=12$ V，$R_b=300$ kΩ，$R_c=4$ kΩ，$R_L=4$ kΩ；BJT的$r_{bb'}=200$ Ω，$\beta=50$，$U_{BEQ}=0.7$ V；电容C_{b1}和C_{b2}均为20 μF。

(1)求出该电路的A_u、R_i和R_o。

(2)若所加信号源内阻R_s为2 kΩ，试求源电压放大倍数$A_{us}=u_o/u_s$。

(3)若负载R_L开路，电压放大倍数A_u如何变化？

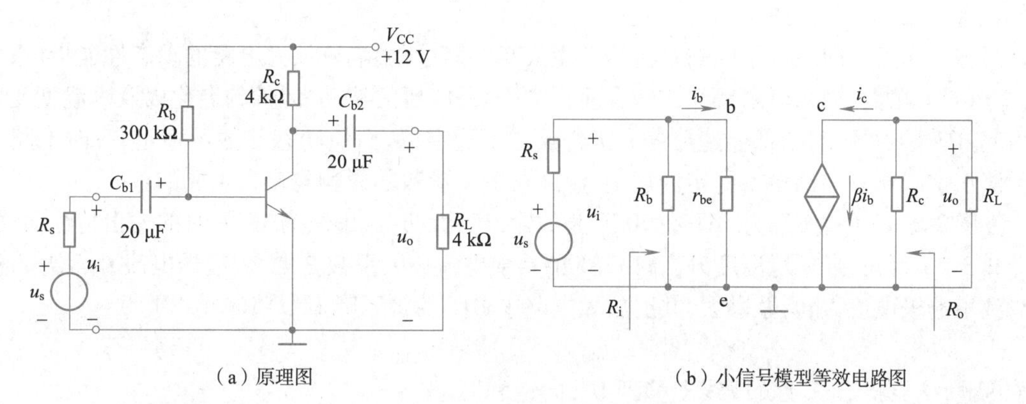

图2.3.22 例2.3.2电路图

解 (1)首先求解静态工作点Q和r_{be}，画出小信号模型等效电路，然后再求解A_u、R_i和R_o。

①静态工作点Q求解如下：

$$I_{BQ}=\frac{V_{CC}-U_{BEQ}}{R_b}\approx\frac{V_{CC}}{R_b}=\frac{12\ \text{V}}{300\ \text{k}\Omega}=40\ \mu\text{A}$$

$$I_{CQ}=\beta I_{BQ}=50\times40\ \mu\text{A}=2\ \text{mA}$$

$$U_{CEQ}=V_{CC}-I_{CQ}R_c=12\text{V}-2\ \text{mA}\times4\ \text{k}\Omega=4\ \text{V}$$

②估算r_{be}：

$$r_{be}=r_{bb'}+(1+\beta)\frac{26(\text{mV})}{I_{EQ}(\text{mA})}\approx200\ \Omega+(1+80)\frac{26(\text{mV})}{I_{CQ}(\text{mA})}=863\ \Omega$$

③画小信号模型等效电路，如图2.3.22(b)所示。

④
$$A_u=\frac{u_o}{u_i}=-\frac{\beta i_b(R_c/\!/R_L)}{i_b r_{be}}=-\frac{\beta R_L'}{r_{be}}\approx-116$$

$$R_i=\frac{u_i}{i_i}=\frac{u_i}{\dfrac{u_i}{R_b}+\dfrac{u_i}{r_{be}}}=R_b/\!/r_{be}\approx0.863\ \text{k}\Omega$$

$$R_o\approx R_c=4\ \text{k}\Omega$$

应当指出，放大电路的输入电阻与信号源内阻无关，输出电阻与负载无关。

(2)当考虑信号源内阻对放大器电压放大倍数的影响时，放大器的电压放大倍数称为源电压放大倍数，用符号A_{us}来表示。计算源电压放大倍数的公式为

$$A_{us}=\frac{u_o}{u_s}=\frac{u_i}{u_s}\frac{u_o}{u_i}=\frac{R_i}{R_i+R_s}A_u\approx-35$$

不难发现，A_{us}的绝对值始终小于A_u，输入电阻越大，A_{us}就越接近于A_u。

(3)若负载R_L开路，则电压放大倍数变为

$$A_u=\frac{u_o}{u_i}=-\frac{\beta R_c}{r_{be}}\approx-232$$

显然，电压放大倍数的大小与负载有关。负载越大，电压放大倍数越大；否则，电压放大倍数越小。

2.3.5 BJT放大电路静态工作点的稳定及其偏置电路

1. 静态工作点稳定的必要性

静态工作点不但决定了电路是否会产生失真，而且还影响着放大电路的动态性能指标，比如：电压放大倍数、输入电阻等。在工程应用中，电源电压的波动、元件的老化以及因温度变化所引起BJT参数的变化，都会造成静态工作点的不稳定，从而使动态参数不稳定，有时电路甚至无法正常工作。在诸多不稳定因素中，温度对BJT参数的影响是最为主要的。

在图2.3.23中，实线为BJT在20 ℃时的输出特性曲线，虚线为40 ℃时的输出特性曲线。由图2.3.23可知，当环境温度升高时，BJT的共射电流放大系数β增大，穿透电流I_{CEO}增大；从而导致集电极电流I_{CQ}明显增大，共射放大电路中BJT的管压降U_{CEQ}将减小，即

$$T\uparrow\rightarrow I_{BQ}\uparrow\rightarrow I_{CQ}\uparrow\rightarrow U_{CEQ}\downarrow$$

因此，Q点将沿直流负载线上移到Q'，向饱和区变化；而要想使电路的静态工作点回到原来位置，必须减小基极电流I_{BQ}。可以想象，当温度降低时，Q点将沿直流负载线下移，向截止区变化，要想使静态工作点基本不变，则必须增大I_{BQ}。

由此可见，所谓稳定Q点，通常是指在环境温度变化时静态集电极电流I_{CQ}和管压降U_{CEQ}基本不变，即Q点在BJT输出特性坐标平面中的位置基本不变，而且，必须依靠I_{BQ}的变化来抵消I_{CQ}和U_{CEQ}的变化。常用引入直流负反馈或温度补偿的方法使I_{BQ}在温度变化时产生与I_{CQ}相反的变化。

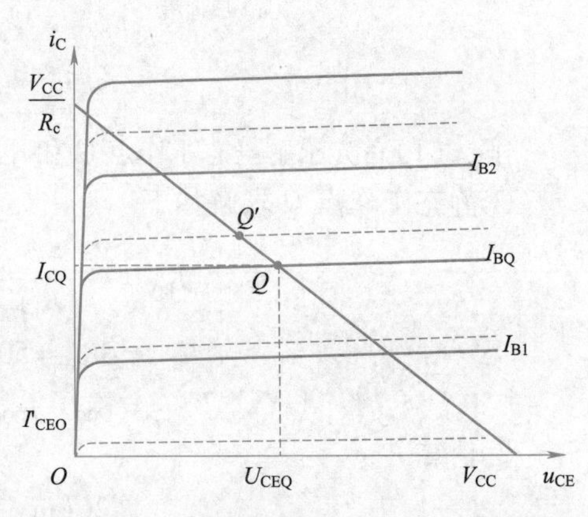

图2.3.23 温度对静态工作点的影响

BJT放大电路静态工作点的稳定及其偏置电路

2. 典型工作点稳定偏置电路

1)静态工作点的稳定原理

稳定静态工作点的典型电路如图2.3.24(a)所示，与图2.3.22(a)相比，多了电阻R_{b2}、R_e两个元件，添加这两个元件的目的是利用R_e对直流电流的反馈作用来稳定静态工作点。其中，R_e称为发射极电阻，R_{b1}称为上偏置电阻，R_{b2}称为下偏置电阻。直流通路如图2.3.24(b)所示。下面通过直流通路来分析该电路稳定静态工作点的原理及过程。

在图2.3.24(b)中，节点B的电流方程为

$$I_2=I_1+I_{BQ}\tag{2.3.28}$$

为了稳定Q点，通常使参数的选择满足：

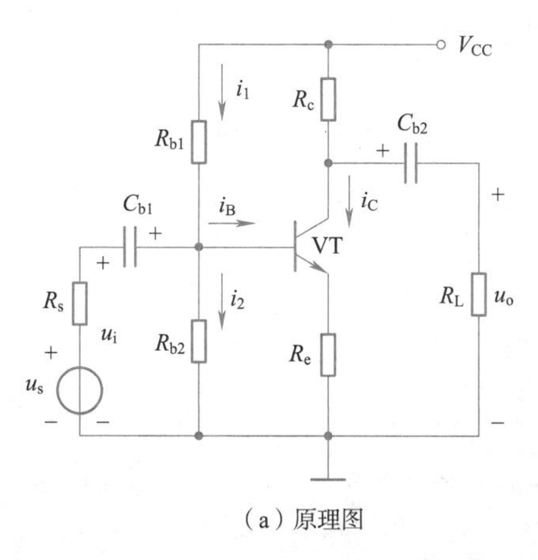

(a) 原理图

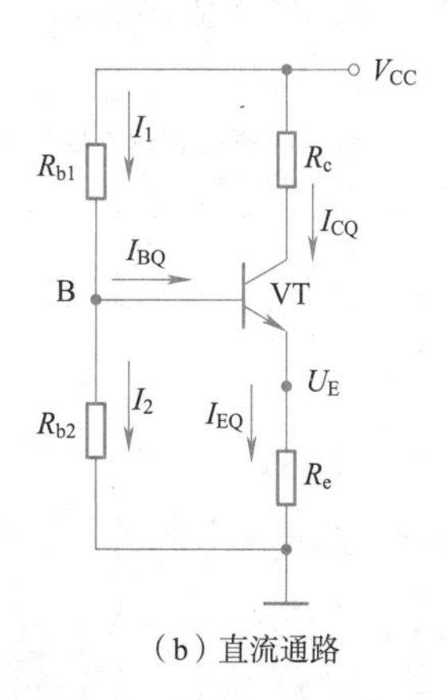

(b) 直流通路

图 2.3.24　基极分压式射极偏置放大电路

$$I_1 \gg I_{BQ} \tag{2.3.29}$$

因此

$$I_2 \approx I_1 \tag{2.3.30}$$

那么静态时,B 点的电位为

$$U_{BQ} = \frac{R_{b2}}{R_{b1} + R_{b2}} V_{CC} \tag{2.3.31}$$

从式(2.3.31)可以看出,B 点电位(即基极电位)只与电阻 R_{b1}、R_{b2},以及电源 V_{CC}有关,而与 BJT 无关,而电阻的温度稳定性远高于半导体器件的温度稳定性,所以 B 点电位与环境温度几乎无关。在此条件下,当温度升高引起静态电流 I_{CQ}增加时,发射极电流 I_{EQ}也会增加,因此发射极电阻 R_e 两端的电压会增加,即发射极直流电位 U_{EQ}也增加。由于基极电位 U_{BQ}基本固定不变,因此外加在发射结上的电压 U_{BEQ}将自动减小,从而使 I_{BQ}跟着减小,结果抑制了 I_{CQ}的增加,使 I_{CQ}基本维持不变,达到自动稳定静态工作点的目的。温度升高时,稳定静态工作点的原理可以表示为如下过程:

$$T\uparrow \to I_{CQ}\uparrow \to I_{EQ}\uparrow \to U_E\uparrow、U_B\text{不变} \to U_{BEQ}\downarrow \to I_{BQ}\downarrow$$
$$I_{CQ}\downarrow \leftarrow \text{(反馈控制)}$$

当温度降低时,各电量向相反方向变化,Q 点也能稳定。不难看出,在静态工作点稳定的过程中,R_e 起着重要作用。当 BJT 的输出回路电流 I_{CQ}变化时,通过 R_e 上产生电压的变化来影响基极与发射极之间电压,从而使 I_{BQ}向相反方向变化,达到稳定 Q 点的目的。这种将输出量(I_{CQ})通过一定的方式(利用 R_e 将 I_{CQ}的变化转化成电压的变化)引回到输入回路来影响输入量(U_{BEQ})的措施称为反馈。由于反馈的结果使输出量的变化减小,故称为负反馈;又由于反馈出现在直流通路之中,故称为直流负反馈。R_e 为直流负反馈电阻。

由此可见,图 2.3.24 所示电路能够稳定静态工作点的原因是:

(1)发射极电阻 R_e 的直流负反馈作用。

(2)在 $I_1 \gg I_{BQ}$的情况下,U_{BQ}在温度变化时基本不变。

所以称这种电路为分压式电流负反馈静态工作点稳定电路。从理论上讲,R_e 越大,反馈越强,静态工作点越稳定。但是实际上,对于一定的集电极电流 I_{CQ},由于 V_{CC}的限制,R_e 太大会使 BJT 进入饱和区,电路将不能正常工作,所以,工程上一般使 $U_{BQ} \approx (1/3) V_{CC}$,$I_1 = (5\sim$

10）I_{BQ}，这就要求偏置电阻满足$(1+\beta)R_e \approx 10R_b$，其中$R_b = R_{b1} /\!/ R_{b2}$。

2）静态工作点的估算

由图2.3.24(b)所示的直流通路求解静态工作点。在$I_1 \gg I_{BQ}$的情况下有

$$U_{BQ} = \frac{R_{b2}}{R_{b1}+R_{b2}}V_{CC} \tag{2.3.32}$$

发射极电流

$$I_{EQ} = \frac{U_{BQ}-U_{BEQ}}{R_e} \tag{2.3.33}$$

由于$I_{CQ} \approx I_{EQ}$，则管压降

$$U_{CEQ} = V_{CC} - I_{CQ}(R_c + R_e) \tag{2.3.34}$$

基极电流

$$I_{BQ} = \frac{I_{EQ}}{1+\beta} \tag{2.3.35}$$

3）动态参数A_u、R_i、R_o的估算

画出图2.3.24(a)的小信号模型等效电路，如图2.3.25所示。

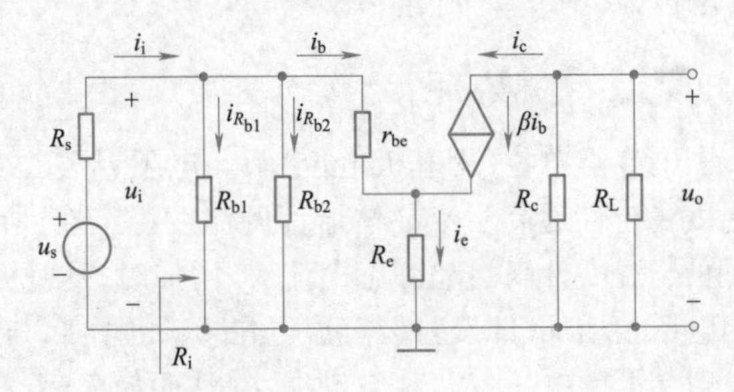

图2.3.25　小信号模型等效电路图

(1)电压放大倍数A_u：

$$A_u = \frac{u_o}{u_i} = \frac{-\beta i_b(R_c /\!/ R_L)}{i_b r_{be} + (1+\beta)i_b R_e} = -\frac{\beta(R_c /\!/ R_L)}{r_{be}+(1+\beta)R_e} \tag{2.3.36}$$

令$R'_L = R_c /\!/ R_L$，则式(2.3.35)变为

$$A_u = \frac{u_o}{u_i} = -\frac{\beta R'_L}{r_{be}+(1+\beta)R_e} \tag{2.3.37}$$

式中，负号表示输出电压与输入电压相位相反。

由于输入电压u_i加在BJT的基极，输出电压u_o由集电极引出，发射极虽未直接接共同端地，但它既在输入回路，又在输出回路，所以此电路仍属共射放大电路。

观察式(2.3.37)可知，接入电阻R_e后，虽然提高了静态工作点的稳定性，但电压放大倍数也下降了，R_e越大，A_u下降越多。为了解决这个矛盾，通常在R_e两端并联一只大容量的电容C_e（称为发射极旁路电容），它对一定频率范围内的交流信号可视为短路，因此对交流信号而言，发射极和“地”直接相连，电压放大倍数也不会下降，如图2.3.26所示。

因为，旁路电容C_e具有“隔直通交”的作用，所以图2.3.24(a)与图2.3.26(a)的直流通路相同，唯独不同的是小信号模型等效电路图。由图2.3.26(b)，可求得电压放大倍数为

$$A_u = \frac{u_o}{u_i} = \frac{-\beta i_b(R_c /\!/ R_L)}{i_b r_{be}} = -\frac{\beta R'_L}{r_{be}} \tag{2.3.38}$$

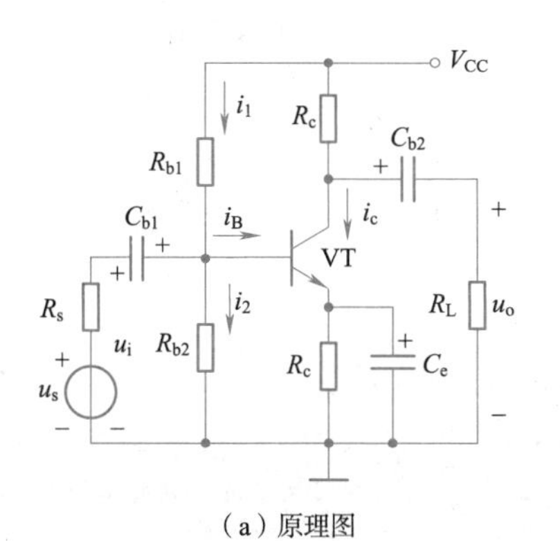

(a) 原理图

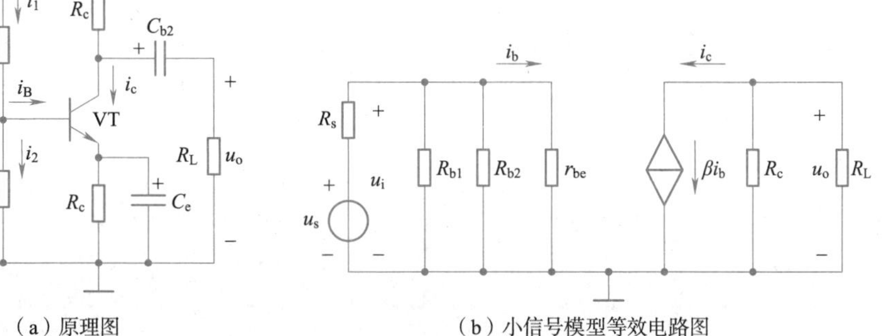

(b) 小信号模型等效电路图

图2.3.26　加旁路电容 C_e 的放大电路

(2)输入电阻 R_i:

根据定义:

$$R_i=\frac{u_i}{i_i}$$

由电路列出方程:

$$i_i=i_{R_{b1}}+i_{R_{b2}}+i_b$$

$$i_{R_{b1}}=\frac{u_i}{R_{b1}}$$

$$i_{R_{b2}}=\frac{u_i}{R_{b2}}$$

$$u_i=i_b r_{be}+i_e R_e=i_b r_{be}+i_b(1+\beta)R_e$$

于是,输入电阻为

$$R_i=\frac{u_i}{i_i}=\frac{u_i}{i_{R_{b1}}+i_{R_{b2}}+i_b}=\frac{u_i}{\frac{u_i}{R_{b1}}+\frac{u_i}{R_{b2}}+\frac{u_i}{r_{be}+(1+\beta)R_e}}$$
$$=\frac{1}{\frac{1}{R_{b1}}+\frac{1}{R_{b2}}+\frac{1}{r_{be}+(1+\beta)R_e}}=R_{b1}/\!/R_{b2}/\!/[r_{be}+(1+\beta)R_e] \tag{2.3.39}$$

电压放大倍数与输入电阻的求解过程中,均包含 r_{be},因此,需要根据静态工作点 I_{EQ} 的值,先估算 r_{be}。

具有旁路电容 C_e 的电路,如图2.3.26所示,分析它的小信号模型等效电路,可得它的输入电阻为 R_i 为

$$R_i=\frac{u_i}{i_i}=\frac{u_i}{\frac{u_i}{R_{b1}}+\frac{u_i}{R_{b2}}+\frac{u_i}{r_{be}}}=R_{b1}/\!/R_{b2}/\!/r_{be} \tag{2.3.40}$$

比较式(2.3.39)与式(2.3.40),无旁路电容 C_e 的电路,其输入电阻更大。

(3)输出电阻 R_o:

如果把BJT的输出电阻 r_{ce} 考虑进去,按照输出电阻的定义可画出求输出电阻的等效电路,如图2.3.27所示。

由图2.3.27可得

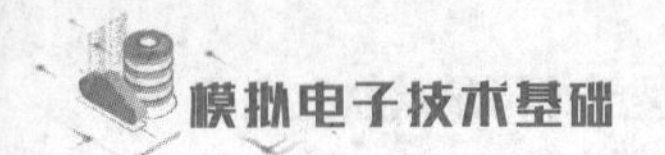

$$R_o = R'_o // R_c$$

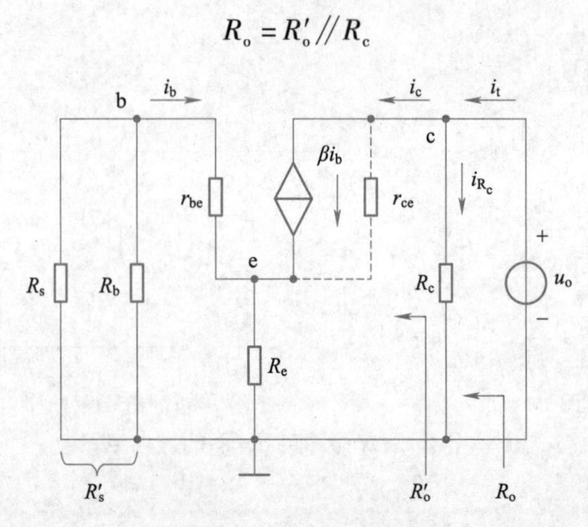

图2.3.27　求解图2.3.24(a)输出电阻的等效电路

先求出 R'_o，然后再与 R_c 并联，便可得到输出电阻 R_o。下面先求解 R'_o。

在基极回路，根据基尔霍夫电压定律可得

$$i_b R'_s + i_b r_{be} + (i_b + i_c) R_e = 0$$

所以

$$i_b = -\frac{R_e}{r_{be} + R'_s + R_e} i_c$$

在集电极回路，根据基尔霍夫电压定律可得

$$u_t = (i_c - \beta i_b) r_{ce} + (i_b + i_c) R_e$$

将 i_b 的表达式代入上式可得

$$u_t = i_c \left[r_{ce} + R_e + \frac{R_e}{r_{be} + R'_s + R_e} (\beta r_{ce} - R_e) \right]$$

因为 $r_{ce} \gg R_e$，所以

$$R'_o = \frac{u_t}{i_c} = r_{ce} + \frac{\beta r_{ce} R_e}{r_{be} + R'_s + R_e}$$

即

$$R'_o = \frac{u_t}{i_c} = r_{ce} \left(1 + \frac{\beta R_e}{r_{be} + R'_s + R_e} \right)$$

又因为

$$R'_o \gg R_c$$

所以

$$R_o = R'_o // R_c \approx R_c \tag{2.3.41}$$

对于有旁路电容 C_e 的电路，其输出电阻为

$$R_o = R_c \tag{2.3.42}$$

例 2.3.3　在图2.3.24所示电路中，已知 $V_{CC} = 16\ \text{V}$，$R_{b1} = 60\ \text{k}\Omega$，$R_{b2} = 20\ \text{k}\Omega$，$R_e = 2\ \text{k}\Omega$，$R_c = 2\ \text{k}\Omega$，$R_L = 2\ \text{k}\Omega$，BJT 的 $\beta = 50$，$r_{ce} = 100\ \text{k}\Omega$，$U_{BEQ} = 0.7\ \text{V}$。设电容 C_{b1}、C_{b2} 对交流信号可视为短路。试完成下列工作：

(1)估算静态电流 I_{CQ}、I_{BQ} 和电压 U_{CEQ}。

(2)计算 A_u、R_i、A_{us}、R_o。

(3)若在 R_e 两端并联 50 μF 的电容 C_e,重复求解(1)、(2)的参数。

解 (1)求解静态工作点:

$$U_{BQ}=\frac{R_{b2}}{R_{b1}+R_{b2}}V_{CC}=\frac{20\ \text{k}\Omega}{(60+20)\ \text{k}\Omega}\times 16\text{V}=4\ \text{V}$$

$$I_{EQ}=\frac{U_{BQ}-U_{BEQ}}{R_e}=\frac{(4-0.7)\ \text{V}}{2\ \text{k}\Omega}=1.65\ \text{mA}$$

$$I_{BQ}=\frac{I_{EQ}}{1+\beta}=\frac{1.65\ \text{mA}}{1+80}\approx 20\ \mu\text{A}$$

$$I_{CQ}\approx I_{EQ}$$

则管压降为

$$U_{CEQ}=V_{CC}-I_{CQ}(R_c+R_e)=12\ \text{V}-1.65\ \text{mA}\times(2+2)\ \text{k}\Omega=5.4\ \text{V}$$

(2)先求解 r_{be}:

$$r_{be}=r_{bb'}+(1+\beta)\frac{26(\text{mV})}{I_{EQ}(\text{mA})}\approx 200\ \Omega+(1+80)\frac{26(\text{mV})}{1.65\ \text{mA}}\approx 1.5\ \text{k}\Omega$$

$$A_u=\frac{u_o}{u_i}=-\frac{\beta R'_L}{r_{be}+(1+\beta)R_e}=-\frac{80\times\frac{2\times 2}{2+2}\ \text{k}\Omega}{(1.5+81\times 2)\ \text{k}\Omega}\approx -0.49$$

$$R_i=R_{b1}/\!/R_{b2}/\!/[r_{be}+(1+\beta)R_e]=\frac{1}{\frac{1}{60}+\frac{1}{20}+\frac{1}{1.5+81\times 2}}\ \text{k}\Omega\approx 13.7\ \text{k}\Omega$$

$$A_{us}=\frac{u_o}{u_s}=\frac{u_i}{u_s}\frac{u_o}{u_i}=\frac{R_i}{R_i+R_s}A_u=\frac{13.7\ \text{k}\Omega}{(13.7+0.5)\ \text{k}\Omega}\times(-0.49)=-0.47$$

$$R_o=R_c=2\ \text{k}\Omega$$

(3)前面已做分析,无论 R_e 两端是否并联旁路电容 C_e,它们的静态工作点都是相同的。但是,电压放大倍数 A_u、输入电阻 R_i 放生了变化,输出电阻 R_o 不变,与 R_c 近似相等。

$$A_u=\frac{u_o}{u_i}=-\frac{\beta R'_L}{r_{be}}=-\frac{80\times\frac{2\times 2}{2+2}\ \text{k}\Omega}{1.5\ \text{k}\Omega}=-53.33$$

由此可见,在 R_e 两端并联大电容后,较好地解决了射极偏置电路中稳定静态工作点与提高电压增益的矛盾。

$$R_i=\frac{u_i}{i_i}=R_{b1}/\!/R_{b2}/\!/r_{be}=\frac{1}{\frac{1}{60}+\frac{1}{20}+\frac{1}{1.5}}\ \text{k}\Omega\approx 1.36\ \text{k}\Omega$$

显然,R_e 两端并联旁路电容 C_e 后,输入电阻减小了。

2.3.6 共基放大电路

视频

共基极放大电路

BJT 组成的基本放大电路有共射、共基、共集三种基本接法,即除了前面所述的共射放大电路外,还有以基极为公共端的共基放大电路和以集电极为公共端的共集放大电路。它们的组成原则和分析方法完全相同,但动态参数具有不同的特点,使用时要根据需求合理选用。本节主要分析共基放大电路的组成及工作原理。

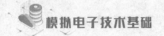

1. 电路组成

共基放大电路如图 2. 3. 28(a)所示,输入信号 u_i 经耦合电容 C_{b1} 从 BJT 的发射极输入,放大后从集电极经耦合电容 C_{b2} 输出;C_b 是基极的旁路电容,它使基极对地交流短路;R_e 为发射极偏置电阻,R_c 为集电极电阻;R_{b1} 和 R_{b2} 为基极分压偏置电阻,它们共同构成分压式偏置电路。信号从发射极输入,从集电极输出,基极是输入/输出回路的公共端。

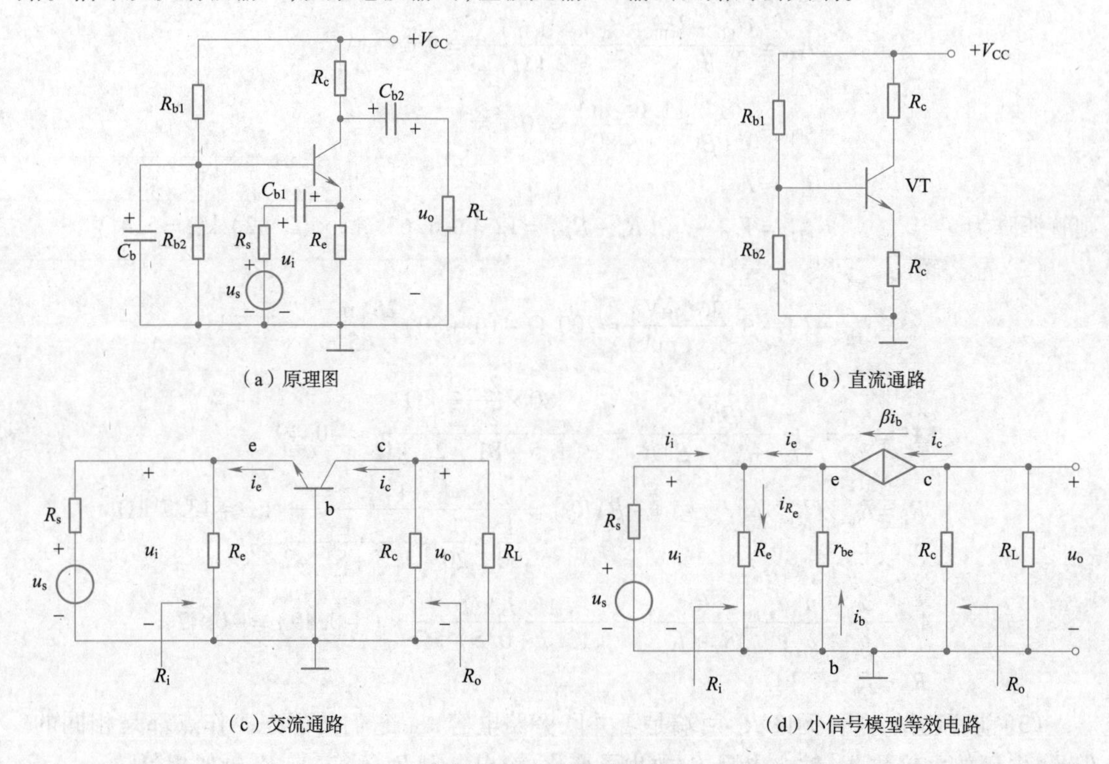

(a)原理图　(b)直流通路　(c)交流通路　(d)小信号模型等效电路

图 2. 3. 28　共基放大电路

2. 静态分析

图 2. 3. 28(b)是图 2. 3. 28(a)所示共基放大电路的直流通路。显然,它与基极分压式射极偏置电路的直流通路是一样的,因而静态工作点的求法相同,用式(2. 3. 32)~式(2. 3. 35)求解即可。

3. 动态分析

根据交流通路变换规则得到图 2. 3. 28(a)所示共基放大电路的交流通路,以及小信号模型等效电路如图 2. 3. 28(c)、(d)所示。

(1)电压放大倍数 A_u。分析共基放大电路的小信号模型等效电路,如图 2. 3. 28(d)所示,可知:

$$\begin{aligned} u_i &= -i_b r_{be} \\ u_o &= -i_c(R_c /\!/ R_L) = -\beta i_b R'_L \\ A_u &= \frac{u_o}{u_i} = \frac{\beta R'_L}{r_{be}} \end{aligned} \tag{2. 3. 43}$$

式(2. 3. 43)说明,只要电路参数选择适当,共基放大电路也具有电压放大作用,而且输出电压和输入电压相位相同。

(2)输入电阻:

$$i_i = i_{R_e} - i_e = i_{R_e} - (1+\beta)i_b$$

$$i_{R_e}=\frac{u_i}{R_e}$$

$$i_b=-\frac{u_i}{r_{be}}$$

由上面三个公式可得

$$R_i=\frac{u_i}{i_i}=\frac{u_i}{\frac{u_i}{R_e}-(1+\beta)\frac{-u_i}{r_{be}}}=R_e/\!/\frac{r_{be}}{1+\beta}\tag{2.3.44}$$

共基放大电路的输入电阻远小于共射放大电路和共集放大电路的输入电阻。当输入信号来自电流源时，输入电阻小的特点反而成了共基放大电路的优点。

(3)输出电阻：根据求解输出电阻的规则，将小信号模型等效电路变化为图 2.3.29 所示样式。

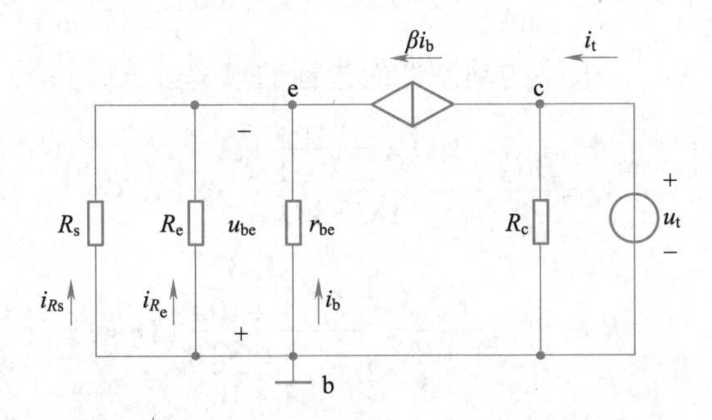

图 2.3.29　求解图 2.3.28(a)所示共基放大电路输出电阻的电路图

对发射极 e 点应用基尔霍夫电流定律，可得

$$i_{R_s}+i_{R_e}+i_b+\beta i_b=0$$

即

$$\frac{u_{be}}{R_s}+\frac{u_{be}}{R_e}+\frac{u_{be}}{r_{be}}+\frac{\beta u_{be}}{r_{be}}=0$$

分析上式发现，u_{be}只能为 0，也就意味着，i_b也为 0，那么 $\beta i_b=0$，所以输出电阻可以近似地认为

$$R_o=\frac{u_t}{i_t}=R_c$$

从共基放大电路的性能指标可以看出，共基放大电路的输入电流 i_E略大于输出电流 i_C，因此它没有电流放大的作用。但共基放大电路的电压放大系数与共射放大电路相同，即电压放大系数很高，所以电路仍具有功率放大作用。需要注意的是，共基组态的放大电路输入、输出同相，电压放大系数为正值。

共基放大电路的输入电阻很低，一般只有几欧到几十欧，但其输出电阻却很高。另外，共基放大电路允许的工作频率较高，高频特性比较好，所以它多用于高频和宽频带电路或恒流源电路中。

例 2.3.4　在图 2.3.28 所示的共基放大电路中，已知 $V_{CC}=15\ \text{V}$，$R_{b1}=60\ \text{k}\Omega$，$R_{b2}=60\ \text{k}\Omega$，$R_e=2.9\ \text{k}\Omega$，$R_c=2.1\ \text{k}\Omega$，$R_L=1\ \text{k}\Omega$，BJT 的 $\beta=100$，$U_{BEQ}=0.7\ \text{V}$，$r_{bb'}=200\ \Omega$。各电容对交流信号可视为短路。试求：

(1)电路的静态电流 I_{CQ}、I_{BQ}和电压 U_{CEQ}；

(2)A_u、R_i、R_o。

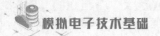

解　(1)求解静态工作点：

$$U_{\mathrm{BQ}}=\frac{R_{\mathrm{b2}}}{R_{\mathrm{b1}}+R_{\mathrm{b2}}}V_{\mathrm{CC}}=\frac{60\ \mathrm{k}\Omega}{(60+60)\ \mathrm{k}\Omega}\times 15\ \mathrm{V}=7.50\ \mathrm{V}$$

$$I_{\mathrm{EQ}}=\frac{U_{\mathrm{BQ}}-U_{\mathrm{BEQ}}}{R_{\mathrm{e}}}=\frac{(7.5-0.7)\ \mathrm{V}}{2.9\ \mathrm{k}\Omega}\approx 2.35\ \mathrm{mA}$$

$$I_{\mathrm{BQ}}=\frac{I_{\mathrm{EQ}}}{1+\beta}=\frac{2.35\ \mathrm{mA}}{1+100}\approx 23.3\ \mu\mathrm{A}$$

$$I_{\mathrm{CQ}}\approx I_{\mathrm{EQ}}$$

则管压降为　$U_{\mathrm{CEQ}}=V_{\mathrm{CC}}-I_{\mathrm{CQ}}(R_{\mathrm{c}}+R_{\mathrm{e}})=15\ \mathrm{V}-2.35\ \mathrm{mA}\times(2.1+2.9)\ \mathrm{k}\Omega=3.25\ \mathrm{V}$

(2)先求解 r_{be}：

$$r_{\mathrm{be}}=r_{\mathrm{bb'}}+(1+\beta)\frac{26(\mathrm{mV})}{I_{\mathrm{EQ}}(\mathrm{mA})}\approx 200\ \Omega+(1+100)\frac{26(\mathrm{mV})}{2.35(\mathrm{mA})}\approx 1.32\ \mathrm{k}\Omega$$

根据本节分析的共基放大电路的动态性能指标的求解公式，可得：

$$A_u=\frac{\beta R_{\mathrm{L}}'}{r_{\mathrm{be}}}=\frac{100\times\frac{2.1\times 1}{2.1+1}\ \mathrm{k}\Omega}{1.32\ \mathrm{k}\Omega}\approx 51.32$$

$$R_{\mathrm{i}}=R_{\mathrm{e}}/\!/\frac{r_{\mathrm{be}}}{1+\beta}=\frac{2.9\times\frac{1.32}{1+100}}{2.9+\frac{1.32}{1+100}}\ \mathrm{k}\Omega\approx 13\ \Omega$$

$$R_{\mathrm{o}}=R_{\mathrm{c}}=2.1\ \mathrm{k}\Omega$$

视频

共集电极放大电路

2.3.7　共集放大电路

1. 共集放大电路的组成

基于 $i_{\mathrm{B}}=i_{\mathrm{E}}/(1+\beta)$ 的关系，将输入信号由 BJT 的基极输入，且负载电阻接在发射极上，即可构成如图 2.3.30(a)所示的共集放大电路，图 2.3.30(b)是它的直流通路，图 2.3.30(c)是它的小信号模型等效电路。

2. 静态分析

分析图 2.3.30(b)所示直流通路可得

$$I_{\mathrm{BQ}}=\frac{V_{\mathrm{CC}}-U_{\mathrm{BEQ}}}{R_{\mathrm{b}}+(1+\beta)R_{\mathrm{e}}} \tag{2.3.45}$$

$$I_{\mathrm{CQ}}=\beta I_{\mathrm{BQ}} \tag{2.3.46}$$

$$I_{\mathrm{EQ}}=(1+\beta)I_{\mathrm{BQ}}$$

$$U_{\mathrm{CEQ}}=V_{\mathrm{CC}}-I_{\mathrm{EQ}}R_{\mathrm{e}} \tag{2.3.47}$$

3. 动态分析

1)电压放大倍数

分析图 2.3.30(c)所示小信号模型等效电路可得

$$A_u=\frac{u_{\mathrm{o}}}{u_{\mathrm{i}}}=\frac{u_{\mathrm{o}}}{i_{\mathrm{b}}r_{\mathrm{be}}+u_{\mathrm{o}}}=\frac{i_{\mathrm{e}}(R_{\mathrm{e}}/\!/R_{\mathrm{L}})}{i_{\mathrm{b}}r_{\mathrm{be}}+i_{\mathrm{e}}(R_{\mathrm{e}}/\!/R_{\mathrm{L}})}=\frac{i_{\mathrm{b}}(1+\beta)R_{\mathrm{L}}'}{i_{\mathrm{b}}r_{\mathrm{be}}+i_{\mathrm{b}}(1+\beta)R_{\mathrm{L}}'}=\frac{(1+\beta)R_{\mathrm{L}}'}{r_{\mathrm{be}}+(1+\beta)R_{\mathrm{L}}'} \tag{2.3.48}$$

式中，$R_{\mathrm{L}}'=R_{\mathrm{e}}/\!/R_{\mathrm{L}}$。

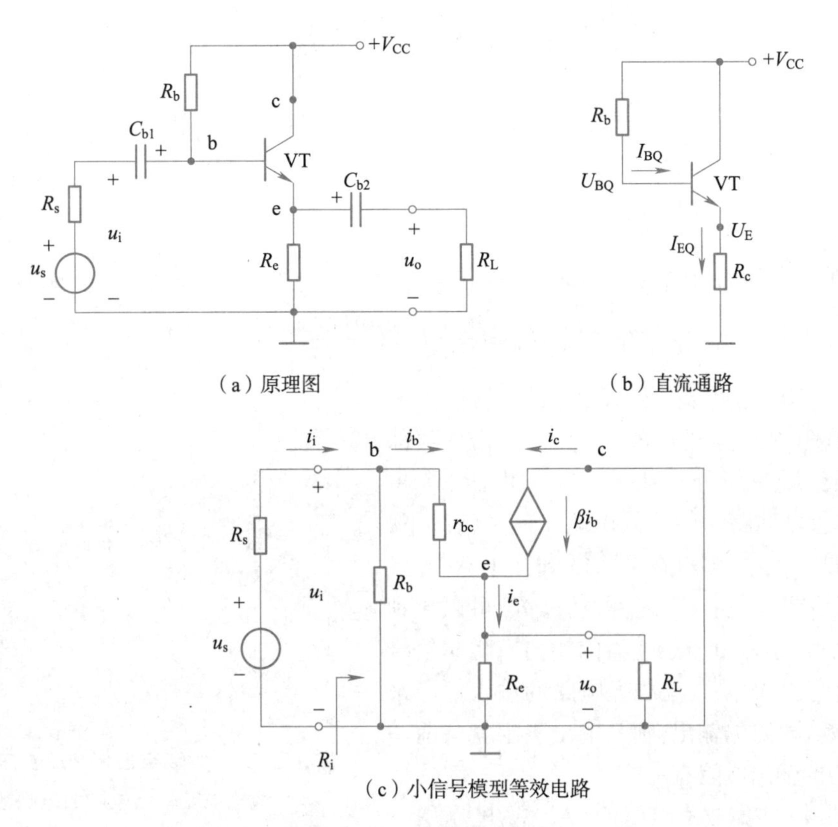

（a）原理图　　（b）直流通路

（c）小信号模型等效电路

图2.3.30　共集放大电路

从式(2.3.48)可以看出,共集放大电路的放大倍数小于1且是个正数,这说明电路不具备电压放大作用,且输入电压与输出电压相位相同。若$(1+\beta)R_L'\gg r_{be}$,则有$u_o\approx u_i$,因此共集放大电路又称射极电压跟随器。

2)输入电阻

$$R_i=\frac{u_i}{i_i}=\frac{u_i}{\dfrac{u_i}{R_b}+\dfrac{u_i}{r_{be}+(1+\beta)(R_e/\!/R_L)}}=R_b/\!/[r_{be}+(1+\beta)R_L'] \tag{2.3.49}$$

由式可知,共集放大电路的输入电阻较高,而且和负载电阻R_L的大小有关。如果共集放大电路所接负载不是电阻R_L,而是一级放大电路,则其输入电阻就与后一级放大电路的输入电阻有关,与共射放大电路的输入电阻相比,射极输出器的输入电阻大得多,通常可高达几十千欧至几百千欧。

3)输出电阻

令$u_s=0$,且负载R_L开路,并在输出端加载测试电压u_t,可得计算输出电阻的小信号模型等效电路,如图2.3.31所示。根据输出电阻定义可得

$$R_o=\frac{u_t}{i_t}$$

只要求解出u_t与i_t的关系,就能够得出R_o。对BJT的发射极e点列出KCL电流方程:

$$i_t = i_b + \beta i_b + i_{R_e} = \frac{u_t}{r_{be} + (R_s /\!/ R_b)} + \beta \frac{u_t}{r_{be} + (R_s /\!/ R_b)} + \frac{u_t}{R_e}$$

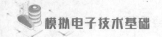

$$= u_t\left(\frac{1}{r_{be} + R'_s} + \frac{\beta}{r_{be} + R'_s} + \frac{1}{R_e}\right) = u_t\left(\frac{1}{\dfrac{r_{be} + R'_s}{1+\beta}} + \frac{1}{R_e}\right)$$

式中，$R'_s = R_s /\!/ R_b$。

由上式可得输出电阻为

$$R_o = \frac{u_t}{i_t} = R_e /\!/ \frac{R'_s + r_{be}}{1+\beta} \tag{2.3.50}$$

式(2.3.50)说明，射极电压跟随器的输出电阻由射极电阻 R_e 与电阻$(R'_s + r_{be})/(1+\beta)$两部分并联构成，后一部分是基极回路的电阻$(R'_s + r_{be})$折合到射极回路时的等效电阻。通常情况下，$R_e$ 的取值较小，r_{be} 大多也在几百欧到几千欧，并且 β 取值较大，在几十到几百之间，所以 R_o 可以小到几十欧。另外，射极电压跟随器的输出电阻与信号源内阻 R_s有关。如果共集放大电路的输入信号来自前一级放大电路的输出，则其输出电阻就与前一级放大电路的输出电阻有关。

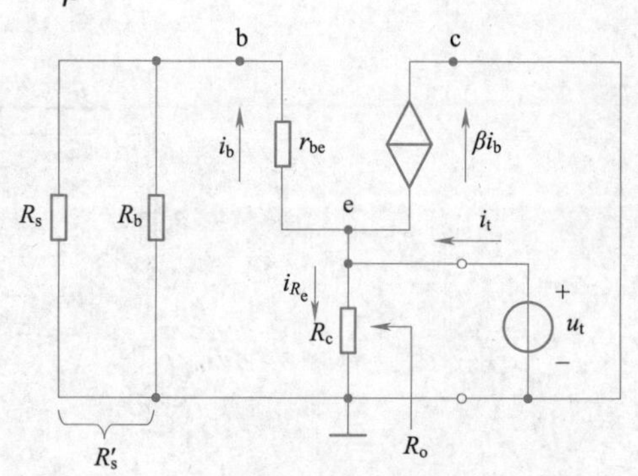

图 2.3.31　求解图 2.3.30(a)所示共集放大电路输出电阻的电路图

综上所述，共集放大电路的特点是：电压增益小于 1 而接近于 1，输出电压与输入电压同相，即共集放大电路没有电压放大作用，只有电压跟随作用；输入电阻高，输出电阻低。正是因为这些特点，使得共集放大电路在电子电路中应用极为广泛。例如，利用它输入电阻高、从信号源吸取电流小的特点，将它作多级放大电路的输入级。利用它输出电阻小、带负载能力强的特点，又可将它作多级放大电路的输出级。同时，利用它的输入电阻高、输出电阻低的特点，将它作为多级放大电路的中间级，可以隔离前后级之间的相互影响，在电路中起阻抗变换的作用，这时可称其为缓冲级。

2.3.8　BJT 三种组态放大电路性能比较

共射、共基和共集是放大电路的三种基本组态，各种实际的放大电路都是由这三种组态变形或组合而成的。三种组态的放大电路，其性能各有特点。

(1)共射放大电路既有电压放大作用又有电流放大作用，输出电压和输入电压相位相反。输入电阻在三种组态中居中，输出电阻较大，适用于低频情况下，作多级放大电路的中间级。

(2)共基放大电路有电压放大作用，且输入电压和输出电压相位相同，没有电流放大作用，有电流跟随作用。在三种组态中，其输入电阻最小，输出电阻较大，高频特性比共射放大电路好，常用于高频或宽频带、低输入阻抗的场合。

(3)共集放大电路无电压放大作用，电压增益小于 1 而接近于 1，输出电压和输入电压相位相同，既有电压跟随作用，又有电流放大作用。在三种组态中，共集放大电路的输入电阻最高，输出电阻最小，可作多级放大电路的输入级、输出级或缓冲级。

BJT 放大电路三种组态的主要性能见表 2.3.1。

表 2.3.1 BJT 放大电路三种组态的主要性能

项目	共射极(基极分压式)		共基极	共集极
电路	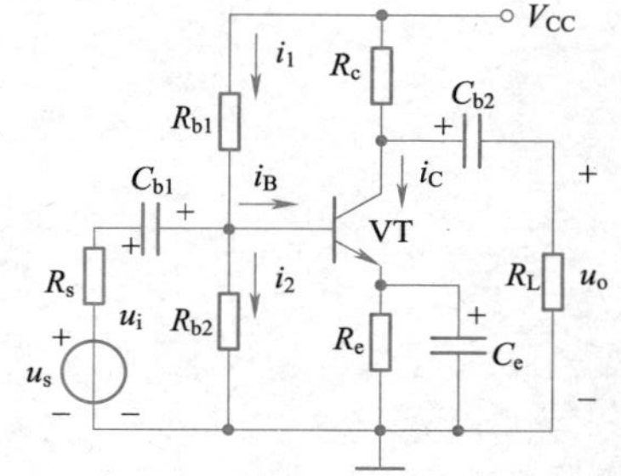 V_{CC} i_1 R_c C_{b2} R_{b1} i_B i_C + C_{b1} + VT R_s + i_2 R_L u_o u_i R_{b2} + u_s R_e C_e − − −	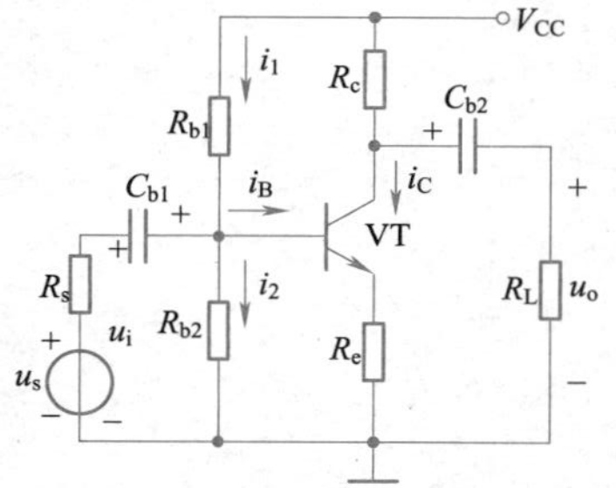 V_{CC} i_1 R_c C_{b2} R_{b1} i_B i_C + C_{b1} + VT R_s + i_2 R_L u_o u_i R_{b2} + u_s R_e − − −	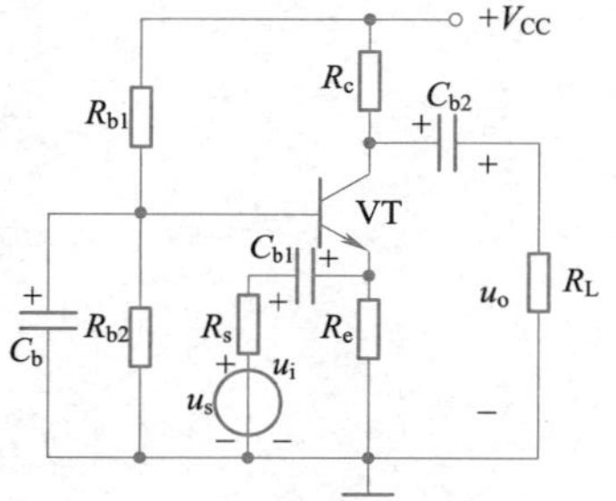 $+V_{CC}$ R_c C_{b2} R_{b1} + + VT C_{b1} + + u_o R_L C_b R_{b2} R_s u_i R_e u_s − −	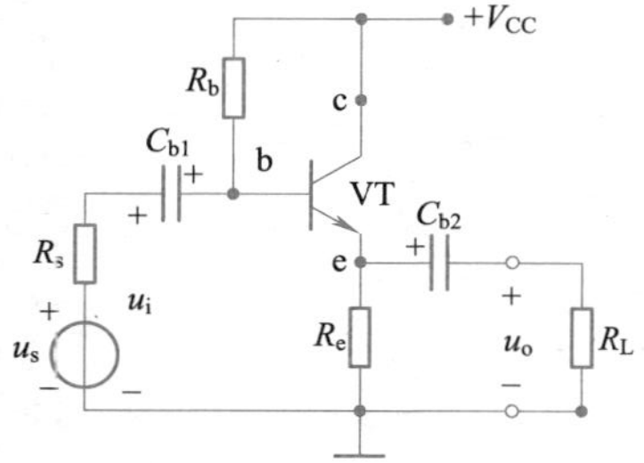 $+V_{CC}$ R_b c C_{b1} + b VT C_{b2} + e + R_s u_i + u_s R_e u_o R_L − − −
直流通路	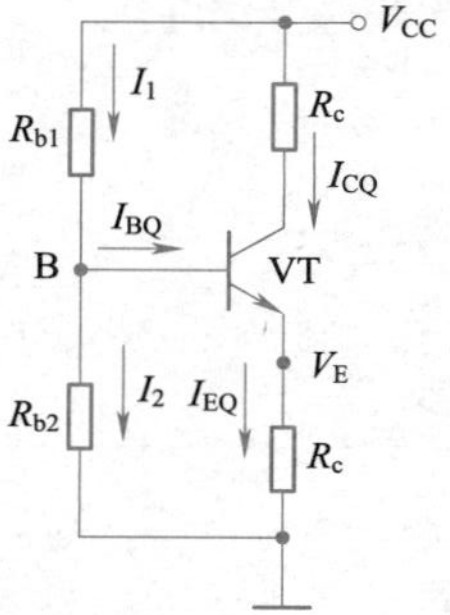 V_{CC} I_1 R_{b1} R_c I_{CQ} I_{BQ} B VT V_E R_{b2} I_2 I_{EQ} R_c	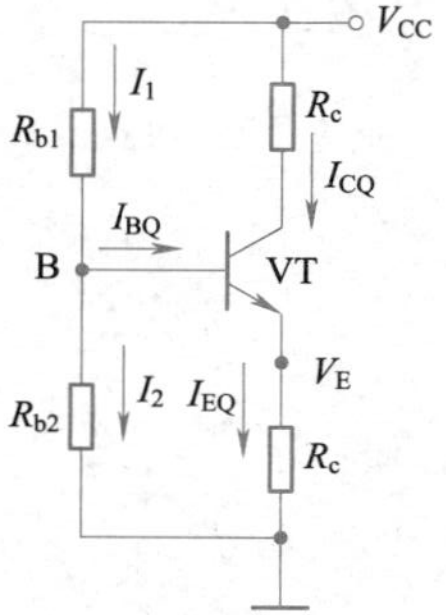 V_{CC} I_1 R_{b1} R_c I_{CQ} I_{BQ} B VT V_E R_{b2} I_2 I_{EQ} R_c	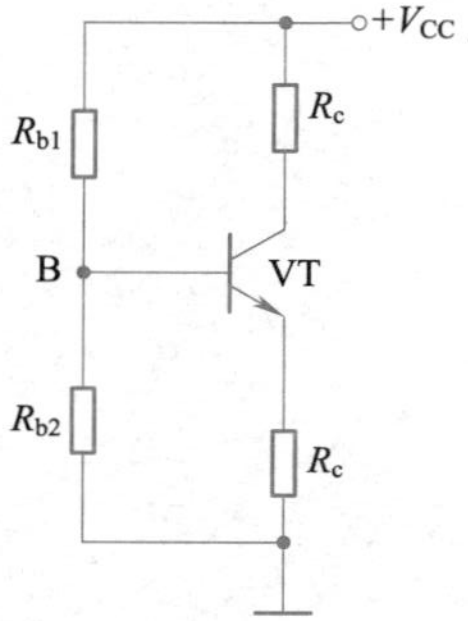 $+V_{CC}$ R_{b1} R_c B VT R_{b2} R_c	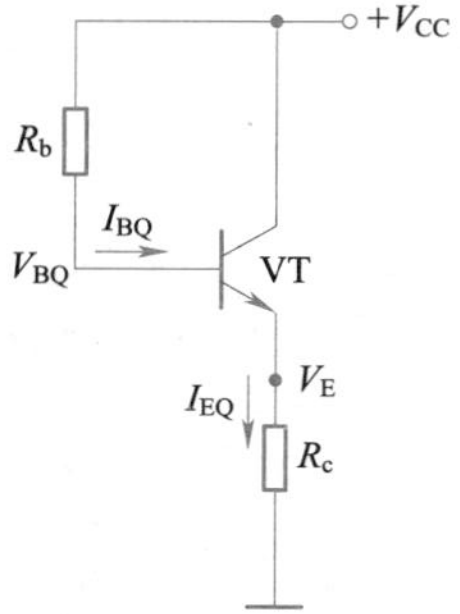 $+V_{CC}$ R_b I_{BQ} V_{BQ} VT V_E I_{EQ} R_c
小信号等效电路	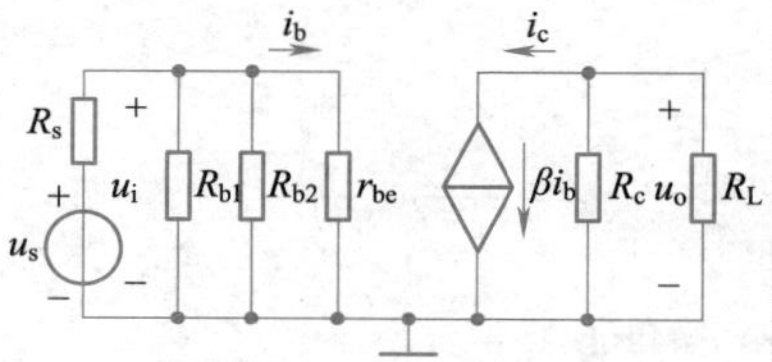 i_b i_c R_s + u_i R_{b1} R_{b2} r_{be} βi_b R_c + u_o R_L u_s − − −	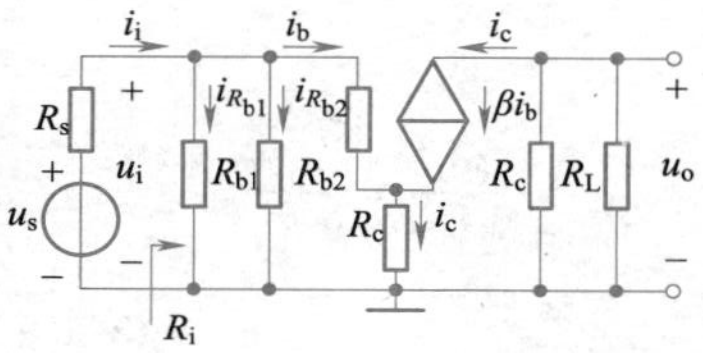 i_i i_b i_c R_s + $i_{R_{b1}}$ $i_{R_{b2}}$ βi_b + u_i R_{b1} R_{b2} R_c R_L u_o u_s R_c i_c − − R_i	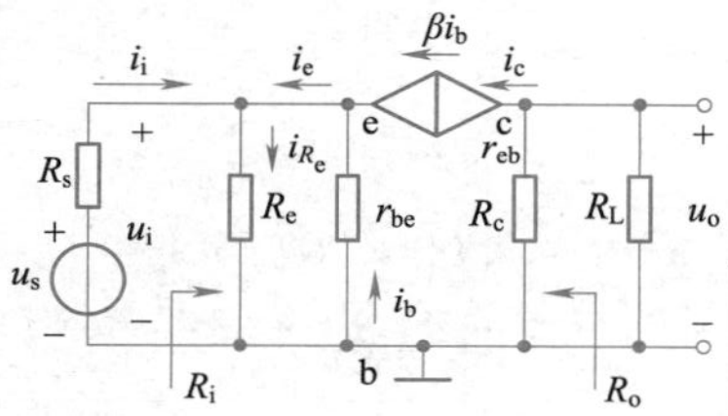 βi_b i_i i_e i_c e c r_{eb} + R_s i_{R_e} + u_i R_e r_{be} R_c R_L u_o u_s i_b − − R_i b R_o	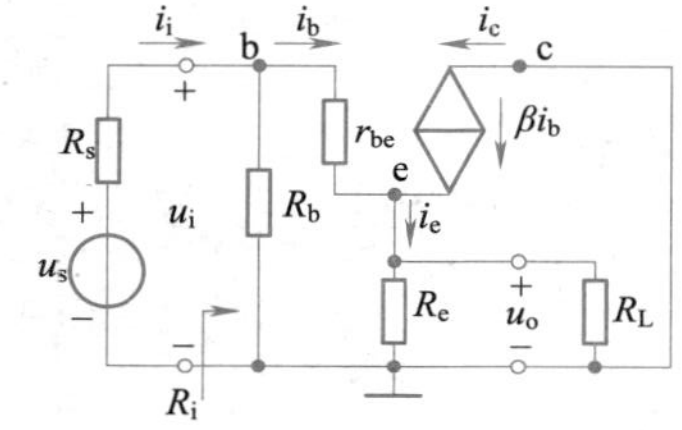 i_i b i_b i_c c + R_s r_{be} βi_b e u_i R_b i_e + u_s + R_e u_o R_L − − − R_i

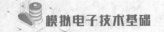

续表

项目	共射极(基极分压式)		共基极	共集极
电压 放大倍数	$-\frac{\beta(R_c//R_L)}{r_{be}}$	$-\frac{\beta(R_c//R_L)}{r_{be}+(1+\beta)R_e}$	$\frac{\beta(R_c//R_L)}{r_{be}}$	$\frac{(1+\beta)(R_e//R_L)}{r_{be}+(1+\beta)(R_e//R_L)}$
u_o 与 u_i 的 相位关系	反向	反向	同向	同向
电流 放大系数	β	β	α	$1+\beta$
输入电阻	$R_{b1}//R_{b2}//[r_{be}+(1+\beta)R_e]$	$R_{b1}//R_{b2}//r_{be}$	$R_e//\frac{r_{be}}{1+\beta}$	$R_b//[r_{be}+(1+\beta)(R_e//R_L)]$
输出电阻	R_c	R_c	R_c	$R_e//\frac{(R_s//R_b)+r_{be}}{1+\beta}$
用途	多级放大电路的中间级		高频或宽频带电路	输入级、中间级、输出级

小　结

双极结型三极管(BJT)及其放大电路的学习是本书的重点和难点。本章详细介绍了BJT的工作原理、构成放大电路的原则,并从静态与动态两方面分析了放大电路的性能。这些基本概念与分析放大电路的方法是模拟电子技术的重要基础,几乎贯穿于全书,要求读者熟练掌握。下面将主要知识点罗列如下:

(1)BJT有三个电极,分别为发射极(e)、基极(b)和集电极(c)。因为有两种载流子参与导电,因而称为双极型器件。依据结构可分为NPN和PNP两种类型;依据材料可分为硅管和锗管,两者相比,硅材料的热稳定性较好,因而使用范围更广。

(2)BJT是一个电流放大器件,通常具有三种工作状态:放大、饱和和截止。发射结正偏、集电结反偏,BJT处于放大状态;发射结正偏、集电结正偏,BJT处于饱和状态;发射结反偏、集电结反偏,BJT处于截止状态。

(3)BJT是一个非线性器件,输入/输出特性曲线描述了在放大电路中,输入电流i_B与输入电压u_{BE}之间的伏安特性;输出特性曲线表征了输出电流i_C与输出电压u_{CE}之间的伏安特性,是图解分析放大电路静态工作点与动态性能参数,以及小信号模型等效的重要依据。

(4)在电子电路中,放大的对象是变化量,常用的测试信号是正弦波。放大的本质是在输入信号的作用下,通过BJT对直流电源的能量进行控制和转换,使负载从电源中获得的输出信号能量比信号源向放大电路提供的能量大得多,因此放大的特征是功率放大,表现为输出电压大于输入电压,或者输出电流大于输入电流,或者二者兼而有之。放大指的是不失真的线性放大,若波形失真,放大就无意义了。

(5)BJT放大电路的组成原则:建立合适的静态工作点使BJT工作在放大区,保证即使输入信号幅值最大,电路也不产生失真。

(6)放大电路的主要性能指标:电压放大倍数A_u:输出量u_o与输入量u_i之比,用以衡量电路的放大能力;输入电阻R_i:从输入端看进去的等效电阻,反映放大电路从信号源索取电流的大小;输出电阻R_o:从输出端看进去的等效输出信号源的内阻,说明放大电路的带负载能力。

(7)分析放大电路常用方法包括静态分析和动态分析。静态分析就是求解静态工作点$Q(I_{BQ}$、I_{CQ}、$U_{CEQ})$,在输入信号为零时,BJT各电极间的电流与电压就是Q点。可用估算法或图解法求解。动态分析就是求解各动态参数(A_u、R_i、R_o)和分析输出波形。通常,利用H参数小信号模型等效电路来计算。波形失真分为饱和失真与截止失真两种,通常利用图解法来分析波形失真情况。放大电路的分析应遵循“先静态、后动态”的原则,只有静态工作点合适,动态分析才有意义;Q点不但影响电路输出是否失真,而且与动态参数密切相关,稳定静态工作点非常重要。

(8)BJT放大电路静态工作点不稳定的主要原因是温度的影响。常用的稳定静态工作点的方法是采用基极分压式射极偏置电路,它是利用反馈原理实现稳定静态工作点的。

(9)BJT放大电路有共射、共集和共基三种组态。共射放大电路既能放大电流又能放大电压,输入电阻居三种电路之中,输出电阻较大,适用于一般放大。共集放大电路只放大电流不放大电压,具有电压跟随作用;因输入电阻高而常作为多级放大电路的输入级,因输出电阻低而常作为多级放大电路的输出级,并可作为中间级起缓冲作用。共基放大电路只放大电压不放大电流,具有电流跟随作用,输入电阻小;高频特性好,适用于宽频带放大电路。

习　题

2.1　双极结型三极管(BJT)及其工作原理

2.1.1　选择题:

(1)BJT能够放大的外部条件是(　　)。当BJT工作于饱和状态时,其(　　);当BJT工作于截止状态时,其(　　)。

A. 发射结正偏,集电结正偏

B. 发射结反偏,集电结反偏

C. 发射结正偏,集电结反偏

(2)对于硅BJT来说,其死区电压约为(　　)。

A. 0.1 V　　B. 0.5 V　　C. 0.7 V

(3)锗BJT的导通压降$|U_{BE}|$约为(　　)。

A. 0.1 V　　B. 0.3 V　　C. 0.5 V

(4)反向饱和电流越小,晶体管的稳定性能(　　)。

A. 越好　　B. 越差　　C. 无变化

(5)与锗BJT相比,硅BJT的温度稳定性能(　　)。

A. 高　　B. 低　　C. 一样

(6)温度升高,BJT的电流放大系数(　　)。

A. 增大　　B. 减小　　C. 不变

(7)对PNP型BJT来说,当其工作于放大状态时,(　　)的电位最低;对NPN型BJT来说,当其工作于放大状态时,(　　)的电位最低。

A. 发射极　　B. 基极　　C. 集电极

(8)工作在放大区的BJT,如果当i_B从12 μA增大到22 μA时,i_C从1 mA变为2 mA ,那么它的β约为(　　)。

A. 83　　B. 91　　C. 100

(9)对于电压放大电路来说,(　　)越小,电路的带负载能力越强。

A. 输入电阻　　B. 输出电阻　　C. 电压放大倍数

(10)测得BJT三个电极对地的电压分别为−2 V、−8 V、−2.2 V,则该管为(　　)。

A. NPN型锗管　　B. PNP型锗管　　C. PNP型硅管

2.1.2　判断题:

(1)只有电路既放大电流又放大电压,才称其有放大作用。　(　　)

(2)可以说任何放大电路都有功率放大作用。　(　　)

(3)处于放大状态的BJT,集电极电流是多子漂移运动形成的。　(　　)

(4)放大电路必须加上合适的直流电源才能正常工作。　(　　)

(5)由于放大的对象是变化量,所以当输入直流信号时,任何放大电路的输出都毫无变化。　(　　)

2.1.3　测得放大电路中两只 BJT 两个电极的电流如图题 2.1.3 所示。求这两只 BJT 的另一电极的电流,标出其方向,并在圆圈中画出 BJT 符号,分别求出它们的电流放大系数 β。

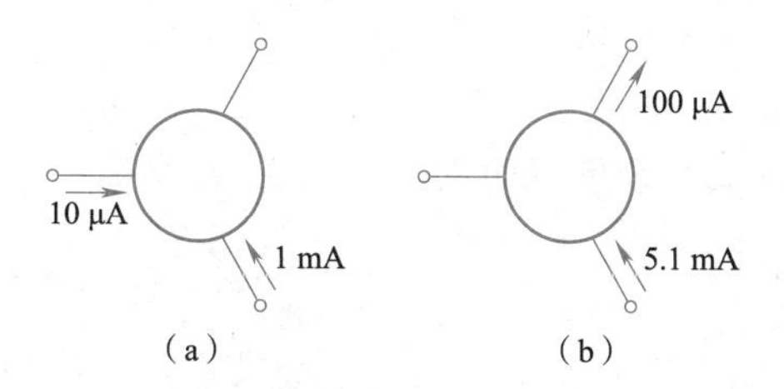

图题 2.1.3

2.1.4　测得放大电路中六只 BJT 的直流电位如图题 2.1.4 所示。在圆圈中画出 BJT 符号,并说明它们是硅管还是锗管。

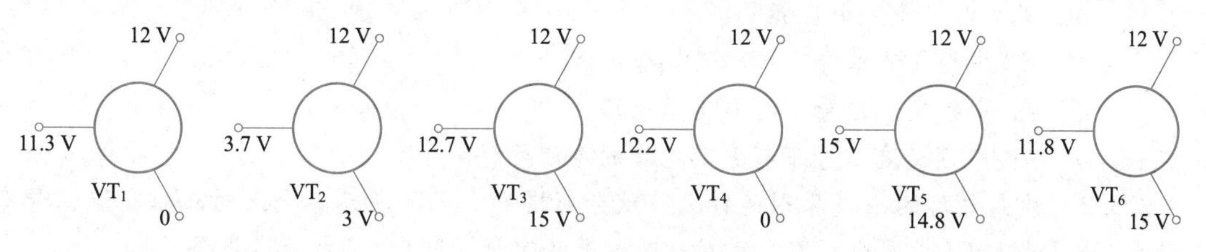

图题 2.1.4

2.1.5　测得某放大电路中 BJT 的三个电极 A、B、C 的对地电位分别为 $u_A=-10$ V,$u_B=-6$ V,$u_C=-6.2$ V,试分析 A、B、C 中哪个是基极(b)、发射极(e)、集电极(c),并说明此 BJT 是硅管还是锗管,是 NPN 型管还是 PNP 型管。

2.2　放大电路的基本概念及主要性能指标

2.2.1　放大电路的输入电阻与输出电阻的含义是什么?为什么说放大电路的输入电阻可以用来表示放大电路对信号源电压的衰减程度?放大电路的输出电阻可以用来表示放大电路带负载的能力吗?

2.3　双极型三极管基本放大电路及其分析

2.3.1　选择题:

(1)在单级共射放大电路中,若输入电压为正弦波,则输出与输入电压的相位(　　)。

A. 同相　　B. 反相　　C. 相差 90°

(2)在单级共射放大电路中,若输入电压为正弦波,而输出波形出现了底部被削平的现象,这种失真是(　　)失真。

A. 饱和　　B. 截止　　C. 饱和和截止

(3)引起上题放大电路输出波形失真的主要原因是(　　)。

A. 输入电阻太小　B. 静态工作点偏低　C. 静态工作点偏高

(4)既能放大电压,也能放大电流的是(　　)放大电路。

A. 共射　　B. 共集　　C. 共基

(5)引起放大电路静态工作点不稳定的主要因素是(　　)。

A. BJT 的电流放大系数太大

B. 电源电压太高

C. BJT参数随环境温度的变化而变化

(6)在放大电路中,直流负反馈可以(　　)。

A. 提高BJT电流放大系数的稳定性

B. 提高放大电路的放大倍数

C. 稳定电路的静态工作点

(7)可以放大电压,但不能放大电流的是(　　)放大电路。

A. 共射　　B. 共集　　C. 共基

(8)射极输出器无放大(　　)的能力。

A. 电压　　B. 电流　　C. 功率

(9)在共射、共集和共基三种基本放大电路中,输出电阻最小的是(　　)放大电路。

A. 共射　　B. 共集　　C. 共基

(10)在放大电路的交流通路中,(　　)可以视为短路。

A. 无内阻的直流电压源

B. 高、中频交流信号下工作的耦合电容

C. 高、中频交流信号下的BJT结电容

D. 高、中频交流信号下有旁路电容的电阻元件

2.3.2　放大电路的组成原则是什么?试分析图题2.3.2所示各电路对正弦交流信号有无放大,并简述理由(设图中所有电容对交流信号均可视为短路,且电路参数合适)。

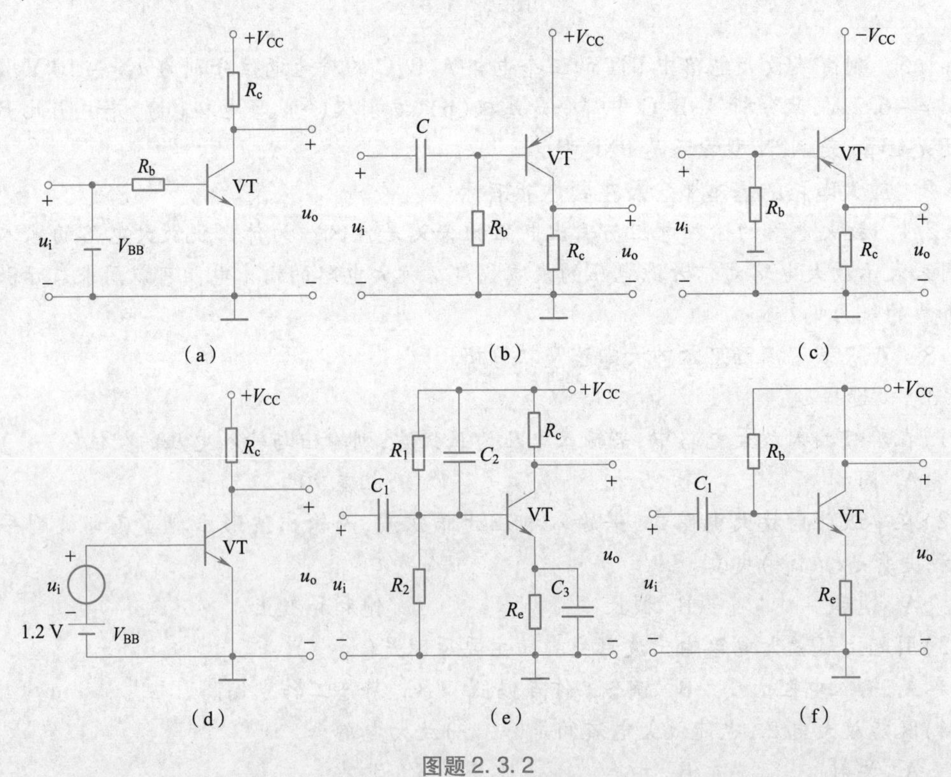

图题2.3.2

2.3.3　画出图题2.3.3所示各电路的直流通路和交流通路,判断两电路各属哪种放大电

路，并写出 Q、$\dot{A}_u$、R_i 和 R_o 的表达式（设所有电容对正弦交流信号均可视为短路，电路参数合适。）

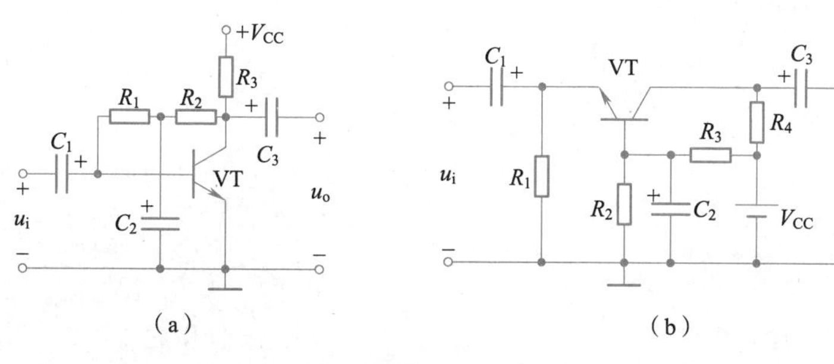

图题 2.3.3

2.3.4　电路如图题 2.3.4 所示，设 BJT 的 $\beta=100$，$U_{BE}=0.7$ V，I_{CEO}、U_{CES} 可忽略不计，试分析当开关 S 分别接通 A、B、C 三位置时，BJT 各工作在其输出特性曲线的哪个区域，并求出相应的集电极电流 I_C。

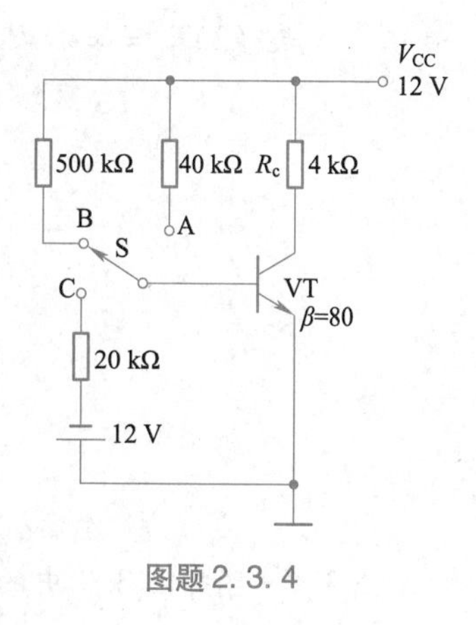

图题 2.3.4

2.3.5　图题 2.3.5(a) 所示为 BJT 共射放大电路，图 2.3.5(b) 是它的输出特性曲线，静态时 $U_{BEQ}=0.7$ V。试利用图解法分别求出 $R_L=\infty$ 和 $R_L=3$ kΩ 时，电路的静态工作点和最大不失真输出电压 U_{om}（有效值）。

2.3.6　单管放大电路如图题 2.3.6 所示，已知 BJT 的电流放大系数 $\beta=50$。试求：(1) 电路的静态工作点；(2) 画出简化 H 参数小信号模型等效电路；(3) 电压放大倍数 A_u、输入电阻 R_i 和输出电阻 R_o；(4) 如输出端接入 4 kΩ 的负载电阻，重新计算第 (3) 问，并讨论负载对动态性能参数的影响。

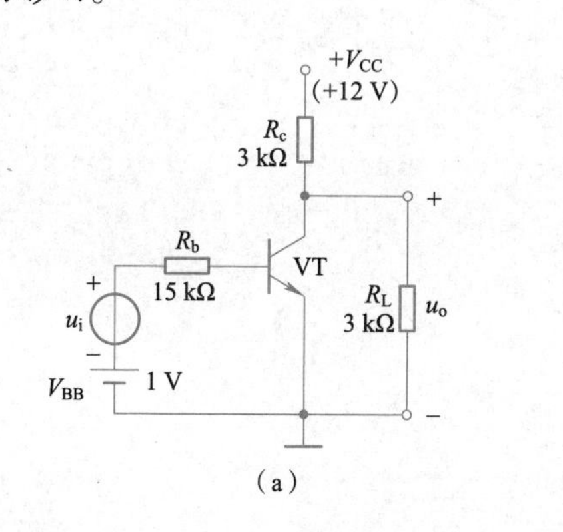

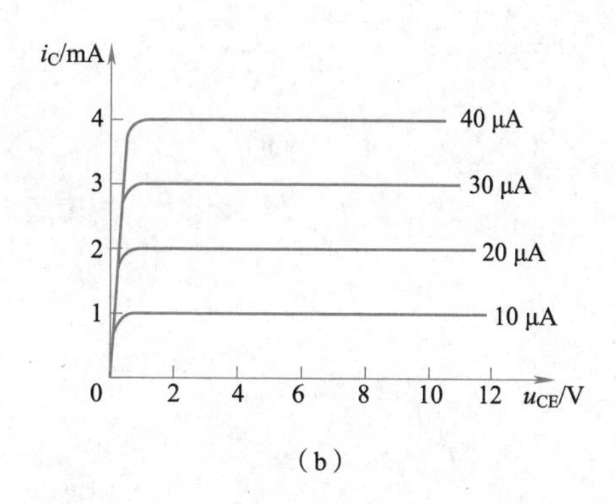

图题 2.3.5

2.3.7　电路如图题 2.3.7 所示，BJT 的 $\beta=100$，$r_{bb'}=100$ Ω。试求：(1) 电路的静态工作点；(2) 画出简化 H 参数小信号模型等效电路；(3) 电压放大倍数 A_u、输入电阻 R_i 和输出电阻 R_o；(4) 若改用 $\beta=200$ 的 BJT，则 Q 点如何变化？(5) 若电容 C_e 开路，则将引起电路的哪些动态参数发生变化？如何变化？

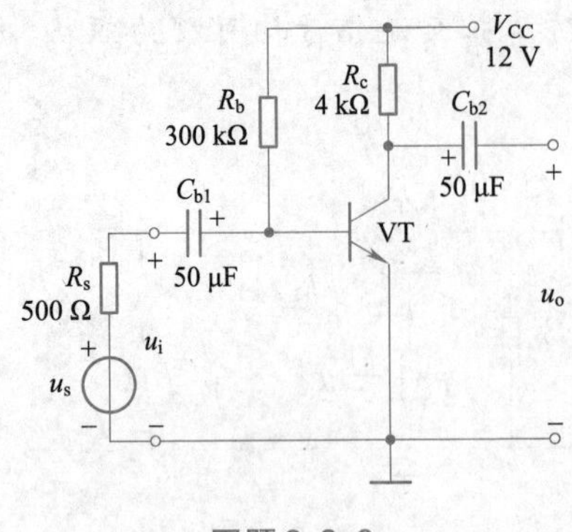

图题 2.3.6

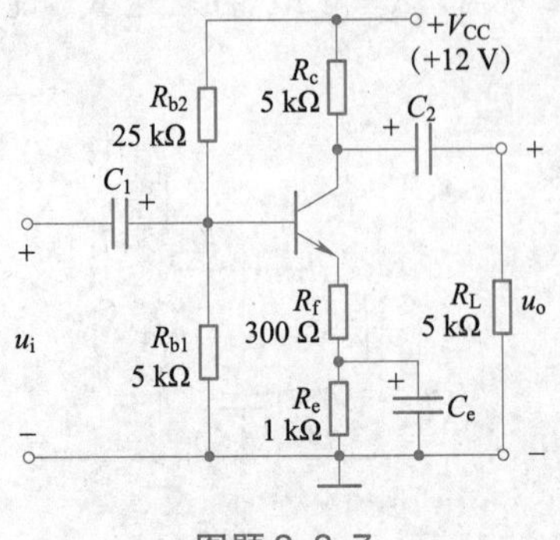

图题 2.3.7

2.3.8　射极输出器电路如图题 2.3.8 所示，BJT 的 $\beta=80$，$r_{bb'}=200\ \Omega$。试求：(1) 电路的静态工作点；(2) $R_L=\infty$ 和 $R_L=3\ k\Omega$ 时电路的 A_u、R_i 和 R_o。

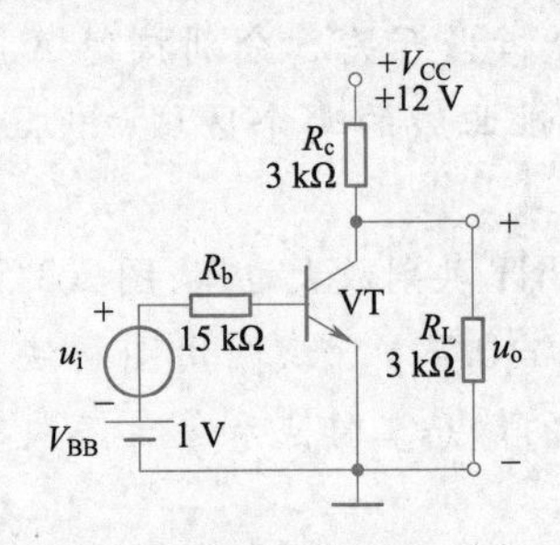

图题 2.3.8

2.3.9　图题 2.3.9 中的哪些接法可以构成复合管？标出它们等效管的类型。

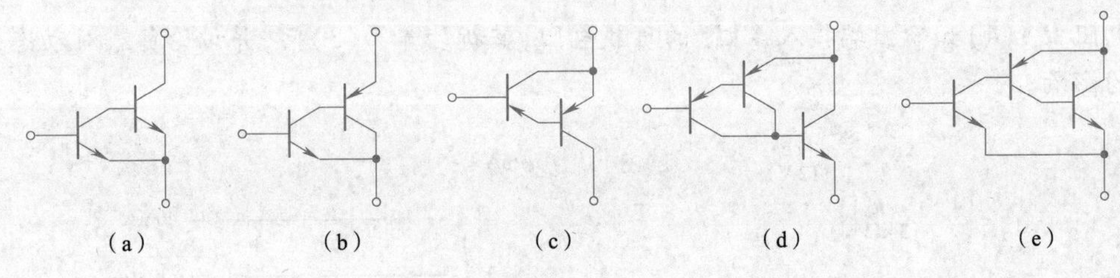

图题 2.3.9

第3章 场效应管及其放大电路

导读 >>>>>>

BJT 中参与导电的载流子有两种极性，所以也称为双极型三极管。本章将介绍另一种三极管，这种三极管只有一种载流子参与导电，所以也称为单极型三极管，因为这种器件是利用电场效应控制电流的，所以又称场效应三极管，简称场效应管。

3.1 概述

如上一章所述，BJT 是一种双极型器件，它在工作时有两种载流子（多子和少子）同时参与导电。当 BJT 的发射结处于正向偏置时，BJT 工作在放大状态，此时它的输入端始终存在输入电流，输入电阻较低。由于 BJT 在放大区工作时，集电极电流是由基极（或发射极）电流控制，即输入电流能够控制输出电流，因此 BJT 是一种电流控制器件。而场效应管（field effect transistor，FET）是利用电场效应来控制输出电流的一种半导体器件，是一种电压控制器件。场效应管工作时只有一种载流子（电子或空穴）参与导电，因此它是一种单极型器件。与 BJT 相比，场效应管具有温度稳定性好、抗辐射能力强、噪声小、制造工艺简单、便于集成等优点，因而得到了广泛的应用。

按照结构的不同，场效应管可分为结型场效应管（junction field effect transistor，JFET）和金属-氧化物-半导体场效应管（metal-oxide-semiconductor field effect transistor，MOSFET）两大类。1933 年美国研究员尤利乌斯·利林菲尔德申请了最早关于场效应管的相关专利，比 BJT 发明得更早，但受制于半导体器件的制造技术和条件，当时并没有可实际工作的场效应管器件被制造出来。直到 20 世纪 60 年代中叶，第一款成功应用到工程上的场效应管器件才问世。尽管它的运行性能要比当时的 BJT 要差得多，但它体积小和功耗低的特点，使其在大规模集成方向上有巨大潜力。现在我们熟知的微处理器和大容量存储器都是由它集成制作的。JFET 出现的时间也很早，但由于工作时栅极电压和漏极电压极性相反，它的应用范围远不及 MOSFET，只适用于某些特殊场合，目前有逐渐被淘汰的趋势。

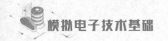

3.2 结型场效应管

3.2.1 结型场效应管的结构与类型

结型场效应管的结构示意图和图形符号如图 3.2.1 所示。具体说来，是在一块 N 型半导体材料两边扩散高浓度的 P 型区（用 P^+ 表示），形成两个 PN 结。栅极 g(gate)由两个 P^+ 区并联在一起后引出一个电极，而源极 s(source)和漏极 d(drain)分别由 N 型半导体的两端引出，三个电极 s、g、d 分别由不同的铝接触层引出。N 型区域夹在两个 PN 结中间，形成的导电通路被称为导电沟道（简称沟道），这种结构的器件称为 N 沟道 JFET。同理，若将半导体的类型互换，即 P 型换成 N 型、N 型换成 P 型，则可构成 P 沟道 JFET。两种 JFET 的图形符号区别在于栅极的箭头方向，它代表了 PN 结正偏的方向。N 沟道和 P 沟道 JFET 工作原理相同，因此在本书后面的内容中，仅以 N 沟道 JFET 为例，读者可自行替换为 P 沟道 JFET 进行分析和练习。

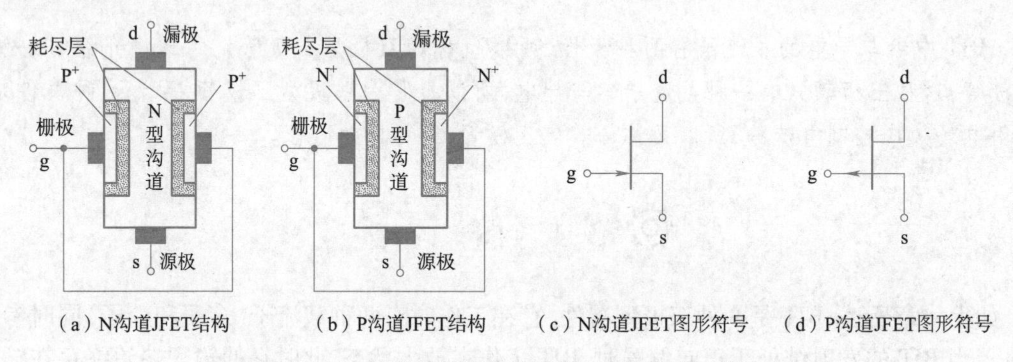

图 3.2.1 结型场效应管的结构示意图和图形符号

实际使用中，场效应管与双极型三极管三个电极的对应关系是：栅极(g)对应基极(b)；源极(s)对应发射极(e)；漏极(d)对应集电极(c)。

视频

结型场效应管的工作原理

3.2.2 结型场效应管的工作原理

在 JFET 的栅极和源极（简称"栅源"）之间施加反偏电压 U_{GS} 后，JFET 可以正常工作。当漏极和源极（简称"漏源"）间加上电压 U_{DS} 后，通过调节反偏电压 U_{GS} 的大小，即可改变两个 PN 结耗尽层的宽度，即导电沟道的宽度，从而改变漏极和源极之间电流 I_D 的大小，实现对 JFET 导电能力的控制。

1. U_{GS} 对 I_D 的控制作用

为便于分析，可以假设漏极和源极之间所加的电压 $U_{DS}=0$，如图 3.2.2 所示。

当 $U_{GS}=0$ 时，此时导电沟道较宽，导通电阻较小，如图 3.2.2(a)所示。

当 $U_{GS}<0$ 且其绝对值逐渐增加时，在反偏电压的作用下，JFET 两个 PN 结的耗尽层会逐渐变宽。由于 P^+ 区的掺杂浓度大于 N 区，因此耗尽层将主要向 N 沟道方向扩展，沟道逐渐变窄并使沟道电阻增大，如图 3.2.2(b)所示。当 $|U_{GS}|$ 逐渐增大到一个定值 $|U_{th}|$ 时，两个 PN 结的耗尽层将在沟道中间合拢，使沟道全部消失，如图 3.2.2(c)所示。此时，由于耗尽层中没有载流子，因此这时漏源电阻将趋于无穷大，即使继续增大 U_{DS}，漏极电流 I_D 也将为零。栅源之

间的这个使导电沟道夹断的阈值电压 U_{th} 就称为夹断电压,用 U_P 表示。$|U_{GS}| \geqslant |U_P|$ 时沟道会被完全“夹断”。

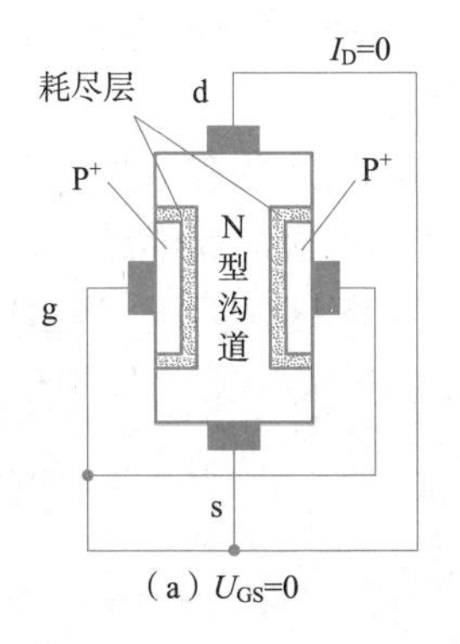

(a) U_{GS}=0

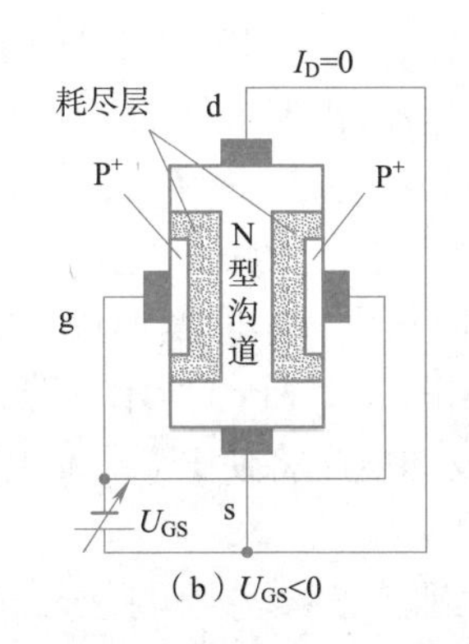

(b) U_{GS}<0

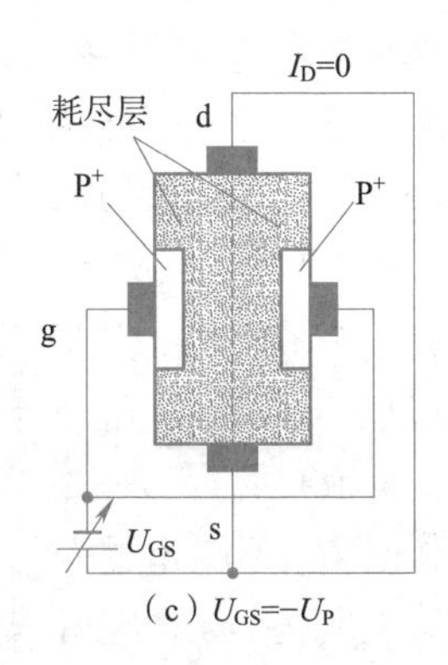

(c) U_{GS}=$-U_P$

图 3.2.2 当 $U_{DS}=0$ 时,U_{GS} 对导电沟道的控制

由此可知,栅源电压 U_{GS} 能够有效地控制沟道电阻的大小。如果同时在漏极与源极间加上固定的正向电压 U_{DS},则漏极电流 I_D 将受 U_{GS} 的控制,$|U_{GS}|$ 增大时,沟道电阻增大,I_D 减小。

2. U_{DS} 对 I_D 的影响

假设 U_{GS} 为固定值,且 $U_P < U_{GS} < 0$,如图 3.2.3 所示。

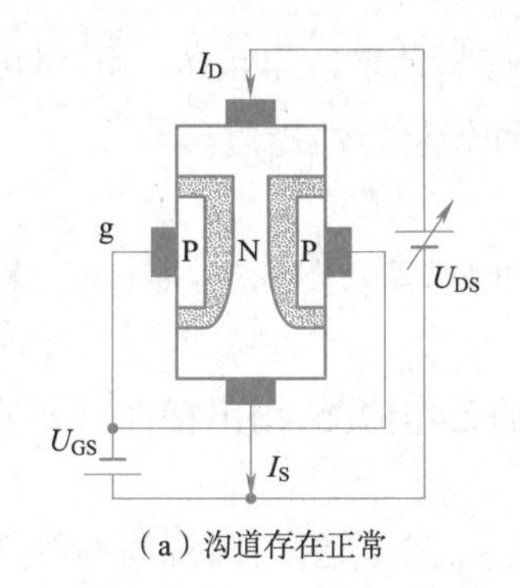

(a) 沟道存在正常

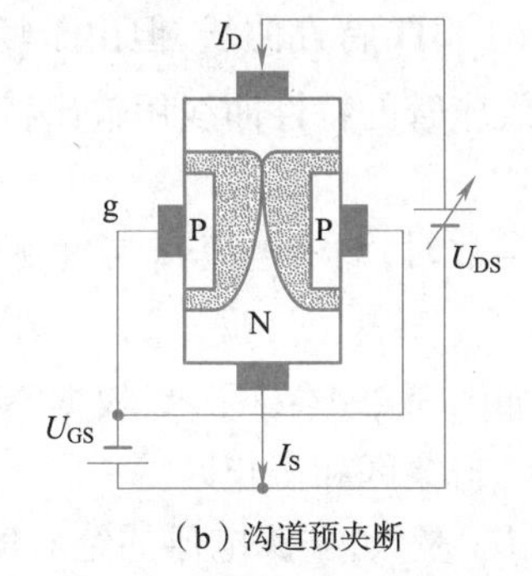

(b) 沟道预夹断

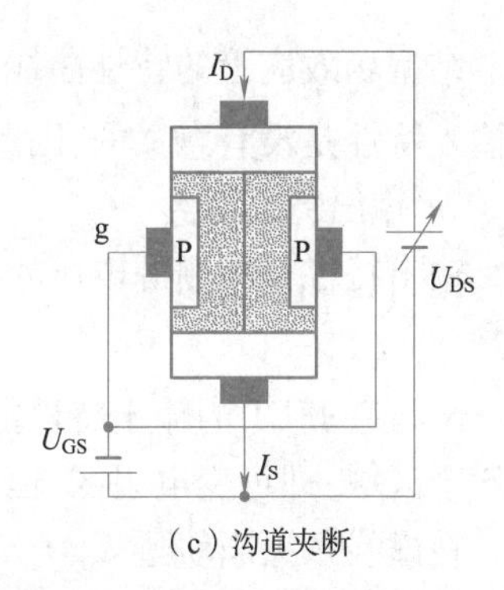

(c) 沟道夹断

图 3.2.3 U_{DS} 对导电沟道和 I_D 的影响

(1) 当漏源电压 U_{DS} 从 0 开始增大时,沟道中会产生漏极电流 I_D。

(2) 在 U_{DS} 较小时,I_D 随 U_{DS} 的增加而几乎呈线性地增加。U_{DS} 对 I_D 的影响应从两个角度来分析:一方面 U_{DS} 增加时,沟道的电场强度增大,I_D 随着增加;另一方面,随着 U_{DS} 的增加,由于电位分布不均匀,会使沟道不均匀地增大,即沟道电阻增加,I_D 应该下降,但是在 U_{DS} 较小时,沟道的不均匀性不明显,在漏极附近的区域内沟道仍然较宽,U_{DS} 对沟道电阻影响不大,故 U_{DS} 在一定范围内增加会使 I_D 随之线性地增加,如图 3.2.3(a) 所示。

(3) 随着 U_{DS} 的进一步增加,由于沟道存在一定的电阻,因此 I_D 沿沟道产生的电压降使沟道内各点的电位不再相等,漏极端电位最高,而源极端电位最低。这就使栅极与沟道内各点间的电位差不再相等,其绝对值沿沟道从漏极到源极逐渐减小,在漏极端最大(为 $|U_{GD}|$),即加到该处 PN 结上的反偏电压最大,这使得沟道两侧的耗尽层从源极到漏极逐渐加宽,沟道宽度不再均匀,而呈楔形。这时,靠近漏极一端的 PN 结上承受的反向电压增大,此处的耗尽层相应变窄,沟道电阻相应增加,I_D 随 U_{DS} 上升的速度趋缓。

(4)当 I_D 增加到 $U_{DS}=U_{GS}-U_P$，即 $U_{GD}=U_{GS}-U_{DS}=U_P$(夹断电压)时，楔形沟道中漏极附近的耗尽层相遇合拢，此时的状态称为预夹断，如图 3.2.3(b)所示。与前面讲过的整个沟道全被夹断不同，预夹断后，漏极电流 $I_D\neq 0$。因为这时沟道仍然存在，沟道内的电场仍能使多数载流子(电子)在夹断处做漂移运动，由漏源间的强电场拉向漏极。

(5)若 U_{DS}继续增加，使 $U_{DS}>U_{GS}-U_P$，$U_{GD}<U_P$，此时耗尽层合拢部分会有增加，即自漏极向源极方向延伸，夹断区的电阻越来越大，但漏极电流 I_D 不会随 U_{DS}的增加而继续增加，基本上趋于饱和。因为这时夹断区电阻很大，U_{DS}的增加量主要降落在夹断区电阻上，沟道电场强度增加不多，因而 I_D 基本不变，如图 3.2.3(c)所示。但当 U_{DS}增加到大于某一极限值(用 $U_{(BR)DS}$表示)后，漏极一端 PN 结上反向电压将使 PN 结发生雪崩击穿，I_D 会急剧增加，所以正常工作时 U_{DS}不能超过 $U_{(BR)DS}$。

综上所述，场效应管只有多数载流子参与导电，所以场效应管是一种单极型三极管。JFET 栅极与沟道间的 PN 结是反向偏置的，流过栅极的是 PN 结的反向漏电流，因此 $I_G\approx 0$，输入电阻很高。结型场效应管输出电流 I_D 受输入电压 U_{GS}控制，它是电压控制电流器件。预夹断前 I_D 与 U_{DS}呈近似线性关系；出现预夹断后，I_D 趋于饱和。对于 N 沟道 JFET，其工作时 U_{GS}为负，电源为正电源；同理，P 沟道 JFET 工作时，U_{GS}为正，电源为负电源。

3.2.3 结型场效应管的特性曲线

结型场效应管的特性曲线类似于 BJT 特性曲线，但由于场效应管的输入电流 $I_G\approx 0$，讨论其输入特性是没有意义的，因此场效应管的特性曲线用输出特性和转移特性描述。

1. 输出特性曲线

输出特性是指栅源电压 u_{GS}为常数时，漏极电流 i_D 与漏源电压 u_{DS}之间的关系，即

$$i_D=f(u_{DS})\big|_{u_{GS}=\text{常数}} \tag{3.2.1}$$

N 沟道 JFET 的输出特性曲线如图 3.2.4(a)所示，根据不同的工作情况，输出特性可划分为四个区域，即可变电阻区、恒流区、击穿区和截止区。

在虚线预夹断轨迹 $u_{DS}=u_{GS}-U_P$ 左侧，栅源电压的绝对值越大，沟道越窄，漏源间的等效电阻越大，此时 JFET 可看作一个受栅源电压控制的可变电阻，故得名为可变电阻区。恒流区(又称饱和区)为满足 $u_{DS}>u_{GS}-U_P$ 的区域，在预夹断轨迹右侧，曲线为一组近似平行于横轴的直线。漏极电流不再随 u_{DS}的增大而增大，而是受 u_{GS}控制，JFET 用作放大电路时一般就工作在这个区域，又称线性放大区。击穿区的特点是，当漏源电压增至一定大小后，由于加到沟道中耗尽层的电压太高，电场很强，致使栅漏间的 PN 结发生雪崩击穿，漏极电流迅速上升，故称为击穿区。进入雪崩击穿后，JFET 不能正常工作，甚至很快烧毁。所以，JFET 不允许在这个区域工作。截止区为 $u_{GS}<U_P$ 的区域，此时沟道完全夹断，$i_D=0$，JFET 可利用该区作为电子开关用，相当于开关断开。

2. 转移特性曲线

转移特性曲线描述了在 u_{DS}为常数时，漏极电流 i_D 与栅源电压 u_{GS}之间的关系，即

$$i_D=f(u_{GS})\big|_{u_{DS}=\text{常数}} \tag{3.2.2}$$

由于输出特性与转移特性都是反映 JFET 工作的同一物理特性，所以转移特性可以直接从输出特性上用作图法求出。例如，在输出特性图 3.2.4(a)中，作 $u_{DS}=10$ V 的一条垂直线，此垂直线与各条输出特性曲线的交点分别为 A、B、C、D，将这四个点相应的 i_D 及 u_{GS}值画在

i_D-u_{GS}的直角坐标系中,就可以得到 $u_{DS}=10$ V 时的转移特性曲线,如图 3.2.4(b)所示。改变 u_{DS},可以得到一族转移特性曲线。由于在饱和区漏极电流几乎不随着漏源电压而变化,所以当漏源电压大于一定值时,不同的漏源电压的转移特性很接近。在放大电路中,JFET 一般工作在饱和区,而且漏源电压总有一定数值,例如图 3.2.4(a)中 u_{DS}大于 5 V,这时可以认为转移特性重合为一条直线,使得分析简单化。

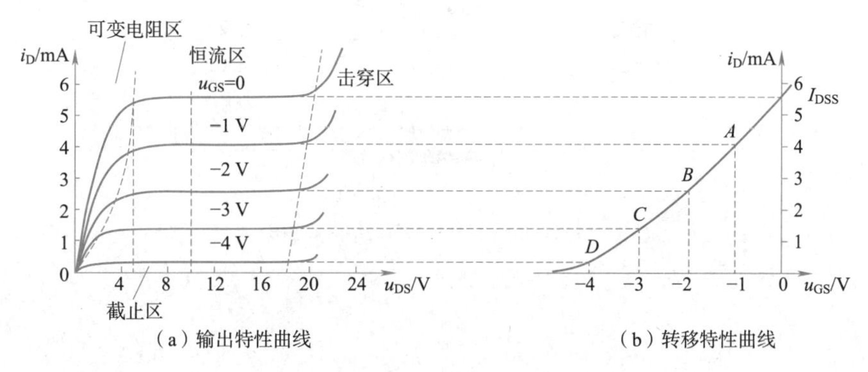

(a) 输出特性曲线　　　　(b) 转移特性曲线

图 3.2.4　N 沟道 JFET 的特性曲线

3. 电流方程

在饱和区内,漏极电流 i_D 与栅源电压 u_{GS}的近似关系式为

$$i_D = I_{DSS}\left(1-\frac{u_{GS}}{U_P}\right)^2 \qquad (U_P \leqslant u_{GS} \leqslant 0) \tag{3.2.3}$$

式中,I_{DSS}为 JFET 在 $u_{GS}=0$ V 以及 $u_{DS}>|U_P|$(实际使用时 $u_{DS}=10$ V)时的漏极电流,称为饱和漏极电流。

3.3　绝缘栅型场效应管

JFET 的直流输入电阻虽然一般可以达到 $10^6 \sim 10^9$ Ω,但这个电阻本质上来说是 PN 结的反向电阻,PN 结反向偏置时必然有一定的反向漏电流,若在使用中需要更高的输入电阻,是无法满足要求的。金属-氧化物-半导体场效应管(metal-oxide-semiconductor field effect transistor, MOSFET)的栅极处于不导电(绝缘)状态,具有更高的输入电阻,可高达到 10^{15} Ω,所以又称绝缘栅型场效应管。MOS 管按导电沟道类型分也有 P 沟道管和 N 沟道管两类,即 NMOS 管和 PMOS 管,而每一种类型又分为增强型和耗尽型两种,所以绝缘栅型场效应管共有四种类型:N 沟道增强型 MOS 管、P 沟道增强型 MOS 管、N 沟道耗尽型 MOS 管、P 沟道耗尽型 MOS 管。下面以 N 沟道增强型 MOS 管为例,讨论 MOS 管的结构、工作原理和特性曲线,并指出耗尽型 MOS 管的特点。P 沟道 MOS 管的原理和特性读者可自行分析。

3.3.1　N 沟道增强型 MOS 管的结构及图形符号

在一块掺杂浓度较低的 P 型硅衬底上,制造两个高掺杂浓度的 N^+ 区,并用金属铝引出两个电极,分别作为漏极 d 和源极 s。然后在半导体表面生长一层很薄的二氧化硅(SiO_2)绝缘层,在漏源之间的绝缘层上制作一个铝电极,作为栅极 g。在衬底上也引出一个电极 B,这就构成了一个 N 沟道增强型 MOS 管,简称增强型 NMOS 管。MOS 管的源极和衬底通常是接在一起的(大多数 MOS 管在出厂前已连接好)。图 3.3.1(a)、(b)分别是它的结构示意图和图形符号,符号中的箭头方向表示由 P 型衬底指向 N 沟道,即表示 PN 结的导通方向。P 沟道增强型 MOS 管的箭头方向与上述相反,如图 3.3.1(c)所示。

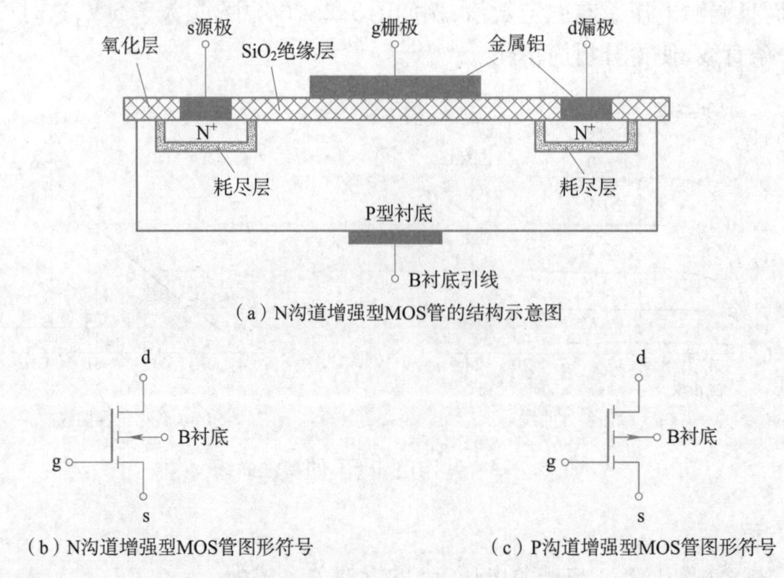

图 3.3.1　N 沟道增强型 MOS 管的结构示意图与增强型 MOS 管的图形符号

3.3.2　N 沟道增强型 MOS 管的工作原理

N 沟道增强型 MOS 管的基本工作原理用图 3.3.2 所示电路加以说明,与 JFET 相似,MOSFET 的工作原理同样表现为栅源电压对沟道导电能力的控制,以及漏源电压对漏极电流的影响。

视频

N沟道增强型MOS管的漏极电流

1. u_{GS}对沟道的控制作用

当栅源之间不加电压,即 $u_{GS}=0$ V 时,漏源极间是两个背靠背的 PN 结,即使加上漏源电压 u_{DS},而且不论 u_{DS}的极性如何,总有一个 PN 结处于反向偏置状态,漏源之间没有导电沟道,此时不会有漏电流产生,即 $i_D \approx 0$,如图 3.3.2(a)所示。

当 $u_{GS}>0$ 时,则栅极和衬底之间的 SiO_2 绝缘层中便产生一个电场。电场方向是垂直于半导体表面的由栅极指向衬底的电场。在电场的作用下,空穴被排斥而自由电子被吸引,栅极附近的 P 型半导体的空穴被排斥,剩下不能移动的受主离子(负离子)形成耗尽层。当 u_{GS}数值较小时,电场吸引电子的能力不强,漏源之间仍无导电沟道出现,如图 3.3.2(b)所示。但当栅源电压逐渐增加时,吸引到 P 型衬底表面层的电子就增多,当 u_{GS}达到某一数值时,这些电子在栅极附近的 P 型衬底表面便形成一个 N 型薄层,且与两个 N^+区相连通,在漏源之间形成 N 型导电沟道,又因为其导电类型与 P 型衬底相反,所以又称反型层,如图 3.3.2(c)所示。u_{GS}越大,作用于半导体表面的电场就越强,吸引到 P 型衬底表面的电子就越多,导电沟道越厚,沟道电阻越小。将开始形成沟道时的栅源电压称为阈值电压,用 U_{TN}表示,又称开启电压。

2. u_{DS}对 i_D 的影响

当 $u_{GS}>U_{TN}$且为一确定值时,漏源电压 u_{DS}对导电沟道及电流 i_D 的影响与 JFET 相似。

当在漏源之间施加正向电压 $u_{DS}>0$，且 u_{DS} 较小时，将产生漏极电流，漏极电流 i_D 沿沟道形成的电压降使沟道内各点与栅极间的电压不再相等，靠近源极一端的电压最大、沟道最厚，而漏极端电压最小，其值为 $U_{GD}=u_{GS}-u_{DS}$，因而沟道最薄，如图 3.3.3(a)所示。由于 u_{DS} 较小($u_{DS}<u_{GS}-U_{TN}$)时，它对沟道的影响不大，若 u_{GS} 一定，沟道电阻几乎也是一定的，所以 i_D 随 u_{DS} 近似呈线性变化。

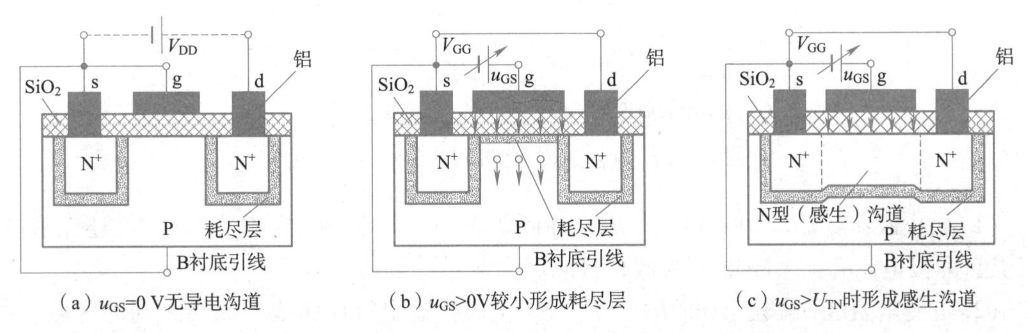

图 3.3.2　N 沟道增强型 MOS 管 u_{GS} 对沟道的控制作用原理图

随着 u_{DS} 的增大，靠近漏极的沟道越来越薄，当 u_{DS} 增加到使 $U_{GD}=u_{GS}-u_{DS}=U_{TN}$ 时，沟道在漏极端出现预夹断，如图 3.3.3(b)所示。若继续增大 u_{DS}(使 $u_{GS}-u_{DS}<U_{TN}$)，夹断点将向源极端延伸，形成一个夹断区，如图 3.3.3(c)所示。由于 u_{DS} 的增加部分几乎全部降落在夹断区，i_D 几乎不随 u_{DS} 的增加而增大，MOS 管进入饱和区，此时漏极电流 i_D 趋于饱和并几乎仅由 u_{GS} 决定。

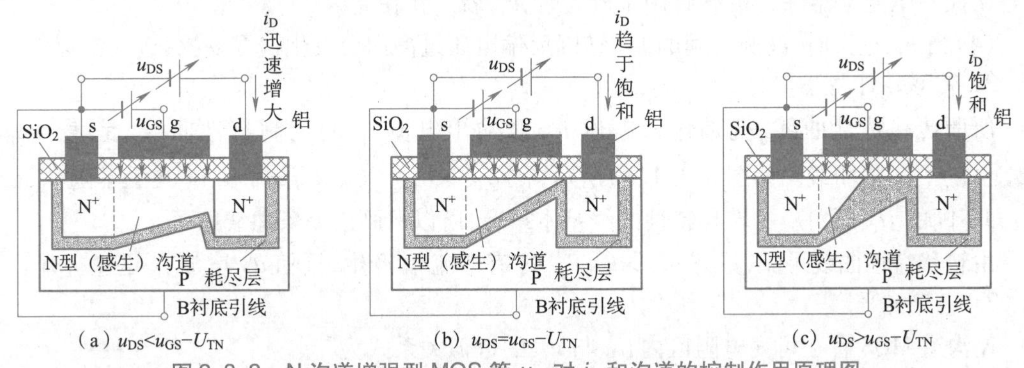

图 3.3.3　N 沟道增强型 MOS 管 u_{DS} 对 i_D 和沟道的控制作用原理图

P 沟道增强型 MOS 管的工作原理与 N 沟道增强型 MOS 管的相同，只是工作电压、电流极性相反而已，所以在此不再赘述，读者可以自行分析。

3.3.3　N 沟道增强型 MOS 管的特性曲线

根据上节对 N 沟道增强型 MOS 管工作原理的分析，可以得到如图 3.3.4(a)、(b)所示的输出特性曲线和转移特性曲线。

1. 输出特性曲线

输出特性曲线表示的是在 u_{GS} 一定时，i_D 与 u_{DS} 之间的关系，是表示 $i_D=f(u_{DS})\big|_{u_{GS}=常数}$ 的曲线。如图 3.3.4(a)所示，如果 u_{GS} 的取值不同，得到的 i_D 与 u_{DS} 之间的关系曲线也是不同的。N 沟道增强型 MOS 管的输出特性曲线也可分为可变电阻区、饱和区、截止区和击穿区等几部分。

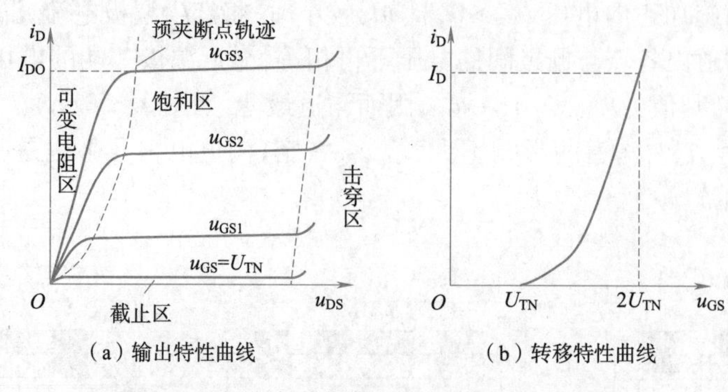

图 3.3.4　N 沟道增强型 MOS 管的特性曲线

(1)截止区:$u_{GS} < U_{TN}$时对应的区域。在图 3.3.4(a)、(b)中,在 $U_{GS} < U_{TN}$时,还没形成导电沟道,漏极电流 $i_D \approx 0$,MOS 管为截止状态。

(2)可变电阻区:u_{DS}较小(即 $U_{GS} - U_{DS} > U_{TN}$)时,输出特性曲线与纵轴之间的区域(虚线与纵轴之间的区域)。这时的导电沟道已经形成,只要 U_{GS}为某一定值时,i_D 几乎随 u_{DS}线性变化。这时 MOS 管呈电阻特性,因此称该区为线性电阻区。当改变 U_{GS}的大小时,导电沟道的电阻大小将随之而改变,所以又称之为可变电阻区。

(3)饱和区:又称线性放大区或恒流区,是指在 $u_{GS} \geqslant U_{TN}$(即导电沟道形成)情况下,再增大u_{DS}使 $U_{GS} - U_{DS} < U_{TN}$时,靠近漏极端的导电沟道出现夹断,曲线呈近似水平状的区域。此时 u_{DS}对 i_D 的影响很小,但随着 u_{GS}的变化,i_D 有明显改变,即 i_D 是受 U_{GS}控制的。因此,MOS 管是电压控制电流型器件。MOS 管用于放大时,u_{GS}就工作在此区。

(4)当 u_{DS}过大时,漏源之间的 PN 结因反偏电压过高而会发生击穿现象,进入击穿区。

2. 转移特性曲线

所谓转移特性曲线,就是输入电压 u_{GS}对输出电流 i_D 的控制特性曲线,是表示 $i_D = f(u_{GS})\big|_{U_{DS}=常数}$的曲线。如图 3.3.4(b)所示,在 $U_{DS} > U_{GS} - U_{TN}$的条件下,i_D 几乎不随 u_{GS}而变化,即不同的 U_{GS}所对应的转移特性曲线基本重合,所以只画出一条曲线即可。

由转移特性曲线可见,只有 $u_{GS} > U_{TN}$时,才有电流 i_D 产生,且随 u_{GS}增加 i_D 迅速上升。

3. 电流方程

N 沟道 MOS 管在可变电阻区内,i_D 与 u_{GS}的近似关系式为

$$i_D = K_n[2(u_{GS} - U_{TN})u_{DS} - u_{DS}^2] \tag{3.3.1}$$

式中,电导常数 $K_n = \frac{K'_n}{2} \cdot \frac{W}{L} = \frac{\mu_n C_{ox}}{2}\left(\frac{W}{L}\right)$,单位是 mA/V²。其中本征导电因子 $K'_n = \mu_n C_{ox}$一般情况下为常量;μ_n 为反型层中电子迁移率;C_{ox}为栅极与衬底之间氧化层单位面积电容。

在输出特性曲线原点附近,因为 u_{DS}很小,可以忽略 u_{DS}^2的影响,则上述公式可进一步近似为

$$i_D = 2K_n(u_{GS} - U_{TN})u_{DS} \tag{3.3.2}$$

与结型场效应管相类似,N 沟道 MOS 管在饱和区内,可将夹断点条件 $U_{DS} = U_{GS} - U_{TN}$代入式(3.3.1),可得到 i_D 与 u_{GS}的特性表达式

$$i_D = K_n(u_{GS} - U_{TN})^2 = K_n U_{TN}^2\left(\frac{u_{GS}}{U_{TN}} - 1\right)^2 = I_{DO}\left(\frac{u_{GS}}{U_{TN}} - 1\right)^2 \quad (u_{GS} > U_{TN}) \tag{3.3.3}$$

式中，$I_{DO}=K_nU_{TN}^2$，它是 $u_{GS}=2U_{TN}$ 时的漏极电流。

由此可以看出，对于任意一个 u_{GS} 就有一个 i_D 与之对应，因此可将 i_D 视为受 u_{GS} 控制的电流源。

3.3.4 N 沟道耗尽型 MOS 管

本节以 N 沟道耗尽型 MOS 管为例介绍耗尽型 MOS 管的结构特点，P 沟道耗尽型 MOS 管与其关系对称，不再赘述。

N 沟道耗尽型 MOS 管结构示意图如图 3.3.5 所示。N 沟道耗尽型 MOS 管与 N 沟道增强型 MOS 管基本相似。耗尽型 MOS 管在 $u_{GS}=0$ V 时，漏源之间已有导电沟道产生。增强型 MOS 管要在 $u_{GS}\geqslant U_{TN}$ 时才出现导电沟道。具体的原因是，制造 N 沟道耗尽型 MOS 管时，在 SiO_2 绝缘层中掺入了大量的碱金属正离子 Na^+ 或 K^+（制造 P 沟道耗尽型 MOS 管时掺入负离子），如图 3.3.5 所示。因此，即使 $u_{GS}=0$ V 时，在这些正离子产生的电场作用下，漏源之间的 P 型衬底表面也能感应生成 N 沟道（称为初始沟道），只要加上正向电压 u_{DS}，就有电流 i_D。

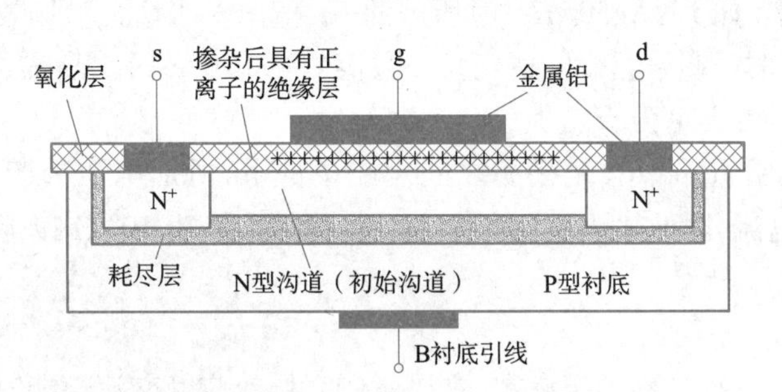

图 3.3.5 N 沟道耗尽型 MOS 管结构示意图

如果加上正的 u_{GS}，栅极与 N 沟道间的电场将在沟道中吸引来更多的电子，沟道加宽，沟道电阻变小，i_D 增大。反之 u_{GS} 为负时，沟道中感应的电子减少，沟道变窄，沟道电阻变大，i_D 减小。当 u_{GS} 负向增加到某一数值时，导电沟道消失，i_D 趋于零，MOS 管截止，故称为耗尽型。沟道消失时的栅源阈值电压又称夹断电压，仍用 U_{TN} 表示，且 $U_{TN}<0$。与 N 沟道结型场效应管相同，N 沟道耗尽型 MOS 管的夹断电压 U_{TN} 也为负值，但是，前者只能在 $u_{GS}<0$ 的情况下工作。而后者在 $u_{GS}=0$，$u_{GS}>0$，$U_{TN}<u_{GS}<0$ 的情况下均能实现对 i_D 的控制，而且仍能保持栅源之间有很大的绝缘电阻，使栅极电流为零。这是耗尽型 MOS 管的一个重要特点。图 3.3.6(a)、(b) 分别是 N 沟道和 P 沟道耗尽型 MOS 管的图形符号。

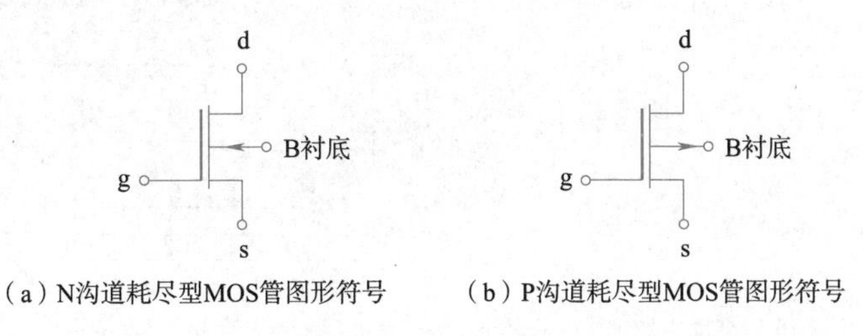

（a）N沟道耗尽型MOS管图形符号　（b）P沟道耗尽型MOS管图形符号

图 3.3.6 耗尽型 MOS 管图形符号

在饱和区内，耗尽型 MOS 管的电流方程与结型场效应管的电流方程相同，即

$$i_D = I_{DSS}\left(1-\frac{u_{GS}}{U_{TN}}\right)^2 \qquad (|u_{GS}| \leqslant |U_{TN}|) \tag{3.3.4}$$

式中，$I_{DSS}=K_nU_{TN}^2$为零栅压时的漏极电流，称为饱和漏极电流，也就是转移特性曲线与纵轴交点处的 i_D。

3.3.5 场效应管的主要参数

场效应管的参数可以分成三个部分：直流参数、交流参数和极限参数。

1. 直流参数

场效应管直流参数主要是保证其工作在合适的电路状态，即可变电阻区、夹断区、恒流区。

(1)漏极饱和电流 I_{DSS}。I_{DSS}是耗尽型和结型场效应管的一个重要参数，它的定义是当栅源电压 U_{GS}等于零，而漏源电压 U_{DS}大于阈值电压 U_{TN}时对应的漏极电流。

(2)阈值电压 U_{TN}。对于耗尽型 MOS 管和结型场效应管，其定义为当 U_{DS}一定时，使 I_D 减小到某一个微小电流（如 1 μA、50 μA）时所需的 U_{GS}值。对于增强型场效应管的重要参数，它的定义是当 U_{DS}一定时，漏极电流 I_D 达到某一数值（例如 10 μA）时所需加的 U_{GS}值。（P 沟道场效应管的阈值电压可表示为 U_{TP}。）

(3)直流输入电阻 R_{GS}。R_{GS}是栅源之间短路条件下，所加电压与产生的栅极电流之比。由于栅极几乎不取电流，因此输入电阻很高。结型场效应管为 10^6 Ω 以上，MOS 管可达 10^{10} Ω 以上。

2. 交流参数

场效应管的交流参数又称动态参数，主要是研究场效应管交流性能时涉及的性能参数。

(1)低频跨导 g_m。g_m 是描述栅源电压对漏极电流的控制作用。具体公式为

$$g_m = \left.\frac{\partial i_D}{\partial u_{GS}}\right|_{u_{DS}=\text{常数}} \tag{3.3.5}$$

跨导 g_m 的单位是 mA/V，一般常见的单位为 mS。跨导（又称互导）反映了栅源电压对漏极电流的控制能力，它相当于转移特性上工作点的斜率。它的值可由转移特性曲线或输出特性曲线求得。如图 3.3.7 所示，有

$$g_m = \frac{\partial i_D}{\partial u_{GS}} = \frac{\partial[K_n(u_{GS}-U_{TN})]^2}{\partial u_{GS}} = 2K_n(u_{GS}-U_{TN}) \qquad (\text{当}|U_{TN}| \leqslant |u_{GS}|\text{时}) \tag{3.3.6}$$

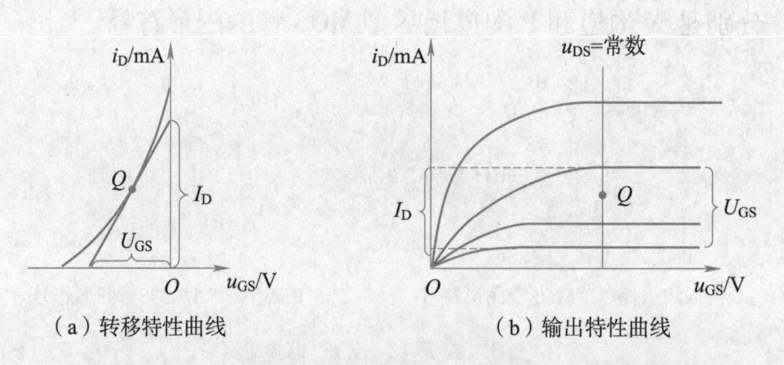

图 3.3.7 根据场效应管的特性曲线求 g_m 示意图

考虑到 $i_D = K_n(u_{GS}-U_{TN})^2$ 以及 $I_{DO}=K_nU_{TN}^2$，式(3.3.6)又可改写为

$$g_m = 2\sqrt{K_n i_D} = \frac{2}{U_{TN}}\sqrt{I_{DO} i_D} \tag{3.3.7}$$

(2)极间电容。场效应管三个电极之间的电容,包括 C_{GS}、C_{GD}和 C_{DS},大小一般为几皮法。极间电容越小,则场效应管的高频性能越好。

(3)输出电阻 r_{ds}。输出电阻 r_{ds}反映了 u_{DS}对 i_D 的影响,是输出特性某一点上切线斜率的倒数。在饱和区(线性放大区),i_D 随 u_{DS}改变很小,因此 r_{ds}的数值很大,一般在几十千欧到几百千欧之间。计算 r_{ds}的表达式为

$$r_{ds} = \left.\frac{\partial u_{DS}}{\partial i_D}\right|_{U_{GS}} \tag{3.3.8}$$

3. 极限参数

极限参数是场效应管在工作状态下不允许超过的参数。如果超越,就会损坏场效应管。

(1)漏极最大允许耗散功率 P_{DM}。P_{DM}与 I_D、U_{DS}有如下关系:

$$P_{DM} = I_D U_{DS} \tag{3.3.9}$$

这部分功率将转化为热能,使场效应管的温度升高。P_{DM}受场效应管允许的最高温升限制。

(2)漏源击穿电压 $U_{(BR)DS}$。在场效应管输出特性曲线上,当漏极电流 I_D 急剧上升产生雪崩击穿时的 U_{DS}称为漏源击穿电压。工作时加在漏源之间的电压不得超过此值。

(3)栅源击穿电压 $U_{(BR)GS}$。结型场效应管正常工作时,栅源之间的 PN 结处于反向偏置状态,若 U_{GS}超过栅源之间击穿电压 $U_{(BR)GS}$,PN 结将被击穿。

对于 MOS 管,由于栅极与沟道之间有一层很薄的 SiO_2 绝缘层,当 U_{GS}过高时,可能将 SiO_2 绝缘层击穿,使栅极与衬底发生短路。这种击穿不同于 PN 结击穿,而是与电容器击穿的情况类似,属于破坏性击穿。

3.4　场效应管特性比较与注意事项

3.4.1　各类场效应管的特性

各类场效应管特性比较见表 3.4.1。

表 3.4.1　各类场效应管特性比较

分类		表示符号	电压极性		转移特性曲线	输出特性曲线
			U_P 或 U_T	U_{DS}		
结型场效应管	N沟道	d, g, s	(−)	(+)	i_D, I_{DSS}, U_P, O, u_{GS}	i_D, $u_{GS}=0$, O, U_P, u_{GS}

续表

分类			表示符号	电压极性		转移特性曲线	输出特性曲线
				U_P 或 U_T	U_{DS}		
结型场效应管	P沟道		d, g, s	（+）	（−）	i_D, U_P, O, u_{GS}, I_{DSS}	U_P, O, i_D, u_{GS}, $u_{GS}=0$
绝缘栅型场效应管	N沟道	增强型	d, B, g, s	（+）	（+）	i_D, O, U_{TN}	i_D, O, U_{TN}, u_{GS}
		耗尽型	d, B, g, s	（−）	（+）	i_D, U_{TN}, O, u_{GS}	i_D, $u_{GS}=0$, O, U_{TN}, u_{GS}
	P沟道	增强型	d, B, g, s	（−）	（−）	i_D, U_{TP}, O, u_{GS}	U_{TP}, O, i_D, u_{GS}
		耗尽型	d, B, g, s	（+）	（−）	i_D, O, U_{TP}, u_{GS}	U_{TP}, O, i_D, u_{GS}, $u_{GS}=0$

3.4.2　场效应管与 BJT 的性能比较

场效应管与 BJT 在不同应用场合性能有很大区别，具体有以下方面：

(1)场效应管的源极(s)、栅极(g)、漏极(d)分别对应于 BJT 的发射极(e)、基极(b)、集电极(c)，它们的作用相似。

(2)场效应管是电压控制电流器件，由 u_{GS}控制 i_D，其放大系数 g_m 一般较小，因此场效应管的放大能力较差；BJT 是电流控制电流器件，由 i_B(或 i_E)控制 i_C。

(3)场效应管栅极几乎不存在电流，而 BJT 工作时基极总要吸取一定的电流。因此场效应管的输入电阻比 BJT 的输入电阻高。所以，在要求高输入电阻放大电路(例如电压表的输入级)情形下，常选用场效应管放大电路。

(4)场效应管只有多数载流子参与导电，BJT 有多数载流子和少数载流子两种载流子参与导电，因少数载流子浓度受温度、辐射等因素影响较大，所以场效应管的噪声比 BJT 的噪声小很多，在低噪声放大电路的输入级及要求信噪比较高的电路中要选用场效应管。场效应管的温度稳定性好、抗辐射能力强。在环境条件(温度等)变化很大的情况下应选用场效应管。

(5)场效应管在源极未与衬底连在一起时，源极和漏极可以互换使用，且特性变化不大；而 BJT 的集电极与发射极互换使用时，其特性差异很大，β 值将减小很多。

(6)场效应管和 BJT 均可组成各种放大电路和开关电路，但由于前者制造工艺简单，且具有耗电少、热稳定性好、工作电源电压范围宽等优点，因而被广泛用于大规模和超大规模集成电路中。

3.4.3　场效应管使用注意事项

场效应管由于输入阻抗高(包括 MOS 集成电路)，极易被静电击穿，使用时应注意以下规则：

(1)从场效应管的结构上看，其源极和漏极是对称的，因此源极和漏极可以互换。但有些场效应管在制造时已将衬底引线与源极连在一起，这种场效应管源极和漏极就不能互换。

(2)场效应管各极间电压极性应正确接入，结型场效应管的栅源电压 u_{GS}极性不能接反。

(3)当场效应管的衬底引线单独引出时，应将其接到电路中的电位最低点(对 N 沟道场效应管而言)或电位最高点(对 P 沟道场效应管而言)，以保证沟道与衬底间的 PN 结处于反向偏置，使衬底与沟道及各电极隔离。

(4)场效应管的栅极是绝缘的，感应电荷不易泄放，而且绝缘层很薄，极易击穿。所以栅极不能开路，场效应管出厂时通常装在黑色的导电泡沫塑料袋中，也可用细铜线把各个引脚连接在一起，将各电极短路。或用锡纸包装。

(5)焊接时，电烙铁必须可靠接地，或者断电利用电烙铁余热焊接，并注意对交流电场屏蔽。场效应管焊接完成后再分开。

(6)取出的场效应管不能在塑料板上滑动，应用金属盘来盛放待用器件。

(7)场效应管各引脚的焊接顺序是漏极、源极、栅极。拆机时顺序相反。

(8)场效应管的栅极在允许条件下，接入保护二极管。在检修电路时要注意检查保护二极管是否损坏。

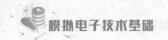

3.5 场效应管放大电路

3.5.1 场效应管放大电路的三种组态

在由场效应管组成的放大电路中，场效应管必须工作在放大区，即必须采用合适的直流电流将其工作点（U_{DS}，I_D）设置于输出特性曲线的放大区，且保持稳定。

根据场效应管在放大电路中的连接方式，场效应管放大电路分为三种组态，即共源放大电路、共栅放大电路、共漏放大电路，如图 3.5.1 所示。共源放大电路指的是栅极是输入端，漏极是输出端，源极是输入/输出的公共电极，简称共源电路；共栅放大电路指的是源极是输入端，漏极是输出端，栅极是输入/输出的公共电极，简称共栅电路；共漏放大电路指的是栅极是输入端，源极是输出端，漏极是输入/输出的公共电极，简称共漏电路。

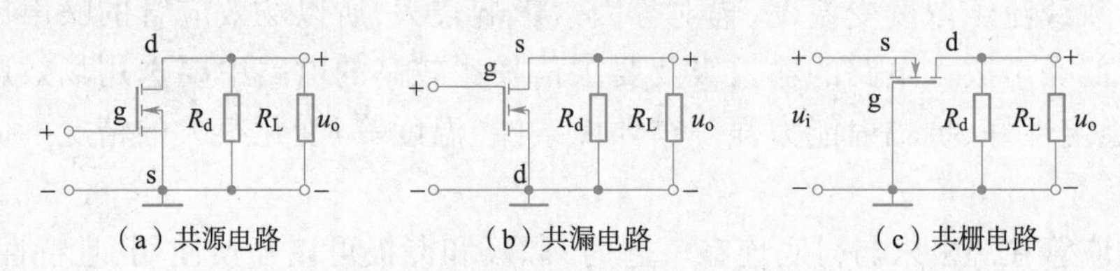

图 3.5.1 场效应管放大电路的三种接法

由于场效应管与 BJT 都有三个电极，场效应管的 g 极对应 BJT 的 b 极、d 极对应 c 极、s 极对应 e 极，所以在放大电路中，共源对应共射、共栅对应共基、共漏对应共集。

3.5.2 场效应管放大电路的直流偏置及静态分析

场效应管组成的放大电路和 BJT 放大电路的主要区别在于场效应管是电压控制型器件，靠栅源之间的电压变化来控制漏极电流的变化，放大作用以跨导 g_m 来体现；BJT 是电流控制型器件，靠基极电流的变化来控制集电极电流的变化，放大作用由电流放大系数 β 来体现。

视频

场效应管的静态分析

场效应管放大电路的性能分析与 BJT 相同，分为静态和动态；由场效应管组成的放大电路也和 BJT 放大电路相类似，BJT 放大电路基极回路需要一个偏置电流（偏流），而场效应管放大电路的场效应管栅极没有电流，所以场效应管放大电路的栅极回路需要一个合适的偏置电压（偏压）。一个交变信号通过耦合电容进入场效应管放大电路后，将使电路中各点电流、电压出现“交直流共存现象”。为使信号能够不失真地放大，场效应管放大电路与 BJT 放大电路一样要有合适的直流偏置。由于场效应管是电压控制器件，通过栅极电压可控制漏源电流，所以应有合适的栅极电压。场效应管的直流偏置电路有三种，分别是固定偏压电路、自偏压电路和分压式自偏压电路。

1. 固定偏压电路

场效应管共源放大电路的偏压电路如图 3.5.2 所示，其直流偏置采用固定偏压电路，这和 BJT 的固定偏置电路非常相似。其中栅极偏压是由固定电源 V_{GG} 供给的，所以称为固定栅偏压电路。对于 N 沟道 JFET，其栅源电压 $U_{GS}<0$，且必须添加栅极电阻 R_g，如果没有栅极电阻 R_g，则其交流通路将输入信号短路，导致输入信号永远加不进来。这种电路适用各种场效应管，如增强型、耗尽型、N 沟道、P 沟道等。但由于它多用一个电源，因此不大实用。

下面估算静态工作点。在直流通路中,由于栅极电流 $I_G=0$,所以有

$$U_{GSQ}=-V_{GG} \tag{3.5.1}$$

转移特性方程

$$I_{DQ}=I_{DSS}\left(1+\frac{V_{GG}}{U_P}\right)^2 \tag{3.5.2}$$

直流负载线方程

$$U_{DSQ}=V_{DD}-I_{DQ}R_d \tag{3.5.3}$$

由式(3.5.1)、式(3.5.2)和式(3.5.3)可确定图3.5.2的静态工作点。

静态分析,即求 Q:(I_{DQ}、U_{GSQ}、U_{DSQ})。

还需注意,在转移特性方程中,对于耗尽型场效应管分母用 U_P;对于增强型场效应管分母用 U_T 代入。那么该电路能否像三极管放大电路一样考虑共用一个电源呢?不能。因为 U_{GS} 必须反偏,若共用一个电源,则 U_{GS}变为正偏。那么怎样才能省略一组电源呢?由此产生了自偏压电路。

2. 自偏压电路

图3.5.3为自偏压共源放大电路,其中直流偏压是靠源极电阻 R_s 上的直流压降建立的,电容 C_3 对 R_s 起旁路作用,称为源极旁路电容。因此,只有在接通电源时就存在漏极电流的情况下才能建立静态栅源电压 $U_{GSQ}=-I_DR_s$。所以,该偏置方式只适用于耗尽型场效应管组成的放大电路。

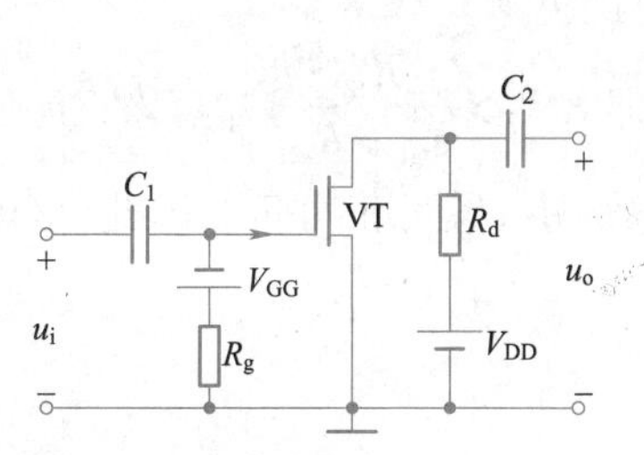

图3.5.2　场效应管共源放大电路的偏压电路

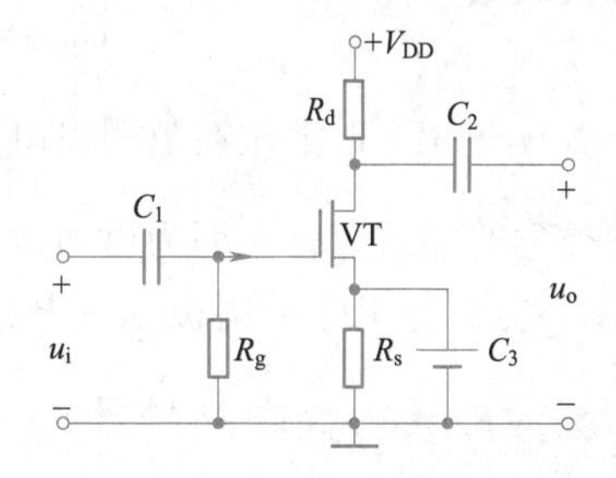

图3.5.3　场效应管自偏压电路

下面估算静态工作点。在直流通路中,由于栅极电流 $I_G=0$,所以有

$$U_{GSQ}=U_G-U_S=0-I_{DQ}R_s=-I_{DQ}R_s \tag{3.5.4}$$

由式(3.2.3)可得转移特性方程

$$I_{DQ}=I_{DSS}\left(1-\frac{U_{GSQ}}{U_P}\right)^2=I_{DSS}\left(1-\frac{-I_{DQ}R_s}{U_P}\right)^2 \tag{3.5.5}$$

直流负载线方程

$$U_{DSQ}=V_{DD}-I_{DQ}(R_d+R_s) \tag{3.5.6}$$

由式(3.5.4)、式(3.5.5)和式(3.5.6)可确定图3.5.3的静态工作点。自偏压电路省略一组电源多接一个电阻 R_s,实现自给栅极反偏电压;该电路和三极管射极偏置电路一样,电阻 R_s 会使 A_u 降低,只需在 R_s 上加一旁路电容 C_3,即可保持 A_u 不变,这个电路和射极偏置电路一样,具有自动稳定静态工作点的作用。

$T\uparrow\rightarrow i_D\uparrow\rightarrow U_s\uparrow\rightarrow|U_{GS}|\uparrow$, 沟道变窄

$i_D\downarrow\leftarrow$

该自偏压方式不适用于增强型场效应管。这是因为增强型场效应管必须先有 $U_{GS} > U_{TN}$，才能产生 I_D；而自偏压电路是先有 I_D 后有 U_{GS}，开启顺序正好相反。增强型场效应管开启前 $I_D = 0$，则使 $U_{GS} = 0$，场效应管不能开启进行放大工作。为寻找到适合增强型场效应管的偏置电路，产生了分压式自偏压电路。

3. 分压式自偏压电路

分压式自偏压电路如图 3.5.4 所示，它是在自偏压的基础上，加上分压电阻 R_{g1}、R_{g2} 和 R_{g3} 构成的供给栅极的电压。直流偏置栅极电压是靠 R_{g1}、R_{g2} 和 R_{g3} 的分压和 R_s 上的自偏压共同建立的。

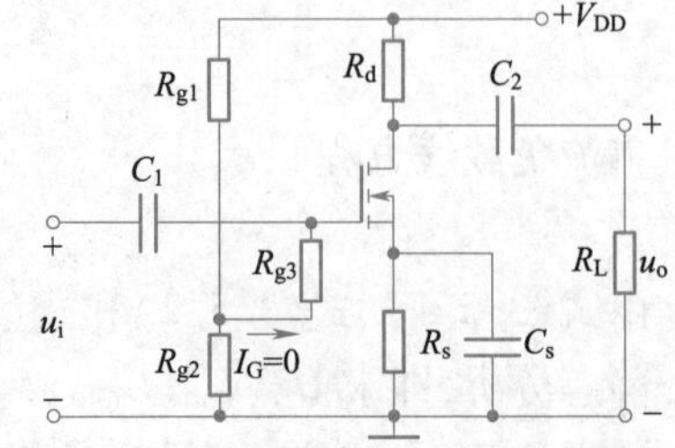

图 3.5.4　场效应管分压式自偏压电路

下面估算静态工作点。在直流通路中，由于栅极电流 $I_D = 0$，所以有

$$U_G = \frac{R_{g2}}{R_{g1} + R_{g2}} V_{DD}$$

$$U_{GSQ} = U_G - U_S = \frac{R_{g2}}{R_{g1} + R_{g2}} V_{DD} - I_{DQ} R_s \tag{3.5.7}$$

转移特性方程

$$I_{DQ} = K_n \left(U_{GSQ} - U_{TN} \right)^2 \tag{3.5.8}$$

式中，K_n 为电导常数；U_{TN}为阈值电压。

直流负载线方程

$$U_{DSQ} = V_{DD} - I_{DQ}(R_d + R_s) \tag{3.5.9}$$

对于 N 沟道 JFET，工作在负栅极电压，$U_{GS} < 0$，即 $I_D R_s > \frac{R_{g2}}{R_{g1} + R_{g2}} V_{DD}$。该直流偏置电路适用于各种类型的场效应管。因为可通过调节电路参数，使 U_{GS}可正可负。因此，该电路应用很广，这种偏置方式与 BJT 的射极偏置电路相类似。

3.5.3　场效应管放大电路的动态分析

当场效应管的直流偏置电路设置合适后，加入交流信号，此时就要进行场效应管的动态分析，通常需要放大的信号比较微弱，即小信号，并且此时场效应管工作在线性放大区，那么同 BJT 一样，可以用小信号模型来分析。

1. 场效应管小信号模型

在 3.3.1 节中，已经讨论了场效应管的跨导 g_m 和输出电阻 r_{ds}。如果此时场效应管工作在线性放大区（也就是恒流区、饱和区），那么场效应管的交流小信号线性模型如图 3.5.5 所示。

视 频

场效应管小信号模型

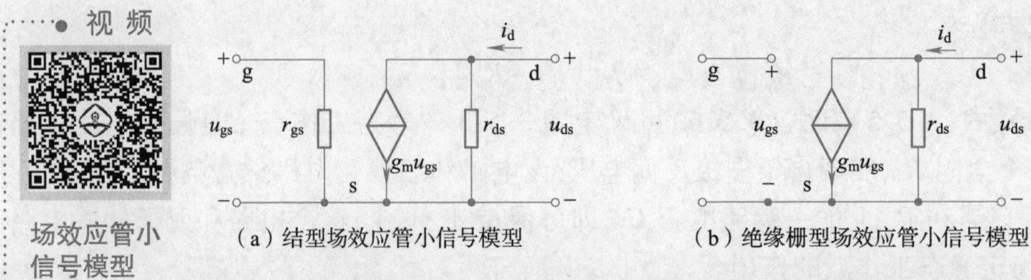

（a）结型场效应管小信号模型　　（b）绝缘栅型场效应管小信号模型

图 3.5.5　场效应管的交流小信号线性模型

由于结型场效应管的输入电阻比绝缘栅型场效应管小，所以结型场效应管的小信号模型

保留了电阻 r_{gs}，如图 3.5.5(a)所示，而绝缘栅型场效应管输入电阻趋近于无穷大，所以小信号模型中不再画输入电阻，直接将栅源之间开路处理，如图 3.5.5(b)所示。

根据场效应管的电流方程可以求出低频跨导 g_m。对于结型场效应管

$$g_m = \frac{\partial i_D}{\partial u_{GS}}\bigg|_{U_{DS}} = \frac{2I_{DSS}}{-U_P}\left(1 - \frac{u_{GS}}{U_P}\right)\bigg|_{U_{DS}} = \frac{2\sqrt{I_{DSS}^2\left(1 - \frac{u_{GS}}{U_P}\right)^2}\bigg|_{U_{DS}}}{-U_P} = -\frac{2}{U_P}\sqrt{I_{DSS}i_D} \tag{3.5.10}$$

当小信号作用时，可以用 I_{DQ} 来近似 i_D，所以

$$g_m \approx -\frac{2}{U_P}\sqrt{I_{DSS}I_{DQ}} \tag{3.5.11}$$

同理，对于增强型 MOS 管

$$g_m \approx -\frac{2}{U_T}\sqrt{I_{DSS}I_{DQ}} \tag{3.5.12}$$

当场效应管用在高频或脉冲电路时，极间电容的影响不能忽略，此时场效应管需用高频小信号模型分析，如图 3.5.6 所示。

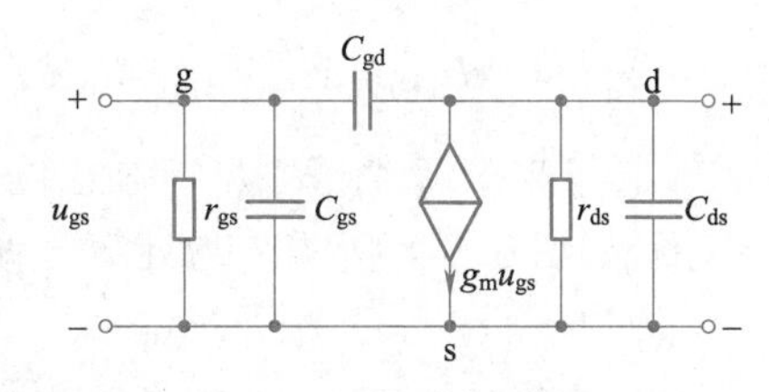

图 3.5.6　场效应管高频小信号模型

2. 共源放大电路的动态分析

如图 3.5.7(a)所示的共源放大电路，应用小信号模型进行分析，求出中频电压增益、输入电阻、输出电阻。中频小信号模型如图 3.5.7(b)所示，通常 r_d 的阻值在几百千欧数量级，一般负载电阻比 r_d 小很多，故此时可以认为 r_d 开路。故最后画出交流共源放大电路的交流通路，如图 3.5.7(b)所示，此交流通路中的交流物理量用相量表示。

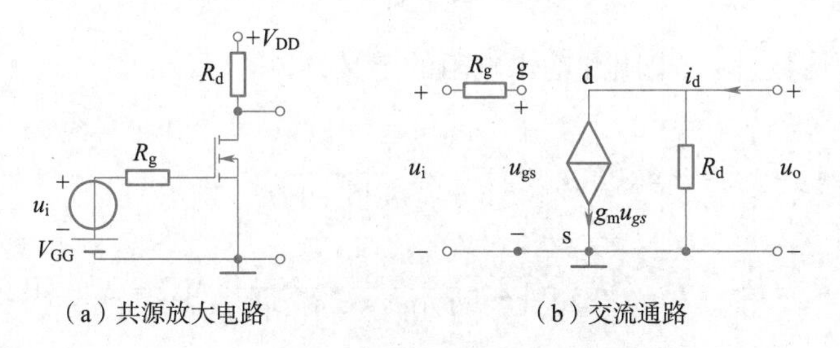

图 3.5.7　共源放大电路及其交流通路

(1) 中频电压增益。由图 3.5.7(b)，可以分析出

$$u_i = u_{gs} \tag{3.5.13}$$

在图 3.5.7(b)中，电路空载，所以输出电压等于场效应管的管压降，并且 R_d 的交流电流就是漏极交流电流，又因为交流通路中直流电源归零，所以 R_d 接地，根据以上分析可以得到

$$u_o = -i_d R_d = -g_m u_{gs} R_d \tag{3.5.14}$$

因此中频电压增益（放大倍数）为

$$A_u = \frac{U_o}{U_i} = -g_m R_d \tag{3.5.15}$$

(2) 输入电阻、输出电阻。根据输入电阻、输出电阻的定义，它们分别为

$$R_i = \infty \tag{3.5.16}$$

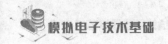

$$R_o = R_d \tag{3.5.17}$$

例 3.5.1　如图3.5.4所示，已知 $V_{DD}=15\ \text{V}$，$R_{g1}=150\ \text{k}\Omega$，$R_{g2}=300\ \text{k}\Omega$，$R_{g3}=2\ \text{M}\Omega$，$R_d=5\ \text{k}\Omega$，$R_s=500\ \Omega$，$R_L=5\ \text{k}\Omega$；MOS管的 $U_{TN}=2\ \text{V}$，$I_{DO}=2\ \text{mA}$。试求解 Q 点、$\dot{A}_u$、R_i、R_o。

解　场效应管放大器的分析同样遵循先静态后动态的原则。首先求解 Q 点

$$\begin{cases} U_{GSQ} = \dfrac{R_{G1}}{R_{G1}+R_{G2}}V_{DD} - I_{DQ}R_s = \dfrac{150}{150+300}\times 15 - I_{DQ}\times 0.5 = 5 - 0.5I_{DQ} \\ I_{DQ} = I_{DO}\left(\dfrac{U_{GSQ}}{U_{TN}}-1\right)^2 = 2\left(\dfrac{U_{GSQ}}{2}-1\right)^2 \end{cases}$$

解得 U_{GSQ} 的两个解分别为 +4 V 和 −4 V，舍去负值，得出合理解为

$$U_{GSQ}=4\ \text{V},\quad I_{DQ}=2\ \text{mA}$$

$$U_{DSQ}=V_{DD}-I_{DQ}(R_d+R_s)=4\ \text{V}$$

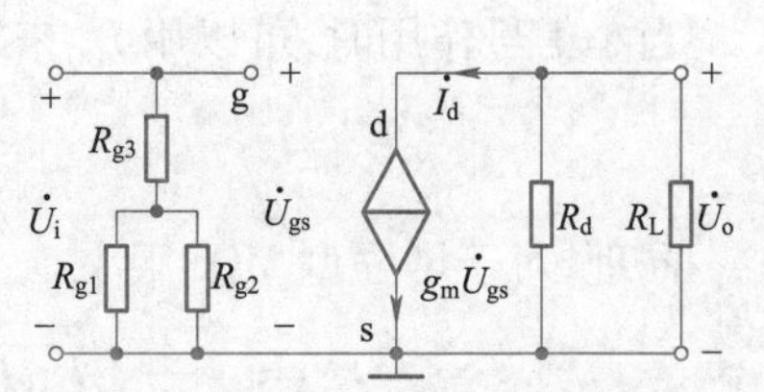

图3.5.8　例3.5.1交流等效电路图

接下来求解 $\dot{A}_u$、R_i、R_o。画出图3.5.4的交流等效电路图，如图3.5.8所示。为计算方便，电路物理量用相量表示。

计算低频跨导，由式(3.3.7)有

$$g_m = \frac{2}{U_{TN}}\sqrt{I_{DO}I_{DQ}} = \frac{2}{2}\sqrt{2\times 2}\ \text{mA/V} = 2\ \text{mS}$$

$$\dot{U}_o = -\dot{I}_d(R_d /\!/ R_L) = -g_m\dot{U}_{gs}(R_d /\!/ R_L)$$

由于

$$\dot{U}_{gs} = \dot{U}_i$$

根据电压放大倍数、输入电阻和输出电阻的定义，可得

$$\dot{A}_u = \frac{\dot{U}_o}{\dot{U}_i} = -g_m(R_d /\!/ R_L) = -2\,\frac{1}{1/5+1/5} = -5$$

$$R_i = R_{g3} + R_{g1} /\!/ R_{g2} = \left(2+\frac{1}{1/0.15+1/0.3}\right)\ \text{M}\Omega = 2.1\ \text{M}\Omega$$

$$R_o = R_d = 5\ \text{k}\Omega$$

从此例可以看出，场效应管共源放大电路的输入电阻远大于共射放大电路的输入电阻，但是它的电压放大能力不如共射放大电路。从此例还可以看出电阻 R_{g3} 的作用是增大输入电阻。

3. 共漏放大电路的动态分析

共漏放大电路又称场效应管源极跟随器。

图3.5.9(a)所示为共漏放大电路，图3.5.9(b)为它的交流等效电路。其静态工作点可用下式估算，即

$$\begin{cases} I_{DQ} = I_{DO}\left(\dfrac{U_{GSQ}}{U_{TN}}-1\right)^2 \\ U_{GSQ} = V_{GG} - I_{DQ}R_s \\ U_{DSQ} = V_{DD} - I_{DQ}R_s \end{cases} \tag{3.5.18}$$

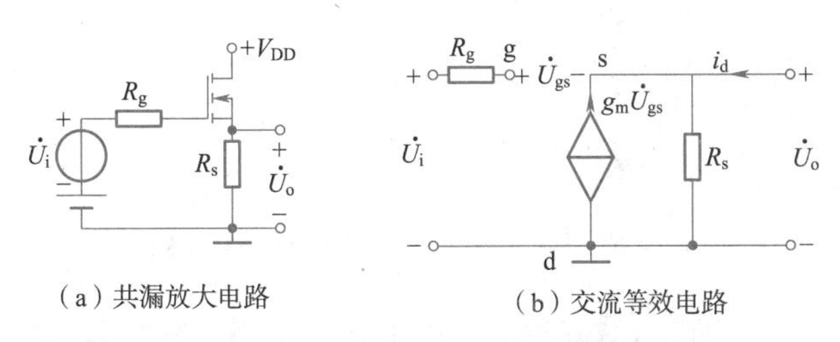

（a）共漏放大电路　　（b）交流等效电路

图 3.5.9　共漏放大电路及其交流等效电路

在图 3.5.9(b)所示电路中，当输入电压 $\dot{U}_i$ 作用时，栅源之间产生动态电压 $\dot{U}_{gs}$，从而得到漏极电流 $\dot{I}_d$，$\dot{I}_d = g_m\dot{U}_{gs}$；$\dot{I}_d$在源极电阻 R_s 上的压降就是输出电压，即

$$\dot{U}_o = \dot{I}_d R_s = g_m \dot{U}_{gs} R_s \tag{3.5.19}$$

输入电压为

$$\dot{U}_i = \dot{U}_{gs} + \dot{U}_o = \dot{U}_{gs} + g_m \dot{U}_{gs} R_s \tag{3.5.20}$$

所以电压放大倍数为

$$\dot{A}_u = \frac{\dot{U}_o}{\dot{U}_i} = \frac{g_m R_s}{1 + g_m R_s} \tag{3.5.21}$$

根据输入电阻的定义

$$R_i = \infty \tag{3.5.22}$$

下面求解输出电阻。将输入端的电压源短路，在输出端加交流电压 $\dot{U}_o$，必然产生电流 $\dot{I}_o$，如图 3.5.10 所示，求出 $\dot{I}_o$，根据输出电阻等于输出电压 $\dot{U}_o$ 除以输出电流 $\dot{I}_o$，可得输出电阻。由图 3.5.10 可知，$\dot{I}_o$分为两个支路，一路流经 R_s，其值是 $\dot{U}_o/R_s$；另一路是 $\dot{U}_o$ 通过 R_g 加在栅源之间，从而产生从源极流向漏极的电流 $\dot{I}_s$，其值为 $g_m\dot{U}_o$。所以有

$$\dot{I}_o = \frac{\dot{U}_o}{R_s} + g_m \dot{U}_o \tag{3.5.23}$$

则输出电阻为

$$R_o = \frac{\dot{U}_o}{\dot{I}_o} = \frac{\dot{U}_o}{\dfrac{\dot{U}_o}{R_s} + g_m \dot{U}_o} = \frac{1}{\dfrac{1}{R_s} + g_m} = R_s /\!/ \frac{1}{g_m} \tag{3.5.24}$$

例 3.5.2　在图 3.5.9(a)所示电路中，静态工作点合适，$I_{DQ} = 1$ mA，$R_g = 2$ MΩ，$R_s = 3$ kΩ；场效应管的开启电压 $U_{TN} = 4$ V，$I_{DO} = 1$ mA。试求 $\dot{A}_u$、R_i、R_o。

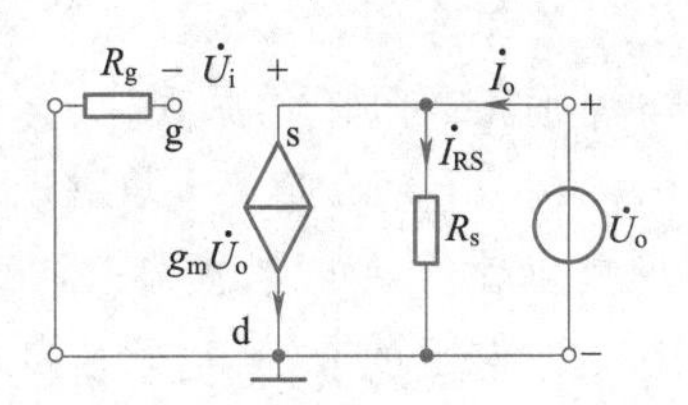

图 3.5.10　求解共漏放大电路的输出电阻示意图

解　首先求解 g_m。

$$g_m = \frac{2}{U_{TN}}\sqrt{I_{DO} I_{DQ}} = \frac{2}{4}\sqrt{4 \times 1}\ \text{mA/V} = 1\ \text{mS}$$

根据式(3.5.21)～式(3.5.24)分别求 $\dot{A}_u$、R_i、R_o。

$$\dot{A}_u=\frac{\dot{U}_o}{\dot{U}_i}=\frac{g_m R_s}{1+g_m R_s}=\frac{1\times3}{1+1\times3}\approx0.75$$

$$R_i=\infty$$

$$R_o=R_s /\!/ \frac{1}{g_m}=\frac{1}{1/3+1}\ \text{k}\Omega\approx0.75\ \text{k}\Omega$$

从例3.5.2的分析可以看出,共漏放大电路的输入电阻远大于共集放大电路的输入电阻,但是其输出电阻也比共集放大电路的大,电压跟随器作用比共集放大电路差。

综上所述,场效应管放大电路的突出特点是输入电阻高,因此特别适用于对微弱信号处理的放大电路的输入级。

3.5.4 场效应管放大电路三种基本组态的总结与比较

场效应管放大电路三种基本组态的总结与比较见表3.5.1。

表3.5.1 场效应管放大电路三种基本组态的总结与比较

结构	电压增益($\lvert A_{us} \rvert$)	电流增益(A_i)	输入电阻 R_i	输出电阻 R_o
共源	>1	—	一般	一般
共漏	≈1	—	一般	低
共栅	>1	≈1	低	一般

注:表格中的"—"表示通常不研究。

共源放大电路的输出电压与输入电压反相,共漏和共栅放大电路的输出电压与输入电压同相。在一般情况下,共源和共栅放大电路的电压增益远大于1,而共漏放大电路的电压增益近似为1,所以共漏放大电路又称源极跟随器。

文本

扩展阅读

输入信号的频率较低时,共源放大电路和共漏放大电路从栅极看进去的输入电阻几乎为无穷大。然而对于分立元件的放大电路,其输入电阻是偏置电路的戴维南等效电阻。共栅放大电路的输入电阻一般为几百欧。共漏放大电路的输出电阻为几百欧或更小。

共源和共栅放大电路的输出电阻主要取决于 R_d。

小　结

本章介绍了场效应管放大电路的工作原理和主要参数;介绍了场效应管三种基本放大电路的组成和工作原理,共源、共漏和共栅放大电路的主要特点和参数。具体归纳如下:

(1)场效应管放大电路具有输入阻抗高、噪声低的优点,在实际中得到了广泛的应用。场效应管的导电沟道是一个可变电阻,通过外加电压改变导电沟道的几何尺寸,以改变其漏源之间电阻的大小,达到控制电流的目的。所以场效应管是一种电压控制器件,由栅极电压来控制漏源之间工作电流。

(2)场效应管工作时,只有一种载流子参与导电,即多数载流子导电,要么是带负电的电子,要么是带正电的空穴,常称为单极型晶体管。

(3)场效应管根据沟道形成的情况分为增强型和耗尽型两种。增强型是依靠外加电压形成导电沟道,形成沟道所加的阈值电压可称为开启电压;耗尽型是器件制成后,管内就有固定的沟道,外加栅电压,沟道宽度将减小,最终沟道消失的阈值电压称为夹断电压。

(4)在学习场效应管时可对应于BJT及其放大电路来掌握。场效应管与BJT都有三个电极,分别是g、d、s和b、c、e,其中g极对应b极、d极对应c极、s极对应e极;场效应管分三个主要工作区域,即截止区、饱和区(恒流区)和可变电阻区,场效应管放大电路工作在饱和区。在场效应管放大电路中,电路结构与BJT放大电路相对应的是,共源对应共射、共栅对应共基、共漏对应共集;场效应管放大电路的分析方法仍然是图解法和小信号等效电路法。

习 题

3.2 结型场效应管

3.2.1 为了使结型场效应管正常工作,栅源之间两个PN结必须加________电压来改变导电沟道的宽度,它的输入电阻比MOS管的输入电阻________。结型场效应管外加的栅源电压应使栅源之间的耗尽层承受________向电压,才能保证其R_{GS}大的特点。

3.2.2 结型场效应管工作在恒流区时,其u_{GS}小于零。(正确/错误)

3.2.3 低频跨导g_m是一个常数。(正确/错误)

3.3 绝缘栅型场效应管

3.3.1 场效应管属于________控制器件,而BJT属于________控制器件。

3.3.2 由于BJT ________________,所以将它称为双极型的;由于场效应管________________,所以将其称为单极型的。

3.3.3 场效应管漏极电流由________载流子的漂移运动形成。N沟道场效应管的漏极电流由载流子的漂移运动形成。JFET管中的漏极电流________穿过PN结(填能或不能)。

3.3.4 对于耗尽型MOS管,U_{GS}可以为________。

3.3.5 对于N沟道增强型MOS管,U_{GS}只能为________,并且只能当U_{GS}________时,才能形成I_D。

3.3.6 P沟道增强型MOS管的开启电压为________;N沟道增强型MOS管的开启电压为________。

3.3.7 场效应管与BJT相比较,其输入电阻________;噪声________;温度稳定性率________;饱和压降________;放大能力________;频率特性________;输出功率________。

3.3.8 场效应管仅靠一种载流子导电。(正确/错误)

3.3.9 场效应管是由电压即电场来控制电流的器件。(正确/错误)

3.3.10 增强型MOS管工作在恒流区时,其u_{GS}大于零。(正确/错误)

3.3.11 $u_{GS}=0$时,耗尽型MOS管能够工作在恒流区。(正确/错误)

3.3.12 图题3.3.12所示为场效应管的转移特性,请分别说明场效应管各属于何种类型。说明它的阈值电压U_{TN}(或U_{TP})约为多少?

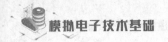

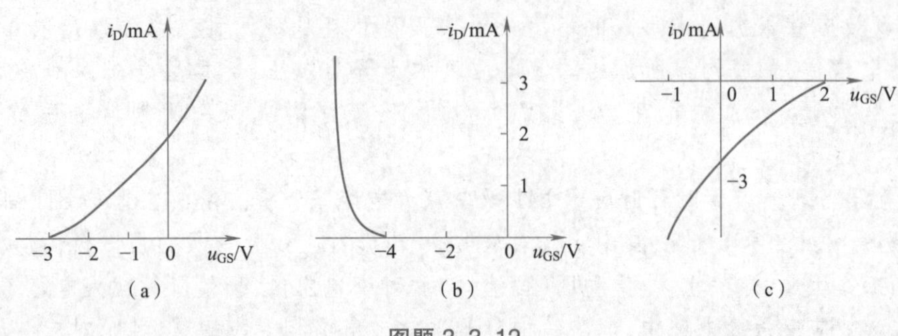

图题 3.3.12

3.3.13　图题 3.3.13 所示为场效应管的输出特性曲线，分别判断各场效应管属于何种类型（增强型、耗尽型、N 沟道或 P 沟道），说明它的夹断电压 U_P（或开启电压 U_T）是多少？

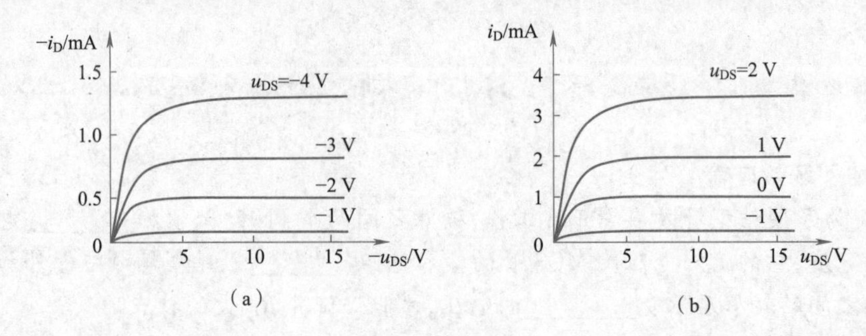

图题 3.3.13

3.3.14　某 MOSFET 的 $I_{DSS}=10$ mA 且 $U_P=-8$ V。问：(1) 此元件是 P 沟道还是 N 沟道？(2) 计算 $U_{GS}=-3$ V 时的 I_D。(3) 计算 $U_{GS}=3$ V 时的 I_D。

3.3.15　试在具有四象限的直角坐标系中分别画出四种类型 MOSFET 的转移特性示意图，并标明各自的阈值电压。

3.5　场效应管放大电路

3.5.1　判断图题 3.5.1 所示电路是否有可能正常放大正弦信号。图中电容对交流信号可视为短路。

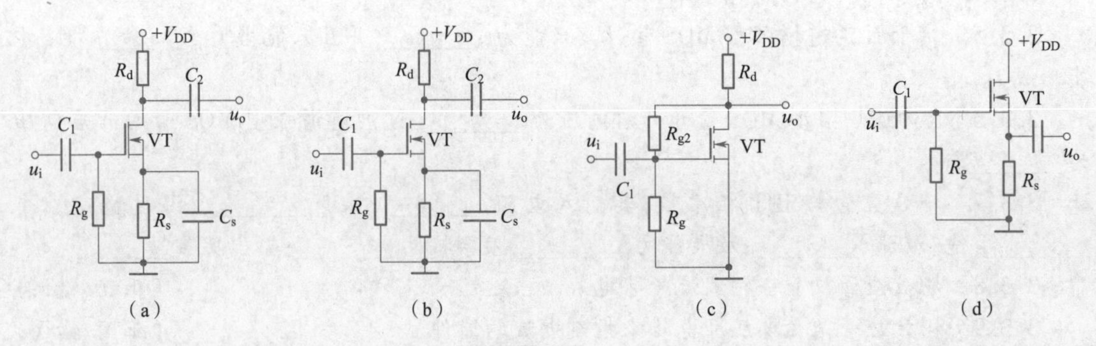

图题 3.5.1

3.5.2　在图题 3.5.2 所示电路中，MOSFET 的开启电压 $U_{TN}=2$ V，$K_n=50$ A/V^2，确定电路静态工作点 Q 的 I_{DQ} 和 U_{DSQ} 值。

3.5.3　试求图题 3.5.3 所示电路的 U_{DS}，已知 $|I_{DSS}|=8$ mA。

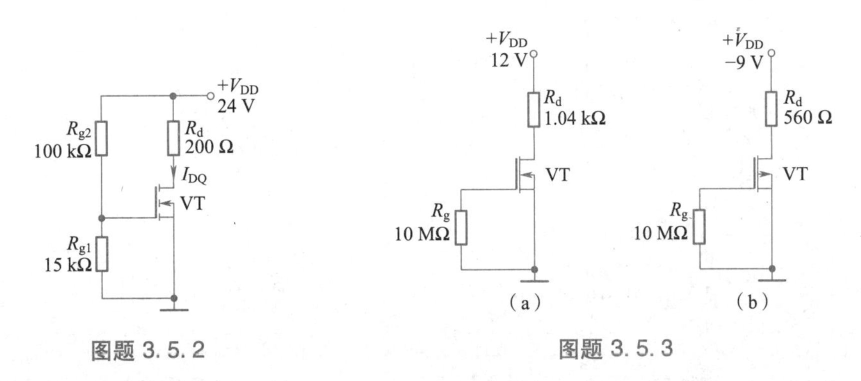

图题 3.5.2　　　　图题 3.5.3

3.5.4　场效应管放大电路如图题 3.5.4 所示，已知场效应管 VT 的 $U_{TN}=2$ V，$U_{(BR)DS}=16$ V，$U_{(BR)GS}=30$ V，当 $U_{GS}=4$ V、$U_{DS}=5$ V 时，$I_D=9$ mA。请分析这四个电路中的各场效应管工作在什么状态（截止、饱和、可变电阻、击穿）？

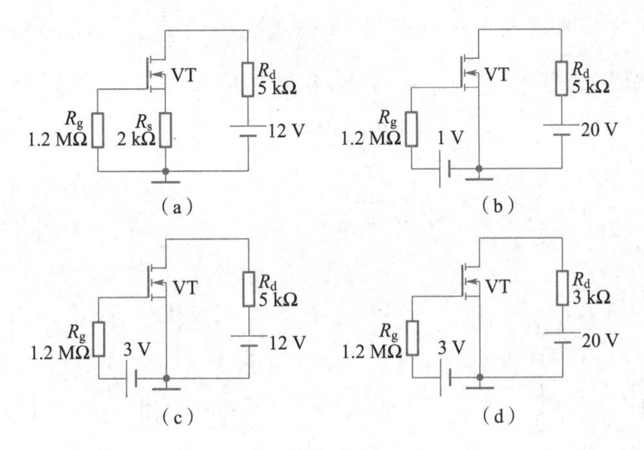

图题 3.5.4

3.5.5　图题 3.5.5 所示放大电路中，已知场效应管 VT_1 的 $K_n=0.16$ mA/V^2，$U_{TN}=3.5$ V；VT_2 的 $I_{DSS}=-2$ mA，$U_{TP}=2$ V。试分析这两个电路中的场效应管工作在截止区、饱和区、可变电阻区中的哪个区？

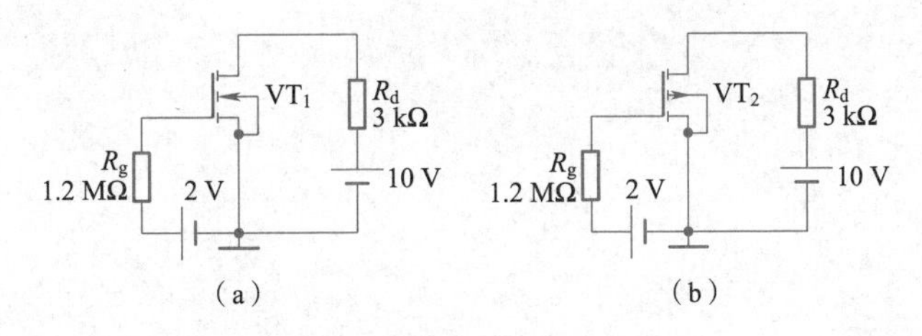

图题 3.5.5

3.5.6　图题 3.5.6 所示的场效应管工作于放大状态，r_{ds} 可忽略不计，电容对交流信号视为短路，跨导 $g_m=1$ mS。(1)画出电路的交流小信号等效电路；(2)求电压放大倍数 $\dot{A}_u$ 和源电压放大倍数 $\dot{A}_{us}$；(3)求输入电阻 R_i 和输出电阻 R_o。

3.5.7　电路如图题 3.5.7 所示，已知 FET 在工作点 Q 处的跨导 $g_m=2$ mS，$\lambda=0$。试求该电路的 $\dot{A}_u$、R_i、R_o 值。

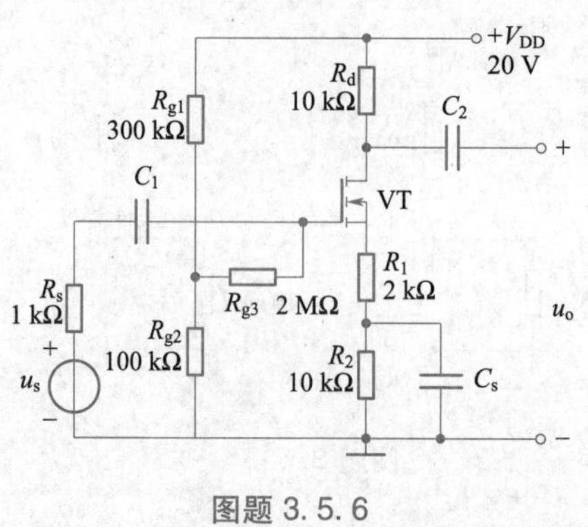

图题 3.5.6

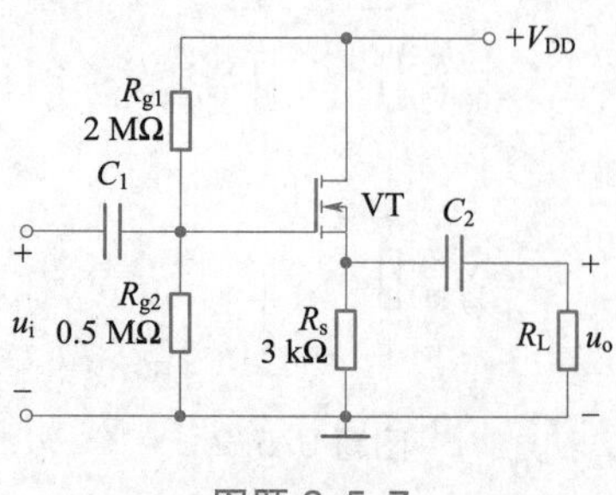

图题 3.5.7

3.5.8 电路如图题3.5.8所示，场效应管的$g_m=11.3$ mS，r_{ds}忽略不计。试求共漏放大电路的源电压增益$\dot{A}_{us}$、输入电阻R_i和输出电阻R_o。

3.5.9 放大电路如图题3.5.9所示，已知场效应管的$I_{DSS}=1.6$ mA，$U_{TP}=-4$ V，r_{ds}忽略不计。若要求场效应管静态时的$U_{GSQ}=-1$ V，各电容均足够大。试求(1)R_{g1}的阻值；(2)$\dot{A}_u$、R_i及R_o的值。

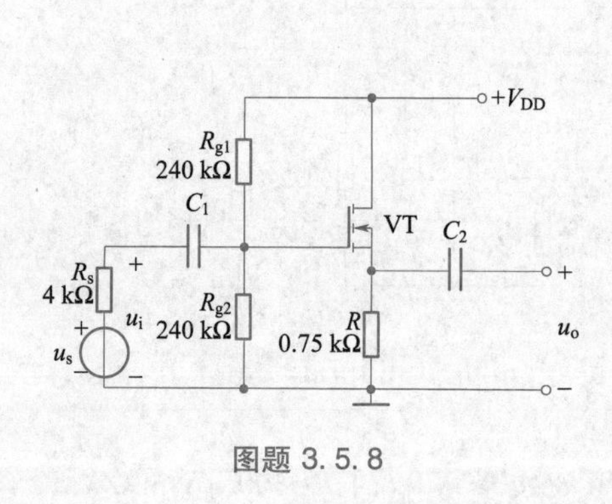

图题 3.5.8

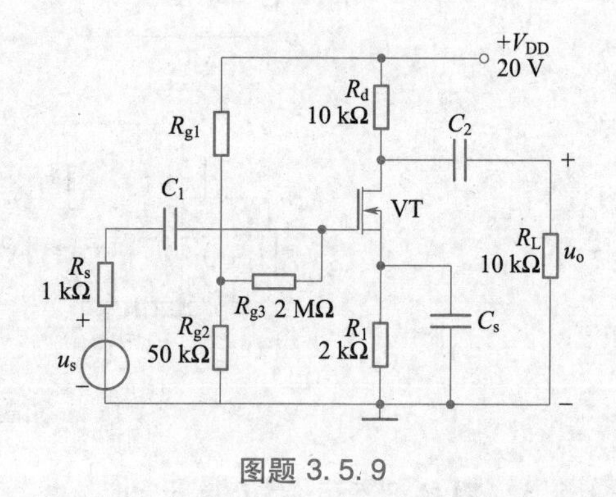

图题 3.5.9

第4章 多级放大电路和集成运算放大器

导读 >>>>>>

在实际放大电路的应用中，当单个双极型三极管或者场效应管的放大电路不能满足放大电路对电压增益、输入和输出电阻等性能指标的综合要求时，往往把多个单管放大电路进行适当的组合，充分利用它们各自的优点，以便获得更好的性能，这就是本章将要介绍的多级放大电路。进一步地，在20世纪60年代中期，第一块集成运算放大器问世。此后，工程师们开始大量应用集成运算放大器。集成运算放大器是模拟集成电路中应用极为广泛的一种器件。它被广泛地应用于各种信号的放大、运算、变换、处理、测量、信号产生和电源等电路中。在本章中，将简要介绍集成运算放大器内部的主要结构、电路模型和传输特性，以及理想运算放大器的特性和电路模型。

4.1 多级放大电路的耦合方式及分析

在本书的第2章和第3章中分别介绍了单个BJT和场效应管放大电路的组成、工作原理和性能。然而，在实际应用中，常常需要放大非常微弱的信号，仅靠单管放大电路的电压增益已无法满足要求。同时，对放大电路的输入电阻、输出电阻等多方面的性能都会提出很多的要求。这就需要将多个基本放大电路连接起来，从而构成“多级放大电路”。在多级放大电路中，每一个基本放大电路称为一级，而级与级之间的连接方式称为耦合方式。本节以BJT为例，介绍多级放大电路的耦合方式及其分析。

4.1.1 多级放大电路的耦合方式

多级放大电路常见的耦合方式共有四种，即直接耦合、阻容耦合、变压器耦合和光电耦合。下面分别进行介绍。

1. 直接耦合

将多级放大电路前一级的输出端直接接到后一级的输入端的耦合方式，称为“直接耦合”。

(1)直接耦合的具体形式。由两个共射放大电路直接相连组成的两级直接耦合放大电路结构如图 4.1.1 所示。若要基本不失真地放大输入信号,必须保证各级放大电路都有合适的静态工作点。然而,在图 4.1.1 中,因为对硅管来说,$U_{CE1}=U_{BE2}=0.7\text{ V}$,$VT_1$ 的静态工作点已接近饱和区,动态时非常容易从放大区进入饱和区。为了解决这一问题,直接耦合一般可以采用以下几种不同形式的电路。

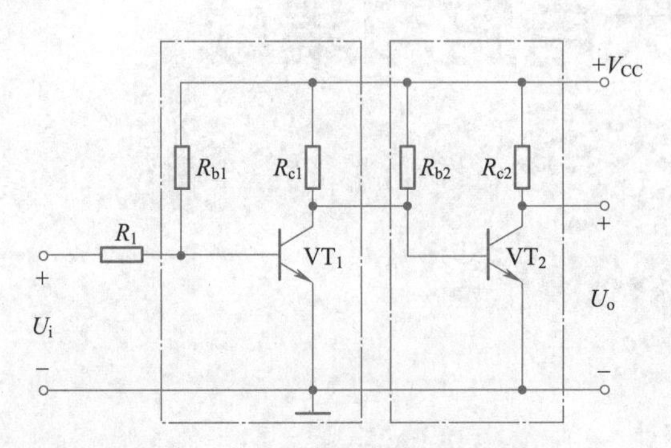

图 4.1.1　两级直接耦合放大电路

①第二级接射极电阻 R_{e2},如图 4.1.2(a)所示。选择适当的 R_{e2} 电阻值,可以使两级放大电路都具有合适的静态工作点。但是,R_{e2} 的接入会导致第二级的电压增益有所下降。

②用齐纳二极管(稳压管)VS 代替 R_{e2},如图 4.1.2(b)所示。根据稳压管的工作原理,当通过稳压管的电流在一定范围内变化时,稳压管两端的电压基本不变。所以,静态时稳压管可以有效地提高 VT_1 的静态工作点,而在动态时它的动态电阻又很小,对第二级放大电路的电压增益影响较小。

③NPN 型和 PNP 型管配合使用,如图 4.1.2(c)所示。在直接耦合的放大电路中,如果采用同一类型的 BJT(如 NPN 型),各级放大电路集电极的电位是逐渐升高的。为了保证各级的 BJT 都工作在放大区,这就限制了可能有的级数。而在放大电路的前后级中配合使用 NPN 型和 PNP 型 BJT,就可以解决这一问题。图 4.1.2(c)中 VT_2 的集电极电位低于 VT_1 的集电极电位。

(2)直接耦合方式的特点:

①由于直接耦合是级间直接相连,所以电路可以放大缓慢变化的信号,也可以放大直流信号。因此,直接耦合放大电路具有良好的低频特性。

②由于直接耦合放大电路中没有大容量的电容,只有 BJT 和电阻,所以易于将整个电路制作在一块硅片上构成集成放大电路。随着集成电路的飞速发展,多级放大电路直接耦合方式的应用越来越广泛。

③由于直接耦合方式中各级放大电路的直流通路是相连的,因此各级放大电路的静态工作点会相互影响,给放大电路的分析、设计和调试带来了困难。而随着科学技术的发展,计算机辅助分析软件得到了越来越广泛的应用,从而大大简化了分析与设计的过程。

(3)直接耦合方式放大电路中的零点漂移。如果将直接耦合放大电路的输入端短路,并且将电压表接在输出端,可以发现,随着时间的推移,电路的输出电压会发生缓慢的随机变化。这种现象称为零点漂移。

放大电路中任何参数的变化,如电源电压的波动、电阻元件的阻值或者 BJT 参数的变化等,都会使放大电路的输出电压发生变化,即导致放大电路产生零点漂移。如果采用高精度电阻并经过老化处理和采用高稳定度的电源,则由温度的变化而引起的 BJT 参数的变化将成为使放大电路产生零点漂移的主要原因,因此,零点漂移又称温度漂移。

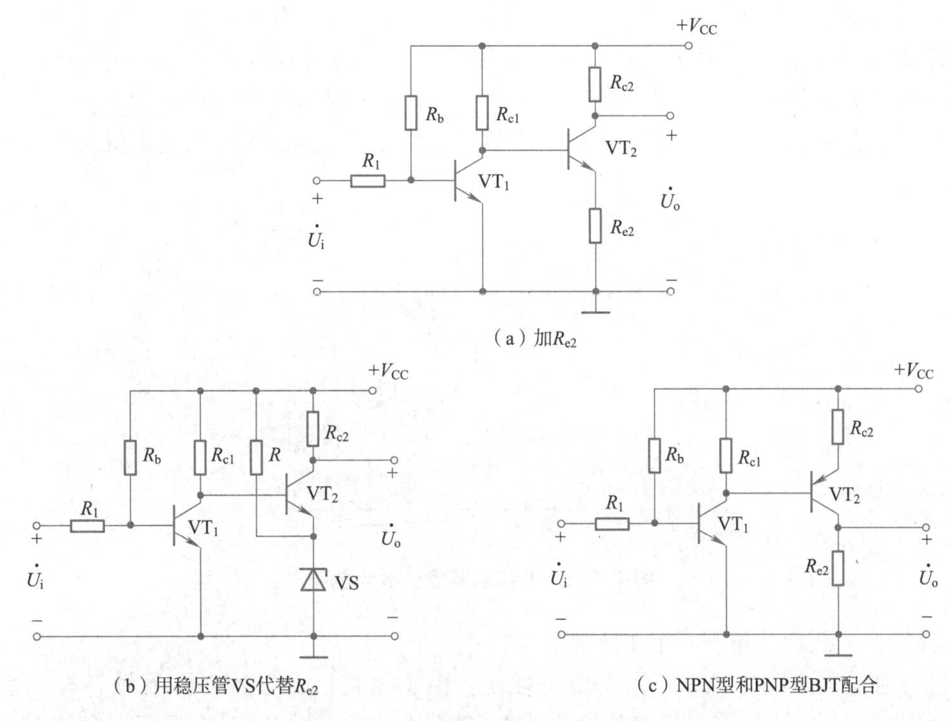

图 4.1.2 两级直接耦合放大电路

因为温度等参数都是随时间缓慢变化的,对于阻容耦合及其他耦合方式的放大电路而言,漂移信号很难逐级传递和放大。但是,对于直接耦合放大电路,输入级的漂移电压将会和有用的输入信号一起被逐级传递和放大。因此,有时候在放大电路的输出端就无法正确地区分有用输入信号和漂移电压,导致放大电路无法正常工作。因此,必须采取措施有效地抑制零点漂移。目前抑制零点漂移的方法有以下几种:

①用恒温措施保证放大电路 BJT 的工作温度稳定。但是,该方法需要设立恒温室,设备复杂,成本也较高。

②温度补偿法。在放大电路中用热敏元件或二极管来与工作管的温度特性互相补偿。但是,这种方法难以实现大范围的温度补偿。最有效的方法是设计一些具有特殊形式的放大电路,例如采用两个特性完全相同的 BJT 来提供电路的输出,使它们的零点漂移相互抵消。这也是“差分放大电路”的设计思想。

③采用直流负反馈来稳定放大电路的静态工作点,例如典型的放大电路静态工作点稳定电路。

④采用其他的耦合方式,或者采用特殊设计的调制-解调式直流放大电路。

BJT 的温度变化越大,放大级数越多,放大电路的输出端的零点漂移就越大。为了衡量和比较放大电路零点漂移的大小,将温度每变化 1 ℃时,放大电路输出端的漂移电压折合到输入端,即

$$\Delta u_{\text{Idr}}=\frac{\Delta u_{\text{Odr}}}{A_u \Delta T} \tag{4.1.1}$$

式中,ΔT 是温度的变化;Δu_{Odr} 是放大电路输出端的漂移电压; Δu_{Idr} 是温度每变化 1 ℃时折合

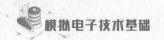

到放大电路输入端的零点漂移电压;A_u 是放大电路的电压增益。

2. 阻容耦合

阻容耦合方式指的是将放大电路前一级输出端通过隔直耦合电容与后一级输入端相连接。图4.1.3所示为两级阻容耦合放大电路。其中,每一级均为共射放大电路。电容 C_1、C_2 和 C_3 分别为信号源与放大电路输入端、两级放大电路之间以及放大电路输出端与负载之间的耦合电容。

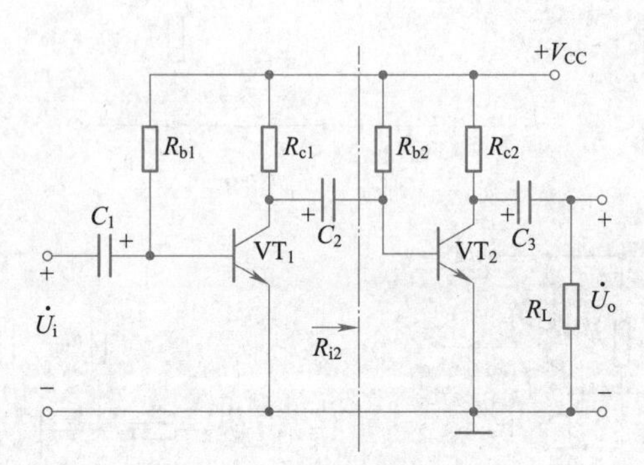

图4.1.3 两级阻容耦合放大电路

阻容耦合方式放大电路具有如下特点:

(1)各级放大电路的静态工作点相互独立。由于隔直耦合电容对直流量具有隔断的作用,所以各级放大电路的直流通路是相互隔离、互不影响的。因此,对于阻容耦合放大电路进行静态分析、设计和调试就较为方便。

(2)由于耦合电容具有隔绝直流的作用,所以放大电路的温漂很小。

(3)交流信号在放大电路的传输过程中损失很小。由于耦合电容具有隔直流、通交流的特性,只要耦合电容的电容量足够大,在一定的频率范围内,就可以将前一级放大电路的交流输出信号几乎没有衰减地传递到后一级放大电路的输入端,从而使交流信号得到充分的利用。因此,阻容耦合方式的放大电路在分立元件电路中得到了广泛的应用。

(4)阻容耦合方式的放大电路比较难以集成化。这是由于在集成电路的制造工艺中,制造大电容十分困难。

(5)阻容耦合放大电路的低频特性较差,不能放大直流或者缓慢变化(频率较低)的信号。因为当信号频率很低时,隔直耦合电容的容抗变得非常大,从而使得信号难以向后级传递。

3. 变压器耦合

变压器耦合方式是指将前一级放大电路的输出通过变压器接到后一级放大电路的输入端或负载上。图4.1.4所示为变压器耦合的两级放大电路。其中,第一级放大电路中VT_1 的集电极电阻 R_{c1} 被变压器 T_1 的一次绕组取代了,变化的电压和电流经过变压器 T_1 的二次绕组加到 VT_2 的基极,并且再次进行放大。变压器 T_2 的功能则是把经VT_1 和VT_2 放大了的交流电压和电流传递到负载 R_L 上。

变压器耦合方式放大电路具有如下特点:

(1)由于变压器耦合方式的放大电路的前后级是靠磁路进行耦合的,其每一级放大电路的静态工作点是相互独立的,便于对其进行静态分析设计和调试。

(2)由于变压器只能传送交流信号,所以变压器耦合方式的放大电路不会出现严重的零点漂移现象。

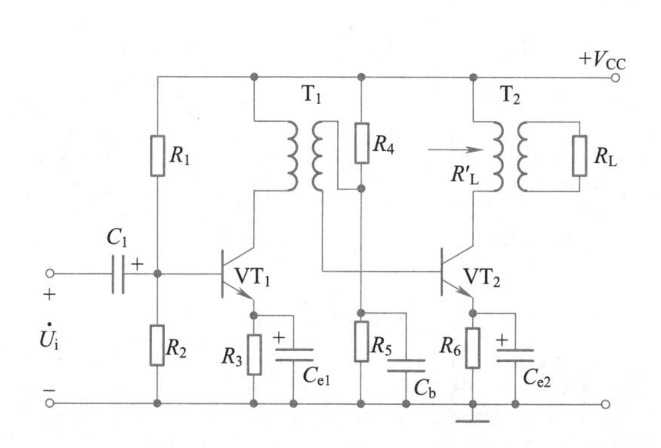

图 4.1.4　变压器耦合的两级放大电路

(3)变压器耦合方式的放大电路的低频性能和高频性能都比较差。低频性能较差是因为它不能传送直流信号和缓慢变化的信号,只能用于交流放大。而高频性能较差是因为当信号频率较高时,在变压器的漏感以及分布电容的作用下,容易使多级放大电路产生自激振荡现象。

(4)变压器一般是采用有色金属和磁性材料制成,体积大,成本高,因此变压器耦合放大电路也难以集成化。

(5)变压器耦合方式的多级放大电路的最大优点是可以进行电流、电压和阻抗变换。阻值较小的负载经过变压器进行阻抗变换后,可以成为放大管的最佳负载,从而可以使放大电路的负载得到最大输出功率。

简化的变压器等效电路图如图 4.1.5 所示。$\dot{U}_1$、$\dot{U}_2$ 和 $\dot{I}_1$、$\dot{I}_2$分别表示变压器一次和二次电压和电流,忽略变压器一次绕组和二次绕组的电阻,R_L 表示负载电阻。设变压器一次绕组和二次绕组的匝数比为 $N_1/N_2=n$,根据变压器的工作原理,可得

$$\frac{\dot{U}_1}{\dot{U}_2}=n \quad \frac{\dot{I}_1}{\dot{I}_2}=\frac{1}{n} \tag{4.1.2}$$

从变压器一次侧看进去的等效交流电阻 R'_L为

$$R'_L=\frac{\dot{U}_1}{\dot{I}_1}=n^2\frac{\dot{U}_2}{\dot{I}_2}=n^2R_L \tag{4.1.3}$$

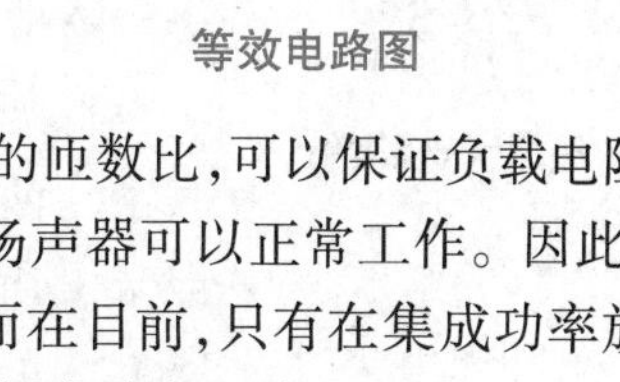

图 4.1.5　简化的变压器等效电路图

例如,假设图 4.1.4 中的负载 R_L 是 8 Ω 的扬声器。如果直接将其接在VT_2 的集电极上,由于其阻值太小,所以只能得到很小的输出功率,可能导致扬声器无法正常发声。通过选择合适的匝数比,可以保证负载电阻 R_L 与VT_2 的输出电阻相匹配,从而得到足够大的输出功率,使得扬声器可以正常工作。因此,变压器耦合方式的放大电路曾广泛地应用于功率放大电路中。而在目前,只有在集成功率放大电路无法满足实际的需要时,才采用分立元件构成变压器耦合方式放大电路。

4. 光电耦合

光电耦合是以光信号作为媒介来实现电信号的耦合与传递的。它具有较强的抗干扰能力,从而得到了越来越广泛的应用。

(1)光电耦合器。光电耦合器是将发光元件(发光二极管)与光敏元件(光电晶体管)组合在一起,如图 4.1.6 (a) 所示,是实现光电耦合的基本器件。其中,发光元件作为输入回路,

将电能转换为光能；而光敏元件作为输出回路，将光能转换为电能。两部分电路相互绝缘，可有效地抑制电干扰。光电耦合器的传输特性描述的是光电晶体管的集电极电流、管压降以及发光二极管电流之间的关系，如图 4.1.6（b）所示。与 BJT 的输出特性一样，当管压降 u_{CE} 足够大时，i_C 几乎仅仅由 i_D 决定。与 BJT 的电流放大系数 β 类似，当 c、e 间电压一定时，i_C 的变化量与 i_D 的变化量之比称为“传输比”，即

$$CTR = \frac{\Delta i_C}{\Delta i_D}\bigg|_{u_{CE}} \tag{4.1.4}$$

但光电晶体管的传输比的数值很小，只有 0.1～1.5。

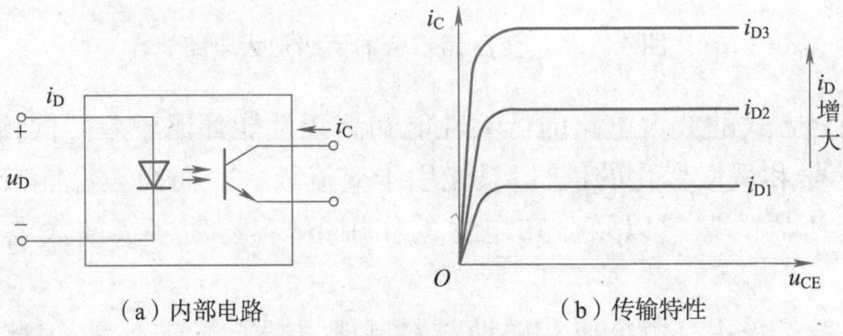

（a）内部电路　　（b）传输特性

图 4.1.6　光电耦合器及其传输特性

（2）光电耦合放大电路。光电耦合放大电路如图 4.1.7 所示。

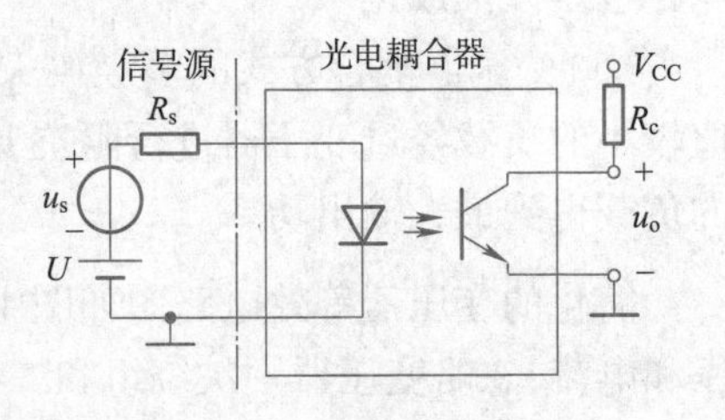

图 4.1.7　光电耦合放大电路

根据多级放大电路的各种耦合方式的特点，每种耦合方式都有不同的应用场合。直接耦合放大电路一般用于放大直流或缓慢变化的集成电路中；阻容耦合放大电路主要用于交流放大电路；变压器耦合放大电路主要用于功率放大器和调谐放大电路中；光电耦合主要用于触发电路、逻辑电路和脉冲放大电路中。

4.1.2　多级放大电路的分析

视 频

多级放大电路的分析

1. 多级放大电路静态工作点的分析

在阻容耦合和变压器耦合方式的多级放大电路中，由于各级的直流通路是相互隔离的，因此放大电路静态工作点的分析计算是独立进行的，与单管放大电路情况相同，此处不再赘述。

在直接耦合方式的多级放大电路中，由于每一级放大电路的直流通路相互联系，所以各级放大电路的静态工作点无法单独计算，必须将其统一考虑。一般来说，需要根据放大电路的约束条件和 BJT 各极的电流和电压的关系，列出方程组来进行求解。如果电路中有特殊电位点，则常常以此为突破口，简化求解过程。

例 4.1.1　图 4.1.8 是一个两级直接耦合放大电路，计算对应于两级静态工作点的 I_{BQ1}、I_{CQ1}、U_{CEQ1} 和 I_{BQ2}、I_{CQ2} 以及 $U_{CQ2}=U_{OQ}$ 的值。两个 BJT 的 β 值分别为 $\beta_1=50$，$\beta_2=35$，稳压管 VS 的稳定电压 $U_Z=4\ \text{V}$，$U_{BEQ1}=U_{BEQ2}=0.7\ \text{V}$。

解　由图 4.1.8 可知

$$I_1=\frac{V_{CC}-0.7}{R_b}=\frac{(12-0.7)\ \text{V}}{95\times10^3\ \Omega}=0.12\ \text{mA}$$

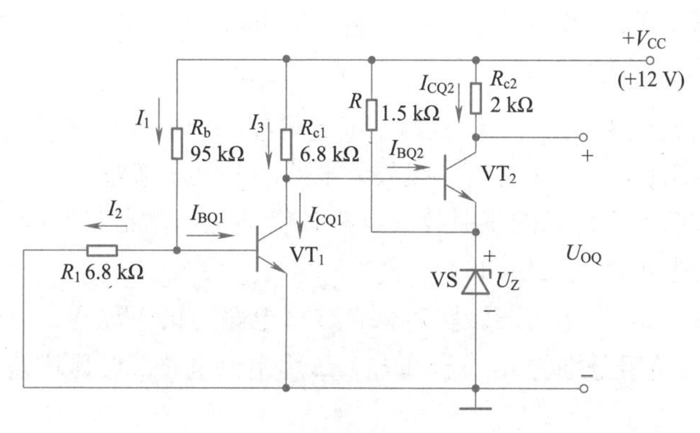

图4.1.8　例4.1.1图

$$I_2=\frac{0.7}{R_1}=\frac{0.7\ \text{V}}{6.8\times10^3\ \Omega}\approx0.1\ \text{mA}$$

$$I_{BQ1}=I_1-I_2=0.12\ \text{mA}-0.1\ \text{mA}=0.02\ \text{mA}$$

$$I_{CQ1}=\beta_1 I_{BQ1}=50\times0.02\ \text{mA}=1\ \text{mA}$$

$$U_{CEQ1}=U_{BEQ2}+U_Z=0.7\ \text{V}+4\ \text{V}=4.7\ \text{V}$$

因此可得

$$I_3=\frac{V_{CC}-U_{CEQ1}}{R_{c1}}=\frac{(12-4.7)\ \text{V}}{6.8\times10^3\ \Omega}=1.07\ \text{mA}$$

$$I_{BQ2}=I_3-I_{CQ1}=1.07\ \text{mA}-1\ \text{mA}=0.07\ \text{mA}$$

$$I_{CQ2}=\beta_2 I_{BQ2}=35\times0.07\ \text{mA}=2.45\ \text{mA}$$

$$U_{OQ}=V_{CC}-I_{CQ2}R_{c2}=(12-2.45\times2)\ \text{V}=7.1\ \text{V}$$

2. 多级放大电路的动态分析

(1)电压增益的计算。图4.1.9所示为多级放大电路的连接示意图。由该图可知，在多级放大电路中，前级放大电路的输出电压等于后级放大电路的输入电压，即 $\dot{U}_{o1}=\dot{U}_{i2}$，$\dot{U}_{o2}=\dot{U}_{i3}$，…，$\dot{U}_{o(n-1)}=\dot{U}_{in}$。

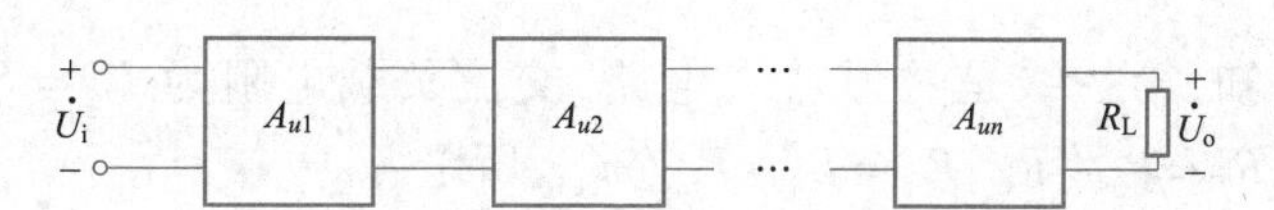

图4.1.9　多级放大电路的连接示意图

因此，多级放大电路的电压增益为

$$\dot{A}_u=\frac{\dot{U}_o}{\dot{U}_i}=\frac{\dot{U}_{o1}}{\dot{U}_{i1}}\cdot\frac{\dot{U}_{o2}}{\dot{U}_{i2}}\cdot\cdots\cdot\frac{\dot{U}_o}{\dot{U}_{in}}=\dot{A}_{u1}\cdot\dot{A}_{u2}\cdot\cdots\cdot\dot{A}_{un}=\prod_{k=1}^{n}\dot{A}_{uk}\tag{4.1.5}$$

如果用分贝来表示电压增益，则有

$$20\lg|\dot{A}_u|=20\lg|\dot{A}_{u1}|+20\lg|\dot{A}_{u2}|+\cdots+20\lg|\dot{A}_{un}|=\sum_{k=1}^{n}20\lg|\dot{A}_{uk}|\tag{4.1.6}$$

通过式(4.1.6)可以看出，多级放大电路总的电压增益为每一级放大电路的增益之积或分贝数之和。但是，应当注意的是，计算各级放大电路的电压增益时要考虑前后级的放大电路之间的相互影响。在具体计算时，一般可以采用如下两种分析计算方法：

①从第一级到第 n 级，计算每一级放大电路的电压增益时，将后一级放大电路的输入电阻（包括偏置电阻）作为负载电阻。

②在计算 $\dot{A}_{u1}$ 时，先认为 $R_{L1}\to\infty$。从第二级起将前一级放大电路的输出电阻作为后一级放大电路的信号源内阻，从而计算出后一级放大电路的源电压增益。

通过以上两种方法计算得到的多级放大电路各级的电压增益虽然有所不同，但是计算出的多级放大电路总的电压增益是相同的。

例 4.1.2　图 4.1.10 所示为三级阻容耦合放大电路。设 VT_1、VT_2、VT_3 的电流放大系数分别为 β_1、β_2、β_3，输入电阻分别为 r_{be1}、r_{be2} 和 r_{be3}，试写出该电路的电压增益表达式。

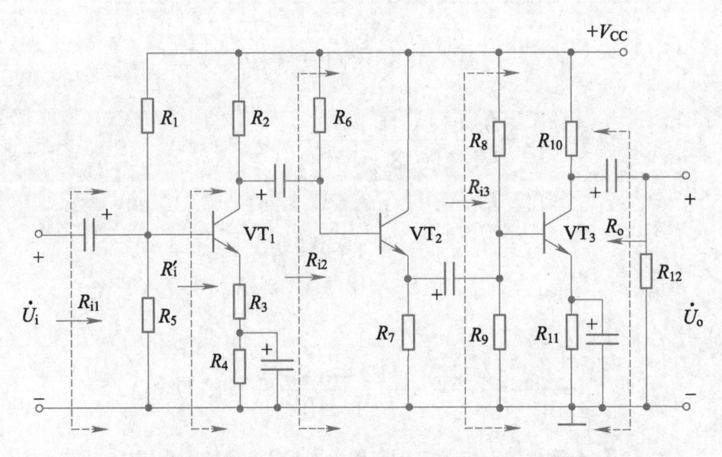

图 4.1.10　三级阻容耦合放大电路

解　在计算多级放大电路总的电压增益时，一般可采用以下两种方法：

①小信号模型等效电路法。画出完整的多级放大电路小信号模型等效电路，逐级进行计算。该方法过程比较复杂。

②公式法。根据前面章节所学的共射、共集、共基三种组态的基本放大电路增益、输入电阻和输出电阻的计算公式，通过观察实际电路可以直接写出总电路相应参数的表达式。本例采用此方法求解。

由图 4.1.10 可知，第一级是共射放大电路，交流负载电阻为 $R_2' = R_2 /\!/ R_{i2}$，$R_{i2} = R_6 /\!/ [r_{be2} + (\beta_2 + 1)R_7']$，$R_7' = R_7 /\!/ R_{i3}$，$R_{i3} = R_8 /\!/ R_9 /\!/ r_{be3}$，所以

$$\dot{A}_{u1} = -\frac{\beta_1 R_2'}{r_{be1} + (\beta_1 + 1)R_3}$$

第二级为共集放大电路，其

$$\dot{A}_{u2} = \frac{(\beta_2 + 1)R_7'}{r_{be2} + (\beta_2 + 1)R_7'}$$

第三级为共射放大电路，其

$$\dot{A}_{u3} = -\frac{\beta_3 R_{10}'}{r_{be3}}，其中\ R_{10}' = R_{10} /\!/ R_{12}$$

求出 $\dot{A}_{u1}$、$\dot{A}_{u2}$、$\dot{A}_{u3}$ 后，把它们相乘，即可得到总的电压增益 $\dot{A}_u$ 的表达式。

（2）多级放大电路输入电阻和输出电阻的计算。多级放大电路的输入电阻和输出电阻的计算方法也与电压增益的计算方法一样，既可以采用小信号模型等效电路法，也可以通过观察

实际电路采用公式法。需要注意的是,在计算过程中必须考虑前后级放大电路之间的相互影响。特别是当在电路中采用了共集放大电路(即射极输出器)时。如果输入级是共集放大电路,则输入电阻与后几级有关系;如果输出级是共集放大电路,则输出电阻不仅取决于末级,还与前几级有关系。

图 4.1.10 所示电路的输入电阻可以直接表达为

$$R_i = R_1 // R_5 // R_i'$$

式中,$R_i' = r_{be1} + (\beta_1 + 1)R_3$,所以有

$$R_i = R_1 // R_5 // [r_{be1} + (\beta_1 + 1)R_3]$$

该放大电路的输出电阻为

$$R_o = R_{10} // r_{ce3} \approx R_{10}$$

4.2 差分放大电路

由于集成电路的迅速发展,直接耦合方式的放大电路得到越来越多的应用。为了抑制直接耦合放大电路中的零点漂移,常常采用特殊形式的“差分放大电路”。

4.2.1 差分放大电路的组成及抑制零点漂移的原理

视频

差分放大电路的组成及抑制零点漂移的原理

1. 差分放大电路的组成

用两只特性完全相同的 BJT,组成两半结构完全对称的电路,使信号从两个 BJT 的基极输入,并且从两个 BJT 的集电极输出,这样就组成了最基本的差分放大电路(简称差放),如图 4.2.1 所示。

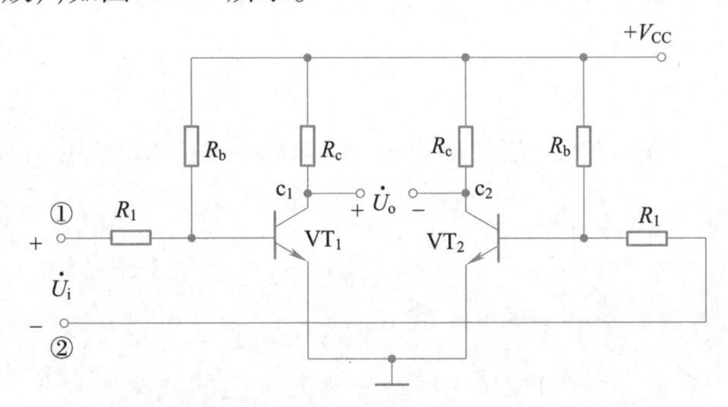

图 4.2.1 最基本的差分放大电路

图 4.2.1 中VT_1 和VT_2 各自组成一个基本共射放大电路。由于它们都没有稳定静态工作点的措施,所以两个 BJT 都有较大的零点漂移。但是,从两个 BJT 的集电极输出,却可以使电路的输出端得到很小的零点漂移。

2. 差分放大电路抑制零点漂移的原理

静态时,差分放大电路的输入信号为零,即图 4.2.1 中电路的输入端①和②短接。由于两个 BJT 的特性完全相同,所以当温度或其他外界条件发生变化时,两个 BJT 的集电极电流的变化规律也始终相同,从而使得两个 BJT 的集电极电位始终相等。这样可以保证在静态时放大电路的输出端电压 $U_o = 0$,从而消除了零点漂移。差分放大电路的实质就是用特性相同的两个 BJT 组成两半结构对称的电路,利用相互补偿来抑制零点漂移。

在实际中，挑选出两个特性完全相同的BJT是十分困难的，尤其是当温度大范围变化时。目前通常采用相同的制造工艺，在同一块半导体材料上同时制作两个BJT，并且将其封装在同一个管壳中，构成"差分对管"。这种BJT专用于差分放大电路，从而可以免去选择BJT的困难。两半电路中对应的电阻则可用电桥进行精密选配，尽量保证阻值对称性精度满足要求。实际上，无论怎样都无法保证差分放大电路的两半完全对称。因此，差分放大电路只能抑制零点漂移，而无法将其完全消除。

3. 信号的输入方式和电路的响应

(1)共模输入方式。在差分放大电路两个BJT的输入端接同一个输入信号，即$\dot{U}_{i1}$和$\dot{U}_{i2}$大小相等，相位相同，$\dot{U}_{i1}=\dot{U}_{i2}=\dot{U}_{ic}$。这种输入方式称为共模输入方式，$\dot{U}_{ic}$①为共模输入信号。

当差分放大电路两半电路完全对称时，在共模输入信号作用下，差分放大电路的两半电路中电流变化完全相同，两个BJT的集电极电位变化也相同。因此，这种情况下差分放大电路输出端电压的变化量为零，即差分放大电路的共模输出电压为零。

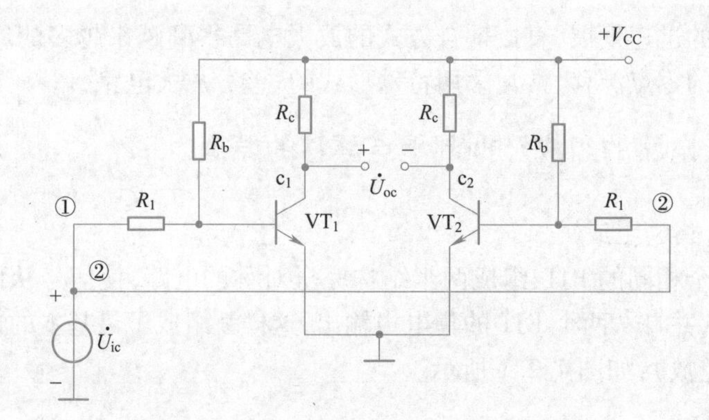

图4.2.2 差分放大电路的共模输入方式

为了描述差分放大电路对共模信号的抑制能力，将共模输出电压与共模输入电压的比值称为共模电压增益，用$\dot{A}_c$表示，即

$$\dot{A}_c=\frac{\dot{U}_{oc}}{\dot{U}_{ic}} \tag{4.2.1}$$

由式(4.2.1)可以看出，在图4.2.2中，差分放大电路的共模电压增益为零。因为差分放大电路两半的对称性，又由于两个BJT都处于相同的工作环境，温度等环境因素对两半电路有相同的影响，因此可以将这些干扰都等效为共模信号。如果采用该电路从两管集电极之间输出的方式，则放大电路输出端共模信号为零，说明差分放大电路可有效地抑制共模信号。

(2)差模输入方式。如果加在差分放大电路两个BJT输入端对地的电压分别为$\dot{U}_{i1}$和$\dot{U}_{i2}$，而两个电压的大小相等、相位相反，即$\dot{U}_{i1}=\dot{U}_{id}$②，$\dot{U}_{i2}=-\dot{U}_{id}=-\dot{U}_{i1}$，如图4.2.3所示，这种输入方式就称为差模输入方式。差模输入信号为$\dot{U}_{i1}-\dot{U}_{i2}=2\dot{U}_{id}$。

① $\dot{U}_{ic}$下标中的i和c分别表示"输入(input)"和"共模(common-mode)"。

② $\dot{U}_{id}$下标中的i表示输入(input)，d表示"差模(differential-mode)"。

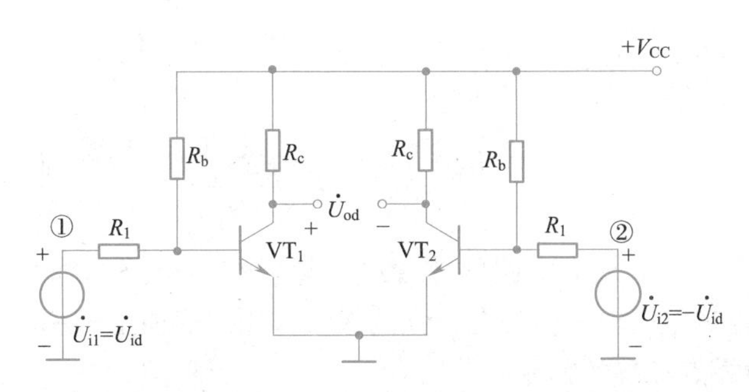

图 4.2.3　差分放大电路的差模输入方式

如果 $\dot{U}_{i1}$（$\dot{U}_{i2}$）的瞬时极性与图 4.2.3 中的参考极性相同（相反），则有

$$u_{i1}\uparrow\to i_{B1}\uparrow\to i_{C1}\uparrow\to u_{C1}\downarrow$$

$$u_{i2}\downarrow\to i_{B2}\downarrow\to i_{C2}\downarrow\to u_{C2}\uparrow$$

因此，差分放大电路的输出电压就不再为零，而是出现了"差模输出信号"，用 $\dot{U}_{od}$ 表示。将差模输出电压与差模输入信号之比称为差模电压增益，用 $\dot{A}_d$ 表示，即

$$\dot{A}_d=\frac{\dot{U}_{od}}{2\dot{U}_{id}} \tag{4.2.2}$$

由于电路是左右两半对称的，所以在分析差分放大电路时，经常采用"半电路分析法"，即先画出一半电路及其小信号模型等效电路，分析该半电路的性能参数，然后再对整个差分放大电路进行分析计算。

图 4.2.3 所示电路在差模输入时的半电路及其小信号模型等效电路如图 4.2.4 所示。

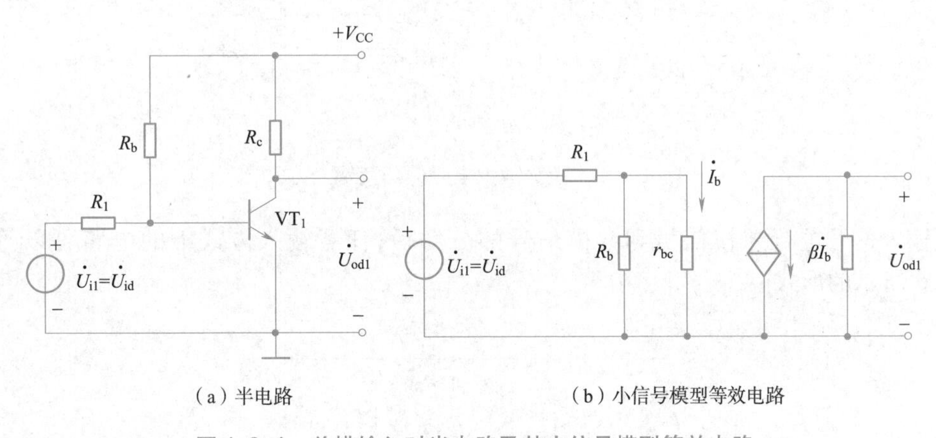

图 4.2.4　差模输入时半电路及其小信号模型等效电路

半电路的电压增益为

$$\dot{A}_{d1}{}^{①}=\frac{\dot{U}_{od1}}{\dot{U}_{i1}}\approx-\frac{\beta R_c}{R_1+r_{be}} \tag{4.2.3}$$

而整个差分放大电路的输出电压为

---

① $\dot{A}_{d1}$ 下标中的"1"表示是一个 BJT（半电路）的量。

$$\dot{U}_{od} = \dot{U}_{od1} - \dot{U}_{od2} = \dot{A}_{d1}\dot{U}_{id} - \dot{A}_{d1}(-\dot{U}_{id}) = \dot{A}_{d1}2\dot{U}_{id} \tag{4.2.4}$$

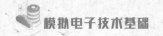

因此,整个差分放大电路的差模电压增益为

$$\dot{A}_d = \frac{\dot{U}_{od}}{2\dot{U}_{id}} = \dot{A}_{d1} = -\frac{\beta R_c}{R_1 + r_{be}} \tag{4.2.5}$$

式(4.2.5)表明整个差分放大电路的差模电压增益与半电路相等,一般可达几十倍。由此可见,差分放大电路对差模输入信号有较强的放大作用。实质上,差分放大电路是通过多用一半的电路来换取对零点漂移的抑制。

(3)任意输入方式。如果加在差分放大电路两个 BJT 输入端的输入信号分别为 $\dot{U}_{i1}$ 和 $\dot{U}_{i2}$,如图 4.2.5 所示,这种输入方式就称为任意输入方式。对于任意输入信号来说,都可以将其看作由两个分量组成。一个是共模输入分量,另一个是差模输入分量,即

$$\dot{U}_{i1} = U_{id} + U_{ic} \quad \dot{U}_{i2} = -U_{id} + U_{ic} \tag{4.2.6}$$

从而可以得到任意输入信号的差模信号和共模信号分别为

$$\begin{aligned} \dot{U}_{ic} &= \frac{1}{2}(\dot{U}_{i1} + \dot{U}_{i2}) \\ \dot{U}_{id} &= \frac{1}{2}(\dot{U}_{i1} - \dot{U}_{i2}) \end{aligned} \tag{4.2.7}$$

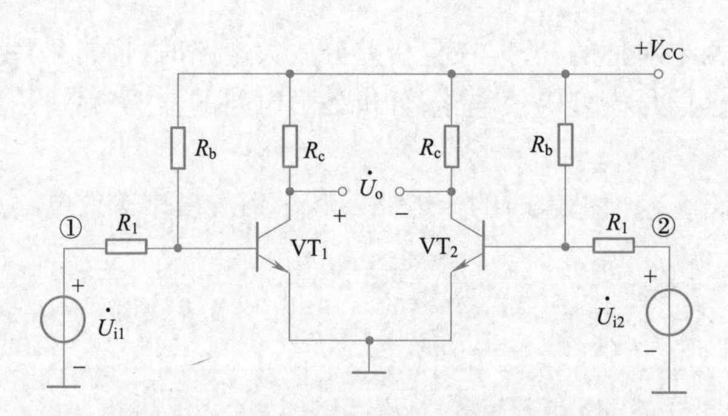

图 4.2.5　差分放大电路的任意输入方式

对输入信号进行差模信号和共模信号的分解后,任意输入方式下的电路可以等效成图 4.2.6 所示的形式。

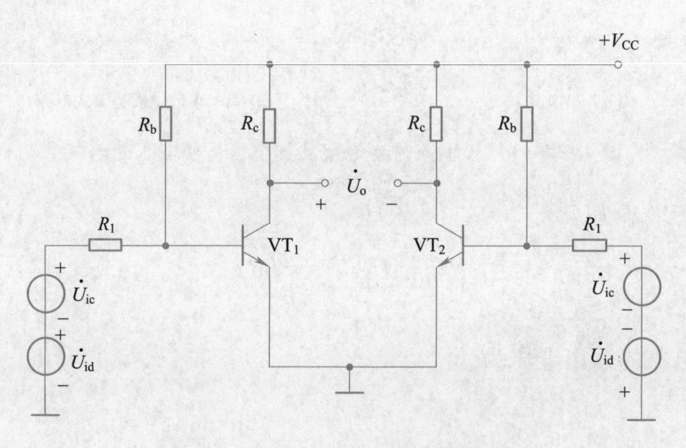

图 4.2.6　任意输入方式的等效变换

例如，当两个 BJT 的输入电压 $\dot{U}_{i1}=10\ \text{mV}$，$\dot{U}_{i2}=6\ \text{mV}$ 时，其差模输入分量为 $\dot{U}_{id}=\frac{1}{2}(10-6)\ \text{mV}=2\ \text{mV}$，共模输入分量为 $\dot{U}_{ic}=\frac{1}{2}(10+6)\ \text{mV}=8\ \text{mV}$。

如果两半电路完全对称，则共模电压增益为零，即共模输入分量不会产生输出量。此时，差分放大电路的输出电压只取决于差模输入分量，即

$$\dot{U}_o=\dot{A}_{d1}\dot{U}_{id}-\dot{A}_{d1}(-\dot{U}_{id})=\dot{A}_{d1}2\dot{U}_{id}=\dot{A}_{d1}(\dot{U}_{i1}-\dot{U}_{i2}) \tag{4.2.8}$$

由此可见，在任意输入方式下，被放大的是两个输入信号 $\dot{U}_{i1}$ 和 $\dot{U}_{i2}$ 的差值。只有当两个输入信号有差别时，差分放大电路的输出端才会有变化。所以，这种电路称为差分放大电路。

4. 差分放大电路存在的问题及解决方案

在实际应用中，差分放大电路的两半电路不可能完全对称。另外，如果输出信号取自一个 BJT 的集电极与地之间，此时差分放大电路不能利用两半电路的补偿原理，与单管共射放大电路一样，对零点漂移没有抑制能力。

为了解决这些问题，需要提高差分放大电路中每一半电路对温度变化的工作稳定性。可以参考静态工作点稳定电路中所采用的方法，即在 BJT 的发射极上接电阻，如图 4.2.7 所示。因为在共模信号作用时，两个 BJT 的发射极电流始终相等，它们的发射极电位也相等，所以两个 BJT 可以共用一个射极电阻 R_e。为了保证一定的静态工作电流和动态工作范围，通常又希望 R_e 的取值大一些，常采用正负双电源供电。为了电路的调零，两 BJT 的射极之间还接入了滑动变阻器 R_P。一般 R_P 的阻值为几十欧至一二百欧。该电路称为射极耦合差分放大电路，又称长尾式差分放大电路。

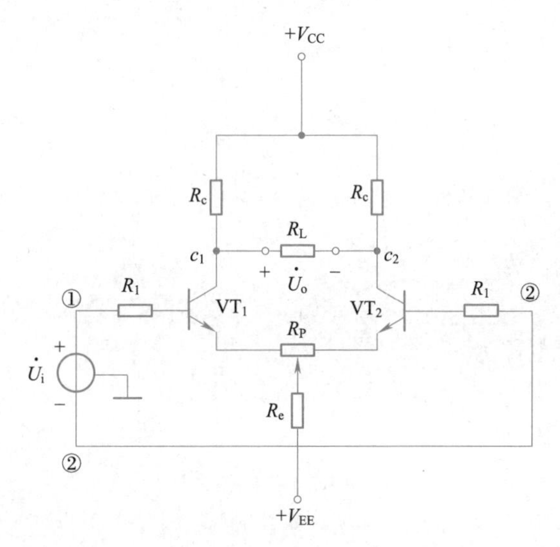

图 4.2.7 长尾式差分放大电路

4.2.2 射极耦合差分放大电路的分析

1. 射极耦合差分放大电路的静态分析

图 4.2.7 所示为典型的射极耦合差分放大电路。由于 R_P 阻值很小，为了分析方便，可以将其忽略。静态时，由于 $U_{CQ1}=U_{CQ2}$，R_L 中没有电流。所以，可以将电路变成图 4.2.8 的形式。

电阻 R_e 中的电流等于VT_1 和VT_2 发射极电流之和,即 $I_{R_e}=I_{E1}+I_{E2}=2I_E$。

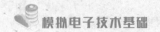

根据输入回路写出如下方程:

$$I_{BQ}R_1+2I_ER_e+U_{BE}=V_{EE}$$

所以有

$$I_{BQ}=\frac{V_{EE}-U_{BE}}{R_1+2(1+\beta)R_e} \tag{4.2.9}$$

一般来说

$$R_1\ll 2(1+\beta)R_e,V_{EE}\gg U_{BE}$$

所以

$$I_{EQ}=(1+\beta)I_{BQ}\approx\frac{V_{EE}}{2R_e} \tag{4.2.10}$$

式(4.2.10)表明,温度变化对 $I_{EQ}(I_{CQ})$ 的影响很小,Q 点基本稳定。

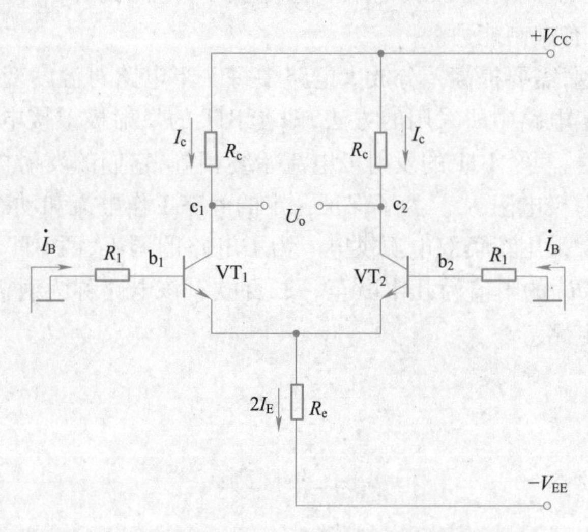

图 4.2.8　射极耦合差分放大电路静态简化电路

两个 BJT 的基极电位为

$$U_{BQ1}=U_{BQ2}=-I_{BQ}R_1$$

两个 BJT 的集电极电位为

$$U_{CQ1}=U_{CQ2}=V_{CC}-I_{CQ}R_c$$

放大电路的输出电压为

$$U_o=U_{CQ1}-U_{CQ2}=0$$

两个 BJT 的管压降为

$$U_{CEQ1}=U_{CEQ2}=(V_{CC}+V_{EE})-I_{CQ}R_c-2I_{EQ}R_e \tag{4.2.11}$$

或者可以用 $U_{CEQ}=U_{CQ}-U_{EQ}$求出

$$U_{CEQ1}=U_{CEQ2}=V_{CC}-I_{CQ}R_c+I_{BQ}R_1+U_{BE} \tag{4.2.12}$$

2. 射极耦合差分放大电路的动态分析

在图 4.2.7 所示电路中,信号由①、②两端输入,称为双端输入;由VT_1 和VT_2 的集电极 c_1 和 c_2 之间输出,称为双端输出。因此,这种接法称为双端输入、双端输出的连接方式。

为了分析方便，可以将图4.2.7改画成图4.2.9所示电路，将 $\dot{U}_i$ 画成 $\dot{U}_{i1}$ 和 $\dot{U}_{i2}$ 串联的形式。$\dot{U}_{i1}$ 和 $\dot{U}_{i2}$ 分别为两输入端对地的信号。此时，差分放大电路差模输入分量为 $\dot{U}_{id}=\frac{1}{2}(\dot{U}_{i1}-\dot{U}_{i2})$，而共模输入分量为 $\dot{U}_{ic}=\frac{1}{2}(\dot{U}_{i1}+\dot{U}_{i2})$。

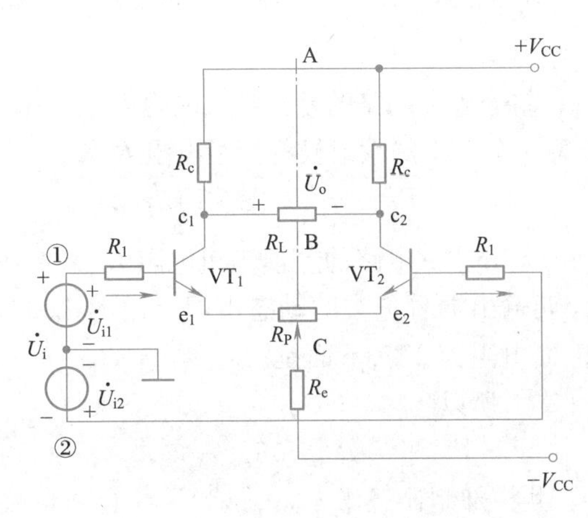

图4.2.9 双端输入、双端输出的射极耦合差分放大电路

(1)差模电压增益 $\dot{A}_d$。由于差分放大电路的两半电路对称，可以先研究一个BJT(即半电路)的电压增益。首先画出差模输入电压作用下半电路的交流通路，如图4.2.10所示。

在差模输入信号的作用下，VT_1 和 VT_2 电流变化的大小相等而方向相反，即一个BJT的发射极电流增大，另一个BJT的发射极电流必然减小。因此，射极电阻 R_e 上的总电流不变。所以，图4.2.9中电位器 R_P 的滑动端C点在差模信号作用时电位恒定不变，相当于交流接地。同样，两个BJT的集电极电流也是一个增大，另一个减小，使一个BJT的集电极电位降低，而另一个BJT的集电极电位升高。由于负载电阻 R_L 接在 c_1 和 c_2 之间，因此两端电位总是一端降低，另一端升高，而中点电位恒定。所以，电阻 R_L 的中点B相当于交流接地。因此，在图4.2.9中两半电路的平分线上的A、B、C三点均为交流接地。所以，可以画出差模输入时半电路的交流通路，如图4.2.10所示(假设 R_P 的滑动点C在中点)。

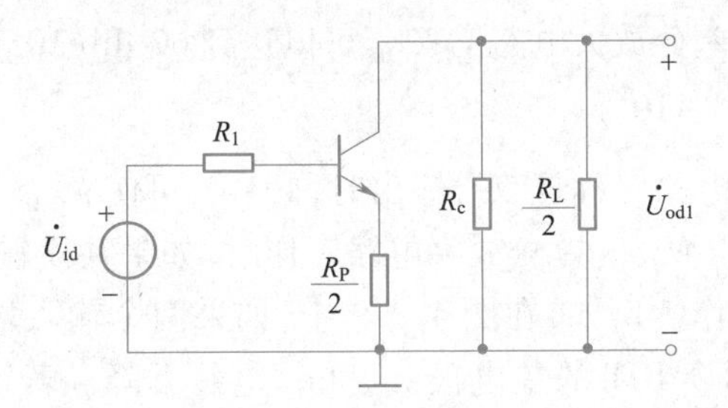

图4.2.10 差模输入电压作用下半电路的交流通路

由图4.2.10可以求出差分放大电路半电路的差模电压增益为

$$\dot{A}_{d1}=\frac{\dot{U}_{od1}}{\dot{U}_{id}}=-\frac{\beta R_L'}{R_1+r_{be}+(1+\beta)R_P/2} \tag{4.2.13}$$

式中，$R_L'=R_c /\!/ (R_L/2)$。

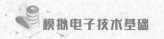

整个差分放大电路的差模电压增益 $\dot{A}_d$ 为

$$\dot{A}_d = \frac{\dot{U}_{od}}{2\dot{U}_{id}} = \dot{A}_{d1} = -\frac{\beta R'_L}{R_1 + r_{be} + (1+\beta)R_P/2} \tag{4.2.14}$$

(2)共模电压增益 $\dot{A}_c$。在理想情况下，对双端输出的差分放大电路而言，其共模电压增益 $\dot{A}_c = 0$。

(3)差模输入电阻 R_{id}。差分放大电路的差模输入电阻 R_{id}是由图4.2.9中①、②两输入端看进去的动态电阻。由于每一个BJT的发射极都接了电阻 $R_P/2$，所以

$$R_{id} = 2[R_1 + r_{bel} + (\beta+1)R_P/2] \tag{4.2.15}$$

(4)差模输出电阻 R_{od}。差分放大电路的差模输出电阻 R_{od}是在图4.2.9中，使 $\dot{U}_i$ 短路并去掉负载电阻 R_L，从 c_1、c_2 两输出端看进去的动态电阻。由图4.2.9中可以看出，R_{od}取决于上下两部分电阻的并联：上面电阻为 $2R_e$，下面是沿 $c_1 \to e_1 \to R_P \to e_2 \to c_2$ 的电阻。因为动态电阻 $2r_{ce}$的数值远大于 R_P 和 $2R_c$，所以

$$R_{od} \approx 2R_c \tag{4.2.16}$$

(5)共模抑制比 K_{CMR}。共模抑制比记作 K_{CMR}，是为了综合衡量差分放大电路对差模信号的放大能力和对共模信号的抑制能力。其中，下角标CMR是共模抑制的英文首字母缩写。K_{CMR}的定义为：差模电压增益 $\dot{A}_d$ 与共模电压增益 $\dot{A}_c$ 之比的绝对值，即

$$K_{CMR} = \left|\frac{\dot{A}_d}{\dot{A}_c}\right| \tag{4.2.17}$$

用分贝表示为

$$K_{CMR} = 20\lg\left|\frac{\dot{A}_d}{\dot{A}_c}\right| \tag{4.2.18}$$

$\dot{A}_d$ 越大表明差分放大电路对有用信号的放大能力越大；$\dot{A}_c$ 越小表明差分放大电路对零点漂移和干扰的抑制能力越强。所以，K_{CMR}是一个综合性指标，其值越大，差分放大电路的性能越好。但是一般情况下，$\dot{A}_d$ 大容易使 $\dot{A}_c$ 变大。

一般分立元件组成的差分放大电路的 K_{CMR}可以达到60 dB(10^3)以上，集成运算放大器的 K_{CMR}可达120 ~ 140 dB(10^6 ~ 10^7)。

差分放大电路的两半电路对称且双端输出时，$\dot{A}_c \approx 0$，可使 $K_{CMR} \to \infty$。

(6)最大共模输入电压 U_{icM}。差分放大电路工作时，如果共模输入电压超过一定值，会使差分放大电路不能正常工作。例如，在图4.2.9中，如果两个输入端对地电压相等且极性为正，即输入共模信号时，两个BJT的集电极 c_1 和 c_2 电位下降。若正向的共模输入电压增大时，c_1、c_2 电位继续降低。当正向的共模输入电压增大到某一数值 U_{icM}时，两个BJT的集电结变成零偏，差分放大电路无法正常工作。当共模输入电压为负且数值过大时，又会使差分放大电路的两个BJT截止。因此，负向共模输入电压也有限制。

(7)最大差模输入电压 U_{idM}。由图4.2.9可以看出，差分放大电路的两个输入端之间有两个反向串联的PN结。如果差模输入电压数值过大，会使其中的一个PN结反向击穿。因此，差模输入电压也有一个最大值 U_{idM}，它指的是差分放大电路两个输入端之间所能承受的最大电压。

(8)差分放大电路的电压传输特性。如果差分放大电路的差模输入电压极性为:输入端①相对于输入端②为正,则VT_1 的 u_{c1}下降,VT_2 的 u_{c2}上升,因此输出电压的极性为VT_1 的 c_1相对于VT_2 的 c_2 为负。也就是说,差分放大电路的输出电压 Δu_{Od}和输入电压 Δu_{Id}的极性是相反的,两者之间的关系如图 4.2.11 中曲线所示,它描述了差分放大电路的电压传输特性。特性曲线的中间一段是线性的,其斜率就是差模电压增益 A_d。在该线性区内,差分放大电路可以实现对差模信号的线性放大。当输入电压 Δu_{Id}幅值过大,输出电压 Δu_{Od}就会趋于不变,其值由电源电压决定。

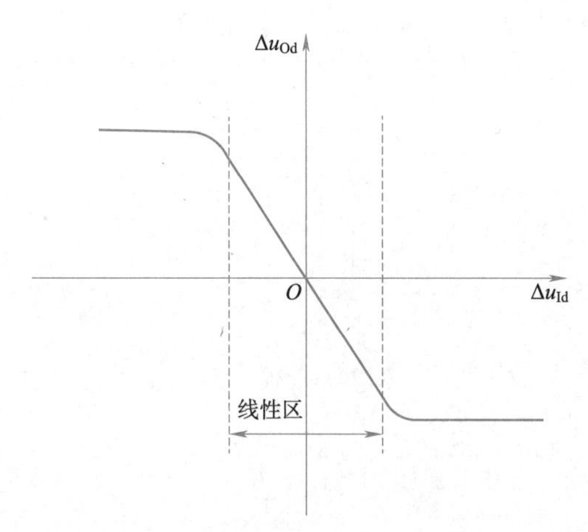

图 4.2.11 差分放大电路的电压传输特性

4.2.3 差分放大电路输入和输出的四种接法及性能分析

差分放大电路的输入和输出方式共有四种:双端输入、双端输出,双端输入、单端输出,单端输入、双端输出和单端输入、单端输出。其中,双端输入指的是电路的输入信号分别从两个 BJT 的基极输入;单端输入是指信号从一个输入端对地输入,而另一输入端接地。双端输出指的是电路的输出信号从两个 BJT 的集电极之间输出;单端输出是指信号从一个 BJT 的集电极对地输出。

1. 双端输入、双端输出

图 4.2.9 所示电路即为双端输入、双端输出的接法,该电路的性能参数为

差模电压增益

$$\dot{A}_d = \frac{\dot{U}_{od}}{2\dot{U}_{id}} = -\frac{\beta R'_L}{R_1 + r_{be} + (1+\beta)R_P/2} \tag{4.2.19}$$

式中,$R'_L = R_c /\!/ (R_L/2)$。

双端输入、双端输出差分放大电路的共模电压增益为

$$\dot{A}_c \approx 0 \tag{4.2.20}$$

差模输入电阻为

$$R_{id} = 2[R_1 + r_{bel} + (1+\beta)R_P/2] \tag{4.2.21}$$

差模输出电阻为

$$R_{od} \approx 2R_c \tag{4.2.22}$$

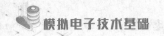

共模抑制比为

$$K_{CMR} \to \infty \tag{4.2.23}$$

双端输入、双端输出接法对于不需要一端接地的信号源和负载是合适的（例如输入接热电偶，输出接电压表），可用于直接耦合多级放大电路的输入级和中间级。但是许多情况下负载需要一端接地，也就是要求差分放大电路单端输出。

2. 双端输入、单端输出

在长尾式差分放大电路中，如果射极电阻较大，能够很好地稳定电路的稳态工作点，使两半电路的零点漂移都较小。这样就可以从一个 BJT 的集电极与地之间输出信号，构成双端输入、单端输出的电路，如图 4.2.12 所示。

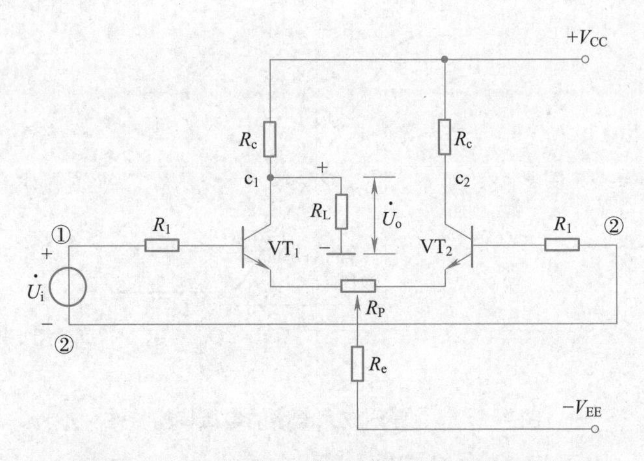

图 4.2.12　双端输入、单端输出的差分放大电路

（1）静态分析。由于双端输入、单端输出的差分放大电路输入回路参数仍然对称，所以在静态时，有 $I_{BQ1}=I_{BQ2}$，从而 $I_{CQ1}=I_{CQ2}$。但是，由于电路的输出回路不对称，VT_1 和 VT_2 的集电极电位不相等。$U_{CQ2}=V_{CC}-I_{CQ2}R_c$。如果要求 VT_1 的集电极电位 U_{CQ1}，可先列出等式

$$\frac{V_{CC}-U_{CQ1}}{R_c}-\frac{U_{CQ1}}{R_L}=I_{CQ1} \tag{4.2.24}$$

从而可以求出

$$U_{CQ1}=\frac{R_L}{R_C+R_L}V_{CC}-I_{CQ1}(R_C /\!/ R_L) \tag{4.2.25}$$

（2）差模输入的动态分析。当差模输入信号作用时，差分放大电路的输出电压只是一个 BJT 的集电极对地电压，而另一个 BJT 的输出电压没有利用。与双端输入、双端输出方式相比，双端输入、单端输出方式的差分放大电路差模电压增益减小。其差模电压增益为

$$\dot{A}_d=\frac{\dot{U}_{od}}{2\dot{U}_{id}}=-\frac{1}{2}\frac{\beta R_L'}{R_1+r_{be}+(1+\beta)R_P/2} \tag{4.2.26}$$

式中，$R_L'=R_c /\!/ R_L$。

如果由 c_2 输出，则有

$$\dot{A}_d=\frac{\dot{U}_{od}}{2\dot{U}_{id}}=+\frac{1}{2}\frac{\beta R_L'}{R_1+r_{be}+(1+\beta)R_P/2} \tag{4.2.27}$$

因为双端输入、单端输出电路的输入回路与双端输入、双端输出电路相同，所以其差模输

入电阻不变，即

$$R_{\mathrm{id}}=2[R_1+r_{\mathrm{be1}}+(1+\beta)R_{\mathrm{P}}/2] \tag{4.2.28}$$

而差模输出电阻为

$$R_{\mathrm{od}}\approx R_{\mathrm{c}} \tag{4.2.29}$$

可以看出，双端输入、单端输出接法的输出电阻是双端输出时输出电阻的一半。

(3)共模输入的动态分析。双端输入、单端输出时，不能利用两个 BJT 的相互补偿来抑制零点漂移，只能依靠射极电阻 R_{e} 的作用。要分析共模电压增益，首先需要画出半电路对共模输入信号的交流通路。值得注意的是，输入共模信号时，流过电阻 R_{e} 上的电流不再是常数，其交流分量为 $2\dot{I}_{\mathrm{e}}$。因此，共模输入时在半电路的交流通路中，根据等效原则（即等效折算原理），流过 $2\dot{I}_{\mathrm{e}}$的射极电阻 R_{e} 必须等效为流过 $\dot{I}_{\mathrm{e}}$的 $2R_{\mathrm{e}}$。忽略调零电位器，可以画出共模输入半电路的交流通路，如图 4.2.13 所示。

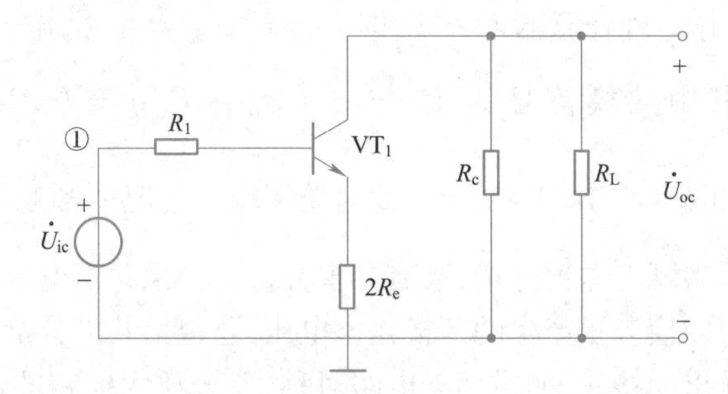

图 4.2.13 双端输入、单端输出差分放大电路在共模输入时半电路的交流通路

由图 4.2.13 可求出共模电压增益为

$$\dot{A}_c=\frac{\dot{U}_{\mathrm{oc}}}{\dot{U}_{\mathrm{ic}}}=-\frac{\beta R_{\mathrm{L}}'}{R_1+r_{\mathrm{be}}+2(1+\beta)R_{\mathrm{e}}}\approx-\frac{R_{\mathrm{L}}'}{2R_{\mathrm{e}}} \tag{4.2.30}$$

式中，$R_{\mathrm{L}}'=R_{\mathrm{c}}/\!/R_{\mathrm{L}}$。

双端输入、单端输出差分放大电路的共模抑制比为

$$K_{\mathrm{CMR}}=\left|\frac{\dot{A}_{\mathrm{d}}}{\dot{A}_{\mathrm{c}}}\right|\approx\frac{\beta R_{\mathrm{e}}}{R_1+r_{\mathrm{be}}+(1+\beta)R_{\mathrm{P}}/2} \tag{4.2.31}$$

因为共模电压增益不为零，所以电路的输出端不仅有差模电压，还有共模电压，即

$$\dot{U}_{\mathrm{o}}=\dot{A}_{\mathrm{d}}\times2\dot{U}_{\mathrm{id}}+\dot{A}_{\mathrm{c}}\dot{U}_{\mathrm{ic}}$$

单端输出接法的优点在于它有一个输出端是地，因此便于和其他基本放大电路相连接。该接法常用于前级是差分放大电路、后级是基本放大电路的场合，将双端输入转换成单端输出，常作为直接耦合连接方式多级放大电路的输入级和中间级。

如果信号源的一端必须接地，这就要求差分放大电路的一个输入端接地，也就是采用单端输入的接法。

3. 单端输入、双端输出

图 4.2.14 (a) 所示为单端输入、双端输出的接法，即差分放大电路的输入信号由一个输入端与地之间接入，而另一个输入端接地；输出信号仍由两个 BJT 的集电极 c_1 和 c_2 之间取出。

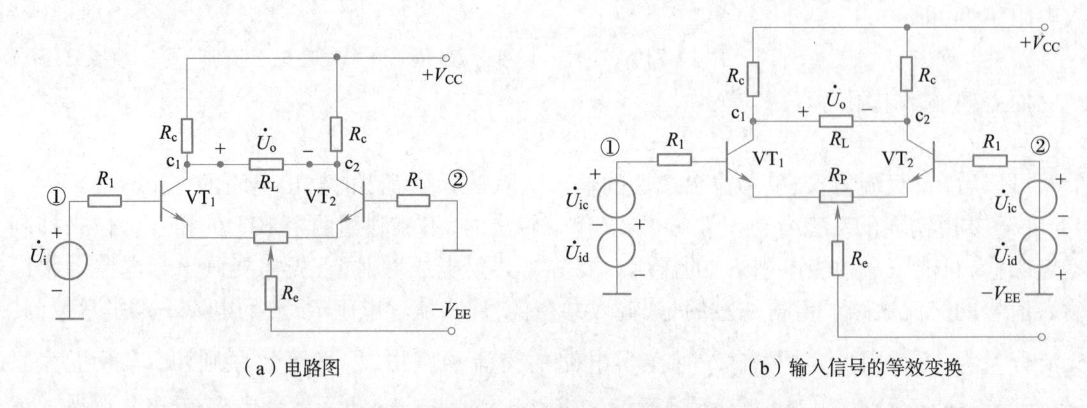

（a）电路图　　　　（b）输入信号的等效变换

图 4.2.14　单端输入、双端输出的差分放大电路

将单端输入方式看作一种任意输入方式，即 $\dot{U}_i = \dot{U}_i, \dot{U}_{i2} = 0$。把输入信号分解为差模分量 $\dot{U}_{id}$和共模分量 $\dot{U}_{ic}$，其中共模信号为 $\dot{U}_{ic} = \frac{1}{2}(\dot{U}_{i1} + \dot{U}_{i2}) = \dot{U}_i/2$，差模信号为 $\dot{U}_{id} = \frac{1}{2}(\dot{U}_{i1} - \dot{U}_{i2}) = \dot{U}_i/2$，如图 4.2.14(b)所示。此时单端输入情况就和双端输入时一样，电路的两个输入端的输入信号中既有差模分量，又有共模分量。如果共模电压增益不为零，差分放大电路的输出端将不仅有差模分量产生的差模输出电压，还包括共模分量产生的共模输出电压。

因为电路是双端输出的接法，如果两半电路对称，差分放大电路的共模电压增益为零，即输入信号的共模分量不会产生输出。此时，整个差分放大电路的输出电压仅由差模分量产生。由此可见，图 4.2.14 所示的单端输入、双端输出电路与双端输入、双端输出电路相似，静态工作点和动态参数的分析完全相同，见式(4.2.19) ~ 式(4.2.23)。

单端输入、双端输出接法可用于前级是基本放大电路而后级是差分放大电路的情况，以便将单端输入转换成双端输出。单端输入、双端输出接法的差分放大电路通常可以作为直接耦合连接方式多级放大电路的输入级。

4. 单端输入、单端输出

图 4.2.15 所示为单端输入、单端输出的接法，它与双端输入、单端输出电路相似，对静态工作点及动态参数的分析见式(4.2.24) ~ 式(4.2.31)。

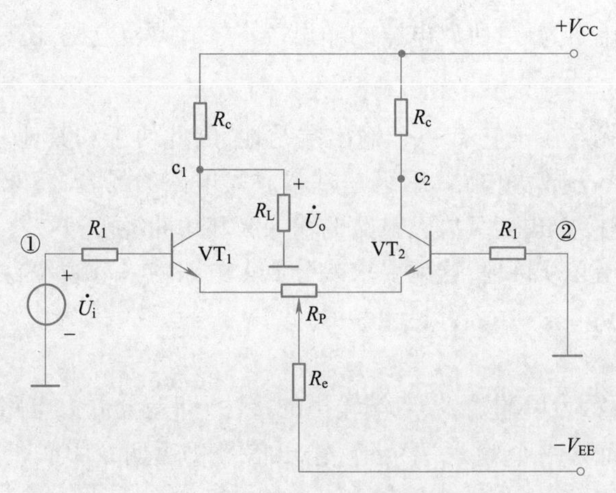

图 4.2.15　单端输入、单端输出的差分放大电路

这种接法用于要求输入和输出端都有一端接地的场合，例如差分放大电路前后级都是基本放大电路的情况。

由以上分析，将四种接法的静态和动态特点归纳如下：

(1)在静态分析中，要注意单端输出的 $U_{CQ1} \neq U_{CQ2}$，见式(4.2.25)。

(2)在动态分析中，就输入端而言，单端输入可以等效为双端输入，两者没有本质的区别。就输出端而言，单端输出和双端输出的动态性能参数是不同的：

①$\dot{A}_d$：单端输出差不多是双端输出的一半。但要注意，单端输出时，$R_L' = R_c // R_L$；双端输出时，$R_L' = R_c // \frac{R_L}{2}$。

②$\dot{A}_c$：两半电路对称时，双端输出的 $\dot{A}_c = 0$；单端输出的 $\dot{A}_c \neq 0$。

③R_{id}：因输入回路相同，双端输入和单端输入的 R_{id} 相同。

④R_{od}：单端输出是双端输出的一半。

⑤动态性能参数的计算公式：双端输出时，见式(4.2.19)～式(4.2.23)；单端输出时，见式(4.2.26)～式(4.2.31)。

例 4.2.1　在图 4.2.9 中，$V_{CC} = 12\ \text{V}$，$-V_{EE} = -12\ \text{V}$，$R_c = 15\ \text{k}\Omega$，$R_L = 10\ \text{k}\Omega$，$R_e = 10\ \text{k}\Omega$，$R_P = 100\ \Omega$，$R_1 = 0$，两个晶体管的电流放大系数均为 $\beta = 50$，输入信号 $U_{i1} = 16\ \text{mV}$，$U_{i2} = 10\ \text{mV}$。求负载电阻 R_L 接在两管集电极 c_1 与 c_2 之间以及接在 c_1 与地之间时的输出电压 U_o 和电路的共模抑制比。

解　分析差分放大电路与分析其他放大电路一样，首先确定静态工作点，然后再进行动态分析。

1)静态分析

根据图 4.2.8 和式(4.2.9)，可得

$$I_{BQ} = \frac{V_{EE} - U_{BE}}{(1+\beta)R_P/2 + 2(1+\beta)R_e} = \frac{12 - 0.7}{(51 \times 0.1/2 + 2 \times 51 \times 10) \times 10^3}\ \text{A}$$
$$= 0.011\ 05\ \text{mA}$$
$$I_{EQ} = (1+\beta)I_{BQ} = 0.563\ \text{mA}$$
$$I_{CQ} = \beta I_{BQ} = 0.552\ 5\ \text{mA}$$

如果 R_L 接在 c_1 与 c_2 之间，即双端输出时，R_L 中静态电流为零。所以

$$U_{CQ} = V_{CC} - I_{CQ}R_c = (12 - 0.552\ 5 \times 15)\ \text{V} = 3.7\ \text{V}$$

如果 R_L 接在 c_1 与地之间，即单端输出时，根据式(4.2.5)求得

$$U_{CQ1} = 1.48\ \text{V}$$

确定 BJT 的

$$r_{be} = r_{bb'} + (1+\beta)\frac{U_T}{I_{EQ}} = \left(300 + 51 \times \frac{26}{0.56}\right)\ \Omega = 2.65\ \text{k}\Omega$$

2)动态分析

首先把输入信号分解为差模分量和共模分量，即

$$\dot{U}_{id} = \frac{1}{2}(\dot{U}_{i1} - \dot{U}_{i2}) = (16 - 10)/2\ \text{mV} = 3\ \text{mV}$$

$$\dot{U}_{ic} = \frac{1}{2}(\dot{U}_{i1} + \dot{U}_{i2}) = (16 + 10)/2\ \text{mV} = 13\ \text{mV}$$

(1)R_L 接在 c_1 与 c_2 之间(双端输出):

①差模电压增益:由式(4.2.19)得

$$\dot{A}_d=\frac{\dot{U}_{od}}{2\dot{U}_{id}}=-\frac{\beta R'_L}{r_{be}+(1+\beta)R_P/2}=-\frac{50\times 3.75\ \text{k}\Omega}{(2.65+51\times 0.1/2)\ \text{k}\Omega}=-36$$

式中,$R'_L=R_c/\!/(R_L/2)=3.75\ \text{k}\Omega$。

②共模电压增益:因为是双端输出,由式(4.2.20)得

$$\dot{A}_c\approx 0$$

③共模抑制比:由式(4.2.23)得

$$K_{CMR}\to\infty$$

④电路的输出电压为

$$\dot{U}_o=\dot{A}_d 2\dot{U}_{id}=-36\times 2\times 3\ \text{mV}=-216\ \text{mV}$$

(2)R_L 接在 c_1 与地之间(单端输出):

①差模电压增益:由式(4.2.26)得

$$\dot{A}_d=\frac{\dot{U}_{od}}{2\dot{U}_{id}}=-\frac{1}{2}\frac{\beta R'_L}{r_{be}+(1+\beta)R_P/2}=-\frac{1}{2}\times\frac{50\times 6\ \text{k}\Omega}{(2.65+51\times 0.1/2)\ \text{k}\Omega}=-28.9$$

式中,$R'_L=R_c/\!/R_L=6\ \text{k}\Omega$。

②共模电压增益:由式(4.2.30)得

$$\dot{A}_c\approx-\frac{R'_L}{2R_e}=-\frac{6\ \text{k}\Omega}{2\times 10\ \text{k}\Omega}=-0.3$$

③共模抑制比:由式(4.2.31)得

$$K_{CMR}=\left|\frac{\dot{A}_d}{\dot{A}_c}\right|=\left|\frac{-28.9}{-0.3}\right|=96.33=39.6\ \text{dB}$$

④电路的输出电压为

$$\dot{U}_{o1}=\dot{A}_d 2\dot{U}_{id}+\dot{A}_c\dot{U}_{ic}=(-28.9)\times 6\ \text{mV}+(-0.3)\times 13\ \text{mV}=-177.3\ \text{mV}$$

如果 R_L 接在 c_2 与地之间,则输出电压为

$$\dot{U}_{o2}=-\dot{A}_d 2\dot{U}_{id}+\dot{A}_c\dot{U}_{ic}=28.9\times 6\ \text{mV}+(-0.3)\times 13\ \text{mV}=169.5\ \text{mV}$$

4.2.4 带射极恒流源的差分放大电路

1. 带射极恒流源的差分放大电路的组成和工作原理

在差分放大电路中,增大射极电阻 R_e 可以更有效地抑制零点漂移,提高共模抑制比,尤其是对单端输出接法的差分放大电路更为重要。但是,由于 R_e 上的电压降是由电源提供的。要保持VT_1 和VT_2 的静态电流为一定值,加大 R_e 必须加大电源电压,这是有困难的,所以,R_e 不能太大。同时,在集成电路中不易制作大阻值的电阻。为了既能有很大的动态等效电阻,同时又可以采用较低的电源电压,需要一种器件或电路来代替射极电阻 R_e。这种器件或电路应具有较小的直流电阻和较大的动态电阻。恒流源电路就具有这样的特性。

将长尾式差分放大电路中的射极电阻 R_e 换成一个恒流源,如图 4.2.16 所示。由于 I 恒定,两个 BJT 的电流 $I_{CQ1}=I_{CQ2}=I/2$ 也被固定,即稳定了静态工作点,抑制了零点漂移。

图 4.2.17 所示的 BJT 恒流源电路中，只要电路参数选择恰当，使得 BJT 工作在放大区，则由于 U_{B3} 恒定，可以使集电极电流 I_{C3} 基本上不随温度变化，该恒流源的输出电阻非常大。

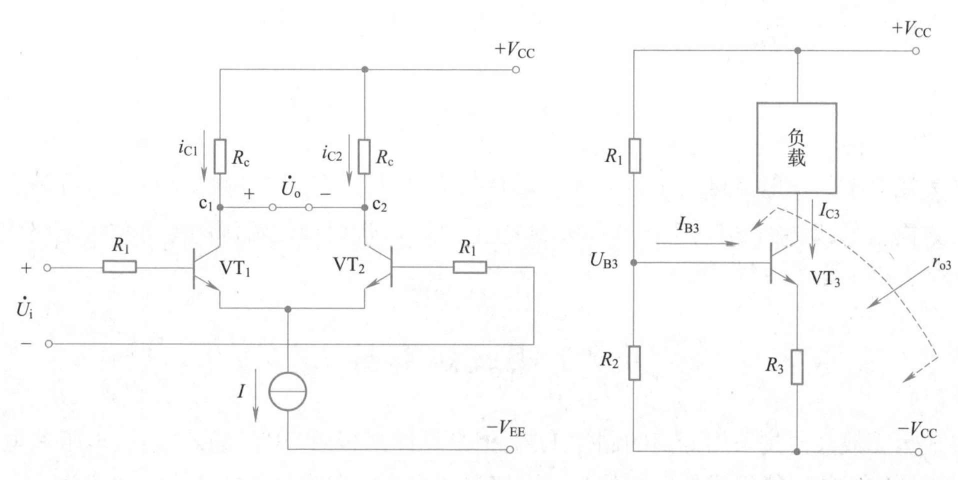

图 4.2.16　带射极恒流源的差分放大电路　　图 4.2.17　BJT 恒流源电路

将基本差分放大电路作为该恒流源的负载，就可得到图 4.2.18 所示的带恒流源的差分放大电路。

因为在恒流源电路中，BJT 的输出特性曲线几乎与横坐标轴平行，所以恒流源的动态输出电阻非常大，对共模信号相当于在两个 BJT 的发射极接了一个很大的电阻。通过精确选配电路中的元器件，这种差分放大电路的 K_{CMR} 可达10^4 以上。

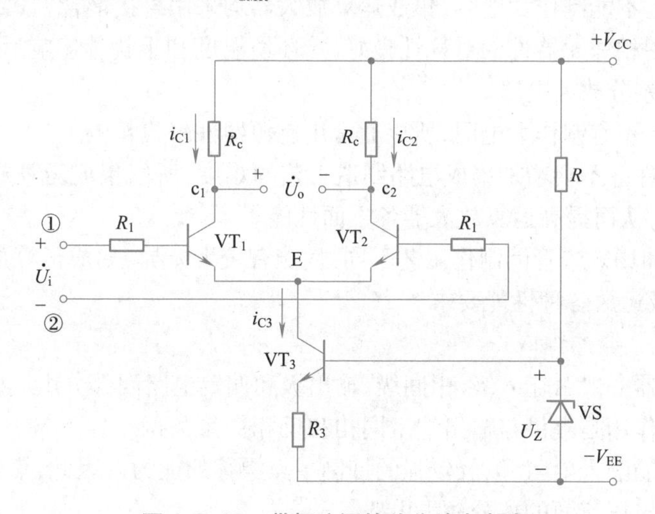

图 4.2.18　带恒流源的差分放大电路

2. 带射极恒流源的差分放大电路的静态分析

在图 4.2.18 所示电路中，首先计算VT_3 的集电极电流 I_{C3}。为此，从VT_3 的发射结电路开始分析。

$$U_{R_3} = U_Z - U_{BE3}$$

$$I_{C3} \approx I_{E3} = \frac{U_{R_3}}{R_3} = \frac{U_Z - U_{BE3}}{R_3}$$

$$I_{CQ1}=I_{CQ2}=I_{CQ}=I_{C3}/2$$
$$I_{BQ1}=I_{BQ2}=I_{CQ}/\beta=I_{BQ}$$
$$U_{BQ1}=U_{BQ2}=U_{BQ}=-I_{BQ}R_1$$
$$U_{EQ}=U_{BQ}-U_{BE}$$
$$U_{CQ1}=U_{CQ2}=U_{CQ}=V_{CC}-I_{CQ}R_c$$

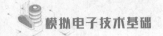

3. 带射极恒流源的差分放大电路的动态分析

因为在 BJT 的发射极接入了恒流源,I_{C3}恒定,所以对差模信号 E 点电位不变,仍是交流接地。对共模信号,射极上相当于接有很大的电阻。所以,带射极恒流源的差分放大电路的动态分析与带射极电阻时一样。

4.3 集成运算放大器

集成运算放大器是采用专门的制作工艺,把半导体二极管、BJT、场效应管、电阻和电容等元器件以及它们的连线组成的完整的放大电路制作在一块硅片上,并将其整体作为一个集成器件使用,具有特定的功能,简称“集成运放”。

4.3.1 集成运算放大器概述

1. 集成运算放大器的特点

集成电路在结构上与分立元件放大电路相比有很大差别,主要表现在:

(1)因为硅片上不能制作大电容,集成运算放大器均采用直接耦合方式。

(2)集成电路中相邻元器件的对称性良好,受环境温度和干扰等影响后的变化也相同,所以特别适用于构成差分放大电路。

(3)因为硅片上不宜制作大电阻,所以通常用有源器件来代替电阻。

由于增加元器件并不会增加集成电路制造工艺的难度,所以集成运算放大器通常采用较为复杂的电路形式,从而提高运算放大器各方面性能。

(4)集成 BJT 和场效应管因制作工艺不同,性能有较大差异,集成运算放大器中常采用复合形式,以满足集成运放各种性能要求。

2. 集成运算放大器的组成

集成运算放大器一般由输入级、中间级、输出级和偏置电路四部分组成,如图 4.3.1 所示。

输入级电路的作用是提供与输出端呈同相和反相关系的两个输入端,一般要求具有一定的电压增益和较高的输入电阻,以及较强的抑制零点漂移的能力。因此,集成运算放大器的输入级大多采用带射极恒流源的差分放大电路。

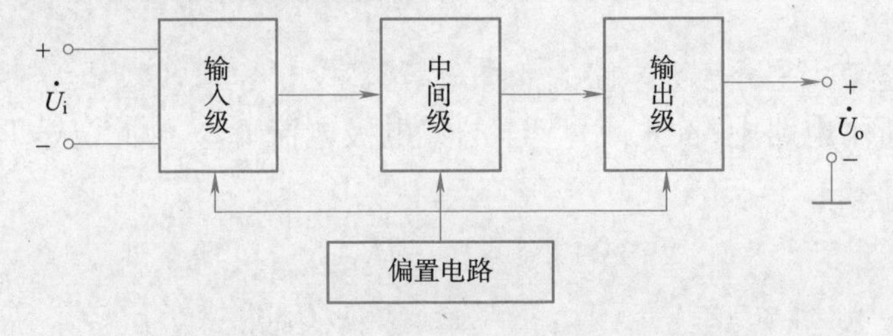

图 4.3.1 集成运算放大器的组成框图

中间级电路的主要作用是提供较大的电压增益,因此常采用带有源负载的共射极或共源极放大电路,并常用复合管结构。

输出级电路的作用是给集成电路运算放大器的负载提供一定幅度的输出电压和输出电流,要求输出电压范围宽,带负载能力强。因此,大多采用射极输出器或者功率放大电路(见第 8 章)。

偏置电路的作用是给各级放大电路提供静态工作电流,一般采用电流源电路。

此外,集成电路运算放大器中还有电平移动电路来调节各级的电压匹配,使电路的输入端电压为零时,输出端电压也为零。此外,还应具有短路保护或过电流保护电路用来防止输出端对地(或其他电源)短路时损坏集成运放内部的 BJT。

4.3.2　集成运算放大器中的电流源电路

集成运算放大器中的电流源电路的作用有两个:一是为各级放大电路提供合适的偏置电流,二是作为有源负载取代高阻值电阻。

1. 镜像电流源

图 4.3.2 所示为镜像电流源电路。它是用集电极和基极相连的 BJT 代替图 4.2.17 中的电阻 R_2,并令 $R_3=0$ 得到的。

电源 V_{CC}经电阻 R 以及VT_1 的发射结提供的参考电流 I_R 为

$$I_R=(V_{CC}-U_{BE1})/R$$

因为VT_1 和VT_2 的发射结并联,所以VT_2 的集电极就得到相应的电流 I_{C2},可以作为其他放大级的偏置电流。VT_1 和VT_2 特性及参数相同。因为

$$U_{BE1}=U_{BE2}=U_{BE}$$

所以有

$$I_{B1}=I_{B2}=I_B$$

因此可以得到

$$I_{C2}=I_{C1}=I_R-2I_B=I_R-2I_{C2}/\beta$$

由此可以得出

$$I_{C2}=\frac{I_R}{1+2/\beta} \tag{4.3.1}$$

如果 BJT 满足$\beta \gg 2$ 的条件,则有

$$I_{C2}\approx I_R=(V_{CC}-U_{BE})/R \tag{4.3.2}$$

由式(4.3.2)可知,输出电流 I_{C2}与参考电流 I_R 近似相等,犹如物体与镜像的关系。所以,这种电流源电路称为镜像电流源。

镜像电流源电路结构简单,两个 BJT 的 U_{BE}具有一定的温度补偿作用。但是,镜像电流源电路存在以下几个问题:

(1)I_{C2}随电源电压 V_{CC}变化,不适用于电源电压变化范围很宽的场合。

(2)如要获得微安级的电流 I_{C2},电阻 R 的阻值必须很大。例如,$V_{CC}=15$ V 时,要求 $I_{C2}=10$ μA,则 $R\approx 1.5$ MΩ,这大大超出了集成电路工艺所允许的电阻值范围。

(3)镜像电流源电路对温漂没有抑制作用,所以 I_{C2}受温度影响很大。

(4)镜像电流源电路的输出电阻不够大,$r_o=r_{ce2}$,而理想电流源的输出电阻应趋于无穷大。

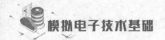

2. 微电流源

为了用小电阻实现微电流源，在图 4.3.2 中VT_2 的发射极接入电阻 R_e，如图 4.3.3 所示。由该图可得

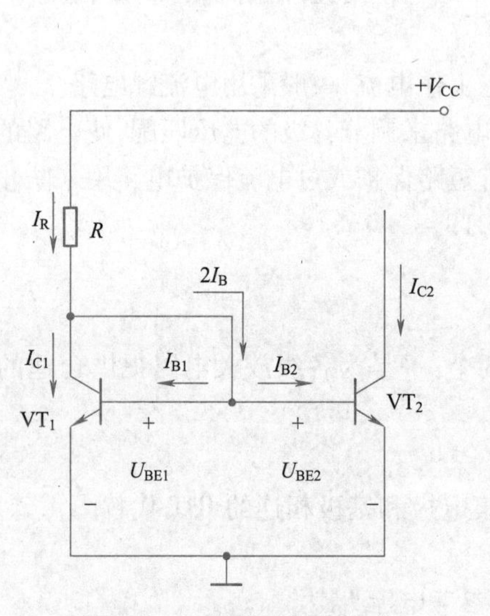

图 4.3.2　镜像电流源电路

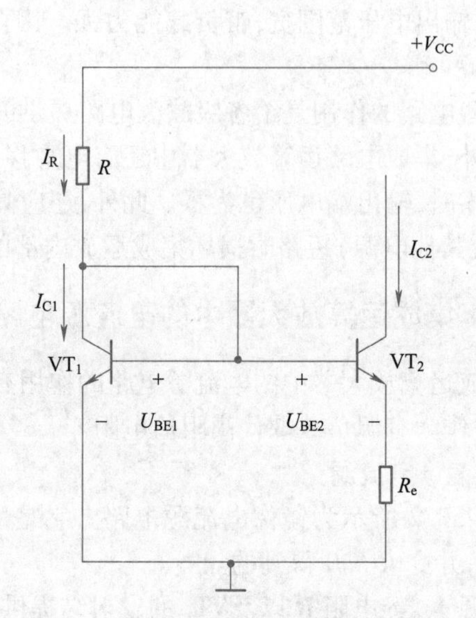

图 4.3.3　微电流源

$$U_{BE1}-U_{BE2}=I_{E2}R_e\approx I_{C2}R_e \tag{4.3.3}$$

由二极管的特性方程可知

$$I_D=I_S(e^{U_D/U_T}-1)$$

当 $U_D \gg U_T$ 时，上式可以近似为

$$I_D\approx I_S e^{U_D/U_T}$$

BJT 的发射结电压与发射极电流之间有同样的关系，即

$$I_E=I_S e^{U_{BE}/U_T}\approx I_C$$

所以

$$\begin{aligned} U_{BE}&=U_T\ln(I_C/I_S)\\ U_{BE1}-U_{BE2}&=U_T\ln(I_{C1}/I_S)-U_T\ln(I_{C2}/I_S)=U_T\ln(I_{C1}/I_{C2}) \end{aligned} \tag{4.3.4}$$

由式(4.3.3)、式(4.3.4)可得

$$U_T\ln(I_{C1}/I_{C2})\approx I_{C2}R_e \tag{4.3.5}$$

在集成电路的设计过程中，通常先选择合适的 I_{C1}，再根据需要的 I_{C2}来求电阻，这样的计算非常容易。

例 4.3.1　在图 4.3.3 中，若 $I_{C1}\approx I_R=0.73$ mA，且要求 $I_{C2}=28$ μA，试确定 R_e 的阻值。

解　由式(4.3.5)可得

$$R_e=\frac{U_T}{I_{C2}}\ln\frac{I_{C1}}{I_{C2}}=\frac{26\times10^{-3}}{28\times10^{-6}}\ln\frac{730}{28}\ \Omega\approx3\ \text{k}\Omega$$

微电流源相比于镜像电流源有如下优点：

(1)用小电阻实现了微电流源。

(2)由于引入了射极电阻 R_e，提高了输出电阻，使得输出电流 I_{C2}更加稳定。

(3)当电源电压 V_{CC} 变化时, I_R 和($U_{BE1}-U_{BE2}$)也将变化。但是由于 R_e 的阻值一般为数千欧,使 $U_{BE1} \gg U_{BE2}$, VT_2 工作在输入特性开始的弯曲部分,所以电源电压变动对 I_{C2} 的影响不大。

3. 多路电流源

在集成电路运算放大器中,经常需要给多个 BJT 提供偏置电流和有源负载,需要用同一个参考电流,同时产生几路输出的多路电流源。

图4.3.4所示为多路电流源电路。图中 VT_4 与 VT_2 组成一个镜像电流源, $I_{C4}=I_{C2}=688\ \mu A$ 。 VT_1 、 VT_3 分别与 VT_2 组成微电流源,可以根据给定的电流和电阻值,用式(4.3.5)计算出 $I_{C1}=42\ \mu A$, $I_{C3}=47\ \mu A$ (假设各个 BJT 的电流放大系数 β 均为80)。由此可见,用一路参考电流 I_R ($=706\ \mu A$),获得了三个数值不同的输出电流。

4. 作为有源负载的电流源电路

在共射放大电路中,增大集电极电阻 R_c ,可以提高放大电路的电压增益。但是,为了保持 BJT 的静态电流和电压不变,必须加大电源电压,因此受到集成电路设计的限制。如果用恒流源替代 R_c ,因其直流压降不大,既可保证原电路的 U_{CEQ} 和 I_{CQ} 不变,而动态时又能呈现很大的电阻,从而可以有效地提高放大电路的电压增益。

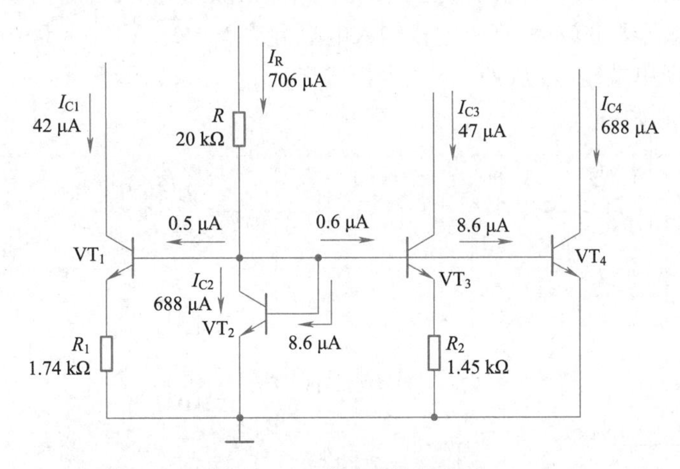

图4.3.4　多路电流源电路

图4.3.5(a)是一个带恒流源负载的共射放大电路。加入交流信号 u_i 时,产生集电极电流的变化分量 i_c 。由于 BJT 的集电极接有恒流源, I 恒定,因而 i_c 全部流过负载 R_L ,使输出电压 u_o 增大,从而提高了电压增益。图4.3.5(b)是包括实际电流源的完整电路。其中 I_R 为参考电流, VT_2 和 VT_3 组成镜像电流源。 I_{C2} 的值可根据要求,由 V_{CC} 和 R 来设定。为了使 VT_1 的等效集电极电阻 R_c 更大,可在 VT_2 和 VT_3 的发射极再接入数值相同的电阻。

因为 BJT 是有源器件,所以电路中用 BJT 作为 VT_1 的负载就称为有源负载。

4.3.3　典型集成运算放大器电路

集成运算放大器电路是一种高电压增益、高输入电阻、低输出电阻的直接耦合多级放大电路。下面将介绍两种型号的集成运算放大器电路,分别是由 BJT 组成的 F007 和由场效应管组成的 C14573。

1. F007 双极型集成运算放大器

F007 是第二代通用型集成运算放大器,其电路原理图如图4.3.6所示。它由输入级、偏

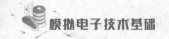

置电路、中间级、输出级等构成。下面分析它的工作原理。

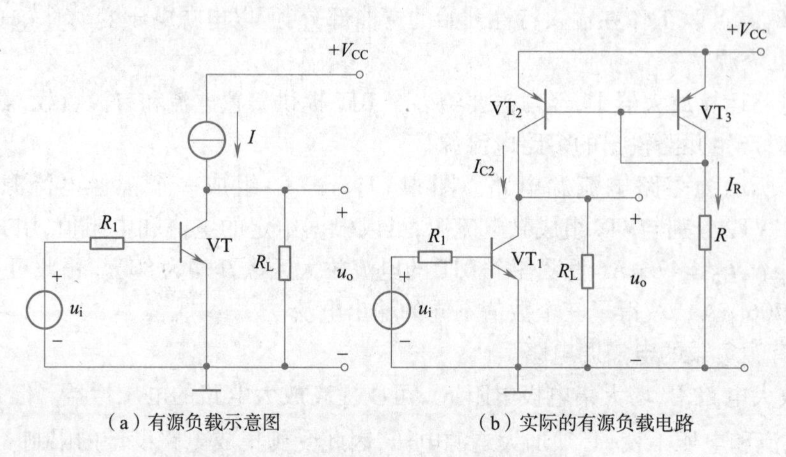

（a）有源负载示意图　　（b）实际的有源负载电路

图 4.3.5　带有源负载的共射放大电路

(1)输入级。在图 4.3.6 所示集成运放电路中,输入级由VT_1 ~ VT_9 构成。其中VT_1 ~ VT_4 组成共集-共基组态的差分放大电路,差模输入电阻可达 2 MΩ。VT_5 ~ VT_7 组成差分放大电路的有源负载,并实现单端输出(从VT_6 的集电极输出)。

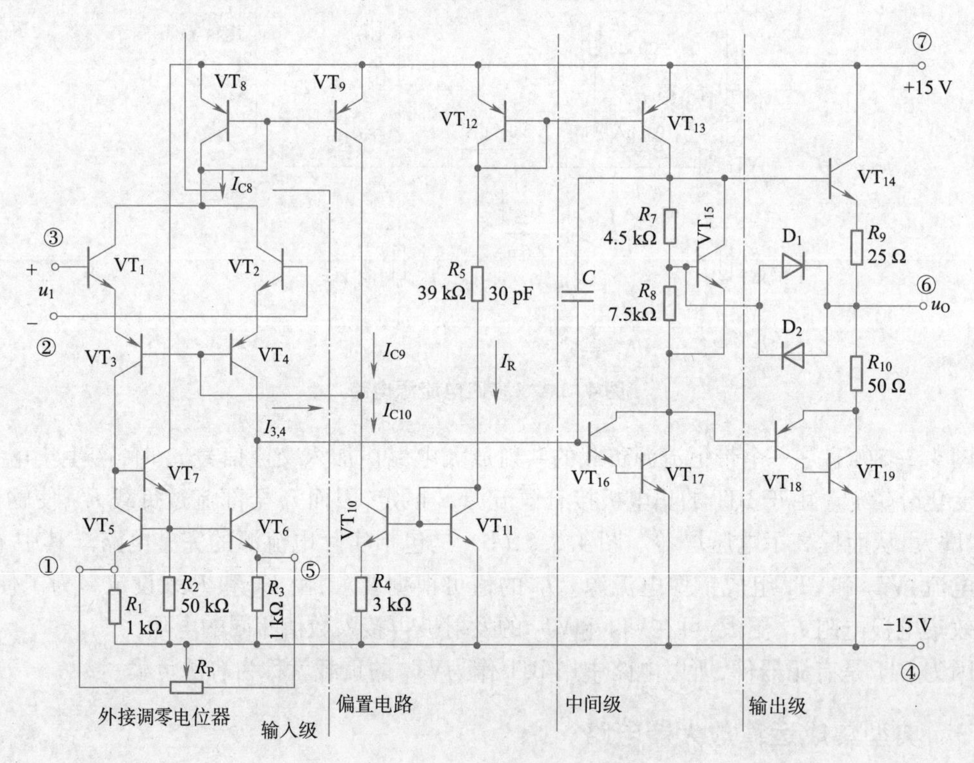

图 4.3.6　F007 集成运放的电路原理图

(2)中间级。由复合管VT_{16}、VT_{17}组成集成运放的中间级,VT_{12}和VT_{13}为其恒流源负载。由于采用了复合管,提高了增益(可达 60 dB)。其较高的输入电阻也减小了中间级对输入级的负载作用。

(3)输出级。VT_{14}和复合管VT_{18}、VT_{19}组成准互补功率放大电路(互补功率放大电路详见

第8章)。为克服交越失真,利用 R_7、R_8 和VT_{15}组成的"U_{BE}扩大电路"给电路的输出级提供偏置。由于 U_{BE15}的恒压特性,使得电压 U_{CE15}稳定,从而电路的输出级可以获得稳定的静态工作点。

由二极管D_1、D_2 组成过电流保护电路,可防止因输入级的信号过大或输出级负载电流过大造成VT_{14}、VT_{18}、VT_{19}的损坏。当正向输出电流过大时,R_9 上的电压降变大,使VD_1 两端电压上升而导通,造成对 i_{B14}的分流,从而限制 i_{E14}的增大,保护VT_{14}不致因过电流而损坏。二极管 VD_2 的作用与 VD_1 相同,即对过大的反向输出电流起保护作用。

(4)偏置电路。F007 的主偏置电路是由VT_{12}、R_5 以及VT_{11}构成,I_R 是参考电流。VT_{10}、VT_{11}构成微电流源,即 $I_{C10} \ll I_R$。

VT_9、VT_8 构成镜像电流源,I_{C8}为输入级提供静态工作点电流。I_{C9}、I_{C10}和 $I_{3,4}$间构成"共模负反馈"。当温度升高时,将出现以下过程:

$$T(℃)\uparrow \rightarrow I_{3,4}\uparrow \rightarrow I_{C8}\uparrow \rightarrow I_{C9}\uparrow \text{(因为}I_{C9}+I_{3,4}=I_{C10}=\text{常数)} \rightarrow I_{3,4}\downarrow$$

由此可见,由于 I_{C10}恒定,保证了 $I_{3,4}$十分稳定。这样不仅稳定了电路的静态工作点,而且提高了整个电路的共模抑制比。

VT_{12}、VT_{13}构成镜像电流源,作为中间级的有源负载。

综上所述,集成运放 F007 具有较高的电压增益,一般超过 100 dB(10^5)。输入级静态电流很小(I_{C8}约为 21 μA),可以获得较高的输入电阻和很小的输入失调电流。利用共模负反馈可使共模抑制比高达 80 ~ 86 dB。因此,这种集成运放在实际中获得广泛应用。

2. C14573 CMOS 型集成运算放大器

C14573 是由场效应管组成的集成运放。因采用了 N 沟道与 P 沟道互补的场效应管,所以称为 CMOS① 型。与 BJT 组成的集成运放相比,采用 CMOS 管的集成运放具有输入电阻高、集成度高、电源适用范围宽等特点。C14573 把四个集成运放制作在同一块基片上,封装成一个器件。它们具有相同的温度系数,可以很方便地进行补偿,组成性能优良的电路。

C14573 中一个集成运放的电路原理图如图 4. 3. 7 所示,这是由增强型 MOS 管组成的两级放大电路。

第一级是共源差分放大电路,由 PMOS 管 VT_3 和 VT_4 组成。由 NMOS 管 VT_5 和 VT_6 构成的镜像电流源作为有源负载。偏置电流由 PMOS 管 VT_2 作为电流源提供。

第二级是由 NMOS 管 VT_8 组成的带负载 PMOS 管 VT_7 的共源放大电路。

VT_2 和 VT_7 的电流由 VT_1 确定,这是一个多路电流源;VT_1 电流大小是通过外接电阻 R 由直流电源确定的。C 是内部补偿电容,用来保证系统的稳定性。V_{DD}和 V_{SS}为直流电源,其电源电压数值要求在 5 ~ 15 V 之间。可以是单电源供电(正或负),也可以是不对称的正负电源。但是,电路的输出电压范围将随电源的不同选择而改变。

CMOS 放大电路在 MOS 集成放大电路中应用较多。它与带增强型或耗尽型有源负载的 NMOS 放大电路相比,主要特点是电压增益高(单级可达 30 ~ 60 dB),功耗小,但工艺复杂。

4. 3. 4　集成运算放大器的主要技术指标

集成运算放大器有以下若干主要技术指标:

---

① CMOS 中的 C 是 complementary(互补)的首字母。

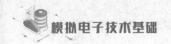

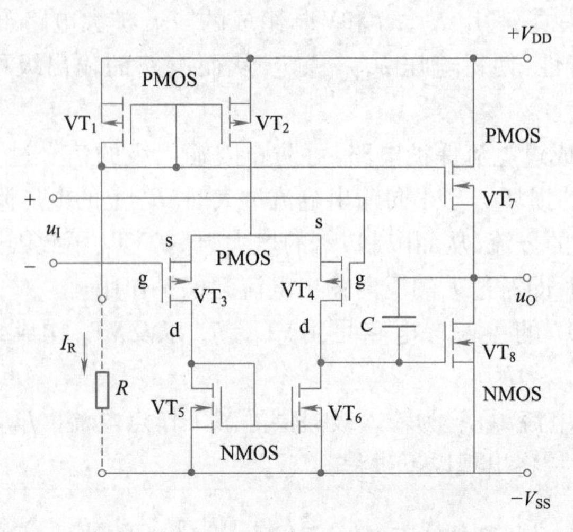

图 4.3.7　C14573 集成运放电路原理图

1. 共模抑制比 K_{CMR}

共模抑制比指的是差模电压增益与共模电压增益之比的绝对值,即 $K_{CMR}=\left|\frac{\dot{A}_d}{\dot{A}_c}\right|$,主要取决于输入级差分放大电路。性能好的集成运算放大器的共模抑制比可以达到 120 dB(10^6)以上。

2. 开环差模电压增益 $\dot{A}_{od}$

开环差模电压增益指的是集成运算放大器在开环状态(即无反馈时)下的差模电压增益,表示为 $\dot{A}_{od}=\dot{U}_{od}/2\dot{U}_{id}$,用分贝数表示则为 $20\lg A_{od}$。通用型集成运算放大器的 $\dot{A}_{od}$ 约为10^5,即 100 dB。

3. 差模输入电阻 r_{id}

差模输入电阻指的是输入差模信号时集成运放的输入电阻。r_{id}越大,集成运算放大器从信号源索取的电流越小。

4. 输入失调电压 U_{IO}

输入失调电压指的是去掉调零电位器时,为使静态输出电压为零在输入端应加的补偿电压。输入失调电压越小,表明输入级差分管 U_{BE}(或 U_{GS})的对称性越好。

5. 输入失调电压温漂$\frac{dI_{IO}}{dT}$

输入失调电压的温漂是指输入失调电压的温度系数。该数值越小,表明集成运算放大器的温漂越小。

6. 输入失调电流 I_{IO}

输入失调电流是反映集成运放输入级差分对管输入电流对称性的参数。输入失调电流越小,表明差分对管的电流放大系数 β 值的对称性越好。

7. 输入失调电流温漂$\frac{dI_{IO}}{dT}$

输入失调电流温漂是指输入失调电流的温度系数。该数值越小越好。

8. 输入偏置电流 I_{IB}

输入偏置电流指的是集成运放输入级差分对管的基极(栅极)偏置电流的平均值,记为 $I_{IB}=(I_{B1}+I_{B2})/2$。输入偏置电流越小,信号源内阻对集成运算放大器静态工作点的影响就越小。

9. 最大差模输入电压 U_{idm}

最大差模输入电压指的是当集成运算放大器加差模信号时,输入差分放大级至少有一个BJT的PN结承受反向电压。最大差模输入电压是保证PN结不会反向击穿所允许的电压最大值。

10. 最大共模输入电压 U_{icm}

最大共模输入电压指的是输入差分放大级能正常工作时允许的最大共模输入信号。

11. -3 dB 带宽 f_H

f_H 指的是使 A_{od} 下降3 dB时的信号频率。

12. 单位增益带宽 f_0

单位增益带宽指的是 A_{od} 下降到1或 $20\lg A_{od}$ 为0 dB时的信号频率。

13. 转换速率 S_R

转换速率反映集成运算放大器对高速变化的输入信号的响应能力,其值定义为 $S_R=|du_o/dt|_{max}$。只有输入信号变化速率的绝对值小于 S_R 时,集成运算放大器的输出电压才能跟上输入信号的变化。转换速率越高,表明集成运算放大器的高频性能越好。

除了以上各个指标外,集成运算放大器的性能指标还有静态功耗、额定输出电流、最大输出电压幅值和输出电阻等,此处不再一一赘述。

在实际应用中,对集成运算放大器进行近似分析时,常将其理想化。理想运算放大器具有的技术指标如下:

$$A_{od}\to\infty,K_{CMR}\to\infty,r_{id}\to\infty,f_{BW}\to\infty,S_R\to\infty$$

$$U_{IO}=0,\frac{dU_{IO}}{dT}=0,I_{IO}=0,\frac{dI_{IO}}{dT}=0,I_{IB}=0,r_o=0$$

式中,r_o 是放大电路的输出电阻;f_{BW} 是放大电路的通频带,将在下一章进行介绍。

集成运算放大器的图形符号如图4.3.8所示[本书采用图4.3.8(b)的画法]。图中左侧两个输入端分别为“同相输入端”和“反相输入端”,反映了输出电压与输入电压之间的相位关系。

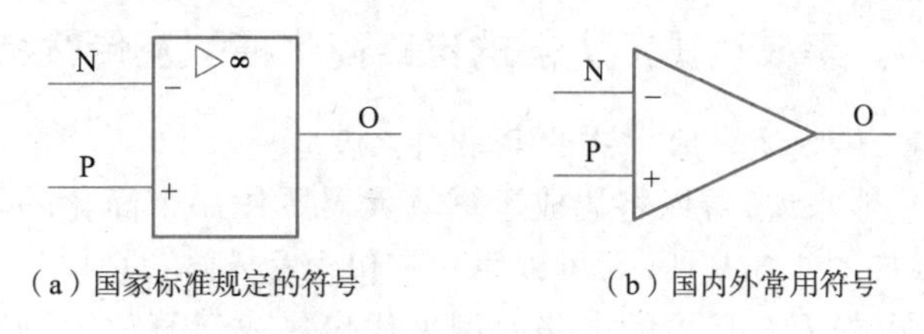

(a)国家标准规定的符号　　(b)国内外常用符号

图4.3.8 集成运算放大器的图形符号

4.3.5 集成运算放大器的发展概况及种类

1. 集成运算放大器的发展概况

集成运算放大器自20世纪60年代问世以来,发展迅猛,已经历了四代产品。

第一代集成运算放大器以1965年问世的FC3(μA709)为代表,它的特点是采用了微电流源、共模负反馈和标准的电源电压(±15 V),在开环电压增益、输入电阻、失调电压、温漂和共模输入电压范围等技术指标方面都比一般的分立元件电路有所改善。

第二代集成运算放大器以1966年问世的F007为代表,它的特点是采用了恒流源负载,简化了电路结构,还加入了过载保护。

第三代集成运算放大器以1972年问世的4E325(A508)为代表,它的特点是采用"超β管"组成输入级,并且在版图设计中考虑了热反馈的效应。减小了失调电压、失调电流及温漂,增大了开环增益、共模抑制比和输入电阻。

第四代集成运算放大器以1973年问世的HA2900为代表。它的特点是进入了大规模集成阶段,将场效应管和BJT制作在同一硅片上,并采用了斩波稳零和动态稳零技术,一般情况下集成运放不需要调零就能正常工作,其各项性能指标更加理想化。

2. 集成运算放大器的种类

根据供电方式可以将集成运算放大器分为双电源和单电源供电;按照一个芯片上集成运算放大器的个数可以分为单运放、双运放和四运放;按照制造工艺可以将其分为双极型、CMOS型和BiFET型;按照工作情况可以将集成运算放大器分为电流放大型(实现电流放大)、电压放大型(实现电压放大)、互阻型(将输入电流转换成输出电压)和互导型(将输入电压转换成输出电流)运算放大器;按性能指标可以将集成运放分为特殊型和通用型运算放大器。特殊型运算放大器在某一方面的性能特别突出。例如高阻型运算放大器F3140,其输入电阻r_{id}可达$1.5\times10^{12}\ \Omega$;低功耗型运算放大器F30781,电源电压为±6 V时,电源电流只有20 μA,动态功耗为240 μW;高精度型运算放大器F5037,$U_{IO}=10\ \mu V$,$I_{IO}=7\ nA$,$\frac{dU_{IO}}{dT}=0.2\ \mu V/℃$;高压型运算放大器3583,在电源电压为±150 V时,输出电压峰值可达±140 V,共模输入电压范围可达±140 V。

在实际应用时,应当考虑信号源、负载的性质以及对精度的要求,根据需要来选择集成运算放大器的类型和参数。例如,需要测量高内阻信号源的电压时,为了提高测量精度,必须选择高阻型运算放大器作为测量放大器。而当没有特殊要求时,应当尽可能地选用通用型的集成运放,从而获得较高的性价比。

目前,集成运算放大器正在向着高速、高压、低温漂、低功耗、低噪声、大规模集成、大功率、专用化等方向发展。随着EDA(电子设计自动化)技术的发展,模拟可编程序器件也得到越来越广泛的应用。

视频

集成运算放大器的电路简化模型及传输特性

4.3.6 集成运算放大器的电路简化模型及传输特性

1. 集成运算放大器的电路简化模型

一般来说,可以将集成运算放大器看作一个简化的具有端口特性的标准器件,如图4.3.9所示,可以用一个包含输入端口(+、-),输出端口(O)和供电电源端(U_+、U_-)的电路模型来代表集成运算放大器。集成运放的输入端口可以用输入电阻r_i来等效,而输出端口一般用输出电阻r_o和与之串联的受控电压源$A_{uo}(u_+-u_-)$来等效。其中,同相输入端电压u_+、反相输入端电压u_-和输出电压u_O都是以正负电源$+U_1$、$-U_2$的中间接点作为参考电位点,即0电位点。电源是集成运算放大器内部电路运行所必需的能源。为了简便起见,在下文中将不再画出电路的供电电源。

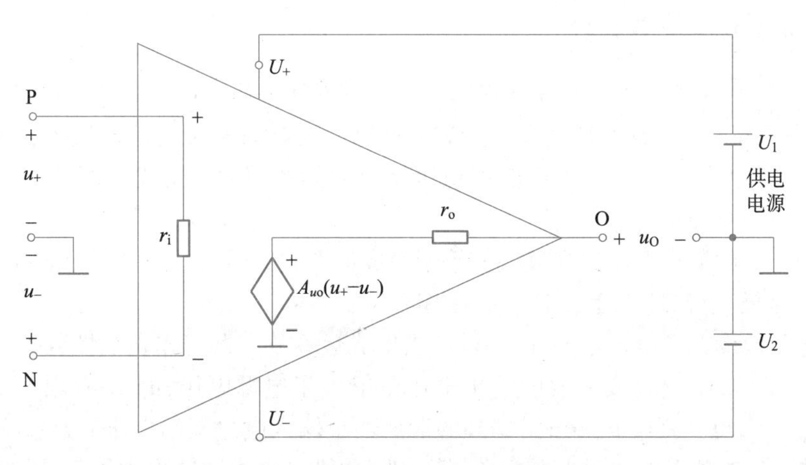

图4.3.9 集成运算放大器的电路简化模型

2. 集成运算放大器的传输特性

集成运算放大器的电路模型中的输出电压 u_O 不可能超越正负电源的电压值。由于集成运算放大器的开环电压增益很高，所以尽管输入电压(u_+-u_-)很小，仍可使集成运算放大器工作于饱和区。当$(u_+-u_-)>0$时，集成运放的输出电压 u_O 将趋于正饱和极限电压 $U_+(+U_{om}=U_+)$；反之，当$(u_+-u_-)<0$时，u_O 将趋于负饱和极限电压 $U_-(-U_{om}=U_-)$。实际集成运算放大器的输出电压 u_O 的变化范围往往在 $U_+(+U_{om}=U_+-\Delta U)$ 和 $U_-(-U_{om}=U_-+\Delta U)$ 之间（其中，ΔU 是由集成运算放大器内部电路的 BJT 决定的）。只有在理想情况下，集成运算放大器 u_O 的变化范围才扩展到正、负饱和极限值。

根据上述情况，可用下列式子来说明集成运算放大器的传输特性：

设 $A_{uo}\gg 0$，若 $U_-<A_{uo}(u_+-u_-)<U_+$，则

$$u_O=A_{uo}(u_+-u_-) \tag{4.3.6}$$

若 $A_{uo}(u_+-u_-)\geqslant U_+$，则

$$u_O=+U_{om}=U_+ \tag{4.3.7}$$

若 $A_{uo}(u_+-u_-)\leqslant U_-$，则

$$u_O=-U_{om}=U_- \tag{4.3.8}$$

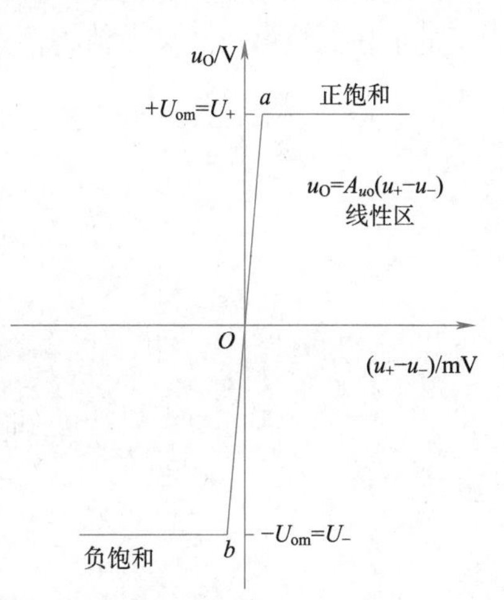

图4.3.10 集成运算放大器的电压传输特性

根据式(4.3.6)～式(4.3.8)所绘制出的集成运算放大器的电压传输特性 $u_O=f(u_+-u_-)$ 如图4.3.10所示。图中的 ab 段斜线几乎垂直，这是由于它的斜率 A_{uo} 的值很大。ab 段所跨越的范围称为集成运放的线性区。上、下两条水平线，分别表示正、负饱和极限值；$+U_{om}=U_+$、$-U_{om}=U_-$，为非线性区，又称限幅区。

值得注意的是，集成运算放大器电压传输特性的形状与 $A_{uo}(u_+-u_-)$ 密切相关，由于 A_{uo} 的值很高，容易导致电路性能不稳定。在后面的章节中将指出，为使由集成运算放大器所组成的各种应用电路能稳定地工作在线性区，必须引入负反馈，构成闭环电路。

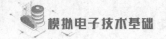

4.3.7 理想集成运算放大器

由图4.3.10所示的集成运算放大器的电压传输特性可知，由于其开环电压增益A_{uo}很大，特性曲线的中间部分很陡峭。同时考虑到集成运算放大器的输入电阻r_i很大，而输出电阻r_o又很小，这就启发人们去建立一个近似理想运算放大器的模型。集成运放的理想模型(简称"理想运放")具有如下的主要特性：

(1)理想运放的输出电压饱和极限值等于集成运算放大器的电源电压，即$+U_{om}=U_+$以及$-U_{om}=U_-$。也就是说，理想运放工作在限幅区。

(2)理想运放的开环电压增益$A_{uo}\to\infty$。当集成运算放大器工作在线性区时，其输出电压$u_O=A_{uo}(u_+-u_-)$，由于集成运放的输出电压不能大于电源电压，u_O是有限值，因此$(u_+-u_-)=u_O/A_{uo}\approx 0$，也就是说$u_+\approx u_-$，即理想运放两个输入端之间的电压$u_+-u_-\approx 0$，两输入端之间近似短路，这种现象称为虚假短路，简称"虚短"。集成运算放大器工作在线性区与负反馈有关。

(3)理想运放的输入电阻$r_i\to\infty$。由于理想运放两个输入端之间的电压$u_+-u_-\approx 0$，所以理想运放的输入电流$i_i=(u_+-u_-)/r_i\approx 0$(或$i_+=-i_-\to 0$)，即理想运放流入同相输入端和流出反相输入端的电流基本为零。这种现象称为虚假断路，简称"虚断"。

(4)理想运放的输出电阻$r_o\to 0$。

(5)理想运放的开环带宽$BW\to\infty$。也就是说，理想运放对所有频率的信号都有相同大小的A_{uo}。

将集成运算放大器的性能参数理想化，便可得到如图4.3.11所示的理想运放的电路模型。它的输入端是开路的，即$r_i\to\infty$，输出端的电阻$r_o\to 0$，输出电压$u_O=A_{uo}(u_+-u_-)$为受控源的电压，其中$A_{uo}\to\infty$。值得注意的是，图4.3.11中每个端子的电压均是该端子与地之间的电压。

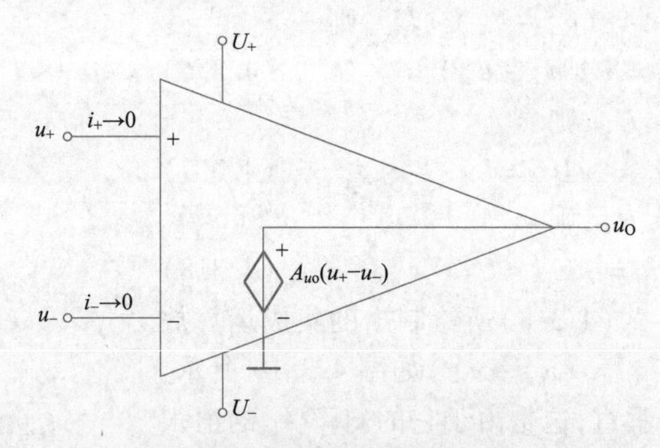

图4.3.11 理想运放的电路模型

由理想运放参数可以导出理想运放的特性，即"虚短"$(u_+-u_-\approx 0)$和"虚断"$(i_i\approx 0)$。理想运放的特性对分析和设计由集成运算放大器组成的各种线性应用电路(闭环电路)非常重要，应用起来也十分简便。由集成运放所组成的各种信号运算与信号处理电路将在本书的第7章进行介绍。

文本

扩展阅读

小 结

本章主要介绍了多级放大电路以及集成运算放大器。多级放大电路有阻容耦合、直接耦合、变压器耦合、光电耦合四种耦合方式。直接耦合放大电路具有良好的低频特性,但是其各级的静态工作点会相互影响,并且存在“零点漂移”现象。阻容耦合放大电路中各级放大电路的静态工作点相互独立,其温漂很小。变压器耦合放大电路每一级的静态工作点也是相互独立的,但是它的高频性能和低频性能都比较差。光电耦合放大电路因其具有较强的抗干扰能力,得到了越来越广泛的应用。

由于集成电路的迅速发展,直接耦合放大电路得到越来越多的应用。为了抑制直接耦合放大电路中的零点漂移现象,常常采用差分放大电路。理想的差分放大电路仅放大差模输入信号,而对共模输入信号没有放大作用,从而抑制了零点漂移。在分析差分放大电路时,经常采用“半电路分析法”,即先画出一半的差分放大电路及其小信号等效电路,并分析该半电路的性能参数,然后再对整个差分放大电路进行分析计算。

集成运算放大器是一种高增益的直接耦合放大电路,它是被广泛使用的一种基本的电子器件。集成运算放大器的最主要的连接端有同相输入端、反相输入端、输出端,以及正负电源端。两电源相连的公共端作为电路的参考点地端(即0电位点)。集成运算放大器仅放大两个输入信号的差值$(u_+ - u_-)$,其输出电压$u_O = A_{uo}(u_+ - u_-)$。

理想运放的$A_{uo}\to\infty$,$r_i\to\infty$,$r_o\to 0$,$BW\to\infty$。由理想运放参数可以导出理想运放“虚短”和“虚断”的特性。

习 题

4.1 多级放大电路的耦合方式及分析

4.1.1 由于大容量电容不易制造,集成电路一般采用________的耦合方式。

4.1.2 有三个直接耦合放大电路,假设电路1的电压增益为1 000,当温度由20 ℃升到25 ℃时,其输出电压漂移了10 V;电路2的电压增益为50,当温度由20 ℃升到40 ℃时,其输出电压漂移了10 V;电路3的电压增益为20,当温度由20 ℃升到40 ℃时,它的输出电压漂移了2 V。试分析哪个放大电路的温漂参数较小。

4.1.3 在如图题4.1.3所示的放大电路中,已知VT_1为硅管,其$U_{BE1}=0.7\ V$,$\beta_1=40$,而VT_2为锗管,其$U_{BE2}=-0.2\ V$,$\beta_2=100$,$R_b=16.1\ k\Omega$。

(1)试计算两级放大电路静态工作时的I_{C1}、I_{C2}和U_O。

(2)试计算该放大电路的电压增益。

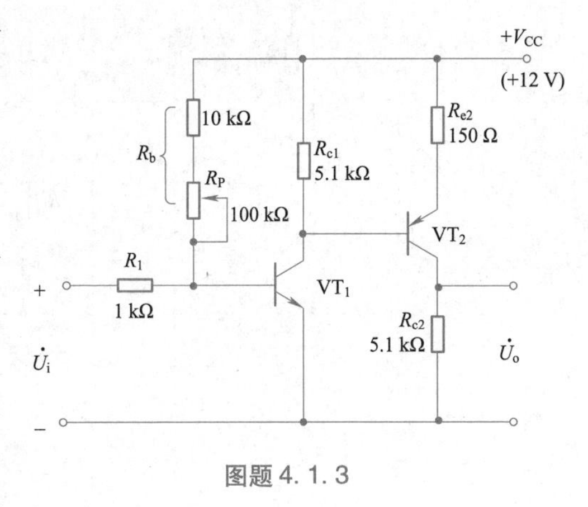

图题4.1.3

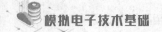

(3)试计算该放大电路的输入电阻和输出电阻。

4.1.4　在如图题4.1.4所示的放大电路中，假设VT_1和VT_2特性相同，其参数为$\beta=79$，$r_{be}=1\ k\Omega$。电路中的电容器对交流信号均可视为短路。试计算：

(1)该放大电路的输入电阻R_i和输出电阻R_o。

(2)空载时该放大电路的电压增益$\left(\dot{A}_u=\frac{\dot{U}_o}{\dot{U}_i},\ \dot{A}_{us}=\frac{\dot{U}_o}{\dot{U}_s}\right)$。

(3)当$U_s=10\ mV$，$R_L=3\ k\Omega$时的U_o值。

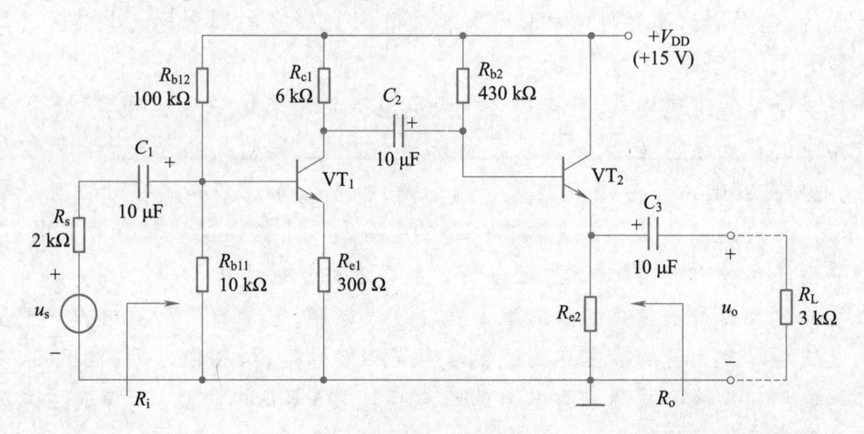

图题4.1.4

4.1.5　如图题4.1.5所示电路的两个点画线框中分别为共射组态和共集组态。如果放大电路的输入端、输出端和级间均采用电容耦合，并以下列方式组成多级放大电路：(1)Ⅰ(去掉R_L)+Ⅰ，(2)Ⅰ(去掉R_L)+Ⅱ+Ⅰ，(3)Ⅱ+Ⅰ(去掉R_L)+Ⅱ，试分析：

(1)哪一种组合方式的A_u最大？

(2)哪一种(或几种)组合方式输入电阻R_i比较大？

(3)哪一种(或几种)组合方式输出电阻R_o比较小？

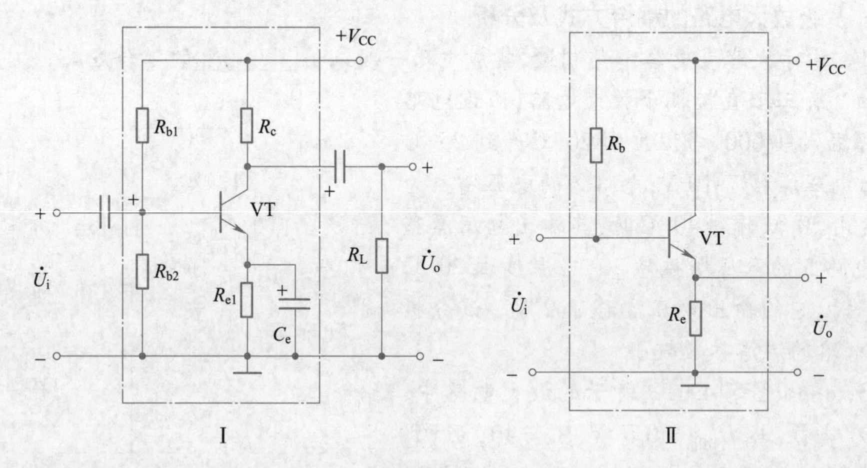

图题4.1.5

4.1.6　在如图题4.1.6所示的放大电路中，N沟道耗尽型场效应管VT_1的$g_m=1\ mS$；VT_2的$\beta=50$，$r_{be}=1\ k\Omega$，试计算该放大电路的电压增益、输入电阻R_i和输出电阻R_o。

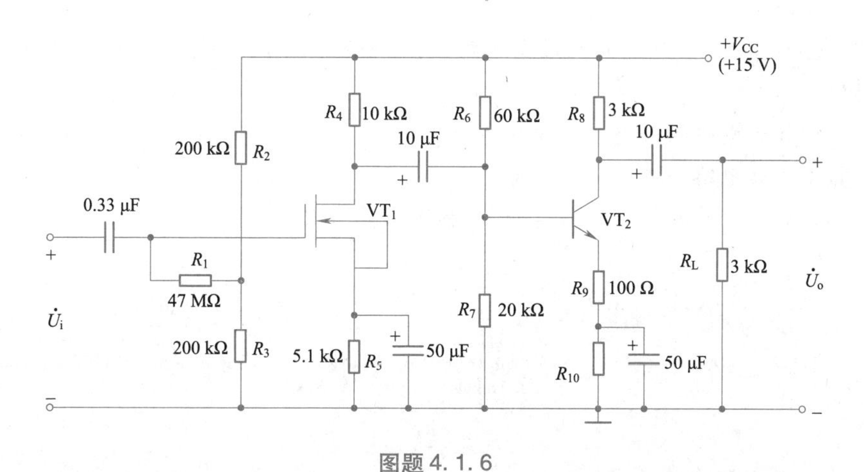

图题 4.1.6

4.2　差分放大电路

4.2.1　采用差分放大电路的目的是________，主要是通过________的方式来实现的。

4.2.2　放大电路的 A_d 越大，表示________；A_e 越大，表示________。

4.2.3　共模抑制比 K_{CMR} 是________之比的绝对值。共模抑制比越大，表明电路的________。

4.2.4　差模增益是________之比，共模增益是________之比。

4.2.5　在长尾式差分放大电路中，R_e 越大则电路的 A_d ________（A. 越大，B. 越小），A_e ________（A. 越大，B. 越小）；共模抑制比________（A. 越大，B. 越小）。用恒流源代替 R_e 后可以使电路的 A_d ________（A. 更大，B. 更小），A_c ________（A. 更大，B. 更小）。理想的共模抑制比为________（A. 无穷大，B. 零）。

4.2.6　分析图题 4.2.6 所示的各个放大电路能否正常放大。

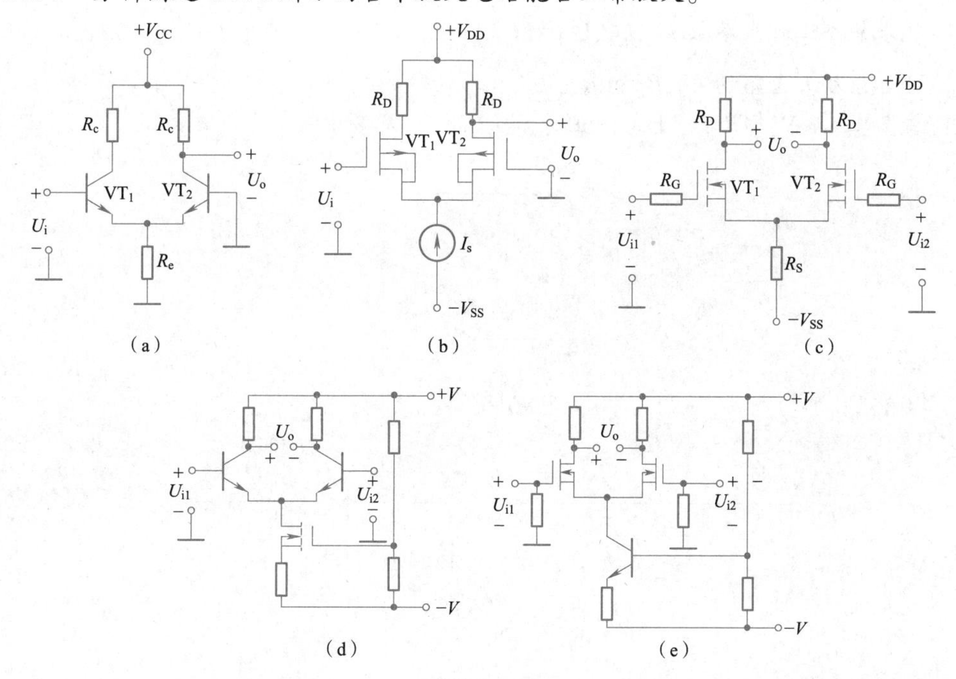

图题 4.2.6

4.2.7　在如图题 4.2.7 所示的放大电路中，已知 R_P 滑动端处于中间位置，BJT 的 $\beta=50$，$r_{be}=10.3\ \text{k}\Omega$。

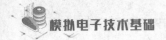

(1)试求该放大电路的静态工作参数 I_{C1}、I_{B1}和 U_{C1}。

(2)计算该放大电路的差模电压增益。

(3)计算该放大电路的差模输入电阻 R_i 和输出电阻 R_o。

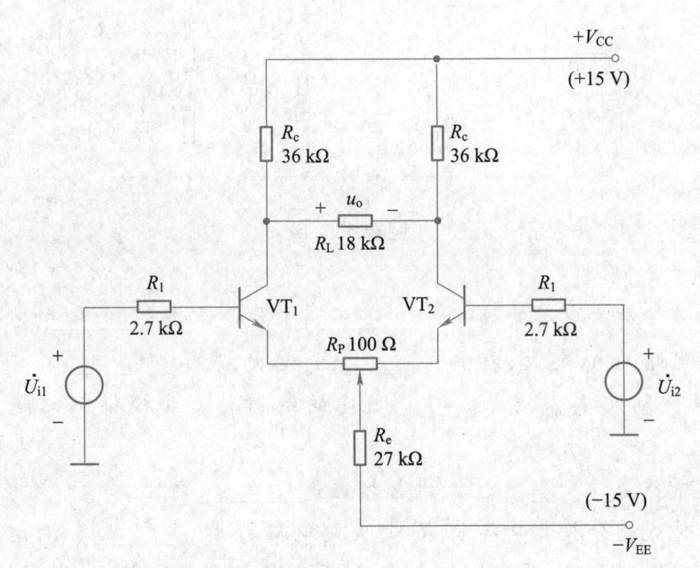

图题 4.2.7

4.2.8　放大电路如图题 4.2.8 所示，其中 BJT 的 $\beta=50$，$r_{bb'}=100\ \Omega$，$U_{BE}=0.7\ \text{V}$，电阻 R_1 上的压降可以忽略。

(1)试求静态工作点参数 I_{C1}、I_{C2}、U_{C1}和 U_{C2}。

(2)计算该放大电路的 $\dot{A}_d$、R_i 和 R_o。

(3)当 $U_i=-1\ \text{V}$，即 U_i 为上负下正时，电路的 U_o 是多少？

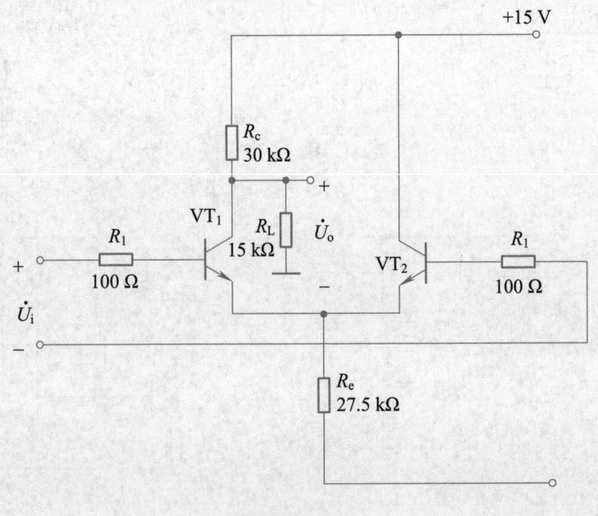

图题 4.2.8

4.2.9　图题4.2.8所示的差分放大电路并不完全对称。与 $R_e=0$ 的电路相比，该电路是否可以抑制温漂？并计算该电路的共模抑制比。

4.2.10　在如图题4.2.10所示的放大电路中，已知BJT的 $U_{BE}=0.7\ V$，$\beta=100$。

(1)试求该放大电路输出电压的直流值 U_o。

(2)令 $u_i=10\sin\omega t\ mV$，试求放大电路输出电压的交流分量 u_o。

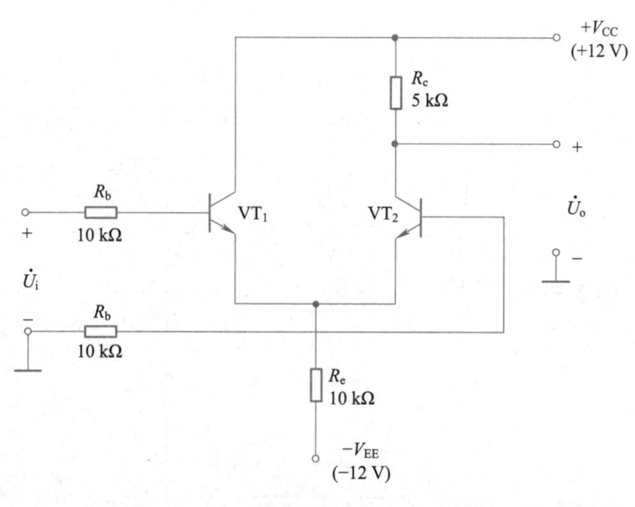

图题4.2.10

4.2.11　已知一个双端输入、双端输出接法的差分放大电路，其差模电压增益 $A_d=10\ 000$，共模电压增益 $A_c=100$，电路一个输入端的输入电压 $U_{i2}=0.8\ mV$，如果想要获得电路的输出电压 $U_o=2.09\ V$，试问该电路另一个输入端所加的输入电压 U_{i1} 应为多大？

4.2.12　放大电路如图题4.2.12所示，已知电路中BJT的 β 值均为50，$U_{BE}=0.7\ V$，$r_{bb'}=100\ \Omega$，电位器 R_P 滑动端在中点。试求：

(1)该放大电路的静态工作参数 I_{C1}、I_{C2}、U_{C1} 和 U_{C2} 的值。

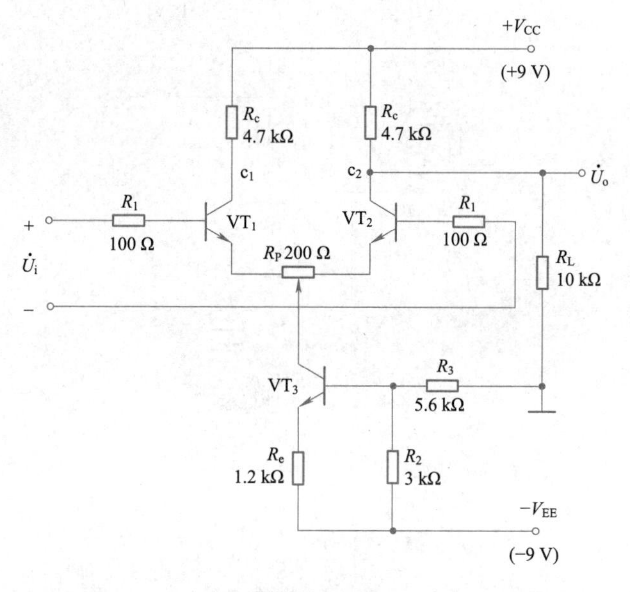

图题4.2.12

(2)双端输入、单端(c_2)输出时的$\dot{A}_d$、R_i和R_o。

4.2.13　在如图题4.2.13所示放大电路中,已知BJT的$\beta=100$,$U_{BE}=0.7\ V$,$r_{bb'}=100\ \Omega$。$U_i=0$时,$U_o=0$。试求:

(1)静态时I_{C1}、I_{C2}的值。

(2)电阻R_c的值。

(3)该放大电路的$\dot{A}_d$、R_i和R_o。

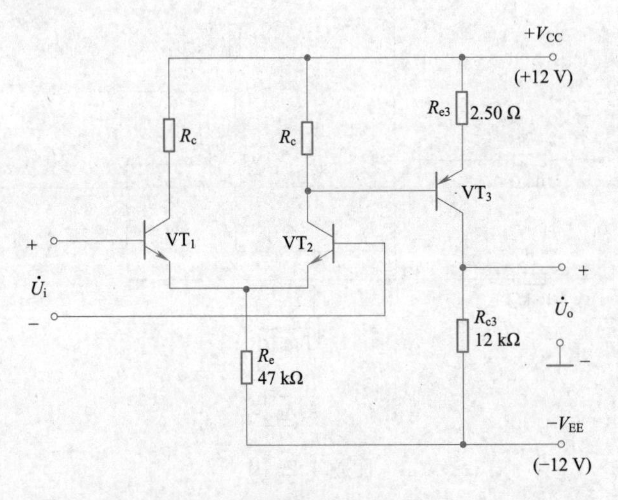

图题4.2.13

4.2.14　在如图题4.2.14所示的差分放大电路中,假设两个场效应管的特性相同,$I_{DSS}=1\ mA$,$U_{GS(off)}=-2\ V$,BJT的$U_{BE}=0.6\ V$,试求:

(1)场效应管的静态工作点参数I_D和U_{GS}。

(2)该放大电路的差模电压增益。

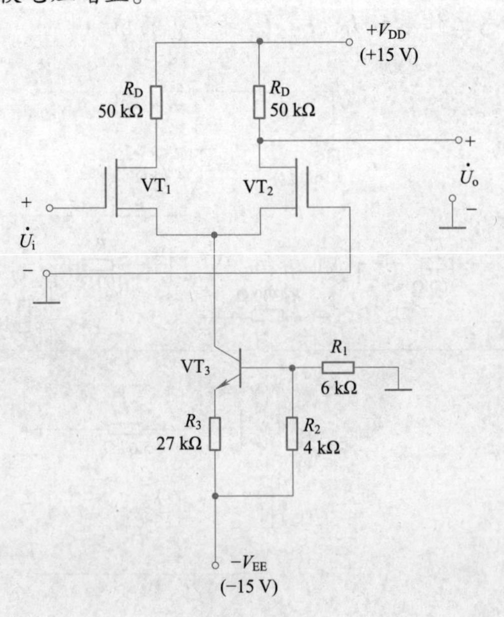

图题4.2.14

4.3 集成电路运算放大器

4.3.1 由于电流源中流过的电流是恒定的，所以它的等效交流电阻________(A. 很大，B. 很小)，而等效直流电阻(A. 很大，B. 不太大，C. 等于零)。

4.3.2 在放大电路中，电流源常常作为________(A. 电源，B. 有源负载，C. 信号源)，可以使电路的增益________(A. 稳定，B. 提高)。

4.3.3 集成运算放大器的两个输入端分别为________(A. 同相与反相，B. 差模与共模)，前者的极性与输出端________(A. 相同，B. 相反)，后者的极性与输出端________(A. 相同，B. 相反)。

4.3.4 为了提高 r_i，减小温漂，通用型集成运算放大器的输入级大多采用________电路；为了减小 r_o，一般集成运放的输出级通常采用________电路。(A. 共集或共漏，B. 共射或共源，C. 互补或射极输出器，D. 差分放大，E. 电流源)。

4.3.5 图题 4.3.5 所示的是改进型的镜像电流源电路。试定性说明 VT_3 的作用，并证明当 $\beta_1=\beta_2=\beta_3=\beta$ 时，$I_{C2}=I_R/[1+2/(\beta^2+\beta)]$。

4.3.6 图题 4.3.6 是一个由结型场效应管作为偏置电路的电流源电路，其偏置电流一般只有几十微安。试分析该电流源电路的特殊优点，并推导出 I_{C2} 的表达式。

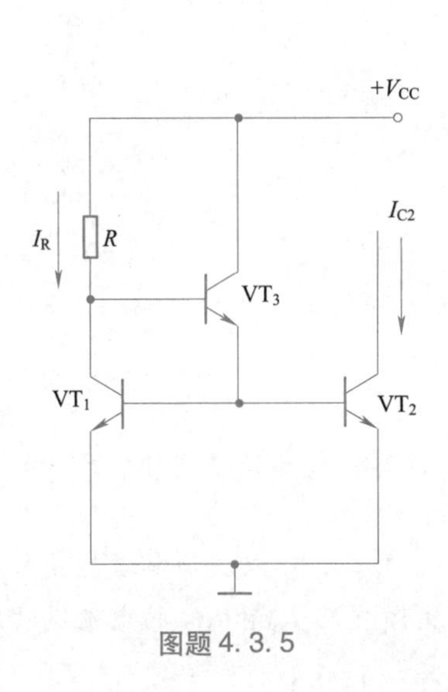

图题 4.3.5

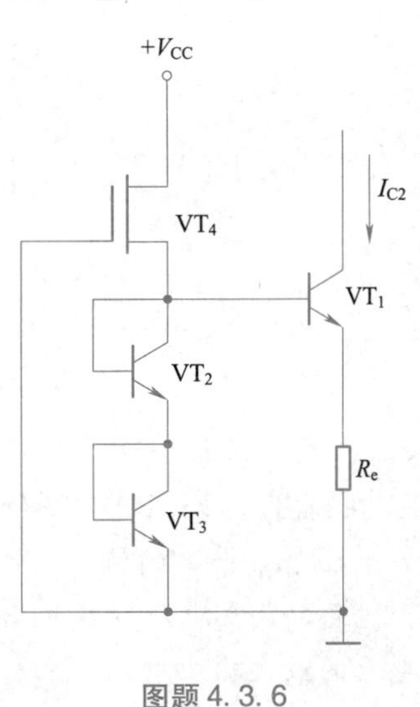

图题 4.3.6

4.3.7 在图题 4.3.7 所示的放大电路中，假设所有 BJT 的 β 均为 50，U_{BE} 均为 0.7 V，静态时 $U_{C1}=U_{C2}=10$ V，$I_{C1}=I_{C2}=100$ μA，$I_{C3}=I_{C4}=1$ mA，$I_5=10$ mA，$I_6=10.2$ mA，$R_5=510$ Ω，且在静态时 $U_o=0$，试求：

(1) R_1、R_2、R_3、R_4、R_6 的值。

(2) 该放大电路总的电压增益。

(3) 该放大电路输入电阻 R_i 和输出电阻 R_o 的值。

4.3.8 在如图题 4.3.8 所示的电路中，当集成运算放大器的输入电压 $u_I=20$ mV 时，测得输出电压 $u_O=4$ V。试求该集成运算放大器的开环增益 A_{uo}。

4.3.9 在如图 4.3.9 所示的电路中，集成运算放大器的 $A_{uo}=2\times10^5$，$r_i=2$ MΩ，$r_o=75$ Ω，$U_+=15$ V，$U_-=-15$ V，假设电路输出电压的最大饱和电压值 $\pm U_{om}=\pm14$ V。

(1) 若 $u_+=25$ μV，$u_-=100$ μV，试求电路的输出电压 u_O。此外，分析实际上，u_O 应为多

少？输入电流 i_1 应为多少？

(2)假设实际集成运算放大器的 $U_{om}=\pm14$ V,试绘制出其传输特性。

(3)假设集成运算放大器是理想的,试绘制出理想运放的传输特性。

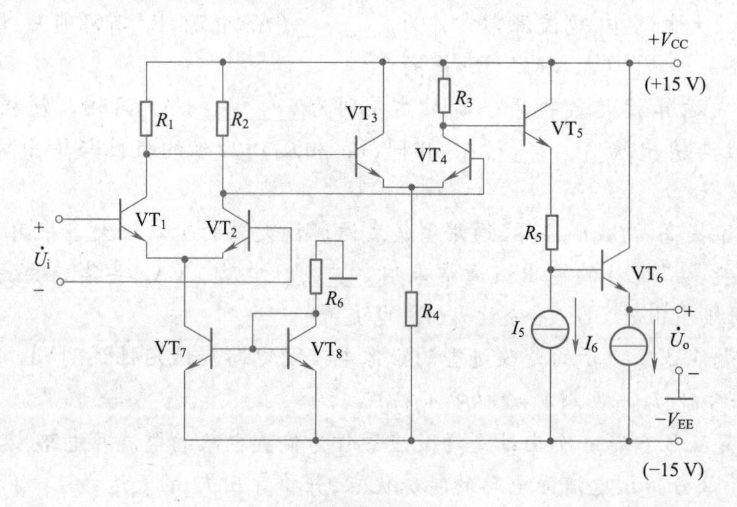

图题 4.3.7

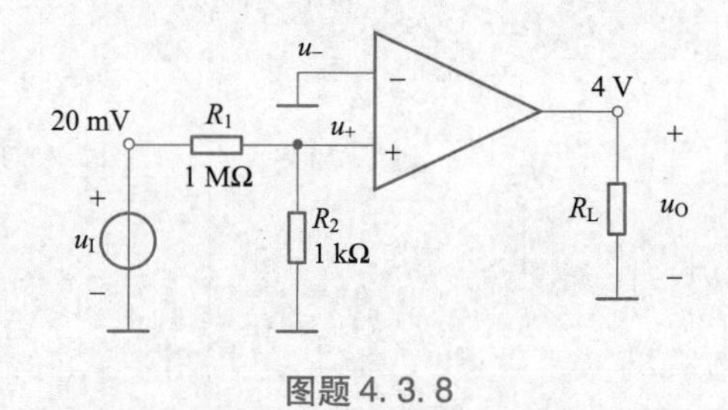

图题 4.3.8

4.3.10　在如图题 4.3.10 所示的电路中,设集成运算放大器是理想的。已知 $u_s=1$ V。

(1)求 i_I、i_1、i_2、u_O 和 i_L 的值。

(2)求该电路的闭环电压增益 $A_u=u_o/u_s$、电流增益 $A_i=i_L/i_I$ 以及功率增益 $A_p=p_o/p_i$。

(3)当电路的最大输出电压 $U_{o(max)}=10$ V,流经反馈支路 R_1 和 R_2 的电流为 100 μA,且 $R_2=9R_1$ 时,分别求电阻 R_1 和 R_2 的阻值。

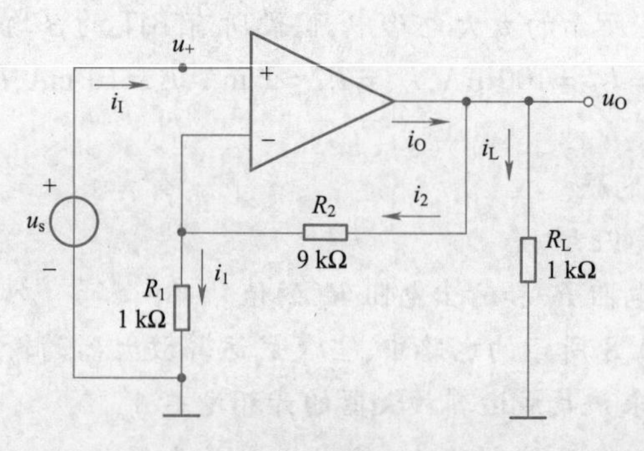

图题 4.3.10

4.3.11　在如图题 4.3.11 所示的各个电路中,假设所有集成运算放大器均为理想运放,图题4.3.7(a)中 $u_i=6\ V$,图题4.3.7(b)中 $u_I=10\sin\omega t\ mV$,图题4.3.7(c)中 $u_{I1}=0.6\ V$, $u_{i2}=0.8\ V$。试求各集成运算放大器电路的输出电压和图题4.3.7(a)、(b)中各支路的电流。

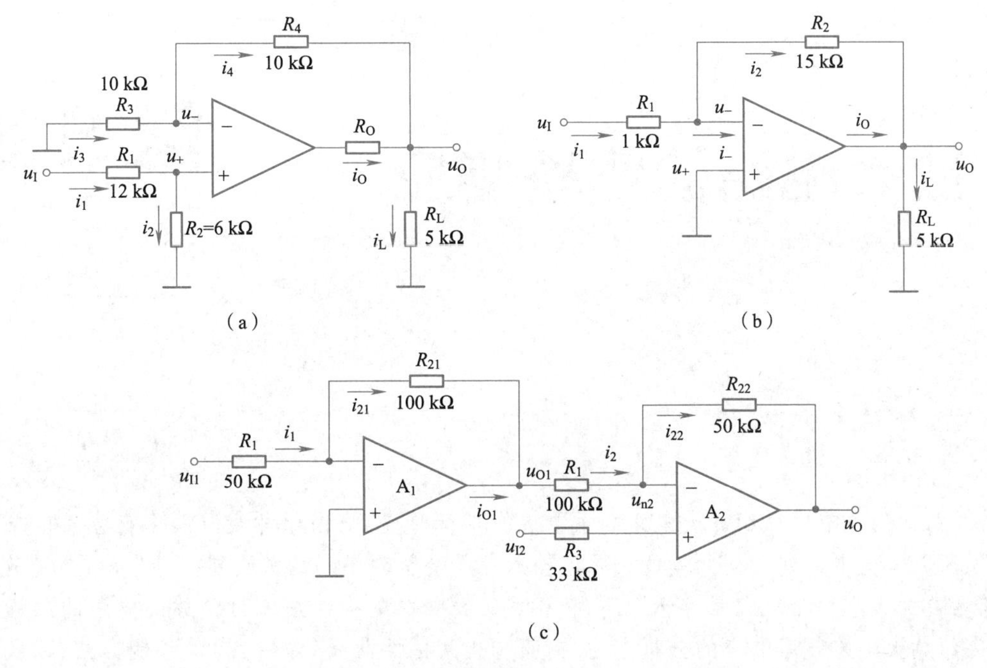

图题4.3.11

第5章 放大电路的频率响应

导读 >>>>>>

在前面的章节中介绍放大电路的主要性能指标时提到，由于放大电路中存在着电抗性元件，所以放大电路对不同频率的正弦波输入信号会呈现不同的放大能力。也就是说，放大电路增益的大小和相移都是输入信号频率的函数。本章将详细地讨论放大电路的频率响应，介绍放大电路频率响应的分析方法、幅频和相频特性曲线（波特图）的绘制方法，以及放大电路带宽的确定及影响带宽的因素。

5.1 放大电路的频率响应概述

视 频

放大电路频率响应概述

5.1.1 放大电路频率响应的概念及产生原因

前面分析放大电路的性能指标时，都是假设电路的输入信号为单一频率的正弦波信号，并且电路中所有耦合电容和旁路电容对交流信号都视为短路，场效应管或 BJT 的极间电容、电路中的负载电容和分布电容均视为开路。然而，实际上，放大电路的输入信号（例如测量仪表的输出信号、数字系统中的脉冲信号、电视中的图像和声音信号等）往往不是单一频率的信号，而是包含一系列的频率成分，或者说是在一定频率范围内的信号。极间电容、耦合电容、旁路电容和分布电容等电抗元件的容抗 X_C 均随着信号频率的变化而变化，因而使放大电路对不同频率信号的放大效果将不完全相同。也就是说，放大电路的电压放大倍数（增益）$\dot{A}_u$ 是频率的函数，这种函数关系称为放大电路的“频率响应”或者“频率特性”。

在前面几章中对放大电路的分析研究都是只考虑了中频段的情况。在中频段，放大电路中耦合电容、旁路电容的容抗 X_C 很小，因此可以认为短路。同时，BJT 结电容的容抗 X_C 又很大，所以可以将其看作开路。因此，在以前的分析中，并没有考虑放大电路的频率特性。然而，当信号频率很低时，虽然 BJT 结电容的容抗比中频时还大，依然可以认为是开路，但是，放大电路中的耦合电容和旁路电容的容抗会增大，对信号传输的作用不可忽略。例如，使放大电路电压增益的幅值减小以及产生附加相位移。当输入信号频率很高时，耦合电容和旁路电容的容抗很小,可以将其看作短路,但是此时 BJT 结电容和线路分布电容的容抗很小,它们对电流的并联分流作用不可忽略,同样会使增益的幅值减小,并且产生附加相位移。因此,在本章的分析中,将讲述频率响应的表示方法,引入 BJT 的高频等效模型,说明放大电路的上限频率、下限频率和通频带的求法以及单级和多级放大电路的频率响应。

5.1.2 放大电路频率响应的表示方法

放大电路的幅频特性和相频特性如图 5.1.1 所示。放大电路的幅频特性指的是电压增益的幅值与输入信号频率 f 之间的关系,而相频特性指的是放大电路输出电压与输入电压之间的相位差 φ 与输入信号频率 f 之间的关系。

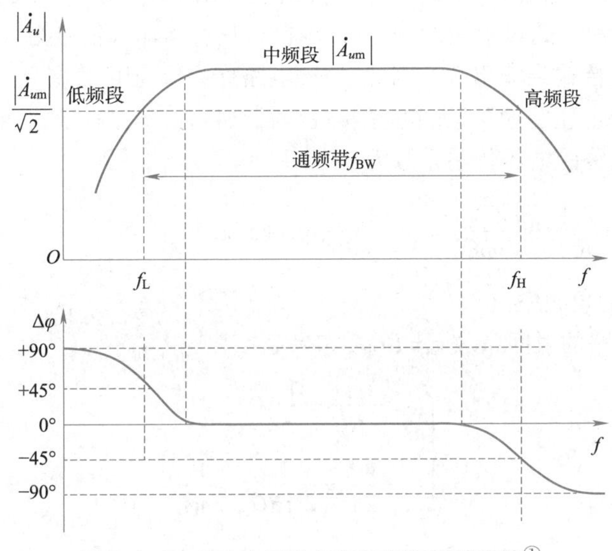

图 5.1.1 放大电路的幅频特性和相频特性①

通常中频段的电压增益用 $|\dot{A}_{um}|$(下标 m 是英文单词"中间"的首字母)来表示。当 $|\dot{A}_u|$ 在高频段和低频段下降到 $0.707|\dot{A}_{um}|$ $\left(即\frac{1}{\sqrt{2}}|\dot{A}_{um}|\right)$时所对应的两个频率点称为放大电路的"截止频率"。其中,下限截止频率 f_L 和上限截止频率 f_H 之间的频率范围称为放大电路的"通频带",记作 f_{BW},即

$$f_{BW}=f_H-f_L \tag{5.1.1}$$

由于 $f_H \gg f_L$,所以通常可以认为

$$f_{BW} \approx f_H \tag{5.1.2}$$

通频带是放大电路的重要技术指标,它是放大电路能对输入信号进行不失真放大的频率范围。

5.2 单时间常数 RC 电路的频率响应

为了比较顺利地研究放大电路的频率响应,首先对典型的无源单时间常数 RC 电路进行

① 图 5.1.1 中相频特性的纵坐标 $\Delta\varphi$ 表示的是以 $\varphi=-180°$ 为基准的附加相移,$\Delta\varphi=\varphi-(-180°)=\varphi+180°$。

频率分析。单时间常数 RC 电路是指由一个电阻和一个电容组成或者最终可以简化成一个电阻和一个电容组成的电路。它有两种类型,即 RC 低通电路和 RC 高通电路。它们的频率响应可分别用来模拟放大电路的低频响应和高频响应。

视频

单时间常数RC低通电路的频率响应

5.2.1 单时间常数 RC 低通电路的频率响应

单时间常数 RC 低通电路如图 5.2.1 所示。当输入信号的频率为 0 时,电容 C 的电抗 X_C 趋向于无穷大,因此 $\dot{U}_o = \dot{U}_i$,$\dot{A}_u = \frac{\dot{U}_o}{\dot{U}_i} = 1$[①]。随着输入信号频率的升高,电抗 X_C 不断下降,因此电路的输出电压 $\dot{U}_o$ 和电压传输系数 $\dot{A}_u$ 将随之减小。通过上面的分析可以看出,只有当输入信号为直流或者频率很低时,输入信号才能顺利地传输到输出端。因此,这种电路称为低通电路。

1. RC 低通电路电压传输系数的幅频特性和相频特性

图 5.2.1 所示电路的电压传输系数为

$$\dot{A}_u = \frac{\dot{U}_o}{\dot{U}_i} = \frac{1/(\mathrm{j}\omega C)}{R + 1/(\mathrm{j}\omega C)} = \frac{1}{1 + \mathrm{j}\omega RC} \tag{5.2.1}$$

图 5.2.1 单时间常数 RC 低通电路

式中,ω 是输入信号的角频率。

这个 RC 低通电路的时间常数 $\tau = RC$。如果令

$$\begin{cases} \omega_H = \dfrac{1}{RC} = \dfrac{1}{\tau} \\ f_H = \dfrac{\omega_H}{2\pi} = \dfrac{1}{2\pi RC} = \dfrac{1}{2\pi\tau} \end{cases} \tag{5.2.2}$$

则式(5.2.1)变为

$$\dot{A}_u = \frac{\dot{U}_o}{\dot{U}_i} = \frac{1}{1 + \mathrm{j}\omega/\omega_H} = \frac{1}{1 + \mathrm{j}f/f_H} \tag{5.2.3}$$

其幅值和相位与输入信号频率的关系为

$$\left|\dot{A}_u\right| = \frac{1}{\sqrt{1 + (f/f_H)^2}} \tag{5.2.4}$$

$$\varphi = -\arctan(f/f_H) \tag{5.2.5}$$

式(5.2.4)和式(5.2.5)分别是单时间常数 RC 低通电路的"幅频特性"和"相频特性"。

2. RC 低通电路的通频带和上限截止频率

根据 RC 低通电路的幅频特性,当 $f \ll f_H$ 时,$\left|\dot{A}_u\right| \approx 1$;而当 $f = f_H$ 时,$\left|\dot{A}_u\right| = \frac{1}{\sqrt{2}}$。由此可知,$f_H$ 是 RC 低通电路的"上限截止频率"。该电路的"通频带"f_{BW} 为输入信号从 $f = 0$ 到 $f = f_H$ 的频率范围,即 f_H。

3. RC 低通电路的波特图

为了便于直观地分析电路的频率响应,通常可以将电路的频率响应曲线用折线绘制出

① 对无源 RC 网络而言,实际上是电路的电压传输系数。

来,称为波特图。单时间常数 RC 低通电路的波特图如图 5.2.2 所示,具体绘制方法详见附录 E。

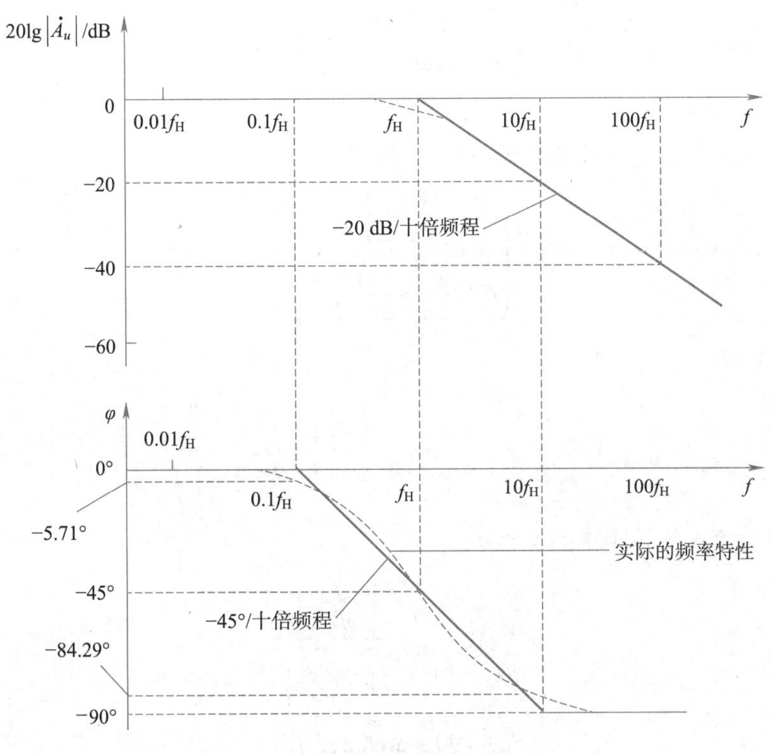

图 5.2.2　单时间常数 RC 低通电路的波特图

对于幅频特性来说,如果忽略 $f=f_H$ 处的 −3 dB 电压增益下降,则在 $f \leqslant f_H$ 时,$20\lg|\dot{A}_u| \approx 0$ dB。RC 低通电路的幅频特性曲线在 $f=f_H$ 处发生转折,当 $f>f_H$ 时,频率每增加 10 倍,幅值对数 $20\lg|\dot{A}_u|$ 的值下降 20 dB。所以,当 $f>f_H$ 以后,对数幅频特性是一条斜率为 −20 dB/十倍频程的直线。这种用折线来表示的幅频响应曲线与实际的幅频响应曲线存在一定误差。当 $f=f_H$ 时误差最大,为 3 dB。波特图作为一种近似方法,在工程上是允许的。

对于相频特性来说,如果忽略 −5.71°的误差,则可近似认为当 $f=0.1f_H$ 时,$\varphi \approx 0°$;在 $f=10f_H$ 时,$\varphi \approx -90°$。所以,在 RC 低通电路相频特性的波特图中,当 $f \leqslant 0.1f_H$ 时,$\varphi=0°$;在 $0.1f_H \leqslant f \leqslant 10f_H$ 范围内,相频是斜率为 −45°/十倍频程的直线,当 $f=f_H$ 时,$\varphi \approx -45°$;当 $f>10f_H$ 之后,$\varphi \approx -90°$。

5.2.2　单时间常数 RC 高通电路的频率响应

单时间常数 RC 高通电路如图 5.2.3 所示。当输入信号的频率为 0 时,电容 C 的电抗 X_C 趋向于无穷大,因此 $\dot{U}_o \approx 0$,$\dot{A}_u=\dfrac{\dot{U}_o}{\dot{U}_i} \approx 0$。随着输入信号频率的升高,电抗 X_C 不断下降,输出电压 $\dot{U}_o$ 和电压传输系数 $\dot{A}_u$ 将随之增大。可以看出,只有当输入信号的频率较高时,输入信号才能顺利传输到输出端。因此,这种电路称为高通电路。

1. RC 高通电路电压传输系数的幅频特性和相频特性

图 5.2.3 所示电路的电压传输系数为

$$\dot{A}_u=\frac{\dot{U}_o}{\dot{U}_i}=\frac{R}{R+1/(j\omega C)}=\frac{1}{1+1/(j\omega RC)} \quad (5.2.6)$$

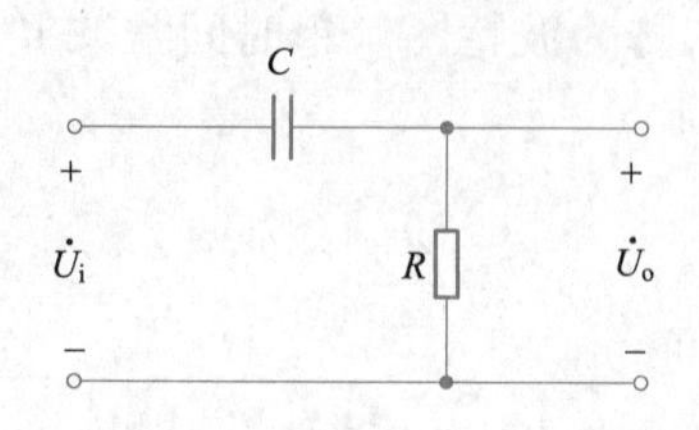

图 5.2.3　单时间常数 RC 高通电路

式中，ω 是输入信号的角频率。

这个 RC 高通电路的时间常数 $\tau=RC$。如果令

$$\begin{cases}\omega_L=\dfrac{1}{RC}=\dfrac{1}{\tau}\\ f_L=\dfrac{\omega_L}{2\pi}=\dfrac{1}{2\pi RC}=\dfrac{1}{2\pi\tau}\end{cases} \quad (5.2.7)$$

则式(5.2.6)变为

$$\dot{A}_u=\frac{\dot{U}_o}{\dot{U}_i}=\frac{1}{1+\omega_L/j\omega}=\frac{1}{1+f_L/jf}=\frac{j\dfrac{f}{f_L}}{1+j\dfrac{f}{f_L}} \quad (5.2.8)$$

其幅值和相位与输入信号频率的关系为

$$\left|\dot{A}_u\right|=\frac{\dfrac{f}{f_L}}{\sqrt{1+\left(\dfrac{f}{f_L}\right)^2}} \quad (5.2.9)$$

$$\varphi=90-\arctan(f/f_L) \quad (5.2.10)$$

式(5.2.9)和式(5.2.10)分别是单时间常数 RC 高通电路的“幅频特性”和“相频特性”。

2. RC 高通电路的通频带和下限截止频率

当 $f\gg f_L$ 时，$\left|\dot{A}_u\right|\approx 1$；当 $f=f_L$ 时，$\left|\dot{A}_u\right|=\dfrac{1}{\sqrt{2}}$。其中，$f_L$ 为高通电路的“下限截止频率”。RC 高通电路的通频带 f_{BW} 为从 $f_L\to\infty$。

3. RC 高通电路的波特图

单时间常数 RC 高通电路的波特图如图 5.2.4 所示。对于幅频特性来说，如果忽略 $f=f_L$ 处的 −3 dB 电压增益下降，可得当 $f\geqslant f_L$ 时，$20\lg\left|\dot{A}_u\right|\approx 0$ dB。RC 高通电路的幅频特性在 $f=f_L$ 处发生转折。当 $f\geqslant f_L$ 之后频率每下降 10 倍，幅值对数 $20\lg\left|\dot{A}_u\right|$ 的值下降 20 dB。因此，通常认为，当 $f<f_L$ 时，RC 高通电路的对数幅频特性是一条斜率为 +20 dB/十倍频程的直线。

对于相频特性来说，如果忽略 −5.71° 的误差，可以近似地认为当 $f\leqslant 0.1f_L$ 时，$\varphi=90°$；在 $f=10f_L$ 时，$\varphi=0°$；在 $0.1f_L\leqslant f\leqslant 10f_L$ 时，RC 高通电路的相频特性是斜率为 −45°/十倍频程的直线；当 $f=f_L$ 时，$\varphi=+45°$。这里的正号表示输出电压的相位超前于输入电压。

通过对单时间常数 RC 低通电路和高通电路的分析可以看出，画电路波特图的关键是求出对数频率特性的转折频率，即电路的上、下限截止频率，然后通过近似画法，就可以方便地画出波特图。

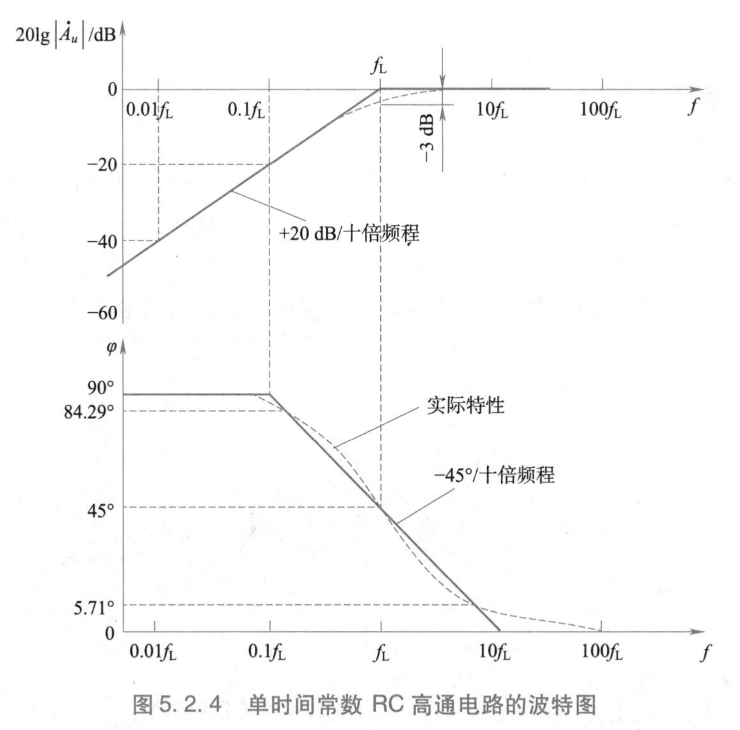

图 5.2.4　单时间常数 RC 高通电路的波特图

5.3　BJT 和场效应管的高频等效模型

5.3.1　BJT 的高频等效模型

1. BJT 的混合参数 π 形模型

在研究 BJT 的高频等效模型时，本书第 2 章所介绍的 BJT 低频小信号等效模型（H 参数等效模型）已不再适用，因为在高频情况下，必须考虑到 BJT 的结电容。此时，$\dot{I}_e$ 和 $\dot{I}_b$ 不再成比例关系，相位也不相同，因而 BJT 的电流放大系数 α 和 β 也是频率的函数。

（1）从 BJT 的结构引出物理模型。考虑到 BJT 发射结和集电结电容的作用，每个 PN 结均可以用一个并联的结电容和结电阻来等效。按照 BJT 的实际结构，可得到如图 5.3.1 所示 BJT 的高频物理模型。图中，r_e 是发射区的体电阻，其值很小，因此可以忽略。r_c 是集电区的体电阻，其值和串联的集电结反偏电阻 $r_{b'c}$ 相比，也可以忽略。$r_{b'c}$ 一般是兆欧数量级，所以可以近似认为是开路。

$r_{bb'}$ 是基区体电阻，其值在几欧到几百欧之间。对于小功率的 BJT 而言，为 200 ~ 300 Ω。

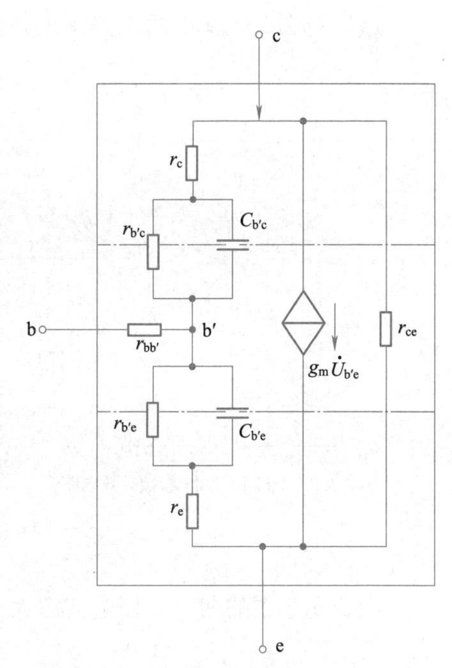

图 5.3.1　BJT 的高频物理模型

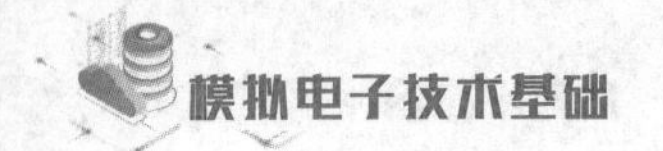

$r_{b'e}$是发射结动态电阻，$r_{b'e}=\dfrac{26\ \text{mV}}{I_E(\text{mA})}$。

$g_m\dot{U}_{b'e}$表示受发射结电压控制的集电结电流，是一个电压控电流源，$\dot{I}_c=g_m\dot{U}_{b'e}$。其中，互导 g_m 的单位为 mS。

如果认为图 5.3.1 中的 $r_{b'c}$开路，并且忽略 r_e 和 r_c，可以得到简化的 BJT 的高频小信号等效模型电路。由于其形状像希腊字母 π，而且各参数具有不同的量纲，所以称为 BJT 混合参数 π 形等效电路，如图 5.3.2 所示。图中 C_π 表示 $C_{b'e}$，C_μ 表示 $C_{b'c}$。C_μ 的数值可以从 BJT 的手册中查到。手册中一般不提供 C_π 值，但是它可以由手册中给出的特征频率 f_T 通过计算来得出。

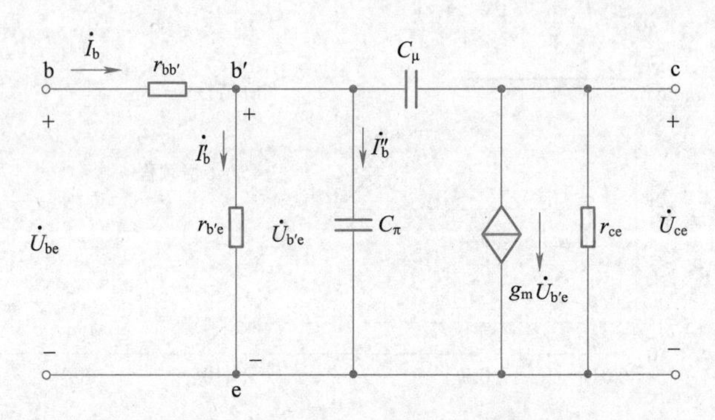

图 5.3.2　BJT 混合参数 π 形等效电路

由于混合参数 π 形等效电路和 H 参数等效电路都是 BJT 的等效电路，所以它们的参数之间必然存在一定关系。当电路的输入信号频率不高时，因为 BJT 的结电容 C_π 和 C_μ 的数值都很小，它们的影响可以忽略。这时混合参数 π 形等效电路就可以转化为 H 参数等效电路，如图 5.3.3 所示。

通过对图 5.3.3 中两电路图的比较可得：$r_{be}=r_{bb'}+r_{b'e}$，而 $r_{b'e}=(\beta+1)\dfrac{26\ \text{mV}}{I_{EQ}(\text{mA})}\approx\dfrac{26\beta}{I_{CQ}}$，因此

$$r_{bb'}=r_{be}-r_{b'e}\approx r_{be}-\frac{26\beta}{I_{CQ}}$$

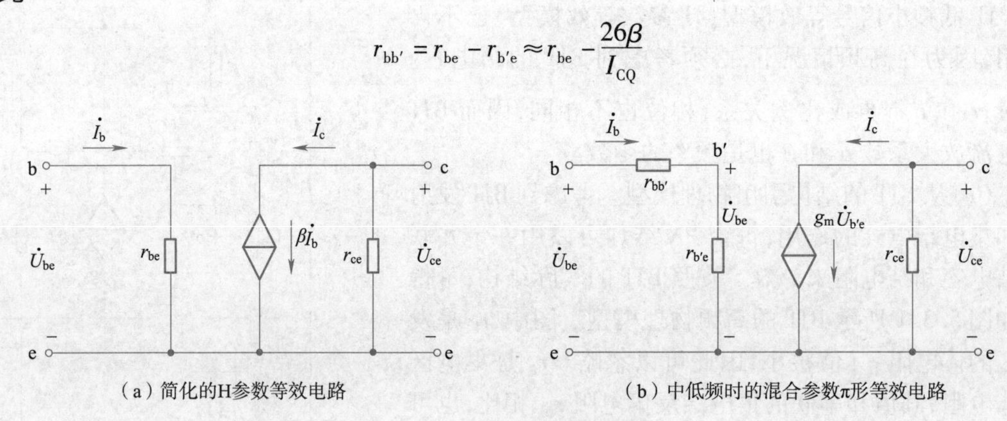

（a）简化的H参数等效电路　　（b）中低频时的混合参数π形等效电路

图 5.3.3　BJT 的等效电路

图 5.3.3 中的两个受控电流源大小也应相等，即 $\beta\dot{I}_b=g_m\dot{U}_{b'e}$。又由于 $\dot{U}_{b'e}=\dot{I}_b r_{b'e}$，将其代入可得

$$g_m=\beta/r_{b'e}=I_{CQ}/26 \tag{5.3.1}$$

BJT 的动态输出电阻 $r_{ce} \approx 100\ \mathrm{V}/I_{CQ}$。$I_{CQ}$ 的单位一般为 mA，所以 r_{ce} 的值一般在 100 ~ 200 kΩ 之间。通常，r_{ce} 比集电极电阻 R_c 和负载电阻 R_L 大很多，因此在一般计算中可以将其看作开路。

(2)混合参数 π 形等效电路的简化：

①π 形等效电路的单向化。由图 5.3.2 可知，由于 C_μ 在 b′和 c 之间，使等效电路失去了信号传输的单向性，将给分析计算带来不便。因此，可以通过密勒定理对电路进行单向化处理。图 5.3.4 所示电路为 BJT 用于共射放大电路时的混合参数 π 形等效电路。图 5.3.4 和图 5.3.2 的区别仅仅在于其输出端带有交流等效负载电阻 $R_L' = R_c /\!/ R_L /\!/ r_{ce} \approx R_c /\!/ R_L$。

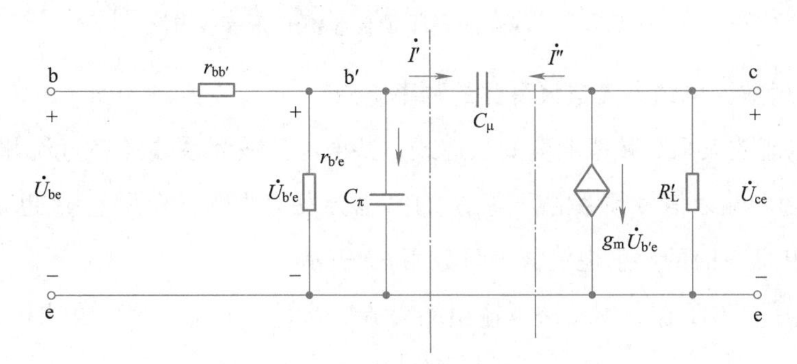

图 5.3.4 共射放大电路的混合参数 π 形等效电路

通过对放大电路进行单向化处理，在 C_μ 左边的输入回路中，C_μ 用一个接在 b′和 e 之间的电容 $(1+K)C_\mu$ 来等效；在 C_μ 右边的输出回路中，C_μ 用一个接在 c 和 e 之间的电容 $\dfrac{(1+K)}{K}C_\mu$ 来等效，如图 5.3.5 所示。其中，K 表示单管共射放大电路的输出电压 $\dot{U}_{ce}$ 和发射结电压 $\dot{U}_{b'e}$ 之比的绝对值，即

$$K = \left|\frac{\dot{U}_{ce}}{\dot{U}_{b'e}}\right| = g_m R_L' \tag{5.3.2}$$

K 值一般为几十到一百。

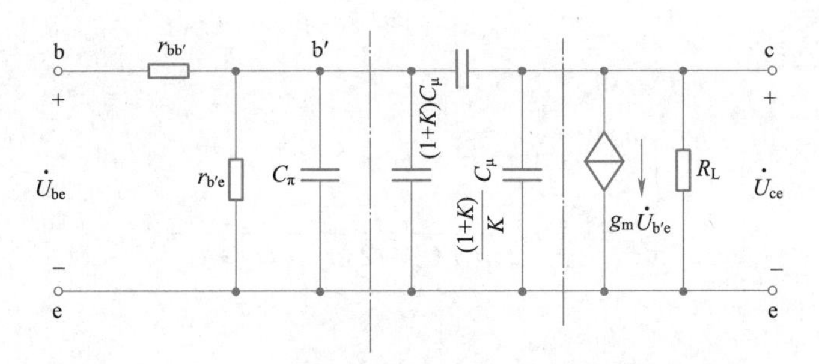

图 5.3.5 单向化后的 BJT 共射极混合参数 π 形等效电路

②单向化 BJT 共射极混合参数 π 形等效电路的简化。为了简化电路，用 C_π' 来表示 C_π 和 $(1+K)C_\mu$ 的并联结果，则有

$$C_\pi' = C_\pi + (1+K)C_\mu \tag{5.3.3}$$

由于 C_μ 值很小，在电路右侧 $\dfrac{(1+K)}{K}C_\mu \approx C_\mu$，因此该支路可以忽略。由此可以得到如

图5.3.6所示的简化的BJT混合参数π形等效电路。有文献指出，该简化电路中的各参数在工作频率低于$f_T/3$时，都与频率无关。因此，这一简化电路模型适用于$f<f_T/3$的情况。

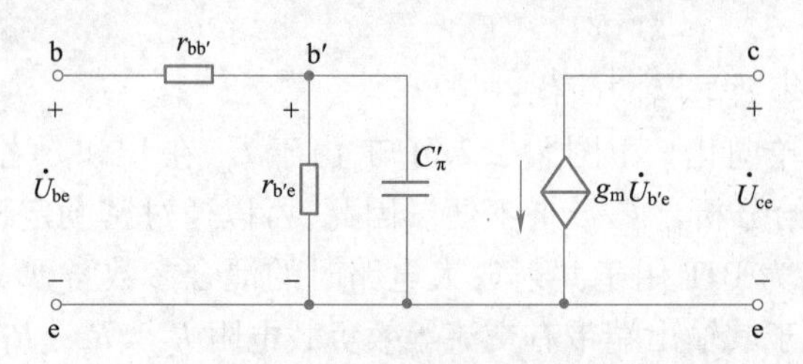

图5.3.6 简化的BJT混合参数π形等效电路

2. BJT共射放大电路电流放大系数的频率响应

(1)共射电流放大系数频率响应的表达式。共射电流放大系数$\dot{\beta}$在直流和低频时可以看成一个常数。随着输入信号频率的升高，$\dot{\beta}$的值也会发生改变。实际上，$\dot{\beta}$也是频率的函数。通常把在直流和低频时的共射电流放大系数用$\dot{\beta}_0$表示。

根据定义，$\dot{\beta}$是BJT在共射接法下输出端交流短路时的电流放大系数，即

$$\dot{\beta}=\left.\frac{\dot{I}_c}{\dot{I}_b}\right|_{U_{CE}=\text{常数}} \tag{5.3.4}$$

由图5.3.6可知，当输出端交流短路时，$K=g_mR'_L=0$。因此，此时有$C'_\pi=C_\pi+(1+K)C_\mu=C_\pi+C_\mu$，$\dot{I}_e=g_m\dot{U}_{b'e}$，$\dot{I}_b=\dot{U}_{b'e}[(1/r_{b'e})+j\omega C'_\pi]$。

将其代入式(5.3.4)，可得

$$\dot{\beta}=\left.\frac{\dot{I}_c}{\dot{I}_b}\right|_{U_{CE}=\text{常数}}=\frac{g_m\dot{U}_{b'e}}{\dot{U}_{b'e}[(1/r_{b'e})+j\omega C'_\pi]}=\frac{g_mr_{b'e}}{1+j\omega r_{b'e}C'_\pi}$$

由式(5.3.1)可得，当工作频率较低时，有$\dot{\beta}_0=g_mr_{b'e}$，所以有

$$\dot{\beta}=\frac{\dot{\beta}_0}{1+j\omega r_{b'e}C'_\pi} \tag{5.3.5}$$

令

$$\begin{cases}\omega_\beta=\dfrac{1}{r_{b'e}C'_\pi}\\ f_\beta=\dfrac{\omega_\beta}{2\pi}=\dfrac{1}{2\pi r_{b'e}C'_\pi}=\dfrac{1}{2\pi r_{b'e}(C_\pi+C_\mu)}\end{cases} \tag{5.3.6}$$

则有

$$\dot{\beta}=\frac{\dot{\beta}_0}{1+jf/f_\beta} \tag{5.3.7}$$

可以看出，BJT共射电流放大系数$\dot{\beta}$的频率响应与RC低通电路相一致。当$f=f_\beta$时，$\dot{\beta}=\dot{\beta}_0/\sqrt{2}$，因此$f_\beta$称为BJT共射电流放大系数$\dot{\beta}$的上限截止频率。图5.3.7是$\dot{\beta}$的波特图。

(2)特征频率f_T及其与f_β、C_π的关系。放大电路的特征频率f_T是指当$\dot{\beta}$下降到1时输入信号的频率。BJT的f_T值可以由产品手册查到。

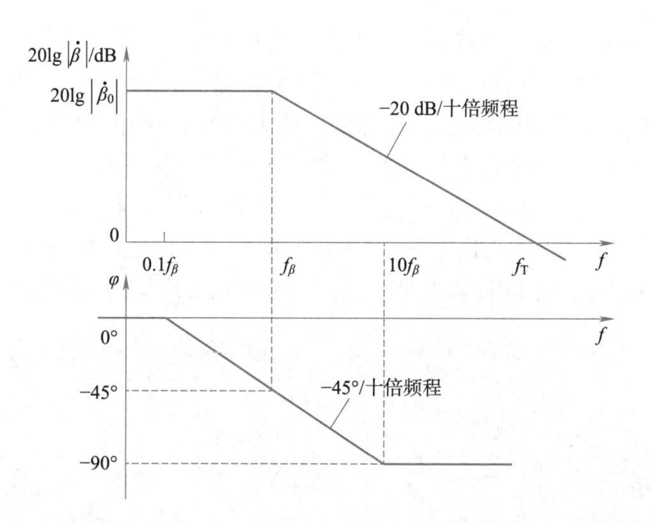

图 5.3.7　BJT 共射电流放大系数 $\dot{\beta}$ 的波特图

根据 BJT 特征频率的定义和式(5.3.7)，可以求出 f_T 和 f_β 的关系，即

$$\frac{\dot{\beta}_0}{\sqrt{1+(f_T/f_\beta)^2}}=1 \tag{5.3.8}$$

一般情况下，$f_T \gg f_\beta$，所以有

$$f_T \approx \dot{\beta}_0 f_\beta \tag{5.3.9}$$

根据式(5.3.6)可以得到 f_T 和 C_π 的关系。将式(5.3.6)两边同时乘 $\dot{\beta}_0$，可得

$$\dot{\beta}_0 f_\beta=\frac{\dot{\beta}_0}{2\pi r_{b'e}(C_\pi+C_\mu)}=\frac{g_m}{2\pi(C_\pi+C_\mu)} \tag{5.3.10}$$

因此，可得

$$f_T=\frac{g_m}{2\pi(C_\pi+C_\mu)} \tag{5.3.11}$$

通常情况下，$C_\pi \gg C_\mu$，所以

$$C_\pi \approx \frac{g_m}{2\pi f_T} \tag{5.3.12}$$

综上所述，可以得到 BJT 混合参数 π 形等效电路的所有参数如下：

$$\begin{cases} r_{b'e}=(\beta+1)\dfrac{26}{I_{EQ}}=\dfrac{26\beta}{I_{CQ}} \\ r_{bb'}=r_{be}-r_{b'e} \\ g_m=\dfrac{\beta_0}{r_{b'e}}=\dfrac{I_{CQ}}{26} \\ C'_\pi=C_\pi+(1+K)C_\mu，其中\ K=g_m R'_L \\ C_\pi=g_m/(2\pi f_T) \end{cases} \tag{5.3.13}$$

5.3.2　场效应管的高频等效模型

场效应管的高频等效模型基本上与 BJT 相类似。共源接法的场效应管的混合参数 π 形等效电路如图 5.3.8(a)所示。同样,可以通过密勒定理将 C_{gd}进行等效变换。在输入回路中,将其变为接在 g 与 s 之间的电容$(1+K)C_{gd}$;在输出回路中,将其变成接在 d 与 s 之间的电容$(1+1/K)C_{gd}$。由于场效应管的动态输入电阻 r_{gs}很大,输出电阻 r_{ds}通常也比电阻 R_D 和负载电阻 R_L 大很多,因此 r_{gs}和 r_{ds}都可以看作开路。输入回路的总电容为 $C'_{gs}=C_{gs}+(1+K)C_{gd}$,输出回路的总电容为 $C'_{ds}=C_{ds}+(1+1/K)C_{gd}$,由于输出回路的总电容很小,所以可以将其忽略。通过上述分析,可以得到进一步的简化电路,如图 5.3.8(b)所示。值得注意的是,场效应管的电容 C_{gd}为 1~10 pF,其等效电路中的输入电容 C'_{gs}较大,因此场效应管的高频特性要比 BJT 差一些。

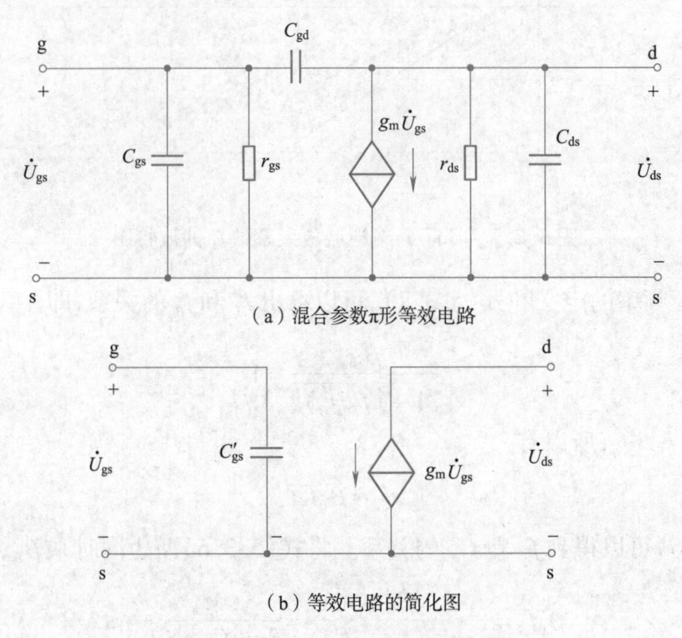

(a)混合参数π形等效电路

(b)等效电路的简化图

图 5.3.8 共源接法的场效应管

5.4 单级 BJT 放大电路的频率响应

在分析放大电路的频率响应时,通常采用"分频段研究法",即将工作频率分为低频、中频和高频三个频段分别进行讨论。由于放大电路中 BJT 的极间电容为几十皮法至几百皮法,而隔直耦合电容和旁路电容通常为几微法至几十微法,两者的容值相差很大,所以各个电容对不同频段的表现并不相同。在中频段,极间电容因为容抗大而视为开路,耦合电容和旁路电容因为容抗小而视为短路;而在低频段,主要考虑耦合和旁路电容的影响,将极间电容视为开路;在高频段,由于极间电容的存在,使 BJT 的共射电流放大系数 $\dot{\beta}$ 降低,而耦合电容和旁路电容可以视为短路。

视 频

单级BJT基本共射极放大电路的频率响应

5.4.1 单级 BJT 基本共射放大电路的频率响应

1. 基本共射放大电路的中频响应($f_L \leqslant f \leqslant f_H$)

单级 BJT 基本共射放大电路如图 5.4.1(a)所示。此时电路的输入信号频率 f 在 f_L 和 f_H 之间,中频等效电路如图 5.4.1(b)所示,可以得出

$$\dot{U}_{b'e}=\frac{R_i}{R_s+R_i}\frac{r_{b'e}}{r_{bb'}+r_{b'e}}\dot{U} \tag{5.4.1}$$

其中

$$R_i=R_b /\!/ (r_{bb'}+r_{b'e}) \tag{5.4.2}$$

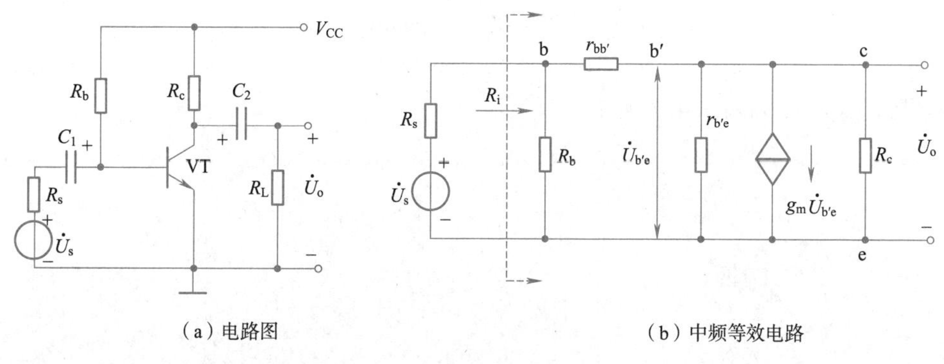

（a）电路图　　　　（b）中频等效电路

图 5.4.1　单级 BJT 基本共射放大电路及中频等效电路

如果将 C_2 和 R_L 归入下一级放大电路中，则输出电压为

$$\dot{U}_o=-g_m\dot{U}_{b'e}R_c \tag{5.4.3}$$

如果考虑负载 R_L，则输出电压为

$$\dot{U}_o=-g_m\dot{U}_{b'e}R'_L(R'_L=R_L /\!/ R_c) \tag{5.4.4}$$

因此，该放大电路的中频段电压增益为

$$\dot{A}_{usm}=\frac{\dot{U}_o}{\dot{U}_s}=-\frac{R_i}{R_s+R_i}\frac{r_{b'e}}{r_{bb'}+r_{b'e}}g_mR_c \tag{5.4.5}$$

中频段幅频特性和相频特性表示如下：

$$\begin{cases}20\lg\left|\dot{A}_{usm}\right|=20\lg\left(\dfrac{R_i}{R_s+R_i}\dfrac{r_{b'e}}{r_{bb'}+r_{b'e}}g_mR_c\right)\\ \varphi=-180^\circ\end{cases} \tag{5.4.6}$$

由式(5.4.6)画出的幅频特性和相频特性波特图的中频段都是一条水平线。

2. 基本共射放大电路的低频响应($f \leqslant f_L$)

图 5.4.1(a)所示基本共射放大电路在低频时的交流等效电路如图 5.4.2 所示。可以得到低频电压增益为

$$\begin{aligned}\dot{A}_{usL}&=\frac{\dot{U}_o}{\dot{U}_s}=-\frac{R_i}{R_s+R_i+1/(j\omega C_1)}\frac{r_{b'e}}{r_{bb'}+r_{b'e}}g_mR_c\\&=-\frac{R_i}{R_s+R_i}\frac{r_{b'e}}{r_{bb'}+r_{b'e}}\frac{1}{1+1/[j\omega(R_s+R_i)C_1]}g_mR_c\end{aligned} \tag{5.4.7}$$

令 $\tau_L=(R_s+R_i)C_1$，则有

$$f_L=\frac{1}{2\pi\tau_L}=\frac{1}{2\pi(R_s+R_i)C_1} \tag{5.4.8}$$

$$\dot{A}_{usL}=\dot{A}_{usm}\frac{1}{1+1/(j\omega\tau_L)}=\dot{A}_{usm}\frac{jf/f_L}{1+jf/f_L} \tag{5.4.9}$$

将式(5.4.9)和式(5.2.8)相比,可以看出,单管基本共射放大电路在低频段是一个高通 RC 电路,其中f_L是电路下限截止频率。

由式(5.4.9)可写出基本共射放大电路低频段的对数幅频特性和相频特性分别为

$$20\lg\left|\dot{A}_{usL}\right| = 20\lg\left|\dot{A}_{usm}\right| + 20\lg(f/f_L) - 10\lg[1+(f/f_L)^2] \tag{5.4.10}$$

$$\begin{aligned}\varphi &= -180° + 90° - \arctan(f/f_L)\\ &= -90° - \arctan(f/f_L)\end{aligned} \tag{5.4.11}$$

低频段的波特图如图 5.4.3 所示。

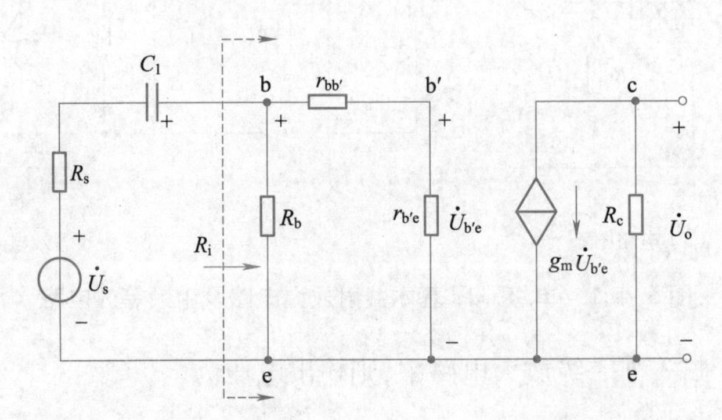

图 5.4.2　基本共射放大电路在低频时的交流等效电路

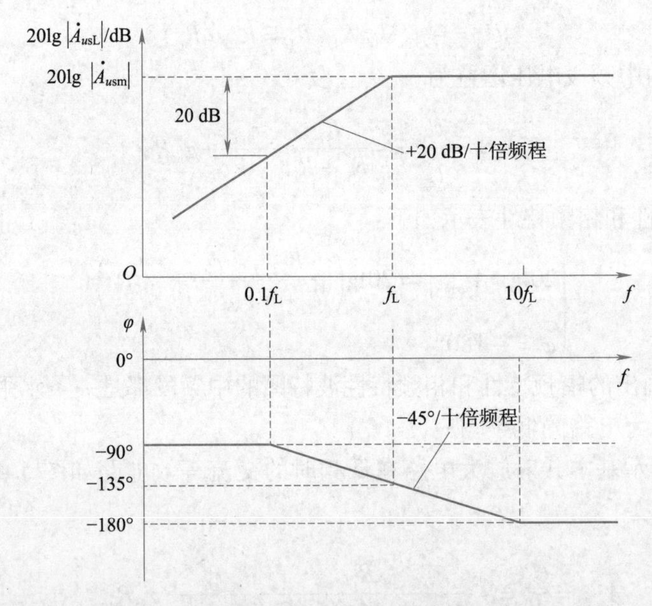

图 5.4.3　基本共射放大电路低频段波特图

可以看出,对于幅频特性,当$f \geqslant f_L$时,$20\lg\left|\dot{A}_{usL}\right| \approx 20\lg\left|\dot{A}_{usm}\right|$为常数,所以幅频特性是一条水平直线;当$f \leqslant f_L$时,幅频特性曲线是一条斜率为 +20 dB/十倍频程的直线。对于相频特性,当$f \geqslant 10f_L$时,$\varphi = -180°$;当$0.1f_L \leqslant f \leqslant f_L$时,相频特性曲线是一条斜率为 −45°/十倍频程的直线;当$f < 0.1f_L$时,$\varphi = -90°$。

3. 基本共射放大电路的高频响应($f \geqslant f_H$)

图 5.4.1(a)所示的基本共射放大电路在高频段的交流等效电路如图 5.4.4 所示。利用

戴维南定理,可以将输入回路中 C'_π 左边的电路变换成图 5.4.5 的形式。其中

$$R = r_{b'e} // [r_{bb'} + (R_b // R_s)] \tag{5.4.12}$$

$$\dot{U}'_s = \frac{R_i}{R_s + R_i} \frac{r_{b'e}}{r_{bb'} + r_{b'e}} \dot{U}_s \tag{5.4.13}$$

其中

$$R_i = R_b // (r_{bb'} + r_{b'e}) \tag{5.4.14}$$

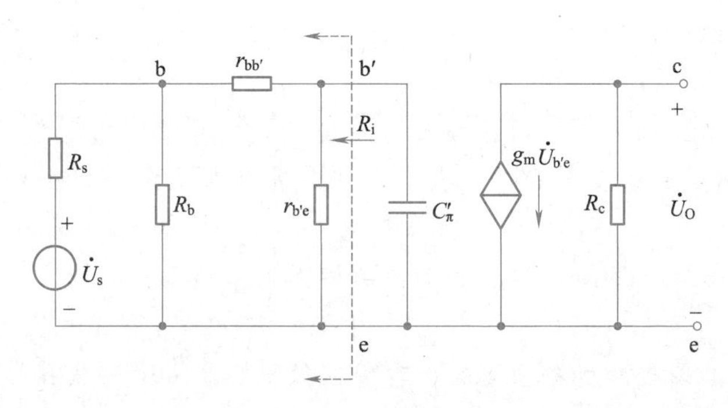

图 5.4.4 基本共射放大电路在高频时的交流等效电路

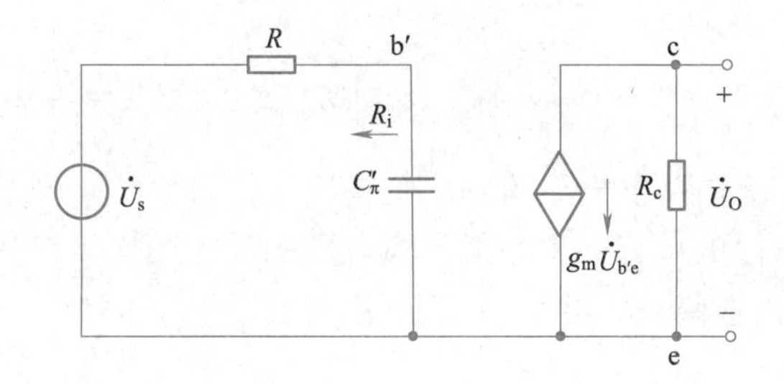

图 5.4.5 变换后的基本共射放大电路的高频等效电路

可以得出该放大电路的高频电压增益为

$$\dot{A}_{usH} = \frac{\dot{U}_o}{\dot{U}_s} = \dot{A}_{usm} \frac{1}{1 + j\omega RC'_\pi} \tag{5.4.15}$$

如果令 $\tau_H = RC'_\pi$,则

$$f_H = \frac{1}{2\pi\tau_H} = \frac{1}{2\pi RC'_\pi} \tag{5.4.16}$$

$$\dot{A}_{usH} = \dot{A}_{usm} \frac{1}{1 + j\omega RC'_\pi} = \dot{A}_{usm} \frac{1}{1 + jf/f_H} \tag{5.4.17}$$

可以看出,在高频段单管基本共射放大电路是一个低通 RC 电路。其中 f_H 为电路的上限截止频率。

在高频段,单管基本共射放大电路的对数幅频特性和相频特性分别表示如下:

$$\begin{cases} 20\lg|\dot{A}_{usH}| = 20\lg|\dot{A}_{usm}| - 10\lg[1 + (f/f_H)^2] \\ \varphi = -180° - \arctan(f/f_H) \end{cases} \tag{5.4.18}$$

根据式(5.4.18)可以绘制出基本共射放大电路在高频段的波特图,如图 5.4.6 所示。

对于幅频特性而言,当 $f \leqslant f_H$ 时,$20\lg|\dot{A}_{usH}| \approx 20\lg|\dot{A}_{usm}|$ 是一个常数,因此在该频段幅频

特性是一条水平直线；当$f>f_{\rm H}$时，幅频特性是一条斜率为-20 dB/十倍频程的直线。对于相频特性来说，当$f\geqslant 10f_{\rm H}$时，$\varphi=-270°$；当$0.1f_{\rm H}\leqslant f\leqslant 10f_{\rm H}$时，相频特性曲线是一条斜率为-45°/十倍频程的直线；当$f<0.1f_{\rm H}$时，$\varphi=-180°$。

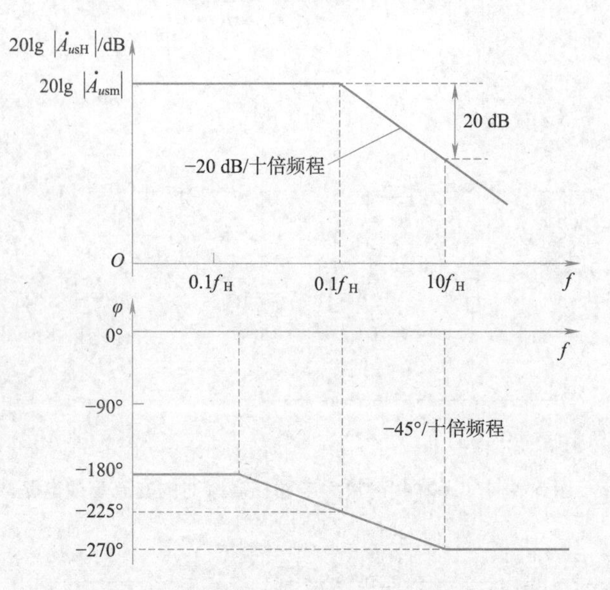

图 5.4.6　基本共射放大电路在高频段的波特图

4. 单级 BJT 共射放大电路的全频段频率特性

将低频、中频和高频段的单管 BJT 共射放大电路的波特图连接在一起，就可以得到完整的单管 BJT 共射放大电路的波特图，如图 5.4.7 所示。

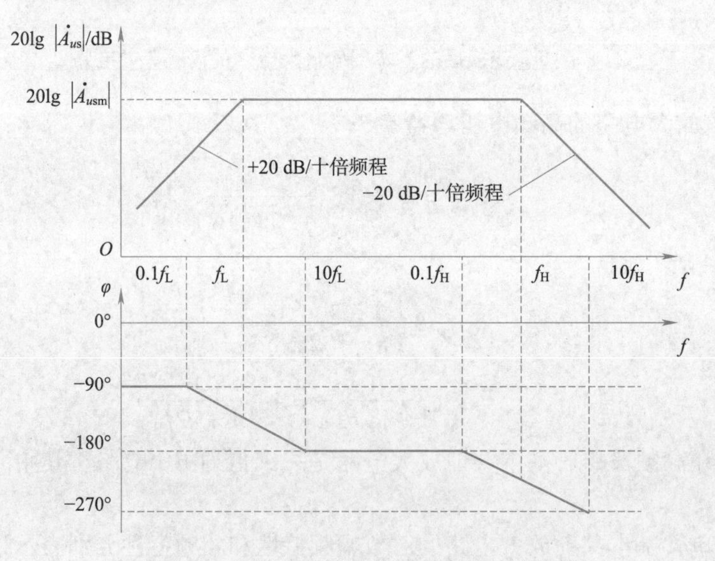

图 5.4.7　完整的单管共射放大电路的波特图

由于电容C_1和C'_π不会同时起作用，所以可以将放大电路三个频段的电压增益表达式，即式(5.4.5)、式(5.4.9)和式(5.4.17)合在一起，从而得到完整的单管基本共射放大电路电压增益的表达式，即

$$\dot{A}_{us}=\dot{A}_{usm}\frac{\mathrm{j}f/f_L}{(1+\mathrm{j}f/f_L)(1+\mathrm{j}f/f_H)} \tag{5.4.19}$$

从式(5.4.19)可以看出,若要求出单管基本共射放大电路频率特性的表达式,必须想办法得到两个截止频率,即下限截止频率f_L和上限截止频率f_H。通过两个截止频率,就可以得出电路的幅频特性和相频特性。

如果在图5.4.1(a)中,耦合电容C_1和C_2需要同时考虑,则电路的中频和高频特性可以认为基本不变,只是负载电阻从R_c变为R'_L。对于低频特性而言,则具有f_{L1}和f_{L2}两个转折频率,即

$$f_{L1}=\frac{1}{2\pi(R_s+R_i)C_1}$$
$$f_{L2}=\frac{1}{2\pi(R_c+R_L)C_2} \tag{5.4.20}$$

如果f_{L1}和f_{L2}两者的比值在4~5倍以上,则可以二者中取较大的值为该放大电路的下限截止频率;否则,应该用下一节介绍的方法处理。此时,放大电路的波特图要变得复杂一些。

如果放大电路中BJT的发射极上接有射极电阻R_e和旁路电容C_e,而C_e的电容量又不够大,则在低频时C_e不能看作短路。因此,由C_e又可以决定一个下限截止频率。需要指出的是,由于C_e在射极电路中,而射极电流$\dot{I}_e$是基极电流$\dot{I}_b$的$(1+\beta)$倍,所以它的大小对电压增益的影响较大。因此,旁路电容C_e往往是决定放大电路低频响应的主要因素。关于这方面的分析计算可参阅其他文献。

例5.4.1 在图5.4.8所示放大电路中,BJT的型号为3DG8,根据手册查到其$C_\mu=4$ pF,$f_T=150$ MHz,$\beta=50$。已知电源电压$V_{CC}=12$ V,电路中的其他参数如图所示。试计算该放大电路的中频电压增益、下限和上限截止频率以及通频带,并绘制波特图。设$U_{BEQ}=0.7$ V,$r_{bb'}=300$ Ω。

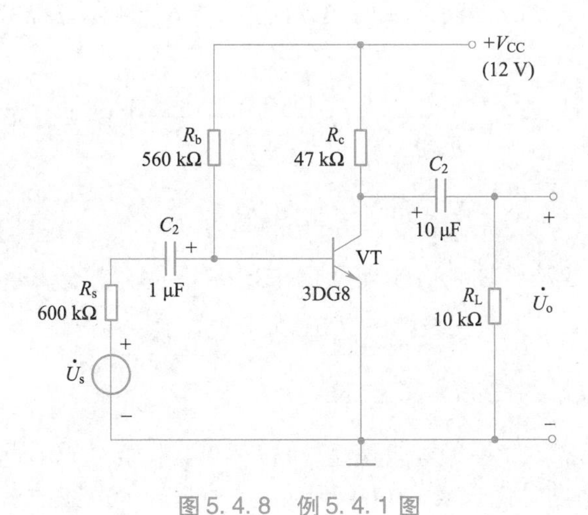

图5.4.8 例5.4.1图

解 (1)求放大电路的静态工作点:

$$I_{BQ}=\frac{V_{CC}-U_{BEQ}}{R_b}=\frac{12-0.7}{560\times10^3}\text{ A}=0.02\text{ mA}$$

$$I_{CQ}=\beta I_{BQ}=50\times0.02\text{ mA}=1\text{ mA}$$

$$U_{CEQ}=V_{CC}-I_{CQ}R_c=(12-1\times4.7)\ \text{V}=7.3\ \text{V}$$

(2)计算放大电路的中频电压增益$\left|\dot{A}_{usm}\right|$：

$$r_{b'e}=(\beta+1)\frac{26}{I_{EQ}}\approx50\times\frac{26}{1}\ \Omega=1.3\ \text{k}\Omega$$

$$R_i=R_b/\!/(r_{bb'}+r_{b'e})\approx r_{bb'}+r_{b'e}=(0.3+1.3)\ \text{k}\Omega=1.6\ \text{k}\Omega$$

$$\frac{R_i}{R_i+R_s}=\frac{1.6\ \text{k}\Omega}{(0.6+1.6)\ \text{k}\Omega}=0.727$$

$$\frac{r_{b'e}}{r_{b'e}+r_{bb'}}=\frac{1.3}{1.6}=0.813$$

$$R'_L=R_c/\!/R_L=(4.7/\!/10)\ \text{k}\Omega=3.2\ \text{k}\Omega$$

$$g_m=I_{CQ}/26=(1/26)\ \text{S}=38.5\ \text{mS}$$

所以

$$\left|\dot{A}_{usm}\right|=-\frac{R_i}{R_s+R_i}\frac{r_{b'e}}{r_{bb'}+r_{b'e}}g_mR'_L=-0.727\times0.813\times38.5\times3.2=-72.8$$

(3)计算放大电路的下限截止频率f_L：

$$f_L=\frac{1}{2\pi(R_s+R_i)C_1}=\frac{1}{2\pi(0.6+1.6)\times10^3\times10^{-6}}\ \text{Hz}=72.3\ \text{Hz}$$

(4)计算放大电路的上限截止频率f_H：

$$C_\pi=\frac{g_m}{2\pi f_T}=\frac{0.038\ 5}{2\pi\times150\times10^6}\ \text{F}=41\ \text{pF}$$

$$\begin{aligned}C'_\pi&=C_\pi+(1+g_mR'_L)C_\mu\\&=41\ \text{pF}+(1+38.5\times3.2)\times4\ \text{pF}=538\ \text{pF}\end{aligned}$$

$$R'_s=R_s/\!/R_b=(0.6/\!/560)\ \text{k}\Omega\approx0.6\ \text{k}\Omega$$

$$R=r_{b'e}/\!/(r_{bb'}+R'_s)=[1.3/\!/(0.3+0.6)]\ \text{k}\Omega\approx0.53\ \text{k}\Omega$$

所以

$$f_H=\frac{1}{2\pi RC'_\pi}=\left(\frac{1}{2\pi\times0.53\times10^3\times538\times10^{-12}}\right)\ \text{Hz}=0.56\ \text{MHz}$$

(5)求放大电路的通频带：

$$f_{BW}=f_H-f_L\approx f_H=0.56\ \text{MHz}$$

(6)绘制放大电路的波特图。由于前面已求出$20\lg\left|\dot{A}_{usm}\right|=20\lg 72.8=37.2$ dB，$f_L=72.3$ Hz，$f_H=0.56$ MHz，可以画出波特图，如图5.4.9所示。

5.4.2 共基接法BJT的高频等效模型

根据图5.3.2所示的BJT高频等效模型，可以得到如图5.4.10(a)所示的共基放大电路的混合参数π形等效电路。图5.4.10(b)所示的是共基放大电路的示意图。由该图可以看出，在共基接法时，由于电路的输入端和输出端之间没有电容元件C_μ，所以不存在等效电路单向化和C_μ的等效变换的问题。在共射组态时输入端的等效电容$C'_\pi=C_\pi+(1+K)C_\mu$，通常C_π为几十到一百皮法，$(1+K)C_\mu$可达几百皮法，C'_π的值大于C_π。在共基组态中，C'_π式子中的第二项就不存在了。所以BJT输入回路的电容和时间常数τ都很小，上限截止频率f_H很高。因此共基极组态适用于高频和宽频带放大电路。

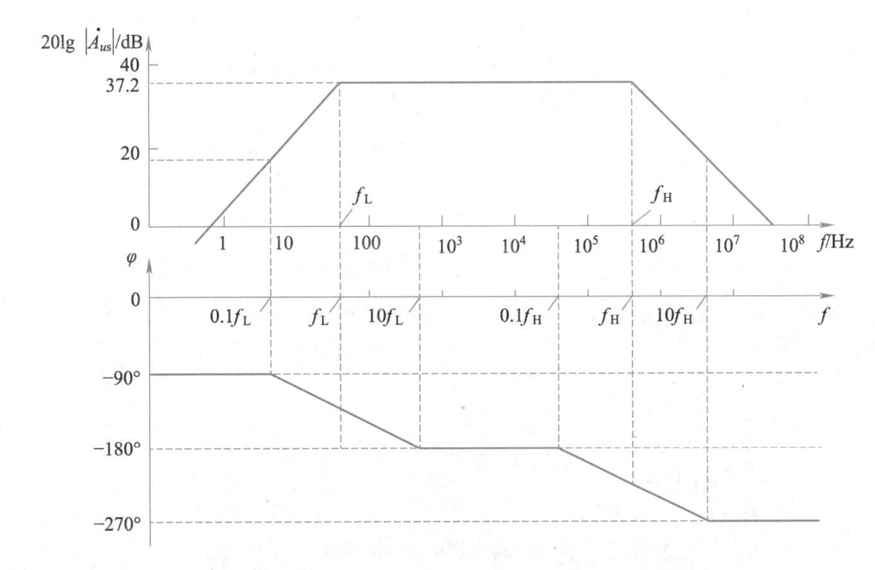

图5.4.9　例5.4.1的波特图

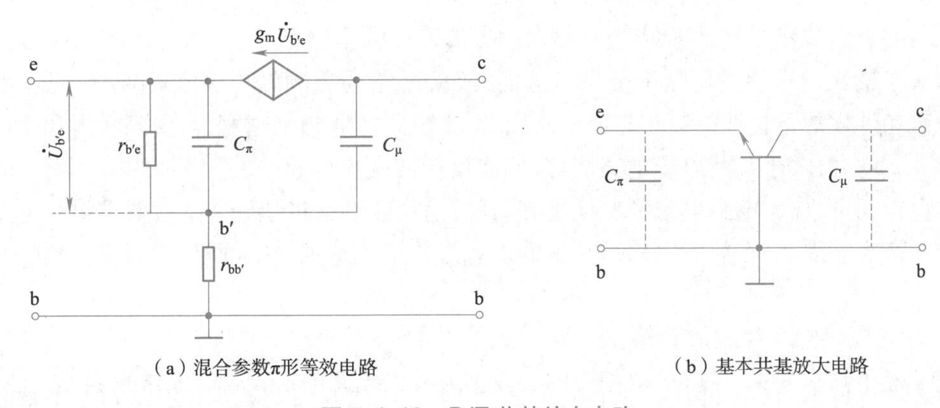

图5.4.10　BJT共基放大电路

5.4.3　共集放大电路的高频响应

图5.4.11是共集放大电路的高频等效模型。从该图中可以看出,放大电路的输入端和输出端之间跨接了电容$C_{b'e}$和电阻$r_{b'e}$,因而会产生密勒效应。但是,由于共集放大电路的中频电压增益近似等于1,因而该电路的密勒效应很小。所以,共集放大电路的高频响应特性也比较好,它的上限截止频率也很高。

5.4.4　放大电路频率响应的改善和增益-带宽积

1. 实际应用中对放大电路频率响应的要求

只有当工作频率在放大电路的通频带内时,对于不同频率的输入信号,放大电路电压增益的幅值和相位才不会发生变化。但是,当输入信号的频率超出通频带时,对于不同频率的信号,放大电路的放大效果是不同的。因此,如果放大电路的输入信号包含很多频率分量,并且有频率分量在放大电路的通频带之外的时候,输出信号将不可能完全复现输入信号的波形,从而会产生失真。这种失真称为“频率失真”。频率失真包括“幅值失真”和“相位失真”。幅值失真指的是不同频率分量的输入信号经放大后的相对幅值发生了变化，并且由此产生的失真。相位失真是指放大电路对不同频率的输入信号产生的相移不同，因此在放大电路的输出信号中不同频率分量的相位关系将发生变化，并且由此产生的失真。

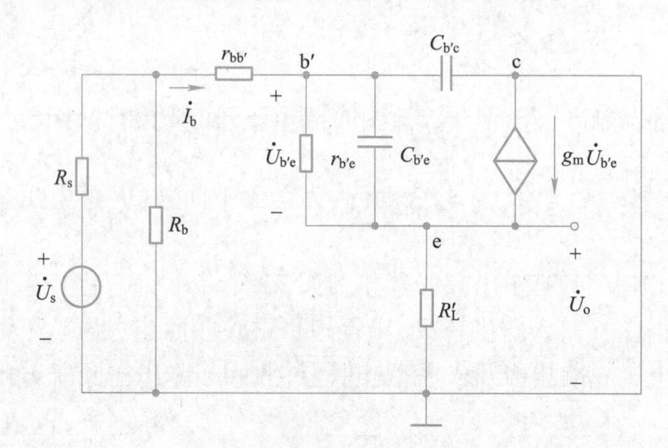

图5.4.11　共集电极放大电路的高频小信号模型

为了减小频率失真，应当使放大电路的通频带覆盖整个输入信号的频率范围。也就是说，放大电路的下限截止频率 f_L 应当小于输入信号的最低频率分量，而放大电路的上限截止频率 f_H 应当大于输入信号的最高频率分量。然而，放大电路的通频带也不宜设置得太宽，因为内部的噪声和外界的干扰往往频率较高。所以，放大电路的通频带越宽，其受到噪声和干扰的影响也越大。此外，对于某些电子电路而言，例如正弦波发生电路，要求只对某单一频率的信号进行放大。而且，放大电路的选频特性越好，其振荡的波形也将越好。这就要求放大电路应当具备选频特性。因此，在放大电路通频带的设置上并不是越宽越好，而是应当符合实际的使用需求。

2. 放大电路频率响应的改善

为了减小频率失真，可以采取相应的手段扩大放大电路的通频带。通常采用的方法有：

(1)改善低频特性：减小 f_L(获得更低的下限频率)。由式(5.4.8)可以看出，为了减小 f_L，需要增大回路的时间常数。一方面可以增大耦合电容 C_1、C_2 和旁路电容 C_e，另一方面也可以增大相应回路的电阻。但是，这种方法对于放大电路低频特性的改善是很有限的。最好的办法是将放大电路中的隔直耦合电容去掉，即采取直接耦合的方式。此时，放大电路的 $f_L=0$，即使对于直流或者变化缓慢的信号都能进行有效的放大。因此，在放大电路的输入信号频率很低的应用场合，可考虑用直接耦合方式。

(2)改善高频特性：增大 f_H(获得更高的上限频率)。由式(5.4.16)可以看出，为了增大 f_H，应减小 C'_π和 C'_π所在回路的电阻 R。一方面，从式(5.4.12)可以看出，如果 $R_s=0$，并且选取 $r_{bb'}$较小的 BJT，则电阻 R 将变小；另一方面，因为 $C'_\pi=C_\pi+(1+K)C_\mu$，并且在一般情况下有$(1+K)C_\mu \gg C_\pi$，所以如果需要减小 C'_π，不仅应选用特征频率 f_T 高且 C_μ 小的高频晶体管，而且还要减小 $g_mR'_L$。但是，如果一味地减小 $g_mR'_L$会使放大电路的 $\left|\dot{A}_{usm}\right|$ 下降。由此可见，扩展放大电路的频带和提高放大电路的电压增益之间是有矛盾的。

(3)引入负反馈。在放大电路中引入负反馈，也可以展宽放大电路的通频带。负反馈的概念和对放大电路通频带的作用将在下一章介绍。

5.4.5　放大电路的增益-带宽积

在之前的分析中提到，扩展放大电路的通频带和提高放大电路的电压增益之间存在矛盾。为了综合考虑这两方面的性能，引入了一个新的综合指标——增益-带宽积。它是放大电路的中频电压增益 $|\dot{A}_{usm}|$ 和通频带 $f_{BW}(\approx f_H)$ 二者的乘积。

因为 $R_i = R_b // (r_{bb'} + r_{b'e}) \approx r_{bb'} + r_{b'e}$，所以式(5.4.5)可以近似为

$$|\dot{A}_{usm}| = -\frac{r_{b'e}}{R_s + r_{bb'} + r_{b'e}} g_m R'_L \tag{5.4.21}$$

由式(5.4.16)可以得出

$$f_H = \frac{1}{2\pi R C'_\pi} = \frac{1}{2\pi\{r_{b'e} // [r_{bb'} + (R_b // R_s)]\}[C_\pi + (1+K)C_\mu]} \tag{5.4.22}$$

由于 $R_b \gg R_s$，$R'_s = R_b // R_s \approx R_s$，$C'_\pi \approx (1+K)C_\mu \approx g_m R'_L C_\mu$，所以有

$$f_H \approx \frac{1}{2\pi[r_{b'e} // (r_{bb'} + R_s)] g_m R'_L C_\mu} \tag{5.4.23}$$

因此，放大电路的增益-带宽积为

$$|\dot{A}_{usm}| f_H \approx \frac{r_{b'e}}{R_s + r_{bb'} + r_{b'e}} g_m R'_L \frac{1}{2\pi[r_{b'e} // (r_{bb'} + R_s)] g_m R_L C_\mu} = \frac{1}{2\pi(R_s + r_{bb'})C_\mu} \tag{5.4.24}$$

从上面的分析可以看出，在一般情况下，当放大电路的信号源和 BJT 选定后，放大电路的增益带宽积也就被大体上确定了。如果要把放大电路的通频带展宽几倍，其电压增益基本上就要减小同样的倍数。如果既要展宽放大电路的通频带，同时又要提高放大电路的电压增益，则需要选用 $r_{bb'}$ 和 C_μ 都很小的高频 BJT。

通过上述结论可知，对于 BJT 放大电路而言，共集放大电路（即射极输出器）的上限截止频率 f_H 比共射放大电路高 1 ~ 2 个数量级，因为对于同样的 BJT，电路的增益带宽积相同，而前者的 $|\dot{A}_u| \approx 1$，比后者低 1 ~ 2 个数量级。

5.5　多级放大电路的频率响应

5.5.1　多级放大电路的频率响应表达式和波特图

由前面的分析可知，多级放大电路的电压增益 $\dot{A}_u$ 为各级电压增益的乘积。各级放大电路的电压增益是放大电路工作信号频率的函数，因此，多级放大电路的电压增益 $\dot{A}_u$ 也必然是工作信号频率的函数。假设多级放大电路每一级的电压增益分别为 $\dot{A}_{u1}, \dot{A}_{u2}, \cdots, \dot{A}_{un}$，则多级放大电路总的电压增益为

$$\dot{A}_u = \dot{A}_{u1} \dot{A}_{u2} \cdots \dot{A}_{un} \tag{5.5.1}$$

由式(5.5.1)可写出多级放大电路电压增益的波特图的表达式为

$$20\lg|\dot{A}_u| = 20\lg|\dot{A}_{u1}| + 20\lg|\dot{A}_{u2}| + \cdots + 20\lg|\dot{A}_{un}| = \sum_{k=1}^{n} 20\lg|\dot{A}_{uk}| \tag{5.5.2}$$

$$\varphi = \varphi_1 + \varphi_2 + \cdots + \varphi_n = \sum_{k=1}^{n} \varphi_k \tag{5.5.3}$$

由此可见，只要将各级放大电路的电压增益的波特图按照同一比例尺绘出，并进行叠加，就可以绘制出多级放大电路总电压增益的波特图。

例 5.5.1　已知两级放大电路的 $20\lg\left|\dot{A}_{um1}\right| = 20\ \text{dB}$，$f_{L1} = 10\ \text{Hz}$，$f_{H1} = 1\ \text{MHz}$；$20\lg\left|\dot{A}_{um2}\right| = 35\ \text{dB}$，$f_{L2} = 100\ \text{Hz}$，$f_{H2} = 500\ \text{kHz}$，试绘制出各级电压增益的波特图和两级放大电路总电压增益的波特图。

解　各级放大电路的波特图分别如图 5.5.1 中的折线 1 和折线 2 所示。在相同的横坐标下，将折线 1 和折线 2 的纵坐标值进行叠加，即可得到两级放大电路总的波特图，见折线 3。

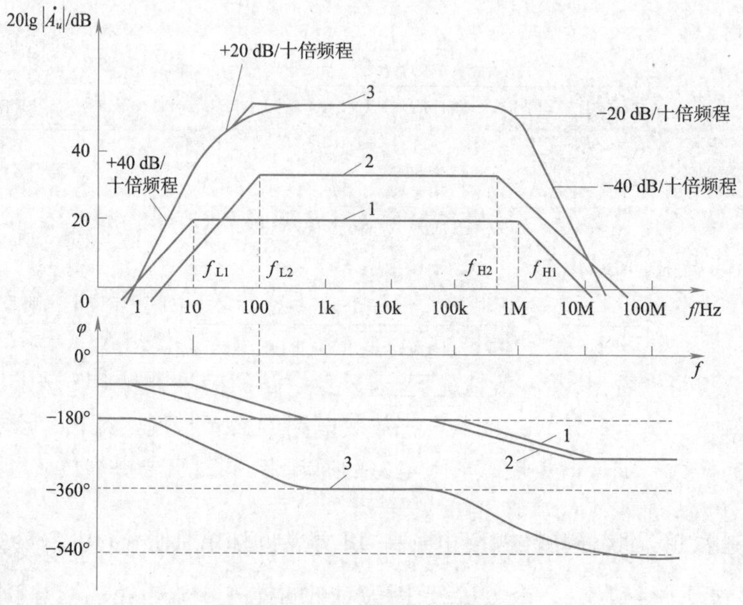

图 5.5.1　例 5.5.1 的波特图

从图中可以看出，对于放大电路总的对数幅频特性而言，当信号频率范围从 f_{L2} 到 f_{H2} 时，$20\lg\left|\dot{A}_u\right| = 20\lg\left|\dot{A}_{um}\right| = 55\ \text{dB} =$ 常数；当信号频率范围从 f_{L1} 到 f_{L2} 时，$20\lg\left|\dot{A}_u\right|$ 是一条斜率为 +20 dB/十倍频程的直线；当信号频率 f 从很低到 f_{L1} 时，由于两条斜率为 +20 dB/十倍频程的直线叠加，所以总的波特图的斜率为 +40 dB/十倍频程。放大电路高频段的波特图与低频段类似，区别在于其斜率为负值。

根据定义，放大电路的截止频率是 $\left|\dot{A}_u\right|$ 下降到 $\left|\dot{A}_{um}\right|/\sqrt{2}$ 时的频率。此时 $20\lg\left|\dot{A}_u\right|$ 比 $20\lg\left|\dot{A}_{um}\right|$ 下降 3 dB。在上面的例子中，由于两级放大电路的 f_L 和 f_H 相差不大，所以在 f_{L2} 和 f_{H2} 处，$20\lg\left|\dot{A}_u\right|$ 下降的数值将大于 3 dB（如果 $f_{L1} = f_{L2}$，$f_{H1} = f_{H2}$，则下降 6 dB）。因此，两级放大电路总的下限截止频率 $f_L > f_{L2}$，总的上限截止频率 $f_H < f_{H2}$。由此可以看出，多级放大电路总的通频带 $f_{BW} = f_H - f_L$ 将比每一级放大电路的通频带都窄。

5.5.2　多级放大电路的下限截止频率的估算

多级放大电路在低频段的 $\dot{A}_{usL}$ 为

$$\dot{A}_{usL} = \prod_{k=1}^{n} \dot{A}_{usmk} \frac{\text{j}f/f_{Lk}}{1 + \text{j}f/f_{Lk}} \tag{5.5.4}$$

令多级放大电路总的中频电压增益为 $|\dot{A}_{usm}| = |\dot{A}_{usm1}||\dot{A}_{usm2}|\cdots|\dot{A}_{usmn}|$，则有

$$\frac{|\dot{A}_{usL}|}{|\dot{A}_{usm}|} = \prod_{k=1}^{n} \frac{f/f_{Lk}}{\sqrt{1+(f/f_{Lk})^2}} = \prod_{k=1}^{n} \frac{1}{\sqrt{1+(f_{Lk}/f)^2}} \tag{5.5.5}$$

根据放大电路下限截止频率 f_L 的定义可知，当 $f=f_L$ 时，$\frac{|\dot{A}_{usL}|}{|\dot{A}_{usm}|}=1/\sqrt{2}$。又已知 $f_L>f_{Lk}$，即 $f_{Lk}/f_L<1$，将式(5.5.5)中分母的连乘积展开，可得

$$1+\left(\frac{f_{L1}}{f_L}\right)^2+\left(\frac{f_{L2}}{f_L}\right)^2+\cdots+\left(\frac{f_{Ln}}{f_L}\right)^2+\text{高次项}=2 \tag{5.5.6}$$

如果忽略其中的高次项，则有

$$f_L \approx \sqrt{f_{L1}^2+f_{L2}^2+\cdots+f_{Ln}^2} \tag{5.5.7}$$

如果需要更加精确一些，可将上式乘以修正因子 1.1，即

$$f_L \approx 1.1\sqrt{f_{L1}^2+f_{L2}^2+\cdots+f_{Ln}^2} \tag{5.5.8}$$

当多级放大电路各级的 f_{Lk} 相差不大时，可用式(5.5.8)估算多级放大电路的 f_L。当多级放大电路中某一级的 f_{Lk} 比其余各级大 4～5 倍以上的时候，则可以认为多级放大电路总的 $f_L \approx f_{Lk}$。

5.5.3　多级放大电路的上限截止频率的估算

多级放大电路在高频段的 $\dot{A}_{usH}$ 为

$$\dot{A}_{usH} = \prod_{k=1}^{n} \dot{A}_{usmk} \frac{1}{1+\mathrm{j}f/f_{Hk}} \tag{5.5.9}$$

通过与 5.5.2 节相似的推导，由于 $f_H/f_{Hk}<1$，可以得出

$$\frac{1}{f_H} \approx 1.1\sqrt{\left(\frac{1}{f_{H1}}\right)^2+\left(\frac{1}{f_{H2}}\right)^2+\cdots+\left(\frac{1}{f_{Hn}}\right)^2} \tag{5.5.10}$$

当多级放大电路各级的 f_{Hk} 相差不大时，可以用式(5.5.10)估算多级放大电路的 f_H。如果多级放大电路中某一级的 f_{Hk} 是其余各级 f_H 的 1/4～1/5 以下，则可认为此时多级放大电路总的 $f_H \approx f_{Hk}$。

5.5.4　集成运放的频率响应

集成运放是直接耦合多级放大电路。因此，集成运放具有良好的低频特性，可以放大直流信号。由于集成运放的输入级和中间级存在很大的电压增益，尽管集成运放中 BJT 结电容的数值很小，但等效电容 C'_π 和 C'_{gs} 很大。同时，为了防止电路自激，通常还需要在集成运放内部接电容量较大的相位补偿电容。由于这些电容的存在，集成运放的上限截止频率很低。因此，通用型集成运放（如 F007）的通频带通常只有几赫到几十赫。

5.6　放大电路的时域响应

在分析放大电路对输入信号的响应时，除了上述的“频域法”外，还可以通过“时域法”来进行。所谓时域法，是指将阶跃信号作为放大电路的输入信号，研究放大电路的输出信号随时间的变化情况。

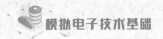

5.6.1 阶跃函数的概念和阶跃响应的指标

1. 阶跃函数的概念

阶跃函数可以表示为

$$u(t)=\begin{cases}0 & t<0\\ U_1 & t\geqslant 0\end{cases} \tag{5.6.1}$$

从式(5.6.1)可以看出,如果放大电路的输入电压信号为阶跃函数,则阶跃电压不仅包括变化很快的电压上升部分,而且包括电压变化缓慢的平顶部分,如图5.6.1所示。

图5.6.1 阶跃函数波形

2. 放大电路阶跃响应的指标

由于阶跃函数在 $t=0$ 时发生突变,然而,放大电路中存在着耦合电容以及BJT的结电容等,电容两端的电压是不可能突变的,因此放大电路在阶跃信号作用下的输出信号会产生失真,如图5.6.2所示。

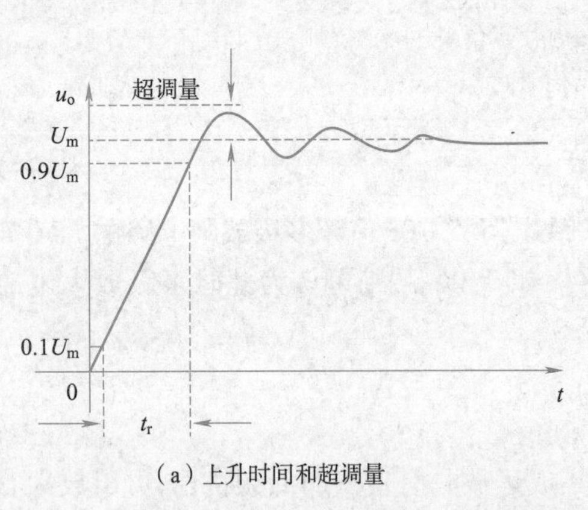

(a)上升时间和超调量

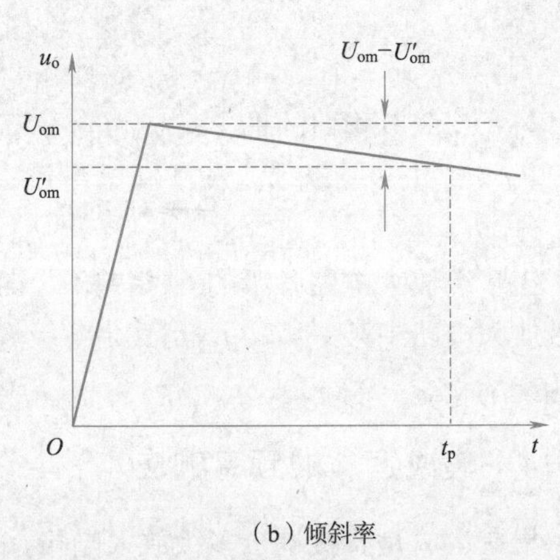

(b)倾斜率

图5.6.2 放大电路阶跃响应的波形及其简化图

由此,引入如下三个失真指标来分析放大电路的阶跃响应:

(1)上升时间。上升时间指的是在阶跃信号作用下,放大电路的输出电压从稳态电压的10%上升到90%所需的时间,即图5.6.2(a)中的 t_r。

(2)倾斜率。倾斜率指的是在一定的时间范围内,放大电路输出电压顶部的下降量和稳态电压的百分比,用 δ 表示,即

$$\delta=\frac{U_{om}-U'_{om}}{U_{om}}\times 100\% \tag{5.6.2}$$

(3)超调量。超调量是指在放大电路输出电压上升的瞬态过程中,其输出电压的上升值

超过稳态值的部分，通常用百分比来表示。

5.6.2　单级BJT放大电路的时域分析

1. 上升时间

当放大电路的输入信号发生突变（即输入信号为阶跃信号）时，其等效电路输入回路［见图5.6.3(a)］中，C'_π上的电压$u_{b'e}$不会发生突变，而是按照指数规律上升。其上升时间t_r和C'_π所在的回路（放大电路的输入回路）有关，即与放大电路的高频响应有关。所以，放大电路的时域响应和频域响应有对应的关系。在图5.6.3(b)中，$u_{b'e}$的初始值为0 V，稳态值为U_1，放大电路的输入回路时间常数为RC'_π，因此$u_{b'e}$的表达式为

$$u_{b'e}=U_1(1-e^{-\frac{1}{RC'_\pi}}) \tag{5.6.3}$$

通过计算可以得出，$u_{b'e}$从0 V上升到$0.1U_1$的时间为$0.1RC'_\pi$，上升到$0.9U_1$的时间为$2.3RC'_\pi$。因此，该放大电路输出电压的上升时间$t_r=2.2RC'_\pi$。此外，由于放大电路的上限截止频率$f_H=\dfrac{1}{2\pi RC'_\pi}$，所以放大电路的上升时间和上限截止频率的关系如下：

$$t_r\approx\frac{0.35}{f_H} \tag{5.6.4}$$

通过上述分析可知，放大电路的上限截止频率f_H越大，其上升时间t_r越小，放大电路的高频响应也就越好。

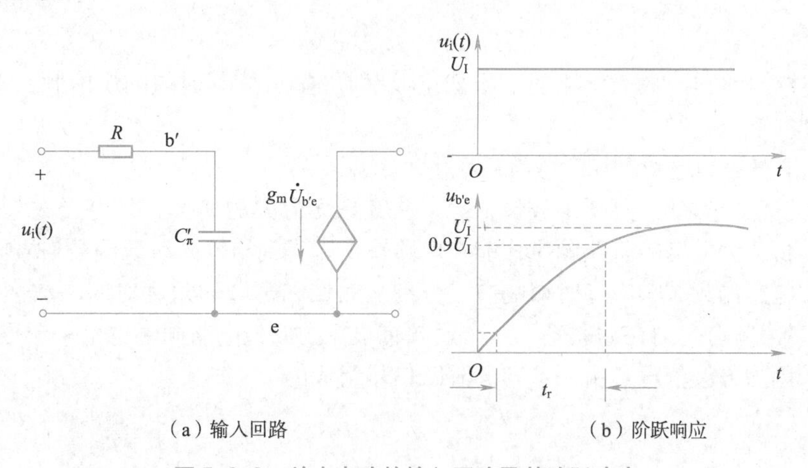

图5.6.3　放大电路的输入回路及其阶跃响应

2. 倾斜率

倾斜率反映的是放大电路的输入电压从突变到某一固定值后其输出电压的变化过程。它和放大电路的输出回路有关，即和放大电路的低频响应有关。放大电路时域响应的倾斜率如图5.6.4所示，其输出电压u_o按照指数规律下降，时间常数为$(R_c+R_L)C$。放大电路输出电压u_o的起始值为U_{om}，稳态值为0 V，因而u_o的表达式为

$$u_o=U_{om}e^{-\frac{t}{RC}} \tag{5.6.5}$$

其中

$$R=R_c+R_L \tag{5.6.6}$$

当$t\ll RC$时，有

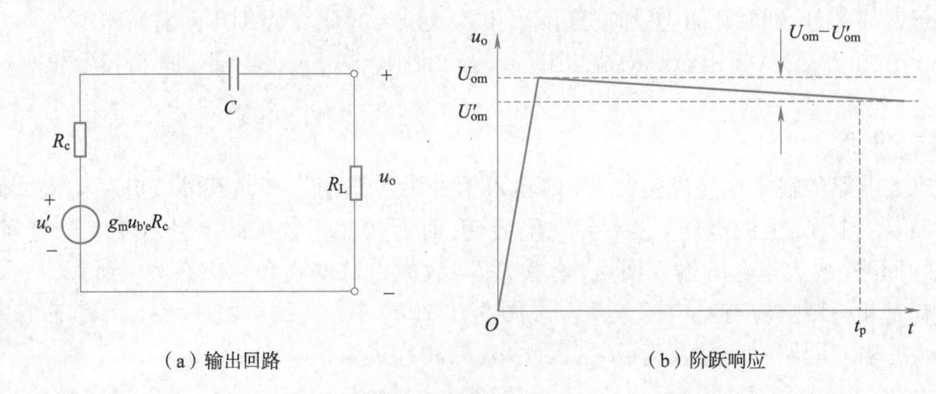

（a）输出回路　　　　　（b）阶跃响应

图 5.6.4　放大电路的输出回路及其阶跃响应

$$u_o = U_{om}\left(1 - \frac{t}{RC}\right) \tag{5.6.7}$$

$$\delta = \frac{U_{om} - U'_{om}}{U_{om}} \times 100\% \approx \frac{U_{om} - U_{om}\left(1 - \frac{t_p}{RC}\right)}{U_{om}} = \frac{t_p}{RC} \times 100\% \tag{5.6.8}$$

由于放大电路的下限截止频率 $f_L = \dfrac{1}{2\pi RC}$，所以放大电路时域响应的倾斜率和下限截止频率的关系为

$$\delta = 2\pi f_L t_p \times 100\% \tag{5.6.9}$$

通过上述分析可知，放大电路的下限截止频率 f_L 越小，则其时域响应的倾斜率 δ 越小，放大电路的低频响应也越好。

3. 放大电路的频域响应和时域响应之间的联系

从频谱的概念来理解，阶跃函数包括频率从零到无穷大的信号。只有当放大电路的通频带为无穷大时，放大电路的阶跃响应才能在电路输出端得到与输入阶跃函数信号同样的波形。实际上，放大电路的频域响应和时域响应是分别从频域和时域的角度对同一放大电路进行分析，因此，两者之间有着内在的联系。一个通频带很宽的放大电路同时也是一个很好的方波信号放大电路，因为方波信号是由一系列的阶跃信号组成的。

小　　结

本章主要介绍了放大电路的频率响应。频率响应是用来衡量放大电路对不同频率的信号的放大能力。如果放大电路的频率响应不理想，其输出信号将会出现频率失真。表征放大电路频率响应的三个参数分别为中频电压增益、上限和下限截止频率。BJT 和场效应管的极间电容、电路中的分布电容和负载电容会降低放大电路的高频增益，并且会使放大电路产生滞后相移。放大电路中的旁路电容和耦合电容则会降低放大电路的低频增益，并且会使放大电路产生超前相移。

在分析放大电路的频率响应时，通常采用不含任何电容的中频小信号等效电路分析放大电路的中频响应，采用含有分布电容、负载电容以及极间电容的高频小信号等效电路来分析放大电路的高频响应，采用含有旁路电容和耦合电容的低频小信号等效电路来分析放大电路的低频响应。放大电路的高频和低频响应可以分别采用单时间常数RC低通和高通电路的频率响应来进行模拟分析。

在研究放大电路的高频响应时，要用到BJT的高频小信号模型。特征频率是使BJT的电流增益等于1时的信号频率，它是反映BJT的高频放大能力的一个重要指标。

多级放大电路的通频带一定比组成它的任何一级放大电路的通频带都窄。放大电路的级数越多，则f_L越高并且f_H越低，通频带越窄，其附加的相移也越大。

时域响应和频率响应是分析放大电路的时域和频域的两种方法，二者分别从各自的侧面反映了放大电路的性能，二者之间存在内在的联系，并且互相补充。在工程上，频域分析用得较为普遍。

习 题

5.1 放大电路的频率响应概述

5.1.1 放大电路在低频和高频输入信号的作用下电压增益下降的原因分别是什么？

5.1.2 当输入信号频率与放大电路的截止频率相等时，其电压增益的值约下降到中频电压增益的________，即增益下降________ dB。

5.2 单时间常数RC电路的频率响应

5.2.1 已知一个单时间常数RC高通电路，其中$R=10\ \text{k}\Omega$，$C=10\ \mu\text{F}$，试计算其下限截止频率f_L，并画出该电路的波特图。

5.3 BJT和场效应管的高频等效模型

5.3.1 已知高频管3DG6C的$f_T=250\ \text{MHz}$，$C_{ob}=3\ \text{pF}$，在$I_{CQ}=1\ \text{mA}$时测出其低频H参数为$r_{be}=1.4\ \text{k}\Omega$，$\beta=50$，试求其混合π参数及$f_\beta$的值。

5.4 单级BJT放大电路的频率响应

5.4.1 某单管共射放大电路，当$f=f_L$时，在波特图的相频特性上输出信号和输入信号的相位差为________；当$f=f_H$时，相位差为________。

5.4.2 增益带宽积是________和________的乘积。如果需要提高放大电路的电压增益并且拓宽通频带，需要________。

5.4.3 某放大电路的对数幅频特性如图题5.4.3所示，并已知该放大电路中频段的$\varphi_m=-180°$。

(1)写出该放大电路$\dot{A}_u$的频率特性表达式。

(2)画出该放大电路相频特性，写出其表达式。

5.4.4 某放大电路的电压增益表达式为

$$\dot{A}_u=-\frac{80(\text{j}f/20)}{(1+\text{j}f/20)(1+\text{j}f/10^6)}$$

试求出该放大电路的中频电压增益、上限和下限截止频率，并画出其波特图。

5.4.5 某单级阻容耦合放大电路高频段和低频段的电压增益的幅值分别可表示为

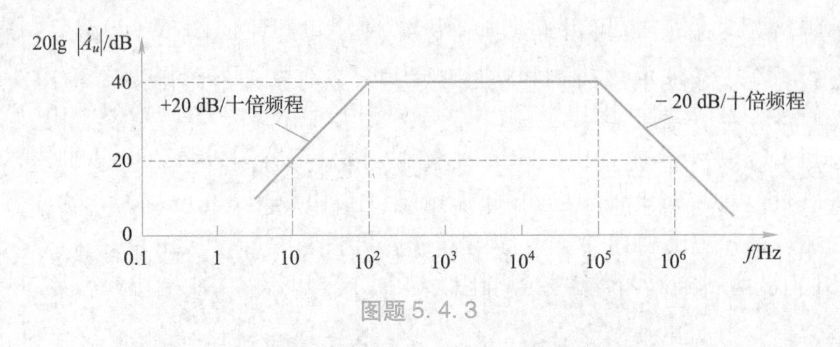

图题 5.4.3

$$\left|\dot{A}_{u\mathrm{H}}\right| = \frac{\left|\dot{A}_{u\mathrm{m}}\right|}{\sqrt{1+(f/f_{\mathrm{H}})^2}}, \qquad \left|\dot{A}_{u\mathrm{L}}\right| = \frac{\left|\dot{A}_{u\mathrm{m}}\right|}{\sqrt{1+(f_{\mathrm{L}}/f)^2}}$$

如果该放大电路的通频带为 30 Hz ~ 15 kHz，试求该放大电路电压增益由中频值下降 0.5 dB 所确定的频率范围。

5.4.6　某单级阻容耦合共射放大电路的中频电压增益为 40 dB，其通频带为 20 Hz ~ 20 kHz，最大不失真交流输出电压的范围为 −3 ~ +3 V。

(1) 画出该放大电路的对数幅频特性（假设只有两个转折频率）。

(2) 如果输入信号 $u_{\mathrm{i}} = 20\sin(2\pi\times10^3 t)$ mV，则输出电压的峰值 U_{om} 是多少？电路的输出波形是否失真？

(3) 如果 $u_{\mathrm{i}} = 50\sin(2\pi\times20t)$ mV，则输出电压的峰值 U_{om} 是多少？电路的输出波形是否失真？

(4) 如果 $u_{\mathrm{i}} = \sin(2\pi\times400\times10^3 t)$ mV，则输出电压的峰值 U_{om} 是多少？电路的输出波形是否失真？

5.4.7　放大电路如图 5.4.1(a) 所示，已知 $R_{\mathrm{b}} = 470\ \mathrm{k\Omega}$，$R_{\mathrm{c}} = 6\ \mathrm{k\Omega}$，$R_{\mathrm{s}} = 1\ \mathrm{k\Omega}$，$R_{\mathrm{L}}\to\infty$，$C_1 = C_2 = 5\ \mu\mathrm{F}$，BJT 的各项参数为 $\beta = 49$，$r_{\mathrm{bb'}} = 500\ \Omega$，$r_{\mathrm{be}} = 2\ \mathrm{k\Omega}$，$f_{\mathrm{T}} = 70$ MHz，$C_{\mathrm{b'e}} = 5$ pF，试求该放大电路的上限截止频率 f_{H} 和下限截止频率 f_{L}。

5.4.8　如图题 5.4.8 所示放大电路，如果 C_{e} 很大，不考虑它对低频特性的影响，试求该放大电路的下限截止频率，并分析 C_1、C_2 哪个起的作用大。

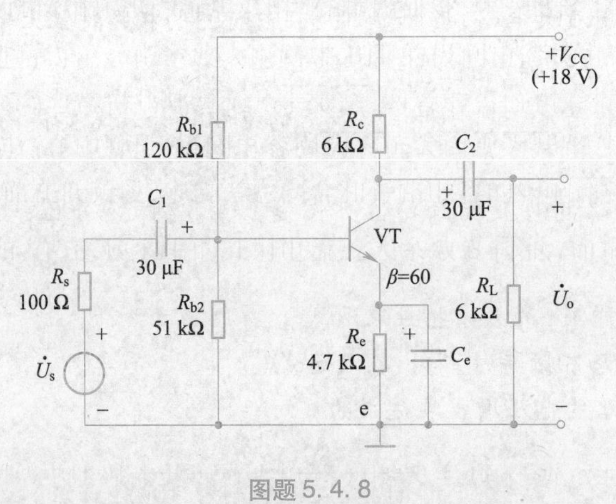

图题 5.4.8

5.5　多级放大电路的频率响应

5.5.1　采用________耦合方式的放大电路能改善低频响应特性。________放大电路能有效改善高频响应。

5.5.2　有一个三级放大电路，其各级的中频电压增益分别为20 dB、15 dB和25 dB，则该放大电路总的电压增益及其总的电压增益的分贝值分别为多少？

5.5.3　某放大电路的对数幅频特性如图题5.5.3所示。试求：

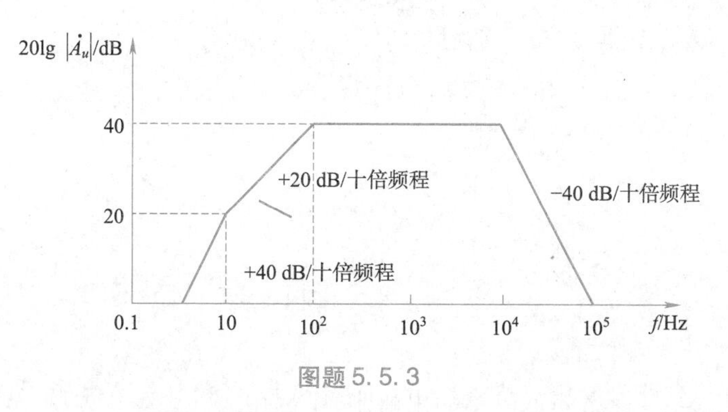

图题5.5.3

(1)该放大电路由几级阻容耦合电路组成？每级的上限和下限截止频率分别是多少？

(2)该放大电路总的电压增益、上限和下限截止频率分别是多少？

5.5.4　有一个三级放大电路，其各级的各项参数分别为：$20\lg A_{um1}=25$ dB，$f_{L1}=50$ Hz，$f_{H1}=1.5$ MHz；$20\lg A_{um2}=20$ dB，$f_{L2}=75$ Hz，$f_{H2}=2$ MHz；$20\lg A_{um3}=30$ dB，$f_{L3}=100$ Hz，$f_{H3}=1$ MHz。试绘制该放大电路总的对数幅频和相频特性。

5.5.5　放大电路的$\dot{A}_u=\dfrac{f^2}{\left(1+\mathrm{j}\dfrac{f}{10}\right)^2\left(1+\mathrm{j}\dfrac{f}{10^6}\right)\left(1+\mathrm{j}\dfrac{f}{2\times10^7}\right)}$，试画出它的对数幅频特性。

5.6　放大电路的时域响应

5.6.1　当一个阶跃信号加入某个放大电路的输入端时，若其响应信号的上升时间很短，并且其输出信号的倾斜率很小，则说明该放大电路的高频响应和低频响应好还是不好？为什么？

第6章

负反馈放大电路

导读 >>>>>>

反馈是指把放大电路的输出信号经由反馈支路串入放大电路的输入端，和输入信号比较，进而影响输出信号的一种调度机制，其主要特点是存在输出端和输入端间的反向的反馈支路，并且该支路的输出信号以一定形式和输入信号比较计算，再以比较后的净输入信号经由放大电路的正向通路获得输出信号的电路组织形式。

本章主要介绍反馈的基本概念和类型，要求读者学会判断放大电路中是否存在反馈，反馈的类型以及它们在电路中的作用；理解多种负反馈对放大电路性能的影响，会根据实际任务要求在电路中引入适当的反馈；掌握负反馈的一般表达式，会计算深度负反馈条件下的放大增益；了解负反馈放大电路产生自激振荡的条件，会在放大电路中正确接入校正环节以消除振荡，其中的学习重点和难点在于负反馈组态的判断，深度负反馈条件下电压放大倍数的计算和负反馈放大电路自激振荡的判断及消除方法。

视频

反馈的概念

6.1 反馈的概念

电路放大部分就是BJT或者运算放大器组成的基本电路，而反馈是把输出信号的一部分或者全部，以一定方式经由反馈支路反馈到放大电路的输入端，进而影响输入信号和输出信号的一种电路设计方法，从而达到明显改善电子电路放大性能的目的。实际上，在前面章节学习集成运放组成的运算电路以及BJT和场效应管基本放大电路过程中已经接触到了反馈概念，如集成运放组成的运算电路中就存在着反馈机制，分压偏置共射放大组态电路，其稳定静态工作点原理中就是利用了负反馈的概念。如图6.1.1所示，通过在输入回路中引入R_{b1}和R_{b2}，在发射极引入电阻R_e和旁路电容C_e，确保电路温度升高时基极电位U_B不变，从而达到稳定静态工作点目的，其主要工作原理为当温度升高时，集电极电流I_C升高，从而引起发射极电位U_E升高，导致基极和发射极间的电压U_{BE}，也就是BJT输入端口电压下降，从而引起输入电流I_B下降，由于BJT在放大区工作时的I_C和I_B保持一定的比例关系，因此集电极电流I_C又下降了，这样由于温度升高导致的集电极电流升高的变化被下降的基极电流抑制掉了，从而实现了一种动态情况下的工作点稳定机制。

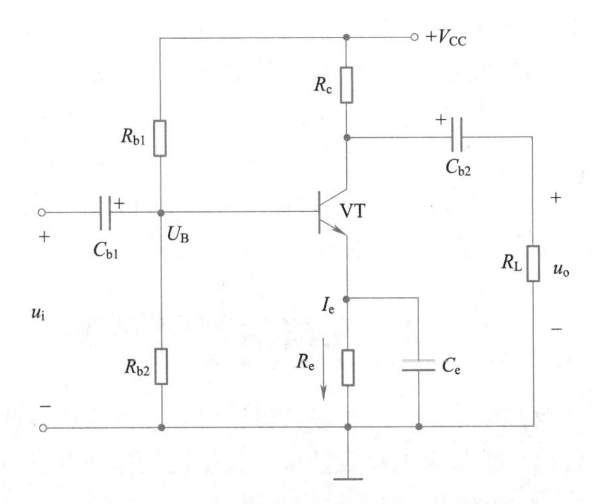

图 6.1.1　分压偏置共射放大电路

若按照信号流向可以把放大电路分解为信号正向流通的基本放大电路和信号反向流通的反馈网络两部分。对于如图 6.1.1 所示的分压偏置共射放大电路可表示为如图 6.1.2 所示的反馈放大电路框图，其中 X_i 表示输入信号，X_o 表示输出信号，X_f 表示反馈信号，X_i' 表示净输入信号，F 表示反馈网络的反馈系数，A_o 表示基本放大电路的增益（放大倍数），它是放大电路不考虑反馈网络影响下的基本放大电路的放大增益，又称开环增益，或者开环放大倍数。从图 6.1.2 可以看到，反馈放大电路分为输入端的比较环节、基本放大电路和反馈网络三个环节，输入端的比较计算部分中输入信号 X_i 和反馈信号 X_f 在输入端进行代数计算获得一个净输入信号 X_i'，其表达式为

$$X_i' = X_i - X_f \tag{6.1.1}$$

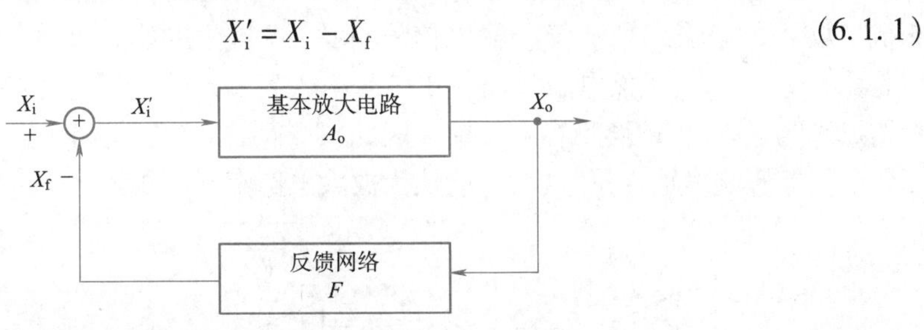

图 6.1.2　反馈放大电路框图

若净输入信号 X_i' 相比于 X_i 增大，则称放大电路引入了正反馈；反之，净输入信号 X_i' 相比于 X_i 减小，称放大电路引入了负反馈，因此从反馈的极性看，反馈放大电路有两种基本类型，即正反馈和负反馈。在图 6.1.1 所示的分压偏置共射放大电路中，温度变化会引起集电极电流 I_C（输出电流量）变化，这种变化在发射极电阻 R_e 上产生变化的电压，并使 BJT b-e 间的电压（净输入量）下降，导致基极电流 I_b 向相反方向变化，从而使得集电极电流 I_c 向相反方向变化，可见反馈结果使 $|\Delta I_c|$ 减小，说明电路中引入的是负反馈。

另外，一般放大电路都是交直流混合电路，直流通路中流通直流量，交流通路中存在交流量，根据反馈量的交直流性质，若反馈量中仅含有直流量，称为直流反馈；若反馈量中仅存在交流量，则称为交流反馈。在很多放大电路中常常是交、直流反馈混合电路，直流反馈和交流反馈兼而有之。图 6.1.1 所示的分压偏置共射放大电路中，R_e 仅存在于直流通路中，在交流通

路中旁路电容 C_e 把电阻 R_e 短路,因此 R_e 仅引入了直流反馈;但是若去掉旁路电容 C_e,则电阻 R_e 上的电压就既有直流量也有交流量,同时引入了交流反馈和直流反馈。

在负反馈放大电路计算分析中,主要分析交流反馈对放大电路性能的影响,在所有实用电子放大电路中都要适当引入负反馈,用于改善或者控制放大电路的一些性能指标。本章内容注重交流负反馈放大电路的定性分析与定量计算问题,例如提高增益稳定性、减小非线性失真、抑制干扰和噪声、扩展频带、控制输入电阻和输出电阻等。

视频

反馈的判断方法

6.2 反馈的判断方法

判断反馈就是定性分析放大电路中存在的反馈极性。正确判断反馈性质是分析计算反馈放大电路的基础。根据反馈通路存在与否判断放大电路中是否存在反馈,再利用瞬时极性法正确判断反馈极性,根据放大电路中的反馈支路存在于直流通路或者交流通路中来判断直流反馈和交流反馈。

1. 判断放大电路中反馈是否存在

根据反馈定义,放大电路的输出量(输出电压或者输出电流)的一部分或者全部(相当于对输出信号进行采样)通过一定的反馈支路电路形式作用到输入回路中,用来影响其输入量(放大电路的输入电压或者电流)。从其概念可知,反馈存在时应该存在从输出端到输入端的一条反馈通路,并且该通路的输出量影响放大电路的净输入量;否则放大电路中不存在反馈。由图 6.2.1 所示的对比电路图可知,在图 6.2.1(a)中集成运放 A 的输出端与同相输入端、反相输入端没有连接通路,故图 6.2.1(a)中没有引入反馈。图 6.2.1(b)中集成运放 A 的输出端经由电阻 R_2 与反相输入端连接,并且影响了集成运放 A 的净输入量,即输入电流,此时的集成运放 A 的净输入量不仅与输入信号有关,还与输出信号有关,因此电路中存在着反馈。但是图 6.2.1(c)中虽然电阻 R 将输出信号引入到输入端,可是它没有对集成运放 A 的净输入量造成影响,所以该电路不存在反馈。因此,判断反馈需要明确两点,即存在反馈支路,同时反馈量要能够影响净输入量,这时才能认为放大电路存在反馈。

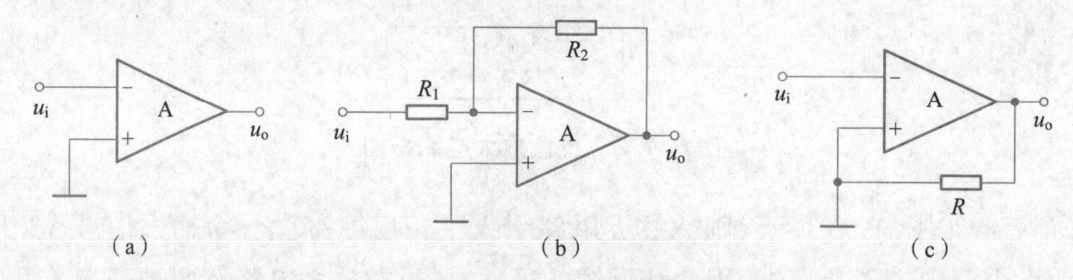

图 6.2.1　放大电路中有无反馈的对比电路图

2. 判断放大电路中反馈极性

放大电路中反馈分为正反馈和负反馈。正反馈是使净输入量增加的反馈,而负反馈是使净输入量减小的反馈,那么如何进行反馈极性的判断呢?这里引入瞬时极性法来判断放大电路中的反馈极性,其具体做法是:规定放大电路输入信号在某一时刻的对地极性,并以此为依据,逐级判断放大电路中各相关点电流的流向和电位的极性,从而得到输出信号的极性,根据输出信号的极性判断反馈信号的极性;若反馈信号使得基本放大电路的净输入信号增大,则说明放大电路引入了正反馈;反之,若反馈信号使得基本放大电路的净输入信号减小,则说明放大电路引入的是负反馈。

下面通过图6.2.2所示的放大电路来说明瞬时极性法的应用过程。对于图6.2.2(a),设其同相输入端的输入信号某一时刻的极性为"+",那么根据信号流向,逐级标注电路各关键点电位极性,获得集成运放输出端的输出信号极性为"+",则反馈信号的极性也为正"+",从而有净输入信号为

$$u_{id}=u_i-u_f \tag{6.2.1}$$

很明显净输入信号与输入信号相比,减小了,可以判断电路引入了负反馈。应该说明的是反馈信号是由输出信号确定的,反馈信号与输出信号成比例,而其与输入信号无关。针对图6.2.2(b)的反馈极性判断,依然依据前面的分析过程,假设集成运放反相输入信号在某一时刻的极性为"+",则根据信号流向,输出端的输出信号为"-",由此反馈信号也为"-",那么集成运放输入端的净输入信号为

$$u_{id}=u_i+u_f \tag{6.2.2}$$

很明显集成运放的净输入信号是增大的,说明放大电路引入了正反馈。再看图6.2.3中存在的反馈,其信号瞬时极性如图中所示,很明显反馈支路R_2在输入端极性为"+",在输出端极性为"-",因此反馈电流将会从输入端经由R_2流向输出端,比较没有反馈支路R_2时的情形可以看到,流入集成运放的净输入电流减小了,也就是反馈支路削弱了净输入电流,因此该电路引入了负反馈。

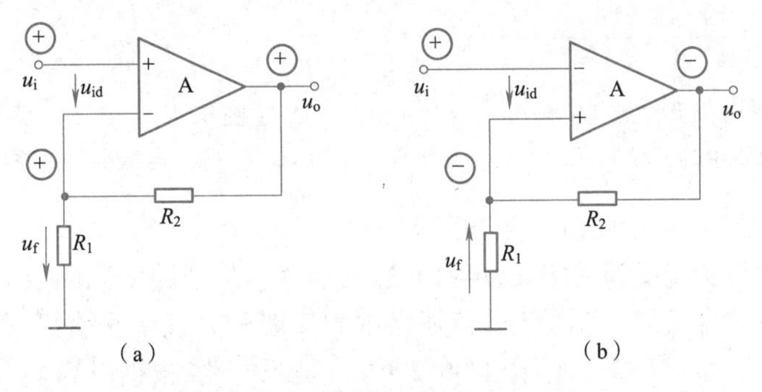

图6.2.2 瞬时极性法判断反馈极性图

通过图6.2.2和图6.2.3所示放大电路分析可以看出,在集成运放组成的反馈放大电路中,可以通过分析集成运放的净输入信号[电压u_{id}或者电流$i_N(i_P)$],在反馈引入前后的信号变化情况来判断反馈的极性。

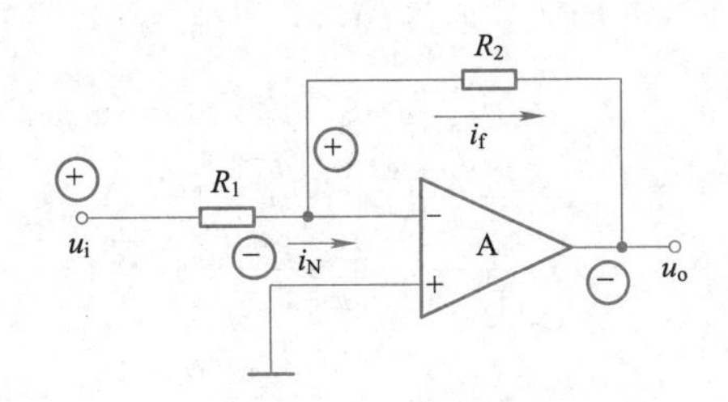

图6.2.3 瞬时极性法判断反馈极性图

例6.2.1 如图6.2.4所示的分立元件组成的多级放大电路模型,分析其中存在的反馈。

分析 根据瞬时极性法判定规则,假设某一时刻的输入信号对地极性为"+",按照信号

流向，VT_1 管的基极电位为“+”，其集电极电位为“-”，则 VT_2 管的基极电位为“-”，而其集电极电位为“+”，放大电路的输出信号是由 VT_2 管的集电极输出的，因此 VT_2 管的输出信号极性为“+”，电路中的 R_6 和 R_3 组成反馈支路在输出端连接输出电压信号 u_o，另一端连接在 VT_1 管的发射极上，由此在反馈支路上 R_6 和 R_3 对输出电压信号串联分压获得反馈信号 u_f，从而 VT_1 管的净输入电压信号 u_{BE} 为

$$u_{BE}=u_i-u_f \tag{6.2.3}$$

很明显净输入电压信号 u_{BE} 是减小的，故该多级放大电路引入了级间负反馈。

这里要明确一点，BJT 或者场效应管的三个电极的极性关系，如图 6.2.5 所示。BJT 的集电极与基极电位极性是相反的，而发射极和基极电位是相同的；场效应管的漏极与栅极电位是相反的，而源极与栅极电位是相同的。同样地，集成运放的输出端信号与同相输入端的信号极性相同，与反相输入端的信号极性相反。

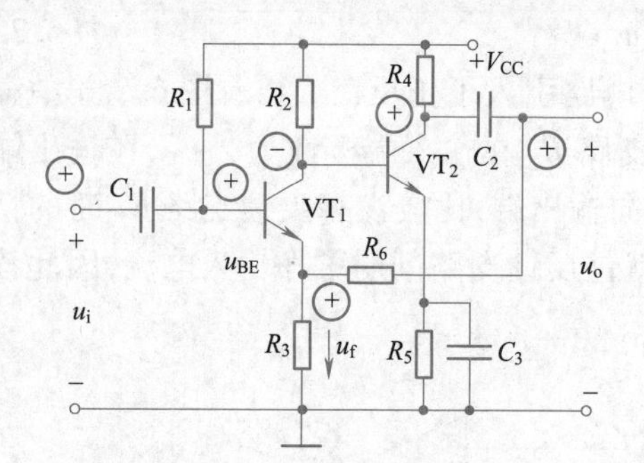

图 6.2.4 分立元件组成的多级放大电路中的反馈判断图

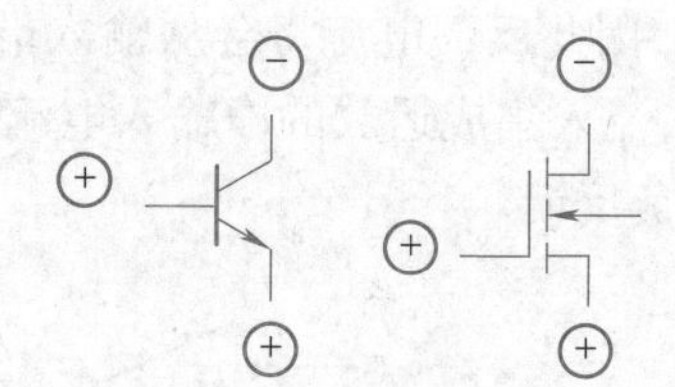

图 6.2.5 BJT 与场效应管的电极极性关系图

3. 判断放大电路中直流反馈和交流反馈

根据直流反馈与交流反馈的定义，可以通过反馈存在的通路来判断放大电路中存在的反馈是直流反馈还是交流反馈。存在于直流通路中的反馈称为直流反馈，存在于交流通路中的反馈称为交流反馈。如图 6.2.6 所示，图 6.2.6(a) 是原电路，根据电容 C_1 的隔断直流、流通交流的特性，对其做直流通路电路和交流通路电路分解获得图 6.2.6(b) 的直流通路和图 6.2.6(c) 的交流通路。很明显在直流通路中 R_1 和 R_2 引入了反馈，因此称此时放大电路中存在直流反馈；而交流通路图中电容 C_1 将电阻 R_1 短路，此时虽然存在着反馈支路 R_2，但是反馈量没有对集成运放的净输入电压产生影响，此时放大电路中不存在交流反馈。故图 6.2.6(a) 所示放大电路中存在着直流反馈，不存在交流反馈。

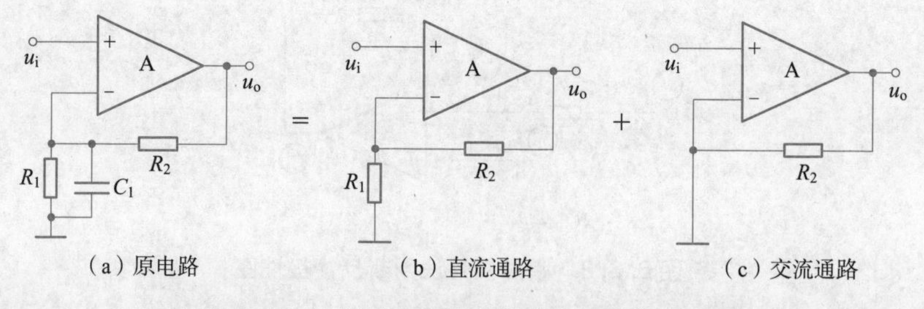

图 6.2.6 反馈放大电路中的交直流反馈判断图

例 6.2.2 分析图 6.2.7 所示电路中存在的交直流反馈。

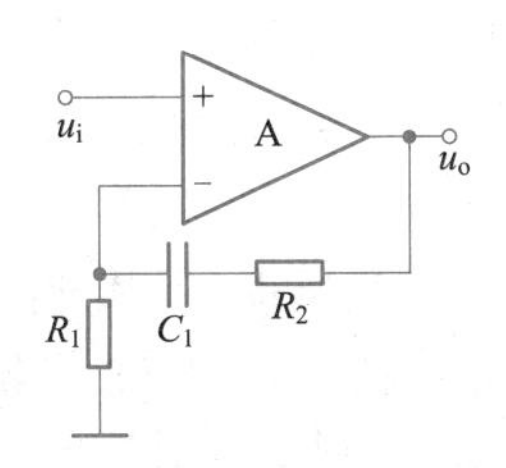

图6.2.7 例6.2.2负反馈放大电路图

分析 可将图6.2.7所示电路进行交直流通路分解，获得如图6.2.8所示的分解电路。图6.2.8(b)是交流通路，图6.2.8(c)是直流通路，很明显在交流通路中存在着反馈，但是在图6.2.8(c)所示的直流通路中反馈支路被断开了，因此不存在反馈，总结来说该电路中有交流反馈。

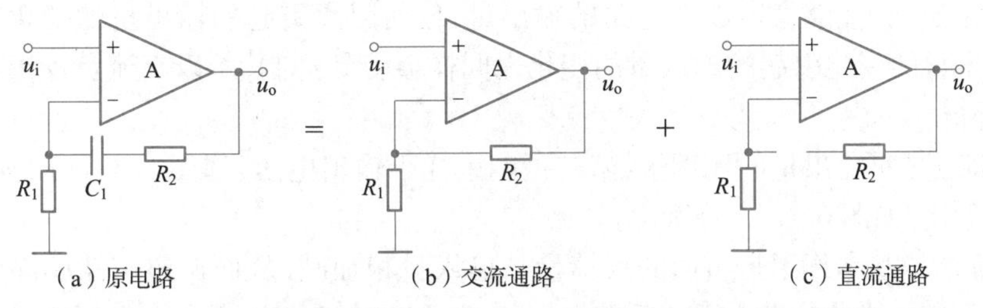

图6.2.8 负反馈放大电路分解电路图

6.3 负反馈放大电路的四种基本组态

通常引入了交流负反馈的放大电路称为负反馈放大电路，根据反馈信号采样输出电压或者电流，以及反馈信号与输入信号的连接方式，交流负反馈放大电路分为四种基本组态。下面介绍这四种负反馈放大电路组态的特点及其分析方法。

如图6.3.1所示的负反馈放大电路中引入了交流负反馈。图6.3.1(a)中输出电压经由反馈支路作用到集成运放反相输入端，在输入电压 u_i 不变的情况下，若由于某种原因引起输出电压 u_o 增大，则集成运放反相输入端电位 u_- 也会跟着升高，导致集成运放的净输入电压 u_{id} 减小，从而使得 u_o 减小。

反之，若由于某种原因使得 u_o 减小时，则负反馈结果将会使 u_o 增大。总之反馈的结果是使得输出电压的变化减小，同时也应该看到一个有趣的现象，若开环增益很大时，净输入电压 u_{id} 必然会很小，因此图6.3.1(a)中的输出电压 u_o 近似等于输入电压 u_i，即有 $u_o \approx u_i$。

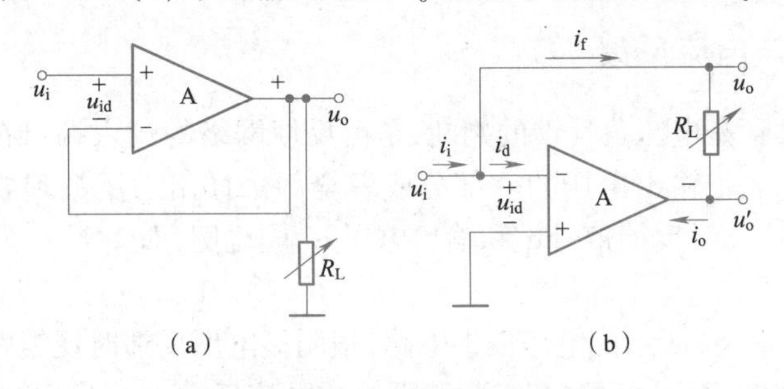

图6.3.1 负反馈放大电路图

进一步分析可知图 6.3.1(a)中反馈电压信号取自输出电压,并且反馈信号和输入信号在输入端通过代数和形式获得净输入电压信号,也就是输入电压信号和反馈电压信号在输入端是以串联形式连接的。

图 6.3.1(b)所示电路也引入了交流负反馈,但其和图 6.3.1(a)不同,其输出电流 i_o 的全部作为反馈电流作用于集成运放的反相输入端,在输入端电流 i_i 不变的情况下,若由于某种原因引起输出电流 i_o 增大,则 i_f随之增大,则集成运放反相输入端的电流 i_d将会减小,导致 u_{id}减小,反相输入端电位 u_- 也会降低,从而使得集成运放的输出电压 u'_o升高,输出电流 i_o 随之减小。反之,若由于某种原因使得输出电流 i_o 减小,则负反馈结果将会使 i_o 增大。总之,反馈的结果使得输出电流的变化减小,并且可以看到若净输入电流 i_d很小时,图 6.3.1(b)的输出电流 i_o 近似等于输入电流 i_i,即有 $i_o \approx i_i$。

通过对图 6.3.1 所示电路的分析可以得到几点结论:

(1)交流负反馈能够稳定放大电路的输出量,任何因素引起的输出量的变化均会得到抑制。由于输入量的变化引起的输出量的变化也同样会受到抑制,所以交流负反馈使得电路的放大能力下降。

(2)反馈量是对输出量的比例采样,它可能采样于输出电压,如图 6.3.1(a)所示;也可能采样于输出电流,如图 6.3.1(b)所示。

(3)负反馈的基本作用是引回的反馈量与输入量相加减,从而调整电路的净输入量和输出量。净输入量可能是输入电压与反馈电压相减,如图 6.3.1(a)所示;也可能是输入电流与反馈电流相减,如图 6.3.1(b)所示。

(4)反馈量取自输出电压将会使输出电压稳定,如图 6.3.1(a)所示,反馈量取自输出电流,将会使得输出电流稳定,如图 6.3.1(b)所示。

在分析具体的负反馈放大电路时,如何进行负反馈性质的有效判断呢? 根据图 6.3.1 可知:

(1)从输出端来看,反馈量取自输出电压,还是取自输出电流,也就是根据稳定输出量来确定采样信号。

(2)从输入端看反馈量与输入量是以电压形式叠加,还是以电流形式叠加,也就是看输入端连接方式,若以电压形式叠加时,输入量和反馈量是串联形式叠加的;若以电流形式叠加时,输入量与反馈量是并联形式叠加的。

由此,若反馈信号采样于输出电压,则为电压反馈;若采样于输出电流,则为电流反馈;若反馈量与输入量以电压形式叠加,则为串联反馈;若以电流形式叠加,则为并联反馈。这几种反馈相互组合可以形成负反馈的四种基本组态,即电压串联、电压并联、电流串联和电流并联,有时也称之为交流负反馈的四种形式。

6.3.1 电压反馈与电流反馈

对于电压负反馈还是电流负反馈的判断,是由反馈网络的输入端口在放大电路输出端口的采样对象来决定。若把输出电压的一部分或者全部采样出来反馈到放大电路的输入回路中,则称为电压反馈。此时反馈信号x_f 和输出电压 u_o 成比例,即

$$x_f = Fu_o \tag{6.3.1}$$

可将其表示为图 6.3.2(a)所示的电压反馈电路,很明显电压反馈时反馈网络的输入端口并联于放大电路的输出端口,否则如图 6.3.2(b)所示的电流反馈电路。反馈信号 x_f 与输出电流

信号成比例，即

$$x_f = Fi_o \tag{6.3.2}$$

此时反馈网络的输入端口串联于放大电路的输出端口。其实判断电压与电流反馈的常用方法是"输出短路法"，即假设输入电压为0，或令负载电阻 $R_L=0$，若反馈信号消失了，则说明反馈信号与输出电压成比例，是电压反馈；若反馈信号还存在，则说明反馈信号与输出电流有关系，说明电路存在着电流反馈。当然也可以采用"观察法"，就是观察反馈网络与输出端口的连接情况，若反馈网络与输出电压端直接相连，则认为存在电压反馈；若反馈网络与输出电压端没有直接相连，那么存在的就是电流反馈。

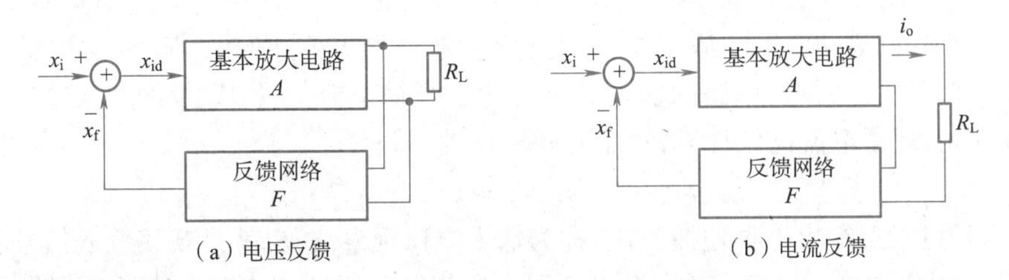

图6.3.2 电压反馈与电流反馈电路图

电压反馈的重要特点就是其能够稳定输出电压，使负反馈放大电路具有良好的恒压输出特性；而电流反馈则是能够稳定输出电流，从而使负反馈放大电路具有良好的恒流输出特性。

例 6.3.1 如图6.3.3所示反馈放大电路，利用观察法判断反馈类型。

分析 利用输出端口观察法，将反馈放大电路的输出端口短路，也就是使 $u_o=0$，若其反馈信号随之消失，则为电压反馈，否则就是电流反馈。令 $u_o=0$，其等效电路如图6.3.3(b)所示，很明显反馈信号依然存在，由此判断，此电路引入的是电流负反馈。

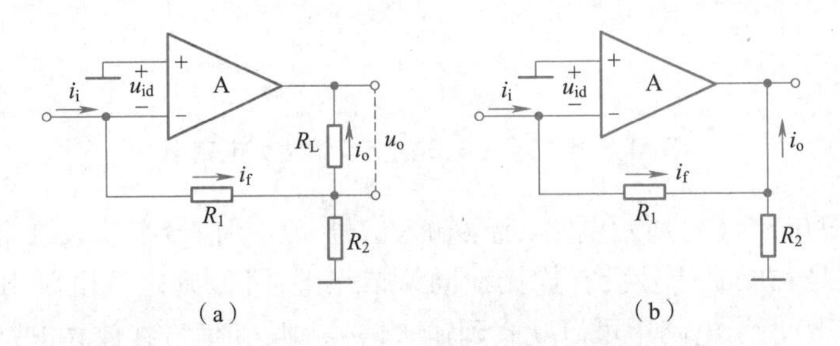

图6.3.3 例6.3.1的反馈放大电路图

这种方法也称之为输出短路判断电压和电流反馈法，简称输出短路法。

6.3.2 串联反馈与并联反馈

根据反馈概念可知，反馈网络连接了输出端和输入端，与输出端连接确定了反馈信号的采样对象；而反馈网络连接输入端，不同的连接方式将会影响反馈信号与输入信号的叠加方式，因此需要了解反馈网络在输入端与输入信号的连接方式及其判断方法。

如图6.3.4(a)所示，在反馈放大电路的输入回路中，凡是反馈网络的输出端口与基本放大电路的输入端口串联连接的，称为串联反馈，这时输入回路中的输入信号 u_i、u_f 以及净输入信号 u_{id} 满足KVL方程，实现了电压比较计算，对于串联负反馈，即有

$$u_{id} = u_i - u_f \tag{6.3.3}$$

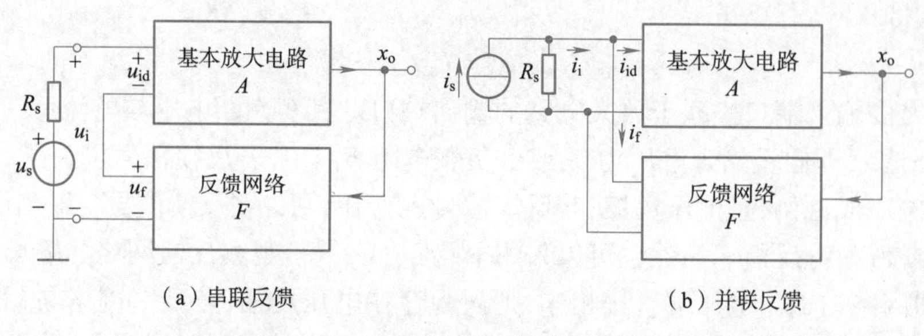

图 6.3.4　串联反馈与并联反馈电路判断图

若反馈网络的输出端与基本放大电路的输入端并联连接，则称为并联反馈，如图 6.3.4(b)所示，此时输入回路的输入电流信号 i_i、反馈电流信号 i_f 以及净输入电流信号 i_{id} 满足 KCL 方程，实现了电流比较计算，对于并联负反馈，即有

$$i_{id} = i_i - i_f \tag{6.3.4}$$

观察图 6.3.3 可以总结出一种便捷方法，称为输入端口观察法，也就是观察输入信号和反馈信号在输入端口的连接模式，若二者没有连接到一个节点上，则认为输入信号和反馈信号在输入回路中是串联连接的，构成串联反馈；若输入信号和反馈信号在输入回路中连接到同一节点上，则认为输入信号和反馈信号在输入回路中是并联连接的，构成并联反馈。

例 6.3.2　判断如图 6.3.5 所示负反馈放大电路的反馈类型。

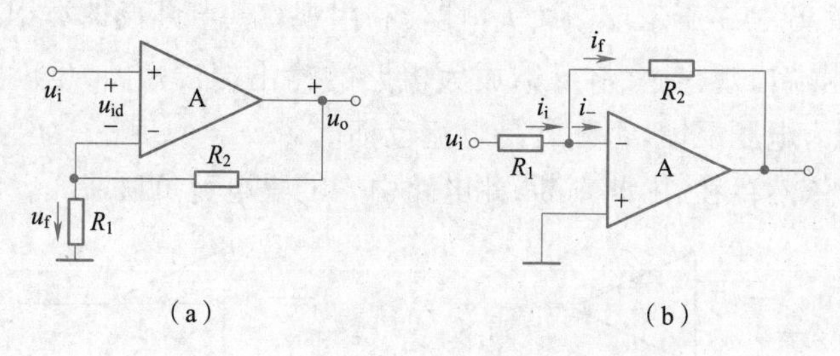

图 6.3.5　例 6.3.2 的负反馈放大电路图

分析　对于图 6.3.5(a)所示电路，观察输入信号和反馈信号在放大电路输入端的连接方式，很明显输入信号和反馈信号没有连接在同一节点上，可以判定该电路引入的是电压负反馈；而在图 6.3.5(b)所示电路中可以观察到输入信号和反馈信号在放大电路输入回路中连接到同一节点上，可以认为该电路引入的是电流反馈。

观察图 6.3.5 中的反馈引入类型，对于串联反馈，净输入信号采用电压形式，是由输入电压信号和反馈电压信号在输入端叠加而成的，可表示为 $u_{id} = u_i - u_f$；而对于并联反馈，净输入信号以电流形式出现，是由输入电流和反馈电流在输入回路中叠加而成的，可表示为 $i_- = i_i - i_f$。

对比图 6.3.5(a)和图 6.3.5(b)负反馈放大电路图及其分析过程，可总结出结论：对于串联反馈，定量计算中采用电压形式在输入回路中进行叠加计算获得；而对于并联反馈，则是采用电流叠加形式进行计算获得。

例 6.3.3　判断如图 6.3.6 所示电路中的 R_f 是否引入负反馈，若引入负反馈，判断反馈的类型。

分析　首先利用观察法分析 R_f 组成的反馈网络(或者反馈支路)在输出端口与输出回路

的连接情况，易发现反馈支路与输出回路没有连接到同一节点上，可以判定该反馈信号采样自输出电流，也就是 i_{E2}，因此该电路引入的是电流反馈；再观察反馈支路在输入端的连接情况，反馈支路与输入信号在输入回路中接到了同一节点上，因此该电路引入的是并联反馈。接着利用瞬时极性法在放大电路的输入端给定某一时刻的瞬时极性为“+”，则根据信号流向逐级给出电路各关键点的瞬时极性，如图6.3.6所示，可以看到反馈支路的输入端极性是“+”，输出端极性为“-”，因此反馈电流是流出的，导致了净输入电流 i_B 是减小的，因此该反馈引入了负反馈。综合以上判断，由 R_f 组成的反馈网络在该电路中引入了电流并联负反馈。

根据以上的负反馈分析过程可以看到，反馈放大电路存在着正反馈与负反馈、电压反馈与电流反馈、串联反馈与并联反馈等，将其组合起来实现负反馈放大电路的综合判断。

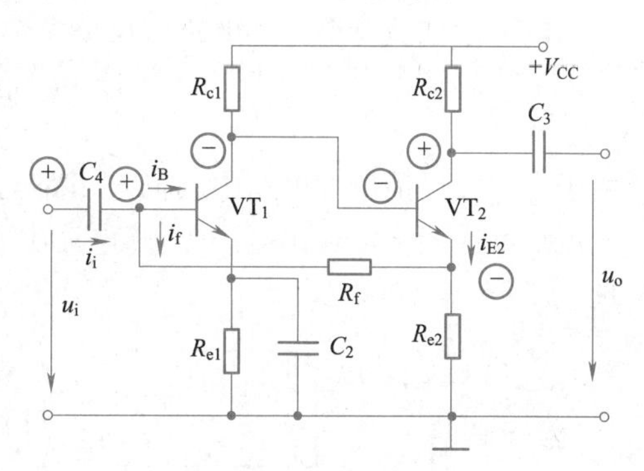

图6.3.6 例6.3.3的两级放大电路图

6.3.3 电压串联负反馈组态

综合图6.3.2(a)和图6.3.4(a)可以获得电压串联负反馈电路模型，如图6.3.7所示，实际电路如图6.3.8所示，其中各点电位的瞬时极性如图6.3.8中标注，它将输出电压 u_o 经由反馈支路网络反馈到输入端口，电阻 R_1 和 R_2 对其串联分压，在电阻 R_1 上获得反馈电压 u_f，即

$$u_f = \frac{R_1}{R_1 + R_2} u_o \tag{6.3.5}$$

表明反馈电压取自输出电压 u_o，且正比于输出电压 u_o。反馈电压 u_f 在与输入电压按式(6.3.3)叠加计算后获得净输入电压在集成运放中放大，因此该电路引入了电压串联负反馈。

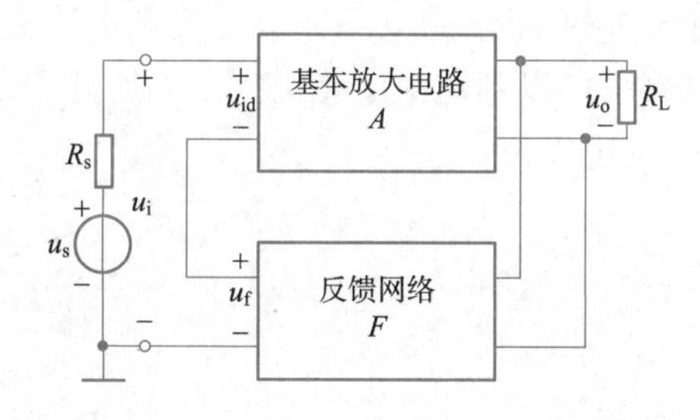

图6.3.7 电压串联负反馈电路模型

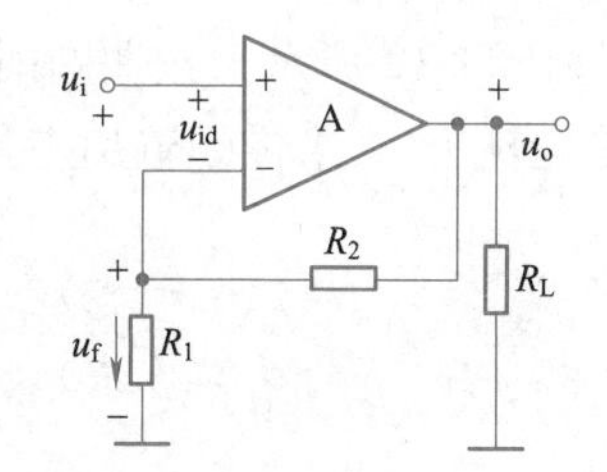

图6.3.8 电压串联负反馈实际电路

对式(6.3.5)进行整理可得

$$F_{uu} = \frac{u_f}{u_o} = \frac{R_1}{R_1 + R_2} \tag{6.3.6}$$

式中，F_{uu} 表示输出电压与输入电压信号的放大增益。

它表示电压串联负反馈电路的电压反馈系数的计算方法。很明显，串联电压反馈输入回路的电压满足KVL方程，输入信号以电压形式出现，而电压负反馈电路具有较好的恒压输出特性，因此可以说电压串联负反馈放大电路是一个电压控制电压源，可以很好地实现电压-电压变换功能。

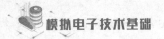

6.3.4 电流串联负反馈组态

综合图 6.3.2(b)和图 6.3.4(a)可以获得电流串联负反馈电路模型如图 6.3.9 所示,其实际电路如图 6.3.10 所示。放大电路中相关电位及瞬时极性和电流流向如图 6.3.10 中标注。从图 6.3.10 中可知电阻 R_1 构成反馈支路,反馈量采用电压 u_f,经观察可知反馈电压 u_f 与输出电流成比例,即

$$u_f = i_o R_1 \tag{6.3.7}$$

电流串联负反馈放大电路的反馈系数可表示为

$$F_{ui} = \frac{u_f}{i_o} = R_1 \tag{6.3.8}$$

由于串联负反馈放大电路中的输入回路电压满足 KVL 方程,即输入信号以电压形式出现,而电流负反馈能稳定输出电流,所以电流串联负反馈放大电路又称电压控制电流源电路,可以实现电压-电流变换。

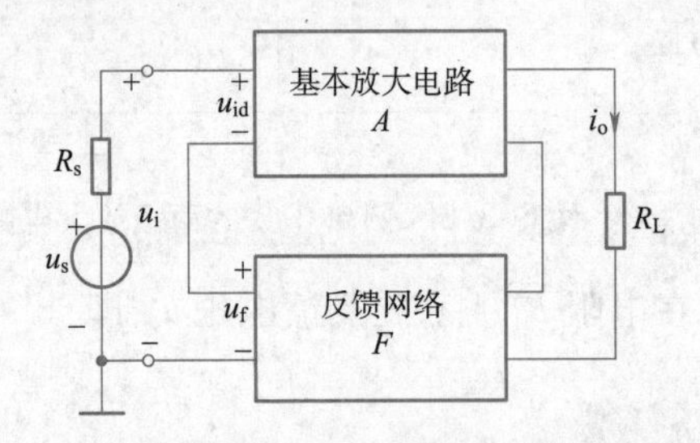

图 6.3.9 电流串联负反馈电路模型

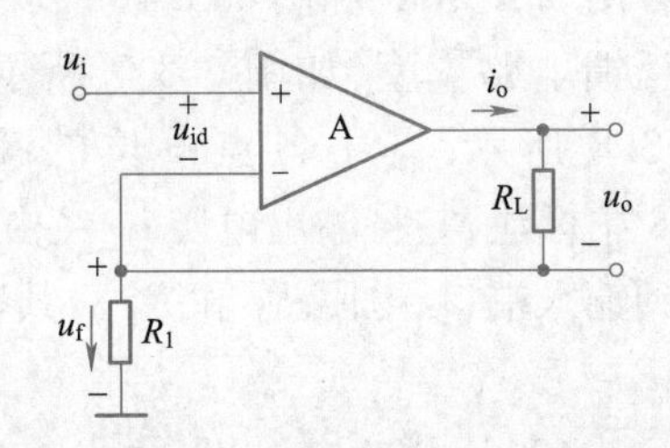

图 6.3.10 电流串联负反馈实际电路

6.3.5 电压并联负反馈组态

综合图 6.3.2(a)和图 6.3.4(b)可以获得如图 6.3.11 所示的电压并联负反馈电路模型,其实际电路如图 6.3.12 所示。按照瞬时极性法、观察法可以判定此电路引入了电压并联负反馈,其反馈量是电流 i_f,其采样于输出电压且成比例,表达式为

$$i_f = -\frac{u_o}{R} \tag{6.3.9}$$

从而可得反馈系数为

$$F_{iu} = \frac{i_f}{u_o} = -\frac{1}{R} \tag{6.3.10}$$

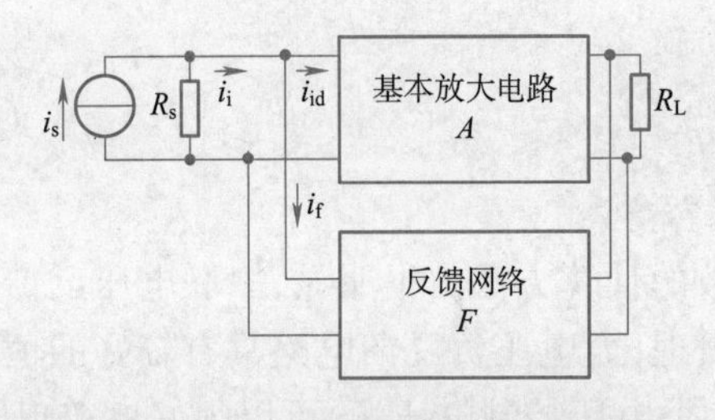

图 6.3.11 电压并联负反馈电路模型

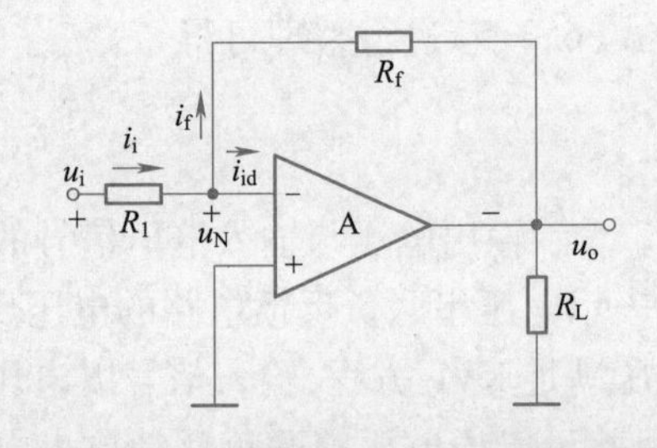

图 6.3.12 电压并联负反馈实际电路

6.3.6 电流并联负反馈组态

综合图6.3.2(b)和图6.3.4(b)可以获得如图6.3.13所示的电流并联负反馈电路模型,其实际电路如图6.3.14所示。可以直接获得反馈量为

$$i_f = -\frac{R_2}{R_2 + R_1} \cdot i_o \tag{6.3.11}$$

对其整理可获得反馈系数表达式为

$$F_{ii} = \frac{i_f}{i_o} = -\frac{R_2}{R_2 + R_1} \tag{6.3.12}$$

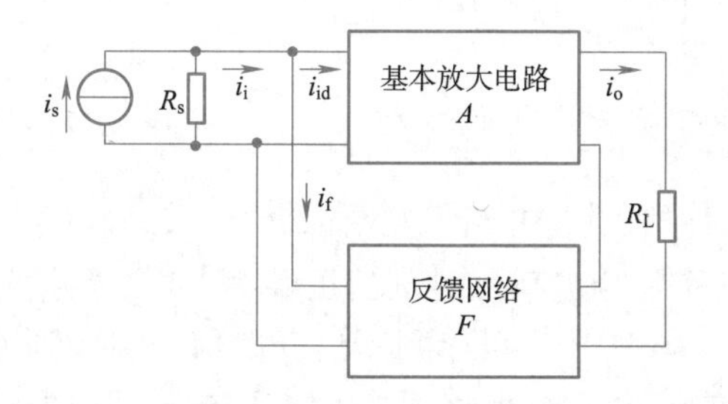

图6.3.13 电流并联负反馈电路模型

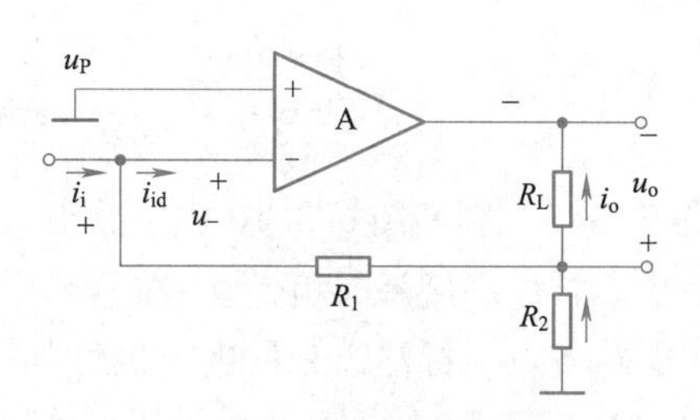

图6.3.14 电流并联负反馈实际电路

由上述四种负反馈放大电路可得结论:串联负反馈电路所加信号源均为电压源,并联负反馈电路所加信号源均为电流源。也可以说,串联负反馈电路适用于输入信号为恒压源或者近似为恒压源情况,而并联负反馈电路适用于输入信号为恒流源或者近似恒流源情况。同时,放大电路引入电压负反馈还是电流负反馈,取决于负载欲得到稳定的电压输出还是稳定的电流输出,放大电路应该引入串联负反馈还是并联负反馈取决于输入信号源是恒压源还是恒流源。也可以说,电压负反馈稳定输出电压信号,电流负反馈稳定输出电流信号。

例6.3.4 如图6.3.15所示反馈放大电路,判断该电路引入的反馈类型,以及电阻R_{e1}、R_{e2}的负反馈作用。

分析 利用瞬时极性法从输入信号标注电位极性为"+",按照信号流向可以获得图6.3.15中各点电位的瞬时极性。根据观察法,R_{e1}和R_{e2}以及电容C_e连接输入回路和输出回路,因此可以判定该支路是电路的反馈支路,且该反馈支路没有连接到输出端口的输出电压上,可以判断该电路引入的是电流反馈;另外,观察输入回路,BJT的基极与发射极之间的净输入电压u_{BE}是由基极电压和发射极电压差决定的,输入电压与反馈电压没有在输入回路中连接到同一点上,故引入的是串联反馈。根据反馈的瞬时极性可以判断该电路引入的是负反馈,故该电路引入的是电流串联负反馈。但是由于电容C_e的"隔直通交"特性,在该电路的交流通路中R_{e2}被短路了,因此R_{e2}仅存在直流反馈,而R_{e1}同时存在交直流负反馈作用。

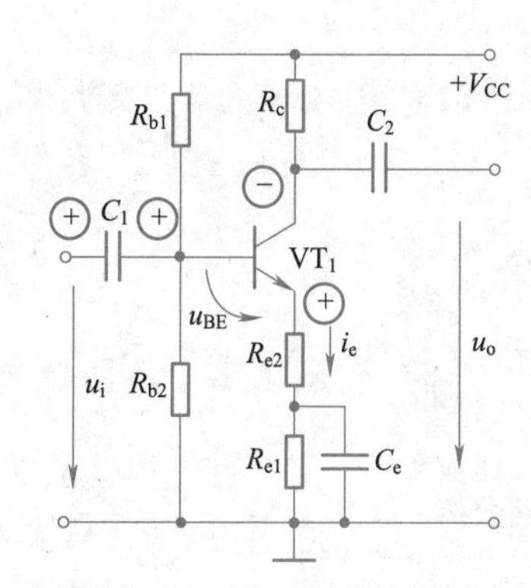

图6.3.15 例6.3.4的反馈放大电路图

负反馈放大电路的信号量的含义见表6.3.1。

表 6.3.1 负反馈放大电路的信号量的含义

信号量或信号传递比	反馈类型			
	电压串联	电压并联	电流串联	电流并联
X_o	电压	电压	电流	电流
X_i、X_f、X_{id}	电压	电流	电压	电流
$A = X_o/X_{id}$	$A_{uu} = u_o/u_{id}$	$A_{ui} = u_o/i_{id}$	$A_{iu} = i_o/u_{id}$	$A_{ii} = i_o/i_{id}$
$F = X_j/X_o$	$F_{uu} = u_f/u_o$	$F_{iu} = i_f/u_o$	$F_{ui} = u_f/i_o$	$F_{ii} = i_f/i_o$
$A_f = X_o/X_i = \dfrac{A}{1+AF}$	$A_{uf} = u_o/u_i = \dfrac{A_{uu}}{1+A_{uu}F_{uu}}$	$A_{rf} = u_o/i_i = \dfrac{A_{ui}}{1+A_{ui}F_{iu}}$	$A_{gf} = i_o/u_i = \dfrac{A_{iu}}{1+A_{iu}F_{ui}}$	$A_{if} = i_o/i_i = \dfrac{A_{ii}}{1+A_{ii}F_{ii}}$
功能	u_i 控制 u_o，电压放大	i_i 控制 u_o，电流转换电压	u_i 控制 i_o，电压转换电流	i_i 控制 i_o，电流放大

例 6.3.5 判断图 6.3.16 中电路引入了何种负反馈，并给出判断依据。

分析 首先利用瞬时极性法，在输入端输入信号给定某一时刻的极性为“+”，依据信号流向在电路各点上标注出来的电位极性如图 6.3.16 所示。可以判断出反馈信号引入到差分输入端的 VT_2 基极，在电阻 R_2 上获得反馈电压信号，它和输出电压成比例，因此可以判断该电路引入的是电压串联负反馈。利用输出短路法可以获得当输出电压 $u_o=0$ 时的等效电路，如图 6.3.17 所示，可以判定是电压负反馈电路，另外在该电路中输入端是差分输入端，虽然输入信号和反馈信号离得远，但是二者的差值确定了差分输入信号大小，因此是串联反馈。

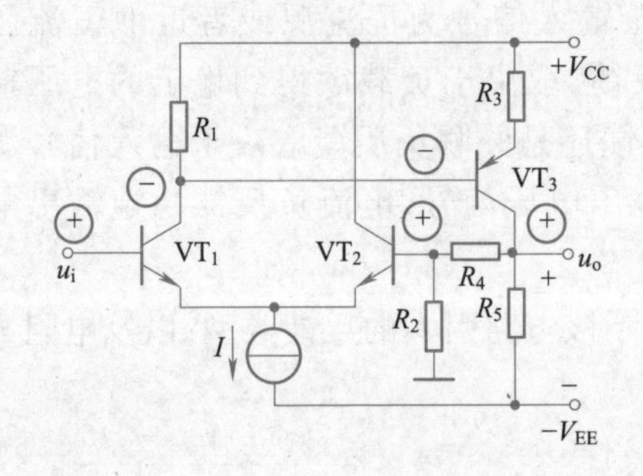

图 6.3.16 例 6.3.5 负反馈放大电路图

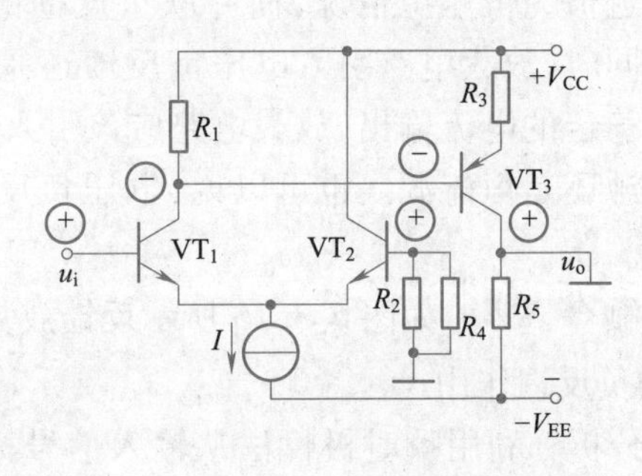

图 6.3.17 $u_o=0$ 时的等效电路图

视频

负反馈放大电路分析

6.4 负反馈放大电路分析

6.4.1 负反馈放大电路框图分析

首先根据前面图 6.1.2 所示的反馈放大电路框图做出进一步的分析和概念引申扩展，从输入信号 X_i 到输出信号 X_o 的信号流通路径称为正向通路，单独考虑信号的正向流向，此时放大电路是开环的，放大电路的增益（放大倍数）A_o 称为开环增益，或者开环放大倍数。而从输出信号 X_o 经由反馈网络获得反馈信号 X_f 的信号流通路径称为信号的反向通路，X_i' 表示净输入信号，其中的反馈网络的反馈系数为 F，考虑从输入端口的输入信号环绕正向通路和反馈网络组成的反向通路，构成了反馈放大电路的闭环通路，输入端的比较计算部分中输入信号 X_i 和反馈信号 X_f 在输入端进行代数计算获得一个净输入信号 X_i'，其

表达式为式(6.1.1)。其闭环增益表达式为

$$A_f = \frac{X_o}{X_i} \tag{6.4.1}$$

此时的开环增益表达式为

$$A_o = \frac{X_o}{X_i'} \tag{6.4.2}$$

反馈系数 F 的一般表达式为

$$F = \frac{X_f}{X_o} \tag{6.4.3}$$

从而可以推导出净输入信号 X_i'与反馈信号 X_f的关系式为

$$A_o F = \frac{X_f}{X_i'} \tag{6.4.4}$$

称为路环增益系数。分析开环增益 A_o 和闭环增益 A_f 的关系，根据式(6.4.1)、式(6.4.2)、式(6.4.3)以及式(6.4.4)可得

$$A_f = \frac{X_o}{X_i} = \frac{X_o}{X_i' + X_f} = \frac{A_o X_i'}{X_i' + FA_o X_i'} = \frac{A_o}{1 + FA_o} \tag{6.4.5}$$

该式就是负反馈放大电路的一般表达式，在中频段，式中的各个物理量都是实数。若 $FA_o > 0$，表明引入负反馈后电路的放大增益等于基本放大电路的放大增益的$\dfrac{1}{1+FA_o}$倍，也就是引入负反馈后放大增益减小了；若 $FA_o < 0$，即有 $1 + FA_o < 1$，此时$|A_f| > |A_o|$，表明电路中引入了正反馈。而若 $1 + FA_o = 0$，则 $FA_o = -1$，则说明电路在输入信号为零的情况下，电路仍然有输出信号，称电路产生了自激振荡。

特别是若电路中的 $1 + FA_o \gg 1$，那么式(6.4.5)可简化为

$$A_f \approx \frac{1}{F} \tag{6.4.6}$$

这种情形称之为电路处于深度负反馈状态。从式(6.4.6)可以看出此时闭环电路放大增益仅与反馈网络的反馈系数有关，而与基本放大电路没有关系。很明显，反馈网络一般是由无源器件组成，受环境温度影响很小，因而可以获得很高的放大稳定性。并且从深度负反馈条件可知，反馈网络参数确定后，基本放大电路的放大能力愈强，反馈深度愈深，那么 A_f与 $1/F$ 的近似程度愈好。

根据 A_f和 F 的定义，$A_f = \dfrac{X_o}{X_i}$，$F = \dfrac{X_f}{X_o}$，$A_f \approx \dfrac{1}{F} = \dfrac{X_o}{X_f}$，说明 $X_i = X_f$。这表明深度负反馈的实质是在近似忽略掉净输入量情况获得了式(6.4.6)。在不同负反馈组态中可忽略掉的净输入量是不同的，当引入深度串联负反馈时，输入量是电压信号 u_i，反馈信号采用电压信号 u_f形式，那么此时有

$$u_i \approx u_f \tag{6.4.7}$$

净输入电压 u_i'可忽略不计。当电路引入深度并联负反馈时，输入量和反馈量采用电流形式叠加，此时有

$$i_i \approx i_f \tag{6.4.8}$$

净输入电流 i_i'可忽略不计。从而可以利用式(6.4.6) ~ 式(6.4.8)根据反馈网络方便计算出四种不同组态负反馈放大电路的闭环增益。

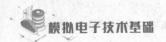

6.4.2 负反馈放大电路等效分析

视 频

负反馈放大电路等效分析

在常规思路中,会考虑将负反馈放大电路的闭环电路打开来分析电路性能,这就存在着问题,是不是可以简单地把反馈网络去掉就行呢?很显然,这样做的结果改变了原电路,这样分析出来的电路性能参数肯定是不对的。其实在前面的反馈分析和概念引入过程中,反馈网络连接着输出端口和输入端口,也就是说反馈网络在输入端口和输出端口都以负载形式影响着净输入信号和输出信号,因此在对负反馈放大电路分析时,可以把反馈网络等效为输入端口和输出端口的等效负载,从而把反馈网络的负载特性在输入端口和输出端口表现出来。那么如何实现这一思路呢?这里引入一种负反馈放大电路的闭环拆解分析法来开展负反馈放大电路的等效分析。首先要找到负反馈放大电路的反馈网络,分别找出反馈网络在输入端口的等效负载和在输出端口的等效负载,最后获得负反馈放大电路的等效电路,进而开展负反馈放大电路的原电路的性能分析,这样获得的分析结果才是正确的。

针对找到的负反馈网络,首先求反馈网络在负反馈放大电路输入端口的等效负载,若是电压反馈,可令 $u_o=0$,求出反馈网络在输入端口的等效电阻;若是电流反馈,可令 $i_o=0$,求出反馈网络在输入端口的等效电阻。接着求出反馈网络在负反馈放大电路输出端口的等效负载,就是断开反馈网络和输入量之间的联系,求出反馈网络在输出端口的等效电阻。

针对如图 6.3.8 所示的电压串联负反馈电路模型,该电路采样对象信号是输出电压 u_o,那么可以令 $u_o=0$,获得该电路在输入端口的等效电阻;接着在集成运放的反相输入端断开反馈网络,将反馈网络等效到输出端口如图 6.4.1 所示,从而就获得了原电路的等效电路。

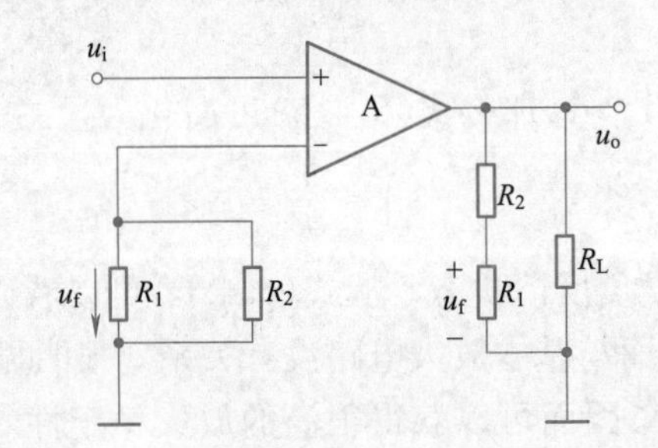

图 6.4.1 电压串联负反馈电路的等效电路

对于图 6.3.12 所示电路,由于电路引入的是电流负反馈,可令 $i_o=0$,也就是断开负载 R_L,此时输入端口中的反相输入端仅有电阻 R_1,接着在反相输入端断开连线,电阻 R_1 等效到输出端口,可以获得如图 6.4.2 所示的等效电路。

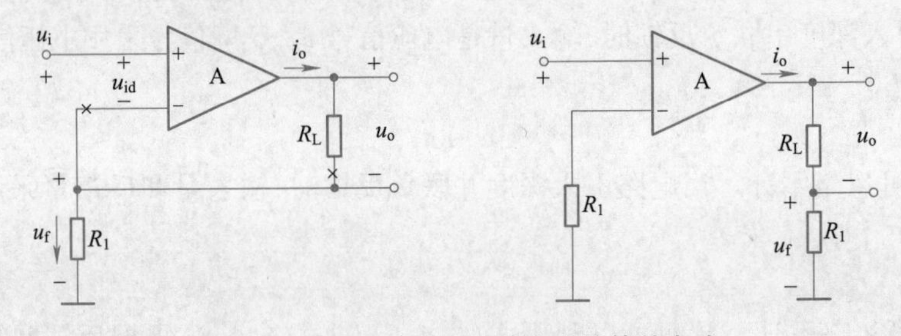

图 6.4.2 电流串联负反馈电路的等效电路

对于图6.3.11所示电路，若要获得其等效电路，可令输出电压 $u_o=0$，求出反馈网络在输入端口的等效电阻，获得图6.4.3所示等效电路的输入端电路；对于其并联反馈，断开输入信号对反馈网络的影响，求出反馈网络在输出端的等效电阻，此时可采用输入对地短路，获得图6.4.3所示等效电路的输出端电路。

对于图6.3.14所示的电路，若要获得其等效电路，由于其采样信号为输出电流，可令输出电流 $i_o=0$，也就是反馈网络与负载支路断开，那么可以获得反馈网络在输入端口的等效电阻；由于反馈信号和输入信号在输入端是并联连接，断开输入信号对反馈网络的影响，让输入信号对地短路，求出反馈网络在输出端的等效电阻，从而获得如图6.4.4所示的等效电路。

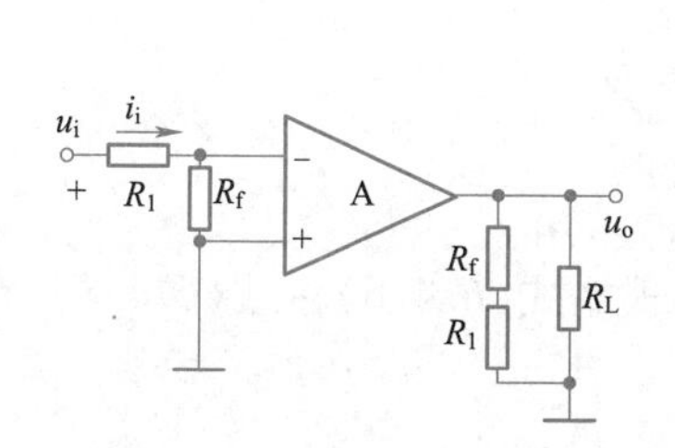

图6.4.3　电压并联负反馈电路的等效电路

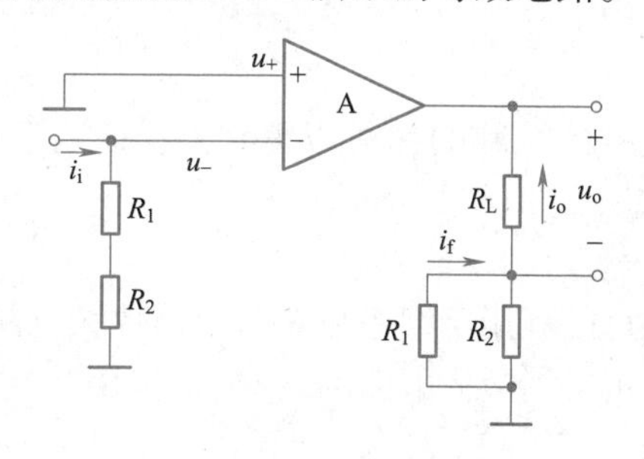

图6.4.4　电流并联负反馈电路的等效电路

6.4.3　深度负反馈放大电路分析

实用的放大电路中多引入深度负反馈，因此分析负反馈放大电路的重点是从电路中分离出来反馈网络，并求出反馈系数 F。为了便于研究和测试，人们常常需要求出不同组态负反馈放大电路的电压放大倍数。本节重点介绍深度负反馈放大电路的放大增益估计方法。

反馈网络连接着放大电路的输入回路和输出回路，并且给放大电路提供反馈量。寻找出负反馈放大电路的反馈网络，便可以根据定义计算反馈系数。如图6.4.5所示为四种负反馈放大电路。

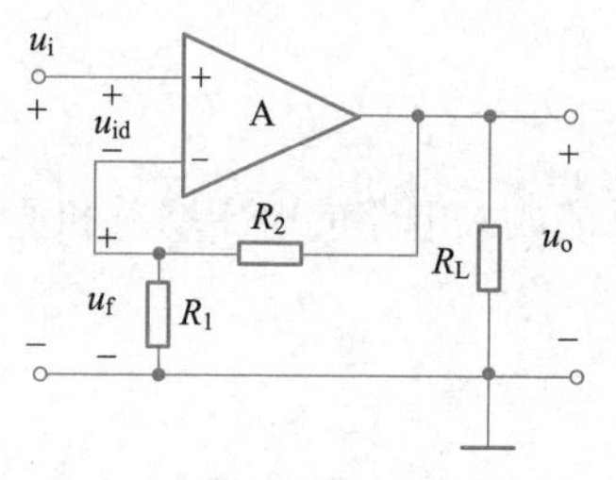

（a）电压串联负反馈放大电路

（b）电流串联负反馈放大电路

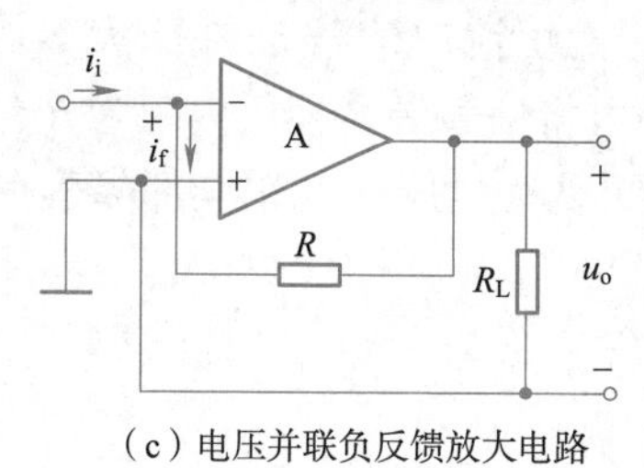

（c）电压并联负反馈放大电路

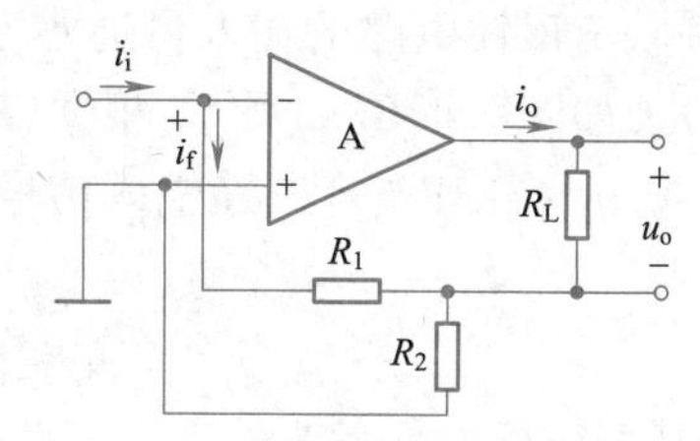

（d）电流并联负反馈放大电路

图6.4.5　负反馈放大电路的反馈网络分析图

从图 6.4.5(a)中可以得到其反馈网络及其反馈系数为

$$F_{uu}=\frac{u_f}{u_o}=\frac{R_1}{R_2+R_1} \tag{6.4.9}$$

从图 6.4.5(b)中可以得到其反馈网络及其反馈系数为

$$F_{ui}=\frac{u_f}{i_o}=\frac{i_oR}{i_o}=R \tag{6.4.10}$$

从图 6.4.5(c)中可以得到其反馈网络及其反馈系数为

$$F_{iu}=\frac{i_f}{u_o}=\frac{-\frac{u_o}{R}}{u_o}=-\frac{1}{R} \tag{6.4.11}$$

从图 6.4.5(d)中可以得到其反馈网络及其反馈系数为

$$F_{ii}=\frac{i_f}{i_o}=-\frac{R_2}{R_1+R_2} \tag{6.4.12}$$

也可以利用反馈系数对负反馈放大电路展开分析。根据式(6.4.6)~式(6.4.8),对于电压串联负反馈放大电路的增益(放大倍数),可以推导出

$$A_{uuf}=A_{uf}=\frac{u_o}{u_i}\approx\frac{1}{F_{uu}}=\frac{u_o}{u_f} \tag{6.4.13}$$

根据式(6.4.10)可知

$$A_{uf}\approx 1+\frac{R_2}{R_1} \tag{6.4.14}$$

很明显电压串联负反馈放大电路的闭环增益仅由反馈网络决定,A_{uf}和负载电阻 R_L 无关,表明引入深度电压负反馈后,电路输出可近似为受控恒压源。

同样地,对于电流串联负反馈电路,其增益为

$$A_{iuf}=\frac{i_o}{u_i}\approx\frac{1}{F_{ui}}=\frac{i_o}{u_f} \tag{6.4.15}$$

由图 6.4.5(b)可知,输出电压 $u_o=i_oR_L$,u_o 与 i_o 随着负载变化呈线性关系,故此时的电路增益为

$$A_{uf}=\frac{u_o}{u_i}\approx\frac{1}{F_{ui}}R_L=\frac{i_oR_L}{u_f} \tag{6.4.16}$$

而根据式(6.4.16)可知,$A_{uf}\approx\frac{R_L}{R}$,很明显电流串联负反馈放大电路的电压增益和负载是有关的。

同样地,对于电压并联负反馈电路,其增益为

$$A_{uif}=\frac{u_o}{i_i}\approx\frac{1}{F_{iu}}=\frac{u_o}{i_f} \tag{6.4.17}$$

实际上,并联负反馈电路的输入量通常不是理想的恒流源信号 i_i,在绝大多数情况下,信号源 i_s有内阻 R_s,如图 6.4.6(a)所示,根据诺顿定理可将信号源转换成内阻为 R_s的电压源 u_s,如图 6.4.6(b)所示。由于 $i_i\approx i_f$,净输入信号 $i_i'\approx 0$,可认为电压 u_s几乎全部降落在电阻 R_s上,所以有

$$u_s\approx i_iR_s\approx i_fR_s \tag{6.4.18}$$

于是可得到电压放大增益为

$$A_{usf}=\frac{u_o}{u_s}\approx\frac{u_o}{i_fR_s}=\frac{1}{F_{iu}}\cdot\frac{1}{R_s} \tag{6.4.19}$$

将内阻为 R_s 的信号源 u_s 加到图6.4.5(c)所示电路的输入端,再根据式(6.4.11)可以得到电压增益 $A_{usf}\approx-\dfrac{R}{R_s}$。根据前面所述并联负反馈电路适用于恒流源或者内阻 R_s 很大的恒压源或者近似恒流源,因而在电路测试时,若信号源内阻很小,则应该外加一个相当于 R_s 的电阻。

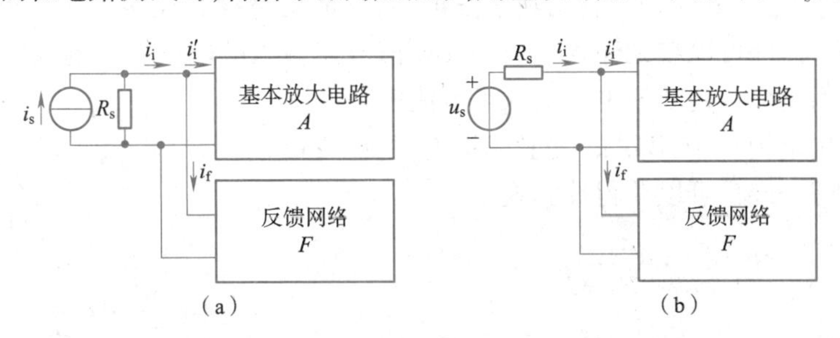

图6.4.6 并联负反馈电路的信号源变换模型

同样地,对于电流并联负反馈电路,其增益为

$$A_{iif}=\frac{i_o}{i_i}\approx\frac{i_o}{i_f}=\frac{1}{F_{ii}} \tag{6.4.20}$$

从图6.4.5(d)可知输出电压 $u_o=i_oR_L$。当以 R_s 为内阻的电压源 u_s 为输入信号时,根据式(6.4.19),则电压增益可表示为

$$A_{usf}=\frac{u_o}{u_s}\approx\frac{i_oR_L}{i_fR_s}=\frac{1}{F_{ii}}\frac{R_L}{R_s} \tag{6.4.21}$$

若将内阻为 R_s 的电压源 u_s 加到图6.4.5(d)所示电路的输入端,根据式(6.4.11)可得,$A_{usf}\approx-\dfrac{R}{R_s}$。当电路引入并联负反馈时,多数情况下可认为 $u_s\approx i_fR_s$;当电路引入电流负反馈时,$u_o\approx i_oR_L'$,R_L' 是电路输出端所连接的总负载,可能是若干电阻并联,也可能就是负载电阻 R_L。

表6.4.1 四种负反馈放大电路参数比较表

反馈组态	反馈系数	A_{uf}
电压串联	$F_{uu}=\dfrac{u_f}{u_o}$	$A_{uf}=\dfrac{u_f}{u_t}\approx\dfrac{1}{F_{uu}}$
电压并联	$F_{iu}=\dfrac{i_f}{u_o}$	$A_{usf}=\dfrac{u_o}{u_s}\approx\dfrac{1}{F_{iu}}\times\dfrac{1}{R_s}$
电压串联	$F_{ui}=\dfrac{u_f}{i_o}$	$A_{usf}=\dfrac{u_o}{u_s}\approx\dfrac{1}{F_{ui}}\times R_L'$
电流并联	$F_{ii}=\dfrac{i_f}{i_o}$	$A_{usf}=\dfrac{u_o}{u_s}\approx\dfrac{1}{F_{ii}}\times\dfrac{R_L'}{R_s}$

综上所述,求解深度负反馈放大电路增益的一般步骤是:

(1)正确判断反馈组态。

(2)求解反馈系数。

(3)利用反馈系数求解 A_f、A_{uf} 或者 A_{usf}。

并且还可以得到结论:深度负反馈时的反馈系数决定于反馈网络,与放大电路的输入、输出特性无关,并且与负载电阻无关。通过正确判断反馈组态求出反馈系数,再由反馈系数计算放大倍数。

例 6.4.1　已知如图 6.4.7 所示的负反馈放大电路，其中 $R_1=10\ \text{k}\Omega$，$R_2=100\ \text{k}\Omega$，$R_3=2\ \text{k}\Omega$，$R_L=5\ \text{k}\Omega$，试求深度负反馈条件下的闭环电压增益 A_{uf}。

分析　首先对其反馈类型进行判断，利用瞬时极性法可知该电路中引入了负反馈，确定反馈网络由电阻 R_1、R_2 和 R_3 组成，利用观察法可知，反馈支路没有连接到输出电压 u_o 上，因此引入了电流反馈，另外可以看到输入电压和反馈信号在输入端串联在一起，在电阻 R_1 上获得反馈电压信号，因此综合判断该电路引入了电流串联负反馈。

很明显，输出电流 i_o 在 BJT 的发射极被电阻 R_3 支路和电阻 R_1 和 R_2 支路分流，可以获得计算式

$$i_{R_1}=\frac{R_3}{R_1+R_2+R_3}i_o$$

反馈电压为

$$u_f=i_{R_1}R_1=\frac{R_1R_3}{R_1+R_2+R_3}i_o$$

根据电流串联负反馈电路的深度负反馈条件

$$A_{uf}\approx\frac{1}{F_{ui}}R_L=\frac{R_1+R_2+R_3}{R_1R_3}R_L=\frac{10+100+2}{10\times2}\times5=28$$

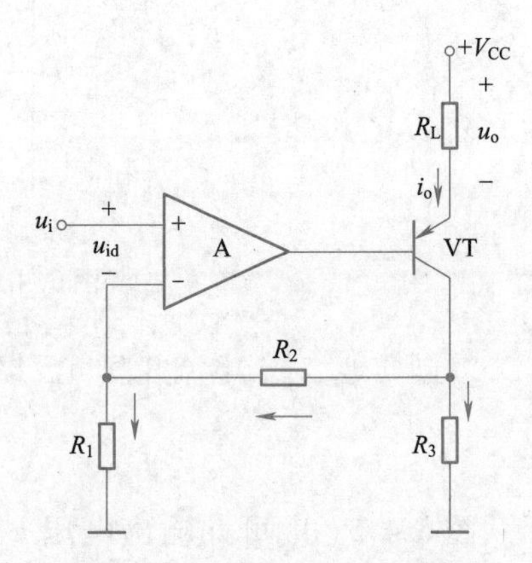

图 6.4.7　例 6.4.1 电路图

例 6.4.2　如图 6.3.16 所示电路，若已知电阻 $R_2=10\ \text{k}\Omega$，$R_4=100\ \text{k}\Omega$，计算其深度负反馈条件下的闭环电压增益 A_{uf}。

分析　如图 6.3.16 所示电路，可以判断该电路引入了电压串联负反馈，那么根据电压串联负反馈的深度负反馈条件可知

$$F_{uu}=\frac{u_f}{u_o}=\frac{R_2}{R_2+R_4}$$

那么 $A_{uf}=\dfrac{1}{F_{uu}}=1+\dfrac{R_4}{R_2}=1+\dfrac{100}{10}=11$。

例 6.4.3　判断图 6.4.8 所示电路中引入了哪种组态的交流负反馈；并求出深度负反馈条件下的闭环增益 A_f 和闭环电压增益 A_{uf}。

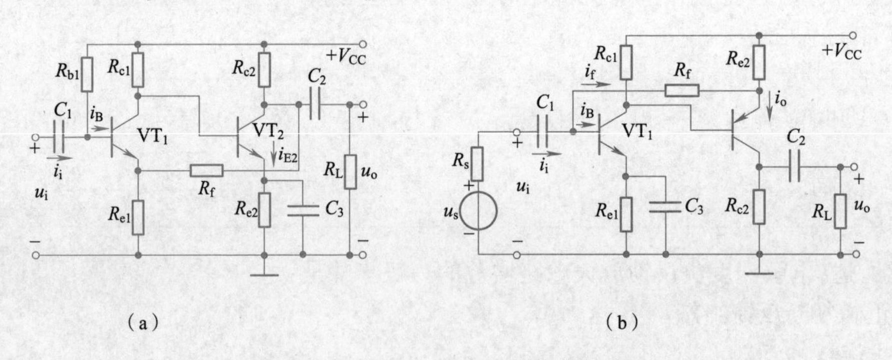

图 6.4.8　例 6.4.3 负反馈放大电路图

分析　首先判断图 6.4.8(a)，利用瞬时极性法以及观察法，可以判定该电路由 R_f 和 R_{e1} 组成的反馈支路引入了电压串联负反馈，那么利用电压串联负反馈放大电路的深度负反馈条件可得到反馈系数为

$$F_{uu}=\frac{u_f}{u_o}=\frac{R_{e1}}{R_{e1}+R_f}$$

根据前面的分析可知，电压串联负反馈放大电路的闭环增益和闭环电压增益是一致的，即

$$A_f=A_{uf}\approx\frac{1}{F_{uu}}=1+\frac{R_f}{R_{e1}}$$

下面分析图 6.4.8(b)所示的负反馈电路。同样的操作方法，判断出该电路引入了电流并联负反馈，计算 R_f上的电流和输出电流关系式为

$$i_f=\frac{R_{e2}}{R_{e2}+R_f}i_o$$

从而可以得到反馈系数表达式为

$$F_{ii}=\frac{i_f}{i_o}=\frac{R_{e2}}{R_{e2}+R_f}$$

从而根据深度负反馈条件可得到闭环增益为

$$A_f=\frac{1}{F_{ii}}=1+\frac{R_f}{R_{e2}}$$

而闭环电压增益则是由信号源电压和输出电压信号决定的，$A_{uf}=\frac{u_o}{u_s}\approx\frac{1}{F_{ii}}\cdot\frac{R'_L}{R_s}$，其中的负载电阻 $R'_L=R_{c2}/\!/R_L$，从而可得

$$A_{uf}=\left(1+\frac{R_f}{R_{e2}}\right)\frac{R_{c2}/\!/R_L}{R_s}$$

通过这两个负反馈放大电路的计算对比，应该明确，负反馈放大电路中的闭环增益和闭环电压增益概念是不同的，在分析问题时一定要注意题目的要求。

6.4.4　深度负反馈应用

可以利用深度负反馈特性、电压负反馈体现出恒压源特性，电流负反馈体现恒流源特性。根据串联负反馈和并联负反馈特点，利用深度负反馈可以实现电压/电流（U/I）或者电流/电压（I/U）间的相互转换功能。

图 6.4.9 所示为由集成运放组成的 I/U 变换电路，其输入端接入的是恒流源信号 i_s，在输出端负载电阻 R_L 上获得输出电压信号，利用集成运放的“虚断”和“虚短”概念可知

$$u_o=-i_sR \tag{6.4.22}$$

从而使得输出电压和输入电流呈线性关系，实现了电流/电压变换，并且输出电压信号与负载电阻 R_L 无关。

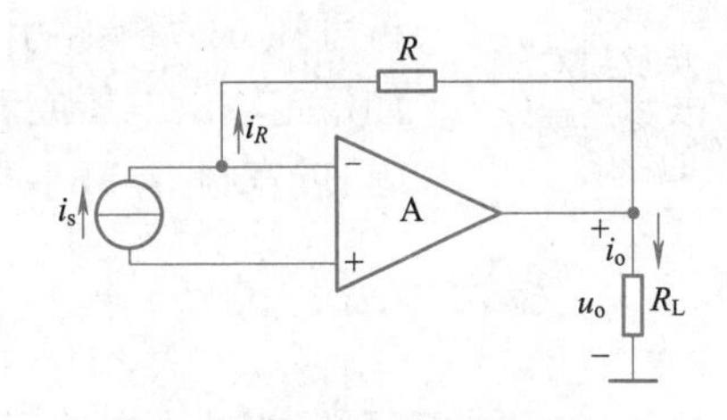

图 6.4.9　I/U 变换电路图

当然也可以实现电压/电流变换。如图 6.4.10 所示的 U/I 变换电路。图 6.4.10(a)所示电路称为负载不接地型 U/I 变换电路，同样利用集成运放“虚断”和“虚短”的概念，可以得到

$$i_o=i_R=\frac{u_s}{R} \tag{6.4.23}$$

并且可以看到输出电流与输入电压成比例，输出电流与负载电阻 R_L 无关。

而图 6.4.10(b)所示电路称为负载接地型 U/I 变换电路，适用于负载需要接地的应用场

合中，那么假设集成运放的同相输入端电位 u_P、反相输入端电位 u_N，根据集成运放的虚短、虚断概念，可以得到

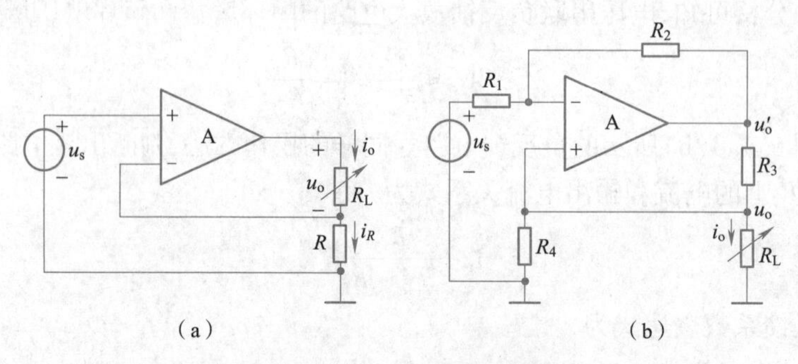

图 6.4.10　U/I 变换电路图

$$\begin{cases} u_- = u_+ \\ u_N = u_s \dfrac{R_2}{R_1 + R_2} + u_o' \dfrac{R_2}{R_1 + R_2} \\ u_P = u_o = i_o R_L = u_o' \dfrac{R_4 /\!/ R_L}{R_3 + R_4 /\!/ R_L} \end{cases} \tag{6.4.24}$$

从而计算得到

$$i_o = -\frac{R_2}{R_1} \cdot \frac{u_s}{R_3 + \dfrac{R_3}{R_4} R_L - \dfrac{R_2}{R_1} R_L} \tag{6.4.25}$$

当令 $R_2/R_1 = R_3/R_4$ 时，$i_o = -\dfrac{u_s}{R_4}$。从而实现了输入电压转换为输出电流的功能。

视频

负反馈对放大电路性能的影响

6.5　负反馈对放大电路性能的影响分析

根据前面负反馈放大电路中的负反馈概念、类型以及深度负反馈特性分析可知，放大电路引入适当的交流负反馈之后，其性能会得到多方面的改善，如稳定输出电压或者输出电流、稳定电路放大增益、改变输入电阻和输出电阻、展宽频带、减小非线性失真等。本节对其做出详细分析和介绍。

6.5.1　稳定增益

由前面分析可知，当放大电路引入交流深度负反馈后，$A_f \approx \dfrac{1}{F}$，A_f 几乎仅决定于反馈网络，而反馈网络通常是由电阻、电容等无源元件组成的，因而可以获得较好的稳定性。那么就一般情况而言，是不是引入交流负反馈就一定会使 A_f 得到更好的稳定性呢？

根据前面的分析，在中频段，由式(6.4.5)，闭环增益 A_f表达式可写为

$$A_f = \frac{A}{1 + AF} \tag{6.5.1}$$

式中，A 表示开环放大电路的放大增益。

对式(6.5.1)两端求微分得到

$$dA_f = \frac{(1+AF)dA - AFdA}{(1+AF)^2} = \frac{dA}{(1+AF)^2} \tag{6.5.2}$$

对式(6.5.1)和式(6.5.2)进行左右两边除法运算得到闭环增益和开环增益的相对变化量关系式,即

$$\frac{dA_f}{A_f} = \frac{1}{1+AF} \cdot \frac{dA}{A} \tag{6.5.3}$$

式(6.5.3)表明,负反馈放大电路闭环增益 A_f 的相对变化量 dA_f/A_f 仅是基本放大电路开环增益相对变化量 dA/A 的 $1/(1+AF)$ 倍,也就是说,闭环增益稳定性是开环放大增益的 $(1+AF)$ 倍,稳定性得到增强。如当 A 的变化为10%时,若 $1+AF=100$,则 A_f 仅变化0.1%。同时也可以分析出来,引入交流负反馈后,因为环境温度变化、电源电压波动、元器件老化、器件更换等原因引起的放大增益变化都将会减小,特别是在制成产品时,因半导体器件参数的分散性所造成的放大增益差别也将会明显减小,从而使放大电路的放大能力具有良好的一致性。但是闭环增益 A_f 稳定性是以损失放大增益为代价的,即 A_f 减小到 A 的 $1/(1+AF)$ 倍,才会使其稳定性提高到 A 的 $(1+AF)$ 倍。

6.5.2 改变输入电阻和输出电阻

在负反馈放大电路中引入不同组态的交流负反馈,如串联负反馈和并联负反馈,将会对输入电阻和输出电阻产生不同的影响。

放大电路的输入电阻是从放大电路的输入端看进去的等效电阻,是衡量放大电路从信号源获取信号幅度大小的一个物理量。很明显串联负反馈和并联负反馈将会改变输入端口的等效阻抗,从而引入的负反馈会对输入电阻产生明显影响。

同样地,反馈网络对输出电压或者输出电流采样,构造反馈信号输入到输入端口中,根据前面的分析可知,反馈网络对输出电压采样,可达到稳定输出电压的作用;对输出电流采样,可达到稳定输出电流的作用。电压负反馈实质是面向不同的负载可以获得基本不变的恒压源特性,近似恒压源的内阻是很小的,可以说电压负反馈放大电路的输出电阻变得越小,恒压特性越好;同样地,电流负反馈的近似恒流源特性,实质是它具有很大的内阻,确保负反馈放大电路面向不同的负载能够输出恒定电流。

1. 负反馈对输入电阻的影响分析

如图6.5.1所示的串联负反馈放大电路框图,根据输入电阻定义,基本放大电路的输入电阻为

$$R_i = \frac{u_{id}}{i_i} \tag{6.5.4}$$

而整个放大电路的输入电阻为

$$R_{if} = \frac{u_i}{i_i} = \frac{u_{id}+u_f}{i_i} = \frac{u_{id}+AFu_{id}}{i_i} = (1+AF)R_i \tag{6.5.5}$$

表明因串联负反馈,放大电路的输入电阻增大了 $(1+AF)$ 倍。

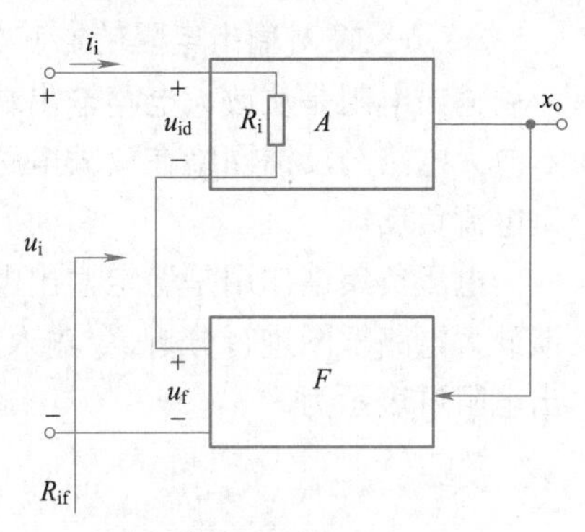

图6.5.1 串联负反馈放大电路框图

应该指出的是,在某些负反馈放大电路中,有些电阻并不在反馈环内,如图6.4.8(a)所示

电路的交流通路，R_{b1}并联在输入端，反馈对它不会产生影响。这类电路的框图如图 6.5.2 所示，可以看出，反馈环内的输入电阻为

$$R'_{if}=(1+AF)R_i \tag{6.5.6}$$

而整个电路的输入电阻需要考虑到输入端并联电阻 R_b，则整个电路的输入电阻为

$$R_{if}=R_b /\!/ R'_{if}=R_b /\!/ (1+AF)R_i \tag{6.5.7}$$

因而更确切地说，引入串联负反馈后，使得引入反馈的支路的等效电阻增大到基本放大电路的$(1+AF)$倍。但是不管哪种情况，引入串联负反馈都将增大输入电阻。这和我们常识经验，串联操作使得电阻增大是一致的。

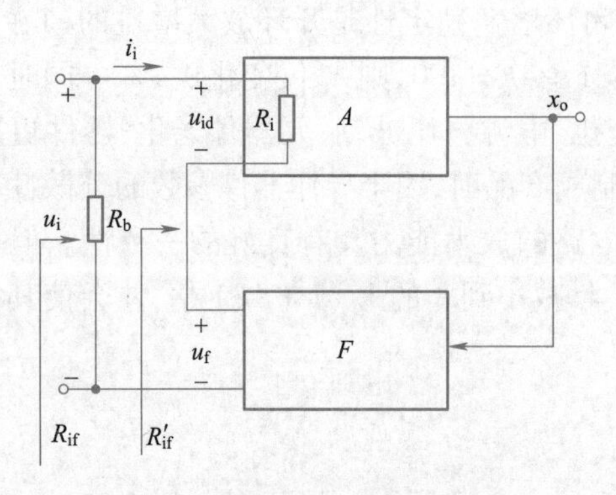

图 6.5.2　反馈环之外输入端存在电阻的负反馈放大电路框图

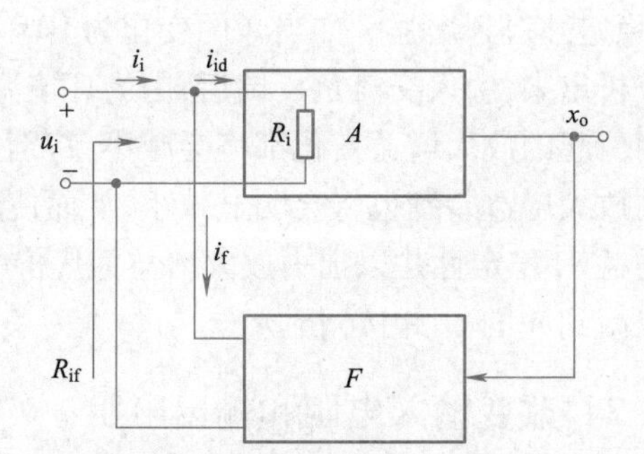

图 6.5.3　并联负反馈放大电路框图

同样地，考虑并联负反馈对放大电路输入电阻的影响情况。如图 6.5.3 所示并联负反馈放大电路框图，根据输入电阻定义，基本放大电路的输入电阻为

$$R_i=\frac{u_i}{i_{id}} \tag{6.5.8}$$

而整个电路的输入电阻为

$$R_{if}=\frac{u_i}{i_i}=\frac{u_i}{i_{id}+i_f}=\frac{u_i}{i_{id}+AFi_{id}}=\frac{R_i}{1+AF} \tag{6.5.9}$$

该式表明，引入并联负反馈后，输入电阻减小了，仅为基本放大电路输入电阻的$1/(1+AF)$倍。这符合并联连接会使电阻减小的常识的。

2. 负反馈对输出电阻的影响分析

输出电阻是从放大电路输出端看进去的等效内阻，因而负反馈对输出电阻影响决定于基本放大电路与反馈网络在放大电路输出端的连接方式，即决定于电路引入的是电压负反馈还是电流负反馈。

电压负反馈作用是稳定输出电压，会使其输出电阻减小，可采用图 6.5.4 所示的电压负反馈放大电路框图进行分析，令输入量$x_i=0$，在输出端加交流电压 u_o，会产生电流 i_o，则电路输出电阻可表示为

$$R_{of}=\frac{u_o}{i_o} \tag{6.5.10}$$

输出电压 u_o 作用于反馈网络，得到反馈量$x_f=Fu_o$，那么$-x_f$又作为净输入量作用于基本放大电路，产生输出电压$-AFu_o$。基本放大电路输出电阻为 R_o，那么输出电阻中的电流 i_o 可表达为

$$i_o=\frac{u_o-(-AFu_o)}{R_o}=\frac{(1+AF)u_o}{R_o} \tag{6.5.11}$$

并将式(6.5.9)代入可得

$$R_{of}=\frac{R_o}{1+AF} \tag{6.5.12}$$

表明引入负反馈后，输出电阻仅为基本放大电路输出电阻的 $1/(1+AF)$ 倍，当 $(1+AF)\to\infty$，输出电阻 R_{of} 趋于零，此时电压负反馈电路的输出具有恒压源特性。

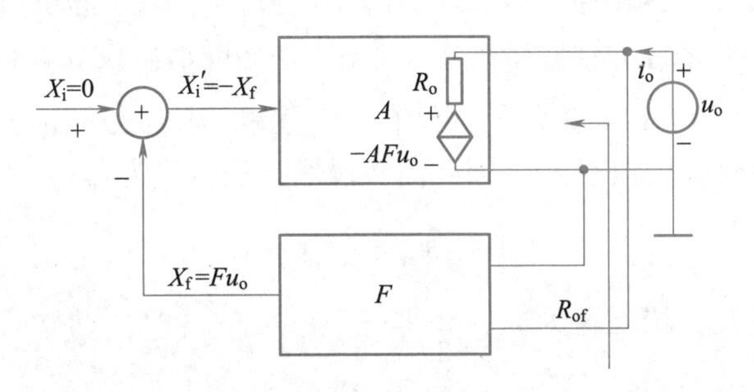

图6.5.4 电压负反馈放大电路框图

电流负反馈能够稳定输出电流，从而增大输出电阻，如图6.5.5所示，同样地，令 $X_i=0$，在输出端断开负载并外加交流电压 u_o，由此产生电流 i_o，那么电路的输出电阻为

$$R_{of}=\frac{u_o}{i_o} \tag{6.5.13}$$

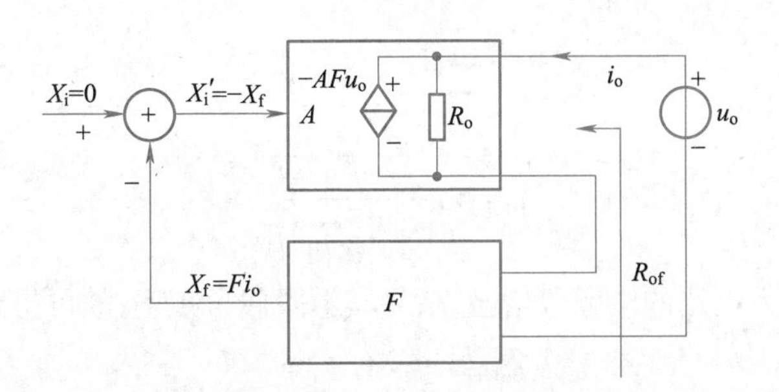

图6.5.5 电流负反馈放大电路框图

很明显，输出电流 i_o 作用于反馈网络，得到反馈量 $X_f=Fi_o$，再把 $-X_f$ 作为净输入量作用于基本放大电路，产生了输出电流为 $-AFi_o$，那么可以得到 $i_o=\frac{u_o}{R_o}+(-AFi_o)$，也就是 $i_o=\frac{\frac{u_o}{R_o}}{1+AF}$，从而得到 $R_{of}=(1+AF)R_o$，说明输出电阻 R_{of} 增大到 R_o 的 $(1+AF)$ 倍。当 $(1+AF)\to\infty$，电路的输出电流具有恒流特性。

将四种组态负反馈对放大电路输入电阻和输出电阻的影响总结在表6.5.1中，表6.5.1中括号内的“0”或者“∞”表示在理想情况下，即当 $(1+AF)\to\infty$ 时，输入电阻和输出电阻的值，可以认为由理想运放构成的负反馈放大电路的 $(1+AF)$ 趋于无穷大，它们的输入电阻和输出电阻趋于表6.5.1中的理想值。

表 6.5.1 四种组态负反馈对放大电路输入电阻和输出电阻的影响

反馈组态	电压串联	电流串联	电压并联	电流并联
$R_{if}(R'_{if})$	增大(∞)	增大(∞)	减小(0)	减小(0)
$R_{of}(R'_{of})$	减小(0)	增大(∞)	减小(0)	增大(∞)

6.5.3 展宽频带

由于引入负反馈之后,各种原因引起增益的变化都会减小,当然也包括信号频率变化而引起的增益变化情况,其效果称为通频带展宽。为了简单分析,假设反馈网络为纯电阻网络,且在放大电路波特图的低频段和高频段各自仅有一个拐点,基本放大电路的中频段增益为 $\dot{A}_m$,上限截止频率为f_H,下限截止频率为f_L,因此高频段增益表达式为

$$\dot{A}_H = \dot{A}_m \Big/ \left(1 + j\frac{f}{f_H}\right) \tag{6.5.14}$$

引入负反馈后,电路的高频段增益为

$$\dot{A}_{Hf} = \frac{\dot{A}_H}{1+\dot{A}_H F_H} = \frac{\dfrac{\dot{A}_m}{1+j\dfrac{f}{f_H}}}{1+\dfrac{\dot{A}_m}{1+j\dfrac{f}{f_H}}\cdot F_H} = \frac{\dot{A}_m}{1+j\dfrac{f}{f_H}+\dot{A}_m F_H} \tag{6.5.15}$$

将分子、分母除以$(1+\dot{A}_m F_H)$可得

$$\dot{A}_{Hf} = \frac{\dfrac{\dot{A}_m}{1+\dot{A}_m F_H}}{1+1+j\dfrac{f}{(1+\dot{A}_m F_H)f_H}} = \frac{\dot{A}_{mf}}{1+j\dfrac{f}{f_{Hf}}} \tag{6.5.16}$$

式中,$\dot{A}_{mf}$为负反馈放大电路的中频段增益,f_{Hf}为其上限截止频率,故可得到

$$f_{Hf} = (1+\dot{A}_m F_H)f_H \tag{6.5.17}$$

表明引入负反馈后,上限频率增大到基本放大电路的$(1+\dot{A}_m F_H)$倍。利用上述推导过程,可以得到下限频率表达式为

$$f_{Lf} = \frac{f_L}{(1+\dot{A}_m F_L)} \tag{6.5.18}$$

可见引入负反馈之后,下限频率减小到基本放大电路的 $1/(1+\dot{A}_m F_L)$倍。一般情况下,由于$f_H \gg f_L$,$f_{Hf} \gg f_{Lf}$,基本放大电路及负反馈放大电路的通频带可表示为

$$\begin{aligned} f_{BW} &= f_H - f_L \approx f_H \\ f_{BWf} &= f_{Hf} - f_{Lf} \approx f_{Hf} \end{aligned} \tag{6.5.19}$$

也就是引入负反馈之后,使得频带展宽到基本放大电路的$(1+AF)$倍。但是放大器具有一个重要特性就是:放大器的增益与通频带之积为常数,如图 6.5.6 所示,可表示为

$$A_{mf} f_{BWf} = A_m f_{BW} \tag{6.5.20}$$

这里应该指出的是,对于不同组态的负反馈放大电路放大增益的物理意义,式(6.5.18) ~

式(6.5.20)所具有的含义是不同的。对于串联电压负反馈组态电路,A_{uuf}的频带是A_{uu}的$(1+AF)$倍;对于电压并联负反馈组态电路,A_{uif}的频带是A_{ui}的$(1+AF)$倍;对于电流串联负反馈组态电路,A_{iuf}的频带是A_{iu}的$(1+AF)$倍;对于电流并联负反馈组态电路,A_{iif}的频带是A_{ii}的$(1+AF)$倍。若放大电路的波特图中有多个拐点,且反馈网络不是纯电阻网络,则问题的分析就比较复杂了,但是频带展宽的趋势不变。

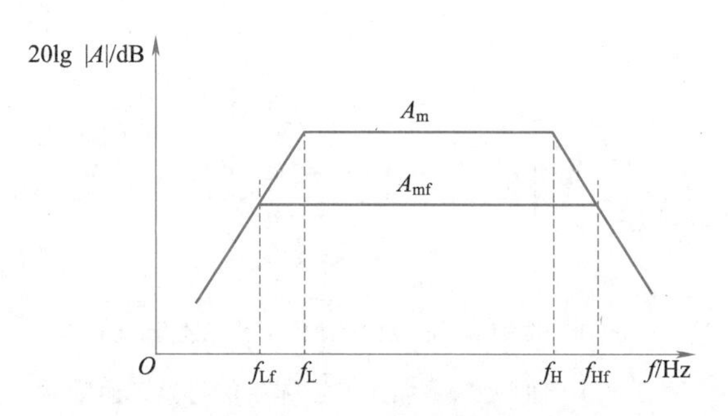

图6.5.6　放大电路的增益带宽示意图

6.5.4　减小非线性失真

对于理想放大电路,输出信号与输入信号应完全呈线性关系,但是由于组成放大电路的半导体器件(如BJT或者场效应管)均具有非线性特性,当输入信号为幅度较大的正弦波时,输出信号往往不是正弦波。经谐波分析,输出信号中除含有与输入信号频率相同的基波成分外,还含有其他谐波,因而会产生失真。

如图6.5.7所示的BJT放大电路输入端信号失真波形对比图,如BJT放大电路输入端的b-e间得到的正弦波电压信号u_{BE},若直流静态工作点设置比较高,由于BJT输入特性的非线性,输入端电流i_B将要失真,其正半周幅度较大,负半周幅度较小,这样必然会造成输出电压、电流的失真,可以设想图6.5.8所示的修正示意图,使得b-e间电压的正半周幅度小些而负半周幅度大些,那么输入电流信号i_B将近似为正弦波。可以引入负反馈机制,使净输入量产生类似于上述b-e间的电压变化,来减小非线性失真。

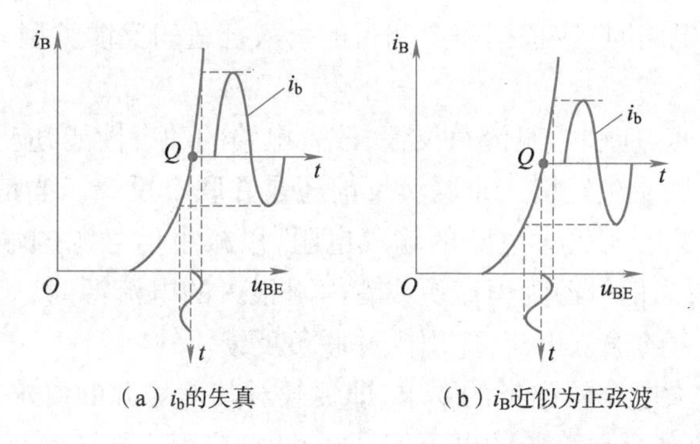

图6.5.7　BJT放大电路输入端信号失真波形对比图

如图6.5.8所示,设在正弦波输入量作用下输出信号与输入信号同相,且产生正半周幅度较大负半周幅度较小的失真信号,反馈量与输出信号的失真情况一致。当电路闭环后,由于净输入量为输入量与负反馈量之差,因而其正半周幅度小而负半周幅度大,如图6.5.8(b)所示,结果是使输出波形正、负半周的幅度趋于一致,从而使得非线性失真减小。

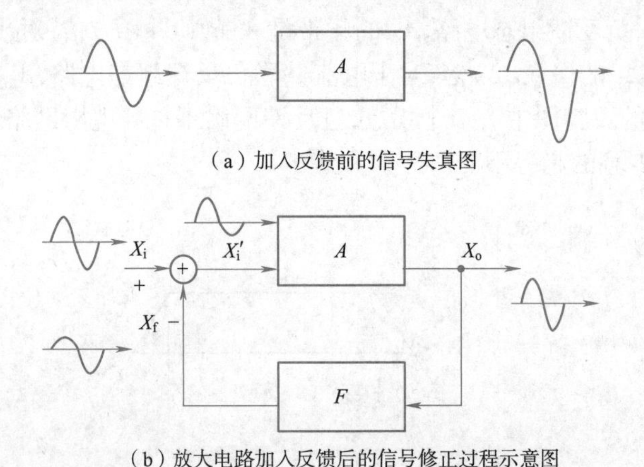

(a)加入反馈前的信号失真图

(b)放大电路加入反馈后的信号修正过程示意图

图6.5.8 放大电路加入反馈前后信号修正示意图

由上述分析可以看出,负反馈减小非线性失真指的是反馈环内的失真,对于信号波形本身的失真,引入负反馈是无济于事的。还有只要信号源有足够的潜力,能使电路闭环后的基本放大电路的净输入电压与开环时相等,也就是输出量在闭环前后保持不变,非线性失真才能减小到基本放大电路的 $1/(1+AF)$ 倍。

6.5.5 放大电路中引入负反馈的原则

通过以上分析可知,负反馈对放大电路性能方面的影响均与反馈深度 $(1+AF)$ 有关。应当说明的是,以上的定量分析是为了更好地理解反馈深度与电路各性能指标的定性关系,从某种意义上来讲对负反馈放大电路的定性分析比定量分析更重要,其原因在于一方面在分析实用电路时几乎均可以认为它们引入了深度负反馈,如由集成运放组成放大电路时便可以认为其反馈深度 $(1+AF)$ 是趋于无穷大的;另一方面即使需要精确分析电路的性能指标,也不需要利用框图进行手工计算,而是借助电子电路计算辅助分析与设计软件。

引入负反馈可以明显改善放大电路多方面性能,而且反馈组态不同,所产生的影响也各不相同,因此在设计放大电路时,应根据需要和目的引入合适的反馈类型。这里给出引入负反馈的一般原则:

(1)稳定静态工作点,应引入直流负反馈;改善电路的动态性能,应引入交流负反馈。

(2)根据信号源的性质决定引入串联负反馈还是并联负反馈。当信号源为恒压源或者内阻很小的电压源时,为了增大放大电路的输入电阻,以减小信号源的输出电流和内阻上的压降,应引入串联负反馈;当信号源为恒流源或者内阻很大的电流源时,为了减小放大电路的输入电阻,使电路获得更大的输入电流,应引入并联负反馈。

(3)根据负载对放大电路输出量的要求,即负载对其信号源的要求,决定引入电压负反馈或者电流负反馈。当负载需要稳定的电压信号驱动时,应引入电压负反馈;当负载需要稳定的电流信号驱动时,应引入电流负反馈。

(4)根据四种反馈组态电路功能,在需要进行信号变换时,选择合适的反馈组态。如若将电流信号转换成电压信号,则应引入电压并联负反馈;若将电压信号转换成电流信号,则应引入电流串联负反馈。

6.6 负反馈放大电路的稳定性

自激振荡及其消除方法

从前面的分析讨论可以看出,交流负反馈放大电路性能的影响程度由负反馈深度或者环路增益的大小决定,$(1+AF)$或者AF越大,放大电路性能就越好。但是存在一个问题是,若反馈深度过大,不但不会改善放大电路的性能,反而会使放大电路产生自激振荡而不能稳定工作。本节将分析负反馈放大电路产生自激振荡的原因,研究负反馈放大电路稳定工作的条件,以及负反馈放大电路产生的自激振荡的消除思路和方法。

6.6.1 负反馈放大电路自激振荡及稳定工作条件

负反馈可以明显改善放大电路的性能,但是若电路组成不合理,或者反馈深度过大情况下,输入信号为零时,输出端仍然会产生一定频率和一定幅度的输出信号,这时称放大电路产生了自激振荡现象,此时电路不能正常工作,不具有稳定性。

如图6.1.2所示反馈放大电路框图,这里需要考虑信号中的频率影响,将负反馈放大电路的闭环增益一般表达式写为相量形式,即

$$\dot{A}_{\mathrm{F}}=\frac{\dot{A}}{1+\dot{A}\dot{F}} \tag{6.6.1}$$

在中频段,由于$\dot{A}\dot{F}>0$,$\dot{A}$和$\dot{F}$的相角和$\varphi_{\mathrm{a}}+\varphi_{\mathrm{f}}=2n\pi$($n$是整数),因此净输入量$X_{\mathrm{i}}'$、输入量$X_{\mathrm{i}}$和反馈量$X_{\mathrm{f}}$之间的关系为

$$|X_{\mathrm{i}}'|=|X_{\mathrm{i}}|-|X_{\mathrm{f}}| \tag{6.6.2}$$

但是在低频段,因为存在耦合电容、旁路电容等因素,会导致$\dot{A}\dot{F}$产生超前附加相移;在高频段,放大器件存在着极间电容因素,会导致$\dot{A}\dot{F}$产生滞后附加相移。在中频段相位关系基础上所产生的这些相移统称为附加相移,用$(\Delta\varphi_{\mathrm{a}}+\Delta\varphi_{\mathrm{f}})$表示,当某一频率$f_0$的信号使得附加相移$(\Delta\varphi_{\mathrm{a}}+\Delta\varphi_{\mathrm{f}})=n\pi$($n$为奇数)时,反馈量与中频段相比产生超前或者滞后180°的附加相移,从而使得净输入量

$$|X_{\mathrm{i}}'|=|X_{\mathrm{i}}|+|X_{\mathrm{f}}| \tag{6.6.3}$$

原本设计目的是减小净输入量的负反馈,实际得到的是净输入量变大了,也就是负反馈设计得到了正反馈的实际效果,于是输出量$|X_{\mathrm{o}}|$也随之增大,反馈的结果使得增益增大了。

在图6.6.1中,输入信号为零时,若因某种原因产生电扰动(合闸通电),其中含有频率为f_0的信号使得附加相移$(\Delta\varphi_{\mathrm{a}}+\Delta\varphi_{\mathrm{f}})=\pm\pi$,由此产生了输出信号输出量$X_{\mathrm{o}}$,则根据式(6.6.4),输出量$|X_{\mathrm{o}}|$将会不断增大,其过程可表示为:由于半导体放大器件的非线性特性,若电路最终达到动态平衡,即反馈信号(也就是负的净输入信号)维持着输出信号,而输出信号维持着反馈信号,它们之间相互依存,则称电路产生了自激振荡。可见电路产生自激振荡时,输出信号有其特定的振荡频率和一定幅值,且振荡频率必在电路的低频频或者高频段,因而电路一旦产生自激振荡将无法进行正常放大,称电路处于不稳定状态。

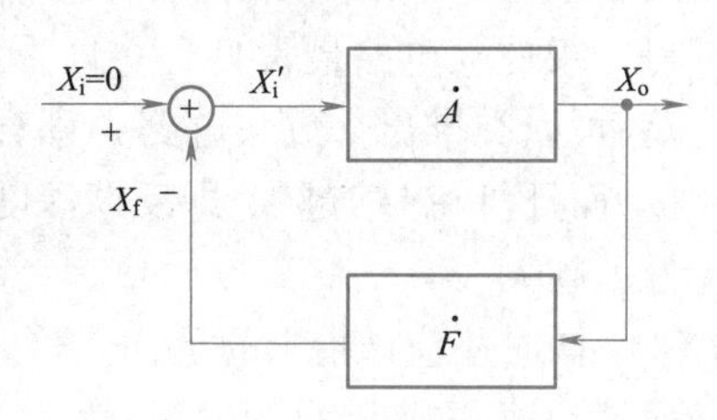

图6.6.1 负反馈放大电路的自激振荡框图

根据上述的自激振荡产生原因分析可知，可能在某一频率f_0下，使得附加相移达到180°，使得$(\Delta\varphi_a+\Delta\varphi_f)=(2n+1)\pi$时，$X_i$与$X_f$必然会由通带内的同相变为反相，使得放大电路的净输入信号由中频时的减小变为增大，放大电路中引入的负反馈就变成了正反馈。当正反馈达到，

$$X_i'=-X_f=-\dot{A}\dot{F}X_i' \tag{6.6.4}$$

也就是$\dot{A}\dot{F}=-1$时，即使输入端不加输入信号，输出端也会产生输出信号，电路产生自激振荡，框图如图6.6.2所示。

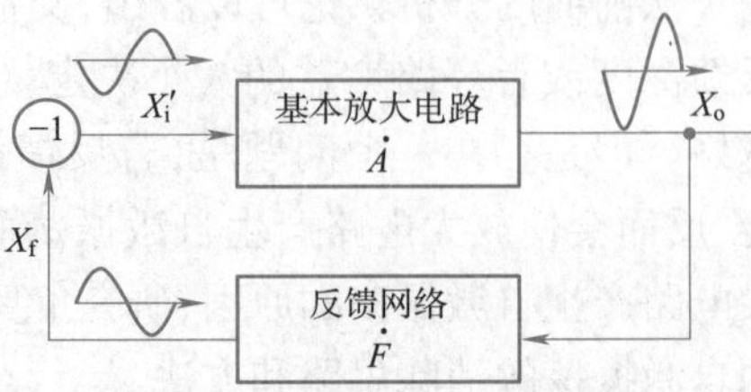

图6.6.2 自激振荡框图

可以看到，负反馈放大电路产生自激振荡的条件是环路增益满足：

$$\dot{A}\dot{F}=-1 \tag{6.6.5}$$

它包含了环路增益的相位条件和幅值条件，也就是

$$\begin{cases}|\dot{A}\dot{F}|=1\\ \varphi_a+\varphi_f=(2n+1)\pi,(n=0,1,2,\cdots)\end{cases} \tag{6.6.6}$$

式(6.6.6)称为自激振荡的平衡条件。为了突出附加相移，相位条件也可写为

$$\Delta\varphi_a+\Delta\varphi_f=\pm180° \tag{6.6.7}$$

当幅值条件和相位条件同时满足时，负反馈放大电路就会产生自激振荡，在$\Delta\varphi_a+\Delta\varphi_f=\pm180°$及$|\dot{A}\dot{F}|>1$时，更容易产生自激振荡。

6.6.2 负反馈放大电路的稳定性分析

对于直接耦合放大电路，且其反馈网络为纯电阻网络，则附加相移仅产生于放大电路，且为滞后相移，电路只可能产生高频振荡。那么若要考虑单管放大电路中引入的负反馈，其产生的最大附加相移仅为-90°，不存在满足相位条件的频率，故单管放大电路不可能产生自激振荡。在两级放大电路中引入负反馈，当频率从零变化到无穷大时，附加相移从0°变化到-180°，虽然理论上存在着满足相位条件的频率f_0，但是$f_0\to\infty$，且当$f=f_0$时的$\dot{A}$的值为零，不满足幅值条件，故其也不可能产生自激振荡。在三级放大电路中引入负反馈，当频率从零变化到无穷大时，附加相移从0°变化到-270°，因而存在着使$\Delta\varphi_a=-180°$的频率f_0，且当$f=f_0$时的$|\dot{A}|>0$，有可能满足幅值条件，故很有可能产生自激振荡。可以推论出来，四级、五级放大电路更容易产生自激振荡，因为它们一定存在频率f_0，且更容易满足幅值条件，因此实用电路中以三级放大电路最常见。并且看到，放大电路级数越多，引入负反馈后就越容易产生高频振荡；可以类推出来放大电路中耦合电容、旁路电容等越多，引入负反馈后，越容易产生低频振荡，而且$(1+AF)$越大，即反馈深度越深，满足幅值条件的可能性就越大，产生自激振荡的可能性就越大。

同时还应该指出的是，电路自激振荡是由其自身条件决定的，不会因为其输入信号的改变而消除掉，要消除自激振荡，就必须破坏产生自激振荡的条件，而且只有消除掉自激振荡，放大电路才能稳定工作。

那么如何判断负反馈放大电路是不是稳定的呢？可以利用负反馈放大电路环路增益的频率特性判断电路闭环后是否产生自激振荡，即电路是否稳定。下面通过例子来介绍电路稳定性的判定方法。如图6.6.3所示是两个负反馈放大电路的频率特性的波特图。设满足自激振

荡相位条件的频率是f_0，此时的环路增益下降到0 dB；满足幅值条件的频率是f_c，此时使得相位条件满足$\varphi_a+\varphi_f=(2n+1)\pi$。

在图6.6.3(a)所示曲线中，使得$\varphi_a+\varphi_f=-180°$的频率为$f_0$，使得$20\lg|\dot{A}\dot{F}|=0$ dB的频率为f_c，从图中可以看到，当$f=f_0$时，$20\lg|\dot{A}\dot{F}|>0$ dB，也就是$|\dot{A}\dot{F}|>1$，说明满足环路增益的起振条件，所以具有图6.6.3(a)所示环路增益频率特性的放大电路闭环后必然会产生自激振荡，且振荡频率为f_0。

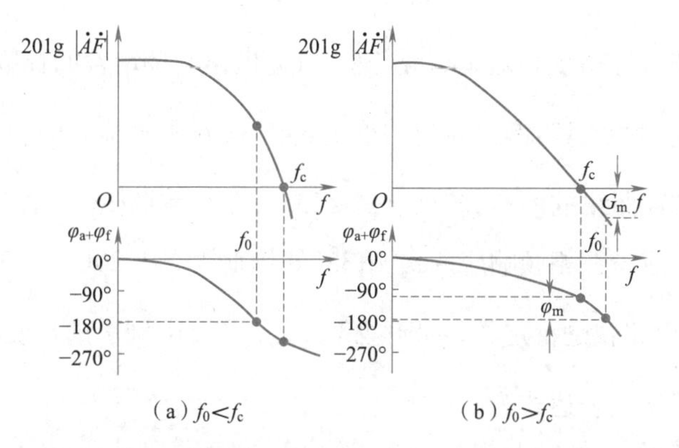

图6.6.3　负反馈电路环路增益的频率特性的波特图

但是在图6.6.3(b)所示的曲线中，使得$\varphi_a+\varphi_f=-180°$的频率$f_0$，使得$20\lg|\dot{A}\dot{F}|=0$ dB的频率为f_c，从图中可以看到，当$f=f_0$时，$20\lg|\dot{A}\dot{F}|<0$ dB，也就是$|\dot{A}\dot{F}|<1$，说明不满足环路增益的起振条件，所以具有图6.6.3(b)所示环路增益频率特性的放大电路闭环后不可能产生自激振荡。

由此可知，在已知环路增益频率特性的条件下，判断负反馈放大电路是否稳定的方法如下：

(1)若不存在振荡频率f_0，则电路稳定；

(2)若存在振荡频率f_0，且满足$f_0<f_c$，则电路不稳定，必然产生自激振荡；若存在振荡频率f_0，且满足$f_0>f_c$，则电路稳定，不会产生自激振荡。

根据负反馈放大电路稳定性判断方法，只要满足$f_0>f_c$，电路就是稳定的，但是为了使得电路具有足够的可靠性，还需要规定电路具有一定的稳定裕度。

定义当$f=f_0$时所对应的$20\lg|\dot{A}\dot{F}|$的值为幅值裕度G_m，如图6.6.3(b)所示幅频特性曲线中标注的。幅值裕度G_m的表达式为

$$G_m=20\lg|\dot{A}\dot{F}|_{f=f_0} \tag{6.6.8}$$

稳定的负反馈放大电路的幅值裕度$G_m<0$，且$|G_m|$越大，电路越稳定。通常认为$G_m\leqslant-10$ dB，电路就具有足够的幅值稳定裕度。

定义$f=f_c$时所对应的$|\varphi_a+\varphi_f|$与$-180°$的差值为相位裕度φ_m，如图6.6.3(b)相频特性曲线中所标注的，其表达式为

$$\varphi_m=180°-|\varphi_a+\varphi_f|_{f=f_c} \tag{6.6.9}$$

稳定的负反馈放大电路的相位裕度$\varphi_m>0$，且φ_m越大，电路越稳定。通常认为度$\varphi_m>45°$，电路就具有足够的相位稳定裕度。

综上所述，只有当$G_m \leqslant -10$ dB 且$\varphi_m > 45°$时，才认为负反馈放大电路具有足够的可靠稳定性。

其实，若定性判断电路是否存在自激振荡，可以采用如下的定性判断方法。由于$|\dot{A}\dot{F}| = 1$，进一步写为$20\lg|\dot{A}\dot{F}| = 20\lg|\dot{A}| - 20\lg\left|\frac{1}{\dot{F}}\right| = 0$，也就是

$$20\lg|\dot{A}| = 20\lg\left|\frac{1}{\dot{F}}\right|$$

那么仍然采用波特图进行相频和幅频响应分析，首先做出开环增益的幅频和相频响应波特图，做出$20\lg\left|\frac{1}{\dot{F}}\right|$水平线，判断是否满足相位裕度$\varphi_a \geqslant 45°$。在水平线$20\lg\left|\frac{1}{\dot{F}}\right|$和$20\lg|\dot{A}|$交点处作垂线相交于相频响应曲线的一点，若该点$\varphi_a \leqslant 135°$，那么满足相位裕度，电路是稳定的，否则电路就是不稳定的。或者在相频响应的$\varphi_a = 135°$处作垂线交于$20\lg|\dot{A}|$于P点或者P点在水平线$20\lg\left|\frac{1}{\dot{F}}\right|$之下，电路就是稳定的，否则电路不稳定。可由例子进行说明：

设基本放大器的增益表达式为

$$\dot{A}_u = \frac{-10^4}{\left(1 + \mathrm{j}\frac{f}{0.5 \times 10^6}\right)\left(1 + \mathrm{j}\frac{f}{5 \times 10^6}\right)\left(1 + \mathrm{j}\frac{f}{5 \times 10^7}\right)}$$

这里设反馈系数$\dot{F}_1 = 0.1$和反馈系数$\dot{F}_2 = 0.001$进行比较分析放大器的稳定性。画出放大器增益$\dot{A}_u$的幅频响应和相频响应波特图，如图6.6.4所示，它有三个极点频率分别为，$f_{p1} = 0.5 \times 10^6$ Hz、$f_{p2} = 5 \times 10^6$ Hz、$f_{p3} = 5 \times 10^7$ Hz，并且f_{p1}最低，它决定了整个基本放大器的上限频率，称为主极点频率。

针对反馈系数$\dot{F}_1 = 0.1$作出波特图上的$20\lg\left|\frac{1}{\dot{F}_1}\right|$水平线，它与$20\lg|\dot{A}|$相交于$E$点，从$E$点作出相频曲线相交的附加相移为$-225°$，很明显$225° > 135°$，因此可以判断放大器是不稳定的。

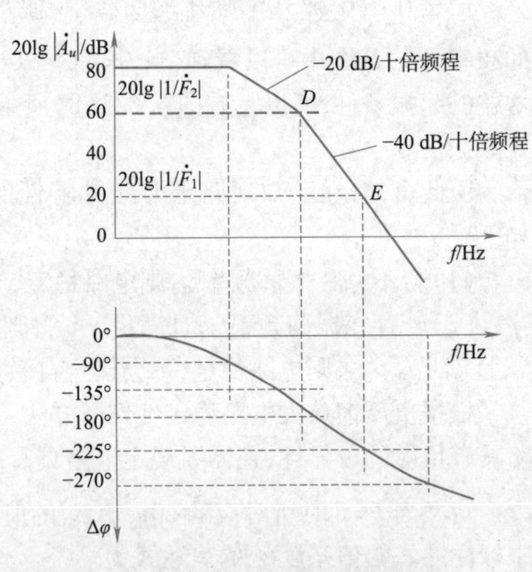

图6.6.4 负反馈放大电路稳定性分析

再针对反馈系数$\dot{F}_2 = 0.001$作出波特图上的$20\lg\left|\frac{1}{\dot{F}_2}\right|$水平线，$20\lg\left|\frac{1}{\dot{F}_2}\right| = 60$ dB，它与$20\lg|\dot{A}|$相交于D点，从D点可以看出此时的附加相移为$-135°$，此时可以判断放大器是稳定的，$\varphi_m = 45°$。

从这个例子得到一个简单的结论：反馈系数$|\dot{F}|$越大，水平线$20\lg|1/\dot{F}|$越下移，放大电路越容易产生自激振荡。反馈系数$|\dot{F}|$越大，表明反馈深度越深，越容易产生自激振荡，并且相交点在$20\lg|\dot{A}|$的-20 dB/十倍频程处，放大电路是稳定的。

6.6.3　消除负反馈放大电路自激振荡的方法

发生在负反馈放大电路中的自激振荡是有害的，需要设法消除掉。最简单的方法就是减小负反馈深度，如减小反馈系数，但是这样做又不利于改善放大电路的其他性能。为了解决此矛盾，通常采用频率修正方法，或者称之为频率补偿方法。其指导思想是，人为地将电路各个极点的间距拉开，特别是使主极点和其他极点的间距加大，从而可以按照预定目标改变相频响应并有效地增加环路增益。实施方法是在反馈环路内增加一些电抗性元器件，从而改变环路增益 $\dot{A}\dot{F}$ 的频率特性，破坏自激振荡的条件。

1. 主极点补偿法

其基本思想是在反馈环路内增加一个主极点，并使其远离第二个极点，从而改变环路增益的频率特性，实现频率补偿。

假设一个电压放大电路的开环电压增益表达式为

$$\dot{A}_u=\frac{10^3}{\left(1+\mathrm{j}\frac{f}{10^5}\right)\left(1+\mathrm{j}\frac{f}{10^6}\right)\left(1+\mathrm{j}\frac{f}{10^7}\right)} \tag{6.6.10}$$

式中，分子10^5 是低频电压增益，其频率响应的波特图如图 6.6.5 所示，其主极点频率是 10^5 Hz，将其组成负反馈放大电路，反馈网络是由纯电阻构成的，设反馈系数 $F_u=0.02$。由图 6.6.5 可知，当反馈系数 $F_u=0.02$ 时，$20\lg\left|\frac{1}{F_u}\right|=34$ dB，此时自激振荡的幅值条件和相位条件都满足，电路是不能稳定工作的。那么可以利用增加主极点的方法实现频率补偿。首先在开环增益表达式中增加一个主极点f_{p}，也就是在开环增益表达式的分母中添加一个二项式因子，而原来的三个极点不变，得到新的增益表达式为

$$\dot{A}'_u=\frac{10^3}{\left(1+\mathrm{j}\frac{f}{f_{\mathrm{p}}}\right)\left(1+\mathrm{j}\frac{f}{10^5}\right)\left(1+\mathrm{j}\frac{f}{10^6}\right)\left(1+\mathrm{j}\frac{f}{10^7}\right)}$$

确定新增主极点的频率f_{p}，在保证相位裕度$\varphi_{\mathrm{m}}\geqslant45°$的条件下，应使得 $20\lg|A'_uF_u|=0$ dB 时的频率f_0小于或者等于补偿后的第二个极点频率（在本例中，补偿后的第二个极点频率$f_{\mathrm{p1}}=10^5$ Hz），对于纯电阻的反馈网络，应使得反馈曲线 $20\lg|1/F_u|$与 $\dot{A}'_u$幅频特性曲线 $20\lg|\dot{A}'_u|$相交于斜率为 -20 dB/十倍频程的线段上，这样此交点对应的相移才不会超过 $-135°$，同时使得低于f_0的极点数为 1。据此可通过作图确定新增主极点的频率f_{p}。

在图 6.6.5 中，过频率点f_{p1}作垂线交反馈线 $20\lg(1/0.02)\approx34$ dB 于 N 点，过 N 点画斜率为 -20 dB/十倍频程的直线，它与幅频特性曲线 $20\lg|\dot{A}'_u|$的低频段的交点即新增加的主极点，频率为f_{p}。再根据 $\dot{A}'_u$的表达式画出幅频和相频特性曲线。在相频特性曲线中，主极点频率f_{p}处的$\varphi_{\mathrm{a}}=-45°$，在 $0.1f_{\mathrm{p}}\leqslant f\leqslant10f_{\mathrm{p}}$范围内，$\varphi_{\mathrm{a}}$以 $-45°$/十倍频程的速率变化，此间最大相移为 $-90°$。在 $0.1f_{\mathrm{p1}}\sim f_{\mathrm{p1}}$之间，$\varphi_{\mathrm{a}}$在 $-90°$的基础上，又以 $-45°$/十倍频程的速率变化，到第二极点频率f_{p1}处，$\varphi_{\mathrm{a}}=-135°$，在$f_{\mathrm{p1}}\sim f_{\mathrm{p2}}$之间，最大相移为 $-90°$，到第三极点频率f_{p3}处，$\varphi_{\mathrm{a}}=-225°$。

可以看到，负反馈放大电路用增加主极点方法补偿后，在 $F_u\leqslant0.02$ 的范围内都能够稳定工作，并且在保证电路稳定工作前提下，补偿后的电路能够获得较高的低频环路增益 $20\lg|A'_uF_u|=20\lg|A'_u|-20\lg|1/F_u|=(100-34)$ dB $=66$ dB，比补偿前的 20 dB 增加很多。

很明显增加主极点采用了阻容电路形式。$f_p=\dfrac{1}{2\pi RC}$，需要确定新增 RC 电路中的电阻 R 和电容 C 的数值。由于f_p很低，所需要的电容元件的电容值较大。

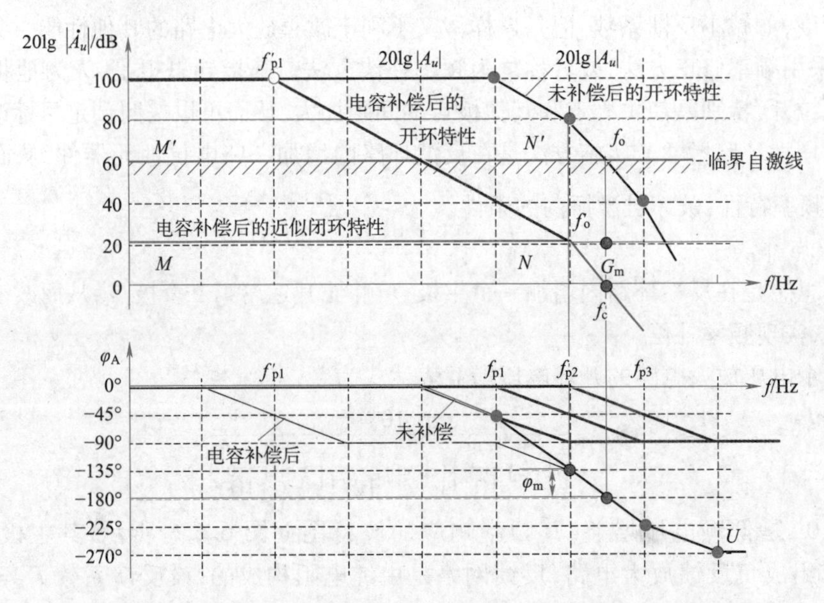

图 6.6.5　增加主极点前后负反馈放大电路稳定性分析图

2. 改变主极点法

与前面主极点补偿法不同，改变主极点法在补偿前后极点个数不变，只是把原来的主极点 f_{p1} 左移，使之远离其他极点，直到 $|\dot{A}\dot{F}|$ 幅频响应波特图上的第二个极点不超过 0 dB 线为止。这样在 $|\dot{A}\dot{F}|$ 幅频响应大于 0 dB 的范围内，相移不会超过 $-180°$。具体做法是在基本放大电路中时间常数最大的回路（决定主极点的回路）接入一个电容，如图 6.6.6(a) 所示电路，图 6.6.6(b) 是其等效电路，补偿前的主极点频率为

$$f_{p1}=\frac{1}{2\pi(R_{o1}/\!/R_{i2})C_{i2}} \tag{6.6.11}$$

补偿后的主极点频率为

$$f'_{p1}=\frac{1}{2\pi(R_{o1}/\!/R_{i2})(C+C_{i2})}$$

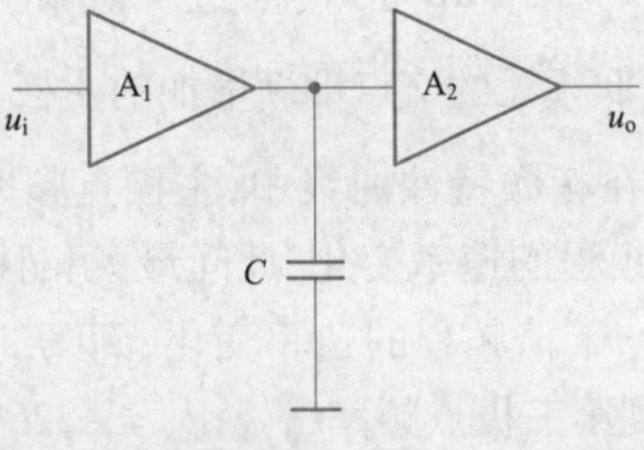

(a) 原理电路图 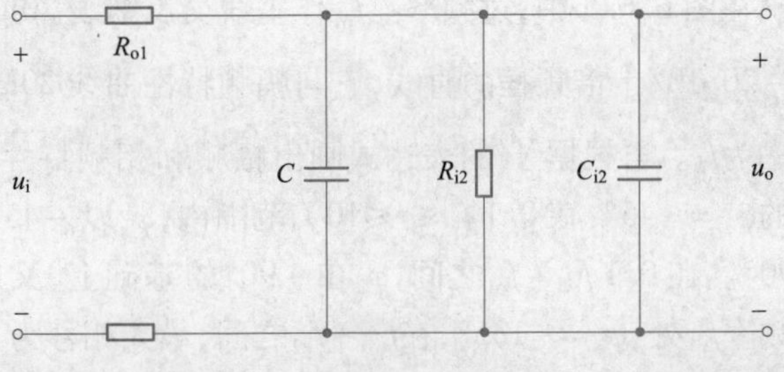　　(b) 等效电路图

图 6.6.6　改变主极点的频率补偿电路图

在电容补偿基础上，可以引申出阻容滞后补偿，也就是RC滞后补偿法，如图6.6.7所示电路。其中图6.6.7(a)是由集成运放组成的两级放大电路，图6.6.7(b)是由BJT构造的两级放大电路，是把图6.6.6中的电容修改成了电阻和电容串联支路。

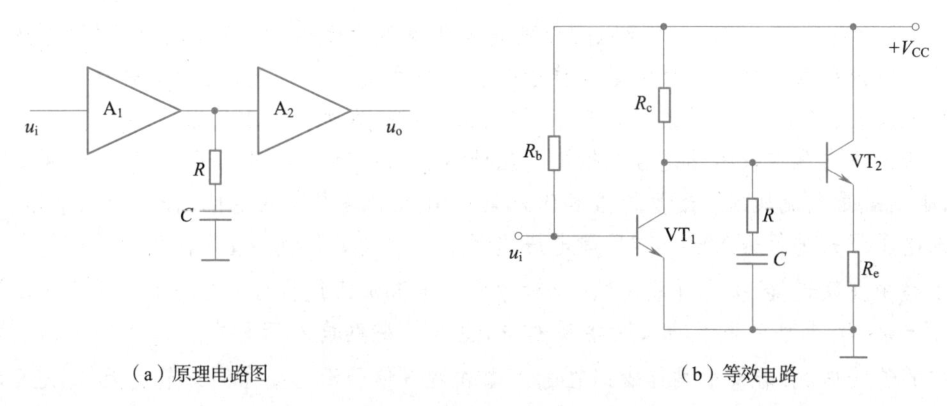

图6.6.7　阻容滞后补偿电路图

很明显，在电容补偿或者阻容补偿的负反馈放大电路中所用的电容或者电阻都比较大，在集成电路内部制作是比较困难的，这时可将补偿元件跨接在某级放大电路的输入、输出之间，如图6.6.8所示，这样利用较小的电容元件(几到几十皮法)就可以获得满意的补偿效果。如集成运放μA741器件内部就是采用这种方式进行补偿的。补偿电容为30 pF，补偿后的特性从主极点$f_{p1}=7$ Hz到f_T间都以-20 dB/十倍频程的速率下降。

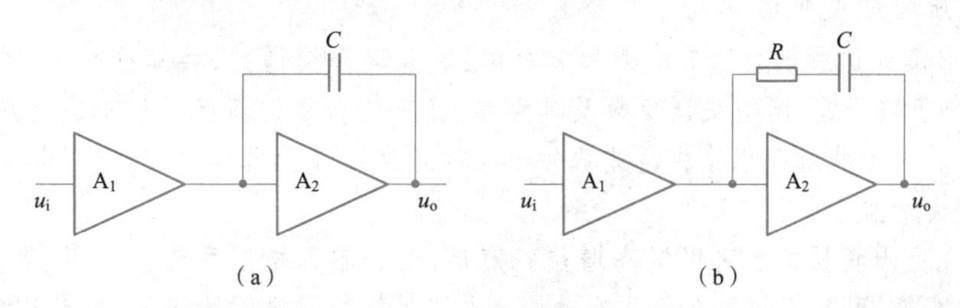

图6.6.8　补偿元件跨接电路图

小　结

本章主要介绍放大电路中引入负反馈调度机制后对放大电路放大性能的影响，包括反馈的基本概念、负反馈放大电路框图分析及其表达式、负反馈对放大电路性能的影响和放大电路稳定性等问题，阐明反馈判定方法、深度负反馈条件下放大增益估算方法、放大电路设计中根据需要引入负反馈的原则和引入方法、负反馈放大电路稳定性判断方法和自激振荡的消除策略与实施方法等内容。

(1) 在电子电路中，将输出量(输出电压或者输出电流)的一部分或者全部通过一定的反馈电路网络形式作用到输入回路中，用来影响输入量(放大电路的输入电压或者输入电流)的一种调节机制称为反馈。在分析负反馈放大电路时，有无反馈决定于输出回路和输入回路间是否存在反馈通路，若反馈结果使得输出量变化(或者净输入量)减小，则称为负反馈；反之则为正反馈。若反馈存在于直流通路中，则称为直流反馈；若反馈存在于交流通路中，则称之交流反馈。本章重点研究交流负反馈调节机制，判断放大电路中存在的反馈极性采用瞬时极性法。

(2)交流负反馈有四种反馈组态，分别是电压串联负反馈、电流并联负反馈、电压并联负反馈和电流串联负反馈。反馈量采样于输出电压称为电压反馈；反馈量采样于输出电流称为电流反馈，电压、电流反馈的判断采用输出短路法，也可以采用输出回路观察法，也就是观察反馈网络支路在输出端是否与输出电压连接在同一节点上，若在同一节点上，就是电压反馈，否则就是电流反馈。若反馈量和输入量在输入回路中串联连接，称为串联反馈，此时考虑以电压形式进行输入电压和反馈电压进行叠加计算，$u_i' = u_i - u_f$；若反馈量和输入量在输入回路中并联连接，称为并联反馈，此时考虑以电流形式进行输入电流和反馈电流的叠加计算，$i_i' = i_i - i_f$，也可以采用输入回路观察法，也就是观察输入回路中反馈网络支路在输入回路中的连接情况，若反馈网络支路在输入端和输入信号没有接在同一节点上，就是串联反馈；否则就是并联反馈。

(3)负反馈放大电路闭环增益的一般表达式为 $A_F = \dfrac{A}{1+AF}$，若$(1+AF)\gg1$，即在深度负反馈条件下，$A_F \approx 1/F$，也就是输入信号与反馈信号近似相等，即 $X_i \approx X_f$。若电路引入深度串联负反馈，则有 $u_i \approx u_f$；若电路引入深度并联负反馈，则有 $i_i \approx i_f$。通常可以认为信号源电压 $u_s \approx i_s R_s$，引入电流负反馈时，$u_o \approx i_o R_L'$。利用 $A_f \approx 1/F$ 可以计算出四种反馈组态放大电路的闭环电压增益 A_{uf} 或者 A_{usf}。

(4)针对集成运放组成的负反馈放大电路，其开环差模增益、共模抑制比、输入电阻无穷大，输出电阻趋于零，所有失调参数及其温漂、噪声均为零的情况下称集成运放为理想集成运放器件。对于利用理想集成运放器件组成的负反馈放大器电路，可利用其虚短和虚断特点求解放大增益。

(5)引入交流负反馈后可以提高增益稳定性，改变输入电阻和输出电阻、展宽频带、减小非线性失真等，引入不同组态负反馈对放大电路性能的影响不尽相同，在实用电路中应根据电路设计要求引入合适组态的负反馈调节机制。

(6)负反馈放大电路的级数越多，反馈越深，产生自激振荡可能性越大，因此在实用电路设计中负反馈放大电路以三级最常见，在已知环路增益波特图情况下可以根据f_0和f_c的关系判断电路的稳定性，若$f_0 < f_c$，则电路是不稳定的，就会产生自激振荡；若$f_0 > f_c$，则电路稳定，就不会产生自激振荡。为了使电路具有足够的稳定性，幅值裕度应小于 −10 dB，相位裕度应大于45°。若负反馈放大电路产生了自激振荡，则应在电路中合适位置添加小容量电容或者阻容耦合支路来抵消自激振荡。

学习完本章内容后，应在理解负反馈基本概念基础上，达到下列要求：

(1)“会判”，即能够正确判断电路中是否引入负反馈及反馈的性质，例如直流反馈/交流反馈，正反馈/负反馈，电压反馈/电流反馈，串联反馈/并联反馈等，从而确定负反馈放大电路中引入的负反馈组态。

(2)“会算”，即理解负反馈放大电路闭环增益 A_f 在不同组态下的物理意义，并能够估算深度负反馈条件下的增益。

(3)“会引”,即掌握负反馈四种组态对放大电路性能的影响,并能够根据要求在放大电路中引入合适的交流负反馈。

(4)“会判振消振”,即理解负反馈放大电路产生自激振荡的原因,能够利用环路增益波特图判断电路稳定性,并了解消除自激振荡的方法。

习　题

6.1 反馈的概念

6.1.1 什么是反馈?如何判断电路中存在反馈?

6.1.2 什么是放大电路的开环和闭环状态?

6.1.3 如何判断电路中的直流反馈和交流反馈?如何判断电路中的反馈极性?如何判断串联反馈和并联反馈?如何判断电压反馈和电流反馈?

6.2 反馈的判断方法

6.2.1 何谓正反馈、负反馈?如何判断放大电路中的正、负反馈?

6.2.2 何谓电流反馈、电压反馈?如何判断?

6.2.3 何谓串联反馈、并联反馈?如何判断?

6.2.4 负反馈放大电路中有哪几种类型?如何判断?

6.3 负反馈放大电路的四种基本组态

利用图6.3.4所示框图说明为什么串联反馈适用于输入信号为恒压源或近似恒压源,而并联反馈适用于输入信号为恒流源或近似恒流源的情况。

6.4 负反馈放大电路的等效分析法

6.4.1 说明在负反馈放大电路的框图中,什么是反馈网络,什么是基本放大电路?在研究负反馈放大电路时,为什么重点研究的是反馈网络,而不是基本放大电路呢?

6.4.2 负反馈对放大电路增益的稳定性有何影响?反馈放大电路的闭环增益表达式中的$A_f \approx \dfrac{1}{F}$的物理意义是什么?

6.4.3 深度负反馈条件下,如何估算放大电路的闭环增益及闭环电压增益?

6.4.4 在负反馈放大电路中,什么叫虚短和虚断?其物理实质是什么?为什么集成运放引入的负反馈通常认为是深度负反馈?

6.4.5 试从深度负反馈条件下四种反馈组态负反馈放大电路的电压增益表达式,来说明电压负反馈稳定输出电压,电流负反馈能够稳定输出电流。

6.5 负反馈对放大电路性能的影响分析

6.5.1 在多级放大电路中,为了抑制噪声,为什么特别重视第一级的低噪声设计?若引入负反馈,则反馈环外的前置级的低噪声设计显得更为重要,为什么?

6.5.2 在多级放大电路中,其输出级多属于功率放大级,这时容易产生非线性失真,或者工频干扰,试问可用什么办法有效改善上述情况。

6.5.3 负反馈对放大电路的输入电阻、输出电阻有何影响?

6.5.4 引入负反馈后,放大电路的上、下限频率有何改变,带宽有何变化?

6.5.5　设计负反馈放大电路时,如何选择反馈类型?

6.5.6　设计何种类型的负反馈放大电路才能使其既可以从信号源获得尽可能大的电流,又能够稳定输出电流?

6.5.7　减小放大电路对信号源的负载效应与减小反馈网络输出端对放大电路输入端的负载效应是同一概念吗?为什么?

6.6　负反馈放大电路的稳定性

6.6.1　什么是自激振荡?负反馈放大电路产生自激振荡的原因是什么?

6.6.2　是不是只要放大电路由负反馈变成了正反馈,就一定会产生自激振荡?

6.6.3　如何用环路增益波特图来判断负反馈放大电路是否稳定?

6.6.4　什么是增益裕度?什么是相位裕度?

6.6.5　频率补偿的含义是什么?

6.6.6　为使反馈效果好,对信号源内阻 R_s 和负载电阻 R_L 有何要求?

6.6.7　为稳定输入电流,应引入________反馈;为稳定输出电压,应引入________反馈;为稳定静态工作点,应引入________反馈;为展宽放大电路频带,应引入________反馈。

6.6.8　为了提高放大电路输入电阻,应引入________反馈;为了降低放大电路输出电阻,应引入________反馈。

6.6.9　能够提高增益的是________反馈;能够稳定增益的是________反馈。

6.6.10　对以下要求分别填入反馈组态。

(1)要求输入电阻大,输出电流稳定,应选用________。

(2)某传感器产生的是电压信号,经放大后要求输出电压与信号电压成正比,该放大电路应引入________。

(3)希望获得一个电流控制电流源电路,应引入________。

(4)要得到一个由电流控制的电压源,应选用________。

(5)需要一个阻抗变换电路,要求输入电阻大,输出电阻小,应选用________。

(6)需要一个输入电阻小,输出电阻大的阻抗变换电路,应选用________。

6.6.11　串联电压负反馈稳定________增益;串联电流负反馈稳定________增益;并联电压负反馈稳定________增益;并联电压负反馈稳定________增益。

6.6.12　在图题 6.6.12 所示电路中,哪些元件组成了级间反馈通路?它们引入的反馈极性是什么?是直流反馈还是交流反馈(设各电路中电容的容抗对交流信号均可忽略)?

6.6.13　某放大电路输入的正弦电压的有效值为 10 mV,开环时输出正弦波电压的有效值为 10 V,试求引入反馈系数为 0.01 的电压串联负反馈后的输出电压的有效值。

6.6.14　某电流并联负反馈放大电路中,输出电流为 $i_o = 5\sin \omega t$ mA,已知开环电流放大增益 $A = 200$,电流反馈系数 $F = 0.05$,试求输入电流 i_i、反馈电流 i_f 和净输入电流 i_{id}。

6.6.15　判断图题 6.6.15 所示电路的反馈类型和性质。

6.6.16　已知一个负反馈放大电路的 $A = 10^5$, $F = 2 \times 10^{-3}$。计算(1)A_f 为多少;(2)若 A 的相对变化率为 20%,则 A_f 的相对变化率为多少?

6.6.17　已知一个电压串联负反馈放大电路的电压增益 $A_{uf} = 20$,其基本放大电路的电压增益 A_u 的相对变化率为 10%,A_{uf} 的相对变化率为 0.1%,试问 F 和 A_u 各为多少。

6.6.18　分析图题 6.6.18 中各深度负反馈放大电路。(1)判断反馈组态;(2)写出电压增益表达式。

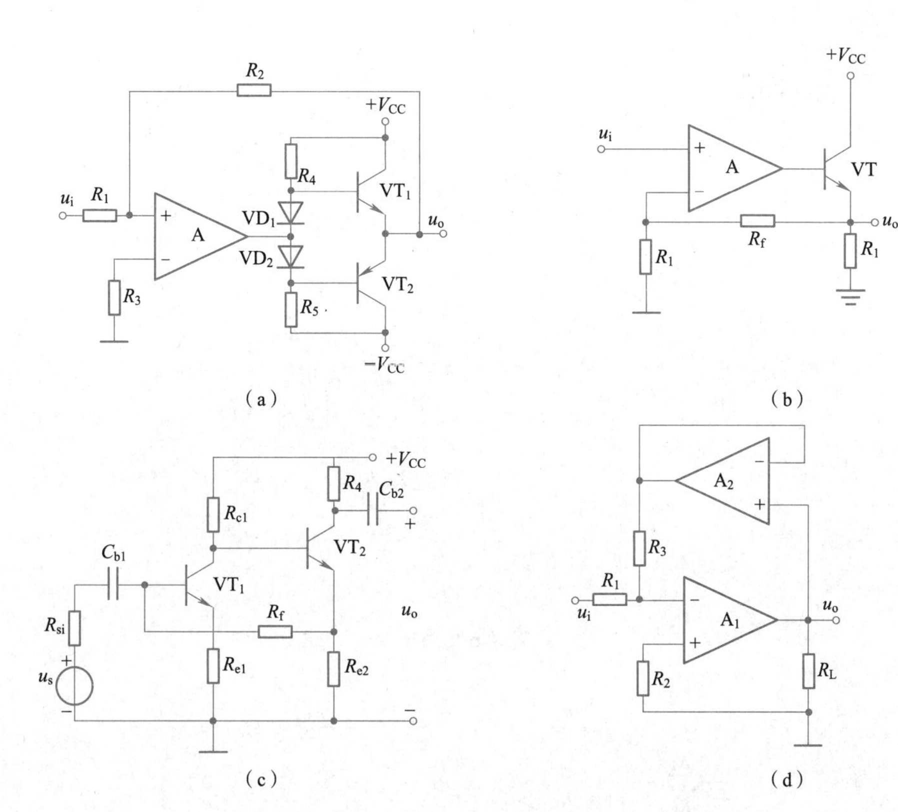

图题 6. 6. 12

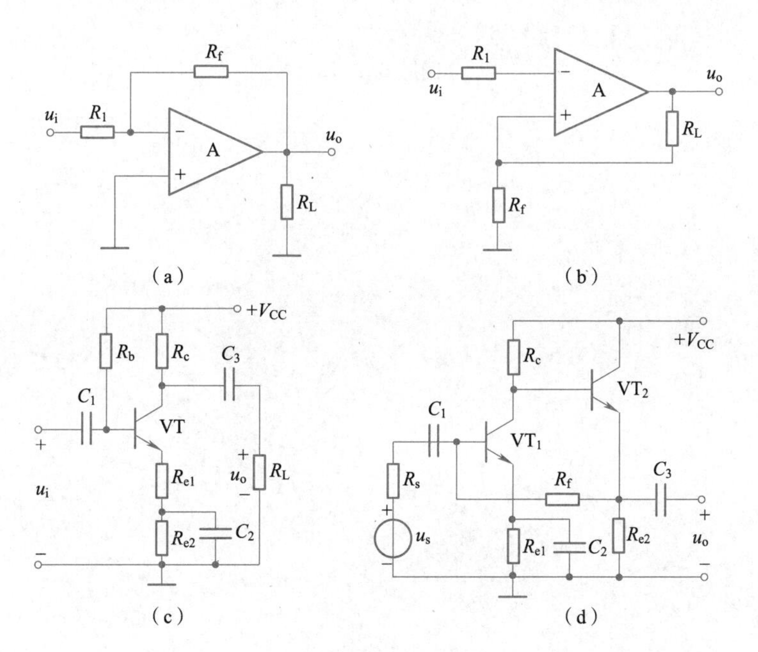

图题 6. 6. 15

6. 6. 19　电路如图题 6. 6. 19 所示，试回答：(1) 两片集成运放电路各自引入了什么反馈？(2) 求闭环增益 $A_{uf}=\dfrac{u_o}{u_i}$。

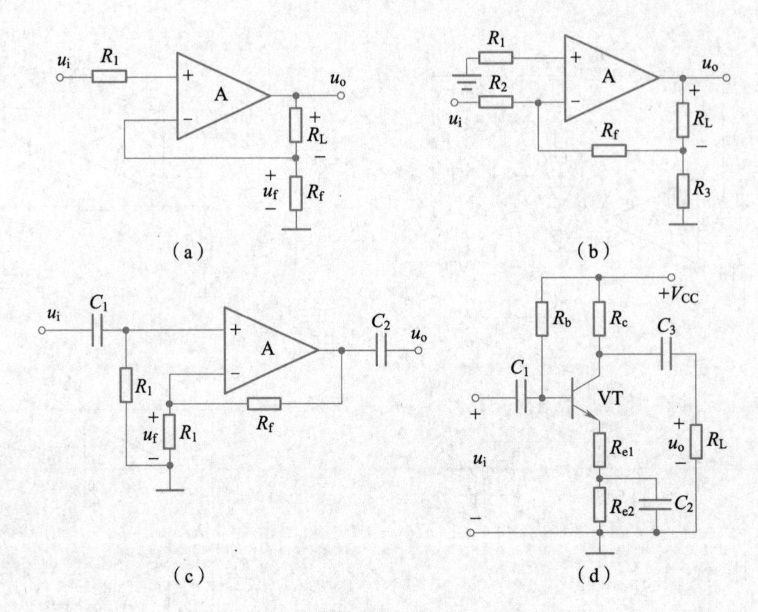

图题 6. 6. 18

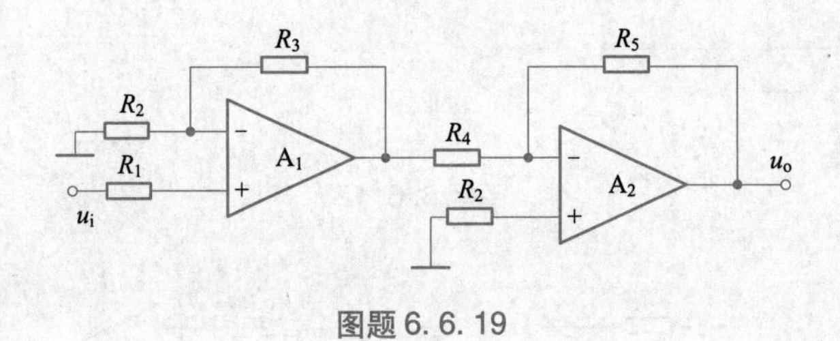

图题 6. 6. 19

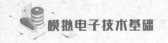

第7章 信号运算与处理电路

导读 >>>>>>

集成运算放大器在科技领域中得到非常广泛的应用，用集成运放外接电阻、电容，可以实现各种模拟信号的运算电路，称为基本运算电路，包括比例电路、加法电路、减法电路、积分和微分电路等。信号的常见处理电路包括各种滤波电路和电压比较器。在本章集成运放应用电路中，所有集成运放都假定为理想运放（另有说明除外）。模拟信号运算电路和滤波电路的集成运放处于线性工作状态，电压比较器中集成运放处于非线性工作状态。

7.1 基本运算电路

7.1.1 比例运算电路

视频

比例运算电路

比例运算电路是指将输入信号按比例放大的电路，按照输入信号接法的不同，分为反相比例运算电路、同相比例运算电路等。对比例运算电路加以扩展或演变，可以得到加法电路、减法电路、积分和微分电路等。

1. 反相比例运算电路

电路如图7.1.1所示，输入信号 u_i 经电阻 R_1 加在集成运放反相输入端，其同相输入端经电阻 R_2 接地，输出电压 u_o 经电阻 R_f 接回到反相输入端，可以判断电路引入了电压并联负反馈。利用“虚断”特点，$i_- = i_+ = 0$，$i_1 = i_f$，又由于“虚短”，$u_- = u_+ = 0$，于是可得

$$i_1 = \frac{u_i - u_-}{R_1} = \frac{u_i}{R_1}$$

$$i_f = \frac{u_- - u_o}{R_f} = -\frac{u_o}{R_f}$$

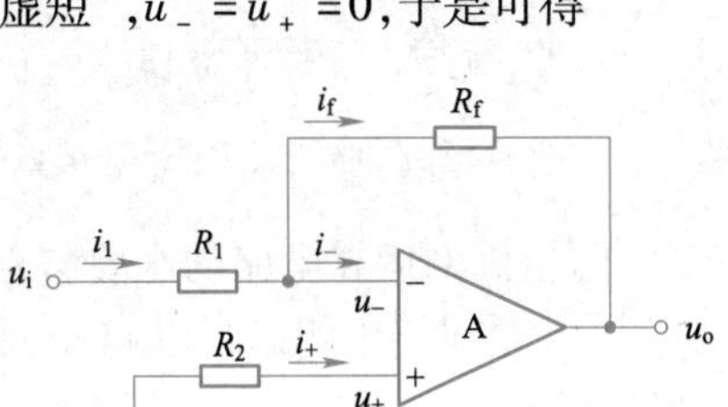

图7.1.1 反相比例运算电路

因为 $i_1 = i_f$，推导得

$$u_o = -\frac{R_f}{R_1} u_i$$

则可求得反相比例运算电路电压放大倍数为

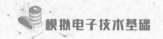

$$A_u=\frac{u_o}{u_i}=-\frac{R_f}{R_1} \tag{7.1.1}$$

可见，放大电路的输入电压得到了反相放大，放大倍数与集成运放本身参数无关，只取决于外接电阻 R_1 和 R_f 的大小。当 $R_1=R_f$ 时，$u_o=-u_i$，$A_u=-1$，称为反相跟随器。电路中的电阻 R_2 称为平衡电阻，作用是消除静态基极电流对输出电压的影响，$R_2=R_1 /\!/ R_f$。反相比例运算电路的输入电阻 $R_{if}=u_i/i_i=R_1$，反相比例运算电路的输出电阻 $R_{of}=0$。

反相比例运算电路的主要特点：

(1)反相比例运算电路中集成运放的反相输入端电位等于零(存在"虚地")；

(2)电路的共模输入信号小，对集成运放的共模抑制比没有特殊要求；

(3)电路的输入电阻约为 R_1，输出电阻很低，约十几欧到几十欧。

2. 同相比例运算电路

电路如图7.1.2所示，输入信号 u_i 经电阻 R_2 加在集成运放同相输入端，输出电压 u_o 经电阻 R_f 仍接到反相输入端，反相输入端经电阻 R_1 接地，平衡电阻 $R_2=R_1 /\!/ R_f$。利用"虚断"特点，$i_-=i_+=0$，$i_1=i_f$，又由于"虚短"，$u_-=u_+=u_i$，于是可得

$$i_1=\frac{0-u_-}{R_1}=-\frac{u_i}{R_1}$$

$$i_f=\frac{u_--u_o}{R_f}=\frac{u_i-u_o}{R_f}$$

因为 $i_1=i_f$，推导得

$$u_o=\left(\frac{R_f}{R_1}+1\right)u_i$$

则可求得同相比例运算电路电压放大倍数为

$$A_u=\frac{u_o}{u_i}=\frac{R_f}{R_1}+1 \tag{7.1.2}$$

同相比例运算电路的输入电阻 $R_{if}=u_i/i_i=\infty$，同相比例运算电路的输出电阻 $R_{of}=0$。

当 $R_f=0$ 且 $R_1=\infty$ 时，$A_u=1$，电路如图7.1.3所示，此时，$u_o=u_i$，输出电压与输入电压大小相等，相位相同，称为电压跟随器。

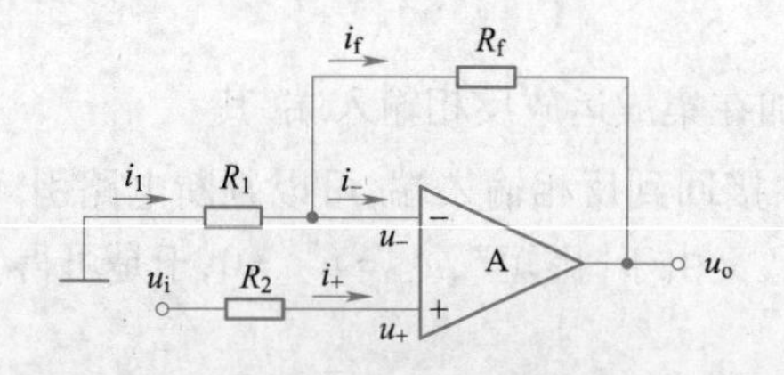

图7.1.2 同相比例运算电路

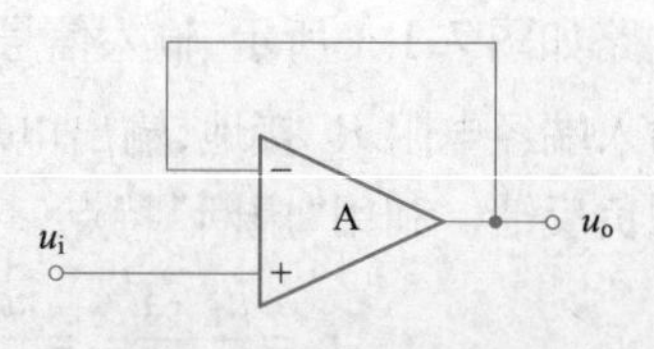

图7.1.3 电压跟随器

同相比例运算电路的主要特点：

(1)在同相比例运算电路中，集成运放的输入端有共模信号 $u_-=u_+=u_i$，即不存在"虚地"；

(2)电压放大倍数 $A_u=R_f/R_1+1$，说明输入与输出电压的相位相同，电路实现同相比例运算；

(3)电路输入电阻为无穷大，输出电阻为零。

7.1.2　加法运算电路

电路如图 7.1.4 所示，输入信号 u_{i1}、u_{i2} 经电阻 R_{11}、R_{12} 加在集成运放反相输入端，同相输入端经电阻 R_2 接地，输出电压 u_o 经电阻 R_f 接回到反相输入端，电路引入了电压并联负反馈。

利用“虚短”和“虚断”，$u_- = u_+ = 0$，$i_- = i_+ = 0$，可得

$$i_{11} = \frac{u_{i1} - u_-}{R_{11}} = \frac{u_{i1}}{R_{11}}$$

$$i_{12} = \frac{u_{i2} - u_-}{R_{12}} = \frac{u_{i2}}{R_{12}}$$

$$i_f = \frac{u_- - u_o}{R_f} = -\frac{u_o}{R_f}$$

图 7.1.4　加法运算电路

根据 KCL，$i_{11} + i_{12} = i_f$，整理得

$$u_o = -\frac{R_f}{R_{11}}u_{i1} - \frac{R_f}{R_{12}}u_{i2} \tag{7.1.3}$$

若取 $R_{11} = R_{12} = R_f$，则

$$u_o = -(u_{i1} + u_{i2}) \tag{7.1.4}$$

平衡电阻 $R_2 = R_{11} /\!/ R_{12} /\!/ R_f$。

可以看出，输出电压与集成运放本身的参数无关，与输入电压之和成比例，负号表示输入信号与输出信号反相。如果有多个输入端，也可以得到多个信号相加的加法电路。若在输出端后面加一级放大倍数为 −1 的反相放大器，可实现同相加法运算。

例 7.1.1　设计一个实现加法运算的放大电路，可以实现 $u_o = -(4u_{i1} + 5u_{i2})$。假定反馈电阻均为 $R_f = 100\ \text{k}\Omega$，求各电阻值。

解　根据题意和式(7.1.3)可知

$$u_o = -\frac{R_f}{R_{11}}u_{i1} - \frac{R_f}{R_{12}}u_{i2} = -\left(\frac{100}{R_{11}}u_{i1} + \frac{100}{R_{12}}u_{i2}\right)$$

由于 $u_o = -(4u_{i1} + 5u_{i2})$，对比可得 $R_{11} = \frac{100}{4} = 25\ \text{k}\Omega$，$R_{12} = \frac{100}{5} = 20\ \text{k}\Omega$。

平衡电阻 $R_{13} = R_{11} /\!/ R_{12} /\!/ R_f = 10\ \text{k}\Omega$，设计电路如图 7.1.5 所示。

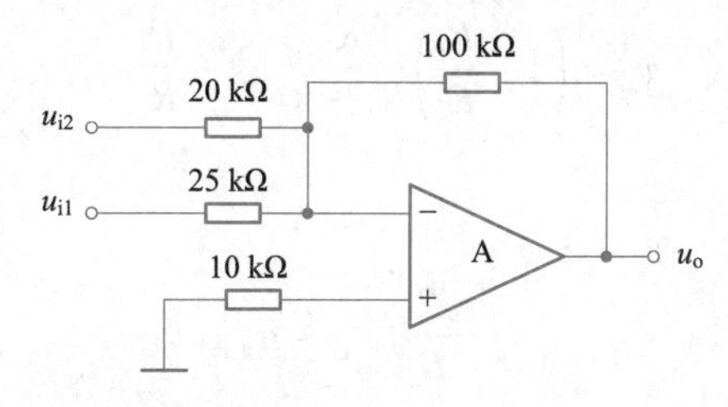

图 7.1.5　例 7.1.1 设计电路

例 7.1.2　电路如图 7.1.6 所示，其中，$R_{11} = 12\ \text{k}\Omega$，$R_{12} = 24\ \text{k}\Omega$，$R_{13} = 48\ \text{k}\Omega$，$R_{f1} = 96\ \text{k}\Omega$，$R_1 = 6.4\ \text{k}\Omega$，$R_{21} = R_{f2} = 32\ \text{k}\Omega$，$R_2 = 16\ \text{k}\Omega$，试求电路输出电压 u_o。

解　电路由两级加法运算电路组成。根据加法运算电路特点，可得

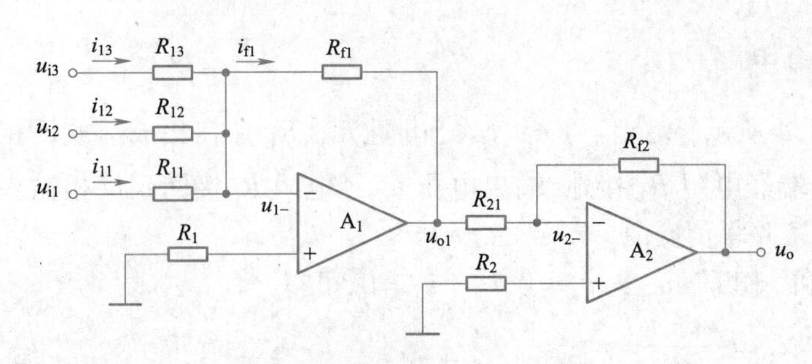

图 7.1.6 例 7.1.2 电路

$$u_{o1}=-\frac{R_{f1}}{R_{11}}u_{i1}-\frac{R_{f1}}{R_{12}}u_{i2}-\frac{R_{f1}}{R_{13}}u_{i3}=-8u_{i1}-4u_{i2}-2u_{i3}$$

$$u_o=-\frac{R_{f2}}{R_{21}}u_{o1}=-u_{o1}$$

于是有

$$u_o=-u_{o1}=8u_{i1}+4u_{i2}+2u_{i3}$$

视 频

减法运算电路

7.1.3 减法运算电路

电路如图 7.1.7 所示,输入信号 u_{i1}、u_{i2} 经电阻 R_1、R_2 分别加在集成运放反相输入端和同相输入端,输出电压 u_o 经电阻 R_f 接回到反相输入端。

利用“虚短”和“虚断”,$u_-=u_+$,$i_-=i_+=0$,可得

$$u_-=u_+=\frac{R_3}{R_2+R_3}u_{i2}$$

$$i_1=i_f$$

在反相输入端

$$i_1=\frac{u_{i1}-u_-}{R_1}$$

$$i_f=\frac{u_--u_o}{R_f}$$

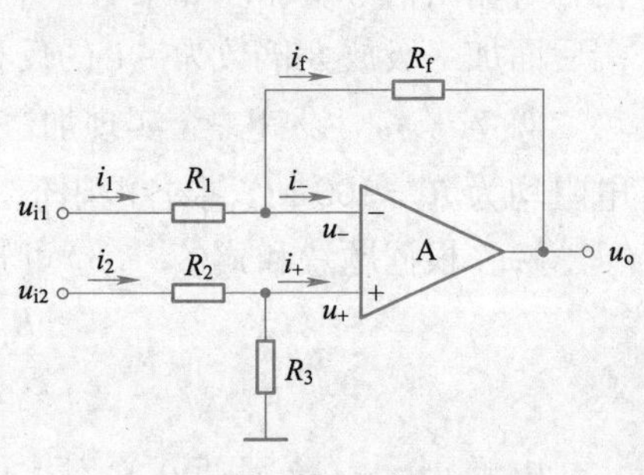

图 7.1.7 减法运算电路

整理得

$$u_o=\left(1+\frac{R_f}{R_1}\right)\frac{R_3}{R_2+R_3}u_{i2}-\frac{R_f}{R_1}u_{i1} \tag{7.1.5}$$

若取 $\frac{R_f}{R_1}=\frac{R_3}{R_2}$,可得

$$u_o=\frac{R_f}{R_1}(u_{i2}-u_{i1}) \tag{7.1.6}$$

即输出电压 u_o 与两输入电压之差 $u_{i2}-u_{i1}$ 成比例,该电路实现了求差功能。

例 7.1.3 电路如图 7.1.8 所示,试求输出电压 u_o 的表达式。

解 这是一个两级集成运放电路,前级 A_1 是同相比例运算电路,其输出 u_{o1} 作为后级电路的输入;后级 A_2 是求差电路,因此两级集成运放电路的分析可以直接运用前面推导的结论式。

根据同相比例运算电路结论可得

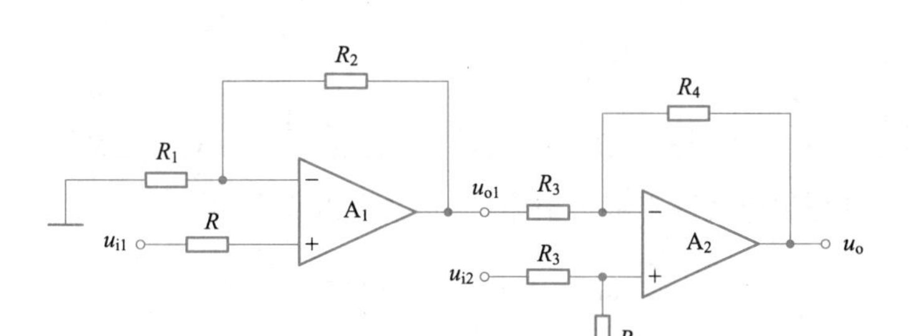

图7.1.8 例7.1.3电路

$$u_{o1}=\left(\frac{R_2}{R_1}+1\right)u_{i1}$$

根据求差电路结论可得

$$u_o=\frac{R_4}{R_3}(u_{i2}-u_{o1})=\frac{R_4}{R_3}\left[u_{i2}-\left(\frac{R_2}{R_1}+1\right)u_{i1}\right]=\frac{R_4}{R_3}u_{i2}-\frac{R_4}{R_3}\left(\frac{R_2}{R_1}+1\right)u_{i1}$$

例 7.1.4 电路如图7.1.9所示,试求输出电压 u_o 的表达式。

解法1 利用叠加定理求解。

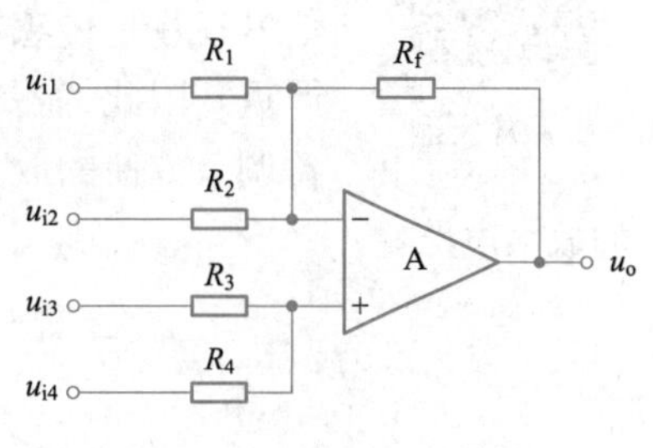

图7.1.9 例7.1.4电路

让 u_{i1} 单独作用,可得

$$\frac{u_{i1}-0}{R_1}=\frac{0-u_o}{R_f}$$

于是

$$u_{o1}=-\frac{R_f}{R_1}u_{i1}$$

让 u_{i2} 单独作用,可得

$$u_{o2}=-\frac{R_f}{R_2}u_{i2}$$

让 u_{i3} 单独作用,可得

$$\frac{0-u_-}{\dfrac{R_1R_2}{R_1+R_2}}=\frac{u_--u_{o3}}{R_f}$$

$$\frac{u_{i3}-u_+}{R_3}=\frac{u_+-0}{R_4}$$

$$u_-=u_+$$

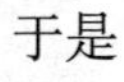
于是

$$u_{o3}=\left(1+R_f\frac{R_1+R_2}{R_1R_2}\right)\frac{R_4}{R_3+R_4}u_{i3}$$

让 u_{i4} 单独作用,可得

$$u_{o4}=\left(1+R_f\frac{R_1+R_2}{R_1R_2}\right)\frac{R_3}{R_3+R_4}u_{i4}$$

根据叠加定理求和,可得

$$u_o = u_{o1} + u_{o2} + u_{o3} + u_{o4}$$
$$= \left(1 + R_f \frac{R_1 + R_2}{R_1 R_2}\right)\frac{R_4}{R_3 + R_4}u_{i3} + \left(1 + R_f \frac{R_1 + R_2}{R_1 R_2}\right)\frac{R_3}{R_3 + R_4}u_{i4} - \frac{R_f}{R_1}u_{i1} - \frac{R_f}{R_2}u_{i2}$$

解法 2　利用理想运放特性求解。根据“虚短”和“虚断”，可得

$$\frac{u_{i1} - u_-}{R_1} + \frac{u_{i2} - u_-}{R_2} = \frac{u_- - u_o}{R_f}$$

$$\frac{u_{i3} - u_+}{R_3} = \frac{u_+ - u_{i4}}{R_4}$$

$$u_- = u_+$$

于是有

$$u_o = \left(1 + R_f \frac{R_1 + R_2}{R_1 R_2}\right)\frac{R_4}{R_3 + R_4}u_{i3} + \left(1 + R_f \frac{R_1 + R_2}{R_1 R_2}\right)\frac{R_3}{R_3 + R_4}u_{i4} - \frac{R_f}{R_1}u_{i1} - \frac{R_f}{R_2}u_{i2}$$

视频

仪用放大器

7.1.4　仪用放大器

在工业生产中，经常要对温度、压力、速度、位移等各种量进行检测，这些信号往往是传感器输出的微弱差分信号，传感器输出电阻较大，干扰信号比较严重。因此，需要使用一种输入阻抗大、共模抑制能力强、差模放大倍数大、增益调节方便的放大器。图 7.1.10 所示的仪用放大器就是能够满足这些要求的放大电路。

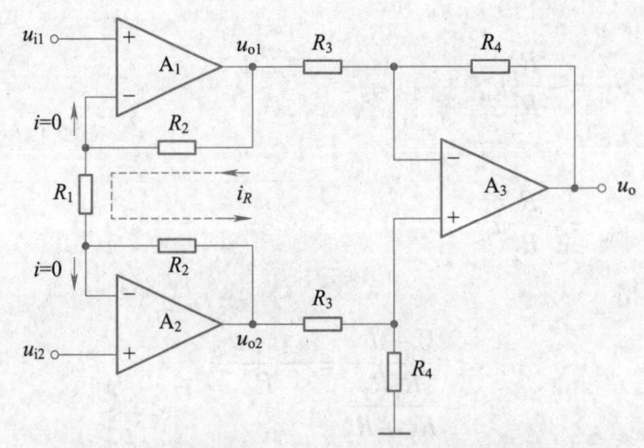

图 7.1.10　仪用放大器

仪用放大器电路是由三个集成运放构成的两级放大电路，两个同相接法的集成运放 A_1 和 A_2 组成第一级。集成运放 A_3 是减法电路，构成第二级。对于理想运放 A_1 和 A_2，利用“虚短”和“虚断”，$u_{1-} = u_{1+} = u_{i1}$，$u_{2-} = u_{2+} = u_{i2}$，$i_{1+} = i_{1-} = 0$，$i_{2+} = i_{2-} = 0$，于是可得

$$i_R = \frac{u_{1-} - u_{2-}}{R_1} = \frac{u_{i1} - u_{i2}}{R_1} \tag{7.1.7}$$

$$u_{o1} - u_{o2} = i_R(R_1 + 2R_2) = \left(1 + \frac{2R_2}{R_1}\right)(u_{i1} - u_{i2}) \tag{7.1.8}$$

根据式(7.1.6)的关系，可得

$$u_o = -\frac{R_4}{R_3}(u_{o1} - u_{o2}) = -\frac{R_4}{R_3}\left(1 + \frac{2R_2}{R_1}\right)(u_{i1} - u_{i2}) \tag{7.1.9}$$

电路的电压放大倍数为

$$A_u = \frac{u_o}{u_{i1} - u_{i2}} = -\frac{R_4}{R_3}\left(1 + \frac{2R_2}{R_1}\right) \tag{7.1.10}$$

在仪用放大器中，通常 R_2、R_3 和 R_4 为给定值，外接电阻 R_1 用可变电阻 R_P 代替，通过调节 R_P 的值，可改变电压放大倍数 A_u。为了保证测量精度，要求三个集成运放的精度足够高，而且电阻 R_2、R_3 和 R_4 的配对精度也要高。为了满足这个要求，多个厂家推出集成仪用放大器，将元器件全部集成在一个芯片内部，采取高精度的工艺措施，保证芯片的测量精度。

7.1.5 积分和微分电路

视频

积分和微分电路

1. 积分电路

电路图如图7.1.11(a)所示。输入信号 u_i 经电阻 R 加在集成运放反相输入端，集成运放同相输入端接地，电容 C 是反馈元件。

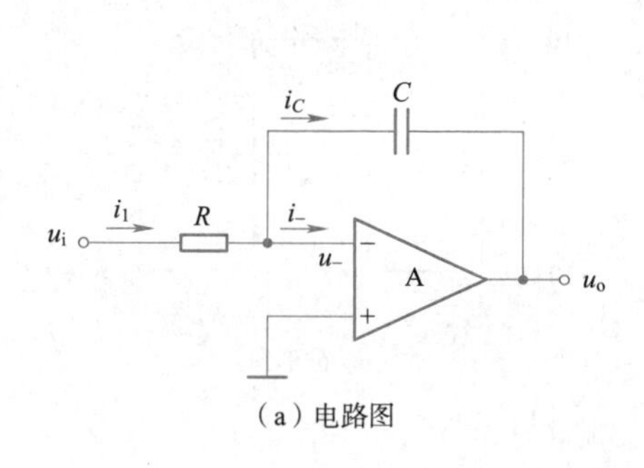

（a）电路图　（b）波形图

图7.1.11　积分电路及其阶跃响应

根据“虚短”和“虚断”，$u_- = u_+ = 0$，$i_- = i_+ = 0$，于是，流过电阻 R 的电流等于流过电容 C 的电流，因此

$$i_1 = \frac{u_i - u_-}{R} = \frac{u_i}{R} = i_C$$

对于电容 C，有

$$i_C = C\frac{\mathrm{d}(0 - u_o)}{\mathrm{d}t} = C\frac{\mathrm{d}(-u_o)}{\mathrm{d}t}$$

所以

$$u_o = -\frac{1}{C}\int i_C \mathrm{d}t = -\frac{1}{RC}\int u_i \mathrm{d}t \tag{7.1.11}$$

式(7.1.11)表明，输出电压 u_o 为输入电压 u_i 对时间的积分，负号表示它们在相位上是相反的。

当输入电压 u_i 为图7.1.11(b)所示阶跃电压时，输出电压 u_o 与时间 t 呈线性关系，因此

$$u_o = -\frac{1}{RC}U_1 t = -\frac{U_1}{\tau}t \tag{7.1.12}$$

式中，$\tau = RC$ 为积分时间常数，当 $t = \tau$ 时，$u_o = -U_1$。当 $t > \tau$ 时，u_o 增大，直至 $t = T$ 时，$u_o = -u_{om}$，即集成运放输出电压的最大值 u_{om} 受供电电压限制，致使集成运放进入饱和状态，此后 u_o 保持不变，而停止积分。

例 7.1.5 在图 7.1.12(a)所示电路中,已知输入电压 u_i 的波形如图 7.1.12(b)所示,当 $t=0$ 时,$u_o=0$。试画出输出电压 u_o 的波形。

解 当 $t=0$ 时,$u_o=0$,当 $t_1=5$ ms 时,

$$u_o(t_1)=-\frac{U_1}{RC}t_1=-\frac{10}{100\times10^3\times0.1\times10^{-6}}\times5\times10^{-3}\text{ V}=-5\text{ V}$$

当 $t_2=15$ ms 时,

$$u_o(t_2)=u_o(t_1)-\frac{U_2}{RC}(t_2-t_1)=-5-\frac{-10}{100\times10^3\times0.1\times10^{-6}}\times(15-5)\times10^{-3}\text{ V}=5\text{ V}$$

当 $t_3=25$ ms 时,

$$u_o(t_3)=u_o(t_2)-\frac{U_3}{RC}(t_3-t_2)=5-\frac{10}{100\times10^3\times0.1\times10^{-6}}\times(25-15)\times10^{-3}\text{ V}=-5\text{ V}$$

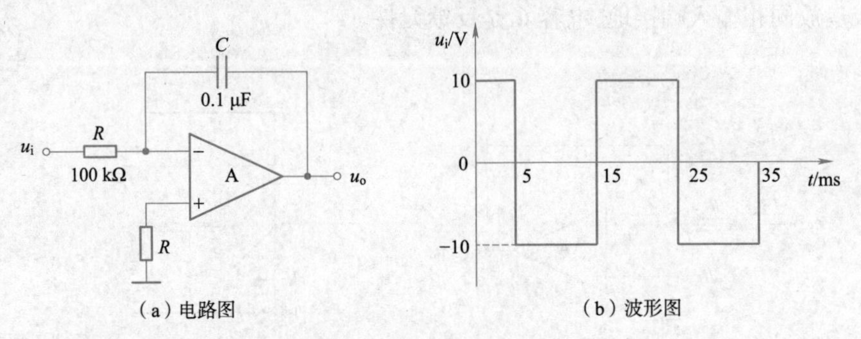

图 7.1.12 例 7.1.5 图

当 $t_4=35$ ms 时,

$$u_o(t_4)=u_o(t_3)-\frac{U_4}{RC}(t_4-t_3)=-5-\frac{-10}{100\times10^3\times0.1\times10^{-6}}\times(35-25)\times10^{-3}\text{ V}=5\text{ V}$$

因此,输出波形如图 7.1.13 所示。

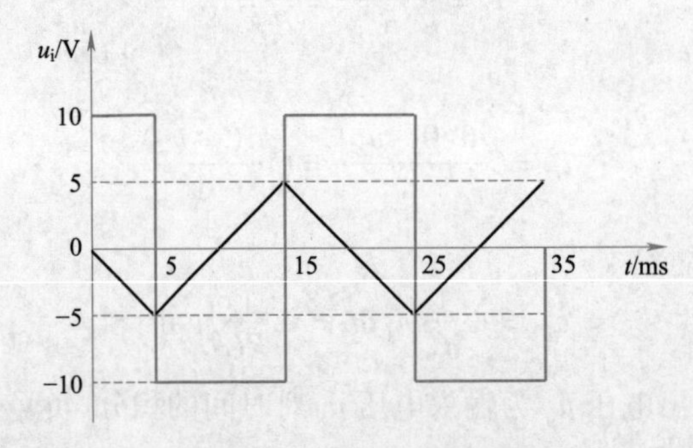

图 7.1.13 例 7.1.5 解图

2. 微分电路

将图 7.1.11(a)所示电路中电阻和电容元件对换位置,便得到如图 7.1.14(a)所示的微分电路。根据“虚短”和“虚断”,$u_-=u_+=0$,$i_-=i_+=0$,于是,流过电容 C 的电流等于流过电阻 R 的电流,因此

$$i_C = C\frac{\mathrm{d}u_i}{\mathrm{d}t} = i$$

而流过电阻 R 的电流

$$i = \frac{-u_o}{R}$$

整理得

$$u_o = -Ri = -RC\frac{\mathrm{d}u_i}{\mathrm{d}t} \tag{7.1.13}$$

式(7.1.13)表明,输出电压 u_o 与输入电压 u_i 对时间的微分成正比,负号表示它们的相位相反。

微分电路的输入/输出波形如图7.1.14(b)所示。在输入为方波时,输出波形为尖脉冲。注意,与方波周期相比,RC电路的时间常数要尽可能小。

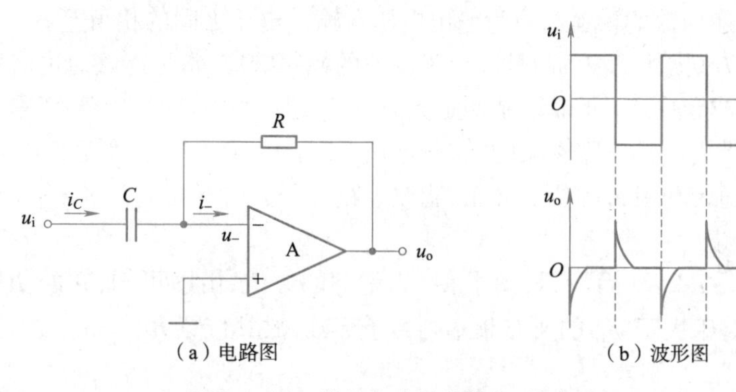

(a)电路图　(b)波形图

图7.1.14　微分电路及其输入/输出波形

从频域角度看,微分电路可看成一个反相输入放大器。当输入信号频率升高时,电容的容抗减小,则放大倍数增大,因而输出信号中的噪声成分严重增加,信噪比大大下降;另外,由于微分电路中的 R、C 元件形成一个滞后的移相环节,它和集成运放中原有的滞后环节共同作用,很容易产生自激振荡,使电路的稳定性变差。

为了解决这个问题,常采用如图7.1.15所示的改进微分电路。主要措施是在输入端串联一个电阻 R_1,以限制输入电流;同时在反馈回路中并联一个电容 C_1,起到相位补偿作用,以增加电路的稳定性。

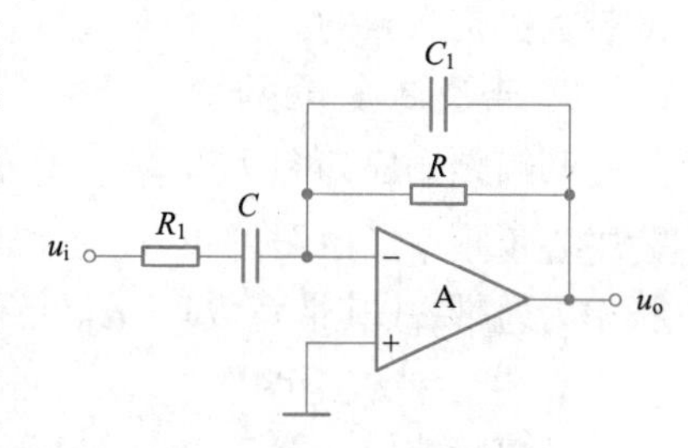

图7.1.15　改进微分电路

7.2　有源滤波电路

对于信号的频率具有选择性的电路,称为滤波电路。在无线电通信、自动测量及控制系统中,常常利用滤波电路进行模拟信号的处理,如用于数据传送、抑制干扰等。

7.2.1　滤波电路概述

按照信号性质分类,滤波电路分为模拟滤波电路和数字滤波电路。这里主要讨论模拟滤波电路。按照所有元件分类,分为无源滤波电路和有源滤波电路,后者性能优良。早期滤波电

路主要采用 R、L 和 C 组成。近年来，集成运放得到迅速发展，它与 R、C 组成的有源滤波电路，具有体积小、质量小、负载能力强、滤波效果好等优点。此外，由于集成运放的开环电压增益和输入阻抗均较高，输出阻抗又低，构成有源滤波电路后还具有一定的电压放大和缓冲作用。但是，集成运放的带宽有限，所以目前有源滤波电路的工作频率难以做得很高，这是它的不足之处。

图 7.2.1 是滤波电路的一般结构图，$u_i(t)$ 为输入信号，$u_o(t)$ 为输出信号。在复频域内，满足以下关系式：

$$A(s)=\frac{U_o(s)}{U_i(s)} \tag{7.2.1}$$

$u_i(t)$ → 滤波电路 → $u_o(t)$

图 7.2.1　滤波电路的一般结构图

式中，$A(s)$ 称为传递函数。对于实际频率 $s=j\omega$，则有

$$A(j\omega)=\frac{U_o(j\omega)}{U_i(j\omega)}=|A(j\omega)|e^{j\varphi(\omega)} \tag{7.2.2}$$

式中，$|A(j\omega)|$ 为传递函数的模；$\varphi(\omega)$ 为输出电压与输入电压之间的相角差。

通常用频率响应来描述滤波的特性。对于滤波的幅频响应，常把能够通过信号的频率范围定义为通带，把受阻或衰减信号的频率范围定义为阻带，通带和阻带的界限频率称为截止频率。

滤波电路在通带内应具有零衰减的幅频响应和线性的相位响应，在阻带内应具有无限大的幅度衰减。按照通带和阻带的位置分布，滤波电路常分为以下几类：

1. 低通滤波电路

其幅频响应如图 7.2.2(a) 所示，图中 $|A|$ 为增益的幅值，由图可知，它的功能是通过的 $0\sim\omega_H$ 低频信号，而对于大于 ω_H 的所有频率则给予衰减，故其带宽 $BW=\omega_H$。

2. 高通滤波电路

其幅频响应如图 7.2.2(b) 所示，由图可知，在 $\omega<\omega_L$ 范围内的频率为阻带，高于 ω_L 的频率为通带。理论上，它的带宽 $BW=\infty$，但实际上由于受有源器件带宽的限制，高通滤波电路的带宽也是有限的。

3. 带通滤波电路

其幅频响应如图 7.2.2(c) 所示，图中 ω_L 为下限截止角频率，ω_H 为上限截止角频率，ω_0 为中心角频率。由图可知，在 $\omega<\omega_L$ 和 $\omega>\omega_H$ 范围内的频率为阻带，在 $\omega_L<\omega<\omega_H$ 范围内的频率为通带，故其带宽 $BW=\omega_H-\omega_L$。

4. 带阻滤波电路

其幅频响应如图 7.2.2(d) 所示，由图可知，在 $\omega<\omega_L$ 和 $\omega>\omega_H$ 范围内的频率为通带，在 $\omega_L<\omega<\omega_H$ 范围内的频率为阻带。它的功能是衰减 $\omega_L\sim\omega_H$ 之间的信号。与高通滤波电路相似，其通带 $\omega>\omega_H$ 也是有限的。

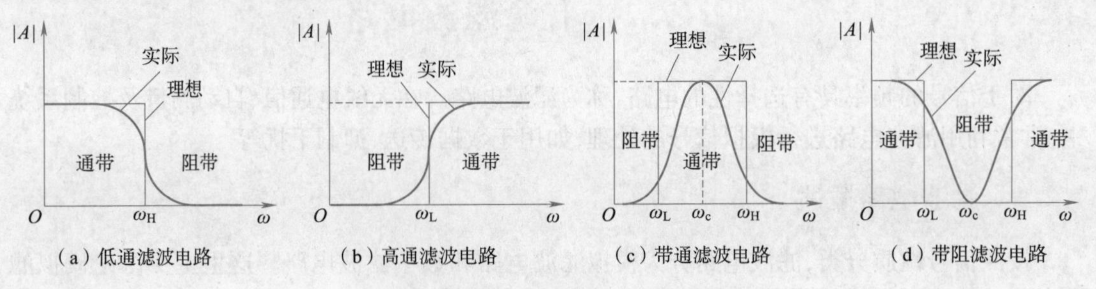

图 7.2.2　各种滤波电路的幅频响应

7.2.2 低通有源滤波电路

1. 一阶低通有源滤波电路

最基本的低通有源滤波电路是一阶低通有源滤波电路。这里所谓的“阶”指的是滤波器传递函数的分母中 s 的最高方次。一阶低通有源滤波电路由简单的 RC 网络和集成运放构成，如图 7.2.3 所示，电路输入阻抗高、输出阻抗低、带负载能力强。

利用理想运放“虚短”和“虚断”的特点，可以得到

$$u_+ = u_i(s)\frac{\frac{1}{sC}}{R+\frac{1}{sC}} = u_- = u_o(s)\frac{R_1}{R_1+R_f} \tag{7.2.3}$$

因此，电路的传递函数为

$$A(s) = \frac{u_o(s)}{u_i(s)} = \frac{1+\frac{R_f}{R_1}}{1+sRC} = \frac{A_0}{1+\frac{s}{\omega_c}} \tag{7.2.4}$$

式中，$A_0 = 1 + R_f/R_1$，称为同相放大器的电压增益；$\omega_c = 1/RC$，称为特征角频率。

在式(7.2.4)中，用 $\mathrm{j}\omega$ 代替 s，可得

$$A(\mathrm{j}\omega) = \frac{u_o(\mathrm{j}\omega)}{u_i(\mathrm{j}\omega)} = \frac{A_0}{1+\mathrm{j}\frac{\omega}{\omega_c}} \tag{7.2.5}$$

因此，其幅频特性为

$$|A(\mathrm{j}\omega)| = \left|\frac{u_o(\mathrm{j}\omega)}{u_i(\mathrm{j}\omega)}\right| = \frac{A_0}{\sqrt{1+\left(\frac{\omega}{\omega_c}\right)^2}} \tag{7.2.6}$$

根据式(7.2.6)可画出一阶低通有源滤波电路的频率响应特性曲线，如图 7.2.4 所示。分析其幅频特性可知，当 $\omega < \omega_c$ 时，信号未衰减；当 $\omega > \omega_c$ 时，幅频特性以 -20 dB/十倍频程的斜率下降，信号得到有效衰减。但衰减速度较慢，滤波效果不够理想。为了进一步加快滤波衰减速度，可以采用二阶或高阶的有源滤波电路。

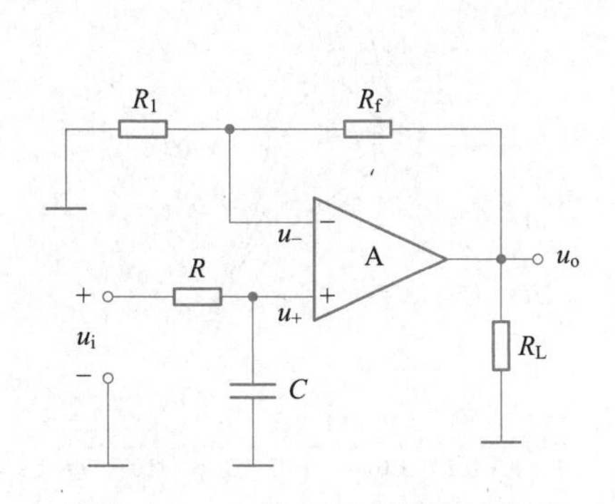

图 7.2.3 一阶低通有源滤波电路

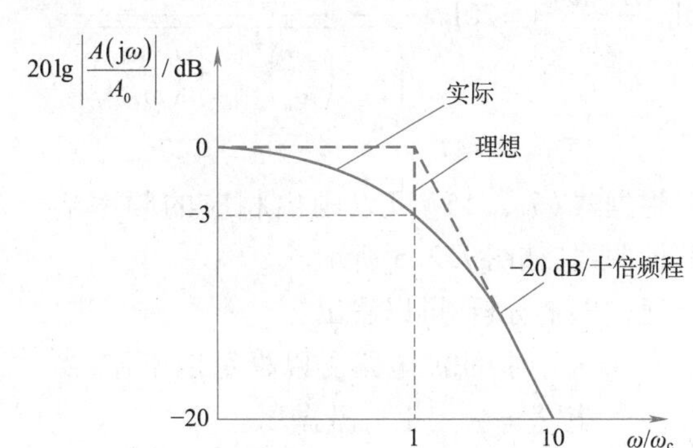

图 7.2.4 一阶低通有源滤波电路的频率响应特性曲线

2. 二阶低通有源滤波电路

电路如图 7.2.5 所示。集成运放的同相输入端接两节 RC 网络,集成运放与电阻 R_1、R_f 构成电压串联负反馈电路。

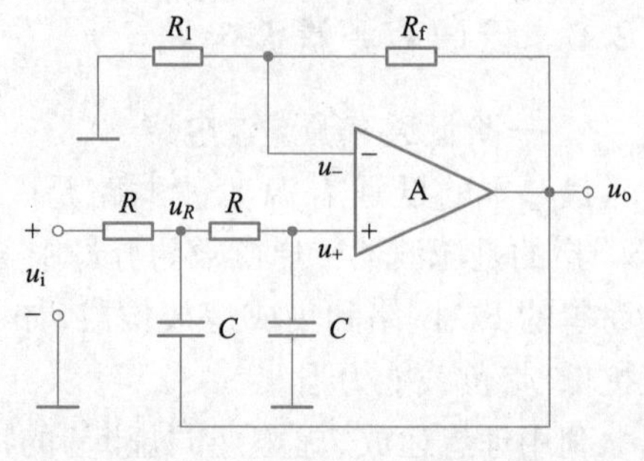

图 7.2.5　二阶低通有源滤波电路

从图 7.2.5 中可得

$$u_o=\frac{R_1+R_f}{R_1}u_-=A_0u_-=A_0u_+\tag{7.2.7}$$

$$u_+=\frac{1}{1+sCR}u_R\tag{7.2.8}$$

$$\frac{u_i-u_R}{R}=\frac{u_R-u_+}{R}+(u_R-u_o)sC\tag{7.2.9}$$

将式(7.2.7)~式(7.2.9)联立求解,可得电路传递函数为

$$A(s)=\frac{u_o(s)}{u_i(s)}=\frac{A_0}{1+(3-A_0)sCR+(sCR)^2}\tag{7.2.10}$$

用 $j\omega$ 代替 s,可得

$$A(j\omega)=\frac{u_o(j\omega)}{u_i(j\omega)}=\frac{A_0}{1+(3-A_0)j\omega CR+(j\omega CR)^2}\tag{7.2.11}$$

令

$$\omega_c=\frac{1}{RC}\tag{7.2.12}$$

$$Q=\frac{1}{3-A_0}\tag{7.2.13}$$

则有

$$A(j\omega)=\frac{A_0}{1+(3-A_0)j\omega CR+(j\omega CR)^2}=\frac{A_0}{1-\left(\frac{\omega}{\omega_c}\right)^2+j\left(\frac{\omega}{\omega_cQ}\right)}\tag{7.2.14}$$

式(7.2.14)为二阶低通有源滤波电路传递函数的典型表达式。其中,$\omega_c=1/RC$ 为特征角频率;$Q=1/(3-A_0)$ 为等效品质因数。

其幅频特性为

$$20\lg\left|\frac{A(j\omega)}{A_0}\right|=20\lg\frac{1}{\sqrt{\left[1-\left(\frac{\omega}{\omega_c}\right)^2\right]^2+\left(\frac{\omega}{\omega_cQ}\right)^2}}\tag{7.2.15}$$

根据式(7.2.15)可以画出相应的频率响应特性曲线,如图 7.2.6 所示。

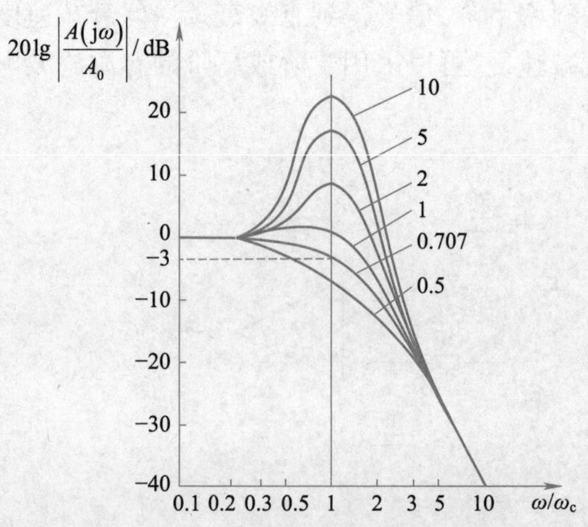

图 7.2.6　二阶低通有源滤波电路的频率响应特性曲线

通过以上分析,可以看出:

当 $A_0<3$ 时,滤波电路可以稳定地工作;当 $A_0\geqslant3$ 时,电路将会产生自激振荡。

当 $\omega\ll\omega_c$ 时,滤波电路的幅频特性接近于 A_0;当 $\omega\gg\omega_c$ 时,幅频特性逐渐衰减为 0,这与一阶低通有源滤波电路是一致的。

当 ω 与 ω_c 接近时,幅频特性可能会衰减,也可能会上升。这里 Q 值的大小起到重要的作用。当 $Q=0.707$ 时,幅频特性比较平坦。当 $Q>0.707$ 时,幅频特性出现上升,Q 值越大,上升得越显著。

当 $Q=0.707$ 和 $\omega/\omega_c=1$ 情况下,$20\lg|A(j\omega)/A_0|=-3$ dB;当 $\omega/\omega_c=10$ 时,$20\lg|A(j\omega)/A_0|=-40$ dB。这表明,二阶低通有源滤波电路滤波效果比一阶低通有源滤波电路好得多。

视频

高通带通带阻滤波电路

7.2.3 高通有源滤波电路

高通有源滤波电路与低通有源滤波电路存在着对偶关系。将低通有源滤波电路中电阻和电容的位置互换,即可得到高通有源滤波电路。其幅频特性和传递函数也有类似的对偶关系。

图 7.2.7 所示为一阶高通有源滤波电路,其幅频特性为

$$|A(j\omega)|=\left|\frac{u_o(j\omega)}{u_i(j\omega)}\right|=\frac{A_0}{\sqrt{1+\left(\frac{\omega_c}{\omega}\right)^2}} \tag{7.2.16}$$

式中,$A_0=1+R_f/R_1$ 为同相放大器的电压增益;$\omega_c=1/RC$ 为特征角频率。

图 7.2.8 所示为二阶高通有源滤波电路,其对数幅频特性为

$$20\lg\left|\frac{A(j\omega)}{A_0}\right|=20\lg\frac{1}{\sqrt{\left[\left(\frac{\omega_c}{\omega}\right)^2-1\right]^2+\left(\frac{\omega_c}{\omega Q}\right)^2}} \tag{7.2.17}$$

式中,$\omega_c=1/RC$ 为特征角频率;$Q=1/(3-A_0)$ 为等效品质因数。

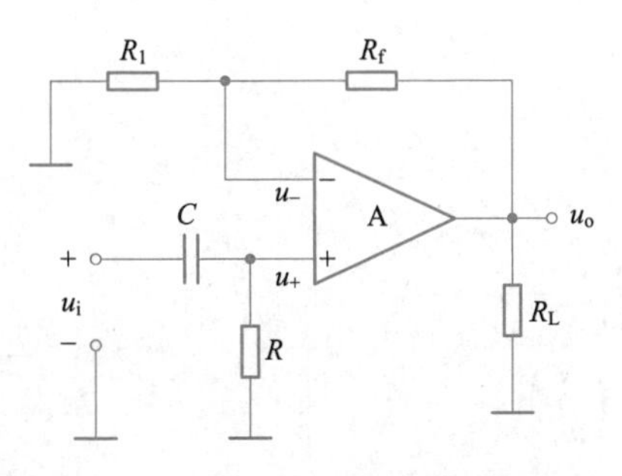

图 7.2.7 一阶高通有源滤波电路

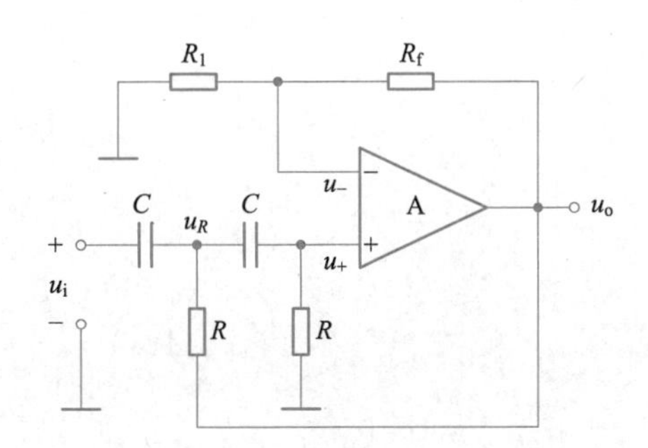

图 7.2.8 二阶高通有源滤波电路

7.2.4 带通有源滤波电路

带通有源滤波电路能够使一部分频段的信号通过,而对其余频段的信号加以抑制或衰减,常用于从许多不同频率的信号中提取所需频段的信号,带通有源滤波电路可以用一个低通滤波电路和一个高通滤波电路串联而成,如图 7.2.9 所示。

根据图 7.2.9 可列出相应的方程

$$u_o=\frac{R_1+R_f}{R_1}u_-=A_fu_-=A_fu_+ \tag{7.2.18}$$

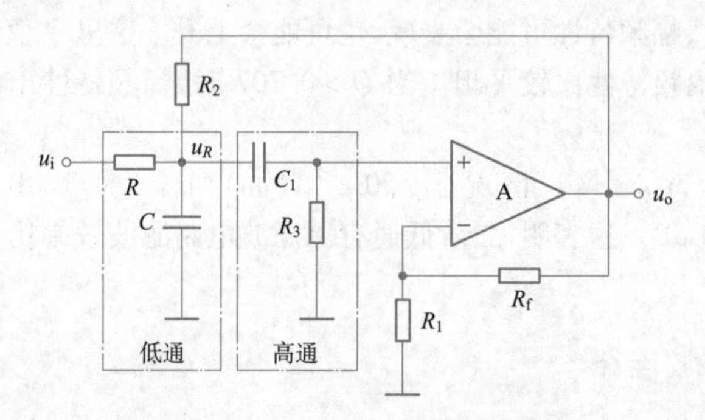

图7.2.9　二阶带通有源滤波电路

$$u_R = \frac{\frac{1}{sC_1}+R_3}{R_3}u_+ = \frac{1+sC_1R_3}{sC_1R_3}u_+ \tag{7.2.19}$$

$$\frac{u_i - u_R}{R} = sCu_R + sC_1(u_R - u_+) + \frac{u_R - u_o}{R_2} \tag{7.2.20}$$

为了计算简便，通常取 $R_2 = R, R_3 = 2R, C_1 = C$，将式（7.2.18）～式（7.2.20）联立求解，可得电路传递函数为

$$A(s) = \frac{u_o(s)}{u_i(s)} = \frac{sCR}{1+(3-A_f)sCR+(sCR)^2}A_f \tag{7.2.21}$$

式中，$A_f = 1 + R_f/R_1$ 为同相放大器的电压增益，同时要求 $A_f < 3$，电路才能稳定工作。若令

$$\omega_c = \frac{1}{RC} \tag{7.2.22}$$

$$A_0 = \frac{A_f}{3 - A_f} \tag{7.2.23}$$

$$Q = \frac{1}{3 - A_f} \tag{7.2.24}$$

则有

$$A(s) = \frac{A_0 \frac{s}{Q\omega_c}}{1 + \frac{s}{Q\omega_c} + \left(\frac{s}{\omega_c}\right)^2} \tag{7.2.25}$$

式（7.2.25）为二阶带通有源滤波电路传递函数的典型表达式。其中，$\omega_c = 1/RC$ 既是特征角频率，也是带通滤波电路的中心角频率。

用 $s = j\omega$ 代入式（7.2.25），则有

$$A(j\omega) = \frac{A_0 \frac{1}{Q}\cdot j\frac{\omega}{\omega_c}}{1 - \left(\frac{\omega}{\omega_c}\right)^2 + j\frac{\omega}{Q\omega_c}} = \frac{A_0}{1 + jQ\left(\frac{\omega}{\omega_c} - \frac{\omega_c}{\omega}\right)} \tag{7.2.26}$$

在式（7.2.26）中，当 $\omega = \omega_c$ 时，图7.2.9所示电路具有最大电压增益，且 $|A(j\omega_c)| = A_0 = A_f/(3 - A_f)$，这就是带通滤波电路的通带电压增益。根据式（7.2.26）可以画出带通滤波电路的频率响应特性曲线，如图7.2.10所示。由图可知，Q 值越大，通带宽度越窄。也就是说，通带滤波电路的选频特性越好。

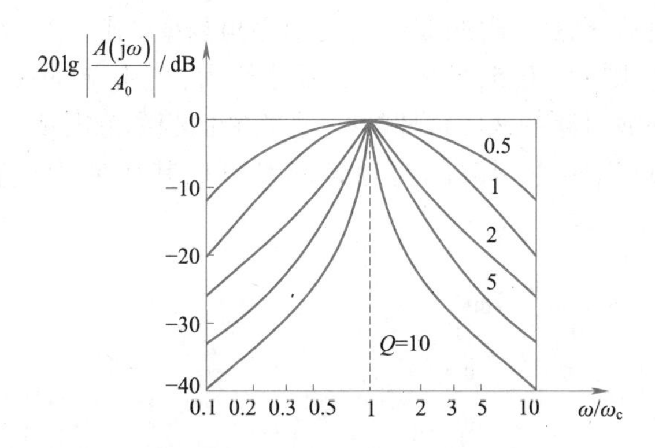

图 7.2.10　二阶带通有源滤波电路的频率响应特性曲线

7.2.5　带阻有源滤波电路

带阻有源滤波电路能够使一部分频段的信号受到抑制或衰减，而使其余频率的信号顺利通过，又称陷波器。带阻有源滤波电路可以用一个低通滤波电路和一个高通滤波电路并联而成。

如图 7.2.11 所示双 T 带阻滤波电路。电路中，集成运放的电阻 R_1、R_f 组成同相放大电路。R、R 和 $2C$ 组成一个 T 型网络。C、C 和$\frac{R}{2}$组成另一个 T 型网络，所以称为双 T 带阻滤波电路。

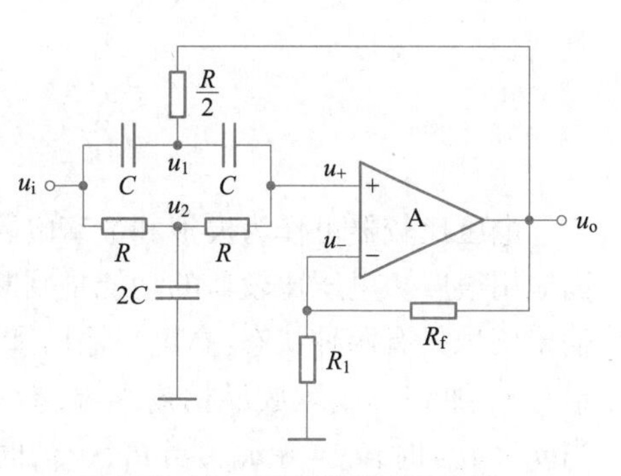

图 7.2.11　双 T 带阻滤波电路

根据电路，可列出相应的方程

$$u_o = \frac{R_1 + R_f}{R_1} u_- = A_0 u_- = A_0 u_+ \qquad (7.2.27)$$

$$\frac{u_i - u_1}{\frac{1}{sC}} = \frac{u_1 - u_o}{\frac{R}{2}} + \frac{u_1 - u_+}{\frac{1}{sC}} \qquad (7.2.28)$$

$$\frac{u_i - u_2}{R} = \frac{u_2}{\frac{1}{2sC}} + \frac{u_2 - u_+}{R} \qquad (7.2.29)$$

$$\frac{u_1 - u_+}{\frac{1}{sC}} = \frac{u_+ - u_2}{R} \qquad (7.2.30)$$

将式(7.2.27)～式(7.2.30)联立求解，可得电路传递函数为

$$A(s) = \frac{u_o(s)}{u_i(s)} = \frac{1 + (sCR)^2}{1 + 2(2 - A_0)sCR + (sCR)^2} A_0 \qquad (7.2.31)$$

用 $s = j\omega$ 代入式(7.2.31)，并令 $\omega_c = \frac{1}{RC}$，$Q = \frac{1}{2(2 - A_0)}$，则有

$$A(j\omega) = \frac{A_0\left[1 + \left(\frac{j\omega}{\omega_c}\right)^2\right]}{1 + \frac{j\omega}{Q\omega_c} + \left(\frac{j\omega}{\omega_c}\right)^2} \qquad (7.2.32)$$

式中，ω_0 既是特征角频率，也是带阻滤波电路的中心角频率。$A_0=1+R_f/R_1$ 为同相放大器的电压增益。如果 $A_0=1$，则 $Q=0.5$，增大 A_0，Q 随之增大，当 A_0 趋近 2 时，Q 趋向无穷大。因此，A_0 越接近 2，带阻滤波电路的选频特性越好，即阻断的频率范围越窄。

根据式(7.2.32)可以写出相应的对数幅频特性。其频率响应特性曲线如图 7.2.12 所示。

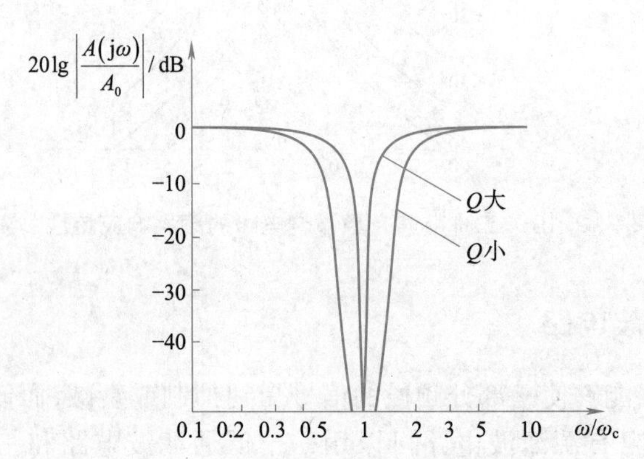

图 7.2.12　双 T 带阻滤波电路的频率响应特性曲线

7.3　电压比较器

电压比较器可作为模拟和数字电路的接口电路，在电子测量、自动控制以及波形变换等方面应用很广。电压比较器的功能是判断输入电压信号与参考电压之间的相对大小，比较器的输出信号只有两种状态：高电平输出和低电平输出。图 7.3.1(a)为电压比较器电路图，输入信号 u_I 加到集成运放反相输入端，参考电压 u_{REF} 加到集成运放同相输入端，输出电压为 u_O。当 $u_I<u_{REF}$ 时，$u_O=+u_{OH}$，当 $u_I>u_{REF}$ 时，$u_O=-u_{OH}$，其传输特性如图 7.3.1(b)所示。

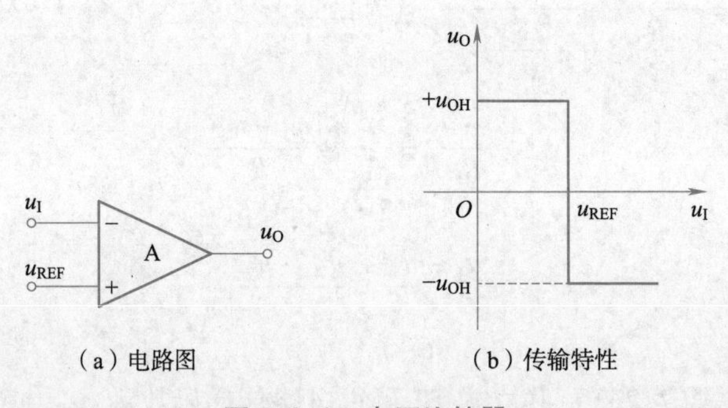

图 7.3.1　电压比较器

视频

单门限电压比较器

7.3.1　单门限电压比较器

所谓单门限电压比较器是指只有一个门限电压的比较器。当输入电压等于门限电压时，输出端的状态立即跳变。单门限电压比较器可用于检测输入的模拟信号是否达到某一给定的电压。单门限电压比较器包括过零比较器和任意门限电压比较器。

1. 过零比较器

图7.3.2(a)所示的过零比较器是一种最简单的单门限电压比较器。被比较的模拟输入电压 u_i 接到集成运放的反相输入端,同相输入端接地,参考电压 $u_{REF}=0$,即门限电压等于零,因此,称为过零比较器。当 $u_i>0$ 时,集成运放输出达到负饱和值,即 $u_o=-u_{OH}$,当 $u_i<0$ 时,集成运放输出达到正饱和值,即 $u_o=+u_{OH}$。其传输特性如图7.3.2(b)所示。

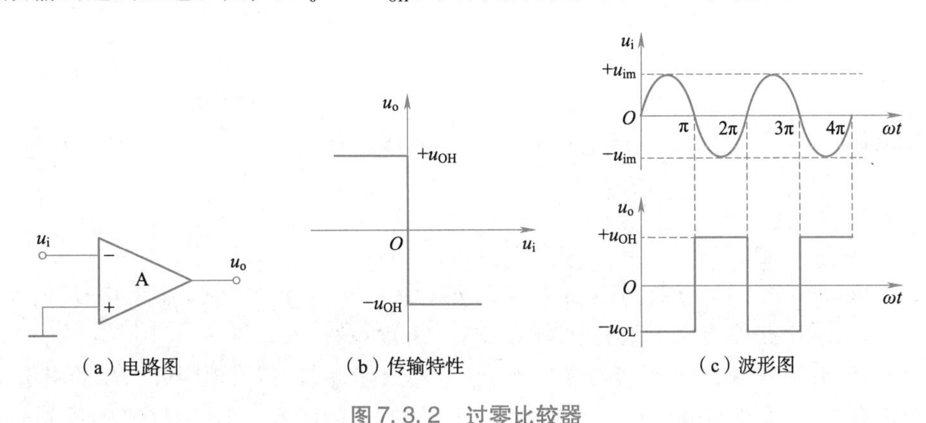

(a) 电路图　(b) 传输特性　(c) 波形图

图7.3.2　过零比较器

图7.3.2(a)所示过零比较器的传输特性如图7.3.2(b)所示,该电路可作为波形变换器,将正弦波转换为方波。

如果希望输出值不是集成运放的正、负饱和值,可以在电压比较器的输出端添加限幅电路,构成带输出限幅的电路比较器,如图7.3.3(a)所示。图7.3.3(b)为该比较器的传输特性,其中 $\pm u_Z$ 为双向稳压管的输出电压值。

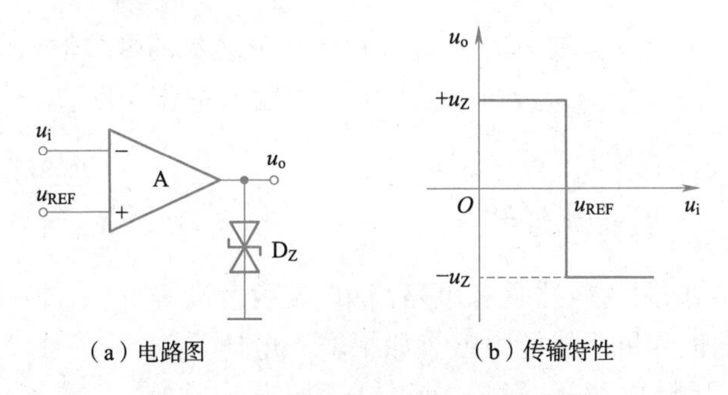

(a) 电路图　(b) 传输特性

图7.3.3　带输出限幅的电压比较器

2. 任意门限电压比较器

任意门限电压比较器电路图如图7.3.4(a)所示,该电路在过零比较器的基础上,将参考电压 u_{REF} 通过电阻 R_1 接在集成运放反相输入端来构成。

根据叠加原理,集成运放反相输入端的电位为

$$u_-=\frac{R_1}{R_1+R_2}u_i+\frac{R_2}{R_1+R_2}u_{REF} \tag{7.3.1}$$

理想情况下,输出电压发生跳变时对应的 $u_-=u_+=0$,即

$$R_1u_i+R_2u_{REF}=0 \tag{7.3.2}$$

由此可求出门限电压

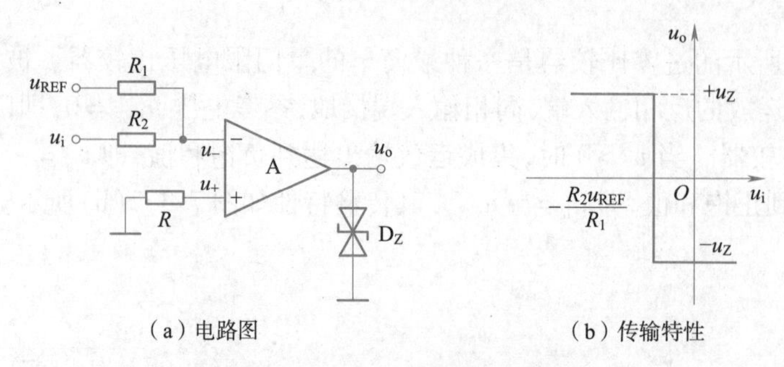

（a）电路图　　（b）传输特性

图7.3.4　任意门限电压比较器

$$u_T = -\frac{R_2}{R_1}u_{REF} \tag{7.3.3}$$

当 $u_i < u_T$ 时，$u_- < u_+$，输出电压 $u_o = +u_Z$；当 $u_i > u_T$，$u_- > u_+$，输出电压 $u_o = -u_Z$。图7.3.4(a)所示电路的电压传输特性如图7.3.4(b)所示。

根据式(7.3.3)可知，只要改变参考电压 u_{REF} 的大小和极性，以及电阻 R_1、R_2 的阻值，就可以改变门限电压 u_T 的大小和极性。若要改变 u_i 过 u_T 时 u_o 的跃变方向，则只要将图7.3.4(a)所示电路集成运放的同相输入端和反相输入端所接外电路互换即可。

综上所述，分析电压传输特性的方法是：

(1) 通过研究集成运放输出端所接的限幅电路来确定电压比较器的输出高电平 u_{OH} 和输出低电平 u_{OL}。

(2) 写出集成运放同相输入端 u_+、反相输入端 u_- 电位表达式，令 $u_+ = u_-$，计算出门限电压 u_T。

(3) u_i 过 u_T 时 u_o 的跃变方向取决于 u_i 作用于集成运放的哪个输入端。当从反相输入端作用时，$u_i < u_T$，$u_o = u_{OH}$；$u_i > u_T$，$u_o = u_{OL}$。当从同相输入端作用时，$u_i < u_T$，$u_o = u_{OL}$；$u_i > u_T$，$u_o = u_{OH}$。

视频

迟滞比较器

7.3.2　迟滞比较器

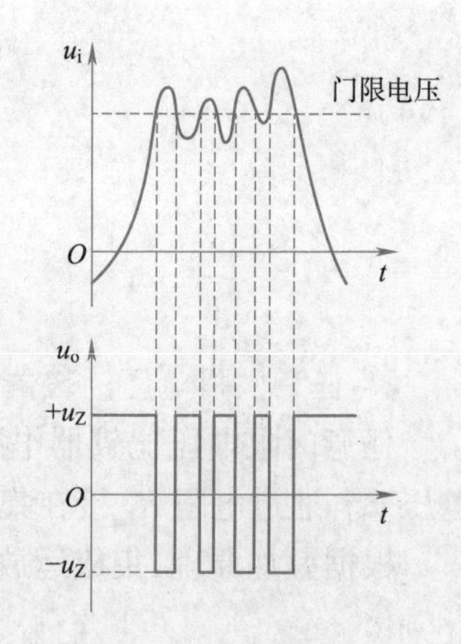

图7.3.5　存在干扰时单门限比较器的 u_i、u_o 波形

单门限比较器具有电路简单、灵敏度高等优点，但其抗干扰能力差。如果输入电压受到某种干扰或噪声的影响，使其在门限电压上下波动时，则输出电压将在高、低电平之间反复地跳变，如图7.3.5所示。假如在控制系统中发生这种情况，将对执行机构产生不利的影响，甚至引发事故。

为了避免出现这种问题，可以采用具有迟滞传输特性的比较器。这种迟滞比较器常称为施密特触发器，其电路如图7.3.6(a)所示。输入信号 u_i 加到集成运放反相输入端，参考电压 u_{REF} 经电阻 R_1 加到集成运放同相输入端，输出电压 u_o 经电阻 R_f 引回到同相输入端，电阻 R 和双向稳压管 D_Z 起着限幅作用，使输出电压为 $\pm u_Z$。

在图7.3.6(a)所示电路中，当集成运放反相输入端和同相输入端的电位相等，即 $u_- = u_+$

时，集成运放的输出电压信号将发生跳变。其中 $u_-=u_i$，u_+ 由 u_{REF}、u_o 二者共同决定，而 u_o 有两种可能的状态：$+u_Z$ 或 $-u_Z$。因此，使 u_o 由 $+u_Z$ 跳变为 $-u_Z$，以及由 $-u_Z$ 跳变成 $+u_Z$ 所对应的输入电压值是不同的。也就是说，这种比较器有两个不同的门限电压。

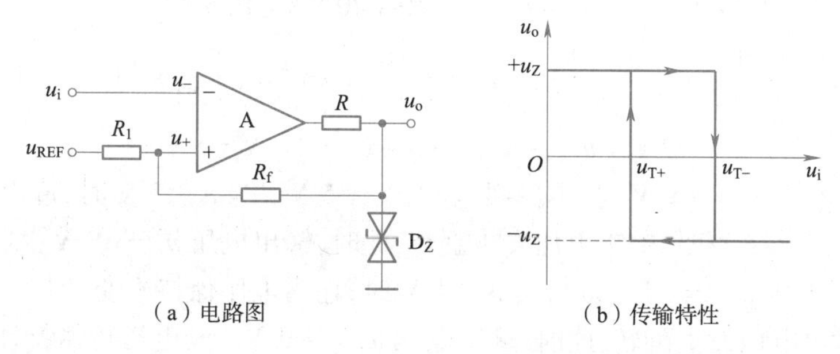

（a）电路图　　　　（b）传输特性

图7.3.6　反向输入迟滞比较器

下面分析迟滞比较器的两个门限电压。设集成运放是理想的，由图7.3.6(a)，利用叠加原理，求得同相输入端电位为

$$u_+=\frac{R_f}{R_1+R_f}u_{REF}+\frac{R_1}{R_1+R_f}u_o \tag{7.3.4}$$

根据输出电压的不同值（$+u_Z$ 或 $-u_Z$），可分别求出上门限电压 u_{T+} 和下门限电压 u_{T-} 为

$$u_{T+}=\frac{R_f}{R_1+R_f}u_{REF}+\frac{R_1}{R_1+R_f}u_Z \tag{7.3.5}$$

$$u_{T-}=\frac{R_f}{R_1+R_f}u_{REF}-\frac{R_1}{R_1+R_f}u_Z \tag{7.3.6}$$

门限宽度为

$$\Delta u_T=u_{T+}-u_{T-}=\frac{2R_1}{R_1+R_f}u_Z \tag{7.3.7}$$

由式(7.3.7)可知，门限宽度 Δu_T 值取决于 u_Z、R_1 和 R_f，与 u_{REF} 无关。改变 u_{REF} 的大小可以同时调节 u_{T+}、u_{T-} 的大小，但 Δu_T 不变。

在输入电压 u_i 上升的过程中，假设初始输入信号 $u_i<u_{T-}<u_{T+}$，输出电压 $u_o=+u_Z$，则集成运放同相输入端电位为 u_{T+}。输入电压 u_i 上升时，只要 $u_i<u_{T+}$，输出电压就等于 $+u_Z$。当 u_i 上升到略大于 u_{T+} 时，输出电压发生翻转，输出电压 u_o 变成 $-u_Z$。与此同时，集成运放同相输入端的电位也变成 u_{T-}。输入电压 u_i 继续升高，输出电压不再变化。在输入电压 u_i 下降过程中，当 u_i 下降到略小于 u_{T-} 时，输出电压发生翻转，输出电压 u_o 变成 $+u_Z$。与此同时，集成运放同相输入端的电位也变成 u_{T+}。输入电压 u_i 继续下降，输出电压不再变化。图7.3.6(b)所示为电路的电压传输特性。

例7.3.1　电路如图7.3.7所示，参考电压 $u_{REF}=3$ V，试求：

(1)电路上门限电压 u_{T+}、下门限电压 u_{T-} 和门限宽度 Δu_T；

(2)画出电路电压传输特性曲线；

(3)设 $u_i=10\sin\omega t$，画出输出电压 u_o 的波形；

(4)分别画出 $u_{REF}=0$ V、$u_{REF}=6$ V 时电压传输特性曲线。

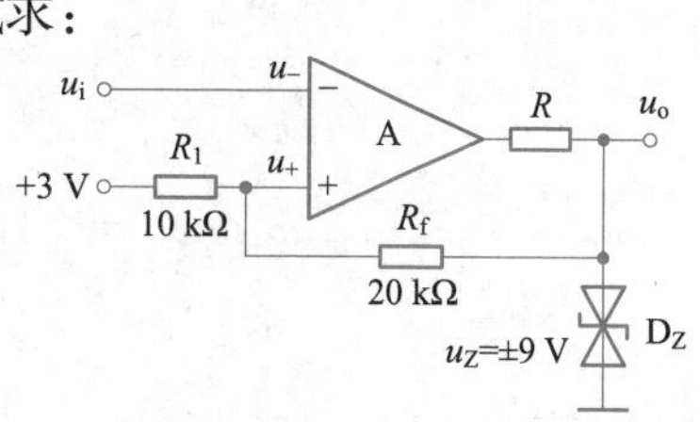

图7.3.7　例7.3.1图

解　(1)电路为反相输入的迟滞比较器,输出电压 $u_o = \pm u_Z = \pm 9$ V。

根据式(7.3.5)和式(7.3.6),有

$$u_{T+} = \frac{R_f}{R_1 + R_f} u_{REF} + \frac{R_1}{R_1 + R_f} u_Z = \left(\frac{20}{10+20} \times 3 + \frac{10}{10+20} \times 9 \right) \text{ V} = 5 \text{ V}$$

$$u_{T-} = \frac{R_f}{R_1 + R_f} u_{REF} - \frac{R_1}{R_1 + R_f} u_Z = \left(\frac{20}{10+20} \times 3 - \frac{10}{10+20} \times 9 \right) \text{ V} = -1 \text{ V}$$

$$\Delta u_T = u_{T+} - u_{T-} = [5 - (-1)] \text{ V} = 6 \text{ V}$$

(2)当输出电压 $u_o = +9$ V 时,上门限电压 $u_{T+} = 5$ V。当 $u_i < 5$ V 时,输出电压保持不变,即 $u_o = +9$ V;当 $u_i > 5$ V 时,输出电压发生翻转,此时,输出电压 $u_o = -9$ V。当输出电压 $u_o = -9$ V 时,下门限电压 $u_{T-} = -1$ V。当 $u_i > -1$ V 时,输出电压保持不变,即 $u_o = -9$ V;只有当 $u_i < -1$ V 时,输出电压发生翻转,此时,输出电压 $u_o = +9$ V。其电压传输特性如图 7.3.8(a)所示。

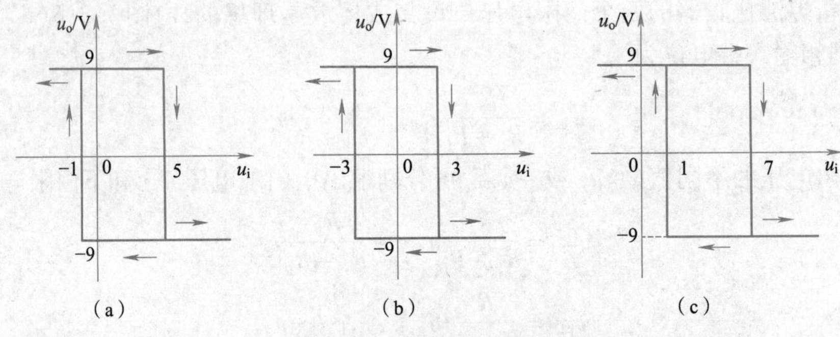

图 7.3.8　例 7.3.1 解图

(3)当 $u_i = 10\sin \omega t$ 时,输出电压 u_o 的波形如图 7.3.9 所示。

(4)当 $u_{REF} = 0$ V 时,根据式(7.3.5)和式(7.3.6),求得上门限电压 $u_{T+} = 3$ V,下门限电压 $u_{T-} = -3$ V,电压传输特性如图 7.3.8(b)所示。

当 $u_{REF} = 6$ V 时,求得上门限电压 $u_{T+} = 7$ V,下门限电压 $u_{T-} = 1$ V,电压传输特性如图 7.3.8(c)所示。

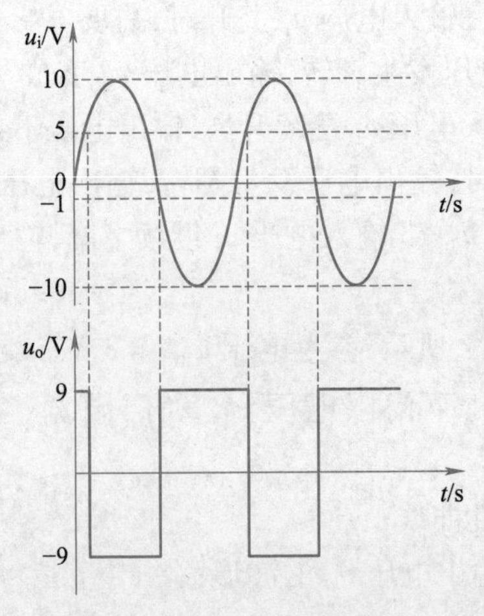

图 7.3.9　输出电压波形

小　结

模拟信号运算和处理是集成运放的重要应用领域。由集成运放组成的基本运算电路的输入、输出信号都是模拟量,且要满足一定的数学运算规律。因此,运算电路中的集成运放都必须工作在线性区。为了保证集成运放工作在线性区,运算电路中都引入了深度负反馈。在分析各种基本运算电路的输入、输出关系时,总是从理想运放工作在线性区时虚断和虚短的两个特点出发。

(1)比例运算电路是基本的运算电路形式,可分为反相比例运算电路、同相比例运算电路,其中反相比例运算电路具有虚地的优点,因性能好而应用广泛。在比例运算电路的基础上,可扩展、演变成其他形式的运算电路。例如加法运算电路、减法运算电路、积分和微分电路等。

(2)实际集成运放的技术参数都不是理想的,从而集成运放运算电路会有一定的误差。随着集成电路技术的迅速发展,根据不同使用要求,可选用高精度、低漂移、高输入阻抗、高速等各种集成运放。

滤波电路是一种常用模拟信号处理电路,其作用是滤除不需要的频率信号分量,保留所需的频率信号分量。集成运放用于提高通带增益和带负载能力,集成运放必须工作在线性状态。无源滤波电路由电阻 R 和电容 C 组成。有源滤波电路由电阻 R、电容 C 和集成运放组合构成。有源滤波电路按滤除信号的频率范围可分为:低通、高通、带通和带阻四种主要类型滤波电路,二阶滤波电路比一阶滤波电路的滤波衰减率要高。

电压比较器是对输入信号进行鉴幅与比较的电路,是组成非正弦发生电路的基本单元电路,主要功能是能对两个电压进行比较,并可判断出其大小。电压比较器能够将模拟信号转换成具有数字信号特点的二值信号,即输出不是高电平,就是低电平。因此,集成运放工作在非线性区。它既用于信号转换,又作为非正弦波发生电路的重要组成部分。

本章介绍了单门限电压比较器、过零比较器和迟滞比较器,它们均有同相输入和反相输入两种接法。单门限电压比较器和过零比较器中的集成运放或比较器通常工作在开环状态,只有一个门限电压;而迟滞比较器中的集成运放或比较器通常工作在正反馈状态,其输入信号上升时和下降时的门限电压不同,因而有上、下两个门限电压值。迟滞比较器具有较强的抗干扰能力,在工程中得到广泛应用。

习　题

7.1 基本运算电路

7.1.1 以下(　　)可以实现放大倍数 $A_u=-20$。

A. 同相比例运算电路　　B. 积分电路

C. 反相比例运算电路　　D. 微分电路

7.1.2 以下(　　)可以将方波信号转换成三角波信号。

A. 同相比例运算电路　　B. 积分电路

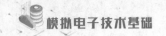

C. 反相比例运算电路　　　　　　　D. 微分电路

7.1.3　基本运算电路包括________、________、________、________、________等。

7.1.4　反相比例运算电路的输入电阻为________，输出电阻为________；同相比例运算电路的输入电阻为________，输出电阻为________。

7.1.5　“虚地”现象存在于线性应用运放的________运算电路中。

7.1.6　________运算电路可以将三角波信号转换成方波信号。

7.1.7　试比较反相比例运算电路和同相比例运算电路的特点。

7.1.8　电路如图题 7.1.8 所示，设集成运放是理想的，试写出各输出电压 u_o 的值。

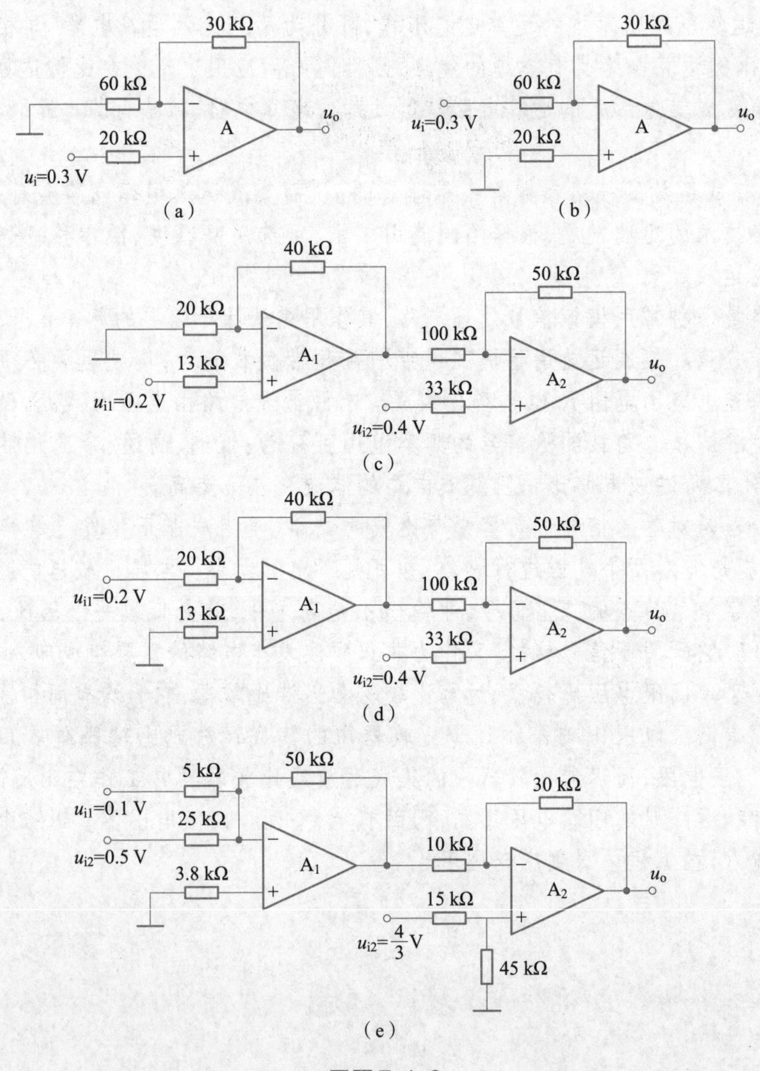

图题 7.1.8

7.1.9　设计一个比例运算电路，要求输入电阻 $R_i = 10\ \text{k}\Omega$，比例系数为 -5。

7.1.10　电路如图题 7.1.10 所示，设集成运放是理想的，BJT 的 $U_{BE} = 0.7\ \text{V}$，试求：

(1) BJT 的 c、b、e 各极的电位值；

(2) BJT 共射电流放大倍数 $\beta = I_C / I_B$。

7.1.11　电路如图题 7.1.11 所示，当 $R_1 = R_2 = R_3$ 时，试求输出电压 u_o 的表达式。

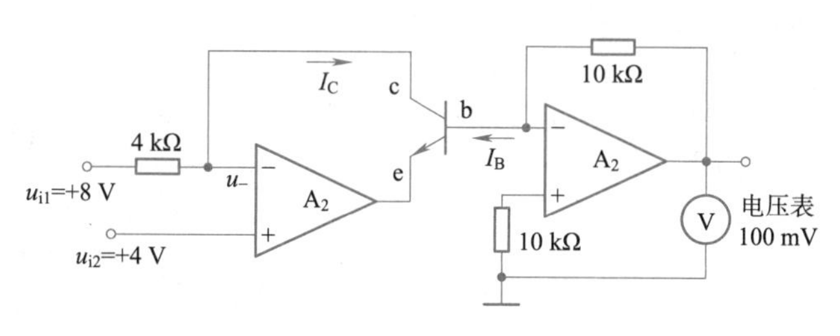

图题7.1.10

7.1.12 电路如图题7.1.12所示，设A为理想运放，输出电压u_o与输入u_{i1}、u_{i2}、u_{i3}和u_{i4}的关系满足：$u_o = au_{i1} - 5u_{i2} + bu_{i3} + u_{i4}$，试求系数$a$、$b$、$c$和$R_f$的值。

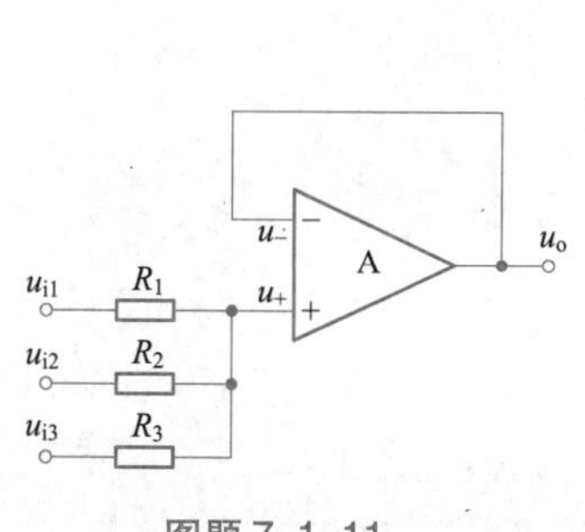

图题7.1.11

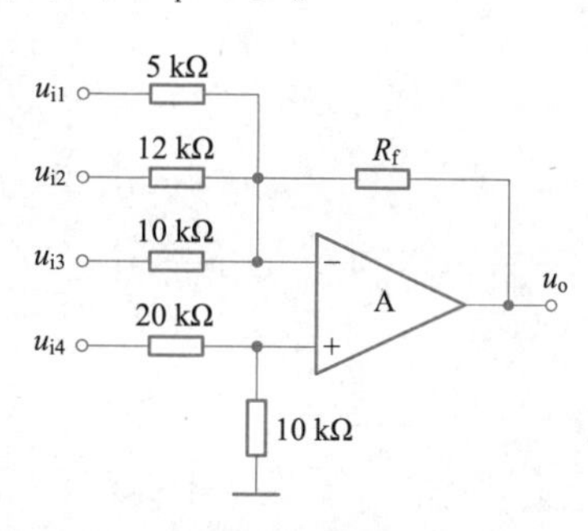

图题7.1.12

7.1.13 试设计一个加法电路，实现运算：$u_o = -u_{i1} - 10u_{i2} - 2.5u_{i3} - 4u_{i4}$，要求允许使用的最大电阻为10 kΩ，求各支路的电阻。

7.1.14 加减运算电路如图题7.1.14所示，求输出电压u_o的表达式。

7.1.15 电路如图题7.1.15所示，试推导i_L与u_{i1}、u_{i2}的关系式。

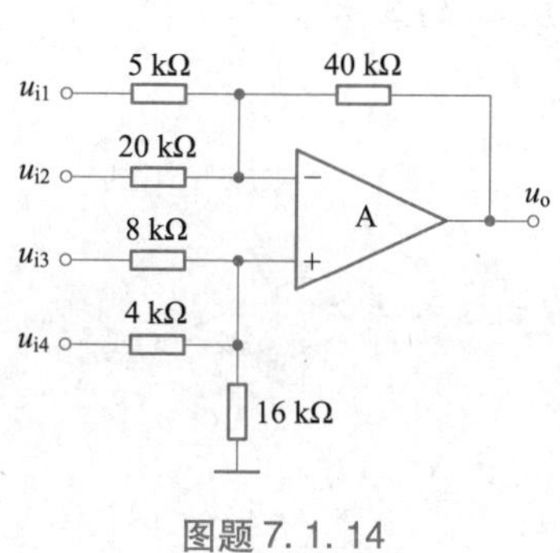

图题7.1.14

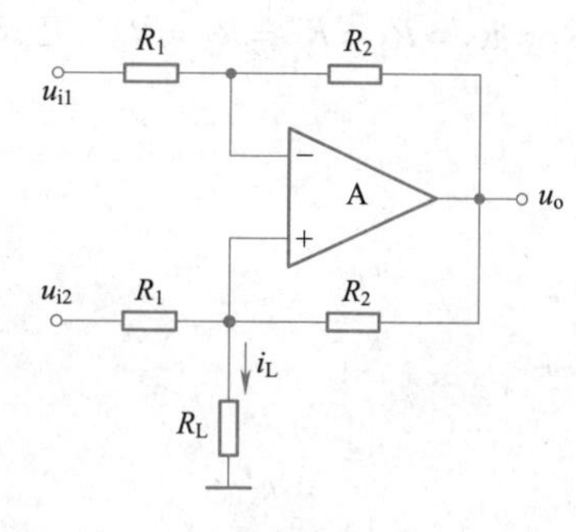

图题7.1.15

7.1.16 电路如图题7.1.16所示，设集成运放是理想的，试求u_{o1}、u_{o2}和u_o的值。

7.1.17 电路如图题7.1.17(a)所示，设集成运放是理想的。试求：

(1)u_o与u_{i1}、u_{i2}的运算关系式；

(2)若$R_1 = 10$ kΩ，$R_2 = 20$ kΩ，$C = 10$ μF，u_{i1}和u_{i2}的波形如图题7.1.8(b)所示，试画出u_o的波形。

7.1.18 电路如图题7.1.18所示，设集成运放A_1、A_2是理想的。试求：

(1)u_{o1}与u_{i1}、u_{i2}的关系式；

(2)输出电压u_o与u_{i1}、u_{i2}和u_{i3}的关系式；

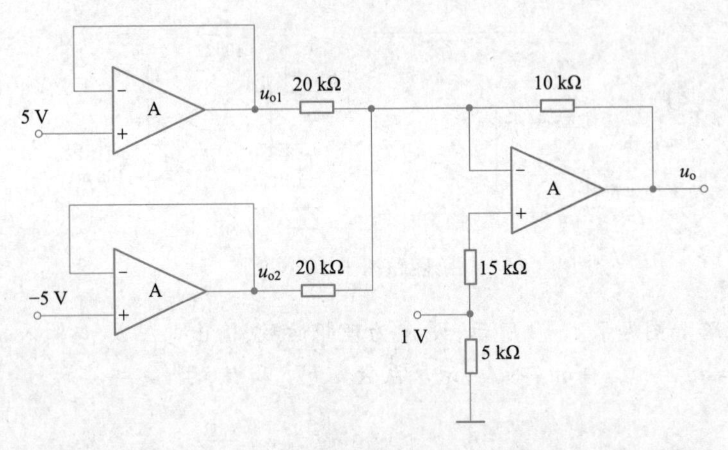

图题 7.1.16

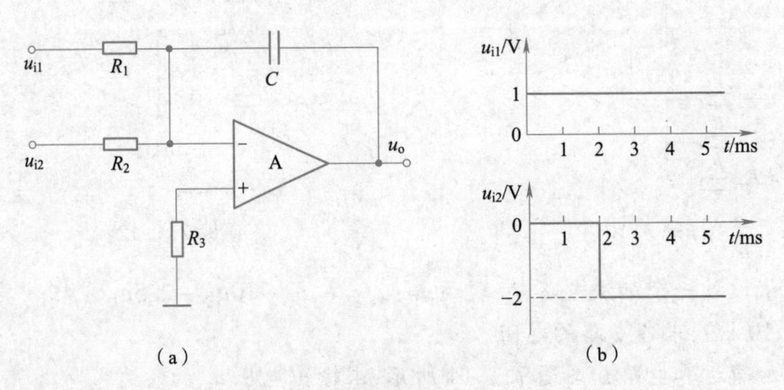

图题 7.1.17

(3) 当 $R_1=R_2=R_3=R_4=R_5=R_6=R$ 时，输出电压 u_o 的表达式。

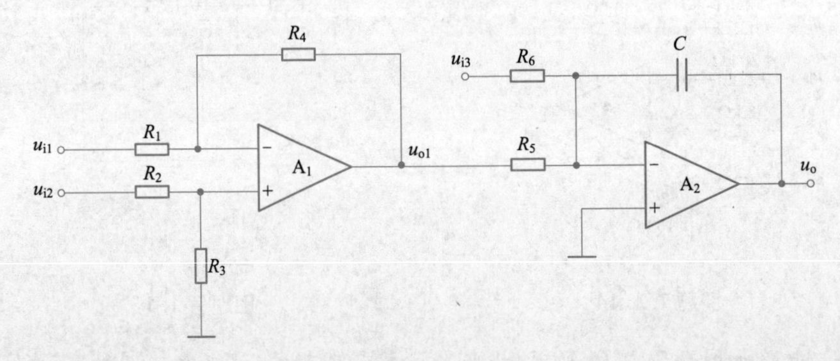

图题 7.1.18

7.1.19 差分式积分电路如图题 7.1.19 所示。设集成运放是理想的。试求：

(1) 当 $u_{i1}=0$ 时，u_o 与 u_{i2} 的关系式；

(2) 当 $u_{i2}=0$ 时，u_o 与 u_{i1} 的关系式；

(3) 当 u_{i1}、u_{i2} 同时加入时，u_o 与 u_{i1}、u_{i2} 的关系式。

7.1.20 在自动控制系统中，常采用如图题 7.1.20 所示的 PID 调节器，试分析输出电压 u_o 与输入电压 u_i 的运算关系。

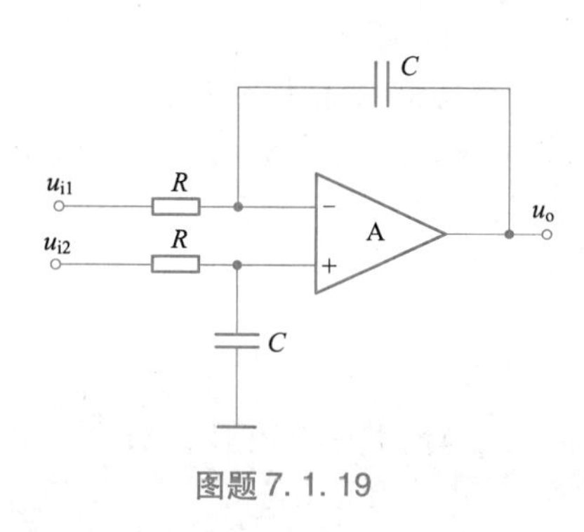

图题7.1.19

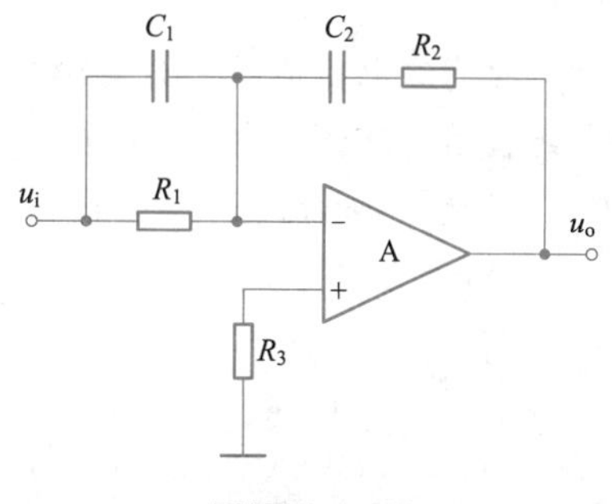

图题7.1.20

7.1.21 微分电路如图题7.1.21(a)所示,设集成运放是理想的。电路中 $R = 10\ \text{k}\Omega$,$C = 100\ \mu\text{F}$,输入电压 u_i 如图题7.1.21(b)所示,试画出输出电压 u_o 的波形,并标出其幅值。

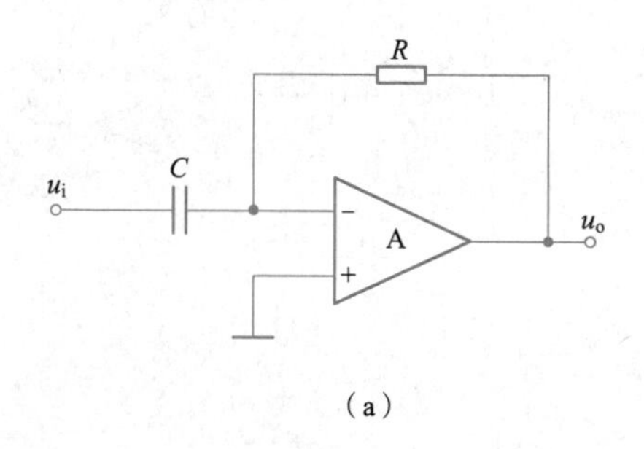

(a)

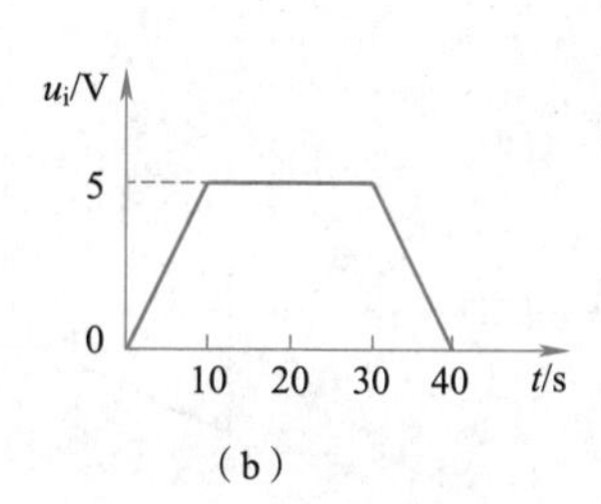

(b)

图题7.1.21

7.2 有源滤波电路

7.2.1 为了避免50 Hz电网电压的干扰进入放大器,应选用(　　)。

A. 低通滤波电路　　B. 高通滤波电路

C. 带通滤波电路　　D. 带阻滤波电路

7.2.2 已知输入信号的频率为1 kHz ~ 5 kHz,为了防止干扰信号的混入,应选用(　　)。

A. 低通滤波电路　　B. 高通滤波电路

C. 带通滤波电路　　D. 带阻滤波电路

7.2.3 为了获得输入电压中的低频信号,应选用(　　)。

A. 低通滤波电路　　B. 高通滤波电路

C. 带通滤波电路　　D. 带阻滤波电路

7.2.4 所用信号频率高于5 kHz,可选用(　　)。

A. 低通滤波电路　　B. 高通滤波电路

C. 带通滤波电路　　D. 带阻滤波电路

7.2.5 使电路输出电阻足够小,保证负载电阻变化时滤波特性不变,应选用________滤波电路。

7.2.6 按照信号性质分类,滤波电路分为________和________;按照通带和阻带的位置分布,滤波电路可分为________、________、________、________。

7.2.7 一阶滤波电路幅频特性的阻带以________/十倍频的速度衰减,二阶滤波电路幅频特性的阻带则以________/十倍频的速度衰减,阶数越________,阻带衰减速度越________,

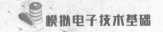

滤波性能越好。

7.2.8　有源滤波电路通常可分为哪几类？它们的理想幅频特性如何？

7.2.9　能否用低通滤波电路、高通滤波电路来组成带通滤波电路？组成的条件是什么？

7.2.10　一阶和二阶低通滤波电路有何特点？有何区别？

7.2.11　电路如图题 7.2.11 所示，设集成运放是理想的。试求：

(1) 电路的传递函数$\frac{u_o(s)}{u_i(s)}$；

(2) 若 $R_1=R_2=R, C_1=C_2=C, \omega_H=1/RC$，当 $\omega=\omega_H$ 时，电路具有什么功能？$\omega \gg \omega_H$，电路具有什么功能？$\omega \ll \omega_H$，电路具有什么功能？

7.2.12　电路如图题 7.2.12 所示，设集成运放是理想的，试写出输出电压 u_o 的表达式。

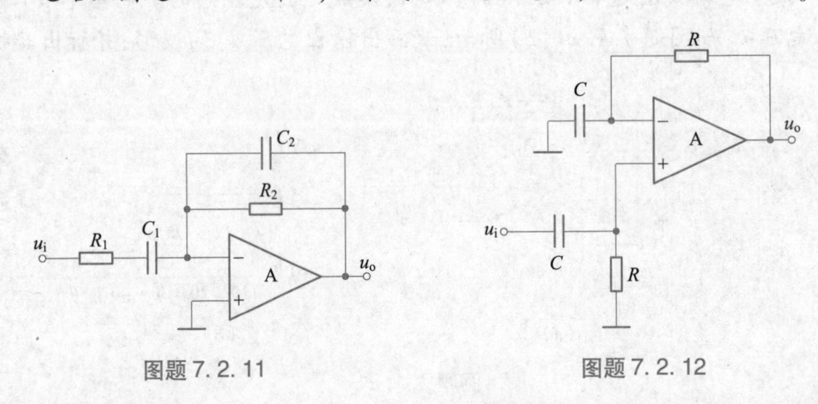

图题 7.2.11　　　　图题 7.2.12

7.2.13　电路如图题 7.2.13 所示，设集成运放是理想的，试推导各电路的传递函数。

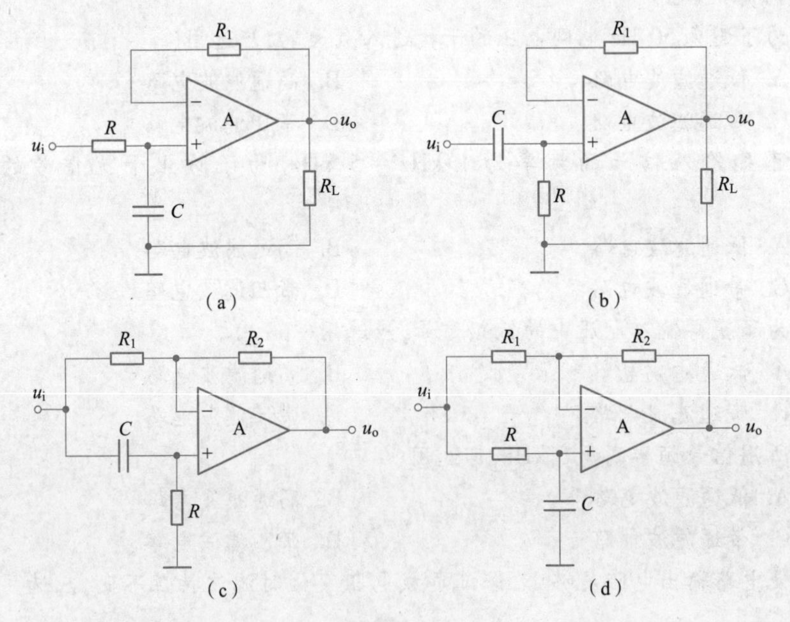

图题 7.2.13

7.2.14　电路如图题 7.2.14 所示，设集成运放 A_1、A_2 是理想的，试求：

(1) $A_1(s)=\frac{u_{o1}}{u_i}$；

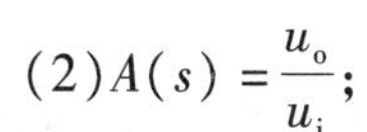

(2) $A(s)=\dfrac{u_o}{u_i}$;

(3)判断集成运放 A_1 和整个电路各组成什么样的滤波电路。

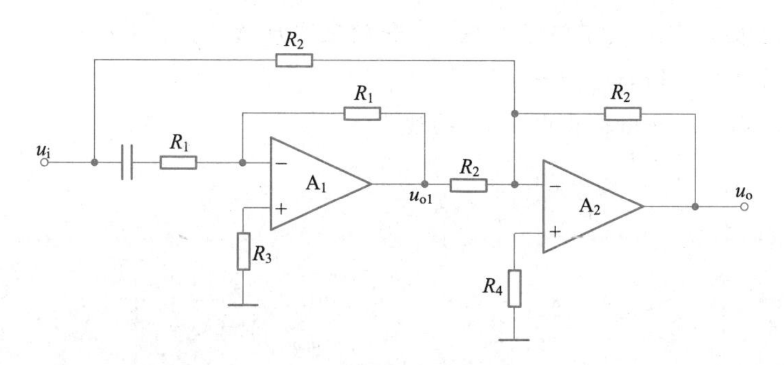

图题 7.2.14

7.2.15　电路如图题 7.2.15 所示,设集成运放是理想的,试推导电路的传递函数。

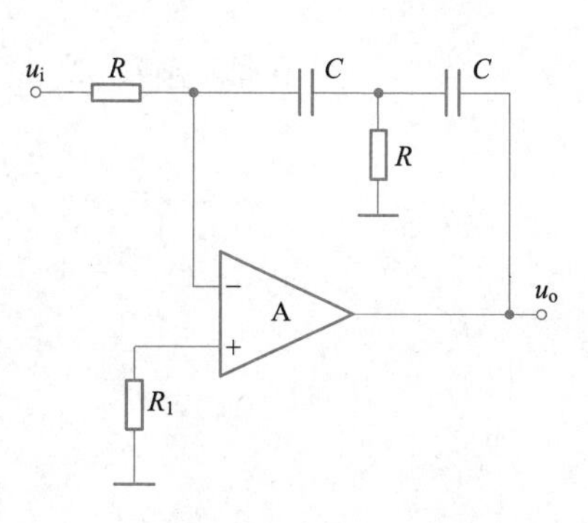

图题 7.2.15

7.3　电压比较器

7.3.1　比较器的输出信号有________和________两种状态。

7.3.2　电压比较器的外加输入电压和参考电压是否必须各自占据比较器的一个输入端?

7.3.3　如何限制电压比较器的输出电压?

7.3.4　迟滞比较器与单门限比较器的区别是什么?

7.3.5　迟滞比较器的传输特性为什么具有迟滞性?

7.3.6　电路如图题 7.3.6 所示,已知稳压管 D_Z 双向限幅值 $u_Z=\pm5$ V,试画出比较器的传输特性。

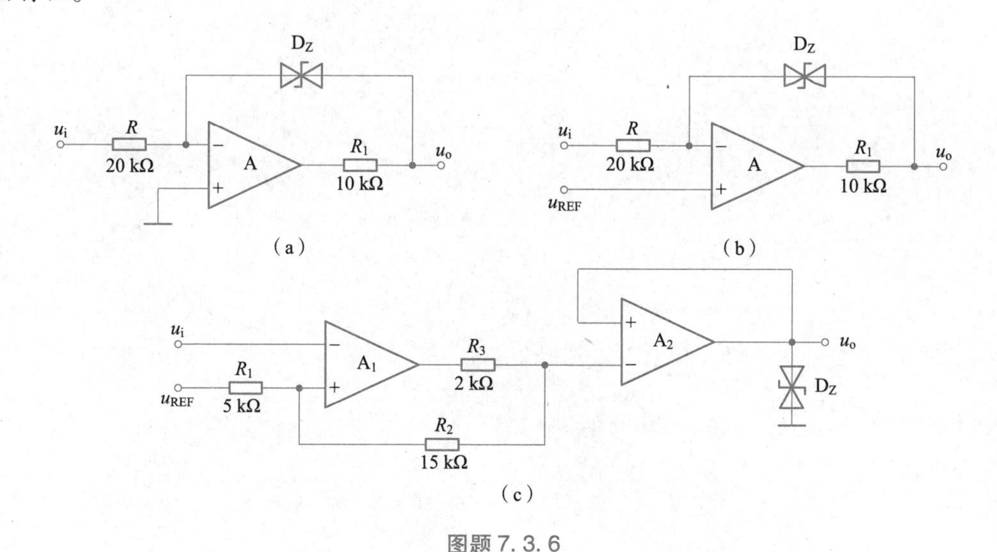

图题 7.3.6

7.3.7　电路如图题 7.3.7 所示,设集成运放是理想的,已知 $u_{REF}=-2$ V,稳压管 D_Z 双向

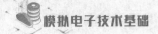

限幅值 $u_Z = \pm 8$ V。试求门限电压,并画出比较器的传输特性。

7.3.8　电路如图题 7.3.8 所示,设集成运放是理想的,已知 $u_{REF} = 3$ V,稳压管 D_Z 双向限幅值 $u_Z = \pm 9$ V。试求:

(1)电路上门限电压 u_{T+}、下门限电压 u_{T-} 和门限宽度 Δu_T;

(2)画出电路电压传输特性曲线;

(3)设 $u_i = 10\sin \omega t$,画出输出电压 u_o 的波形。

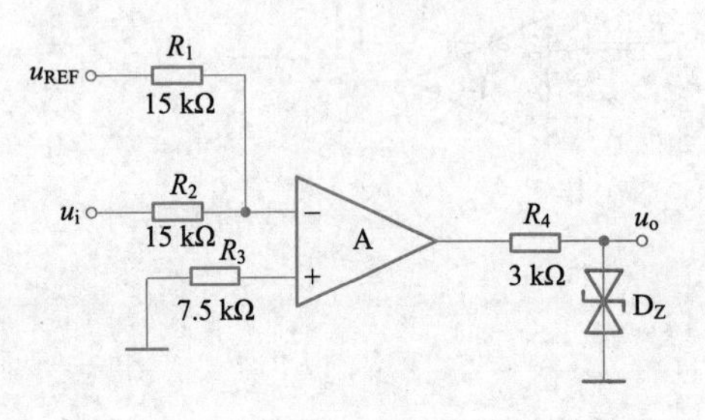

图题 7.3.7

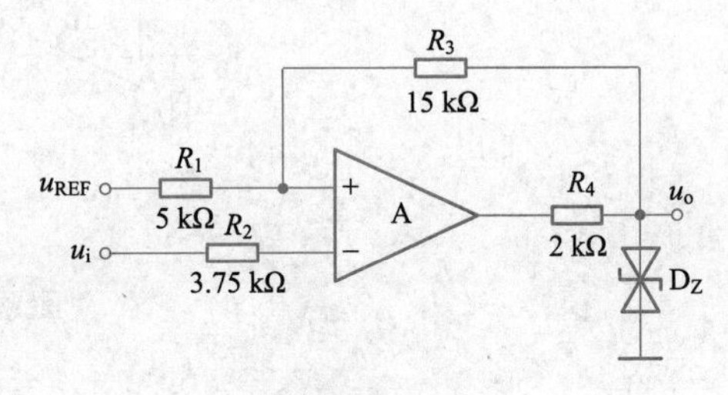

图题 7.3.8

第8章 功率放大电路

导读 >>>>>>

放大电路在负载上都同时存在输出电压、电流和功率,相应电路的称呼区别在于其输出量的不同,前面章节中所讨论的放大电路应用于放大电压和电流幅度,相应的电路称为电压放大电路或电流放大电路。本章主要讨论的内容是应用于向负载提供功率放大的电路,称之为功率放大电路,一般简称功放。实际应用到的功放设备,如扬声器、电动机线圈等,要求输出级不仅有较大幅度的信号(电压或电流),还必须有足够的信号功率输出。一般而言,功率放大电路主要由三部分构成:输入级、中间级和输出级,三者相互配合完成功率放大的任务。具体来说,输入级与信号源相连,要求其电阻大、噪声低、共模抑制能力强、阻抗匹配等;中间级主要完成放大任务,以输出足够大的电压;输出级主要向负载提供足够大的功率。

功率放大电路广泛应用于各种电子设备、音响设备、通信及自控系统中。

8.1 功率放大电路概述

8.1.1 功率放大电路的特点及主要技术要求

视频

功率放大电路及其主要参数

从能量控制的观点来看,功率放大电路和前面章节介绍的电压放大电路并没有本质上的区别。但是,从完成任务的角度和对电路的要求来看,它们之间又有着很大的差别。低频电压是在小信号状态下工作,动态工作点摆动范围小,非线性失真小,因此可用微变等效电路法分析和计算电压放大倍数、输入电阻和输出电阻等性能指标,一般不考虑输出功率。而功率放大电路是在大信号情况下工作,具有动态工作范围大的特点,主要要求获得一定的不失真(或失真较小)的输出功率,因此功率放大电路包含着一系列在电压放大电路中没有出现的特殊问题。

功率放大电路的主要技术要求包括以下四点:

(1)要求输出功率尽可能大。如果输入信号是某一频率的正弦信号,则输出功率 P_{om} 的表达式为

$$P_{om}=I_oU_o \tag{8.1.1}$$

式中，I_o、U_o 均为有效值。如果用振幅表示，$I_o = I_{om}/\sqrt{2}$，$U_o = U_{om}/\sqrt{2}$，代入式(8.1.1)中，可得

$$P_{om} = \frac{1}{2} I_{om} U_{om} \tag{8.1.2}$$

式中，I_{om}、U_{om}是负载上的正弦信号的电流和电压幅值。

为了获得较大的功率输出，要求功率管的电压和电流都有较大的输出幅度，因此器件往往要求工作在接近“极限运用”的状态。

(2)效率足够高。由于输出功率大，因此直流电源消耗的功率也大，这就存在一定的效率问题。所谓效率，就是负载得到的有用信号功率 P_{om} 和电源供给的直流功率 P_E 的比值。为定量反应放大电路效率的大小，引入参数 η，其定义为

$$\eta = \frac{P_{om}}{P_E} \tag{8.1.3}$$

(3)非线性失真较小。功率放大电路通常在大信号下工作，不可避免地会产生非线性失真，而且同一功率管输出功率越大，非线性失真往往越严重。技术上，根据应用场合的需求，对非线性失真做不同的要求。例如，在测量系统和电声设备中，这个问题就很重要；而在工业控制系统等场合中，则以输出功率为主要目的，对非线性失真的要求就降为次要问题了。功率放大电路在大信号下工作，电流和电压的波动幅值都很大，很容易超出功率管特性的线性范围，产生非线性失真。通常情况下，输出功率越大，非线性失真就越严重。

(4)功率器件的散热问题。在 BJT 功率放大电路中，有相当的功率消耗在功率管的集电结上，使集电结升温和管壳温度升高。为了充分利用允许的管耗而使功率管输出足够大的功率，放大器的散热就成为一个重要的问题。此外，在功率放大电路中，为了输出较大的信号功率，器件承受的电压要高，通过的电流要大，功率管的损坏与保护问题也不容忽视。

由于功率放大电路特有的特征，需要考虑直流和交流对功率管工作状态的影响，且功率管所承受的电压高、电流大、温度较高，因而功率管的保护问题和散热问题也需要解决。一般而言，功率放大电路工作在大信号状态下，微变等效电路已不适用，故功率放大电路的分析一般只能采用图解法。

功率放大电路的分类

8.1.2 功率放大电路的分类

功率放大电路的分类可以按照放大电路工作状态和功能进行分类。本书对功率放大电路的分类主要采用前者。

1. 按工作状态分类

(1)甲类放大器。其工作原理是输出器件 BJT 始终工作在传输特性曲线的线性部分，在输入信号的整个周期内输出器件始终有电流流动，这种放大器失真小。但是其存在一定的缺点，如效率低(大约在50%)、功率损耗较大。这类放大器一般只应用于家庭的高档机。

(2)乙类放大器。这类放大器是两只 BJT 交替工作，每只 BJT 在信号的半个周期内工作，另外半个周期截止。该类放大器效率较高，一般能达到78%。但其缺点是容易产生交越失真(两只 BJT 分别导通时发生的失真)。

(3)甲乙类放大器。该放大器兼有甲类放大器的音质好和乙类放大器效率高的优点，被广泛应用于家庭、汽车、专业音响系统中。

2. 按功能分类

(1)前级放大器。相对于后级功放而言,主要对信号源输出过来的信号进行必要的处理和电压放大后输出到后级放大器。

(2)后级放大器。不失真放大前级输送过来的信号,以强劲的功率驱动扬声器系统。除放大电路外,还设计有各种保护电路,如过电压、过热、短路保护、过电流等。前级放大器和后级放大器一般只在家庭或专业设备中采用。

(3)合并式放大器。将前级放大器和后级放大器合并为一台功放,兼有两者的功能,通常所说的功放都是合并式的,应用范围也比较广泛。

8.1.3　功率放大电路的交越失真

工作在乙类的双电源互补对称电路如图 8.1.1 所示。图 8.1.1(a)中功率管 VT_1 和 VT_2 分别是 NPN 型管和 PNP 型管,两管的基极和发射极相互连接在一起,信号从基极输入,从发射极输出,其中 R_L 为负载。由图 8.1.1(a)可以看出,电路没有基极偏置,所以 $u_{BE1}=u_{BE2}=u_i$。其中当 $u_i=0$ 时,VT_1 和 VT_2 均处于截止状态。此时,该电路是由两个射极输出器合成的功放电路,也是基本的乙类功率放大电路。

考虑到 BJT 发射结处于正向偏置时才导通,因此当信号处于正半周时,$u_{BE1}=u_{BE2}>0.6$ V(阈值电压,NPN 型硅管约为 0.6 V),VT_2 截止,VT_1 承担放大任务,有电流流过负载 R_L,而当信号处于负半周期时,$u_{BE1}=u_{BE2}<-0.6$ V,则 VT_1 截止,VT_2 承担放大任务,仍有电流流过负载 R_L。若 u_{BE1}、u_{BE2} 电压处于 $-0.6\sim+0.6$ V 之间时,VT_1 和 VT_2 均处于截止状态,没有电流流过负载 R_L,出现一段死区,如图 8.1.1(b)所示,这种现象称为交越失真。

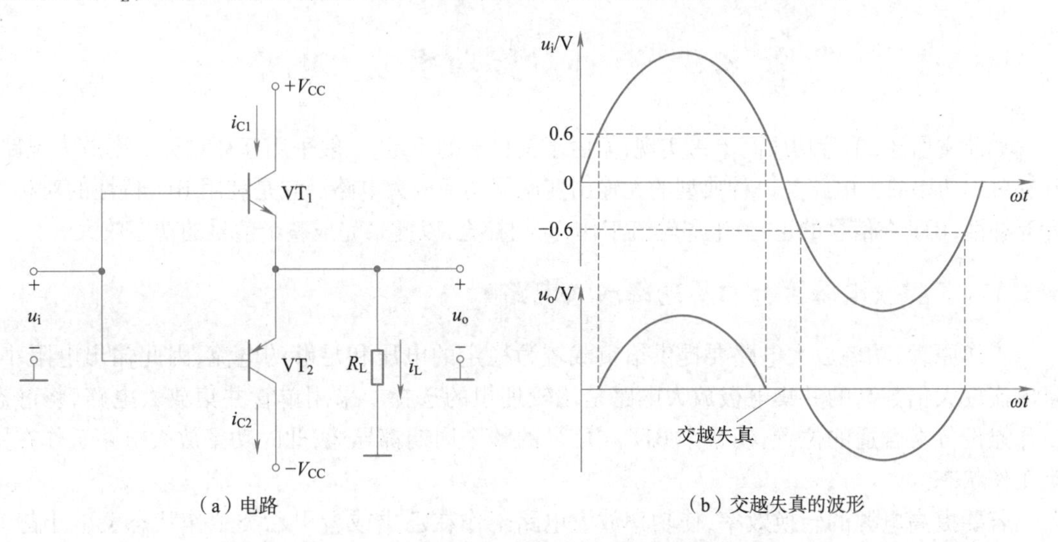

图 8.1.1　工作在乙类的双电源互补对称电路

8.2　甲类功率放大电路实例

由前面的章节可知,射极输出器的电压增益近似为 1,电流增益却很大,所以可获得较大的功率增益。同时,由于射极输出器输出电阻较小的突出优点,负载能力强,因此常用作集成放大器的输出级。

单管甲类功率放大电路虽然简单，只需要一个功率管便可工作，但由于它的效率低，为保证功率管在信号全周期内均导通，因此静态工作点较高，具有较大的直流工作电流 I_{CQ}，电源供给的功率较大，造成效率低。而且为了实现阻抗匹配，需要采用变压器，而变压器具有体积大、质量大、频率特性差、耗费金属材料、加工制造麻烦等缺点，因而目前一般不采用单管功率放大器。下面简单介绍甲类功率放大电路结构和工作原理。

作为负载的射极输出器，其简化电路如图 8.1.2 所示，采用电流源为射极偏置源，假设输入信号 u_i 为正弦波，且 VT_1 工作在放大区域，下面详细探讨其工作原理。

根据假设可知射极输出器的基极电压近似为 0.6 V，因此输出电压与输入电压之间的关系表示如下：

$$u_o \approx u_i - 0.6 \tag{8.2.1}$$

当输入信号在正半周，VT_1 进入临界饱和时，正向振幅达到最大值。设 VT_1 的饱和管压降为 U_{CES}，大小约为 0.2 V，则得到

$$U_{om+} \approx u_i - 0.2 \tag{8.2.2}$$

当输入信号在负半周，功率管基极的电压 u_{BE} 将减小，如输入信号振幅太大，将出现 VT_1 工作在截止区，u_o 出现削波。在临界截止时，由于集电极和发射极的电流都为 0，即 $i_C \approx i_E = 0$，输出电流和输出电压的振幅分别为

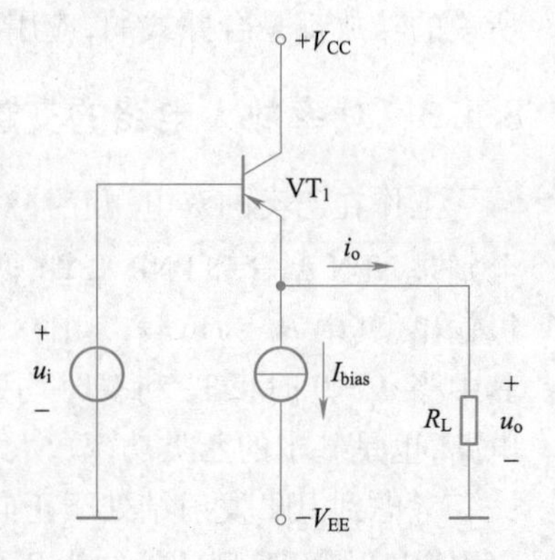

图 8.1.2 射极输出器简化电路

$$I_{om-} = |-I_{bias}| \tag{8.2.3}$$

$$V_{om-} = |-I_{bias} R_L| \tag{8.2.4}$$

8.3 互补对称功率放大电路

如前文所述，单管功放简单易实现，但由于其自身的不足，一般采用互补对称功率放大电路。互补对称功率放大电路是一种典型的无输出变压器功率放大电路。它是利用 BJT 特性的对称性和互补性，BJT 在信号的正、负半周轮流工作，互相补充，以此来完成整个信号的功率放大。

8.3.1 乙类双电源互补对称功率放大电路

工作原理：功率放大电路要提供给负载较为稳定的电压和足够的电流，因此输出电阻小，且电流放大倍数高的共集电极放大电路是比较理想的选择。采用单管共集放大电路，将静态工作点设置在合适的位置，使整个 BJT 在信号的整个周期都导通，此时功率放大电路工作在甲类工作状态。

若要提高电源的转换效率，使功率放大电路工作在乙类或者甲乙类工作状态会减小静态功耗，但输出会出现严重的波形失真。为了解决失真的问题，需要采用两个共集放大电路形成互补结构。互补对称功率放大电路有两种形式：一种是通过电容与负载相连，无输出变压器的互补对称功率放大电路，又称 OTL(output transformerless)电路；另一种是无须耦合电容的直接耦合互补对称功率放大电路，称为 OCL(output capacitorless)电路，其在集成电路中应用广泛，基本原理电路如图 8.3.1 所示。

乙类工作状态的放大电路，其特点是管耗小、效率高，但也有明显的不足，如只是在半个信号周期内导通，只存在半个周期的波形，存在严重的失真现象。采用乙类互补对称功率放大电

路就是将一对 NPN 和 PNP 型 BJT，如 VT_1 和 VT_2 的基极和发射极互相连接在一起，使之都工作在乙类工作状态，一个在正半周工作，一个在负半周工作，这两个输出波形都能加到负载上，从而在负载上得到完整的波形，其中两个 BJT 的参数和特性完全相同，负载 R_L 接在两管的发射极，电路采用对称的正、负双电源供电，电路如图 8.3.1 所示。

电路可以看成是由图 8.3.1(b)、(c)两射集输出器组合而成。当输入信号在正半周时，PNP 型 BJT(VT_2)发射结反偏截止，NPN 型 BJT(VT_1)发射结正偏导通，有电流由上到下通过负载 R_L，负载 R_L 获得正半周期信号波形；当输入信号在负半周时，NPN 型 BJT(VT_1)发射结反偏截止，PNP 型 BJT(VT_2)发射结正偏导通，也有电流由上到下通过负载 R_L，负载 R_L 获得负半周信号波形。于是，两个 BJT 分别在正半周和负半周轮流导通，组成推挽式电路，在负载 R_L 上将正、负半周合成在一起，得到一个完整的正弦信号波形，如图 8.3.1(a)所示。

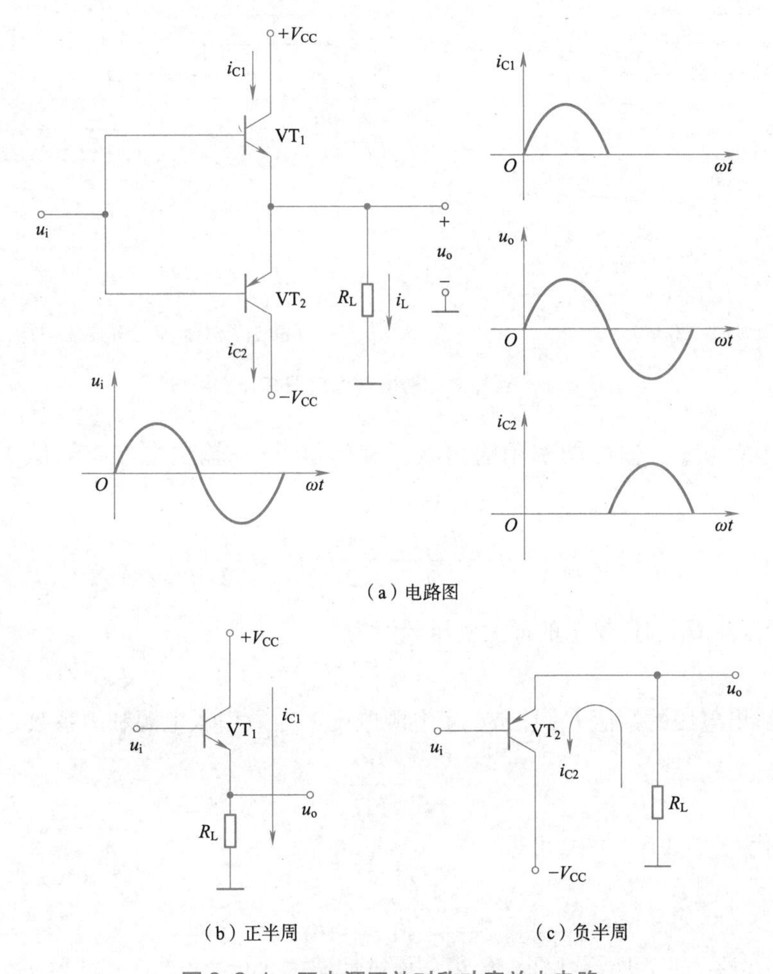

图 8.3.1　双电源互补对称功率放大电路

电路中两个 BJT 都是从基极输入信号，发射极输出信号，均为共集组态放大电路。互补对称放大电路的输出端不接耦合电容而与负载直接相连，该电路又称 OCL 互补对称功率放大电路。由于两个 BJT 都工作在乙类状态，因此降低了 BJT 的静态功耗，提高了效率，两个 BJT 结合的工作方式，克服了单个 BJT 处于乙类的工作点的不足，工作性能对称，所以这种电路通常称为乙类互补对称功率放大电路。

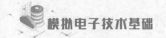

1. 相关指标计算

双电源互补对称功率放大电路工作图解分析如图 8.3.2 所示。其中,图 8.3.2(a)为 VT_1 导通时的工作情况,图 8.3.2(b)是将 VT_2 的导通特性倒置后与 VT_1 特性曲线画在一起,让静态工作点 Q 重合,形成两管合成曲线。图 8.3.2(b)中交流负载线为一条通过静态工作点、斜率为 $-1/R_L$ 的直线 AB。由图上可以看出,输出电流、输出电压的最大允许范围为 $2I_{cm}$ 和 $2U_{cem}$,I_{cm} 和 U_{cem} 分别为集电极正弦电流和电压的振幅值。下面进行详细的指标计算:

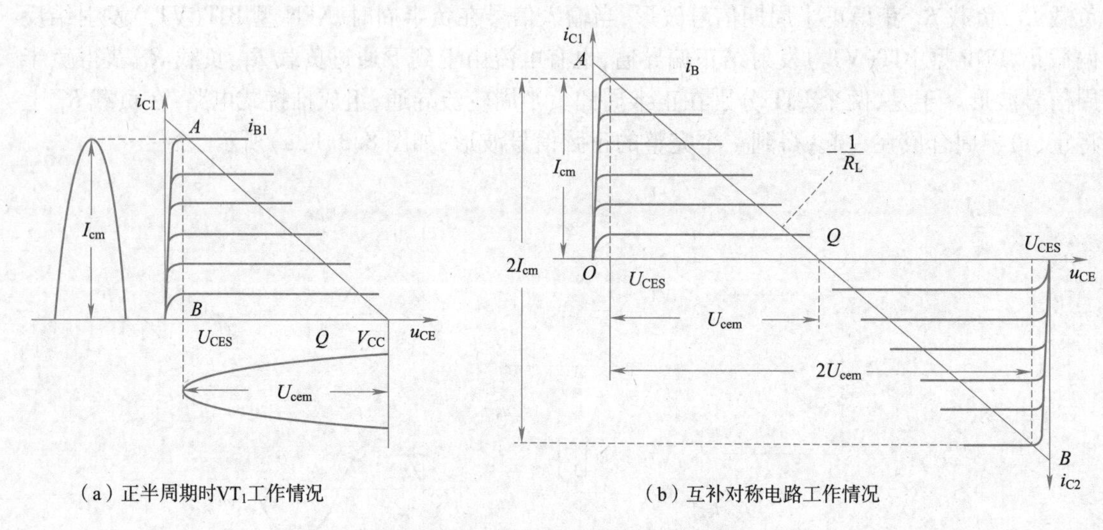

(a)正半周期时 VT_1 工作情况　　(b)互补对称电路工作情况

图 8.3.2　互补对称功率放大电路工作图解分析

(1)输出功率 P_{om}。输出功率用输出电压有效值 U_o 和输出电流有效值 I_o 的乘积来表示,即

$$P_{om}=U_oI_o=\frac{U_{om}}{\sqrt{2}}\frac{I_{om}}{\sqrt{2}}=\frac{1}{2}I_{om}U_{om}=\frac{1}{2}\frac{U_{om}^2}{R_L} \tag{8.3.1}$$

当考虑饱和管压降 U_{CES} 时,输出的最大电压幅值为

$$U_{om}=V_{CC}-U_{CES} \tag{8.3.2}$$

一般情况下,输出电压的幅值 U_{om} 总是小于电源电压 V_{CC},故引入电源利用系数 ξ,则得到

$$\xi=\frac{U_{om}}{V_{CC}} \tag{8.3.3}$$

将式(8.3.3)代入式(8.3.1)中,可得

$$P_{om}=\frac{1}{2}\frac{U_{om}^2}{R_L}=\frac{1}{2}\frac{\xi^2}{R_L}V_{CC}^2 \tag{8.3.4}$$

当忽略饱和管压降 U_{CES}(即 $\xi=1$)时,输出功率可按照下式估算

$$P_{om}=\frac{1}{2}\frac{U_{om}^2}{R_L}=\frac{1}{2}\frac{V_{CC}^2}{R_L} \tag{8.3.5}$$

输出功率 P_{om} 与 ξ 关系曲线如图 8.3.3 所示。

(2)效率 η。假设输入信号为正弦波,$u_o=U_{om}\sin\omega t$,则电源提供的电流 $i_o=u_o/R_L$,该电流是变化量,工作在乙类互补对称功率放大电路中,每个 BJT 集电极电流的波形均为半个周期的正弦波,如图 8.3.4 所示,则任一 BJT 集电极电流的平均值为

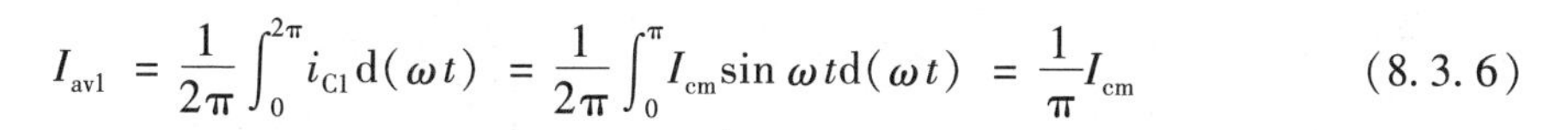

$$I_{\mathrm{av1}}=\frac{1}{2\pi}\int_{0}^{2\pi}i_{\mathrm{C1}}\mathrm{d}(\omega t)=\frac{1}{2\pi}\int_{0}^{\pi}I_{\mathrm{cm}}\sin\omega t\mathrm{d}(\omega t)=\frac{1}{\pi}I_{\mathrm{cm}}\tag{8.3.6}$$

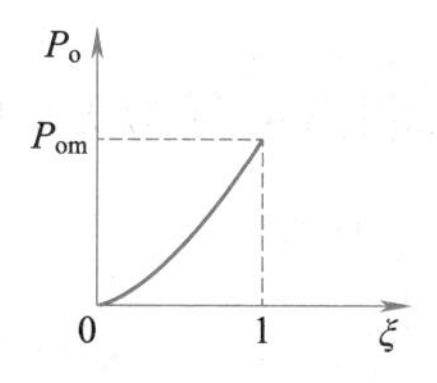

图 8.3.3　输出功率 P_O 与 ξ 关系曲线

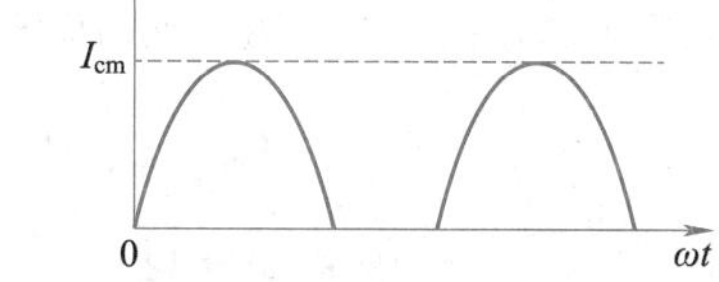

图 8.3.4　集电极电流 i_C 的波形

因此，电源提供的功率也是变化量，求解电源提供的功率可以求其平均值。此外，$+V_{CC}$ 和 $-V_{CC}$ 只工作在半个周期，考虑到互补对称电路中有正、负两组直流电源，故直流电源提供的总功率 P_E 等于 $+V_{CC}$ 提供功率 P_{D1} 的 2 倍。

$$P_{\mathrm{E}}=2P_{\mathrm{D1}}=2I_{\mathrm{av1}}V_{\mathrm{CC}}=\frac{2}{\pi}I_{\mathrm{cm}}V_{\mathrm{CC}}=\frac{2}{\pi}\frac{U_{\mathrm{om}}}{R_{\mathrm{L}}}V_{\mathrm{CC}}\tag{8.3.7}$$

将 ξ 值代入上式，得到

$$P_{\mathrm{E}}=2P_{\mathrm{E1}}=\frac{2\xi V_{\mathrm{CC}}^{2}}{\pi R_{\mathrm{L}}}\tag{8.3.8}$$

式中，ξ 的值由式(8.3.3)确定。

由式(8.3.8)可知，直流电源提供的功率 P_E 与电源利用系数成正比。静态时，$U_{om}=0$，$\xi=0$，故 $P_E=0$。而当 $\xi=1$ 时，P_E 也达到最大。此时，P_E 与 ξ 的关系曲线如图 8.3.5 所示。

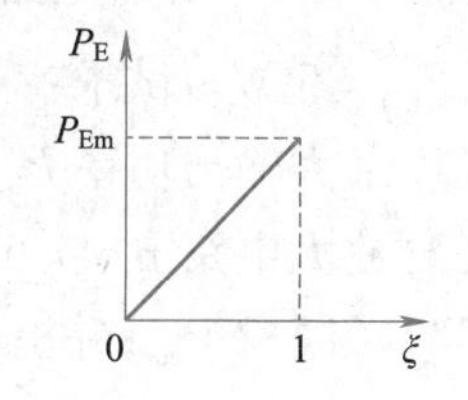

图 8.3.5　P_E 与 ξ 的关系

将式(8.3.4)、式(8.3.8)代入式(8.3.3)中，根据效率 η 的表达式，可得

$$\eta=\frac{P_{\mathrm{om}}}{P_{\mathrm{E}}}=\frac{\frac{1}{2}\frac{\xi^{2}}{R_{\mathrm{L}}}V_{\mathrm{CC}}^{2}}{\frac{2\xi V_{\mathrm{CC}}^{2}}{\pi R_{\mathrm{L}}}}=\frac{\pi}{4}\frac{U_{\mathrm{om}}}{V_{\mathrm{CC}}}=\frac{\pi}{4}\xi\tag{8.3.9}$$

当 $\xi=1$ 时，效率达到最大，即

$$\eta_{\max}=\frac{\pi}{4}\approx 78.5\%\tag{8.3.10}$$

(3)集电极功率损耗 P_T。功率管损耗计算：从前面分析可知，直流电源供给的功率大部分转换为输出功率 P_o，其余部分主要损耗在功率管上，VT_1、VT_2 的总损耗为

$$P_{\mathrm{T}}=P_{\mathrm{E}}-P_{\mathrm{om}}=\frac{2V_{\mathrm{CC}}U_{\mathrm{om}}}{\pi R_{\mathrm{L}}}-\frac{U_{\mathrm{om}}^{2}}{2R_{\mathrm{L}}}\tag{8.3.11}$$

由式(8.3.11)可以看出，管耗和输出电压幅值呈非线性关系。为了求出最大管耗 P_{Tm}，对式(8.3.11)进行求导，并令导数 $\mathrm{d}P_T/\mathrm{d}U_{om}=0$，即

$$\frac{\mathrm{d}P_{\mathrm{T}}}{\mathrm{d}U_{\mathrm{om}}}=2\frac{V_{\mathrm{CC}}}{\pi R_{\mathrm{L}}}-\frac{U_{\mathrm{om}}}{R_{\mathrm{L}}}=0\tag{8.3.12}$$

解得

$$U_{\mathrm{om}}=\frac{2V_{\mathrm{CC}}}{\pi}\tag{8.3.13}$$

式(8.3.13)表明，当 $U_{om}=\frac{2V_{CC}}{\pi}$ 时，P_T 达到最大值 P_{Tm}。将式(8.3.13)代入式(8.3.11)，求得

最大管耗为

$$P_{\mathrm{Tm}}=\frac{2V_{\mathrm{CC}}}{\pi^2 R_{\mathrm{L}}} \tag{8.3.14}$$

考虑到最大输出功率 $P_{\mathrm{om}}=V_{\mathrm{CC}}^2/2R_{\mathrm{L}}$，则每管的最大管耗和电路的最大输出功率具有如下关系：

$$P_{\mathrm{Tm1}}=P_{\mathrm{Tm2}}=\frac{1}{2}P_{\mathrm{Tm}}=\frac{2V_{\mathrm{CC}}}{\pi^2 R_{\mathrm{L}}}=\frac{2}{\pi^2}P_{\mathrm{om}}\approx 0.2P_{\mathrm{om}} \tag{8.3.15}$$

视频

甲乙类放大电路及功率BJT的选择

2. 功率管的选择

在功放电路中，为了确保功率管的安全工作，互补对称功率放大电路中功率管极限参数的选择必须满足下列三个条件：

(1) $P_{\mathrm{CM}}\geqslant 0.2P_{\mathrm{om}}$，即每只功率管最大允许管耗 P_{CM} 必须大于或等于 $0.2P_{\mathrm{om}}$。

(2) 考虑到当 $\mathrm{VT_2}$ 导通时，$-u_{\mathrm{CE2}}\approx 0$，此时 u_{CE1} 具有最大值，且等于 $2V_{\mathrm{CC}}$。因此，应选用 $\left|U_{(\mathrm{BR})\mathrm{CEO}}\right|\geqslant 2V_{\mathrm{CC}}$ 的功率管，即当 $\mathrm{VT_1}$ 接近饱和时，$\mathrm{VT_2}$ 截止，截止管承受的反向电压接近 $2V_{\mathrm{CC}}$。

(3) 通过功率管的最大集电极电流为 $V_{\mathrm{CC}}/R_{\mathrm{L}}$，所选功率管的 I_{CM} 不宜低于此值。特别需要强调的是：在选择功率管时，其极限参数应留有一定的余量，并严格按照手册要求安装散热片。

例 8.3.1 功放电路中，$V_{\mathrm{CC}}=12\ \mathrm{V}$，$R_{\mathrm{L}}=8\ \Omega$，功率管的极限参数 $I_{\mathrm{CM}}=2\ \mathrm{A}$，$\left|U_{(\mathrm{BR})\mathrm{CEO}}\right|=30\ \mathrm{V}$，$P_{\mathrm{CM}}=5\ \mathrm{W}$。试求：

(1) 最大输出功率 P_{o}，并检验所给功率是否能安全工作；

(2) 放大电路 $\eta=0.6$ 时的输出功率 P_{om}。

解 (1) 求 P_{om}，并检验功率管的安全工作情况：

由 $P_{\mathrm{om}}=U_{\mathrm{o}}I_{\mathrm{o}}=\frac{U_{\mathrm{om}}}{\sqrt{2}}\frac{I_{\mathrm{om}}}{\sqrt{2}}=\frac{1}{2}I_{\mathrm{om}}U_{\mathrm{om}}=\frac{1}{2}\frac{U_{\mathrm{om}}^2}{R_{\mathrm{L}}}$ 可以求得

$$P_{\mathrm{om}}=\frac{1}{2}\frac{V_{\mathrm{CC}}^2}{R_{\mathrm{L}}}=\frac{(12\ \mathrm{V})^2}{2\times 8\ \Omega}=9\ \mathrm{W}$$

通过 BJT 的最大集电极电流、BJT c、e 极间的最大压降和它的最大管耗分别为

$$i_{\mathrm{Cm}}=\frac{V_{\mathrm{CC}}}{R_{\mathrm{L}}}=\frac{12\ \mathrm{V}}{8\ \Omega}=1.5\ \mathrm{A}$$

$$u_{\mathrm{CEm}}=2V_{\mathrm{CC}}=24\ \mathrm{V}$$

$$P_{\mathrm{C}}\approx 0.2P_{\mathrm{om}}=0.2\times 9\ \mathrm{W}=1.8\ \mathrm{W}$$

根据计算结果可知，i_{Cm}、u_{CEm}、P_{C} 均小于极限参数 I_{CM}、$U_{(\mathrm{BR})\mathrm{CEO}}$、$P_{\mathrm{CM}}$，故功率管能安全工作。

(2) 求 $\eta=0.6$ 时的 P_{o} 值。

由 $\eta=\frac{P_{\mathrm{o}}}{P_{\mathrm{E}}}=\frac{\pi}{4}\frac{U_{\mathrm{om}}}{V_{\mathrm{CC}}}$ 可求得

$$U_{\mathrm{om}}=\eta\frac{4V_{\mathrm{CC}}}{\pi}=\frac{0.6\times 4\times 12\ \mathrm{V}}{\pi}=9.2\ \mathrm{V}$$

将 U_{om} 代入式(8.3.1)

$$P_{\mathrm{o}}=\frac{1}{2}\frac{U_{\mathrm{om}}^2}{R_{\mathrm{L}}}=\frac{1}{2}\times\frac{(9.2\ \mathrm{V})^2}{8\ \Omega}=5.3\ \mathrm{W}$$

8.3.2 甲乙类互补对称功率放大电路

(1)甲乙类双电源互补对称功率放大电路。前面讨论了乙类互补对称功率放大电路的工作情况,目前,功率放大电路普遍应用的是甲乙类互补对称功率放大电路,此类电路按照电源供给的不同,分为双电源互补对称功率放大电路和单电源互补对称功率放大电路。

实际上,由于BJT处于零偏置状态,在输入信号$|u_i|$低于功率管的阈值电压U_{th}时,两只功率管均不能导通。当输入信号低于这个数值时,VT_1和VT_2都会出现截止现象,即i_{C1}和i_{C2}基本为零,负载R_L上没有电流通过,出现一段死区,即交越失真。为了避免出现交越失真现象,可在两个互补管的基极之间接入某些电路元件,利用元件上的直流压降给两个互补管一个较低的直流偏置,使其静态时处于微导通状态,促使u_i过零后VT_1或VT_2立即导通,从而消除交越失真。由于静态时,BJT中电流不为0,故功率管工作在甲乙类状态。常用的偏置方式如图8.3.6所示,下面详细介绍这个基本电路及其工作原理。

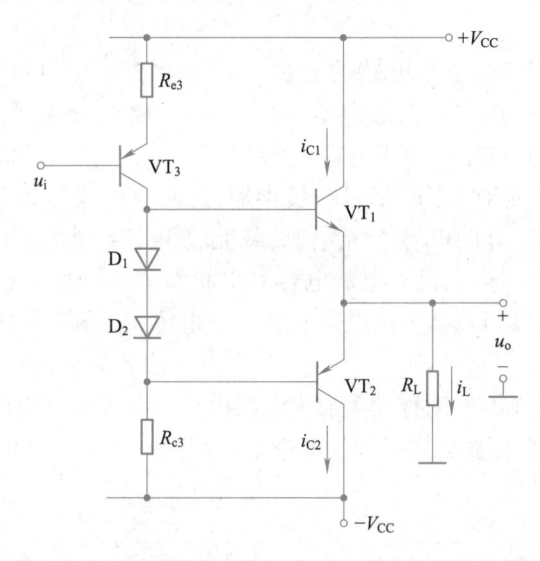

图8.3.6 二极管进行偏置的互补对称功率放大电路

静态时,D_1、D_2和R_{e3}、R_{c3}构成的支路导通,由于$R_{e3}=R_{c3}$,D_1、D_2为同类型二极管,故$U_B=0$,$U_{B1}=U_{D(on)}$,$U_{B2}=U_{D(on)}$;BJT为互补对管,因此$U_{CE1}=-U_{CE2}=V_{CC}$,$U_E=0\ V$;这样$U_{BE1}=U_{D(on)}$,$U_{BE2}=-U_{D(on)}$,BJT发射结处于微弱导通状态,从而消除了交越失真。此外,R_{e3}与R_{c3}一方面与二极管构成回路使二极管导通,从而为BJT提供合适的偏置,另一方面起到限流作用,防止二极管电流过大被损坏。通过适当调整R_{e3}与R_{c3}可以使输出电路上下两部分达到对称,静态时$i_{C1}=i_{C2}$,负载R_L上没有电流通过,即$u_o=0$。而有信号时,由于电路工作在甲乙类,即使输入信号u_i很小,也可以产生相应的输出u_o。另外,要注意的是,D_1和D_2采用恒压降模型时,VT_1和VT_2两管基极的交流信号电压完全相同,基本上实现线性放大。

由于工作在甲乙类功率放大电路中BJT处于微弱导通状态,BJT的静态电流很小,而电路的输出电压、输出电流均较大,故BJT的静态电流可忽略不计,这样可以采用前面推导乙类功率放大电路的有关公式估算甲乙类功率放大电路的相关参数。

采用上述偏置电路存在一定的缺点:VT_1和VT_2两管两基极间的静态偏置电压不易调整。

为了提高功率放大电路的性能，通常采用结构不同的甲乙类功率放大电路。图 8.3.7 所示电路中，流入的基极电流远小于流过 R_1 和 R_2 的电流，根据电路工作原理可以得到 $U_{CE4}=U_{BE4}(R_1+R_2)/R_2$，利用 VT_4 管的 U_{BE4}（基本为固定值，如硅管为0.6~0.7 V），通过调整 R_1 和 R_2 的比值，就可以改变偏压值。

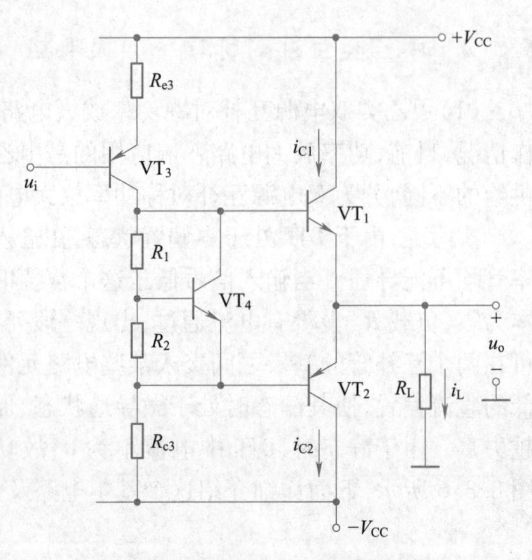

图 8.3.7　利用 U_{BE} 扩大电路进行偏置的互补对称功率放大电路

(2) 甲乙类单电源互补对称功率放大电路。在二极管进行偏置的互补对称功率放大电路的基础上，使 $-V_{CC}$ 的值等于零，并在输出端与负载间接入大电容 C，就得到如图 8.3.8 所示的电路。

工作原理：

(1) 当输入信号为零时，由于电路的对称结构能得到 $i_{C1}=i_{C2}$，负载端的电流也为零，此时输出端 $u_o=0$，使得 K 点的电位等于电容两端的电压 $U_K=U_C\approx V_{CC}/2$。

(2) 当输入信号不为零时，且 u_i 信号在负半周，此时 VT_3 集电极输出电压为正半周，VT_1 导通，有电流流过负载 R_L，并向电容 C 充电，负载上获得正半周信号；信号在正半周时，此时 VT_3 集电极为负半周，VT_2 导通，已充电的电容 C 向负载 R_L 放电，负载上得到负半周的信号。通过调节时间常数 R_LC，就可以认为用电容 C 和一个电源 V_{CC} 替代原来 $+V_{CC}$ 和 $-V_{CC}$ 两个电源的作用。

需要指出的是，单电源互补对称功率放大电路由于单电源提供电源，每个 BJT 的工作电压不再是 V_{CC}，所以前面参数计算公式必须加以修正。使用的方法就是将原来公式中的 V_{CC} 换成 $V_{CC}/2$。

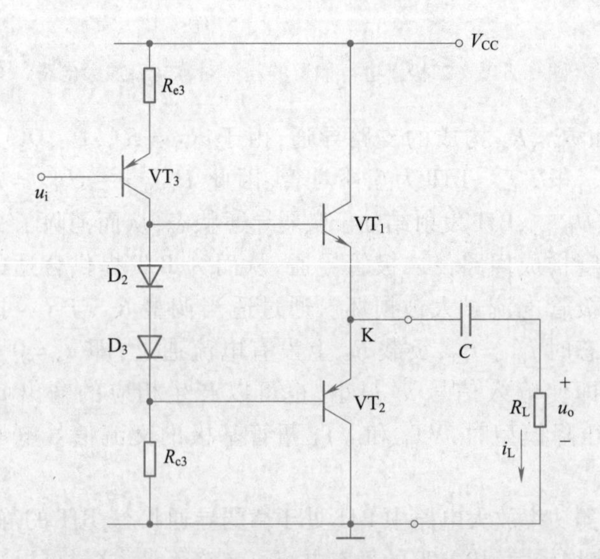

图 8.3.8　甲乙类单电源互补对称功率放大电路

8.4 功率半导体及其安全使用

8.4.1 功率 BJT 的散热和二次击穿问题

功率器件都存在散热的问题,下面以功率 BJT 为例进行说明。功率 BJT 通常都有一个大面积的集电结,为了达到热传导高效、理想的目的,集电极衬底与金属外壳保持良好的接触。

1. 功率 BJT 参数的特点

(1)大电流情况,PN 结方程中 U_T 的系数变成 2,即

$$i_C = I_S e^{U_{BE}/2U_T} \tag{8.4.1}$$

(2)大功率管 β 的值较低,一般只有几倍到几十倍。

(3)大电流下,发射结的动态电阻 r_e 很小,例如 $I_E = 20$ A 时,$r_e = 26$ mV/20 A = 1.3 mΩ,因此,基区体电阻 $r_{bb'}$ 和引线电阻成为主要矛盾。

(4)大功率管结面积大,极间电容也大,特征频率 f_T 不易做高,而且集电结的漏电流 I_{CBO}、I_{CEO} 都大。

2. 功率 BJT 的散热

功率 BJT 是电路中最易受到损坏的器件,其主要原因是功率 BJT 实际功耗超过了额定值。通过前面章节的计算分析可知,在功率放大电路中,除了给负载输送功率外,BJT 本身也要消耗一部分功率,消耗的功率会转化成热量使 BJT 结点的温度升高。当温度升高到一定值以后就会使 BJT 损坏(一般而言,锗管的温度为 90 ℃,硅管的温度为 150 ℃),从而造成输出功率受到 BJT 允许的最大集电极损耗的限制,而 BJT 允许的功耗与 BJT 的散热情况密切相关。若采用适当的散热措施,就有可能充分发挥 BJT 的潜力,增加功率管的输出功率。反之,由于结温升高就有可能使功率管损坏。因此,增加 BJT 的输出功率且使 BJT 安全工作必须研究 BJT 的散热问题。

(1)热阻的概念。为了描述散热的问题,首先引入热阻的概念。热的传导路径称为热路。阻碍热传导的阻力称为热阻。真空不宜传热,即热阻大;金属的导热性能好,即热阻小。在一定程度上,热路可与电路比对,热阻可与电阻比对。

热阻的单位通常用℃/W(或℃/mW)表示,其物理意义是每瓦(或毫瓦)集电极耗散功率使 BJT 温度升高的数值。如手册上标出某 BJT 的热阻为 2 ℃/W,即表示集电极耗散功率每增加 1 W,则 BJT 的结温升高 2 ℃。因此,BJT 的热阻越小,则表明散热能力越强,在环境温度相同的情况下,集电极最大允许耗散功率 P_{CM} 就大;反之就小。一定要注意的是,手册中给出的 P_{CM} 表示环境温度为 25 ℃时的数值。

(2)功率 BJT 的散热系统及散热计算。由前文的分析可知,BJT 集电极的损耗功率是产生温升的主要来源。未加散热片的 BJT 散热系统一部分使结温升高到 R_{Tj},并沿着管壳传到周围环境温度为 R_{Ta} 的空间,则 BJT 的总热阻 R_T 为

$$R_T = R_{Tj} + R_{Ta} \tag{8.4.2}$$

由于 BJT 集电结面积很小,向周围空气热传导能力差,因此 BJT 的总热阻 R_T 很大,因此不加散热片时 BJT P_{CM} 很小。如某 BJT 在不加散热片时,P_{CM} 为 1 W;如果加上 120 mm × 120 mm × 40 mm 的铝散热片时,P_{CM} 为 10 W,所以为了提高集电极最大允许耗散功率,通常需要加装散热片,如图 8.4.1 所示。

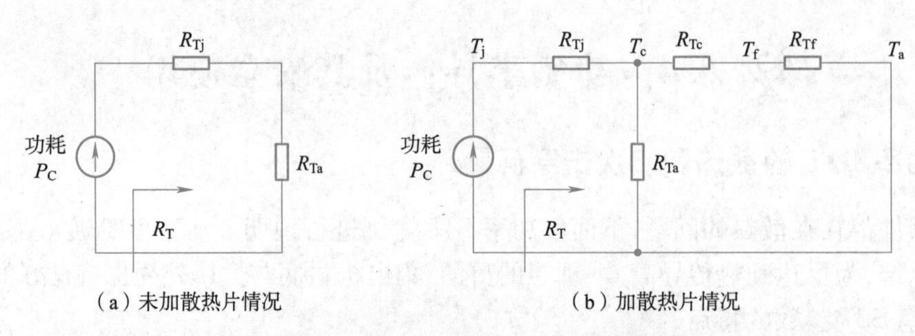

（a）未加散热片情况　　（b）加散热片情况

图 8.4.1　BJT 散热系统的等效电路

当功率 BJT 装上散热片以后，BJT 的热阻大大减小，允许的耗散功率也大大提高。此时，其散热过程是管芯内部发热，热量传到管壳，管壳上的热量分两条途径向外传送：一条是管壳直接外散，与未加散热片一样；另外一条是经过散热片散热。管壳到散热片之间的热阻为 R_{Tc}，散热片与周围空气的热阻为 R_{Tf}。由此，可以得到 BJT 的总热阻 R_T 近似为

$$R_T = R_{Tj} + R_{Ta} /\!/ (R_{Tc} + R_{Tf}) \approx R_{Tj} + R_{Tc} + R_{Tf} \tag{8.4.3}$$

式(8.4.3)表明，在一定的温升下，总热阻 R_T 越小，允许功耗 P_{CM} 越大；在一定的允许结温 T_j 和热阻条件下，环境温度 T_a 越低，允许功耗 P_{CM} 越大。利用式(8.4.3)可以计算大功率 BJT 在一定环境温度和散热装置下，功率管允许的集电极耗散功率 P_{CM}；或在给定的功耗 P_{CM} 情况下，求散热装置的面积；或在其他条件给定后，分析各处的温度情况。

例 8.4.1　查得功率管在 25 ℃所允许的功耗 P_{CM} = 50 W，最高工作结温为 150 ℃，试求：

(1) 热阻 R_T；

(2) 当环境温度为 50 ℃，允许的最大管耗；

(3) 当环境温度为 40 ℃，P_C = 20 W 时的结温。

解　(1) 根据 $T_j - T_a = R_T P_{CM}$，代入数据可知

$$R_T = \frac{T_j - T_a}{P_{CM}} = (150\ ℃ - 25\ ℃)/50\ \text{W} = 2.5\ ℃/\text{W}$$

(2) $P_{CM} = \dfrac{T_j - T_a}{R_T} = (150\ ℃ - 50\ ℃)/2.5\ (℃/\text{W}) = 40\ \text{W}$。

(3) $T_j = T_a + R_T P_{CM} = 40\ ℃ + 2.5\ ℃/\text{W} \times 20\ \text{W} = 90\ ℃$。

注意：这些温度的计算，只能作为参考，一是不便于测量；二是管壳温度和散热装置在不同位置的温度也不一样。

3. 功率 BJT 的二次击穿

在前面章节中介绍的 BJT 的极限参数 $U_{(BR)CEO}$ 都是一次击穿电压，小功率 BJT 在不超过此值时可以安全工作。而在实际工作中的大功率 BJT，常发现 BJT 的功耗并未超过允许的 P_{CM} 值，BJT 发热现象不明显，但 BJT 突然失效或者性能显著下降，这种损坏大都是由于二次击穿所造成的。所谓二次击穿，是指在一次击穿后，电流继续增大而达到某一电压、电流点时，发生迅速（以微秒甚至毫秒速度）向低阻抗点移动，局部流过很大的电流造成 BJT 永久性损坏的情况。目前，产生二次击穿的原因尚不完全清楚。一般而言，二次击穿与工作电流、电压、功率和结温以及 BJT 的制备工艺等因素相关。其物理过程多数认为是流过结面的电流不均匀，造成结面局部高温而产生的热击穿所致。

为了功率 BJT 的安全工作，必须考虑二次击穿的因素。因此功率 BJT 的安全工作区

(SOA)，不仅受到集电极允许的最大电流 I_{CM}、集电极和基极之间的反向击穿电压 $U_{(BR)CEO}$ 和集电极允许的最大功耗 P_{CM} 所限制，而且还受到二次击穿临界曲线所限制，其安全工作区如图 8.4.2 所示。由图 8.4.2 可知，考虑二次击穿后，功率 BJT 的安全工作范围变小了。

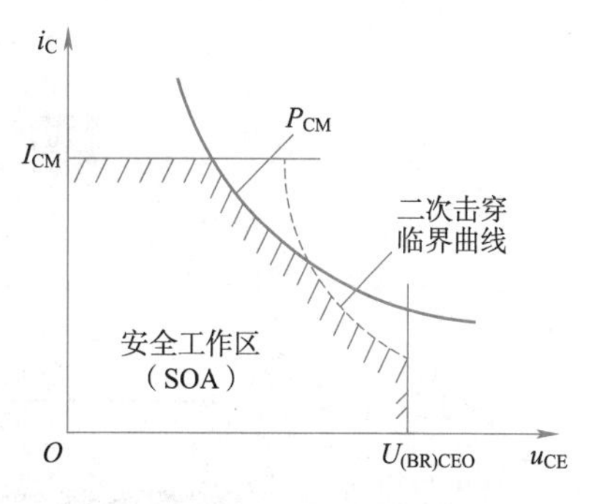

图 8.4.2　功率 BJT 安全工作区

4. 提高功率 BJT 可靠性的主要途径

为了使功率 BJT 使用安全可靠，降低功率 BJT 使用时的额定值，从节约性和可靠性角度来看，可采取两种措施。

(1)使用时降低额定值：

①在最坏的条件下(包括冲击电压在内)，工作电压不应超过极限值的 80%；

②在最坏的条件下(包括冲击电流在内)，工作电流不应超过极限值的 80%；

③在最坏的条件下(包括冲击功耗在内)，工作损耗不超过器件最大工作环境温度下的最大允许功率的 50%；

④工作时，器件的结温不应超过器件允许最高结温的 70%～80%。

(2)采取适当的保护措施。如果负载为感性时，可在负载两端并联二极管(或二极管和电容)；采用不同的方法对功率 BJT 进行保护，如在 BJT 的 c、e 两端并联适当的稳压管，以吸收瞬时过电压等。

8.4.2　功率 MOSFET——VMOSFET 和 DMOSFET

本章前面详细讨论了功率 BJT 放大电路，事实上，BJT 的等效热阻分析和散热分析也适用于 FET。为了满足大功率的需求，发展起来一种 V 型槽的纵向 MOS 管，称为 VMOSFET (vertical MOS)。

1. VMOSFET

(1)结构和工作原理。VMOSFET 结构示意图如图 8.4.3 所示。它以掺杂 N 型半导体 N^+ 衬底做漏极，在 N^+ 上生长一层 N^- 外延层，在外延层上掺杂形成一个 P 型层和一个 N^+ 层源极区，最后用光刻方法沿垂直方向刻出一个 V 型槽，生长 SiO_2 表层并覆盖金属铝作为栅极。当栅极加正向电压时，P 型半导体靠近 V 型槽的地方产生反型层，将两个 N^+ 区连在一起即为导电沟道。由于它是纵向的，故称该器件为 VMOSFET。

VMOSFET 的漏区面积大，有利于利用散热片散热。沟道长度可以做得很短(1.5 μm)，且沟道间呈并联型，所以允许流过的电流很大。由于 N^- 层离子浓度低、电场强度低，故有很高的击穿电压。采用现代工艺，制备的大功率 VMOSFET 产品耐压可达 1 000 V 以上，电流可达 200 A。

(2)VMOSFET 的特点：

①与 MOS 器件一样，它是电压控制电流器件，输入电阻高，因此所需要的驱动电流小，功率增益高。

②漏极电流具有负温度系数，在高电压大电流工作时，不易产生热击穿，温度稳定性高。

③依靠多数载流子导电，不存在少子存储效应，工作速度快，可用于高频或开关式稳压电源等。

VMOSFET 的缺点是栅极易击穿，饱和压降大。

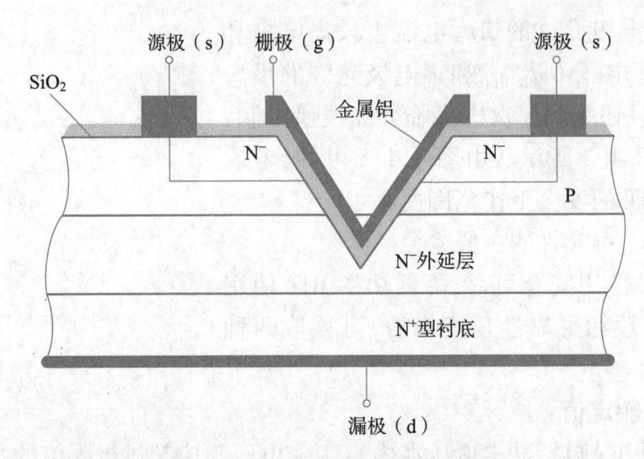

图 8.4.3 VMOSFET 结构示意图

2. DMOSFET

20 世纪 80 年代末出现一种新型的 DMOS 短沟道功率 MOSFET 器件，属于双扩散（double-diffused）功率 MOS 管。

（1）结构和工作原理。DMOSFET 结构示意图如图 8.4.4 所示。其基片的底部为重掺杂 N^+ 层，上面是轻掺杂 N^- 层，在 N^- 层用负离子注入或扩散法制作一个 P^+ 区，然后在 P^+ 区内做 N^+ 区，再做上氧化层及金属栅极，两个 N^+ 区引出 MOS 管的源极，基底 N^+ 区引出漏极。当栅源间加正向电压 $U_{GS}>U_T$（开启电压）时，在 P^+ 区表层引出 N 型反型层，沟通两个 N^+ 区，在漏源之间加电压，电子将从 S 区横穿沟道，垂直流向衬底，电流流通路径恰似 T 字，因此也称其为 TMOSFET。

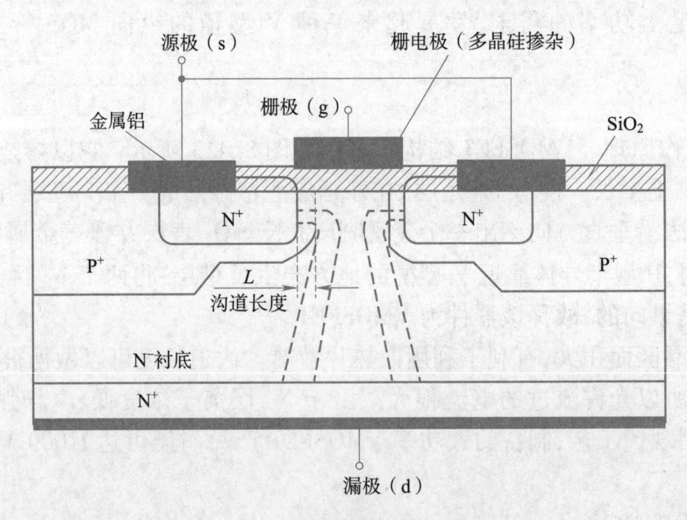

图 8.4.4 DMOSFET 结构示意图

（2）DMOSFET 的特点：

①工作电压很高，其击穿电压可达 600 V 以上。这主要有两个方面的原因：一是因为漏区是 N^-，其掺杂浓度很低，雪崩击穿电压很高；二是加 U_{DS} 后漏极耗尽区耗尽区主要向 N^- 区扩展，而不像传统 MOS 管向沟道扩展，因此，两个 P^+ 区之间的距离足够远，U_{DS} 可大大提高。

②沟道长度虽然很短，但允许通过的电流很大，达到 50 A 以上。大功率管制备中可以采

用将图 8.4.4 所示结构作为一个元胞,多个元胞连成功率管,可得到数十安以上的输出能力。

③MOS 管不存在二次击穿,不需要大的推动电流。

④占用芯片面积小,可制成分离元件,也可广泛用于单片集成电路和集成电路中。

值得指出的是,功率 MOS 管存在一个突出矛盾,即高耐压和低导通电阻之间的矛盾。这个矛盾的存在,使功率 MOS 管不利于作为耐压高于 500 V 的器件。这个矛盾虽可用增加芯片面积来解决,但又导致开关速度变慢,且会提高成本。

为解决功率 MOS 管高耐压和导通电阻之间的矛盾,一种新型器件——绝缘栅双极型晶体管(IGBT)被设计出来,如图 8.4.5 所示。这种器件一方面保留了功率 MOS 管的优点,如高输入阻抗、高速等特点,同时又引入了低饱和压降的 BJT,因此 IGBT 具有它们共同的优点。

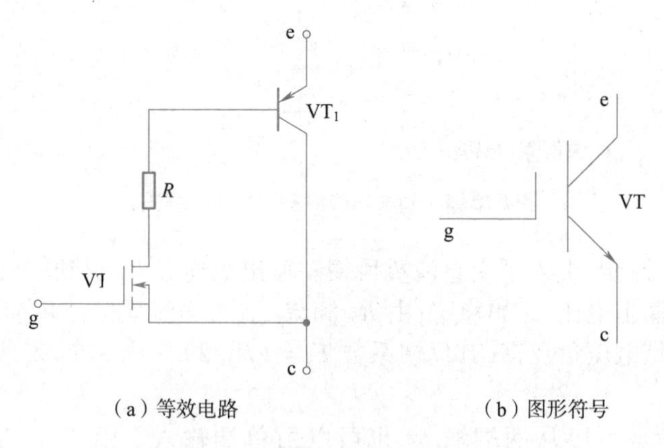

(a)等效电路　　(b)图形符号

图 8.4.5　IGBT 的等效电路及符号

图 8.4.5 中 VT_2 为增强型 MOS 管,其原理是工作时,施加一定的栅压形成导电沟道,出现 PNP 型管 VT_1 的基极电流,IGBT 导电;当 FET 沟道消失,基极电流切断,IGBT 截止。市场上有很多类型的 VMOS、DMOS 和 IGBT 功率器件产品,读者可以根据不同需要选用。同时,可在有关器件手册中详细地了解其工作原理,这里不再赘述。

8.5　集成功率放大器举例

LM380 功率放大器是一种比较流行的固定增益功率放大器,能够提供 5 W 的交流信号功率输出。

LM380 功率放大器原理图如图 8.5.1 所示,其电路基本组成结构有三部分:输入级、中间级和输出级。$VT_1 \sim VT_{12}$的功能和作用:$VT_1 \sim VT_4$ 构成复合管差分输入级,由 VT_5、VT_6 构成的镜像电流源作为有源负载。输出级是单端输出信号传送至 VT_{12}组成的共射中间级,VT_{10}和 VT_{11}构成有源负载,这一级的主要作用是提高电压放大倍数。为了保证电路稳定工作,需要加入补偿电容 C。VT_7、VT_8、VT_9 和 D_1、D_2 组成通常的互补对称输出级。考虑到集成电路中横向 PNP 管电流放大倍数降低的缘故,采用 VT_8、VT_9 等效的 PNP 管。

差分输入级的静态工作电流分别由输出端和电源正端通过电阻 $R(R = R_1 + R_{12})$ 和 R_2 来供给。由工作电路以及相应的元件参数可以看出,通过这级两边的电流几乎是相等的,并可以求出电路的闭环电压增益为

$$A_{uf} \approx \frac{1}{F_u} = 1 + \frac{2R_2}{R_3} \tag{8.5.1}$$

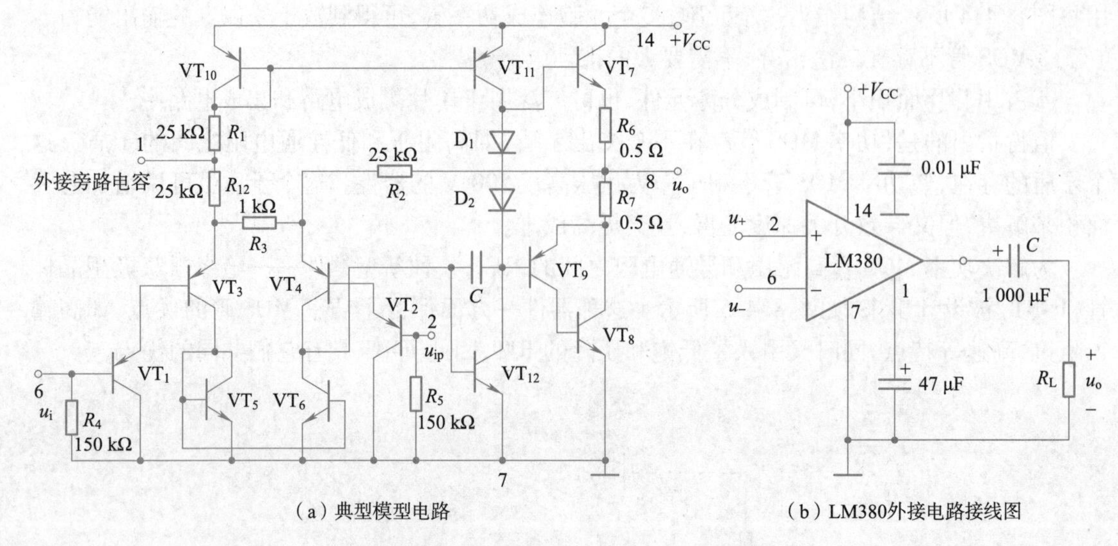

(a)典型模型电路　　(b)LM380外接电路接线图

图 8.5.1　LM380 功率放大器原理图

为了改善电路的性能,引入了交直流负反馈。输出端通过 R_2 引到输出级的 VT_4 射极引入直流反馈,保持静态输出电压 u_o 的稳定;由 R_2 和 R_3 引入交流反馈。用前面章节学习的瞬时极性法判断,引入的是电压负反馈,其反馈系数 $F_u=(R_3/2)/(R_2+R_3/2)$,这样就能保证电压放大倍数的稳定。

LM380 的输入信号可以从两端输入,也可以由单端输入。由于 T_1、T_2 输入回路 R_4、R_5(150 kΩ)构成偏流通路,所以允许一端开路。

LM384 作为另外一种集成音频功率放大器,其额定电源电压由 LM380 的 22 V 提升至 28 V,其原理电路与 LM380 相同。

小　结

功率放大器是在大信号下工作,一般采用图解法进行分析。研究的重点是在有限不失真的情况下,尽可能提高输出功率和效率。

与甲类功率放大电路比较,乙类互补对称功率放大电路的主要优点是效率高,理想情况下可达 78.5%。为了 BJT 的安全工作,其选择的极限参数要满足:$P_{CM}>P_T\approx 0.2P_{om}$;$U_{(BR)CEO}>2V_{CC}$;$I_{CM}>I_{om}$。

功率 BJT 输入特性存在死区电压,工作在乙类互补对称功率放大电路将出现交越失真现象。为了克服这种现象,通常采用甲乙类互补对称功率放大电路,一般采用器件扩大电路进行偏置。

单电源互补对称功率放大电路中,计算输出功率、效率、管耗和电源供给的功率时,可借鉴双电源互补对称功率放大电路的计算方法。

集成功放快速发展并获得广泛应用,大功率器件发展迅速,有绝缘栅双极型晶体管(IGBT)、功率 VMOSFET 和 DMOSFET。为了保障功率管的安全运行,需要考虑功率管的散热、二次击穿和降低使用定额等保护措施。

习 题

8.1 功率放大电路概述

8.1.1 选择题：

(1)功率放大电路的最大输出功率是在输入电压为正弦波时，输出基本不失真情况下，负载上可获得的最大(　　)。

A. 交流功率　　B. 直流功率　　C. 平均功率

(2)功率放大电路的转换效率是指(　　)。

A. 输出功率与 BJT 所消耗的功率之比

B. 最大输出功率与电源提供的平均功率之比

C. BJT 所消耗的功率与电源提供的平均功率之比

(3)在选择功放电路中的 BJT 时，应当特别注意的参数有(　　)。

A. β　　B. I_{CM}　　C. I_{CBO}

D. U_{CEO}　　E. P_{CM}　　F. f_T

8.1.2 判断题：

(1)在功率放大电路中，输出功率越大，功率管的功耗越大。　　(　　)

(2)功率放大电路的最大输出功率是指在基本不失真情况下，负载上可能获得的最大交流功率。　　(　　)

(3)当 OCL 电路的最大输出功率为 1 W 时，功率管的集电极最大功耗应大于 1 W。　　(　　)

(4)功率放大电路与电压放大电路、电流放大电路的共同点是：

①都使输出电压大于输入电压　　(　　)

②都使输出电流大于输入电流　　(　　)

③都使输出功率大于信号源提供的输入功率　　(　　)

(5)功率放大电路与电压放大电路的区别是：

①前者比后者电源电压高　　(　　)

②前者比后者电压放大倍数数值大　　(　　)

③前者比后者效率高　　(　　)

8.2 甲类功率放大电路实例

8.2.1 如图题 8.2.1 所示电路中，已知 u_i 为正弦电压，$R_L=8\ \Omega$，要求最大输出功率为 9 W，假设 BJT 的饱和管压降为 0，试求：

(1)正、负电源 V_{CC} 的最小值(取整数)；

(2)根据 V_{CC} 的最小值，求 BJT 的 I_{CM}、$\left|U_{(BR)CEO}\right|$ 的最小值；

(3)当输出功率最大(9 W)时，电源供给的功率；

(4)每只 BJT 允许的管耗 P_{CM} 最小值；

(5)当输出功率最大(9 W)时，输出电压有效值。

8.2.2 在图题 8.2.1 所示电路中，BJT 在输入信号 u_i 的作用下，在一个周期内轮流导电约 180°，电源电压 $V_{CC}=20$ V，负载 $R_L=8\ \Omega$ 时，试求：

(1)当输入信号 $u_i=10$ V(有效值)时,电路的输出功率、管耗、直流电源供给的功率和效率。

(2)当输入信号的幅值 $u_{im}=V_{CC}=20$ V 时,电路的输出功率、管耗、直流电源供给的功率和效率。

8.3 互补对称功率放大电路

8.3.1 一单电源互补对称功率放大电路中,如图题 8.3.1 所示,设输入信号 u_i 为正弦波,$R_L=8\ \Omega$ 时,BJT 的饱和管压降 U_{CES} 可忽略不计。试求最大不失真输出功率 P_{om} 为 9 W 时,电源电压 V_{CC} 至少应为多大?

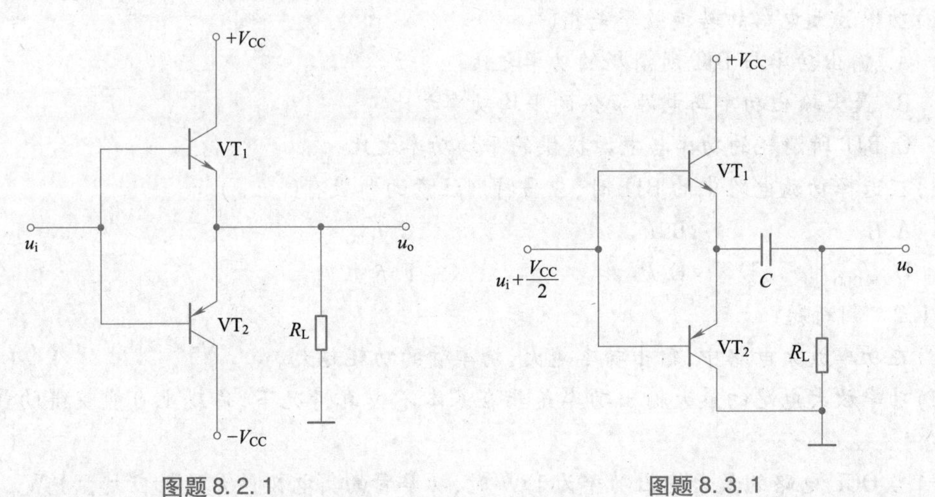

图题 8.2.1　　　　图题 8.3.1

8.3.2 在图题 8.3.1 所示电路中,$V_{CC}=20$ V,负载 $R_L=8\ \Omega$ 时,电容 C 很大,输入信号 u_i 为正弦波,忽略 BJT 饱和压降情况下,试求该电路最大输出功率。

8.3.3 单电源对称功率放大电路中,如图题 8.3.2 所示,设 VT_1 和 VT_2 的特性完全对称,输入信号 U_i 为正弦波,$V_{CC}=35$ V,负载 $R_L=35\ \Omega$,流过负载的电流 $i_o=0.45\cos\omega t$ A,试求:

(1)负载上所能得到的功率 P_{om};

(2)电源供给的功率 P_V。

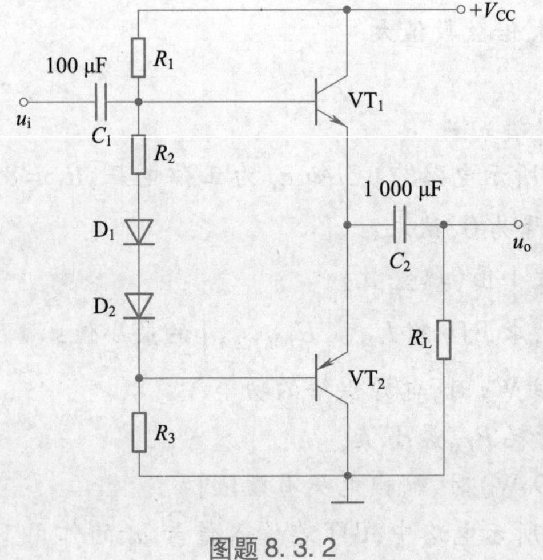

图题 8.3.2

8.3.4 图题8.3.2所示电路中,输入信号 u_i 为正弦波,$V_{CC}=12$ V,负载 $R_L=8\ \Omega$,试求:

(1)静态时,电容 C_2 两端的电压是多少?

(2)动态时,若 $R_1=R_3=1.1\ \mathrm{k\Omega}$,$VT_1$ 和 VT_2 的电流放大系数 $\beta=40$,$|U_{BE}|=0.7$ V,$P_{CM}=400$ mW,假设 D_1、D_1、R_2 中任意一个开路,将会产生什么后果?

8.3.5 一双电源互补对称功率放大电路,如图题8.3.5所示,输入电压 u_i 为正弦波。电源电压 $V_{CC}=24$ V,负载 $R_L=16\ \Omega$,由 VT_3 组成的放大电路的电压增益 $\Delta u_{C3}/\Delta u_{B3}=-16$,射极输出器的电压增益为1,当输入电压 U_i 的有效值为1 V时,求电路输出功率 P_{om}、两管管耗 P_T、电源供给功率 P_V 以及效率。

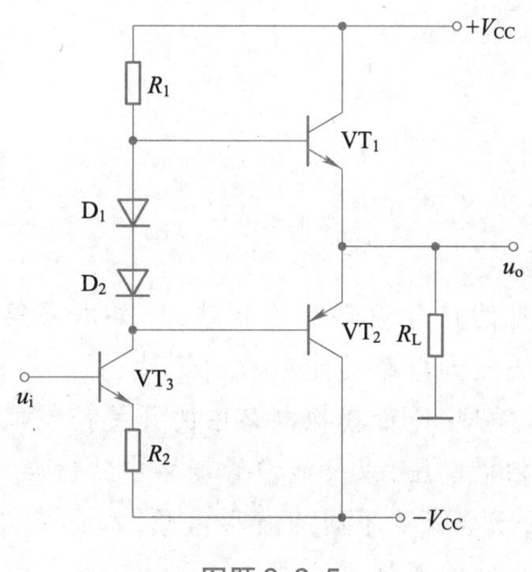

图题8.3.5

第9章 波形发生与变换电路

导读 >>>>>>

在模拟电子电路中，常见的信号波形有正弦波，比如本书第2章中放大电路的输入信号，通过正弦波形的输入完成放大电路性能参数的测试；另一种常见波形为矩形波，广泛应用于测量、通信、自动控制等领域，比如模拟电路中的开关控制信号；第三种常见波形为锯齿波，主要用作示波电路中的扫描电压，以及显像管电路中的偏转电流。模拟电子电路在完成测量、控制的过程中，不同的场合需要不同的波形信号，本章将讲述有关波形发生的组成原则、工作原理以及不同波形之间的变换方法。

9.1 正弦波振荡电路的振荡条件

正弦波振荡电路是用来产生一定频率和幅度的正弦交流信号的电子电路。它的频率范围可以从几赫到几百兆赫，输出功率可以从几毫瓦到几十千瓦，广泛用于各种电子电路中。在通信、广播系统中，用它来作高频信号源、电子测量仪器中的正弦小信号源、数字系统中的时钟信号源，还可作为高频加热设备以及医用电疗仪器中的正弦交流能源。

正弦波振荡电路是在没有外加输入信号的情况下，依靠电路自激振荡而产生正弦波输出电压的电路。本节将就正弦波振荡电路的种类、组成和工作原理一一加以介绍。

视 频

正弦波振荡电路的振荡条件

9.1.1 自激振荡的条件

在放大电路中，输入端接入信号源后，输出端才有信号输出。当一个放大电路的输入信号为零时，输出端有一定频率和幅值的信号输出，这种现象称为放大电路的自激振荡。虽然正弦波振荡电路的振荡原理在本质上与负反馈放大电路产生自激振荡的原理相同，但是，正弦波振荡电路引入正反馈以满足振荡条件，而且外加选频网络使振荡频率人为可控，这是其电路组成的显著特征。

图9.1.1所示为正弦波振荡电路原理框图，主要包括基本放大电路和反馈网络两部分。其中，$\dot{A}$ 为开环时基本放大电路的电压放大倍数，可以写为

$$\dot{A}=\frac{\dot{X}_o}{\dot{X}_i} \tag{9.1.1}$$

$\dot{F}$ 为反馈网络的反馈系数,可以写为

$$\dot{F}=\frac{\dot{X}_f}{\dot{X}_o} \tag{9.1.2}$$

当输入信号$\dot{X}_s=0$ 时,反馈信号等于输入信号,即$\dot{X}_f=\dot{X}_i$,便得到图 9.1.1(b)。由于电扰动(如合闸通电的瞬间),电路产生一个幅值很小的输出信号,它含有丰富的频率,若电路只对特定频率的正弦波产生正反馈过程,则将产生如下过程:输出信号$\dot{X}_o$ 增大,使反馈信号$\dot{X}_f$ 增大,因为放大电路的输入信号$\dot{X}_i$ 就是反馈信号$\dot{X}_f$,即放大电路的输入信号$\dot{X}_i$ 增大,再次经放大电路的放大,导致输出信号$\dot{X}_o$ 进一步增大。$\dot{X}_o$ 不会无限制地增大,当它增大到一定数值时,由于 BJT 的非线性特性和电源电压的限制,使放大电路放大倍数的数值减小,最终$\dot{X}_o$ 的幅值将维持在一个确定值,电路达到动态平衡。这时,输出信号$\dot{X}_o$ 通过反馈网络产生反馈信号$\dot{X}_f$ 作为放大电路的净输入信号$\dot{X}_i$,而净输入信号$\dot{X}_i$ 又通过放大电路维持着输出信号$\dot{X}_o$,结合式(9.1.1)和式(9.1.2),上述过程可以写成式(9.1.3)的样式。

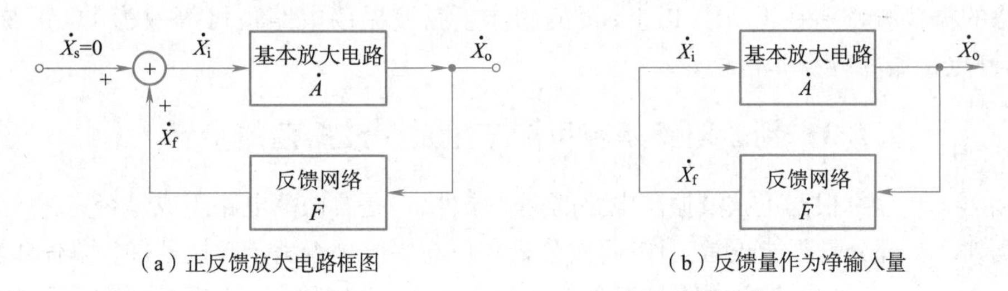

图 9.1.1　正弦波振荡电路原理框图

$$\dot{X}_o=\dot{A}\dot{X}_f=\dot{A}\dot{F}\dot{X}_o \tag{9.1.3}$$

由式(9.1.3)可得正弦波振荡的平衡条件为

$$\dot{A}\dot{F}=1 \tag{9.1.4}$$

令 $\dot{A}=A\angle\varphi_a$,$\dot{F}=F\angle\varphi_f$,则有

$$|\dot{A}\dot{F}|=AF=1 \tag{9.1.5}$$

$$\varphi_a+\varphi_f=2n\pi \quad (n\text{ 为整数}) \tag{9.1.6}$$

式(9.1.5)称为幅值平衡条件,式(9.1.6)称为相位平衡条件,分别简称为幅值条件和相位条件。为了使输出量在电路接通电源后能够有一个从小到大直至平衡在一定幅值的过程,电路的起振条件为

$$|\dot{A}\dot{F}|>1 \tag{9.1.7}$$

电路把特定频率以外的输出量均逐渐衰减为零,输出该频率下一定幅值的正弦波。

设正弦波振荡电路输出信号$\dot{X}_o$ 的振荡频率为f_0,f_0 的大小由式(9.1.6)的相位平衡条件决定。一个正弦波振荡电路只在一个频率下满足相位平衡条件,这个频率就是f_0。这就要求在$\dot{A}\dot{F}$ 环路中包含一个具有选频特性的网络,简称选频网络。它可以设置在基本放大电路$\dot{A}$

中,也可设置在反馈网络 $\dot{F}$ 中。选频网络既可以用 R、C 元件组成,也可以用 L、C 元件组成。用 R、C 元件组成选频网络的振荡电路称为 RC 振荡电路,一般用来产生 1 Hz ~ 1 MHz 范围内的低频信号;用 L、C 元件组成选频网络的振荡电路称为 LC 振荡电路,一般用来产生 1 MHz 以上的高频信号。

9.1.2　正弦波振荡电路的基本组成

从以上分析可知,正弦波振荡电路必须由以下四个部分组成:

(1)放大电路:保证电路能够有从起振到幅值逐渐增大直至动态平衡的过程,使电路获得一定幅值的输出量,实现能量的控制。

(2)选频网络:确定电路的振荡频率,使电路产生单一频率的振荡。

(3)正反馈网络:引入正反馈,使放大电路的输入信号等于反馈信号。

(4)稳幅环节:即非线性环节,作用是使输出信号幅值稳定。

在不少实用电路中,常将选频网络和正反馈网络合二为一;而且,对于分立元件放大电路,也不再另加稳幅环节,而依靠电子元器件的非线性特性来达到稳幅作用。正弦波振荡电路常用选频网络所用元件来命名,分为 RC 正弦波振荡电路、LC 正弦波振荡电路和石英晶体正弦波振荡电路三种类型。RC 正弦波振荡电路的振荡频率较低,一般在 1 MHz 以下;LC 正弦波振荡电路的振荡频率多在 1 MHz 以上;石英晶体正弦波振荡电路也可等效为 LC 正弦波振荡电路,其特点是振荡频率非常稳定。

视频

正弦波振荡电路的判断方法及例题分析

9.1.3　判断电路是否可能产生正弦波振荡的步骤

根据正弦波振荡电路的振荡条件,一是看振荡电路组成是否完备,二是看每部分是否能正常工作,再次分析相位与幅值是否满足起振条件。具体步骤如下:

(1)观察电路是否包含了放大电路、选频网络、正反馈网络和稳幅环节四个组成部分。

(2)判断放大电路是否具有放大信号的功能,也就说放大电路是否有合适的静态工作点且动态信号是否能够输入、输出和放大。

(3)利用瞬时极性法判断电路是否满足正弦波振荡的相位条件。具体做法是:断开反馈,在断开处给放大电路加一正弦波输入电压,并给定其瞬时极性,然后输入信号顺着电路放大的方向传输,得到输出信号的极性,接着经过反馈网络,得到反馈信号的极性;如果加载的输入信号与反馈信号极性相同,则说明满足相位条件,电路有可能产生正弦波振荡,否则表明不满足相位条件,电路不可能产生正弦波振荡。

(4)判断电路是否满足正弦波振荡的起振条件。具体方法是:分别求解放大电路的开环电压放大倍数 $\dot{A}$ 和反馈系数 $\dot{F}$,然后判断 $|\dot{A}\dot{F}|$ 是否大于 1。需要注意的是,只有在电路满足相位条件的情况下,判断是否满足幅值条件才有意义。换言之,若电路不满足相位条件,则电路一定不可能振荡。

例 9.1.1　判断图 9.1.2 所示各电路是否可能产生正弦波振荡,并简述理由。设图 9.1.2(b)中 C_4 容量远大于其他三个电容的容量。

解　图 9.1.2(a)所示电路有可能产生正弦波振荡。因为共射放大电路输出电压和输入电压反相($\varphi_a=-180°$),且图 9.1.2(a)中三级 RC 移相电路为超前网络,在信号频率为 0 到无

穷大时，相移由 +270°到0°，因此存在使相移为 +180°的频率，即 $\varphi_f = -180°$，此时 $\varphi_a + \varphi_f = -0°$存在满足正弦波振荡相位条件的频率，且在 $f = f_0$ 时有可能满足起振条件 $|\dot{A}\dot{F}| \geq 1$，故可能产生正弦波振荡。

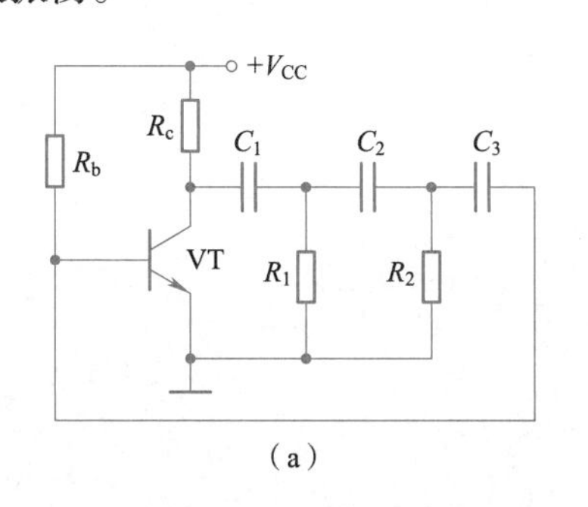

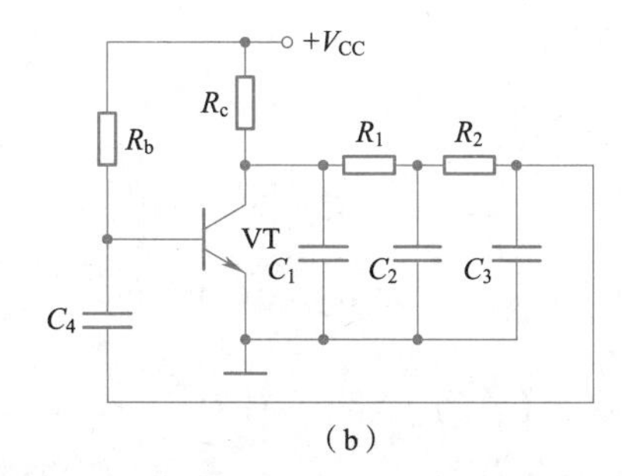

图9.1.2 例9.1.1图

图9.1.2(b)所示电路有可能产生正弦波振荡。因为共射放大电路输出电压和输入电压反相($\varphi_a = -180°$)，且图9.1.2(b)中三级RC移相电路为滞后网络，在信号频率为0到无穷大时，相移由 -270°到0°，因此存在使相移为 -180°的频率，即 $\varphi_f = -180°$，此时 $\varphi_a + \varphi_f = -360°$存在满足正弦波振荡相位条件的频率，且在 $f = f_0$ 时有可能满足起振条件 $|\dot{A}\dot{F}| \geq 1$，故可能产生正弦波振荡。

9.2 RC正弦波振荡电路

RC正弦波振荡电路有桥式振荡电路、双T网络式振荡电路和移相式振荡电路等类型，本节主要讨论桥式振荡电路，又称文氏桥振荡电路。

9.2.1 RC正弦波振荡电路的组成

RC正弦波振荡电路原理图如图9.2.1所示，由基本放大电路 $\dot{A}_u$ 和选频网络 $\dot{F}_u$ 两部分组成。基本放大电路部分是由集成运放所组成的同相比例放大电路，其反馈形式为电压串联负反馈，具有输入阻抗高、输出阻抗低的特点。而反馈网络则由RC串并联网络构成，这里将RC串联网络等效阻抗记作 Z_1，RC并联网络等效阻抗记作 Z_2。通常情况下，串并联网络中的电阻取值相同、电容取值也相同。RC串并联网络构成的反馈网络同时兼作正反馈网络。由图9.2.1可知，Z_1、Z_2 和 R_f、R_1 形成一个四臂电桥，电桥的对角线顶点分别接到放大电路的两个输入端，桥式振荡电路的名称即由此得来。

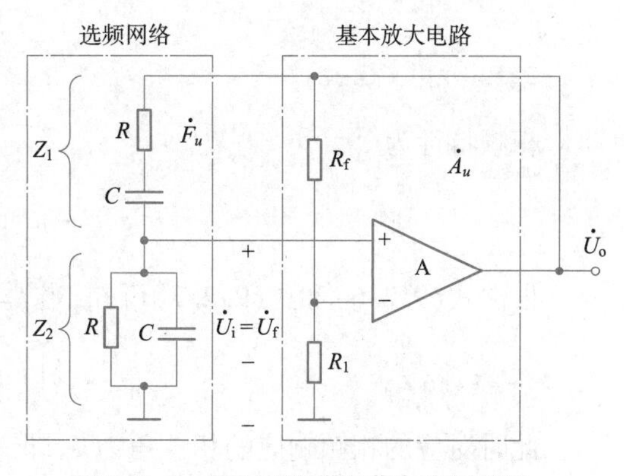

图9.2.1 RC正弦波振荡电路原理图

下面首先分析RC串并联选频网络的选频特性，然后根据正弦波振荡电路的振幅平衡及相位平衡条件设计合适的放大电路指标，就可以构成一个完整的振荡电路。

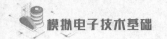

9.2.2 RC 串并联选频网络的选频特性

RC 串并联选频网络如图 9.2.2 所示。

由图 9.2.2 可得

$$Z_1 = R + \frac{1}{sC} = \frac{1 + sCR}{sC} \tag{9.2.1}$$

$$Z_2 = \frac{R\frac{1}{sC}}{R + \frac{1}{sC}} = \frac{R}{1 + sCR} \tag{9.2.2}$$

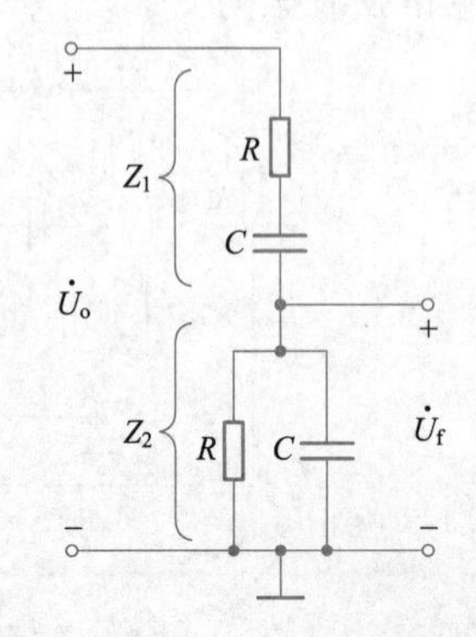

图 9.2.2 RC 串并联选频网络

反馈系数 $F_u(s)$ 为

$$F_u(s) = \frac{U_f(s)}{U_o(s)} = \frac{Z_2}{Z_1 + Z_2} = \frac{sCR}{1 + 3sCR + (sCR)^2} \tag{9.2.3}$$

将 $s = j\omega$ 代入式(9.2.3)可得

$$F_u(s) = \frac{j\omega RC}{(1 - \omega^2 R^2 C^2) + j3\omega RC} \tag{9.2.4}$$

令 $\omega_0 = \frac{1}{RC}$,则有

$$f_0 = \frac{1}{2\pi RC} \tag{9.2.5}$$

将式(9.2.5)代入式(9.2.4)可得

$$\dot{F}_u = \frac{1}{3 + j\left(\frac{\omega}{\omega_0} - \frac{\omega_0}{\omega}\right)} \tag{9.2.5}$$

由此可得 RC 串并联选频网络的幅频响应表达式为

$$\left|\dot{F}_u\right| = \frac{1}{\sqrt{3^2 + \left(\frac{f}{f_0} - \frac{f_0}{f}\right)^2}} \tag{9.2.6}$$

相频特性为

$$\varphi_f = -\arctan\frac{1}{3}\left(\frac{f}{f_0} - \frac{f_0}{f}\right) \tag{9.2.7}$$

根据式(9.2.6)和式(9.2.7)可知,当 $f = f_0$ 时,幅频响应的幅值为最大,即

$$\left|\dot{F}_u\right|_{max} = \frac{1}{3} \tag{9.2.8}$$

此时对应的相频响应的相位角为 0,即

$$\varphi_f = 0 \tag{9.2.9}$$

由以上分析可知,当 $f = f_0 = \frac{1}{2\pi RC}$时,输出电压的幅值最大,并且输出电压是输入电压的 1/3,同时输出电压与输入电压同相。根据式(9.2.6)和式(9.2.7),可画出串并联选频网络的幅频响应及相频响应,如图 9.2.3 所示。

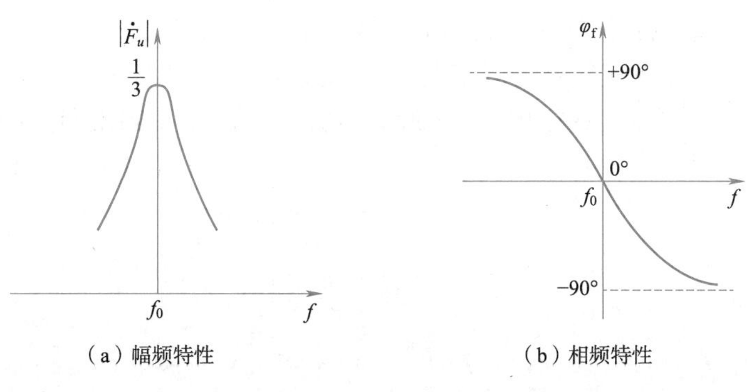

（a）幅频特性　　（b）相频特性

图 9.2.3　RC 串并联选频网络的频率响应

综上所述，图 9.2.1 所示振荡电路，当$f=f_0=\dfrac{1}{2\pi RC}$时，经 RC 选频网络传输到集成运放同相输入端的电压 $\dot{U}_f$ 与 $\dot{U}_o$ 同相，所以 $\varphi_f=0$，$\varphi_a=0$，从而 $\varphi_a+\varphi_f=0$。这样，放大电路和由 Z_1、Z_2 组成的反馈网络刚好形成正反馈系统，满足正弦波振荡电路的相位平衡条件，因而有可能振荡。

9.2.3　RC 串并联振荡电路的起振与稳幅

观察图 9.2.1 可知，正反馈网络的反馈电压 $\dot{U}_f$ 是同相比例运算电路的输入电压，它的比例系数是电压放大倍数，根据起振条件和幅值平衡条件：

$$\dot{A}_u=1+\frac{R_f}{R_1}\geqslant 3$$

由此可得

$$R_f\geqslant 2R_1 \tag{9.2.10}$$

振荡电路要想起振，R_f的取值要略大于 $2R_1$。但是，由于 $\dot{U}_o$ 与 $\dot{U}_f$ 具有良好的线性关系，所以为了稳定输出电压的幅值，一般应在电路中加入非线性环节。例如，可选用 R_1 为正温度系数的热敏电阻。当 $\dot{U}_o$ 因某种原因而增大时，流过 R_f和 R_1 上的电流增大，R_1 上的功耗随之增大，导致温度升高，因而 R_1 的阻值增大，从而使得 $\dot{A}_u$ 数值减小，$\dot{U}_o$ 也就随之减小；当 $\dot{U}_o$ 因某种原因而减小时，各物理量与上述变化相反，从而使输出电压稳定。当然，也可选用 R_f为负温度系数的热敏电阻。

此外，还可在 R_f回路中串联两个并联的二极管，如图 9.2.4 所示。

当电路接通电源时，如果输出电压 $\dot{U}_o$ 较小，二极管 D_1 和 D_2 两端的电压小于自身的开启电压，由二极管的单向导电性可知，两个二极管均处于截止状态，此时反馈电阻 $R_f=R_{f1}+R_{f2}$，放大电路的电压放大倍数 $\dot{A}_u=1+\dfrac{R_{f1}+R_{f2}}{R_1}$，只要保证 $\dot{A}_u=1+\dfrac{R_{f1}+R_{f2}}{R_1}>3$，振荡电路即可建立振荡。随着 $\dot{U}_o$ 的增大，二极管两端的电压进一步增大，当二极管两端的电压大于自身的开启电压时，二极管导通。因为输出电压是正弦波，所以每半周只有一个二极管导通，二极管导通电阻非常小，往往可以忽略不计，所以电阻 R_{f1} 相当于被短路，此时 $\dot{A}_u=1+\dfrac{R_{f2}}{R_1}$。需要注意的是，$R_{f2}=R_{f1}$，当完成起振后，该振荡电路的电压放大倍数逐渐稳定，使 $\dot{U}_o$ 输出稳定的正弦波。除此之外，也可以应用场效应管作为可变电阻，构成稳幅电路，使场效应管工作在可变电阻区，使其成为压敏电阻。漏极和源极两端的等效阻抗随栅压而变，以控制反馈通路的反馈系数，从而稳定振幅。

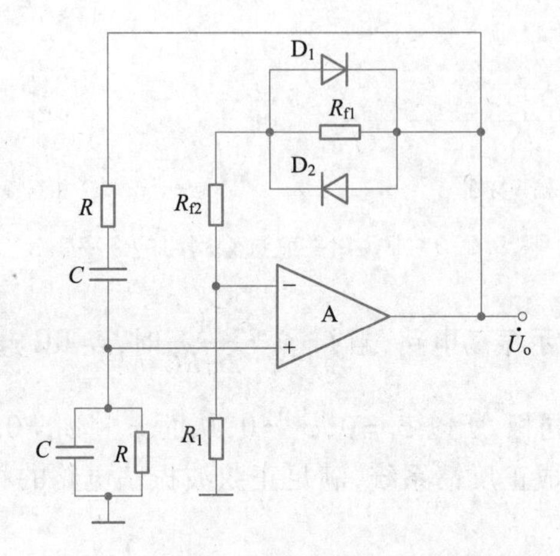

图 9.2.4　利用二极管作为非线性稳幅环节

9.3　LC 正弦波振荡电路

LC 正弦波振荡电路与 RC 正弦波振荡电路的组成原则在本质上是相同的，只是选频网络采用 LC 电路。LC 正弦波振荡电路的振荡频率较高，通常都在 1 MHz 以上，所以放大电路多采用分立元件电路，必要时还应采用共基电路，也可采用宽频带集成运放。下面首先介绍组成 LC 正弦波振荡电路的基础——LC 选频放大电路。

9.3.1　LC 并联谐振回路的选频特性

图 9.3.1 所示为 LC 并联谐振回路，在 LC 正弦波振荡电路中经常使用。图中 R 表示回路的等效损耗电阻。

由图 9.3.1 可知，LC 并联谐振回路的等效阻抗为

$$Z=\frac{\frac{1}{\mathrm{j}\omega C}(R+\mathrm{j}\omega L)}{\frac{1}{\mathrm{j}\omega C}+R+\mathrm{j}\omega L} \tag{9.3.1}$$

因为 $R\ll\omega L$，忽略式(9.3.1)分子中的 R，可得

$$Z\approx\frac{L/C}{R+\mathrm{j}\left(\omega L-\frac{1}{\omega C}\right)} \tag{9.3.2}$$

图 9.3.1　LC 并联谐振回路

分析式(9.3.2)，可得 LC 并联谐振回路的特点。

(1)谐振频率。当式(9.3.2)中的虚部为 0 时，即 $\omega L=\frac{1}{\omega C}$，回路处于谐振状态。令 $\omega=\omega_0$，则有

$$\omega_0 = \frac{1}{\sqrt{LC}} \tag{9.3.3}$$

$$f_0 = \frac{1}{2\pi\sqrt{LC}} \tag{9.3.4}$$

(2)电路阻抗 Z 达到最大值：

$$Z_0 = \frac{L}{RC} = Q\omega_0 L = \frac{Q}{\omega_0 C} \tag{9.3.5}$$

式中，Q 为回路的品质因数，用来评价回路损耗的大小。其表达式为

$$Q = \frac{\omega_0 L}{R} = \frac{1}{\omega_0 RC} = \frac{\sqrt{L/C}}{R} \tag{9.3.6}$$

由于谐振阻抗呈纯电阻性质，所以信号源电流 $\dot{I}_s$ 与 $\dot{U}_o$ 同相，且 $|\dot{I}_C| \approx |\dot{I}_L|$。谐振频率相同时，电容容量愈小，电感数值愈大，品质因数愈大，回路损耗愈小，将使得选频特性愈好。

(3)频率响应。Z 是频率的函数，回路的频率特性如图 9.3.2 所示。

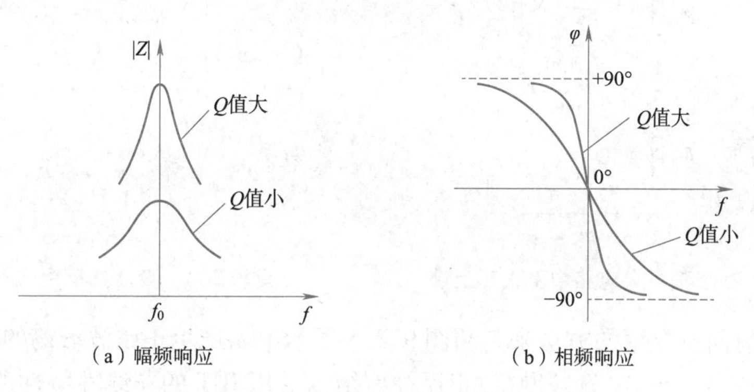

图 9.3.2　LC 并联谐振回路的频率特性

由图 9.3.2 可知，当外加信号的频率 f 等于 LC 并联谐振回路的固有频率 f_0 时，电路发生并联谐振，阻抗 $|Z|$ 达到最大值 Z_0，相位角 $\varphi=0$，电路呈纯电阻性。当 f_0 偏离 f 时，$|Z|$ 将显著减小，不再为零。当 $f<f_0$ 时，电路呈感性；当 $f>f_0$ 时，电路呈容性，利用 LC 并联谐振时呈高阻抗这一特点，来达到选取信号的目的，这就是 LC 并联谐振回路的选频特性。可以证明品质因数越高，选择性越好，但品质因数过高，传输的信号会失真。

因此，采用 LC 并联谐振回路作为选频网络的振荡电路，只能输出 $f=f_0$ 的正弦波，其振荡频率 $f_0=\dfrac{1}{2\pi\sqrt{LC}}$。

若以 LC 并联选频网络作为共射放大电路的集电极负载，其电路如图 9.3.3 所示，电路的电压放大倍数为

$$\dot{A}_u = -\beta \frac{Z}{r_{be}} \tag{9.3.7}$$

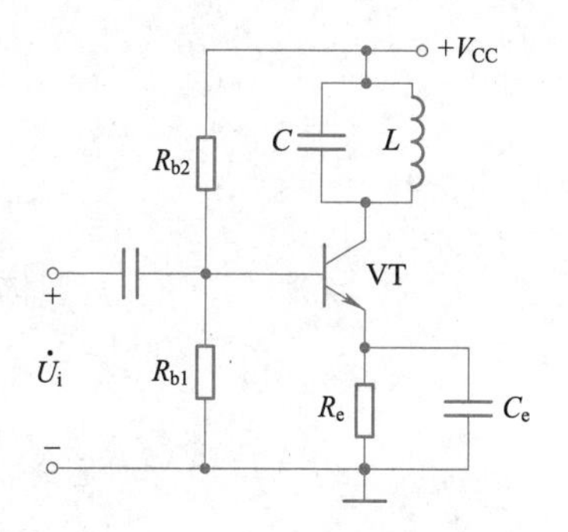

图 9.3.3　共射 LC 并联选频电路

根据 LC 并联选频网络的频率特性，当 $f=f_0$ 时，电压放大倍数的数值最大，且无附加相移。对于其余频率的信号，电压放大倍数不但数值减小，而且有附加相移。电路具有选频特性，故称之为选频放大电路。若在电路中引入正反馈，并能用反馈电压取代输入电压，则电路

就成为正弦波振荡电路。根据引入反馈的方式不同,LC 正弦波振荡电路分为变压器反馈式、电感三点式和电容三点式三种电路;所用放大电路视振荡频率而定,可用共射电路、共基电路或者是宽频带集成运放。

9.3.2 变压器反馈式振荡电路

1. 电路组成

引入正反馈最简单的方法是采用变压器反馈式,如图 9.3.4 所示。为使反馈电压与输入电压同相,同名端用如图 9.3.4 中所标注。用反馈电压取代输入电压,得到变压器反馈式振荡电路,如图 9.3.5 所示。

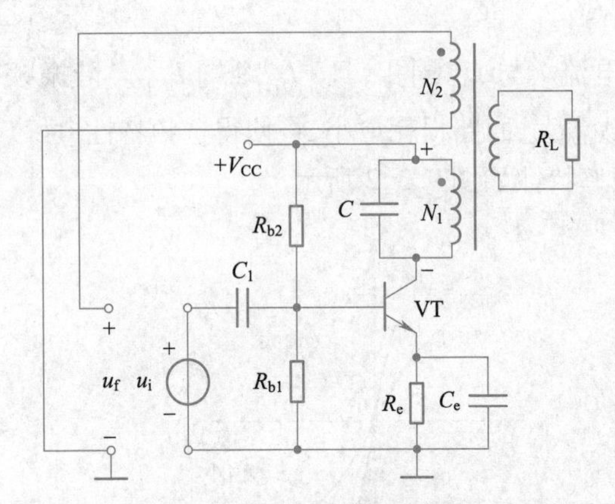

图 9.3.4 在选频放大电路中引入正反馈

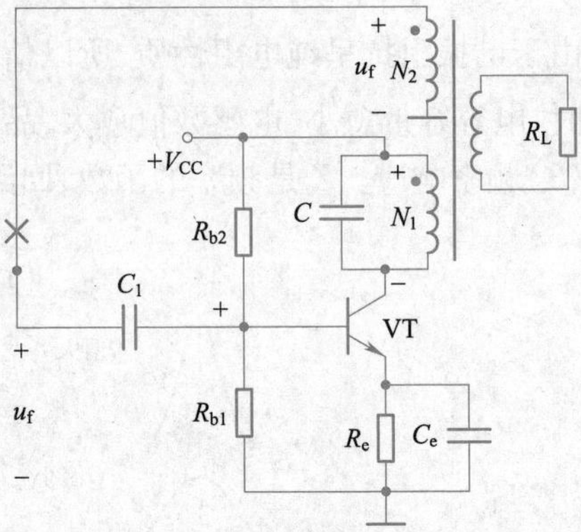

图 9.3.5 变压器反馈式振荡电路

下面,采用前面所介绍的方法来判断图 9.3.5 所示电路产生正弦波振荡的可能性。

(1)电路存在放大电路、选频网络、正反馈网络以及用 BJT 的非线性特性所实现的稳幅环节四个部分。

(2)判断放大电路能否正常工作。图 9.3.5 所示放大电路是典型的基极分压式工作点稳定电路,可以设置合适的静态工作点。

(3)交流通路如图 9.3.6 所示。交流信号传递过程中无开路或短路现象,电路可以正常放大。

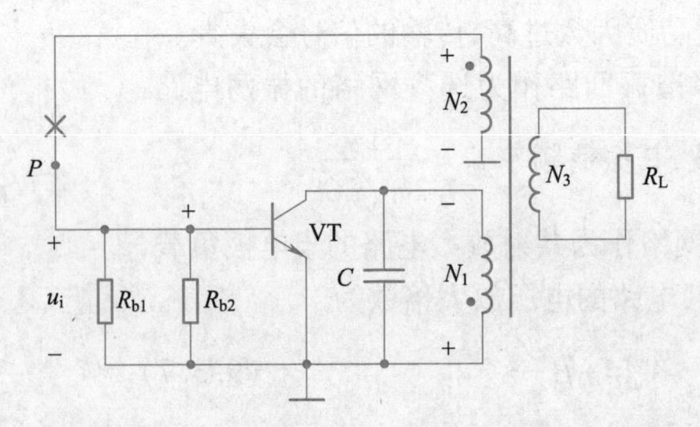

图 9.3.6 变压器反馈式振荡电路的交流通路

(4)采用瞬时极性法判断电路是否满足相位平衡条件。在变压器反馈式振荡电路(见图 9.3.5)中,断开 P 点,在断开处给放大电路加 $f=f_0$ 的输入电压 $\dot{U}_i$,给定其极性对“地”为正,因而 BJT 基极动态电位对“地”为正。由于放大电路为共射接法,故集电极动态电位对“地”为负；对于交流信号，电源相当于“地”，所以线圈 N_1 电压为上“正”下“负”；根据同名端，N_2 电压也为上“正”下“负”，即反馈电压对“地”为正，与输入电压假设极性相同，满足正弦波振荡的相位条件。

2. 振荡建立与稳定

当电源接通后的瞬间，电路中会存在各种电的扰动，这些扰动都能令谐振回路两端产生较大的电压，通过反馈线圈回路送到放大器的输入端进行放大。经放大和反馈的反复循环，频率为f_0的正弦电压的振幅就会不断地增大，于是振荡就建立起来。其中

$$f_0 \approx \frac{1}{2\pi\sqrt{L_1'C}} \tag{9.3.8}$$

$$L_1' = L_1 - \frac{\omega^2 M^2}{R_i^2 + \omega^2 L_2^2} L_2 \tag{9.3.9}$$

式中，L_1 为考虑 N_3 回路参数折合到一次侧的等效电感；L_2 为二次电感；M 为 N_1 和 N_2 间的等效互感；R_i 为放大电路的输入电阻，其值为 $R_i = R_{b1} /\!/ R_{b2} /\!/ r_{be}$。

变压器反馈式振荡电路易于产生振荡，输出电压的波形失真不大，应用范围广泛。为了进一步提高振荡频率，选频放大器可改为共基接法。该电路在安装中要注意的问题是反馈线圈的极性不能接反，否则就变成负反馈而不能起振。若反馈线圈的连接正确仍不能起振，可增加反馈线圈的匝数。

9.3.3 电感三点式振荡电路

三点式振荡电路有电容三点式振荡电路和电感三点式振荡电路两种，它们的共同点是：在交流通路中，谐振回路的三个引出端点与 BJT 的三个电极相连接，其中，与发射极相接的为两个同性质的电抗，与集电极和基极相接的是异性质的电抗。这种规定可作为三点式振荡电路的组成法则，利用这个法则，可以判别三点式振荡电路的连接是否正确。下面先介绍电感三点式振荡电路的组成及振荡频率。

1. 电路组成

电感三点式振荡电路原理图如图 9.3.7 所示，它的 LC 并联谐振回路中的电感有首端、中间抽头和尾端三个端点，其交流通路分别与放大电路的集电极、发射极（地）和基极相连，反馈信号取自电感 L_2 上的电压。因此，习惯上将图 9.3.7 所示电路称为电感三点式振荡电路或电感反馈式振荡电路。

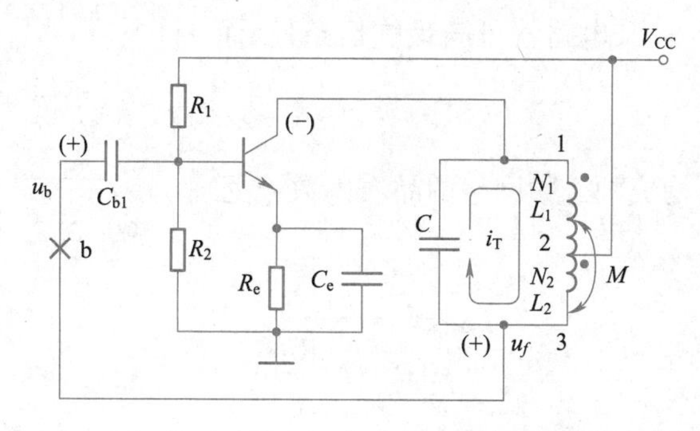

图 9.3.7　电感三点式振荡电路原理图

首先观察电路，它包含了放大电路、选频网络、反馈网络和非线性元件 BJT 四个部分，而且

放大电路能够正常工作，符合正弦波振荡电路的结构组成。接下采用瞬时极性法判断电路是否满足正弦波振荡的相位条件。

谐振时，回路电流远比外电路电流大，1、3 两端近似呈现纯电阻特性。观察图 9.3.7，当选取中间抽头 2 为交流地电位点时，1 端和 3 端的电位极性相反。设从反馈线的点 b 处断开，同时输入极性为(+)的输入信号 u_b。由于在纯电阻负载的条件下，共射放大电路具有倒相作用，因而其集电极电位瞬时极性为(-)。又因 2 端交流接地，因此 3 端的瞬时极性为(+)，即反馈信号 u_f与输入信号 u_b同相，满足相位平衡条件。

2. 振荡频率与起振条件

设 N_1 的电感量为 L_1，N_2 的电感量为 L_2，N_1 与 N_2 间的互感为 M，且品质因数 Q 远大于 1，则图 9.3.7 的振荡频率为

$$f=f_0\approx\frac{1}{2\pi\sqrt{(L_1+L_2+2M)C}} \tag{9.3.10}$$

至于振幅条件，由于放大电路的电压放大倍数比较大，只要适当选取 L_2/L_1 的值，就可实现起振。通过以上的分析可知电感三点式振荡电路的结构简单，易连接，易起振。若采用可变电容器，能在较宽范围内调节振荡频率，振荡频率一般为几十赫至几十兆赫。高次谐波分量大，波形较差，因此，一般用在对波形要求不高的设备之中，如高频加热器、接收机的本机振荡器等。

9.3.4 电容三点式振荡电路

1. 电路组成

电容三点式振荡电路如图 9.3.8 所示，反馈电压取自 C_1、C_2 组成的电容分压器。该电路包含放大电路、选频网络、反馈网络和非线性元件 BJT 四个部分。其中放大电路是基极分压式共射极稳定静态工作点的典型电路，放大电路能够正常工作。L、C_1、C_2 并联回路组成选频网络。与电感三点式振荡电路的情况相似，这样的连接也能保证实现正反馈，产生振荡。

根据正弦波振荡电路的判断方法，采用瞬时极性法判断电路是否满足正弦波振荡的相位条件。断开反馈，加频率为 f_0的输入电压，给定其极性，判断出从 C_2 上所获得的反馈电压的极性与输入电压相同，故电路满足正弦波振荡的相位条件，各点瞬时极性如图 9.3.8 中所标注。只要电路参数选择得当，电路就可满足幅值条件，而产生正弦波振荡。

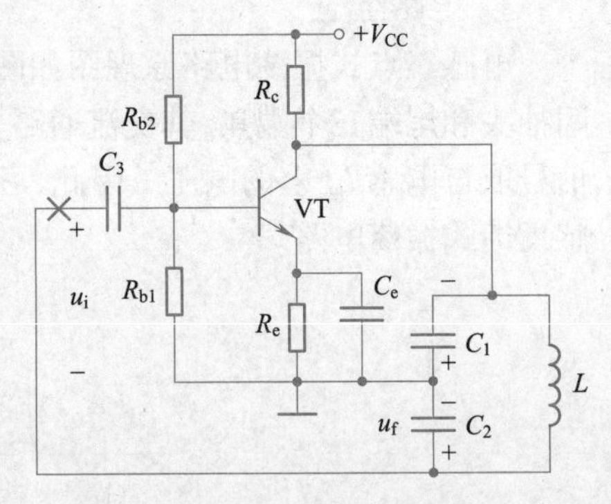

图 9.3.8 电容三点式振荡电路

2. 振荡频率

当由 L、C_1 和 C_2 所构成的选频网络的品质因数 Q 远大于 1 时，振荡频率为

$$f_0=\frac{1}{2\pi\sqrt{L\frac{C_1C_2}{C_1+C_2}}} \tag{9.3.11}$$

电容三点式振荡电路的反馈电压从电容 C_2 两端取出，频率越高，容抗越小，反馈越弱，这样就减少了高次谐波分量，从而输出较好的波形，同时频率稳定性也较高。除此之外，这种类

型的振荡电路输出的波形频率较高，可达 100 MHz 以上。要想改变振荡频率，必须同时调节 C_1 和 C_2，非常不方便，为了方便地调节电容三点式振荡电路的振荡频率，通常在线圈 L 上串联一个容量较小的可变电容。

9.4 石英晶体正弦波振荡电路

石英晶体谐振器简称石英晶体，具有非常稳定的固有频率。对于振荡频率的稳定性要求高的电路，比如通信系统中的射频振荡电路、数字系统的时钟产生电路等应选用石英晶体作为选频网络。

1. 石英晶体的基本特性与等效电路

将二氧化硅结晶体按一定的方向切割成很薄的晶片，再将晶片两个对应的表面抛光和涂敷银层，并装上一对金属板，就构成了石英晶体谐振器。其结构示意图和图形符号如图 9.4.1 所示。

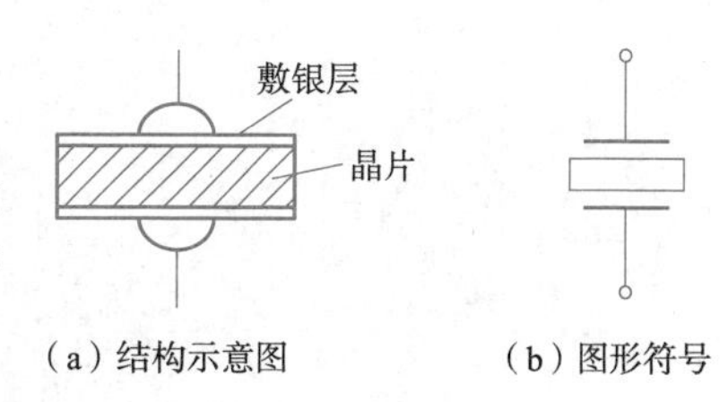

图 9.4.1 石英晶体谐振器的结构示意图及图形符号

石英晶体的等效电路如图 9.4.2(a) 所示。当石英晶体不振动时，可等效为一个平板电容 C_0，称为静态电容；其值决定于晶片的几何尺寸和电极面积，一般约为几皮法到几十皮法。当晶片产生振动时，机械振动的惯性等效为电感 L，其值为几毫亨到几十毫亨。晶片的弹性等效为电容 C，其值仅为 0.01 ~ 0.1 pF，因此 $C \ll C_0$。晶片的摩擦损耗等效为电阻 R，其值约为 100 Ω，理想情况下为 0 Ω。石英晶体机械振动的惯性与弹性的比值非常高，即 L/C 的数值比较高，因此，石英晶体的品质因数就非常高，常常在 $1\times10^5 \sim 5\times10^6$ 范围内，这也是石英晶体频率稳定的重要因素。

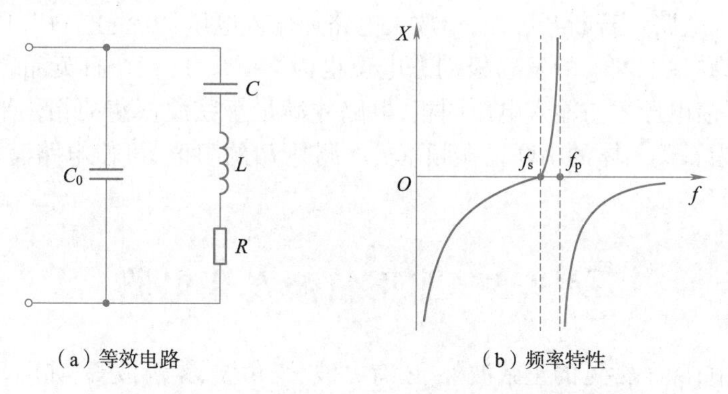

图 9.4.2 石英晶体的等效电路及其频率特性

图 9.4.2(b) 为石英晶体的频率特性，由电路模型可知，石英晶体有两个谐振频率，一个是串联谐振频率 f_s，另一个是 LC 并联谐振频率 f_p。当 R、L、C 支路发生串联谐振时，其串联谐振频率为

$$f_s = \frac{1}{2\pi\sqrt{LC}} \tag{9.4.1}$$

石英晶振的 C_0 很小，容抗比 R 大得多，因此，串联谐振的等效阻抗近似为 R，呈纯阻性，且其阻值很小。

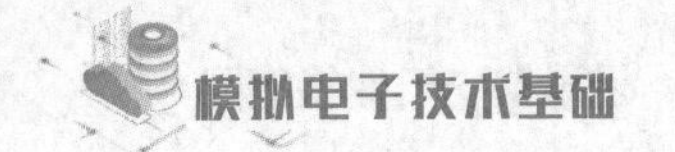

当频率高于 f_s 小于 f_p 时，R、L、C 支路呈感性，当与 C_0 发生并联谐振时，其振荡频率为

$$f_p = \frac{1}{2\pi\sqrt{LC}}\sqrt{1 + \frac{C}{C_0}} \tag{9.4.2}$$

当 $f > f_p$ 时，石英晶体又呈容性，如图 9.4.2(b)所示。

2. 石英晶体振荡电路

石英晶体振荡电路的形式是多种多样的，但其基本电路只有两类，即并联型石英晶体振荡电路和串联型石英晶体振荡电路，前者石英晶体是以并联谐振的形式出现，如图 9.4.3(a)所示，而后者则是以串联谐振的形式出现，如图 9.4.3(b)所示。

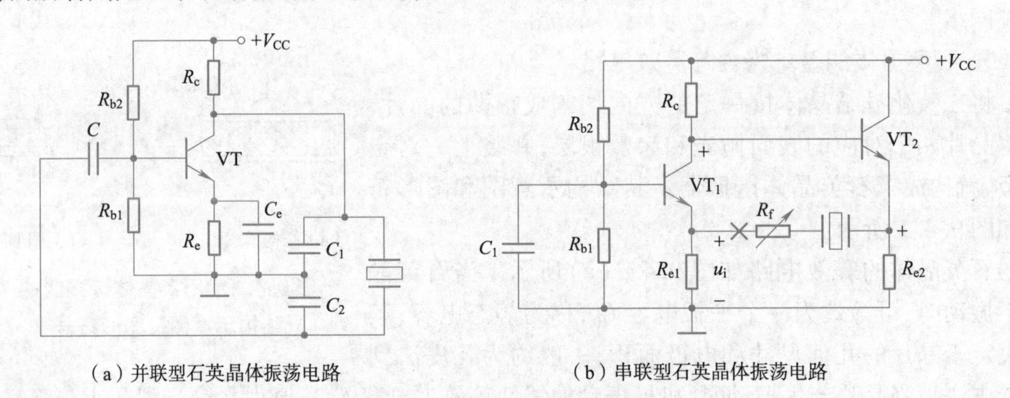

(a) 并联型石英晶体振荡电路　　(b) 串联型石英晶体振荡电路

图 9.4.3　石英晶体振荡电路

图 9.4.3(a)所示的并联型石英晶体振荡电路是将图 9.3.8 所示的电容三点式振荡电路中的电感 L 换成石英晶体振荡器而得，它们的正弦波振荡的相位平衡条件相同，前面已经分析过了，这里不再赘述。图 9.4.3(b)所示的串联型石英晶体振荡电路，第一级为共基放大电路，第二级为共集放大电路。若断开反馈，给放大电路加输入电压，极性上“+”下“-”；则 VT_1 的集电极动态电位为“+”，VT_2 的发射极动态电位也为“+”。只有在石英晶体呈纯阻性，即产生串联谐振时，反馈电压才与输入电压同相，电路才满足正弦波振荡的相位平衡条件。所以，电路的振荡频率为石英晶体的串联谐振频率 f_s。调整 R_f 的阻值，可使电路满足正弦波振荡的幅值平衡条件。

9.5　非正弦波发生电路

在实用电路中，除了常见的正弦波外，还有方波、三角波、锯齿波等，如图 9.5.1 所示。

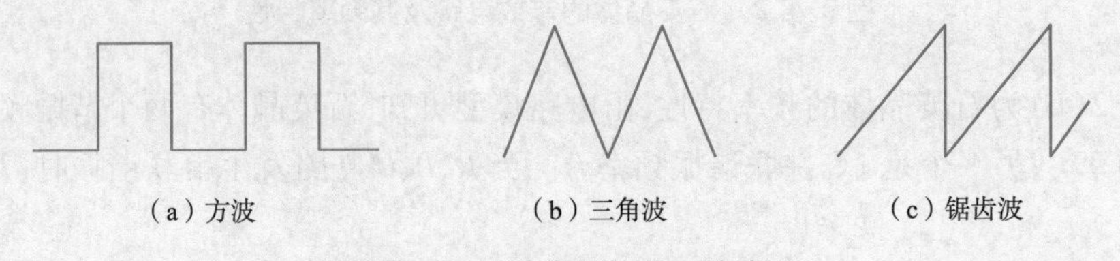

(a) 方波　　(b) 三角波　　(c) 锯齿波

图 9.5.1　三种常见的非正弦波形

本节主要介绍这三种非正弦波波形发生电路的组成、工作原理和主要参数等。

9.5.1 方波发生电路

视频

方波发生电路工作原理分析

因为方波电压只有两种状态，不是高电平，就是低电平，所以电压比较器是它的重要组成部分；因为产生振荡，就是要求输出的两种状态自动地相互转换，所以电路的输出必须通过一定的方式引回到它的输入，以控制输出状态的转换；因为输出状态应按一定的时间间隔交替变化，即产生周期性变化，所以电路中要有延迟环节来确定每种状态维持的时间。图 9.5.2 所示为方波发生电路，它由运算放大器、R_1 和 R_2 构成反相输入的滞回比较器和 RC 回路组成。RC 回路既是负反馈网络，又作为延迟环节，C 上电压作为滞回比较器的输入，通过 RC 充放电实现输出状态的自动转换。

图 9.5.2 中输出电压 $u_O=\pm U_Z$，正向阈值电压 U_{T+}、负向阈值电压 U_{T-} 为

$$U_{T+}=\frac{R_1}{R_1+R_2}U_Z \tag{9.5.1}$$

$$U_{T-}=-\frac{R_1}{R_1+R_2}U_Z \tag{9.5.2}$$

设某一时刻输出电压 $u_O=+U_Z$，则同相输入端电位 $u_P=U_{T+}$。u_O 通过 R_3 对电容 C 正向充电，如图 9.5.2 中实线箭头所示。反相输入端电位 u_N 随时间的增加而逐渐升高，当时间趋近于无穷时，u_N 趋于 $+U_Z$；但是，一旦 $u_N=U_{T+}$，再稍增大，u_O 就从 $+U_Z$ 跃变为 $-U_Z$，与此同时 u_P 从 U_{T+} 跃变为 U_{T-}。随后，u_O 又通过 R_3 对电容 C 放电，如图 9.5.2 中虚线箭头所示。反相输入端电位 u_N 随时间增加而逐渐降低，当时间趋近于无穷时，u_N 趋于 $-U_Z$；但是，一旦 $u_N=U_{T-}$，再稍减小，u_O 就从 $-U_Z$ 跃变为 $+U_Z$，与此同时 u_P 从 U_{T-} 跃变为 U_{T+}，电容又开始正向充电。上述过程周而复始，电路产生了自激振荡，在输出端输出方波信号，工作波形图如图 9.5.3 所示（T_k 为输出波形 u_O 高电平持续的时间）。

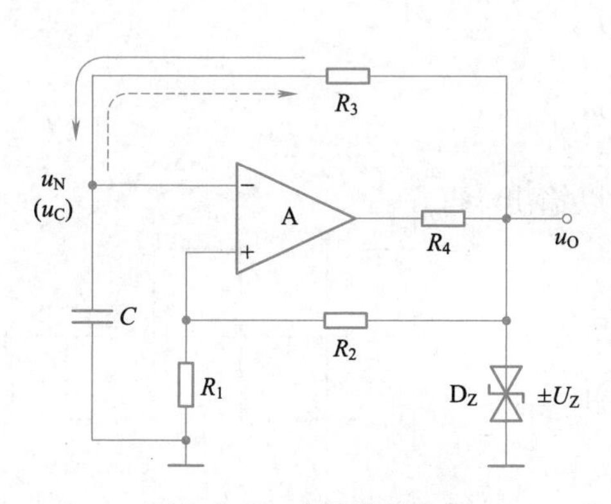

图 9.5.2 方波发生电路

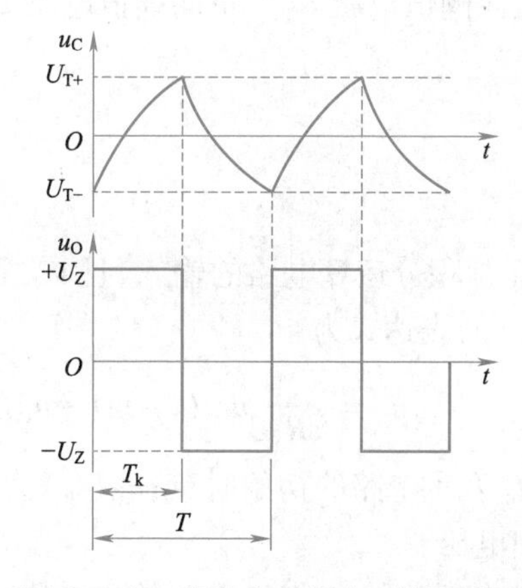

图 9.5.3 方波产生电路工作波形图

上述电路中电容正向充电与反向充电的时间常数均为 RC，而且充电的总幅值也相等，因而在一个周期内，u_O 是高电平的时间与低电平的时间相等。通常将矩形波高电平的持续时间与振荡周期的比称为占空比，方波的占空比为 50%。利用一阶 RC 电路的三要素法可得

$$U_{T+}=(U_Z+U_T)(1-e^{-\frac{T/2}{R_3C}})+(U_{T-}) \tag{9.5.3}$$

将式(9.5.1)和式(9.5.2)分别代入式(9.5.3)，可得

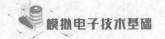

$$T=2R_3C\ln\left(1+\frac{2R_1}{R_2}\right) \tag{9.5.4}$$

振荡频率 $f=1/T$。调整电路参数 R_1、R_2、R_3 和电容 C 的数值,可以改变电路的振荡频率。调整电阻 R_1 和 R_2 的阻值,可以改变方波的幅值。

9.5.2 三角波发生电路

将方波电压作为积分运算电路的输入,在其输出端就得到三角波电压。图 9.5.4 为三角波发生电路,包括滞回比较器和积分运算电路两部分。图 9.5.4 所示电路中产生方波的输出端 u_{O1},与图 9.5.2 相比,去掉了 RC 回路这个延迟环节,而是利用图 9.5.4 中的积分运算电路作为延迟环节。

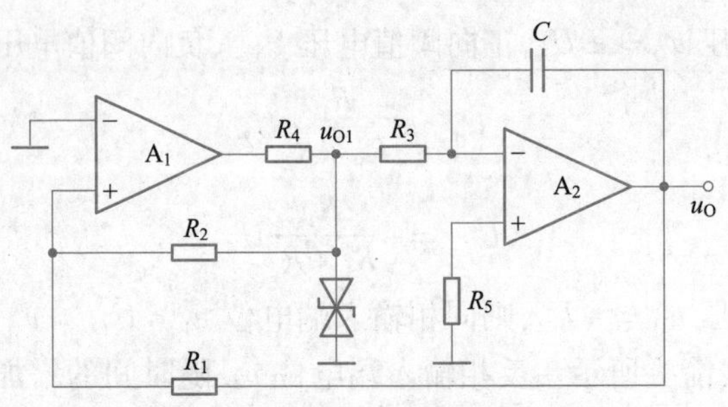

图 9.5.4 三角波发生电路

图 9.5.4 中滞回比较器的输出电压 $u_{O1}=\pm U_Z$,它的输入电压是积分电路的输出电压 u_O,根据叠加原理,集成运放 A_1 同相输入端的电位为

$$u_{p1}=\frac{R_2}{R_1+R_2}u_O+\frac{R_1}{R_1+R_2}u_{O1}=\frac{R_2}{R_1+R_2}u_O\pm\frac{R_1}{R_1+R_2}u_{O1}U_Z \tag{9.5.5}$$

正向阈值电压 U_{T+}、负向阈值电压 U_{T-} 为

$$U_{T+}=\frac{R_1}{R_2}U_Z \tag{9.5.6}$$

$$U_{T-}=-\frac{R_1}{R_2}U_Z \tag{9.5.7}$$

u_{O1} 是积分运算电路的输入,且 $u_{O1}=\pm U_Z$,所以输出电压 u_O 的表达式为

$$u_O=-\frac{1}{R_3C}u_{O1}(t-t_0)+u_O(t_0) \tag{9.5.8}$$

式中,t_0 表示电路的初始时刻;$u_O(t_0)$ 为电路初始状态时的输出电压。

设 t_0 时刻,$u_{O1}=U_Z$,此时输出电压 u_O 可以写成:

$$u_O=-\frac{1}{R_3C}U_Z(t-t_0)+u_O(t_0) \tag{9.5.9}$$

积分运算电路为反向积分,当方波发生电路的输出电压 $u_{O1}=+U_Z$ 时,积分运算电路的输出电压 u_O 将线性下降;而当 $u_{O1}=-U_Z$ 时,u_O 将线性上升,工作波形图如图 9.5.5 所示。

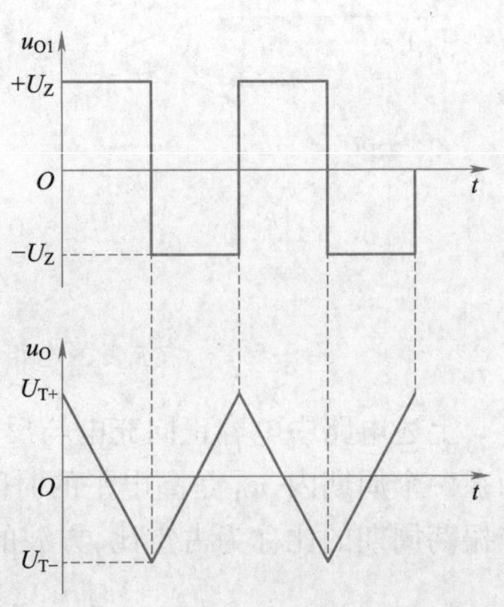

图 9.5.5 三角波发生电路工作波形图

利用式(9.5.9),找出半周期 $T/2$ 的起始电压,和积分后的 u_O,便可得到三角波发生电路的周期为

$$T=\frac{4R_1R_3C}{R_2} \tag{9.5.10}$$

频率为 $1/T$。调节电路中 R_1、R_2、R_3 和电容 C 的数值,可以改变电路的振荡频率;而调节 R_1 和 R_2 的阻值,可以改变三角波的幅值。

9.5.3 锯齿波发生电路

锯齿波实际上是不对称的三角波,其发生电路被广泛应用于屏幕的扫描系统中,电路如图 9.5.6 所示,与三角波发生电路的区别在于积分电路充、放电电路的电阻不等,从而获得锯齿波信号输出。

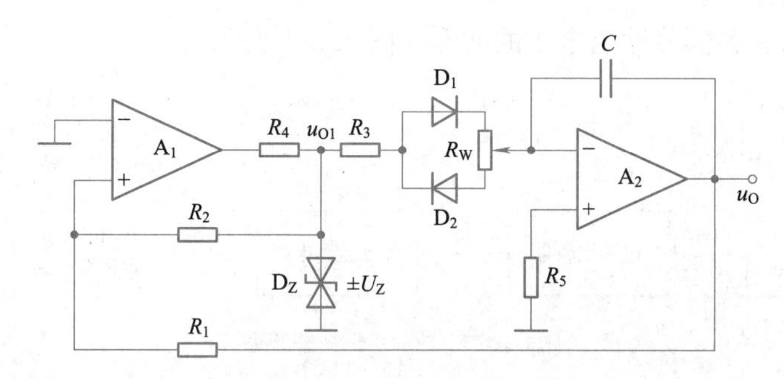

图 9.5.6 锯齿波发生电路

利用二极管的单向导电性,使积分电路中充电和放电的回路不同。使电位器的滑动端移到最上端,设二极管为理想二极管,当 $u_{O1}=+U_Z$ 时,D_1 导通,D_2 截止,输出电压 u_O 的表达式为

$$u_O=-\frac{1}{R_3C}U_Z(t-t_0)+u_O(t_0) \tag{9.5.11}$$

式中,t_0 表示电路的初始时刻;$u_O(t_0)$ 为电路初始状态时的输出电压。随着时间 t 的不断增加,u_O 线性下降。

当 $u_{O1}=-U_Z$ 时,D_1 截止,D_2 导通,输出电压 u_O 的表达式为

$$u_O=\frac{1}{(R_3+R_W)C}U_Z(t-t_1)+u_O(t_1) \tag{9.5.12}$$

式中,t_1 表示 u_{O1} 从 $+U_Z$ 跳变到 $-U_Z$ 的时刻。随着时间 t 的不断增加,u_O 线性上升。锯齿波电路的输出波形如图 9.5.7 所示。

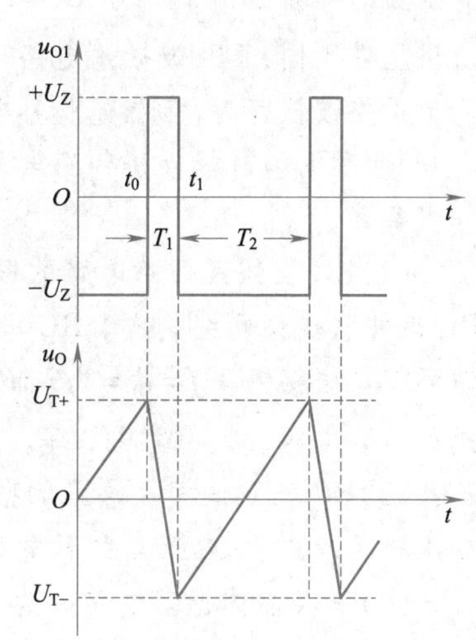

图 9.5.7 锯齿波发生电路的工作波形

振荡周期为

$$T=\frac{2R_1(2R_3+R_W)C}{R_2} \tag{9.5.13}$$

频率为 $1/T$。调整 R_1 和 R_2 的阻值,可以改变锯齿波的幅值;调整 R_1、R_2、R_3 和 R_W 的阻值以及电容 C 的容量,可以改变振荡周期;调整电位器滑动端的位置,可以改变

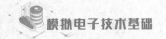

输出电压的占空比以及锯齿波上升和下降的斜率。

9.6 波形变换电路

从三角波和锯齿波发生电路的分析可知,这些电路构成的基本思路是将一种形状的波形变换成另一种形状的波形,即实现波形变换。只是由于电路中两个组成部分的输出互为另一部分的输入,因此产生了自激振荡。实际上,可以利用基本电路来实现波形的变换。例如,利用积分运算电路将方波变为三角波,利用微分运算电路将三角波变为方波,利用电压比较器将正弦波变为矩形波,利用模拟乘法器将正弦波变为二倍频等等。

例 9.6.1 试将正弦波电压转换为二倍频锯齿波电压。要求画出原理框图,并定性画出各部分输出电压的波形。

解 原理框图和各部分输出电压的波形如图 9.6.1 所示。

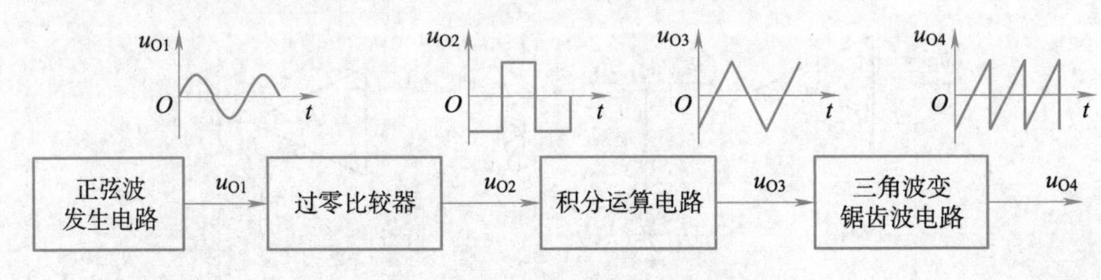

图 9.6.1 例 9.6.1 求解图

这里只给出了解题思路,读者可以结合 7.3 节和本章所学知识自行设计。

小 结

本章主要介绍了正弦波振荡电路、方波发生电路、三角波发生电路,以及锯齿波发生电路,并揭示了各种波形发生与变换的关系。具体内容如下:

(1)正弦波振荡电路由放大电路、选频网络、正反馈网络和稳幅环节四部分组成。正弦波振荡的幅值平衡条件为 $AF=1$,相位平衡条件为 $\varphi_a+\varphi_f=2n\pi$($n$ 为整数)。按选频网络所用元件不同,正弦波振荡电路可分为 RC、LC 和石英晶体几种类型。在分析电路是否可能产生正弦波振荡时,应首先观察电路是否包含四个组成部分,进而检查放大电路能否正常放大,然后利用瞬时极性法判断电路是否满足相位平衡条件,必要时再判断电路是否满足幅值平衡条件。

(2)RC 正弦波振荡电路的振荡频率比较低。RC 桥式振荡电路由同相比例放大电路和 RC 串并联选频网络构成。RC 串并联选频网络不仅具有选频的作用,还是振荡电路的正反馈环节。振荡频率 $f=f_0=1/2\pi RC$。最大反馈系数 F 为 1/3。稳幅环节由非线性器件充当,比如热敏电阻、二极管、BJT 等。

(3)RC 正弦波振荡电路的振荡频率比较高,通常在 1 MHz 以上。根据电路结构可分为变压器反馈式、电感三点式和电容三点式三种,电路的品质因数越大,电路的选频特性越好。

(4)石英晶体振荡电路分为并联型石英晶体振荡电路和串联型石英晶体振荡电路两类。由于石英晶体的等效谐振回路的 Q 值很高,因而振荡频率有很高的稳定性。

(5)非正弦波发生电路无选频网络,通常由放大电路、负反馈网络和积分环节组成。本章主要介绍了方波、三角波和锯齿波的发生电路及波形变换。三角波与锯齿波发生电路原理本质相同,唯一的差别是,前者积分电路的正向和反向充放电时间常数不相等,而后者是一致的。

习 题

9.1 正弦波振荡电路的振荡条件

9.1.1 请分析正弦波振荡电路的振荡条件和负反馈放大电路的自激条件的异同。

9.1.2 判断题:

(1)因为 RC 串并联选频网络作为反馈网络时的 $\varphi_f=0°$,单管共集放大电路的 $\varphi_a=0°$,满足正弦波振荡电路的相位条件 $\varphi_f+\varphi_a=2n\pi$,故合理连接它们可以构成正弦波振荡电路。 (　　)

(2)因为 RC 串并联选频网络作为反馈网络时的 $\varphi_f=0°$,单管共集放大电路的 $\varphi_a=0°$,满足正弦波振荡电路的相位条件 $\varphi_f+\varphi_a=2n\pi$,故合理连接它们可以构成正弦波振荡电路。 (　　)

(3)电路只要满足 $|\dot{A}\dot{F}|=1$,就一定会产生正弦波振荡。 (　　)

(4)负反馈放大电路不可能产生自激振荡。 (　　)

9.2 RC 正弦波振荡电路

9.2.1 电路如图题 9.2.1 所示,试用相位平衡条件判断该电路是否能振荡,并简述理由。

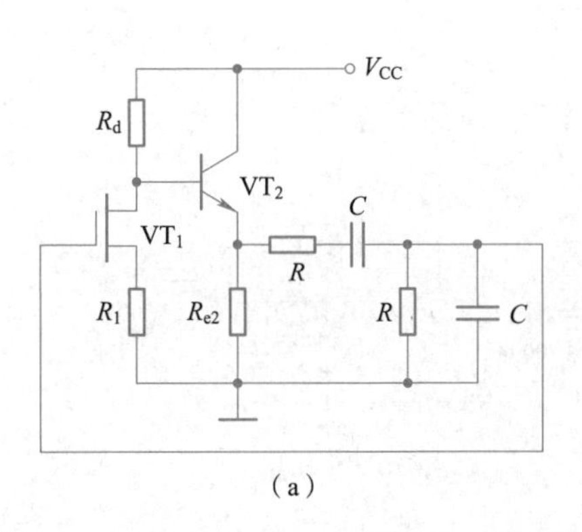

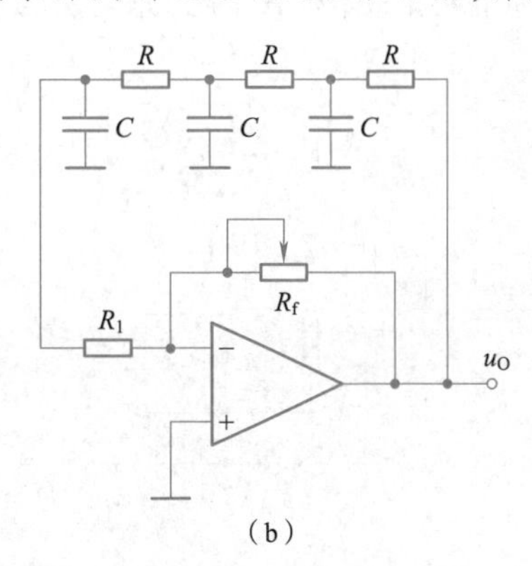

图题 9.2.1

9.2.2 正弦波振荡电路如图题 9.2.2 所示,设集成运放 A 是理想的,试分析该电路的稳幅原理;若振幅稳定后,二极管的动态电阻近似为 $r_d=500\ \Omega$,试求 R_P 的阻值及正弦波振荡频率。

9.2.3 电路如图题 9.2.3 所示。试求:(1)若电路产生正弦波振荡,请标出集成运放的“+”和“-”,并说明电路是哪种正弦波振荡电路。(2)请分别分析 R_1 短路和断路两种情况下,电路将产生什么现象?(3)若 R_f 短路,则电路将产生什么现象?若 R_f 断路,则电路将产生什么现象?

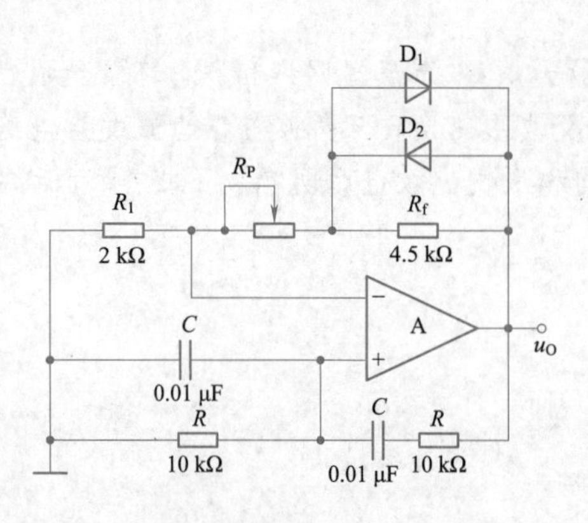

图题 9.2.2

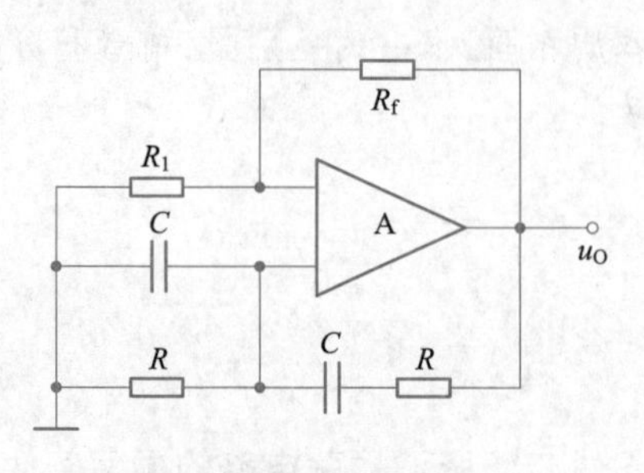

图题 9.2.3

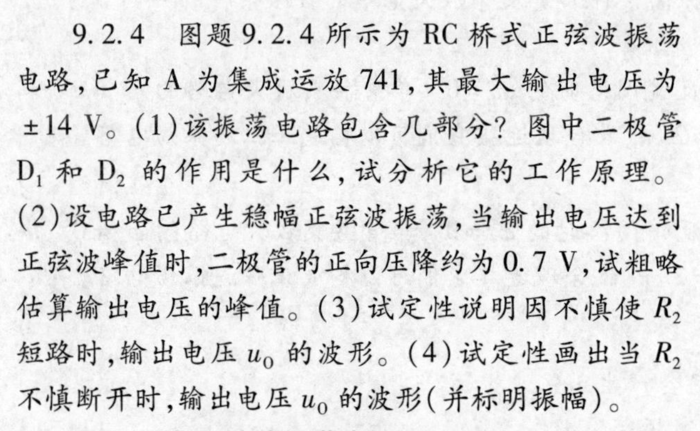

9.2.4　图题 9.2.4 所示为 RC 桥式正弦波振荡电路，已知 A 为集成运放 741，其最大输出电压为 ±14 V。(1)该振荡电路包含几部分？图中二极管 D_1 和 D_2 的作用是什么，试分析它的工作原理。(2)设电路已产生稳幅正弦波振荡，当输出电压达到正弦波峰值时，二极管的正向压降约为 0.7 V，试粗略估算输出电压的峰值。(3)试定性说明因不慎使 R_2 短路时，输出电压 u_O 的波形。(4)试定性画出当 R_2 不慎断开时，输出电压 u_O 的波形(并标明振幅)。

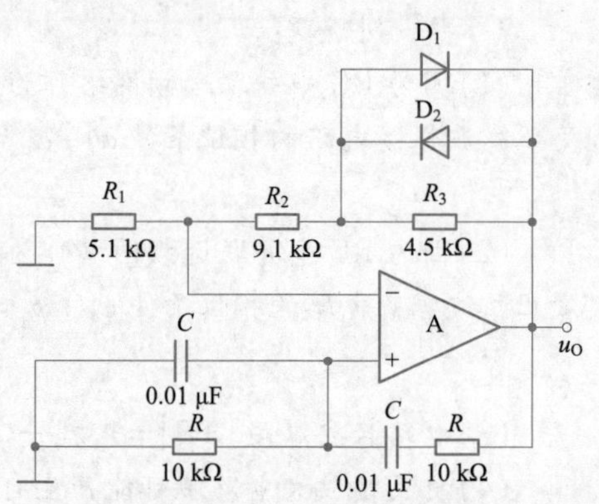

图题 9.2.4

9.3　LC 正弦波振荡电路

9.3.1　电路如图题 9.3.1 所示，试用相位平衡条件判断哪个能振荡，哪个不能，并说明理由。

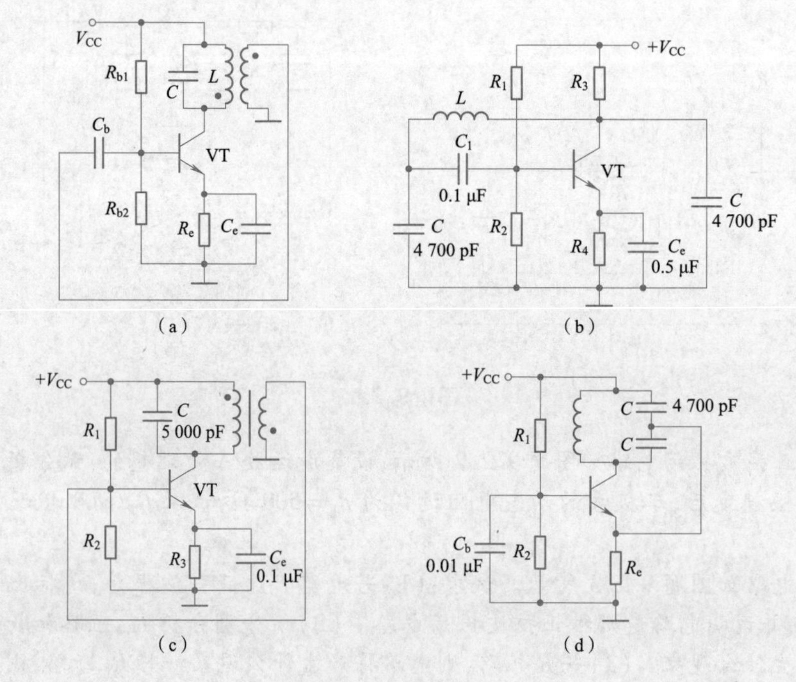

图题 9.3.1

9.3.2 电容三点式振荡电路如图题9.3.2(a)、(b)所示,请画出它们的交流通路,若 C_b 很大,$C_1 \gg C_3$ 且 $C_2 \gg C_3$,求它们振荡频率的近似表达式,并定性说明电容对两种电路振荡频率的影响。

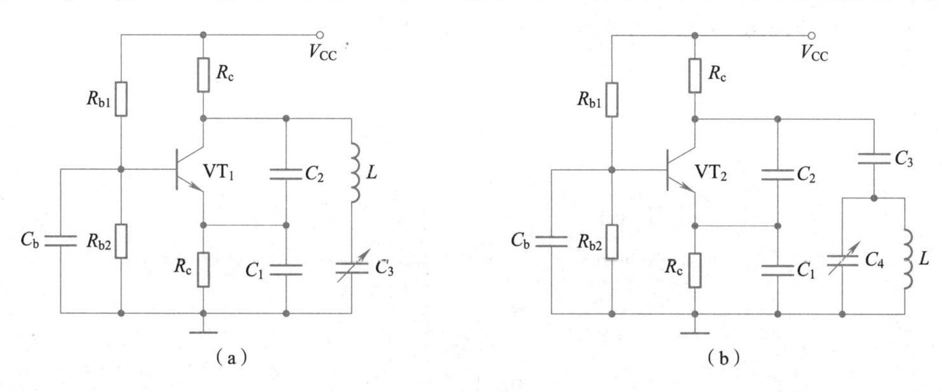

图题9.3.2

9.3.3 改正图题9.3.3所示两电路中的错误,使之有可能产生正弦波振荡。

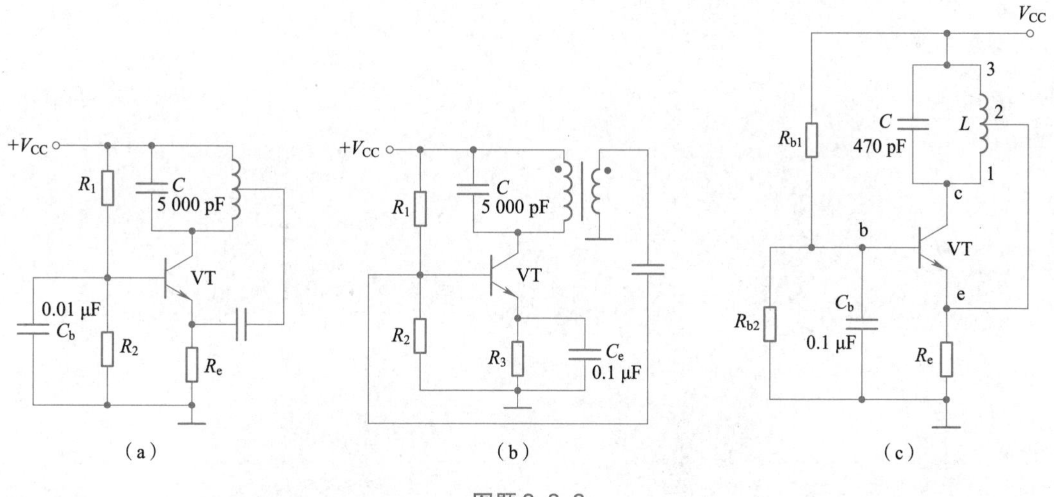

图题9.3.3

9.5 非正弦波发生电路

9.5.1 在图题9.5.1所示电路中,已知 $R_1 = 10\ \text{k}\Omega$,$R_2 = 20\ \text{k}\Omega$,$C = 0.01\ \mu\text{F}$,集成运放的最大输出电压幅值为 ±12 V,二极管的动态电阻可忽略不计。(1)求电路的振荡周期;(2)画出 u_O 和 u_C 的波形。

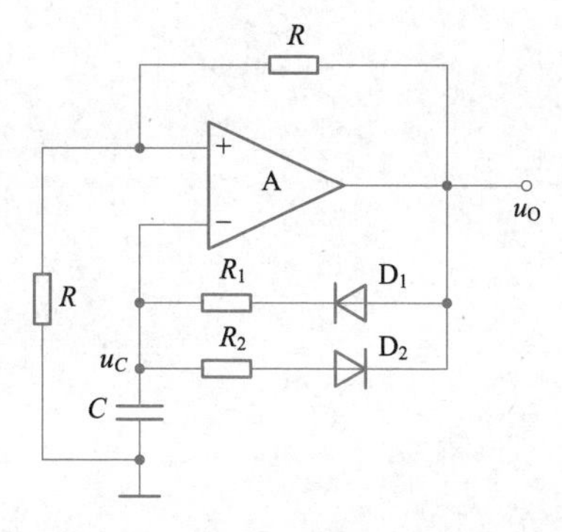

图题9.5.1

9.5.2　电路如图题 9.5.2 所示，A_1、A_2 为理想运放，二极管 D 为理想器件，$R_b = 51\ \text{k}\Omega$。$R_c = 5.1\ \text{k}\Omega$，BJT 的 $\beta = 50$，试求：(1) 当 $u_I = 1$ V 时，u_O 等于多少？(2) 当 $u_I = 3$ V 时，u_O 等于多少？(3) 当 $u_I = 5\sin\omega t$ V 时，试画出 u_I、u_{O2} 和 u_O 的波形。

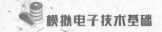

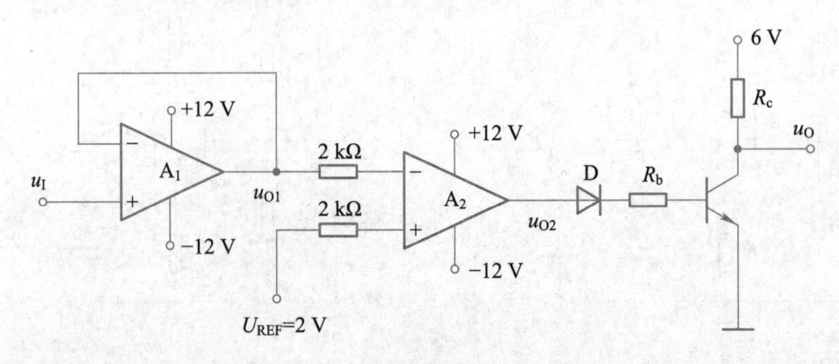

图题 9.5.2

9.6.1　试将直流电流信号转换成频率与其幅值成正比的矩形波，要求画出电路，并定性画出各部分电路的输出波形。

第10章

直流稳压电源

导读 >>>>>>

直流电源是电子设备的重要组成部分，电子系统的正常运行离不开稳定的电源供应。在大多数情况下，直流电源由电网的交流电转换而来，除非在某些特殊情况下需要化学或光电池作为电源。本章介绍广泛应用的单相低功率直流稳压电源，它将 220 V、50 Hz 的单相交流电压转换为振幅稳定的直流电压，可以提供几伏到几十伏不等的直流电压和几十安以内的直流电流，直流稳压电源的原理框图及电路各部分的输入、输出波形如图 10.0.1 所示。

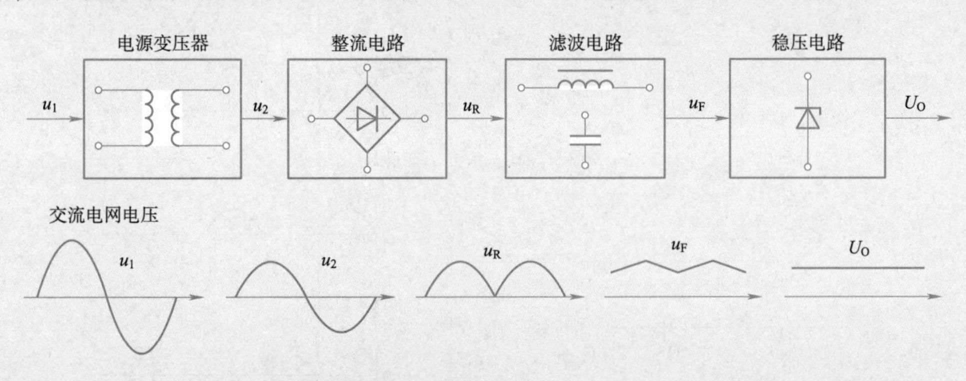

图 10.0.1　直流稳压电源的原理框图及电路各部分的输入、输出波形

(1) 电源变压器的作用是将来自电网的 220 V 有效值交流电压转换为有效值更低的交流电压，以满足整流的需要(也有不使用变压器以其他方式降低电压的电路)。

(2) 整流电路利用具有单向导电性能的整流元件，将正弦交流电压 u_2 变为单向脉动电压 u_R，其中 u_R 为非正弦周期电压，含有直流成分和多种频率的交流成分。

(3) 滤波电路利用电容、电感元件的频率特性，将直流脉动电压中的谐波成分滤掉，使电压 u_R 成为比较平滑的脉动直流电压 u_F。

(4) 当电网电压波动或负荷变化时，滤波后的直流电压也会发生变化。稳压电路的作用是使直流输出电压基本不受上述因素的影响。

下面分别讨论各部分电路的组成、工作原理和性能。

10.1 整流电路

整流电路的功能是将交流电转换为直流电，利用二极管的单向导电性可以方便地实现。在整流电路中，二极管是核心器件。为了简化分析过程，假设整流二极管为理想模型，忽略其正向电阻和反向电流。

视 频

单相半波整流电路

10.1.1 单相半波整流电路

1. 电路组成及工作原理

单相半波整流电路组成如图 10.1.1(a)所示，T 是电源变压器，其作用是将 50 Hz 的单相并网交流电压 u_1(有效值 220 V)变为满足整流电路输入要求的交流电压 u_2(变压器二次电压)。R_L 表示整流电路的负载。整流电路是一种消耗电能的电路，一般具有纯电阻的性质。R_L 两端的电压 u_O 和流过 R_L 的电流 i_O 是整流电路的输出。

设变压器二次电压为

$$u_2=\sqrt{2}U_2\sin\omega t \tag{10.1.1}$$

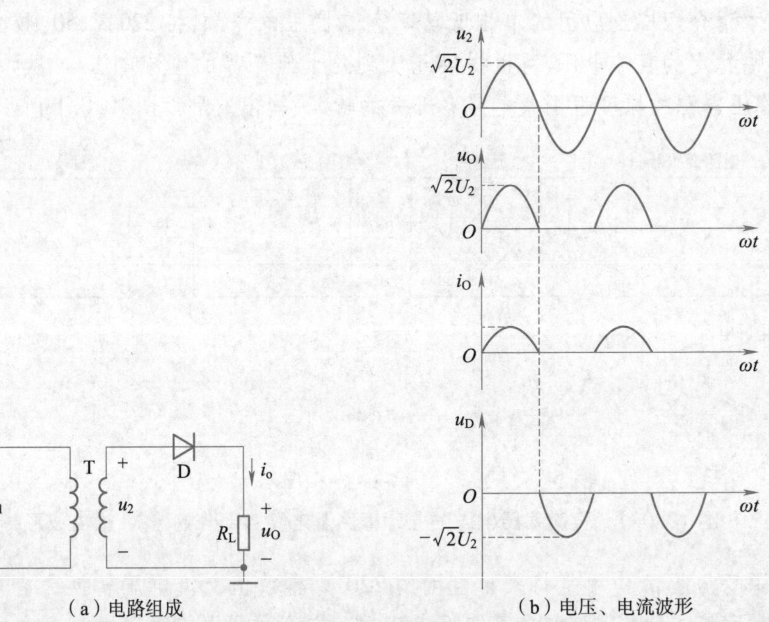

(a) 电路组成　　(b) 电压、电流波形

图 10.1.1　单相半波整流电路

由于二极管的单向导电性，当交流正弦电压 u_2 处于正半周时，二极管 D 承受正偏电压而导通，有电流 $i_O=i_D$流过 R_L。此时 u_O 的波形与 u_2 完全相同。当 u_2 为负半周时，二极管承受反偏电压而截止，此时 R_L 中的电流 i_O 为零，电压 u_O 也为零。u_O 与 i_O 的波形如图 10.1.1(b)所示。因此，在负载 R_L 上得到了单方向脉动电压。因为负载上只有半个周期内有电流和电压，所以称为半波整流电路。

2. 电路参数分析

衡量整流电路工作性能的主要参数有输出电压平均值、输出电流平均值及脉动系数。

(1)输出电压平均值 $U_{O(AV)}$。它是负载电阻上电压的平均值,即输出电压 u_O 在一个周期内的平均值,或 u_O 的直流分量。把图10.1.1(b)中的电压 u_O 用傅里叶级数展开为

$$u_O=\sqrt{2}U_2\left(\frac{1}{\pi}+\frac{1}{2}\sin\omega t-\frac{2}{3\pi}\cos 2\omega t\cdots\right) \tag{10.1.2}$$

其中的直流分量就是 $U_{O(AV)}$。所以

$$U_{O(AV)}=\frac{\sqrt{2}}{\pi}U_2\approx 0.45U_2 \tag{10.1.3}$$

式中,U_2 是变压器二次电压 u_2 的有效值。

由式(10.1.3)可知,单相半波整流电路输出电压的平均值只是变压器二次电压有效值的45%。如果 R_L 较小,考虑到变压器二次绕组和二极管上的电压降,$U_{O(AV)}$ 更低。可见半波整流电路的转换效率较低。

(2)输出电流平均值 $I_{O(AV)}$。它是负载电阻上电流的平均值。

$$I_{O(AV)}=\frac{U_{O(AV)}}{R_L}\approx\frac{0.45U_2}{R_L} \tag{10.1.4}$$

例如,当单相半波整流电路中变压器二次电压 $U_2=22$ V 时,$U_{O(AV)}\approx 9.9$ V。若负载电阻 $R_L=30\ \Omega$,则输出电流的平均值 $I_{O(AV)}\approx 0.33$ A。

(3)输出电压的脉动系数 S。它定义为整流后的输出电压 u_O 的基波分量幅值 U_{O1M} 与平均值 $U_{O(AV)}$ 之比,即

$$S=\frac{U_{O1M}}{U_{O(AV)}} \tag{10.1.5}$$

它表明了整流后输出电压 u_O 的脉动情况(平滑程度)。

由式(10.1.2)可得

$$U_{O1M}=\frac{\sqrt{2}}{2}U_2 \tag{10.1.6}$$

将式(10.1.3)、式(10.1.6)代入式(10.1.5),可得

$$S=\frac{\sqrt{2}U_2/2}{\sqrt{2}U_2/\pi}=\frac{\pi}{2}\approx 1.57 \tag{10.1.7}$$

这个结果表明,单相半波整流电路输出电压的脉动很大,其基波峰值比平均值约大57%。

3. 整流二极管的选择

在选择整流二极管时要考虑的一般参数是流过二极管的平均正向电流和二极管所施加的最大反向电压。当整流电路的输入电压和负载电阻确定后,上述参数就确定了。

(1)整流二极管的平均电流 $I_{D(AV)}$。由图10.1.1(a)可知,通过整流二极管的电流与负载电流相同,所以

$$I_{D(AV)}=I_{O(AV)}=\frac{U_{O(AV)}}{R_L}\approx\frac{0.45U_2}{R_L} \tag{10.1.8}$$

选择整流二极管时,应满足最大整流电流 $I_F>I_{D(AV)}$。

(2)整流二极管承受的最大反向电压 U_{RM}。在单相半波整流电路中,当 u_2 处于负半周时,电路中 i_O 和 u_O 均为零。此时,二极管承受的反向电压就是 u_2,其最大值就是 u_2 的峰值,即

$$U_{RM}=\sqrt{2}U_2 \tag{10.1.9}$$

选择整流二极管时,二极管最大反向工作电压应满足 $U_R>U_{RM}$。

由以上分析可知，单相半波整流电路结构简单，二极管少；缺点是转换效率低，输出电压平均值小，脉冲大。

10.1.2 单相桥式整流电路

整流电路的任务是把交流电转换成直流电，这一任务可以通过二极管的单向导通来完成。在1 kW以下的小功率整流电路中，常见的几种整流电路有单相半波、全波、桥式和双压整流电路。本节主要介绍单相桥式整流电路。

为简明起见，以下分析整流电路时，二极管均采用理想模型，即正向导通电阻为零，反向电阻为无穷大。

1. 工作原理

电路如图10.1.2(a)所示，图中T为电源变压器，它的作用是将交流电网电压 u_1 变成整流电路所需要的交流电压 $u_2=\sqrt{2}U_2\sin\omega t$，$R_L$ 是需要直流供电的负载电阻，四只整流二极管 $D_1\sim D_4$ 接成电桥的形式，故有桥式整流电路之称。图10.1.2(b)是它的简化画法。整流桥的 D_1、D_2 的连接处称为共阴极，用"+"标记，即电流从此处流出；D_3、D_4 的连接处称为共阳极，用"−"标记，其他两点表示接交流电源标记"~"。

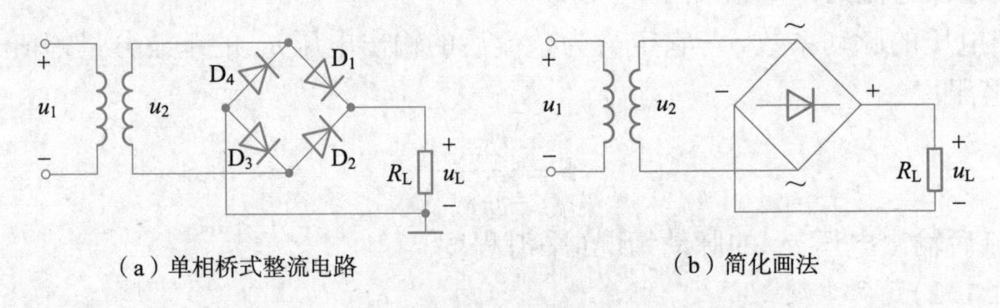

图10.1.2 单相桥式整流电路及简化画法

由二极管的单向导电性可知，在电源电压 u_2 的正半周（u_2 上端为正，下端为负时是正半周）内 D_1、D_3 导通，D_2、D_4 截止，而在 u_2 负半周内 D_2、D_4 导通，D_1、D_3 截止，可见流过负载 R_L 的电流方向始终不变。

单相桥式整流电路电压、电流波形如图10.1.3所示。显然，它们都是单方向的全波脉动波形。

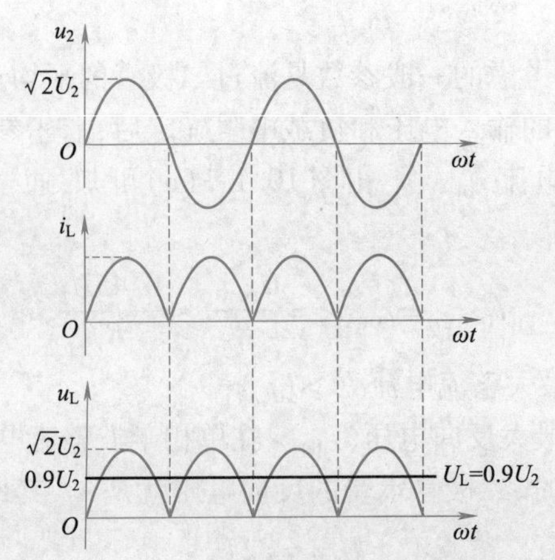

图10.1.3 单相桥式整流电路电压、电流波形

2. 负载上的直流电压 U_L 和直流电流 I_L 的计算

用傅里叶级数对图10.1.3中 u_L 的波形进行分解后可得

$$u_L = \sqrt{2}U_2\left(\frac{2}{\pi} - \frac{4}{3\pi}\cos 2\omega t - \frac{4}{15\pi}\cos 4\omega t - \frac{4}{35\pi}\cos 6\omega t \cdots\right) \tag{10.1.10}$$

式中,恒定分量即为负载电压 u_L 的平均值,因此有

$$U_L = \frac{2\sqrt{2}U_2}{\pi} = 0.9U_2 \tag{10.1.11}$$

直流电流为

$$I_L = \frac{0.9U_2}{R_L} \tag{10.1.12}$$

由式(10.1.10)看出,最低次谐波分量的幅值为 $4\sqrt{2}U_2/(3\pi)$,角频率为电源频率的两倍,即 2ω。其他交流分量的角频率为 4ω、6ω、…偶次谐波分量。这些谐波分量总称为纹波,它叠加于直流分量之上。常用纹波系数 K_γ 来表示直流输出电压中相对纹波电压的大小,即

$$K_\gamma = \frac{U_{L\gamma}}{U_L} = \frac{\sqrt{U_2^2 - U_L^2}}{U_L} \tag{10.1.13}$$

式中,$U_{L\gamma}$ 为谐波电压总的有效值,它表示为 $U_{L\gamma} = \sqrt{U_{L2}^2 + U_{L4}^2 + \cdots} = \sqrt{U_2^2 - U_L^2}$,其中 U_{L2}、U_{L4} 为二次、四次谐波的有效值。

由式(10.1.11)和式(10.1.13)得出桥式整流电路的纹波系数 $K_\gamma = \sqrt{(1/0.9)^2 - 1} = 0.483$。由于 u_L 中存在较大的纹波,故需用滤波电路来滤除纹波电压。

3. 整流元件参数的计算

在桥式整流电路中,二极管 D_1、D_3 和 D_2、D_4 是两两轮流导通的,所以流经每个二极管的平均电流为

$$I_D = \frac{1}{2}I_L = \frac{0.45U_2}{R_L} \tag{10.1.14}$$

二极管截止时,其两端承受的最大反向电压可以从图10.1.2(a)看出。在 u_2 正半周时,D_1、D_3 导通,D_2、D_4 截止。此时 D_2、D_4 所承受的最大反向电压均为 u_2 的最大值,即

$$U_{RM} = \sqrt{2}U_2 \tag{10.1.15}$$

同理,在 u_2 的负半周,D_1、D_3 也承受同样大小的反向电压。一般电网电压波动范围为 ±10%。实际上二极管的最大整流电流 I_{DM} 和最大反向电压 U_{RM} 应留有大于10%的余量。

桥式整流电路的优点是输出电压高,纹波电压小于单相半波整流电路,二极管所承受的最大反向电压较低,同时因电源变压器在正、负半周内都有电流供给负载,电源变压器得到了充分利用,效率较高。因此,这种电路在半导体整流电路中得到了颇为广泛的应用。目前市场上已有集成电路整流桥堆出售,其正向电流有0.5~20 A,最大反向电压 U_{RM} 为25~1 000 V等多种规格。如QL51A~QL51G、QL62A~QL62L等,其中QL62A~QL62L的额定电流为2 A,最大反向电压为25~1 000 V。

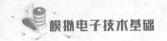

10.2 滤波电路

经过二极管整流后，电压方向变为单一方向，但电压强度仍在不断波动，其波形中包含较大的脉冲分量。这种脉动直流通常不用于直接为无线电设备供电。要把脉动直流电变成平滑直流电，还需要做一个“填充和调平”的工作，这就是滤波。换句话说，滤波的任务就是尽可能地降低整流器输出电压的波动分量，并将其转化为近乎恒定的直流电压。

滤波电路常用来滤除整流输出电压中的纹波，一般由电阻元件构成。如负载两端并联电容的电容滤波电路、负载两端串联电感的电感滤波电路，以及由电容和电感组成的复式滤波电路等。

视频

电容滤波电路

10.2.1 电容滤波电路

电容器的作用是储存电能，在电路中，当电压加到电容器的两端时，电容器就充电，电能就存储在电容器中。当施加的电压被移除（或降低），电容器将释放存储的电能。当电容器充电时，其两端电压逐渐升高，直至接近充电电压；当电容器放电时，其两端电压逐渐降低，直至完全消失。该电容器具有降低电压波动的能力，可达到滤波的效果。电容滤波电路是最常见的滤波电路，如图 10.2.1(a) 所示。理想条件下单相桥式整流电容滤波电路的波形图如图 10.2.1(b) 所示，考虑整流电路内阻的波形图如图 10.2.1(c) 所示。

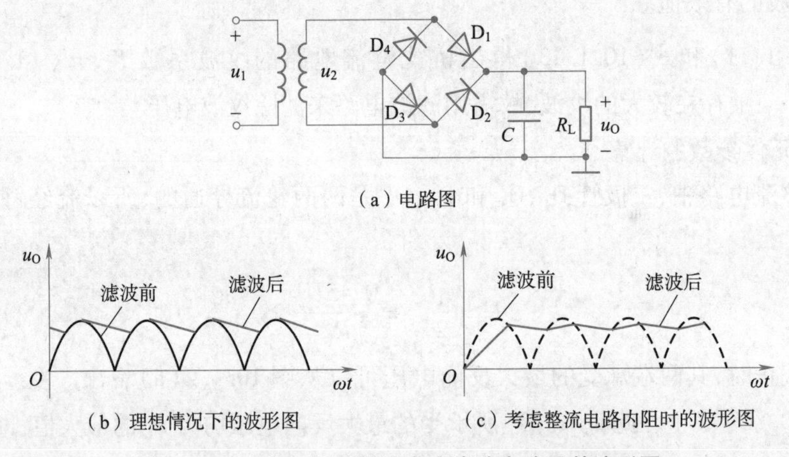

图 10.2.1 单相桥式整流电容滤波电路及其波形图

1. 工作原理

当变压器二次电压 u_2 处于正半周时，二极管 D_1、D_3 导通，电流流经两条支路，一条支路流经负载电阻 R_L，另一条支路给电容 C 充电，此时 C 相当于并联在 u_2 上，所以输出波形与 u_2 相同，为正弦波形；当 u_2 到达峰值后，电压值开始下降，电容 C 通过负载电阻 R_L 放电，其电压 u_C 也开始下降。但是由于电容按指数规律放电，所以 u_2 下降到一定数值后，u_C 的下降速度小于 u_2 的下降速度，使得 u_C 大于 u_2，从而导致 D_1、D_3 反向偏置而截止。

当 u_2 的负半周的幅值变化到恰好大于 u_C 时，二极管 D_2、D_4 导通，u_2 再次对电容 C 充电，u_C 上升到 u_2 的峰值后又开始下降，下降到一定数值时，二极管 D_2、D_4 变为截止，电容 C 通过

负载电阻 R_L 放电，u_C 按照指数规律下降。放电到一定数值时，D_1、D_3 变为导通，依次重复上述过程。

从图 10.2.1(b)所示的波形可以看出，经滤波后的输出电压不仅变得平滑，而且平均值也得到了提高。

2. 参数计算

滤波电路输出的电压波形很难用解析式来描述，故一般运用近似估算的方法进行计算。在 $R_LC=(3\sim5)T/2$ 的条件下，输出的直流电压值可以近似表示为

$$U_O\approx1.2U_2 \tag{10.2.1}$$

负载上的直流电流为

$$I_L=I_O=\frac{U_O}{R_L}=\frac{1.2U_2}{R_L} \tag{10.2.2}$$

整流二极管的平均电流为

$$I_D=\frac{1}{2}I_O=\frac{0.6U_2}{R_L} \tag{10.2.3}$$

整流二极管承受的最大反向电压为

$$U_{R\max}=\sqrt{2}U_2 \tag{10.2.4}$$

滤波电容的大小为

$$C=(3\sim5)\frac{T}{2R_L} \tag{10.2.5}$$

一般来说，选定的电容的耐压值应为 $U_{R\max}$ 值的 1.5～2 倍，电容滤波电路通常应用在负载电流较小(R_L 很大)且变化不大的场合。

例 10.2.1　在如图 10.2.1(a)所示的电路中，要求电路输出电压平均值 $U_O=12$ V，负载电流 $I_L=100$ mA，其中 $U_O\approx1.2U_2$。试求：

视频

例10.2.1

(1)滤波电容的大小。

(2)当考虑电网电压的波动范围为 ±10% 时，滤波电容的耐压值。

解　(1)根据 $U_O\approx1.2U_2$ 可知，电容 C 的取值满足：

$$R_LC=(3\sim5)T/2$$

$$R_L=\frac{U_O}{I_L}=\frac{12}{100\times10^{-3}}\ \Omega=120\ \Omega$$

则电容的大小为

$$C=\left[(3\sim5)\frac{20\times10^{-3}}{2}\times\frac{1}{120}\right]\ \text{F}\approx(250\sim417)\ \mu\text{F}$$

(2)变压器二次电压有效值为

$$U_2\approx\frac{U_O}{1.2}=\frac{12}{1.2}\ \text{V}=10\ \text{V}$$

电容的耐压值为

$$U>1.1\sqrt{2}U_2\approx1.1\sqrt{2}\times10\ \text{V}\approx15.6\ \text{V}$$

因此，本电路可以选用容量为 400 μF、耐压值为 20 V 的电容作为滤波电容。

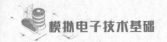

视频
电感滤波电路、复式滤波电路

10.2.2 电感滤波电路

利用电感上电流不会发生突变的特性,将电感 L 与整流电路的负载 R_L 串联起来,也可以起到滤波的作用。因为电感的基本性质是当流过它的电流发生变化时,电感线圈中产生的感应电动势会阻止电流的变化。电感滤波电路电感量大,一般采用铁芯线圈。但是铁芯电感器质量大、体积大,容易造成电磁干扰,因此很少用于小型电子设备中。电感滤波电路适用于负载电流比较大、电压变化较大的场合。

电感滤波电路由一个电力变压器、四个桥式整流二极管、负载电阻和电感组成。单相桥式整流电感滤波电路如图 10.2.2(a)所示,其波形如图 10.2.2(b)所示。

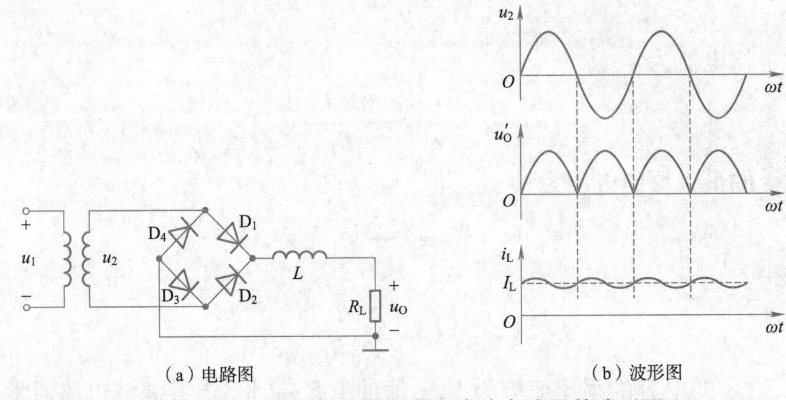

(a)电路图　(b)波形图

图 10.2.2 单相桥式整流电感滤波电路及其波形图

1. 工作原理

在 u_2 的正半周时,二极管 D_1、D_3 导通,电感中电流的波形将滞后于 u_2 的波形;在 u_2 的负半周时,电感中的电流将经由 D_2、D_4 提供。因桥式电路的对称性和电感中电流的连续性的特点,四个二极管 D_1、D_3 和 D_2、D_4 的导通角都是 180°,则电流平滑地流过二极管,减小了二极管的冲击电流,延长了二极管的寿命。

2. 特点及应用场合

电感滤波的特点是整流管的导电角大,无峰值电流,输出电压脉动小,输出特性比较平坦。缺点是铁芯会导致体积过大,容易引起电磁干扰。电感滤波器一般只适用于低电压、负载电流大的场合。

10.2.3 复式滤波电路

当电容和电感滤波电路得到的输出波形不理想时,可以采用复式滤波电路来提高滤波效果。例如,如果将电容器接在负载的并联支路上,将电感或电阻接在负载的串联支路上,就可以形成复式滤波电路,达到更好的滤波效果。因为这个电路的形状类似于希腊字母 π,所以它也被称为 π 形滤波电路。常见的复式滤波电路如图 10.2.3 所示。

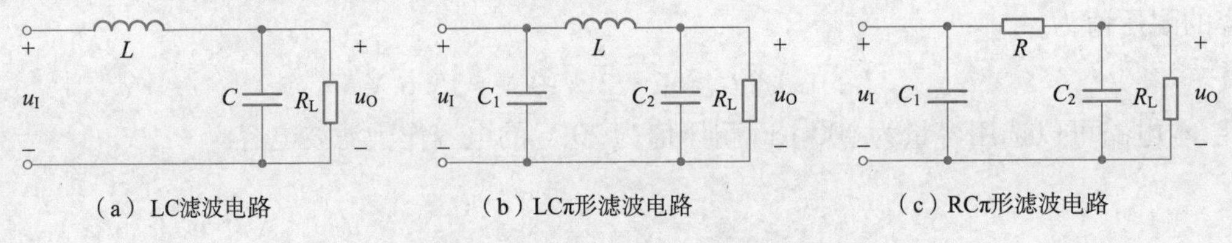

(a)LC滤波电路　(b)LCπ形滤波电路　(c)RCπ形滤波电路

图 10.2.3 常见的复式滤波电路

10.3 稳压电路

虽然整流滤波电路能将正弦交流电压转换为相对平滑的直流电压,但整流滤波电路的输出电压存在以下不稳定因素:

(1)负载的变化,导致输出电压不稳定;

(2)电网电压波动,导致输出电压不稳定;

(3)温度的变化导致输出电压不稳定;

(4)稳压电源的元器件好坏、参数的变化会使稳压电源的输出不稳定。

由于上述不稳定因素,需要采取措施稳定整流滤波后的直流电压。综合以上因素可以看出,造成输出电压变化的原因是负载电流和输入电压的变化。负载电流的变化会在整流电源的内阻上产生电压降,从而使输入电压发生变化,即 $U_O=f(U_I,I_O)$,其结构框图如图10.3.1所示。

本节将对稳压电路的主要技术指标、稳压管稳压电路和调整管稳压电路分别进行详细介绍。

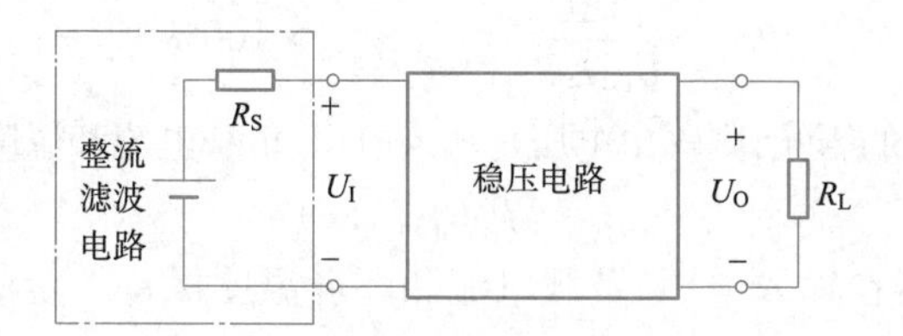

图10.3.1 稳压电路的结构框图

10.3.1 稳压电路的主要技术指标

稳压电路的主要性能指标

稳压电路的技术指标是指其输出直流电压的稳定程度,如稳压系数、输出电阻、温度系数、纹波电压等,通常用电路的主要技术指标来衡量电路的性能。稳压电路主要有以下几个技术指标:

(1)稳压系数 S_r。在负载不变时,稳压电路输出电压的相对变化量与其输入电压的相对变化量之比,即为稳压系数 S_r。稳压系数可表示为

$$S_r=\frac{\partial U_O}{\partial U_I}\approx\frac{\Delta U_O}{\Delta U_I}\bigg|_{\Delta I_O\approx 0} \tag{10.3.1}$$

ΔU_I 和 ΔI_O 引起的 ΔU_O 可表示为

$$\Delta U_O\approx\frac{\partial U_O}{\partial U_I}\Delta U_I+\frac{\partial U_O}{\partial I_O}\Delta I_O=S_r\Delta U_I+R_O\Delta I_O \tag{10.3.2}$$

由式(10.3.2)可以看出,S_r 越小,输出电压越稳定。

(2)电压调整率 S_U。电压调整率 S_U 一般是特指 $\Delta U_I/U_I=\pm10\%$ 时的 S_r。S_U 表达式为

$$S_U=\frac{1}{U_O}\frac{\Delta U_O}{\Delta U_I}\bigg|_{\Delta I_O=0}\times100\% \tag{10.3.3}$$

该指标反映了负载变化对输出电压稳定性的影响。

(3)输出电阻 R_O。输出电阻 R_O 的定义为输入电压不变时,输出电压变化量与负载电流

变化量之比，即

$$R_O = \frac{\Delta U_O}{\Delta I_O}\bigg|_{\Delta U_I = 0} \tag{10.3.4}$$

由式(10.3.4)可知，R_O 越小，则当负载电流变化时，在内阻上产生的压降就越小，输出电压也就越稳定，其带负载的能力越强。

(4)电流调整率 S_I。当输出电流从零变化到最大额定值时，输出电压的相对变化量就是电流调整率 S_I，即

$$S_I = \frac{\Delta U_O}{U_O}\bigg|_{\Delta U_I = 0} \times 100\% \tag{10.3.5}$$

(5)纹波抑制比 S_{rip}。纹波抑制比 S_{rip} 的定义为输入电压交流纹波峰峰值与输出电压交流纹波峰峰值之比的分贝数，即

$$S_{rip} = 20\lg\frac{U_{ipp}}{U_{opp}} \tag{10.3.6}$$

(6)输出电压的温度系数 S_T。输出电压的温度系数 S_T 的定义为输入电压和负载不变时，稳压电路的输出电压的变化量与温度的变化量之比，即

$$S_T = \frac{1}{U_O}\frac{\Delta U_O}{\Delta T}\bigg|_{\Delta I_O = 0, \Delta U_I = 0} \times 100\% \tag{10.3.7}$$

如果考虑温度对输出电压的影响，则输出电压是输入电压、负载电流和温度的函数，其表达式为

$$U_O = f(U_I, I_O, T) \tag{10.3.8}$$

(7)漂移。当调压器在输入电压、负载电流和环境温度保持一定的情况下，由于各参数分量的不稳定而引起输出电压的变化，一般称为漂移。

(8)响应时间。响应时间是指负载电流突然变化时，从调压器输出电压开始变化到达到新的稳定值之间的时间。

(9)失真。交流调压器的输入电压虽然是正弦波，但由于使用了铁磁饱和线圈等非线性元件，输出电压不一定是正弦波，这种现象称为波形失真，简称失真。

视频

稳压管稳压电路

10.3.2 稳压管稳压电路

1. 稳压管稳压电路的构成

由稳压二极管 D_Z 和限流电阻 R 组成的稳压电路是最简单的直流稳压电路，如图10.3.2所示，它利用调压二极管的反向击穿特性来实现调压功能。由于反向击穿特性的电压-电流曲线是陡峭的，大的电流变化只会引起很小的电压变化。

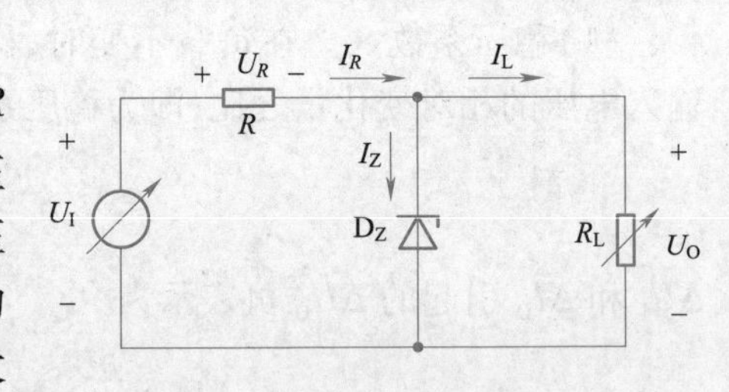

图10.3.2 稳压管稳压电路

2. 输入电压变化时的稳压过程

分析稳压管稳压电路可知：

$$U_O = U_Z = U_I - U_R = U_I - I_R R \tag{10.3.9}$$

$$I_R = I_L + I_Z \tag{10.3.10}$$

因此，输入电压 U_I 的增加必然会引起 U_O 的增加，即 U_Z 增加，从而使 I_Z 增加，I_R 也增加，也使 U_R 增加，从而使输出电压 U_O 减小。这一稳压过程可概括如下：

$$U_I \uparrow \rightarrow U_O \uparrow \rightarrow U_Z \uparrow \rightarrow I_Z \uparrow \rightarrow I_R \uparrow \rightarrow U_R \uparrow \rightarrow U_O \downarrow$$

上面所说的 U_O 减小应理解为：由于输入电压 U_I 的增加，在稳压二极管的调节下，使 U_O 的增加没有那么多而已。实际上，U_O 还是要增加一点的，因而这是一个有差调节系统。

3. 负载电流变化时的稳压过程

负载电流 I_L 的增加必然会引起 I_R 的增加，即 U_R 增加，从而使 $U_Z = U_O$ 减小，I_Z 也减小。I_Z 的减小必然会使 I_R 减小，即 U_R 减小，从而使输出电压 U_O 增加。这一稳压过程可概括如下：

$$I_L \uparrow \rightarrow I_R \uparrow \rightarrow U_R \uparrow \rightarrow U_Z \downarrow (U_O \downarrow) \rightarrow I_Z \downarrow \rightarrow I_R \downarrow \rightarrow U_R \downarrow \rightarrow U_O \uparrow$$

10.3.3 调整管稳压电路

视频

调整管稳压电路

稳压电路的输出电流小，输出电压不可调，不能满足许多场合的应用。调整管稳压电路是在稳压管稳压电路的基础上，利用 BJT 放大电流，增大负载电流，同时在电路中对电压进行深度负反馈使输出电压稳定，并通过改变反馈网络参数使电路的输出电压可调。

1. 调整管稳压电路的构成

调整管稳压电路又称线性串联稳压电路。电路采用发射极输出的形式，从而产生电压负反馈，可以稳定输出电压，电路原理图如图 10.3.3 所示。

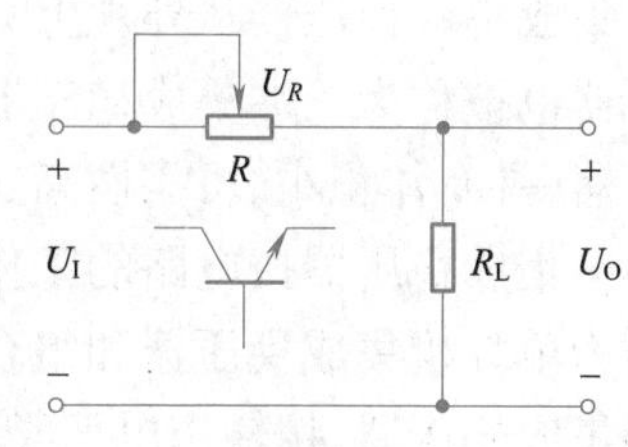

图 10.3.3 调整管稳压电路原理图

由图 10.3.3 可知，电路中有 $U_O = U_I - U_R$，当 U_I 增加时，R 受控制而增加，使 U_R 增加，从而在一定程度上抵消了 U_I 的增加对输出电压的影响。若负载电流 I_L 增加，R 受控制而减小，使 U_R 减小，从而在一定程度上抵消了因 I_L 增加使 U_I 减小，而使输出电压也减小的影响。

在实际电路中，可变电阻 R 是用一个 BJT 来代替的，控制其基极电位就控制了 BJT 的管压降 U_{CE}，U_{CE}相当于 U_R。要想使输出电压稳定，则必须按电压负反馈电路的模式来构成串联型稳压电路。调整管稳压电路由调整管、放大环节、比较环节和基准电压源等几部分组成，如图 10.3.4 所示。

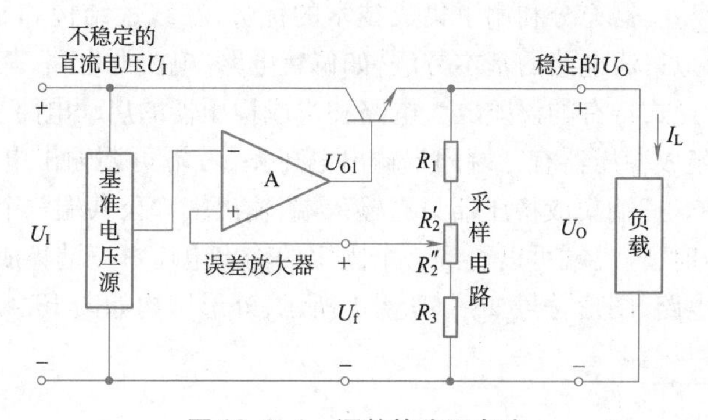

图 10.3.4 调整管稳压电路

2. 工作原理

(1) 输入电压变化，负载电流保持不变。当输入电压 U_I 增加时，必然会使输出电压 U_O 有所增加，输出电压经过采样电路取出一部分信号 U_f 与基准源电压 U_{REF} 比较，从而获得误差信号 ΔU_O，误差信号经放大后，U_{O1}可用来控制调整管的管压降 U_{CE}的增加，因此抵消了输入电压增加的影响。上述过程可简述如下：

$$U_I\uparrow\rightarrow U_O\uparrow\rightarrow U_f\uparrow\rightarrow U_{O1}\downarrow\rightarrow U_{CE}\uparrow\rightarrow U_O\downarrow$$

(2)负载电流变化,输入电压保持不变。负载电流 I_L 的增加必然会使输入电压 U_I 有所减小,输出电压 U_O 必然因此而有所下降,经过采样电路取出一部分信号 U_f 与基准源电压 U_{REF} 比较,获得的误差信号使 U_{O1}增加,从而使调整管的管压降 U_{CE}下降,进而抵消了因 I_L 增加而使输入电压减小的影响。上述过程可简述如下：

$$I_L\uparrow\rightarrow U_1\downarrow\rightarrow U_O\downarrow\rightarrow U_f\downarrow\rightarrow U_{O1}\uparrow\rightarrow U_{CE}\downarrow\rightarrow U_O\uparrow$$

3. 输出电压的调节范围

由图 10.3.4 可知,在理想运放条件下,有 $U_f\approx U_{REF}$,因此

$$U_O\approx U_{O1}=\left(1+\frac{R_1+R_2'}{R_3+R_2''}\right)U_{REF}$$

显然,调节 R_2 可以改变输出电压。

10.4 三端集成稳压器

集成串联稳压器从外观上只有三个引脚,分别为输入端、输出端和公共端,所以集成串联稳压器也被称为三端集成稳压器。集成稳压器是将稳压电路和稳压管保护电路集成在一起的稳压器,具有体积小、可靠性高、使用方便灵活、价格低廉等优点,目前国内外已开发出数百个品种。集成稳压器按电路的工作方式可分为线性集成稳压器和开关集成稳压器,按电路结构可分为单片机集成稳压器和组合式集成稳压器,按引脚的连接方式可分为三端集成稳压器和多端集成稳压器,按输出电压类型可分为固定式集成稳压器和可调集成稳压器。目前使用最多的是三端集成稳压器,下面就详细介绍三端集成稳压器。

视频

三端集成稳压器电路原理

10.4.1 三端集成稳压器的组成、技术参数和分类

1. 三端集成稳压器的组成

三端集成稳压器由调节元件、比较放大器、基准电压源、采样电路等组成。集成稳压器充分利用了集成技术的优势,在线性结构和制造工艺上采用了很多模拟集成电路的基本方法,如偏置电路、电流源电路、基准电压源电路,以及各种形式特有的误差放大电路和集成稳压器的启动电路、保护电路等。

目前,市场上的集成稳压器有三端固定输出电压型、三端可调输出电压型、多端可调输出电压型和开关型四种。三端集成稳压器只有输入端、输出端和公共端三个前导端,当输入端连接不稳定的直流电压时,输出端可以得到一个固定的输出电压。三端集成稳压器内部有过热、过电流、过电压保护电路,图形符号如图 10.4.1 所示,外形结构如图 10.4.2 所示。

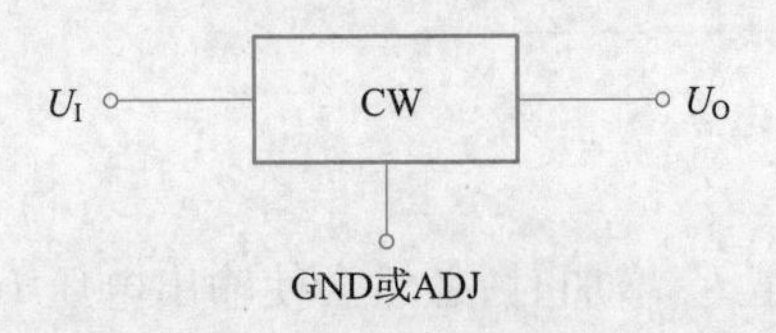

图 10.4.1　三端集成稳压器图形符号

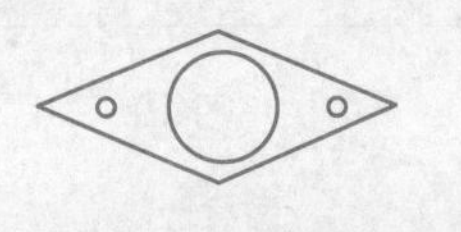

(a) 金属菱形封装

(b) 塑料封装

图 10.4.2　三端集成稳压器外形结构

2. 三端集成稳压器的技术参数

三端集成稳压器主要技术参数如下：

(1)输出电压 U_O：表示三端集成稳压器可能输出稳定电压的值。

(2)最小电压差$(U_I-U_O)_{min}$：表示为维持稳压所需要的 U_I 与 U_O 之差的最小值。

(3)容许输入电压最大值 U_{IM}。

(4)容许输出电流最大值 I_{OM}。

(5)容许最大功耗。

(6)电压调整率 S_U：表示输入电压变化 1 V 时，U_O 的相对变化率。其表达式为

$$S_U=\frac{\Delta U_O/U_O}{\Delta U_I}$$

(7)输出电阻 R_O。

3. 三端集成稳压器的分类

国产三端集成稳压器已经标准化、系列化。按照它们的性能和用途不同，可分为如下几类：

(1)三端固定正电压输出集成稳压器，国标型号为 CW78××/CW78M××/CW78L××。

(2)三端固定负电压输出集成稳压器，国标型号为 CW79××/CW79M××/CW79L××。

(3)三端可调正电压输出集成稳压器，国标型号为 CW117/CW217/CW317。

(4)三端可调负电压输出集成稳压器，国标型号为 CW137/CW237/CW337。

(5)三端低压差集成稳压器。

(6)大电流三端集成稳压器。

以上型号中，1 代表军品级，2 代表工业品级，3 代表民品级。军品级为金属外壳或陶瓷封装，工作温度范围为 -55 ~ 150 ℃；工业品级为金属外壳或陶瓷封装，工作温度范围为 -25 ~ 150 ℃；民品级多为塑料封装，工作温度范围为 0 ~ 125 ℃。

当对电压调节精度要求较高，且输出电压在一定范围内可调时，可选用三端可调正(负)电压输出集成稳压器。不同型号的稳压器之间，输出电压及输出电流可能不同，在选择时应注意各系列集成稳压器的电气参数。可调集成稳压器的特点是电压调整率和负载调整率优于固定集成稳压器，并包含多种保护(如限流、过电压、过耗等)。

10.4.2 典型应用

视频

典型应用

1. CW7800 三端集成稳压器

CW7800 是三端固定输出集成稳压器，电路如图 10.4.3 所示。图中 $U_I-U_O\geq 2$ V，从接地端流过的静态电流 $I_o=8$ mA，电容 C_1 的作用是防止自激振荡的产生，其值一般为 0.1 ~ 1 μF，通常取 0.33 μF。电容 C_2 的作用是保证瞬时增减负载电流时不会引起输出电压有较大的波动，其值一般取 0.1 μF。

2. CW317 三端集成稳压器

CW317 是三端可调输出集成稳压器，电路如图 10.4.4 所示。在三端可调输出集成稳压器的内部，输出端和调整端之间是 1.25 V 的参考电压 U_{REF}。因此，输出电压可通过电位器 R_P 调节。从调整端流出的电流 $I_a=50$ μF 很小，可以忽略不计。

因此

$$U_O = U_{REF} + \frac{U_{REF}}{R_1}R_P + I_aR_P \approx 1.25 \times \left(1 + \frac{R_P}{R_1}\right) \tag{10.4.1}$$

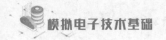

式中,$R_P=0$ 时,U_O 为 U_{Omin};R_P 全部接入时,U_O 为 U_{Omax}。电路中电容的作用与图 10.4.3 所示电路中电容的作用相同。

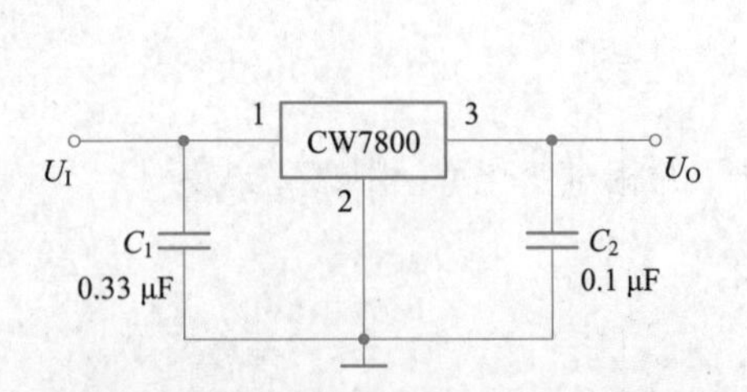

图 10.4.3　三端固定输出集成稳压器

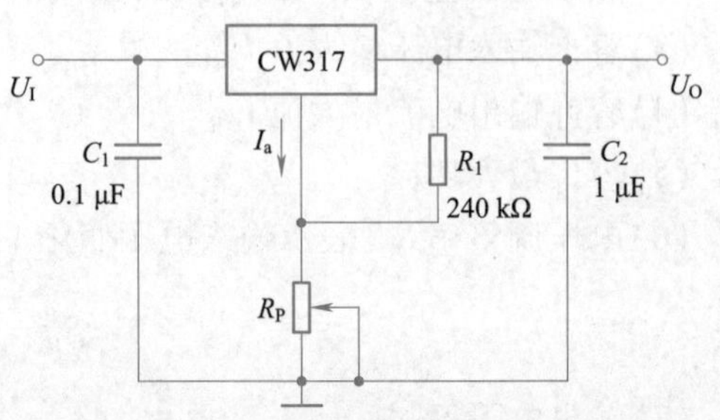

图 10.4.4　三端可调输出集成稳压器

3. 利用三端集成稳压器组成恒流源

三端集成稳压器可作恒流源使用,小电流恒流源电路如图 10.4.5(a)、(b)所示,大电流恒流源电路如图 10.4.6 所示。

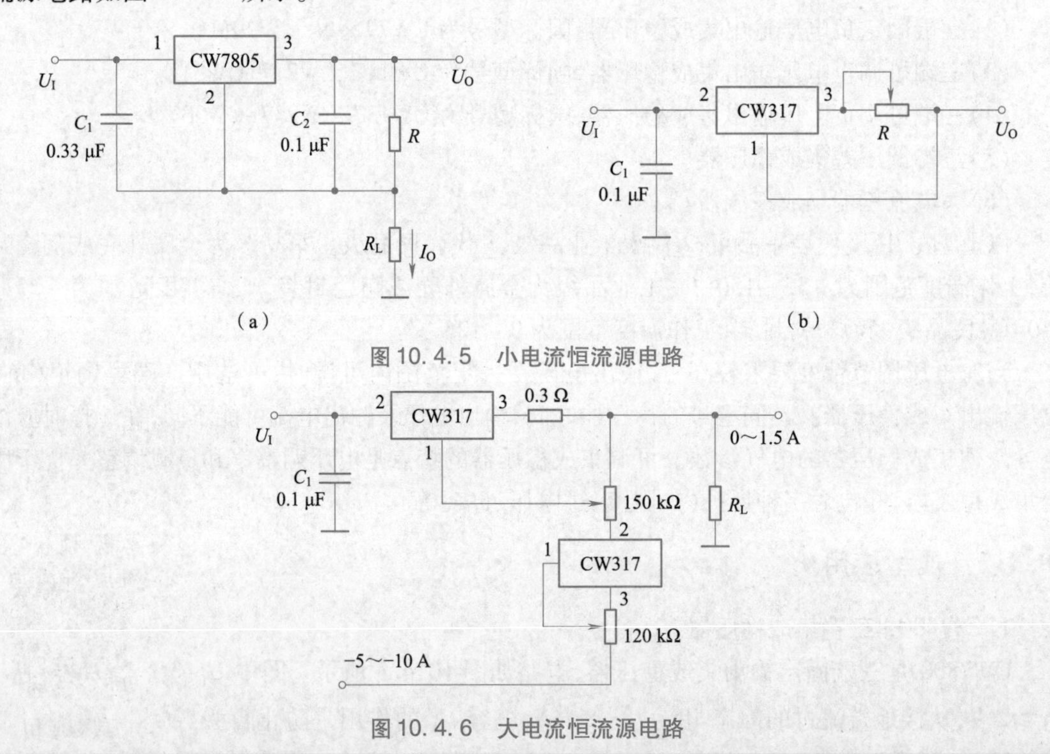

图 10.4.5　小电流恒流源电路

图 10.4.6　大电流恒流源电路

小　　结

各种电子设备都需要直流电源。经济实用的方法是通过电压变化、整流、滤波和电压稳定后得到电网的交流电。直流电源的主要要求是:纹波电压要小。当输入电压和负载发生变化时,输出电压应稳定,即直流电源的电压稳定系数和输出电阻越小越好。

整流器利用二极管的单向电导性将交流电压变为单向脉动直流电压,整流电路有半波和全波两种,桥式整流电路是目前广泛使用的整流电路。分析整流电路时,应分别判断在变压器二次电压正、负半周两种情况下二极管的工作状态,从而得到负载两端电压、二极管端电压及其电流波形,并由此得到输出电压和电流的平均值,以及二极管的最大整流平均电流和所能承受的最高反向电压。

滤波电路可减小脉动,使直流电压平滑。滤波电路通常有电容滤波、电感滤波。本章重点介绍了桥式电容滤波电路,当 $R_LC=\frac{(3\sim5)}{2}T$ 时,输出电压 $U_O\approx1.2U_2$(U_2 为变压器二次电压的有效值)。

稳压电路的作用是当电网电压波动或负载电流变化时,保持输出电压基本不变。目前,集成稳压器应用广泛,线性集成稳压器多用于低功率直流供电系统。线性集成稳压器由调节管、基准电压电路、输出电压采样电路、比较放大电路和保护电路组成,电路中引入深度电压负反馈以稳定输出电压。在线性集成稳压器中,调节管与负载串联,工作在线性放大器状态。集成的双端稳压器只有输入端、输出端、公共端或调节端三个引出端,使用方便,电压调节性能好。CW78××(CW79××)系列为固定输出稳压器,CW117/217/317(CW137/237/337)系列为可调输出稳压器,调节管始终工作在线性状态,缺点是功耗高、效率低。

在开关稳压电源中,调节管工作在开关状态,其效率远高于线性稳压电源,而且调节管的效率不受输入电压的影响,即开关稳压电路具有较宽的电压调节范围。脉宽调制(PWM)开关稳压电路是在恒定控制输出频率的情况下,通过电压反馈调整其占空比,从而达到稳定输出电压的目的。

习 题

10.1 整流电路

10.1.1 电路如图题10.1.1所示,变压器二次电压有效值为 $2U_2$。

(1)画出 u_2、u_{D1} 和 u_O 的波形;

(2)求输出电压平均值 $U_{O(AV)}$ 和输出电流平均值 $I_{L(AV)}$ 的表达式;

(3)求二极管的平均电流 $I_{D(AV)}$ 和所承受的最大反向电压 U_{RM} 的表达式。

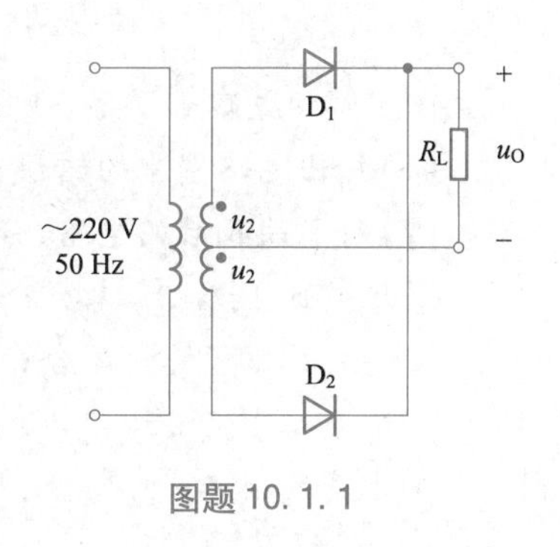

图题 10.1.1

10.1.2 电路如图题10.1.2所示,试求:

(1)分别标出 u_{O1} 和 u_{O2} 对地的极性。

(2)u_{O1}、u_{O2} 分别是半波整流还是全波整流?

(3)当 $U_{21}=U_{22}=20$ V 时,$U_{O1(AV)}$ 和 $U_{O2(AV)}$ 各为多少?

(4)当 $U_{21}=18$ V,$U_{22}=22$ V 时,画出 u_{O1}、u_{O2} 的波形;并求出 $U_{O1(AV)}$ 和 $U_{O2(AV)}$ 各为多少?

10.1.3 (判断)整流电路可将正弦电压变为脉动的直流电压。 ( )

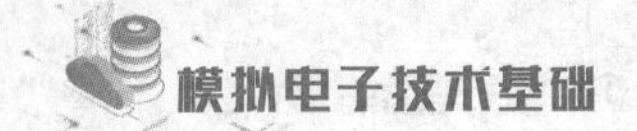

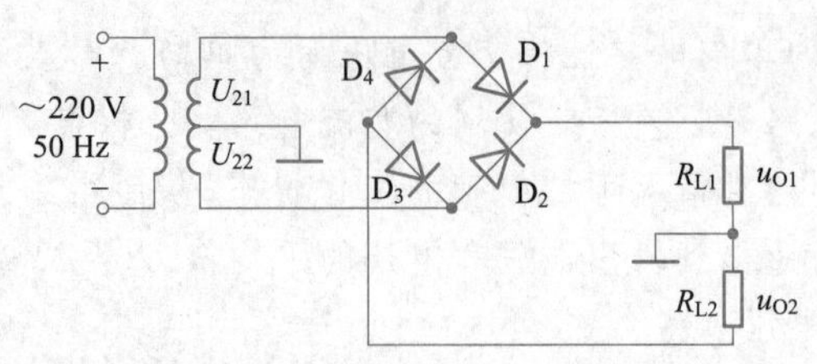

图题 10.1.2

10.2 滤波电路

10.2.1 桥式整流、电容滤波电路如图题 10.2.1 所示，已知交流电源电压 $U_1=220$ V、50 Hz，$R_L=50\ \Omega$，要求输出直流电压为 24 V，纹波较小。(1)选择整流管的型号；(2)选择滤波电容器(容量和耐压)；(3)确定电源变压器二次电压和电流；(4)确定纹波电压 U_r 的值。

10.2.2 电路如图题 10.2.1 所示，已知 $U_2=20$ V，$R_L=50\ \Omega$，$C=1\ 000\ \mu$F。

(1)如当电路中电容 C 开路或短路时，电路会产生什么后果？两种情况下 U_L 各等于多少？

(2)当输出电压 $U_L=28$ V，18 V，24 V 和 9 V 时，试分析诸情况下，哪些属于正常工作的输出电压，哪些属于故障情况，并指出故障原因。

10.2.3 在图题 10.2.3 中，设二极管具有理想特性。分析电路的工作原理，估算 C_1、C_2 上的稳态电压，并标明它们的极性。

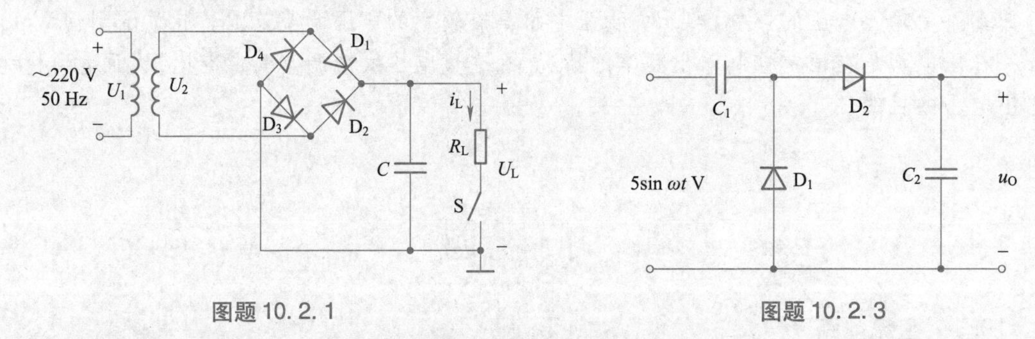

图题 10.2.1　　　　图题 10.2.3

10.2.4 电路如图题 10.2.4 所示，设二极管为理想二极管，$u_i=10$ V，$R_L=200\ \Omega$。

(1)指出电路图中的错误并改正。

(2)对于改正后的电路，分析以下情况下 u_L 的值应为多少？

①开关 S_1 闭合，S_2 断开；

②开关 S_1 断开，S_2 闭合；

③开关 S_1 闭合，S_2 闭合；

④开关 S_1 闭合，S_2 断开，且只有一个二极管断路，其他二极管均正常。

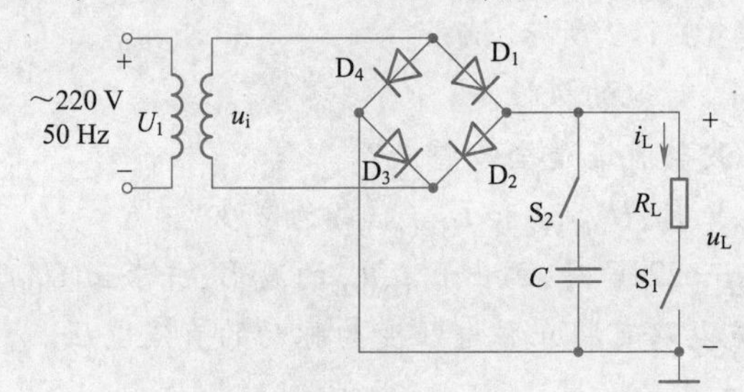

图题 10.2.4

10.2.5 （判断题）

1. 电容滤波电路适用于小负载电流，而电感滤波电路适用于大负载电流。（　　）

2. 在单相桥式整流电容滤波电路中，若有一只整流管断开，输出电压平均值变为原来的一半。（　　）

10.3　稳压电路

10.3.1　电路如图题10.3.1所示，已知稳压管的稳定电压为6 V，最小稳定电流为5 mA，允许耗散功率为240 mW，输入电压为20～24 V，$R_1 = 360\ \Omega$。试问：

（1）为保证空载时稳压管能够安全工作，R_2应选多大？

（2）当R_2按上面原则选定后，负载电阻允许的变化范围是多少？

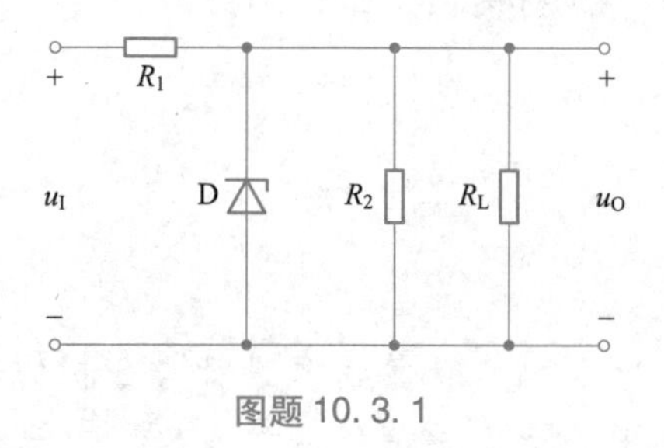

图题10.3.1

10.3.2 （判断题）

（1）对于理想的直流稳压电路，$\Delta U_O/\Delta U_I = 0, R_O = 0$。（　　）

（2）线性直流电源中的调整管工作在放大状态，开关型直流电源中的调整管也工作在开关状态。（　　）

（3）在稳压管稳压电路中，稳压管的最大稳定电流必须大于最大负载电流，而且，其最大稳定电流与最小稳定电流之差应大于负载电流的变化范围。（　　）

10.4　三端集成稳压器

10.4.1　电路如图题10.4.2所示，设$I_I' \approx I_O' = 1.5$ A，VT的$U_{EB} \approx U_D$，$R_1 = 1\ \Omega$，$R_2 = 2\ \Omega$，$I_D \gg I_B$。求解负载电流I_L与I_O'的关系式。

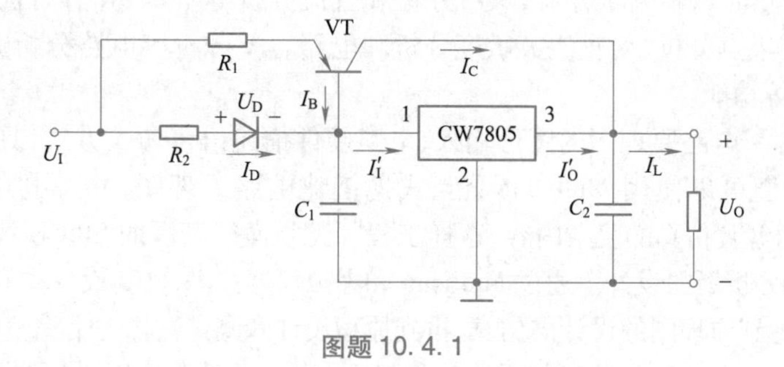

图题10.4.1

第11章 Multisim软件工具及其仿真应用

导读 >>>>>>

Multisim 是一款应用于电子电路计算仿真设计与分析的仿真软件。本章主要介绍 Multisim 14 在模拟电子技术中的应用,主要包括半导体器件、基本放大电路、有源滤波电路、正弦波振荡电路以及主要仪器使用等。

11.1 Multisim 简介

视频

Multisim简介

11.1.1 Multisim 概述

Multisim 是加拿大图像交互技术公司(Interactive Image Technology, IIT)推出的 Windows 环境下的电路仿真软件,是广泛应用的 EWB(electronic workbench, 电子工作台)的升级版,它不仅可以完成电路瞬态分析和稳态分析、时域和频域分析、噪声分析和直流分析等基本功能,而且还提供了离散傅里叶分析、电路零极点分析、交直流灵敏度分析和电路容差分析等电路分析方法,并具有故障模拟和数据存储等功能。

Multisim 包含了电路原理图的图形输入、电路硬件描述语言输入方式,具有丰富的仿真分析能力。工程师们可以使用 Multisim 交互式地搭建电路原理图,并对电路行为进行仿真。Multisim 提炼了 SPICE 仿真的复杂内容,这样工程师无须懂得高深的 SPICE 技术就可以很快地进行捕获、仿真和分析新的设计。通过 Multisim 和虚拟仪器技术,PCB 设计师和电子学教育工作者可以完成从理论到原理图的设计与仿真,再到原型设计和测试这样一个完整的综合设计流程。

在 Multisim 中,已经建立了多种元器件的模型,构成了元器件库,供用户直接调用。对特定电路分析的结果,运用万用表、示波器、逻辑分析仪等各种各样的电子仪器显示出来,完全符合用户的使用习惯。元器件库和各种分析方法构成了电子电路分析的有力工具,而各种分析仪器则是 Multisim 的独具特色的资源。

11.1.2 Multisim 14 用户界面介绍

由图 11.1.1 可以看出,Multisim 14 的主窗口如同一个实际的电子实验台。屏幕中央区域最大的窗口是电路工作区，在电路工作区上可将各种电子元器件和测试仪器仪表连接成实验电路。电路工作区上方是菜单栏、工具栏。从菜单栏中可以选择电路连接、实验所需的各种命令。工具栏包含了常用的操作命令按钮。电路工作区两边是设计工具栏和虚拟仪器仪表工具栏。设计工具栏存放着各种电子元器件，虚拟仪器仪表工具栏存放着各种测试仪器仪表，从中可以很方便地提取实验所需的各种元器件及仪器仪表到电路工作窗口并连接成实验电路。

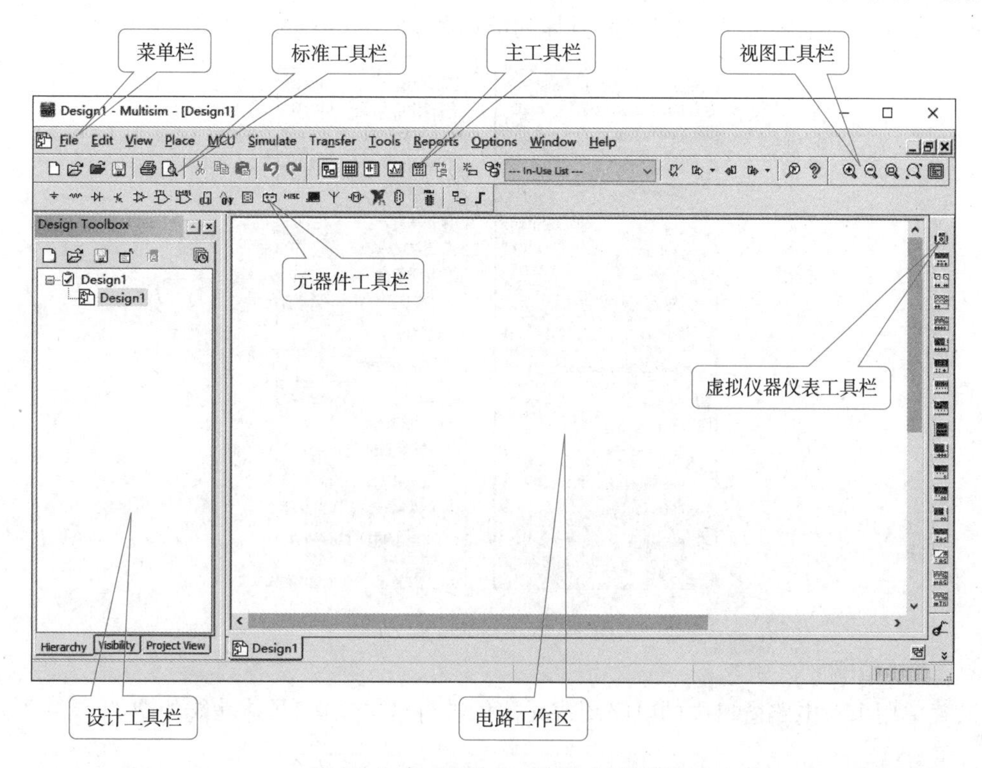

图 11.1.1　Multisim 14 用户界面图

Multisim 14 用户界面主要由以下几个基本部分组成：

(1)菜单栏(Menu Bar)：该软件的所有功能均可在此找到。

(2)标准工具栏(Standard Toolbar)：其中的按钮是常用的功能按钮。

(3)虚拟仪器仪表工具栏(Instruments Toolbar)：Multisim 14 的所有虚拟仪器仪表按钮均可在此找到。

(4)元器件工具栏(Components Toolbar)：提供电路图中所需的各类元器件。

(5)电路工作区(Circuit Windows or Workspace)：用来创建、编辑电路图以及进行仿真分析、显示波形。

(6)设计工具栏(Design Toolbox)：利用该工具栏可以把有关电路设计的原理图、PCB 图、相关文件、电路的各种统计报告进行分类管理，还可以观察分层电路的层次结构。

11.1.3　菜单栏

Multisim 14 的菜单栏提供了该软件的绝大部分功能命令，如图 11.1.2 所示。菜单栏从左到右依次为 File(文件)、Edit(编辑)、View(视图)、Place(绘制)、MCU(单片机)、Simulate(仿真)、Transfer(转移)、Tools(工具)、Reports(报告)、Options(选项)、Window(窗口)、Help(帮助)。

File Edit View Place MCU Simulate Transfer Tools Reports Options Window Help

文件(F) 编辑(E) 视图(V) 绘制(P) MCU(M) 仿真(S) 转移(n) 工具(T) 报告(R) 选项(O) 窗口(W) 帮助(H)

图 11.1.2 Multisim 14 菜单栏

1. File(文件)

该菜单用来对电路文件进行管理,具体功能如图 11.1.3 所示。

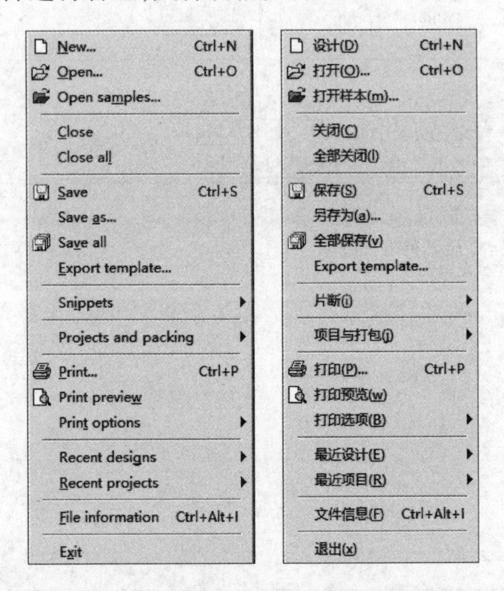

图 11.1.3 File(文件)

2. Edit(编辑)

该菜单用来对电路窗口中的电路图或元器件进行编辑操作,具体功能如图 11.1.4 所示。

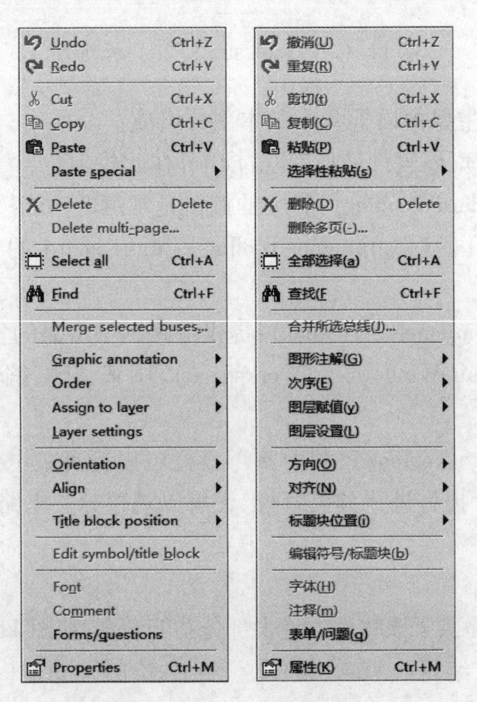

图 11.1.4 Edit(编辑)

3. View(视图)

利用此菜单的功能可以控制全屏显示、放大缩小、工作窗口有关功能的显示方式,以及工具栏、扩展条的显示等操作,具体功能如图 11. 1. 5 所示。

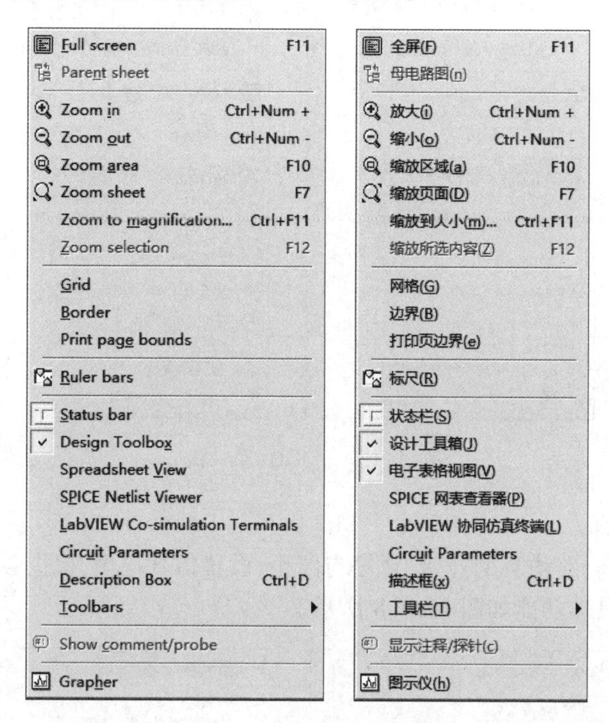

图 11. 1. 5　View(视图)

4. Place(绘制)

该菜单提供在电路工作窗口内放置元器件、连接点、总线和文字等命令,具体功能如图 11. 1. 6 所示。

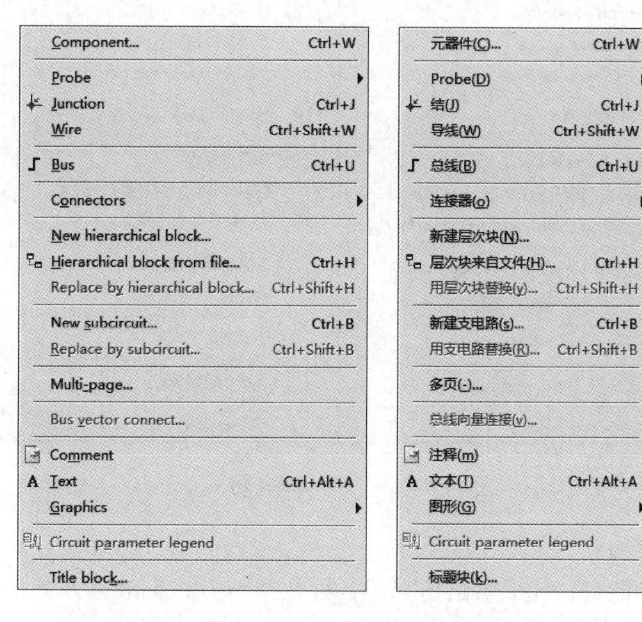

图 11. 1. 6　Place(绘制)

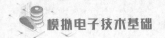

5. MCU(单片机)

该菜单提供在电路工作窗口内 MCU 的调试操作命令,具体功能如图 11.1.7 所示。

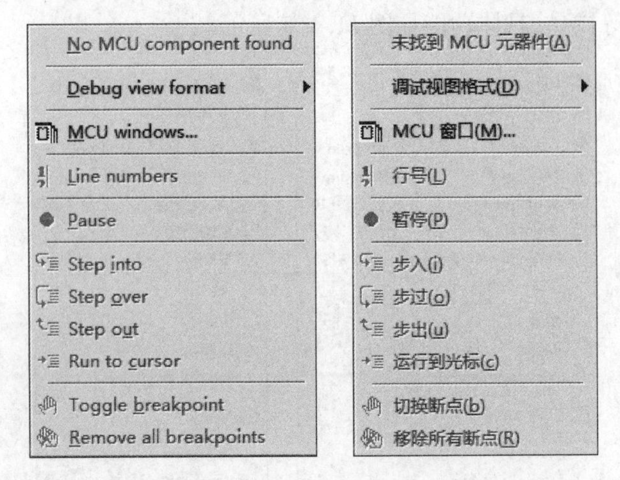

图 11.1.7 MCU(单片机)

6. Simulate(仿真)

该菜单可以控制电路仿真的开始、暂停与停止,设置仿真环境,提供各种仪器,规定需要完成的仿真分析内容,具体功能如图 11.1.8 所示。

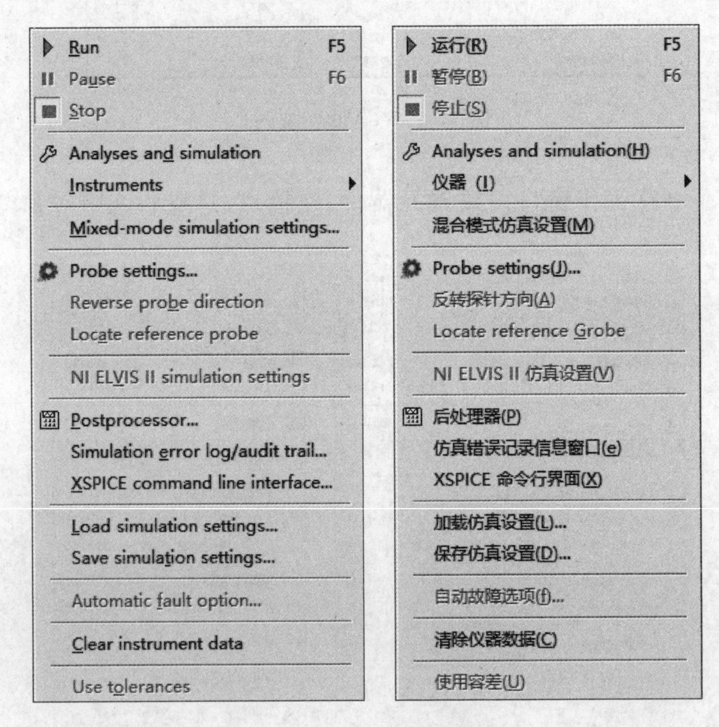

图 11.1.8 Simulate(仿真)

7. Transfer(转移)

该菜单提供的功能可以完成电路仿真的各种数据与 Ultiboard 以及其他软件的数据交换,导出网络表文件等,具体功能如图 11.1.9 所示。

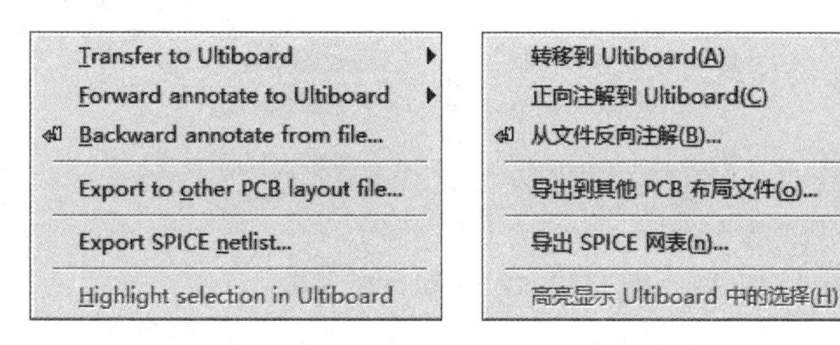

图 11.1.9　Transfer(转移)

8. Tools(工具)

该菜单提供了各种电路元器件的编辑修改功能,具体功能如图 11.1.10 所示。

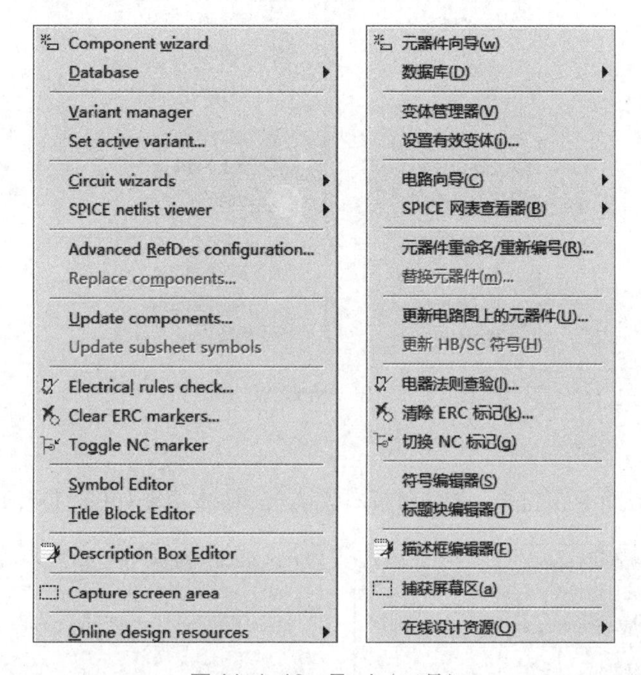

图 11.1.10　Tools(工具)

9. Reports(报告)

该菜单提供了生成元器件清单及相应的数据库信息的功能,具体功能如图 11.1.11 所示。

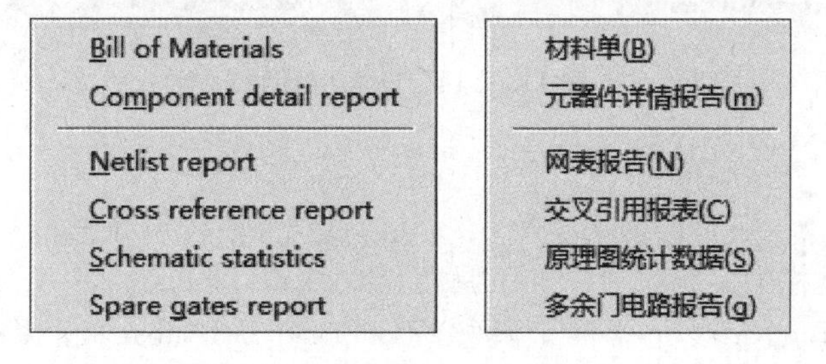

图 11.1.11　Reports(报告)

10. Options(选项)

该菜单提供了根据用户需要设置电路功能、存放模式以及工作界面的功能,具体功能如图 11.1.12 所示。

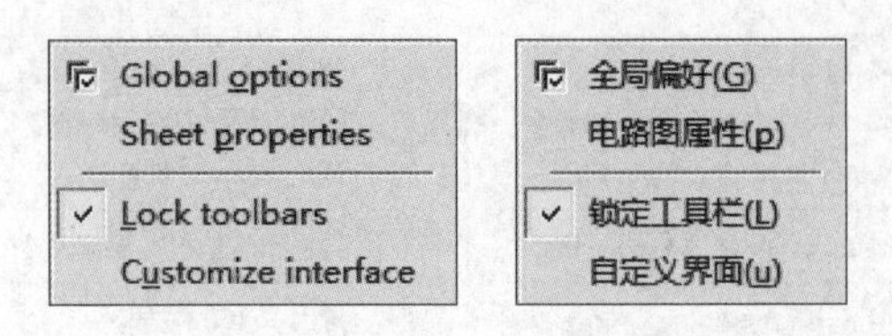

图 11. 1. 12　Options(选项)

11. Window(窗口)

该菜单可以控制工作窗口的新建、关闭、切换以及排列方式等,具体功能如图 11. 1. 13 所示。

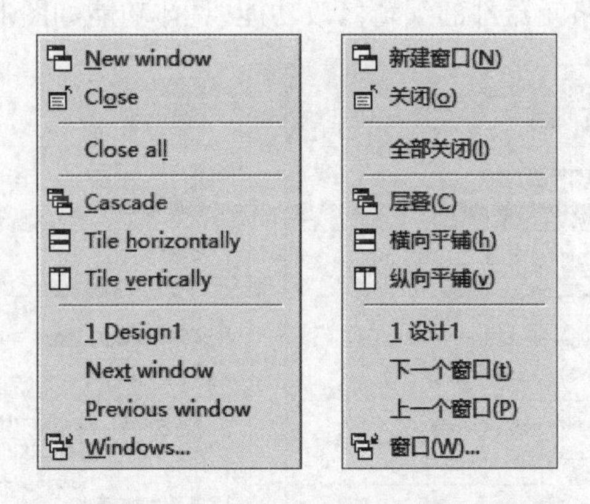

图 11. 1. 13　Window(窗口)

12. Help(帮助)

该菜单提供了帮助主题目录、索引和版本说明等,具体功能如图 11. 1. 14 所示。

图 11. 1. 14　Help(帮助)

11. 1. 4　工具栏

Multisim 14 工具栏中主要包括标准工具栏(Standard Toolbar)、主工具栏(Main Toolbar)、视图工具栏(View Toolbar)、元器件工具栏(Components Toolbar)和虚拟仪器仪表工具栏(Instruments Toolbar)等。由于该工具栏是浮动窗口,所以对于不同用户,显示会有所不同。如果找不到需要的工具栏,可以通过单击 View→Toolbars 菜单项,在 Toolbars 菜单项的级联菜单中就可以找到。

1. 标准工具栏(Standard Toolbar)

功能如图 11. 1. 15 所示。主要包括新建文件、打开文件、打开样本文件、保存文件、打印文件、剪切、复制、粘贴、撤销等操作，其基本功能按钮与同类应用软件中的按钮类似。

2. 主工具栏(Main Toolbar)

功能如图 11.1.16 所示。主要包括各种视图、后处理器、母电路图、元器件向导、数据库管理器、在用列表、电器法则查验、导入或导出到 Ultiboard、查找范例、帮助等操作。

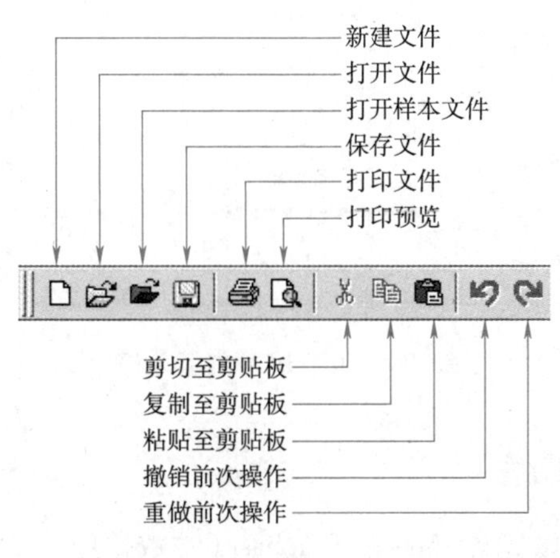

图 11.1.15　标准工具栏

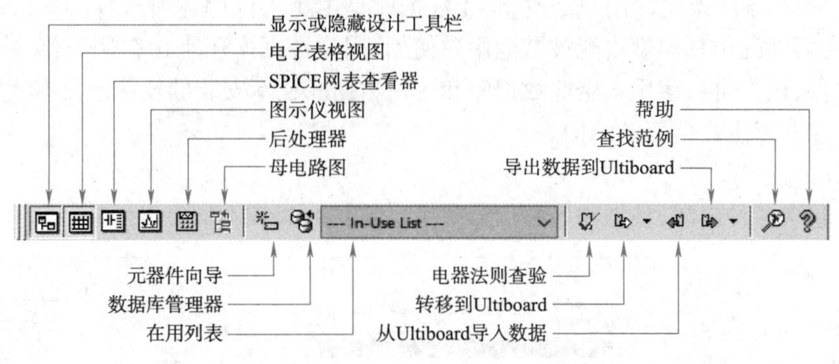

图 11.1.16　主工具栏

3. 视图工具栏(View Toolbar)

功能如图 11.1.17 所示。包括放大、缩小、缩放区域/页面、全屏显示等操作。

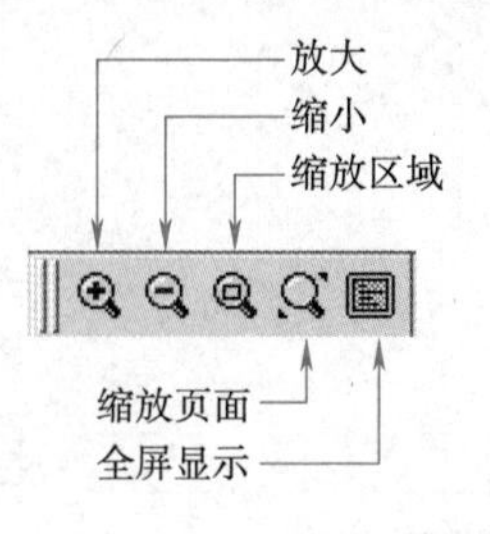

11. 1. 17　视图工具栏

4. 元器件工具栏(Components Toolbar)

功能如图 11.1.18 所示。主要包括各种元器件库。

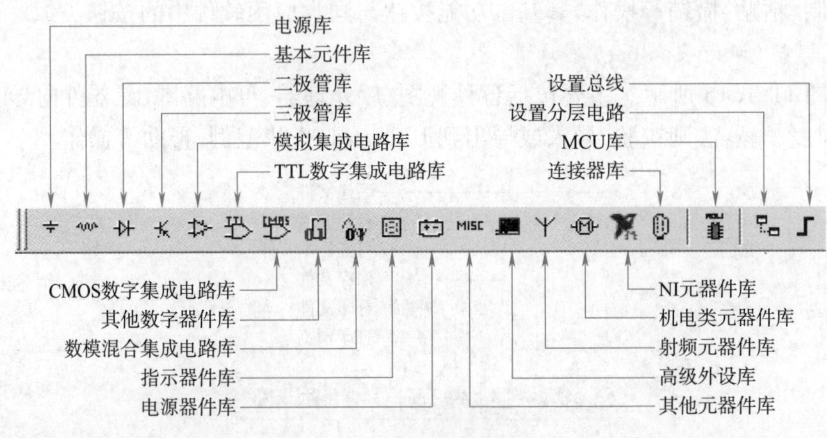

图 11.1.18　元器件工具栏

11.1.5　Multisim 14 数据库

Multisim 14 提供了三类数据库：Master Database(主数据库)、Corporate Database(企业数据库)和 User Database(用户数据库)。主数据库包含了 Multisim 14 提供的所有元器件，如图 11.1.18 所示，该库不允许用户修改；企业数据库是由个人或团体所选择、修改或创建的元器件，这些元器件的仿真模型也能被其他用户使用；用户数据库用来保存用户修改、导入自己创建的元器件，仅供自己使用。企业数据库和用户数据库在新安装的软件中没有元器件。

下面主要介绍主数据库的结构。

1. 电源库

电源库包含各种电源、接地和各种信号源等，如图 11.1.19 所示。

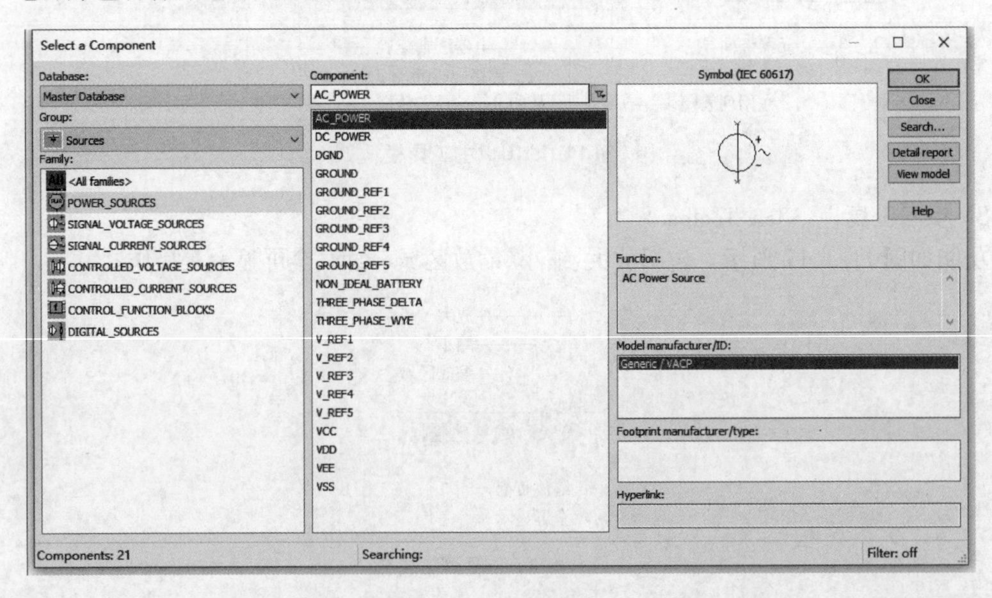

图 11.1.19　电源库

2. 基本元件库

基本元件库包含电阻、电感、电容、电位器、开关等多种元件，如图 11.1.20 所示。

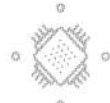

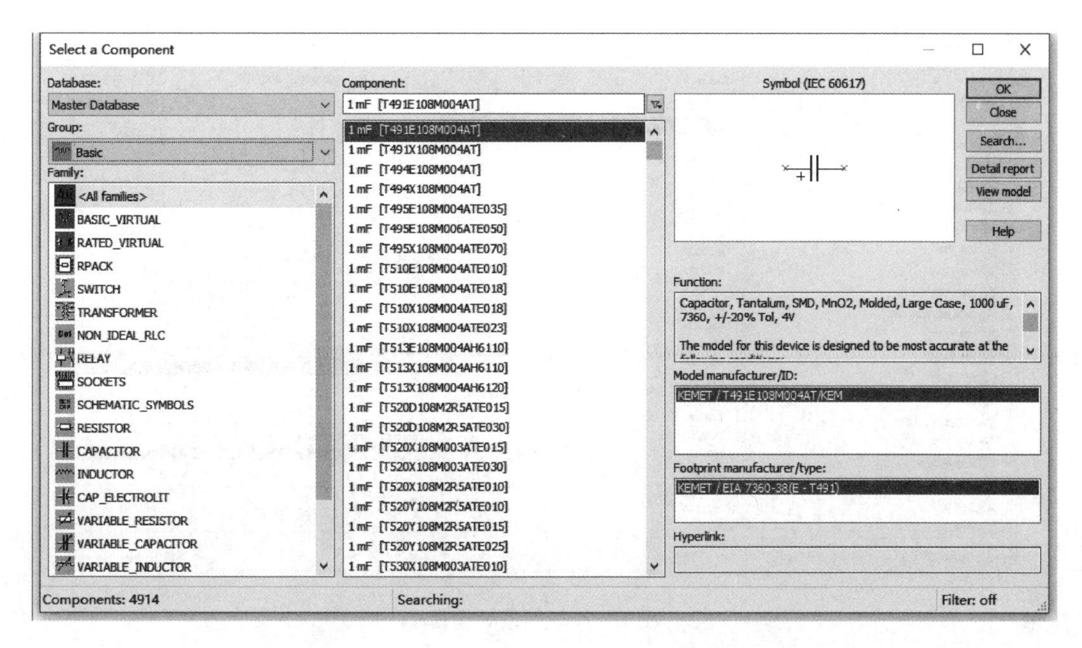

图 11. 1. 20　基本元件库

3. 二极管库

二极管库包含二极管、稳压管、发光二极管、整流桥、晶闸管等多种元件，如图 11. 1. 21 所示。

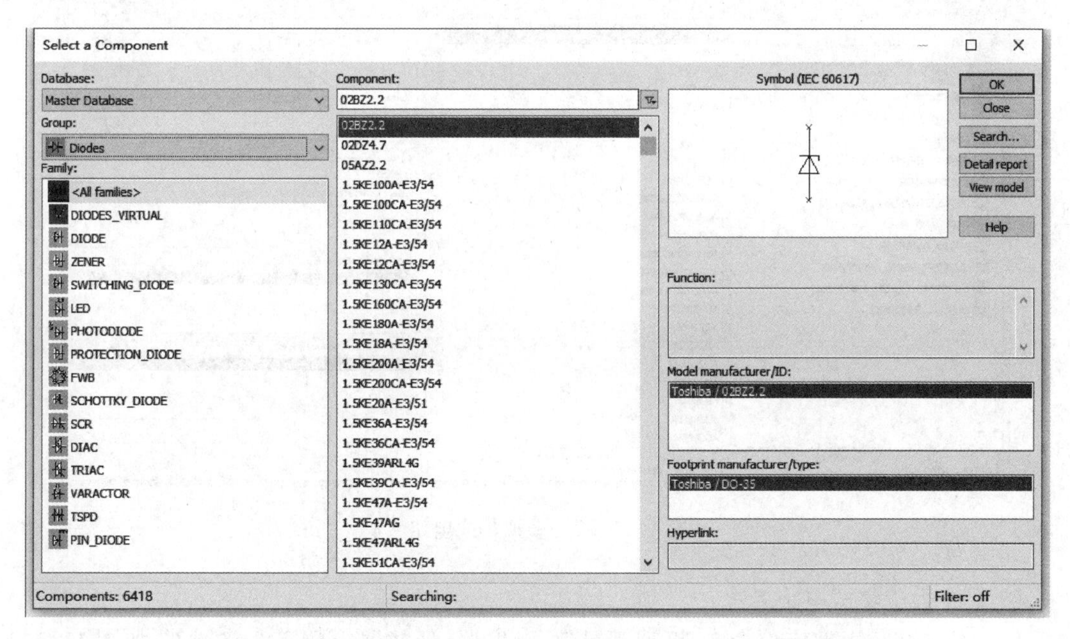

图 11. 1. 21　二极管库

4. 三极管库

三极管包含晶体管、FET 等多种器件，如图 11. 1. 22 所示。

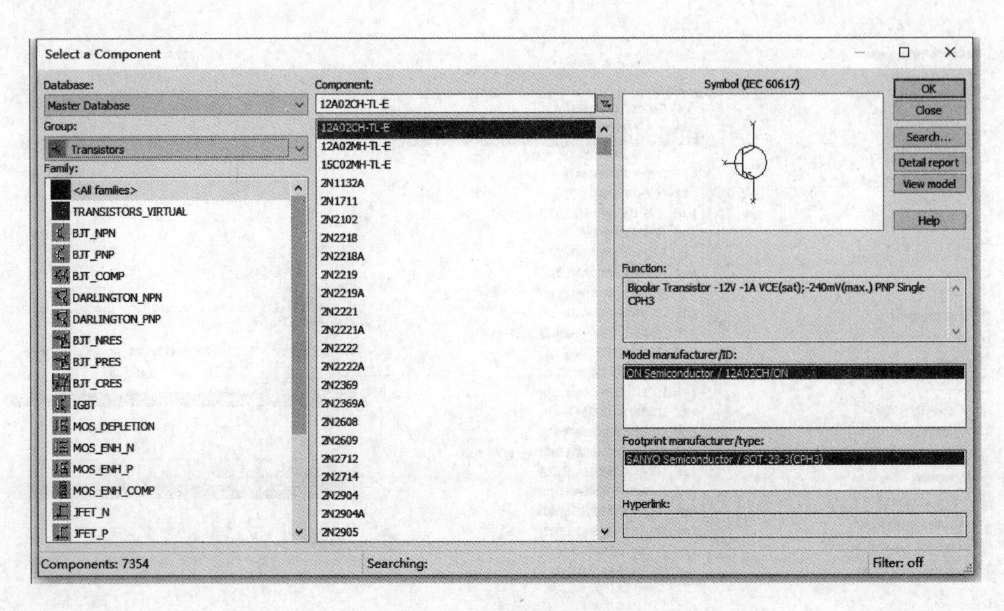

图 11.1.22　三极管库

5. 模拟集成电路库

模拟集成电路库包含多种运算放大器，如图 11.1.23 所示。

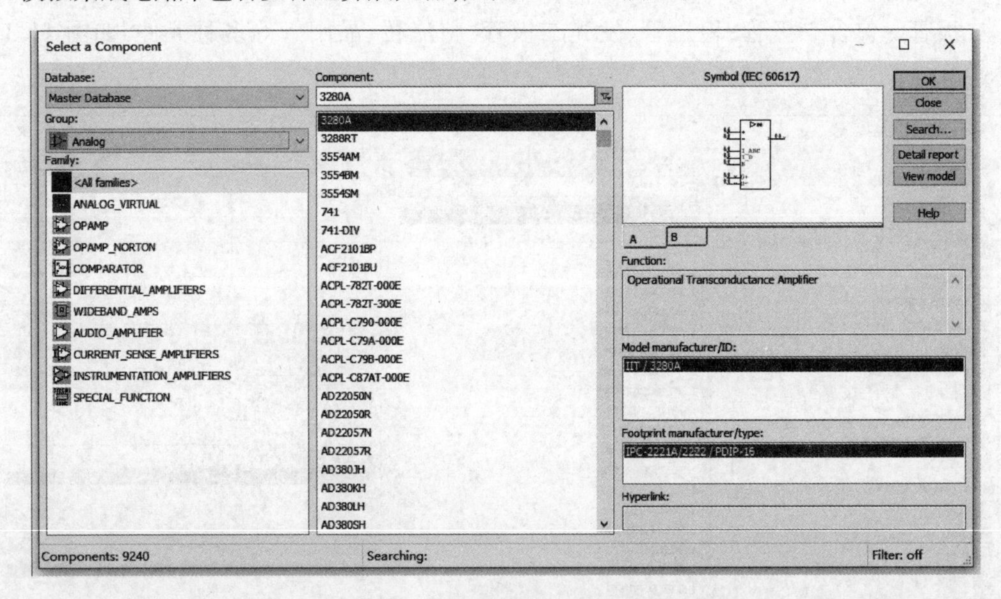

图 11.1.23　模拟集成电路库

6. TTL 数字集成电路库

TTL 数字集成电路库包含 74 系列逻辑门、触发器、计数器等数字电路器件，如图 11.1.24 所示。

7. COMS 数字集成电路库

COMS 数字集成电路库包含常用的 CMOS 和高速 CMOS 系列的数字集成电路器件，如图 11.1.25 所示。

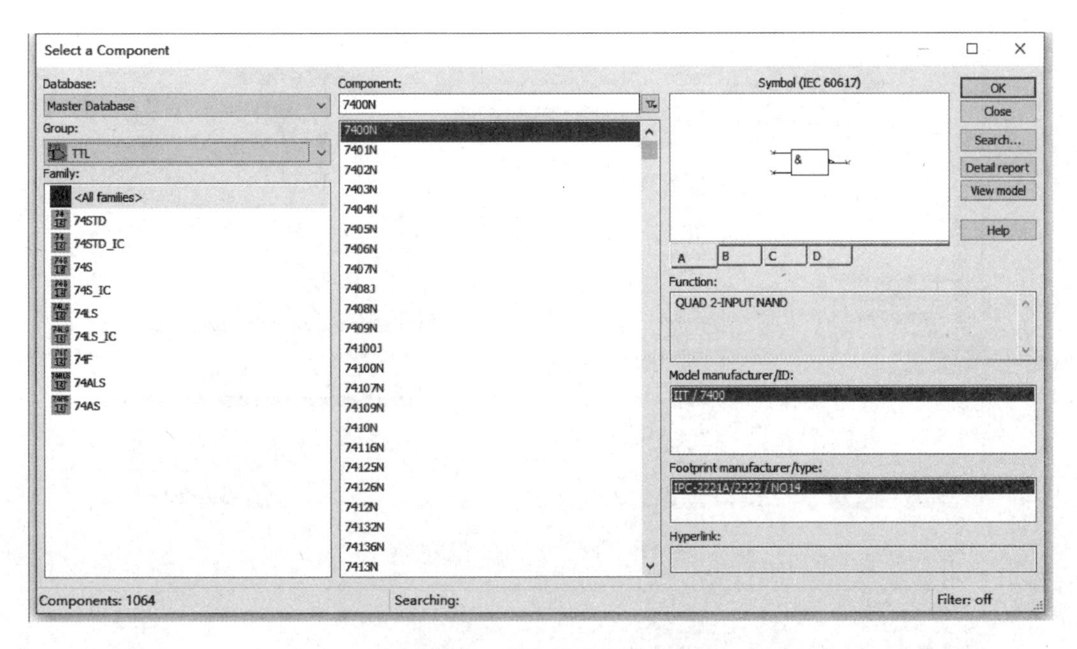

图 11. 1. 24　TTL 数字集成电路库

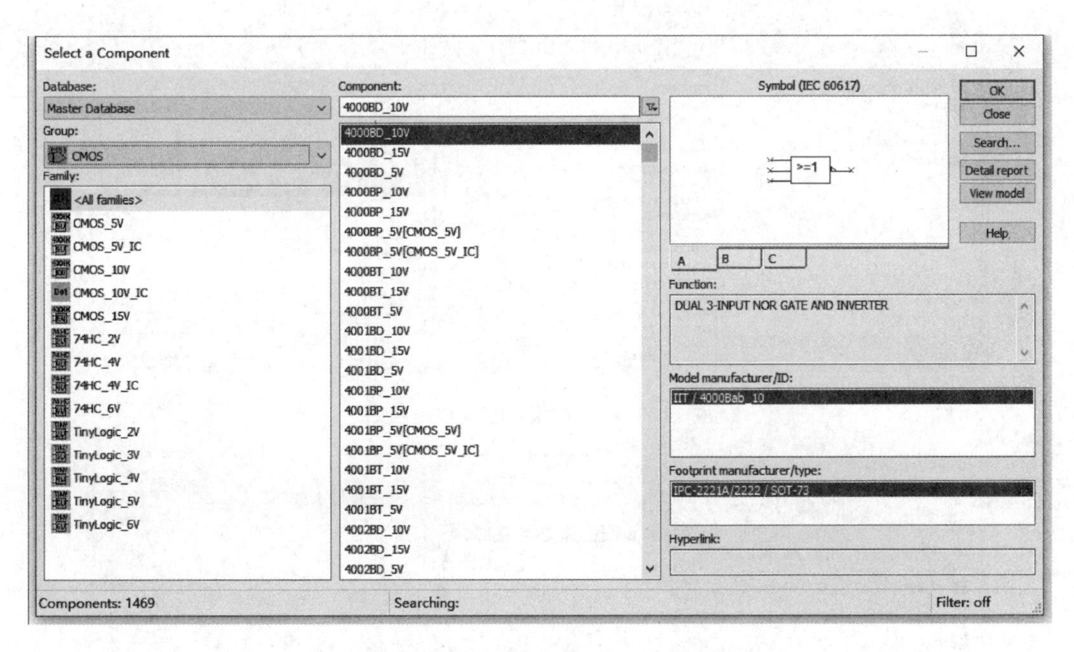

图 11. 1. 25　COMS 数字集成电路库

8. 其他数字器件库

其他数字器件库包含 TIL、DSP、FPGA、PLD、CPLD 等多种器件，如图 11. 1. 26 所示。

9. 数模混合集成电路库

数模混合集成电路库包含 A/D 转换器、D/A 转换器、555 定时器等多种数模混合集成电路器件，如图 11. 1. 27 所示。

10. 指示器件库

指示器件库包含电流表、电压表、探测器、数码管、灯泡等多种器件，如图 11. 1. 28 所示。

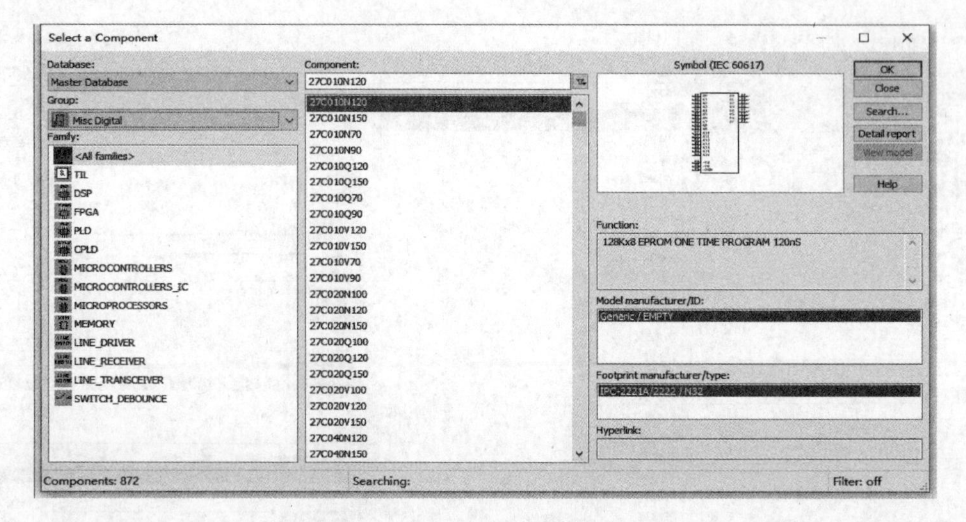

图 11.1.26　其他数字器件库

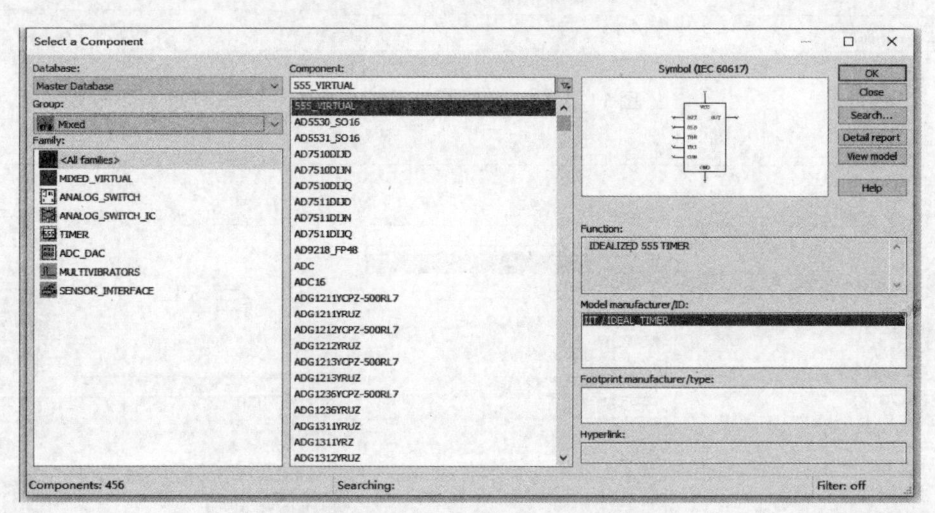

图 11.1.27　数模混合集成电路库

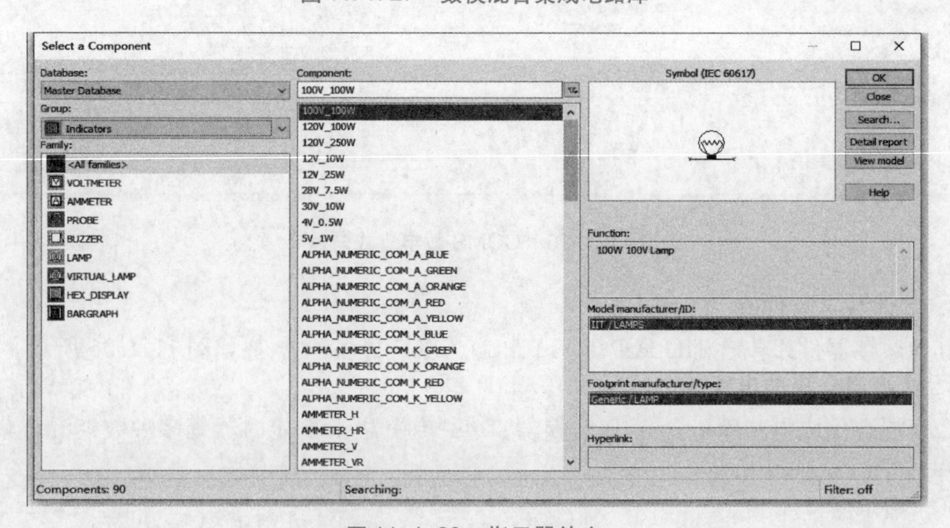

图 11.1.28　指示器件库

11. 电源器件库

电源器件库三端稳压器、PWM 控制器等多种电源器件，如图 11.1.29 所示。

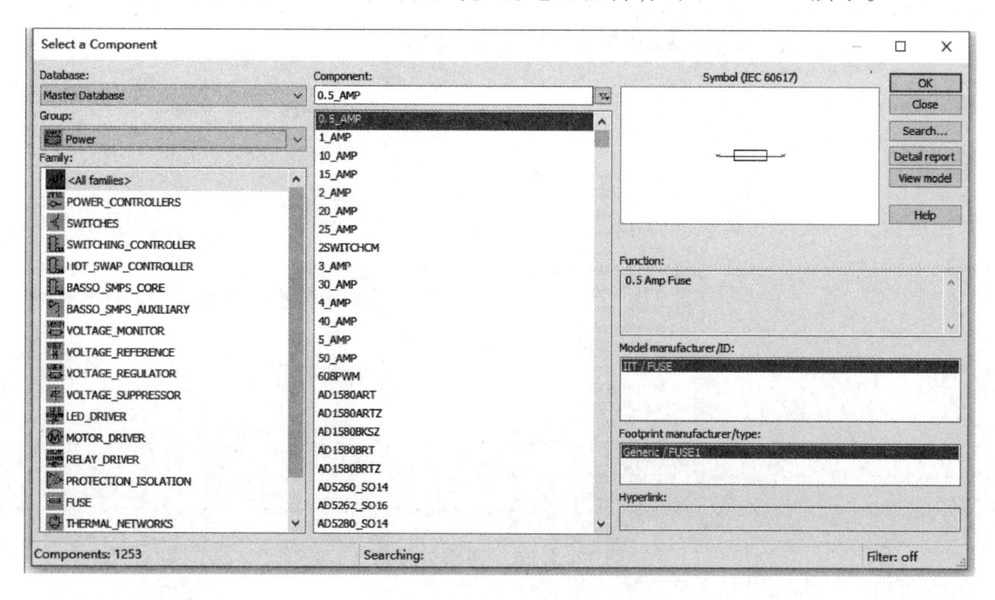

图 11.1.29　电源器件库

12. 其他元器件库

其他元器件库包含晶振、光耦合器等多种器件，如图 11.1.30 所示。

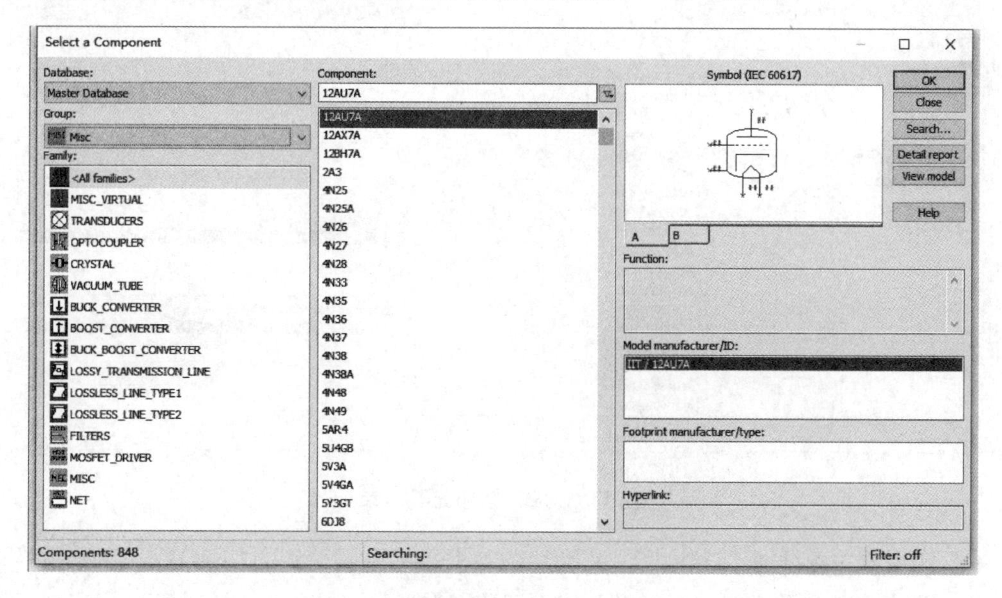

图 11.1.30　其他元器件库

13. 高级外设库

高级外设库包含按键、终端、外围设备等器件，如图 11.1.31 所示。

14. 射频元器件库

射频元器件库包含射频电容器、射频电感器、射频晶体管等多种器，如图 11.1.32 所示。

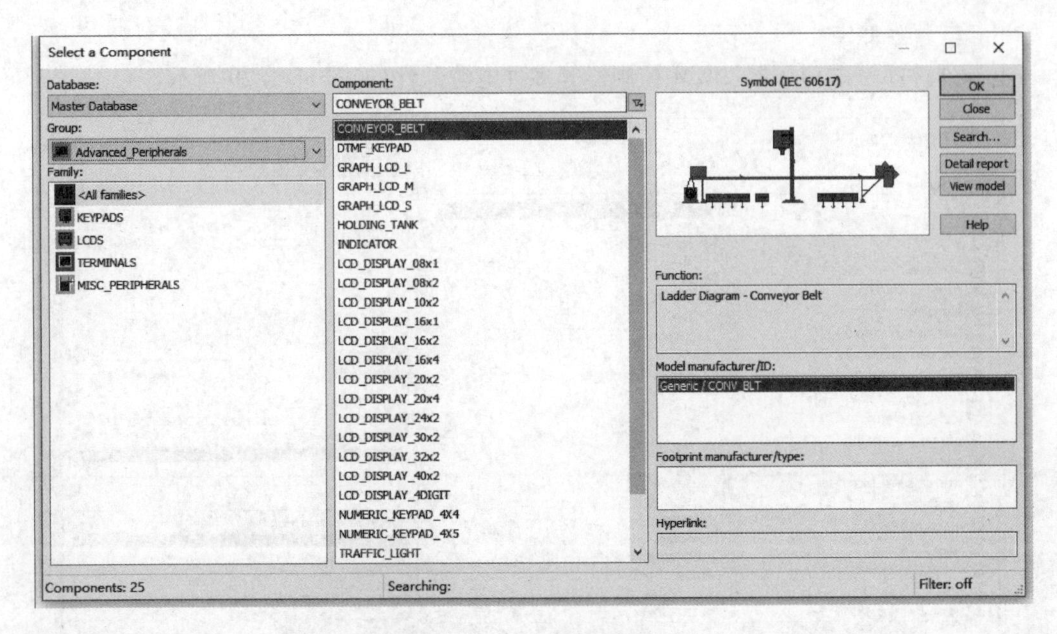

图 11. 1. 31　高级外设库

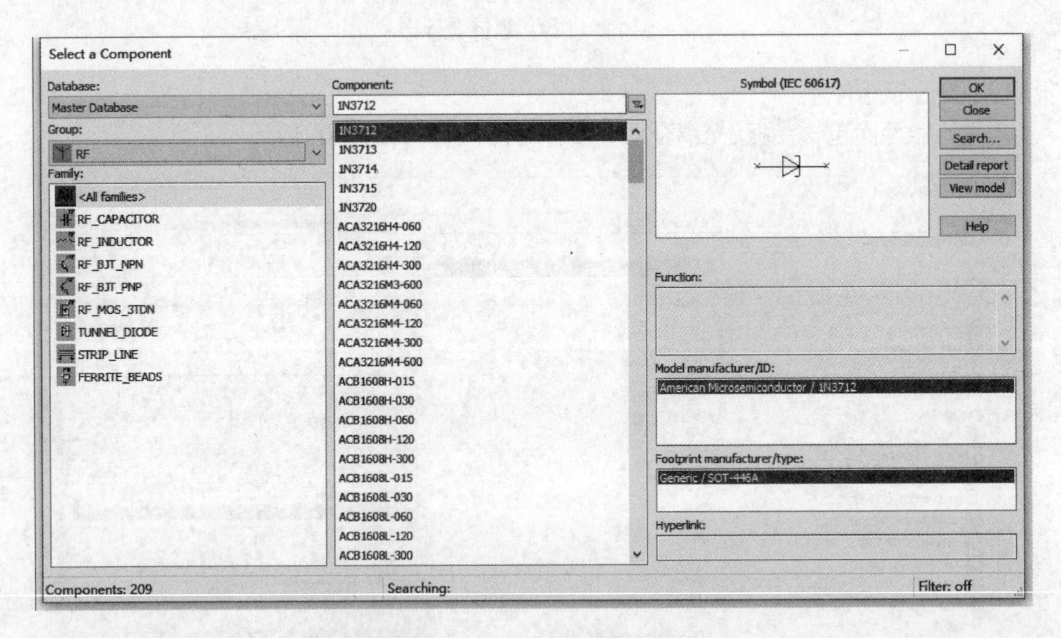

图 11. 1. 32　射频元器件库

15. 机电类元器件库

机电类元器件库包含开关、接触器、继电器等多种器件，如图 11. 1. 33 所示。

16. NI 元器件库

NI 元器件库包含各种系列数据采集器件，如图 11. 1. 34 所示。

17. 连接器库

连接器库包含硬件测试、USB 等多种器件，如图 11. 1. 35 所示。

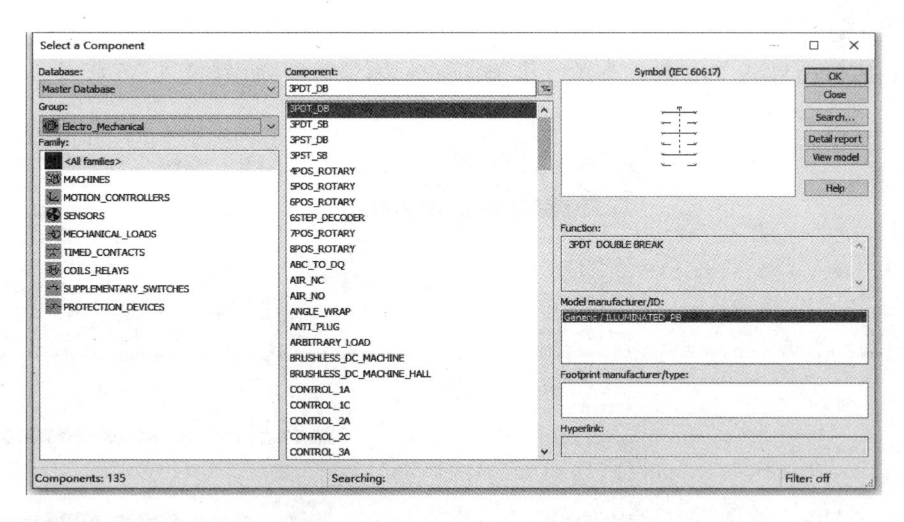

图 11.1.33 机电类元器件库

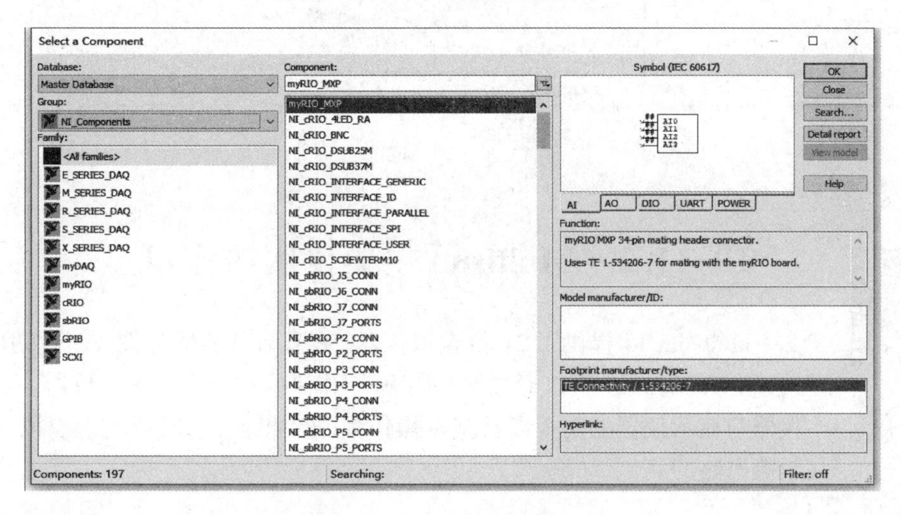

图 11.1.34 NI 元器件库

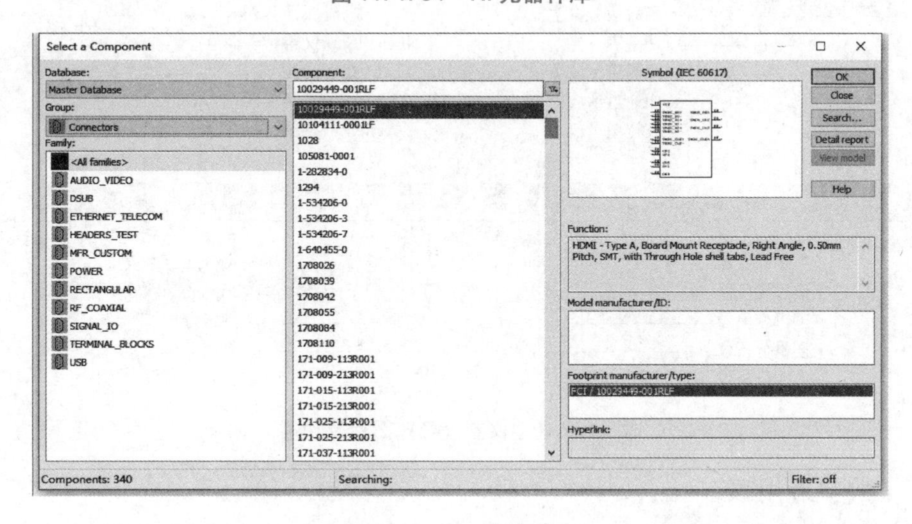

图 11.1.35 连接器库

18. MCU 库

MCU 库包含 805x、PIC 等系列单片机、数据存储器等器件，如图 11.1.36 所示。

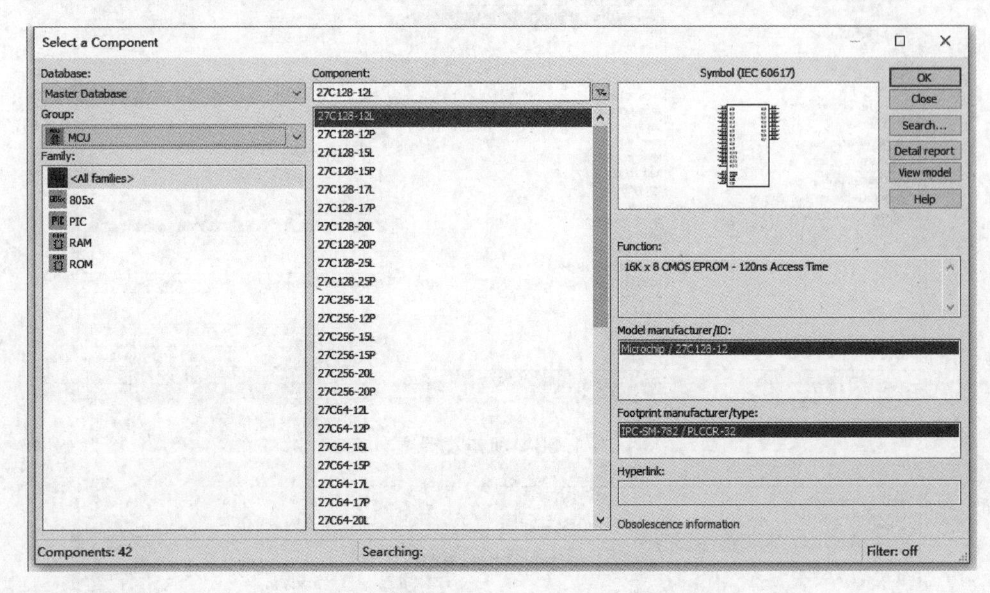

图 11.1.36　MCU 库

视频

Multisim主要仪器的使用

11.2　Multisim 主要仪器的使用

Multisim 14 提供了 21 种虚拟仪器，其图标及功能如图 11.2.1 所示。另外，NI Multisim 14 可以通过 LabVIEW 制作一些自定义的虚拟仪器。这些虚拟仪器与显示仪器的面板以及基本操作都非常相似，它们可用于模拟、数字、射频等电路的测试。

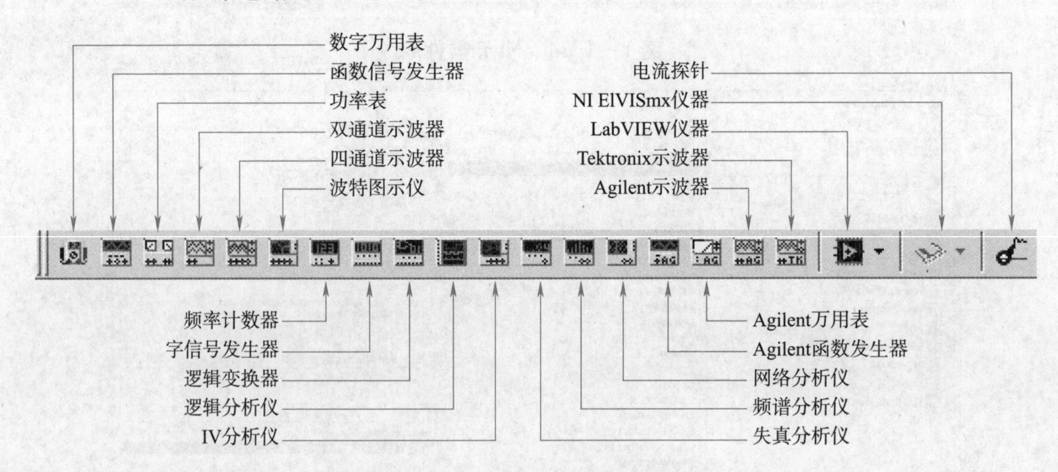

图 11.2.1　仪器仪表库图标及功能

11.2.1　数字万用表

Multisim 14 提供的数字万用表（Multimeter）外观和操作与实际的万用表相似，通过操控面板上的 A 、 V 、 Ω 和 dB 按钮就可以测量电流(A)、电压(V)、电阻(Ω)和分贝值(dB),通过 ∼ 和 — 按钮就可以测量交流或直流信号,如图 11.2.2 所示。万用表有正极(+)和负极(-)两个引线端,将它们与待测设备连接时应注意:

(1)在测量电阻和电压时,应与待测的端点并联。

(2)在测量电流时,应串联在待测之路中。

通过参数设置对话框可以改变电流表内阻、电压表内阻、欧姆表电流等参数,以改变万用表测量不同电路参量时的测量精度。数字万用表的参数设置页面如图 11.2.3 所示。

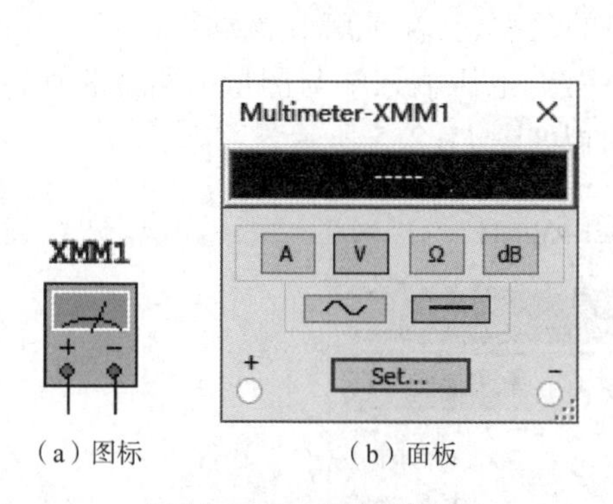

(a)图标　(b)面板

图 11.2.2　数字万用表

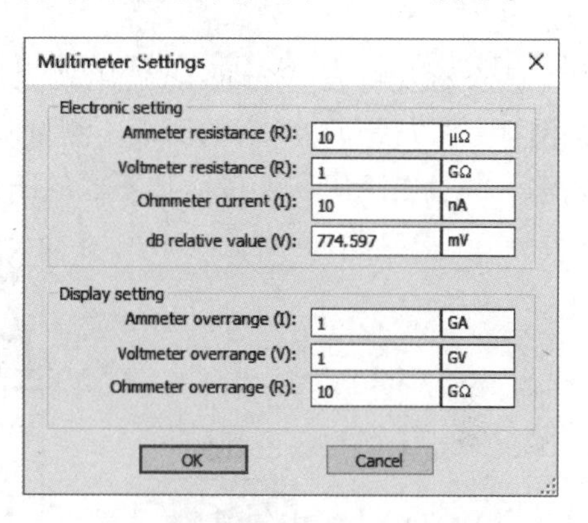

图 11.2.3　数字万用表的参数设置页面

11.2.2　函数信号发生器

函数信号发生器(Function Generator)能够产生正弦波、方波和三角波,其图标如图 11.2.4(a)所示。与待测设备连接时应注意:

(1)连接"+"和 Common 端子,输出信号为正极性 Common 信号。

(2)连接"-"和 Common 端子,输出信号为负极性信号。

(3)连接"+"和"-"端子,输出信号为双极性信号。

(4)同时连接"+"、Common 和"-"端子,并把 Common 端子与电路的公共地(Ground)符号相连,则输出两个幅值相等、极性相反的信号。

双击图标,可以得到面板如图 11.2.4(b)所示。面板上部有三个输出波形选择按钮,分别是正弦波、三角波和方波。按下某一个按钮,可以选择需要的输出信号波形。

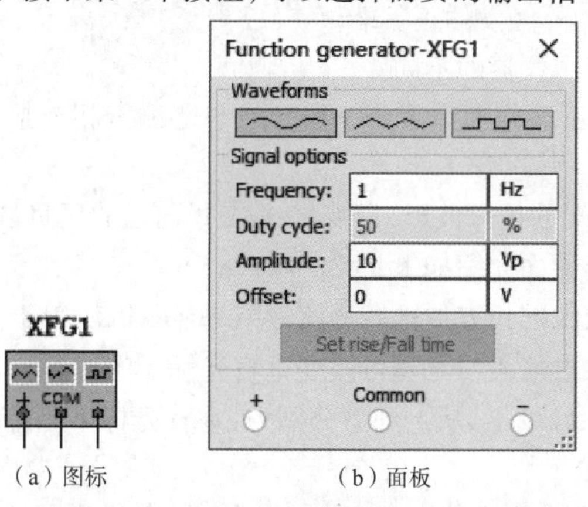

(a)图标　(b)面板

图 11.2.4　函数信号发生器

在 Signal options 栏中,有四个参数设置项和一个按钮。

(1)Frequency:设置输出信号频率。

(2)Duty cycle:设置输出信号的占空比。

(3)Amplitude:设置输出信号的最大输出幅值。

(4)Offset:设置输出信号的偏置电压。

(5)Set rise/Fall time 按钮:设置输出方波信号的上升和下降时间。

11.2.3 功率表

功率表又称瓦特表(Wattmeter),用来测量电路的功率,交流或者直流均可测量。双击功率表的图标,可以得到功率表的面板。测量时需要注意,电压输入端与测量电路并联连接,电流输入端与测量电路串联连接。功率表的图标及面板如图 11.2.5 所示。

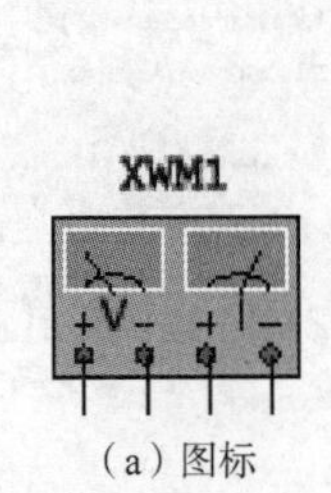

(a)图标

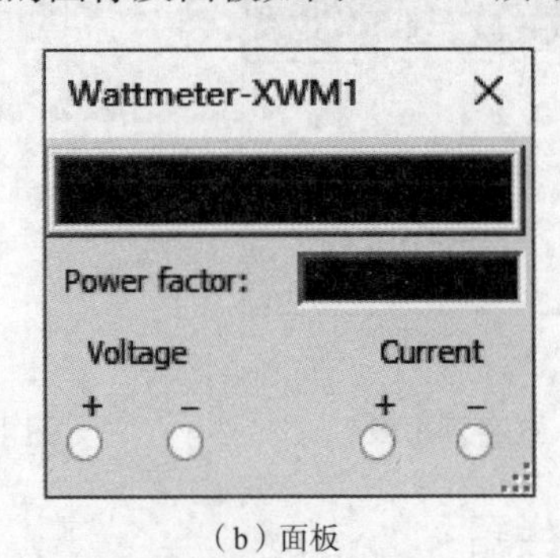

(b)面板

图 11.2.5 功率表

11.2.4 示波器

示波器(Oscilloscope)是电子实验中使用最为频繁的仪器之一,可用来观察信号波形并可测量信号幅值、频率及周期等参数。在 Multisim 14 中配有双通道示波器(Oscilloscope)、四通道示波器(Four Channel Oscilloscope)和专业的安捷伦示波器(Agilent Oscilloscope)以及泰克示波器(Tektronix Oscilloscope)。下面主要介绍双通道示波器和四通道示波器的使用。

1. 双通道示波器

双通道示波器的图标及面板如图 11.2.6 所示。该仪器的图标上共有 6 个端子,A 通道的正负端、B 通道的正负端和外触发的正负端。

连接时要注意它与显示仪器的不同:

(1)A、B 两个通道的正端分别只需要一根导线与待测点相连接,测量的是该点与地之间的波形。

(2)若需测量器件两端的信号波形,只需将 A 或 B 通道的正负端与器件两端相连即可。

双通道示波器的操作界面介绍如下:

仪器的上方一个比较大的长方形区域为测量结果显示区。单击左右箭头 T1 ←→ 可改变垂直光标 1 的位置。单击左右箭头 T2 ←→ 可改变垂直光标 2 的位置。

Time 项的数值(见图 11.2.7)从上到下分别为:垂直光标 1 当前位置,垂直光标 2 当前位置,两光标之间的位置差。

Channel A 项的数值从上到下分别为:垂直光标 1 处 A 通道的输出电压值,垂直光标 2 处

A 通道的输出电压值,两光标处电压差。

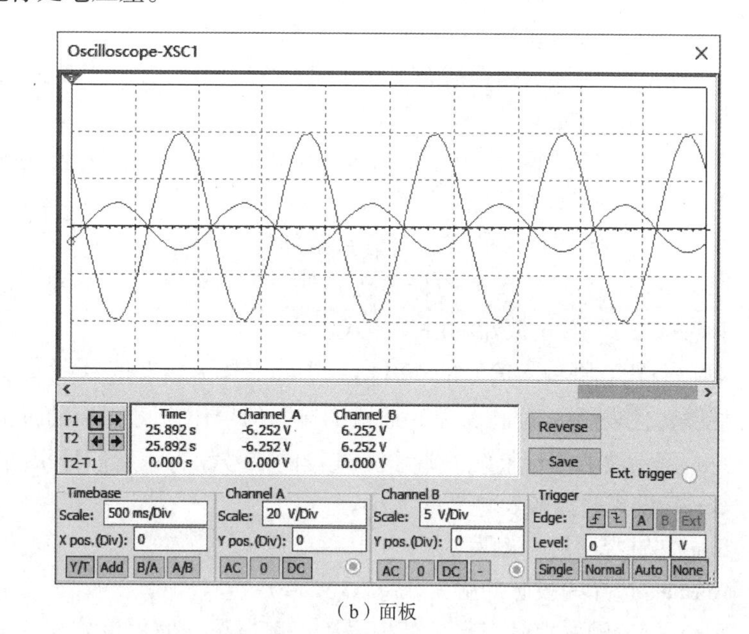

XSC1

Ext Trig

A B

(a) 图标

(b) 面板

图 11.2.6 双通道示波器

Channel B 项的数值从上到下分别为:垂直光标 1 处 B 通道的输出电压值,垂直光标 2 处 B 通道的输出电压值,两光标处电压差。

	Time	Channel_A	Channel_B
T1	25.892 s	-6.252 V	6.252 V
T2	25.892 s	-6.252 V	6.252 V
T2-T1	0.000 s	0.000 V	0.000 V

Reverse　Save　Ext. trigger

Timebase　Scale: 500 ms/Div　X pos.(Div): 0　Y/T　Add　B/A　A/B

Channel A　Scale: 20 V/Div　Y pos.(Div): 0　AC　0　DC

Channel B　Scale: 5 V/Div　Y pos.(Div): 0　AC　0　DC　-

Trigger　Edge:　A　B　Ext　Level: 0　V　Single　Normal　Auto　None

图 11.2.7 双通道示波器中的其他项

Reverse:改变结果显示区的背景颜色(白和黑之间转换)。

Save:以 ASCH 文件形式保存扫描数据。

Ext. trigger:外触发。

Timebase:设置 X 轴方向时间基线位置和时间刻度值。

Scale:设置 X 轴方向每一个刻度代表的时间,单击该栏后将出现上下翻转的列表,可根据实际需要选择适当的时间刻度值。

X pos.(Div):设置 X 轴方向时间基线的起始位置。

Y/T:代表 Y 轴方向显示 A、B 通道的输入信号,X 轴方向是时间基线,并按设置时间进行扫描。当要显示时间变化的信号波形时,才采用该方式。

Add:代表 X 轴按设置时间进行扫描,而 Y 轴方向显示 A、B 通道的输入信号之和。

B/A:代表 A 通道信号作为 X 轴扫描信号,将 B 通道信号施加在 Y 轴上。

A/B:代表 B 通道信号作为 X 轴扫描信号,将 A 通道信号施加在 Y 轴上。

Channel A 区:设置 Y 轴方向 A 通道输入信号刻度。

Scale:表示 A 通道输入信号的每格电压值。单击该栏后将出现刻度翻转列表,根据所测信号电压的大小上下翻转,可选择适当的值。

Y pos.(Div):表示扫描线在显示屏幕中的上下位置。当其值大于零时,扫描线在屏幕中线上侧,反之在下侧。

AC:代表屏幕仅显示输入信号中的交流分量(相当于实际电路中加入了隔直电容)。

0:表示将输入对地短路。

DC:代表屏幕将信号的交直流分量全部显示。

Channel B 区:设置 Y 轴方向 B 通道输入信号刻度。其设置与 Channel A 区相同。

Trigger 区:设置示波器的触发方式。

:代表将输入信号的上升沿或下降沿作为触发信号。

A B:代表用 A 通道或者 B 通道的输入信号作为同步 X 轴时基扫描的触发信号。

Ext:用示波器图标上触发端子 T 连接的信号作为触发信号来同步 X 轴时基扫描。

Level:设置选择触发电平的大小。

Single:选择单脉冲触发。

Normal:选择一般脉冲触发。

Auto:代表触发信号来自外部信号。一般情况下使用该方式。

2. 四通道示波器

四通道示波器(Four Channel Oscilloscope)是 Multisim 中新增加的一种仪器,它也是一种可以用来显示电信号波形的形状、幅度、频率等参数的仪器,其图标及面板如图 11.2.8 所示。

其使用方法与双通道示波器相似,但存在以下不同点:

(1)将信号出入通道由 A、B 两个增加到 A、B、C、D 四个。

(2)在设置各个通道 Y 轴输入信号的标度时,通过单击通道选择按钮 来选择要设置的通道。

XSC1

G T A B C D

(a)图标

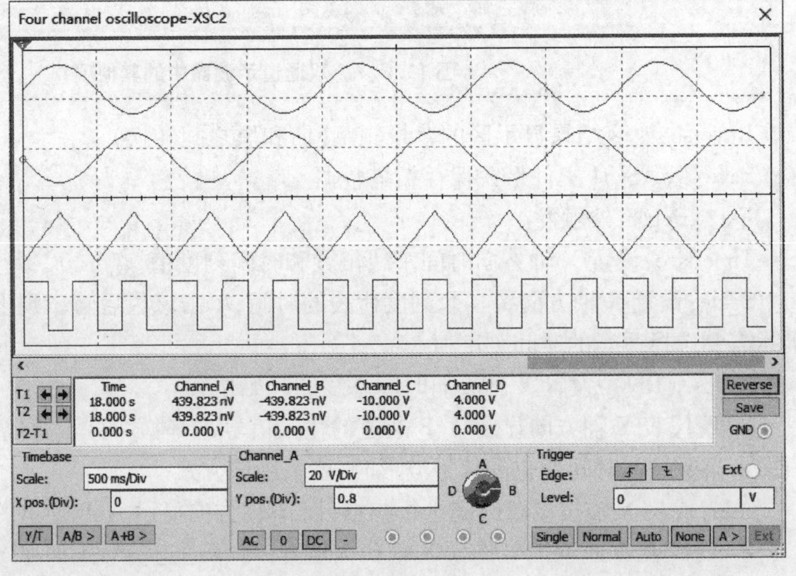

(b)面板

图 11.2.8 四通道示波器

(3)按钮 A + B 相当于两通道信号中的 Add 按钮,即 X 轴按设置时间进行扫描,而 Y 轴方向显示 A、B 通道的输入信号之和。

(4)右击 A/B 按钮和 A + B 按钮后,出现如图 11.2.9 所示各通道运算方法选项集合。

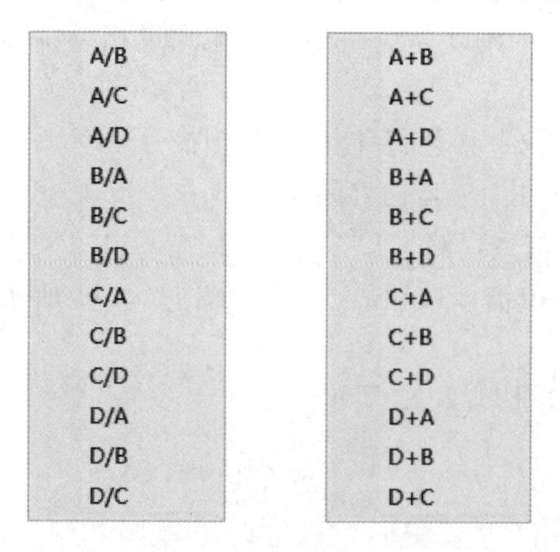

图 11.2.9 各通道运算方法选项集合

11.2.5 波特图示仪

波特图示仪(Bode Plotter)可用来测量和显示电路或系统的幅频特性与相频特性,类似于实验室的频率特性测试仪,其图标及面板如图 11.2.10 所示。

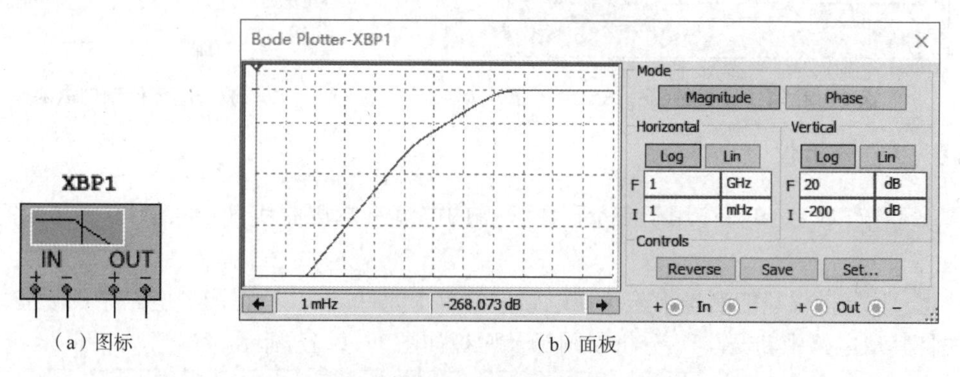

(a) 图标 (b) 面板

图 11.2.10 波特图示仪

由图 11.2.10 可以看出,该仪器共有四个端子,两个输入端子(IN)和两个输出端子(OUT)。V_{IN+} 和 V_{IN-} 分别与电路输入端的正负端子相连接;V_{OUT+} 和 V_{OUT-} 分别与电路输出端的正负端子相连接。

Mode 区:设置显示屏幕中的显示内容的类型。

Magnitude:设置选择显示幅频特性曲线。

Phase:设置选择显示相频特性曲线。

Horizontal 区:设置波特图示仪显示的 X 轴显示类型和频率范围。

Log:表示坐标标尺为对数的。

Lin:表示坐标标尺为线性的。

当测量信号的频率范围较宽时,用对数标尺比较好,F 和 I 分别为 Final(最终值)和 Initial(初始值)的首字母。

Vertical 区:设置 Y 轴的标尺刻度类型。

Log:测量幅频特性时,单击 Log 按钮后,标尺刻度为 $20\text{Log}A(f)\,\text{dB}$,$A(f)=V_{OUT}/V_{IN}$,Y 轴的单位为 dB(分贝)。通常都采用线性刻度。

Lin:单击该按钮后,Y 轴的刻度为线性刻度。在测量相频特性时,Y 轴坐标表示相位,单位为度,刻度是线性的。

Controls 区:设置波特图仪背景色、存储内容和扫描分辨率。

Reverse:设置背景颜色,在黑或者白之间切换。

Save:将测量值以 BOD 格式存储。

Set:设置扫描分辨率。单击该按钮后,出现如图 11.2.11 所示对话框。分辨率设置范围为 1 ~1 000。

波特图示仪示例电路如图 11.2.12 所示。

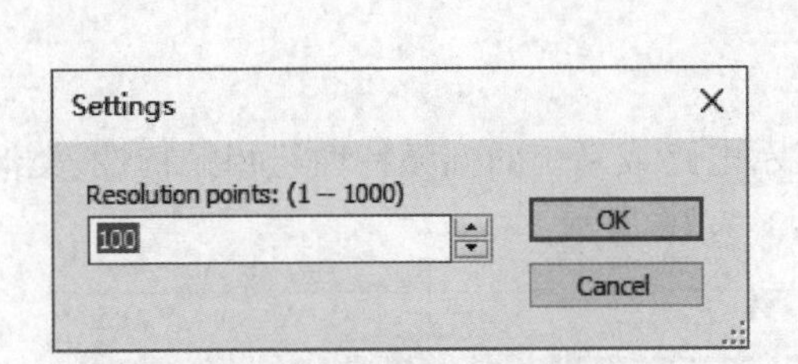

图 11.2.11　设置扫描分辨率

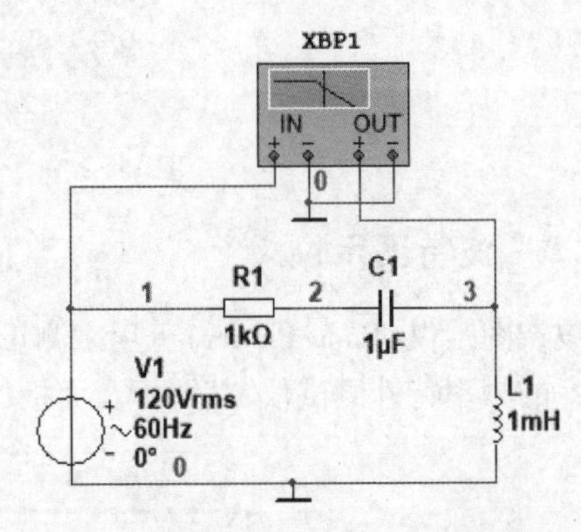

图 11.2.12　波特图示仪示例电路

11.2.6　IV 分析仪

IV 分析仪(IV Analyzer)用于测量以下设备的电流 - 电压曲线:(1)二极管;(2)BJT;(3)MOS 管。

注意:IV 分析仪只能测量未连接在电路中的单个元件。所以,在测量电路中的设备之前,可以先将其从电路中断开。IV 分析仪图标及面板如图 11.2.13 所示。

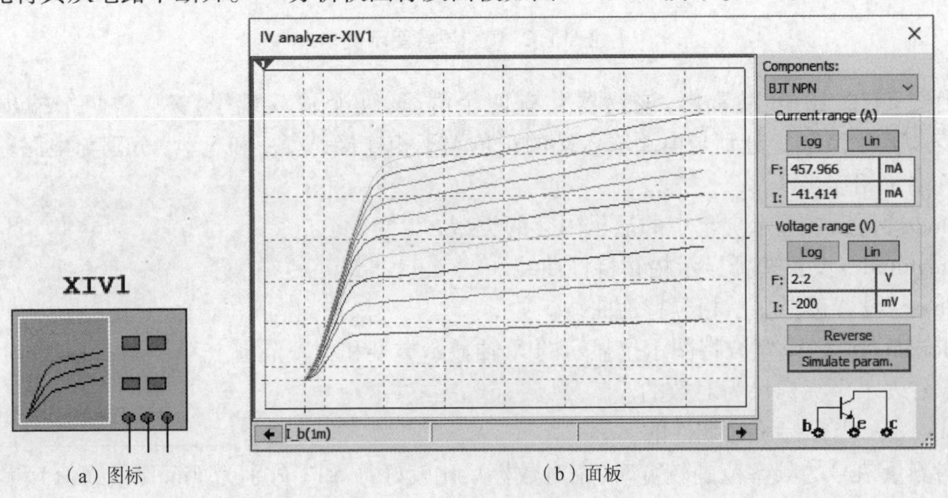

(a)图标　　(b)面板

图 11.2.13　IV 分析仪

使用 IV 分析仪测量一个设备的步骤如下：

（1）单击 IV 分析仪工具栏按钮，将其图标放置在电路工作区，双击图标打开面板。

（2）从 Components 下拉列表中选择要分析的设备类型，如 BJT NPN。

（3）将选定的设备放置在电路工作区，并与 IV 分析仪图标按如图 11.2.14 所示的方法连接。

（4）单击 Simulate param. 按钮显示仿真参数对话框，如图 11.2.15 所示。

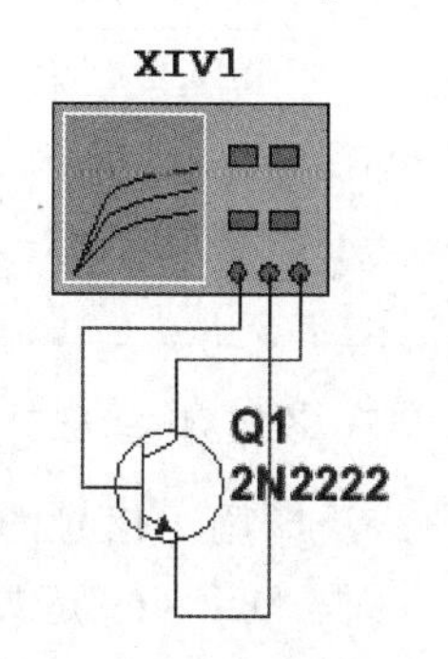

图 11.2.14　IV 分析仪示例电路

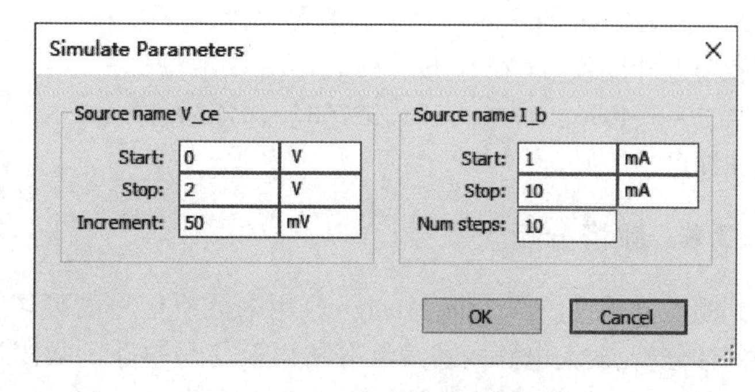

图 11.2.15　仿真参数设置

（5）可选部分：Current range（A）和 Voltage range（V）栏内的更改默认标准按钮，有两个选项：Log（对数）和 Lin（线性）。这里设置为 Lin。

（6）选择 Simulate→Run 命令。显示设备的 IV 曲线，如果确定结果正确，则单击 Reverse 按钮将显示背景改为白色，如图 11.2.13 所示。

11.2.7　失真度分析仪

失真度分析仪（Distortion Analyzer）是一种用来测量电路信号失真的仪器，其图标和面板如图 11.2.16 所示。Multisim 提供的失真度分析仪频率范围为 20 Hz～20 kHz。该仪器只有一个输入端子，它用来连接电路的输出信号。

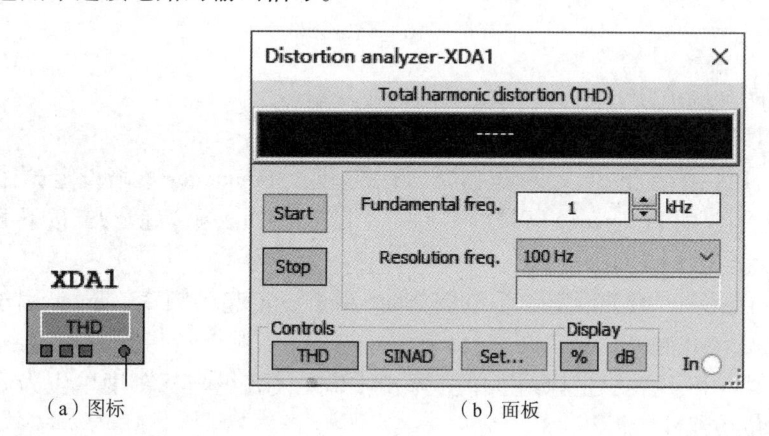

（a）图标　　（b）面板

图 11.2.16　失真度分析仪

失真度分析仪的使用面板分为以下几个方面：

THD（Total Harmonic Distortion）：用于显示总谐波失真测试值，该值的单位可以选用百分比，也可以选用分贝（dB）；Start 和 Stop 按钮分别表示测试电路仿真的开始和停止；

Fundamental freq. 表示设置基频;Resolution freq. 表示设置分辨率频率。

SINAD 按钮用于设置分析信噪比;Set 按钮用于设置测试参数,单击该按钮后出现如图 11.2.17 所示对话框。

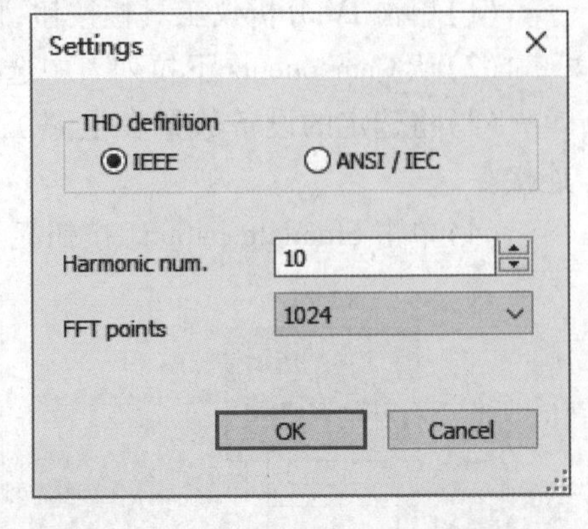

图 11.2.17 设置测试参数对话框

设置测试参数对话框中 THD definition 区只用于设置总谐波失真的定义方式,包括 IEEE 和 ANSI/IEC 两种定义方式;Harmonic num. 用于设置谐波数目;FFT points 设置傅里叶变换点,在其下拉列表中有六项选择内容:1024、2048、4096、8192、16384、32768。选定后,单击 OK 按钮即可。

11.2.8 频谱分析仪

频谱分析仪(Spectrum Analyzer)用来分析信号的频域特性,它广泛应用于信号的纯度和稳定性分析、放大电路的非线性分析以及信号电路的故障诊断等方面。Multisim 提供的频谱分析仪频率上限为 4 GHz,其图标及面板如图 11.2.18 所示。

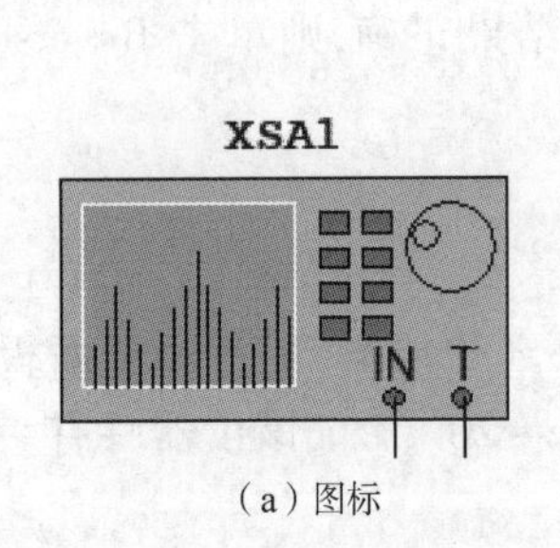

(a) 图标

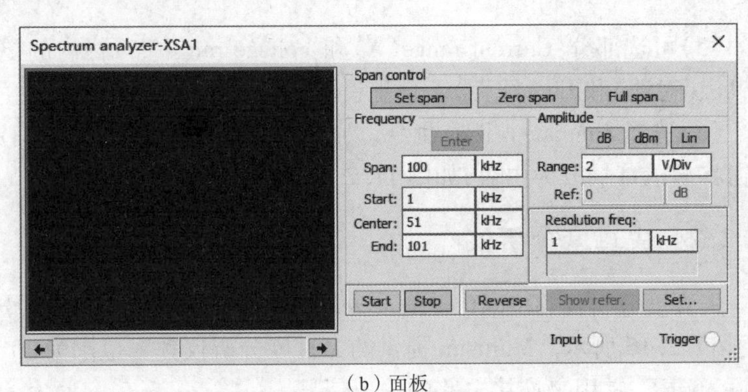

(b) 面板

图 11.2.18 频谱分析仪

该仪器有两个端子,IN 端为输入端,T 端为触发端。

下面介绍频谱分析仪的面板及操作:

Span control 区:当按下 Set span 按钮时,频率范围由 Frequency 区域设定;当按下 Zero span 按钮时,频率范围仅由 Frequency 区域的 Center 栏设定的中心频率确定;当按下 Full span 按钮时,频率范围设定为 0 ~ 4 GHz。

Frequency 区:Span 用于设定频率范围;Start 用于设定起始频率;Center 用于设定中心频率;End 用于设定终止频率。

Amplitude 区:dB 代表纵坐标刻度单位为 dB;dBm 代表纵坐标刻度单位为 dBm;Lin 代表纵坐标刻度单位为线性。

Resolution freq 区:设置频率分辨率,即能够分辨的最小谱线间隔。

其他区说明如下:

Start 按钮代表启动分析;Stop 按钮代表停止分析;Reverse 按钮用于改变显示屏幕背景颜色;Set 按钮用于设置触发源及触发模式,单击后出现如图 11.2.19 所示对话框。

触发设置对话框共分为四个部分:Trigger source 用于设置触发源,Internal 表示选择内部触发源，External 表示选择外部触发源；Trigger mode 用于设置触发方式，Continuous 表示连续触发方式，Single 表示单次触发方式；Threshold volt. 表示阈值电压值；FFT points 表示傅里叶变换点。

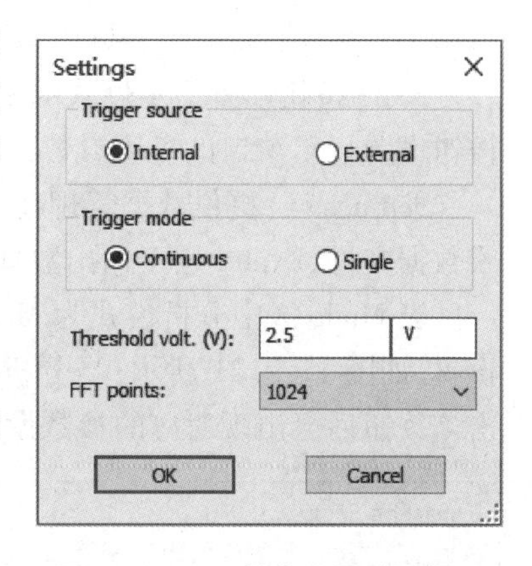

图 11. 2. 19　触发设置对话框

11. 2. 9　网络分析仪

网络分析仪（Network Analyzer）是一种用来分析双端口网络的仪器，它可以用来测量衰减器、放大器、混频器、功率分配器等电子电路及元件的特性，其图标及面板如图 11. 2. 20 所示。

网络分析仪使用面板共分六个部分：

显示屏：主要用于显示电路信息和网络图。

Mode 区：设置分析模式。Measurement 代表测量模式，RF characterizer 代表射频特性分析模式，Match net. designer 代表电路设计模式。

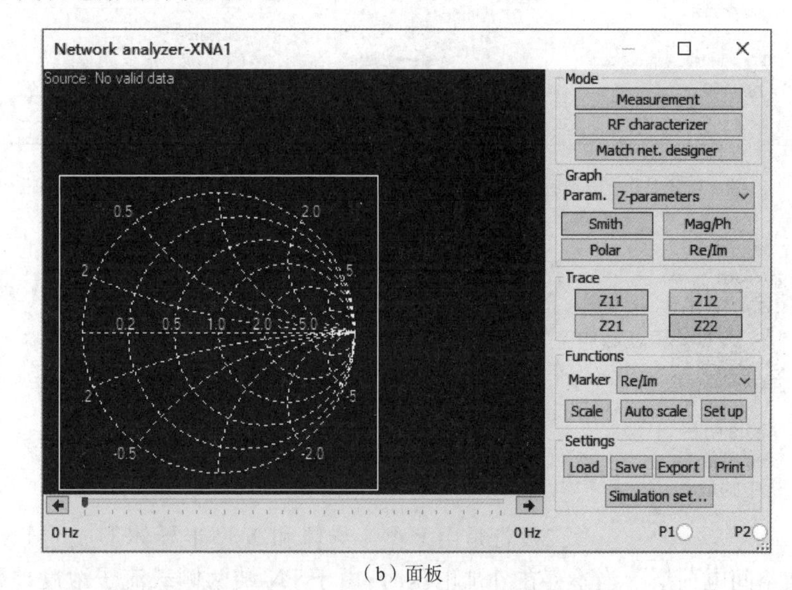

（a）图标　（b）面板

图 11. 2. 20　网络分析仪

Graph 区：选择分析参数。

Param. 栏：选择所要分析的参数。其下拉列表中共有 5 项内容：S-parameters 为 S 参数；H-parameters 为 H 参数；Y-parameters 为 Y 参数；Z-parameters 为 Z 参数；Stability factor 为稳定因子。

显示模式通过单击以下一个按钮来选择：Smith 按钮为史密斯格式，Mag/Ph 为增益/相位的频率响应图即波特图，Polar 为极化图，Re/Im 为实部/虚部。这四种显示模式的刻度系数可以通过 Functions 区中的 Scale、Auto Scale、Set up 三个按钮实现。

Trace 区：选择需要显示的参数。只需单击相应的参数（Z11、Z12、Z21、Z22）按钮即可。

Functions 区：Marker 栏内用于设置窗口数据显示模式。该栏下拉列表中共有三个选项：Re/Im 代表数据显示为坐标模式；Mag/Ph（Deg）代表数据显示为极坐标模式；dB Mag/Ph

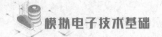

(Deg)代表显示数据为分贝极坐标模式。

Scale 按钮设置显示模式的刻度系数,Auto scale 按钮设置程序自动调整刻度参数,Set up 按钮设置显示窗口的显示参数,包括线宽、颜色等。

Settings 区:提供数据管理功能。Load 用于读取专用格式数据文件,Save 用于存储专用格式数据文件,Export 用于输出数据至文本文件,Print 用于打印数据。

当 Mode 区中分析模式为 Measurement 时,设置按钮为 Simulation set... 用于 Measurement 设置,如图 11.2.21 所示;当分析模式为 RF characterizer 时,设置按钮为 RF Param. set...,单击该按钮后会出现对应的参数设置对话框,如图 11.2.22 所示。

图 11.2.21　测量模式设置对话框

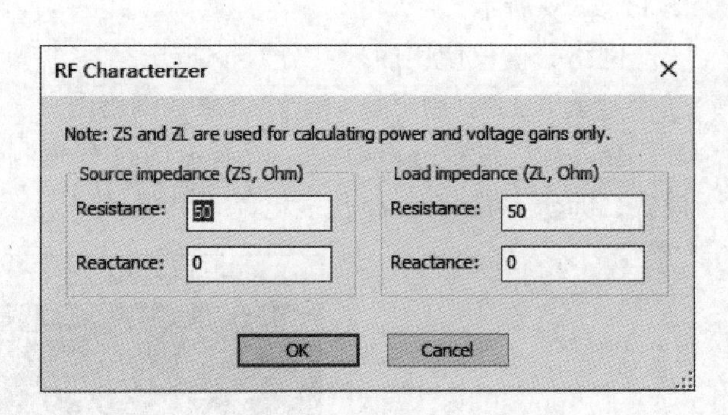

图 11.2.22　射频特性分析模型参数设置对话框

视频

Multisim在模拟电路分析中的应用

11.3　Multisim 在模拟电路分析中的应用

本节主要介绍几个常见模拟电子电路的分析,结合不同的电路,重点讨论 Multisim 的几种常用分析方法。

11.3.1　二极管和三极管输出特性虚拟仿真

二极管是由 P 型半导体和 N 型半导体形成的 PN 结,在其界面处两侧形成空间电荷层。当不存在外加电压时,由于 PN 结两侧载流子浓度差引起的扩散电流和自建电场引起的漂移电流相等而处于电平衡状态。

1. 二极管加正向电压

二极管未加电压时,仿真电路如图 11.3.1 所示,电压表和电流表显示皆为 0。

按下 A 键,使开关 S1A 闭合,电压表 U1 显示二极管 D_1 两端的正向压降,电流表 U2 显示流过二极管的正向电流,正向电压较小,正向电流较大,称为二极管正向导通,如图 11.3.2 所示。

2. 二极管加反向电压

首先按下 A 键,使开关 S1A 断开,将电源 V1 正负极对换,得出如图 11.3.3 所示仿真电路。

按下 A 键,使开关 S1A 闭合,电压表 U1 显示二极管 D_1 两端的反向压降,电流表 U2 显示流过二极管的反向电流,反向电压较大,正向电流较小,称为二极管反向截止,如图 11.3.4 所示。

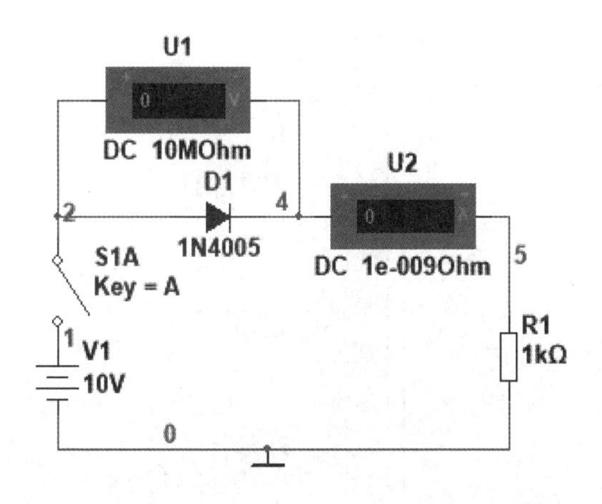

图 11.3.1　未加正向电压时仿真电路[①]

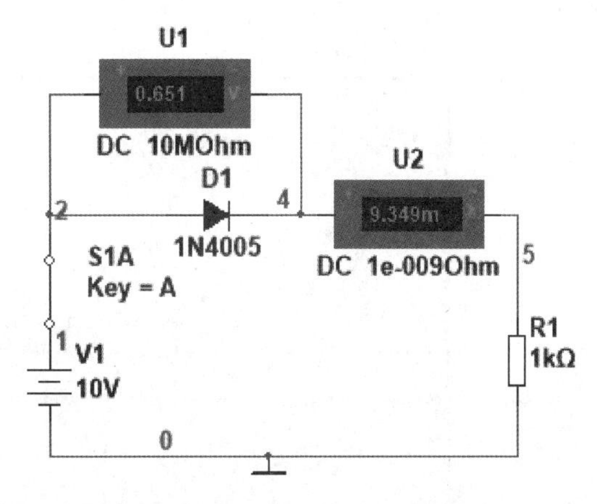

图 11.3.2　加正向电压时仿真电路

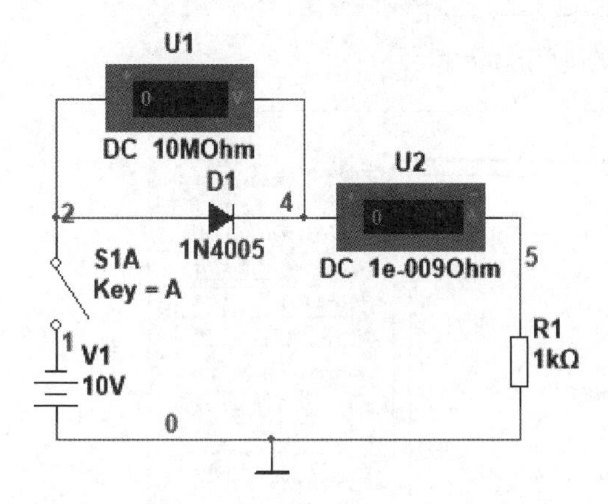

图 11.3.3　未加反向电压时仿真电路

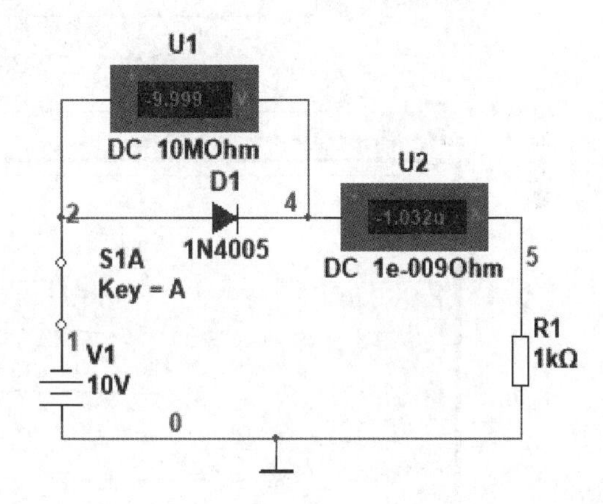

图 11.3.4　加反向电压时仿真电路

3. IV 分析仪测三极管伏安特性

用 IV 分析仪测量三种不同类型的三极管伏安特性，如图 11.3.5 所示。

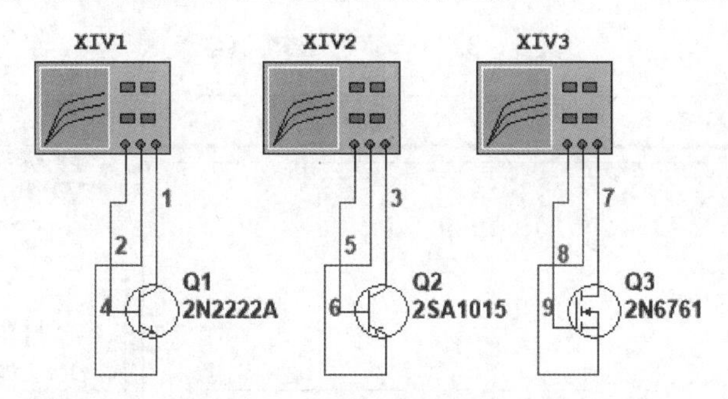

图 11.3.5　IV 分析仪测量三极管伏安特性图

双击 IV 分析仪图标，得到如图 11.2.13 所示面板。在 Components 区中，XIV1 选择 BJT NPN，XIV2 选择 BJT PNP，XIV3 选择 NMOS；Current range（A）和 Voltage range（V）均选择 Lin。选择 Simulate-Run 命令，得到如图 11.3.6 ~ 图 11.3.8 所示结果。

① 仿真电路的图形符号与国家标准符号不符，二者对照关系参见附录 F。

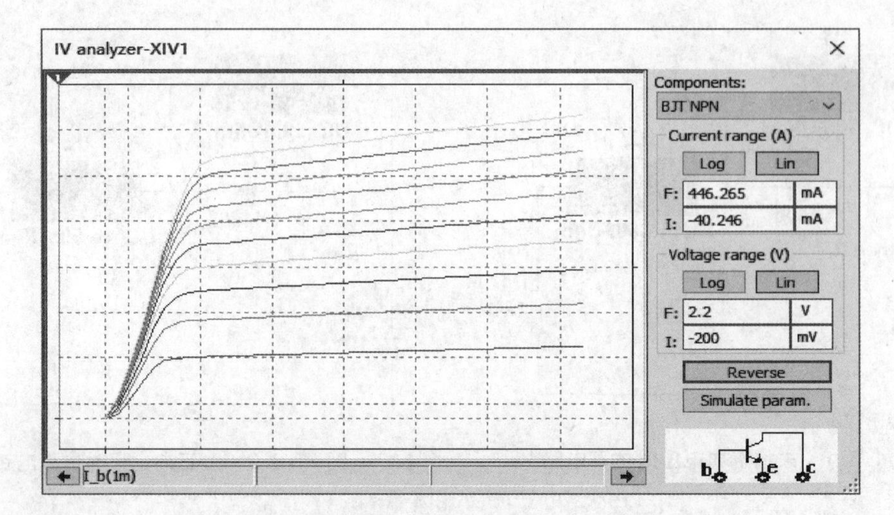

图 11. 3. 6　BJT NPN 仿真结果

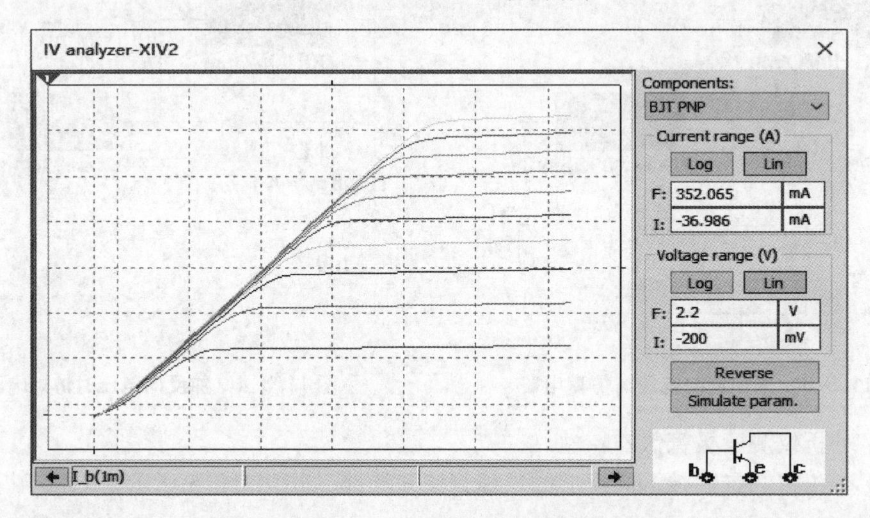

图 11. 3. 7　BJT PNP 仿真结果

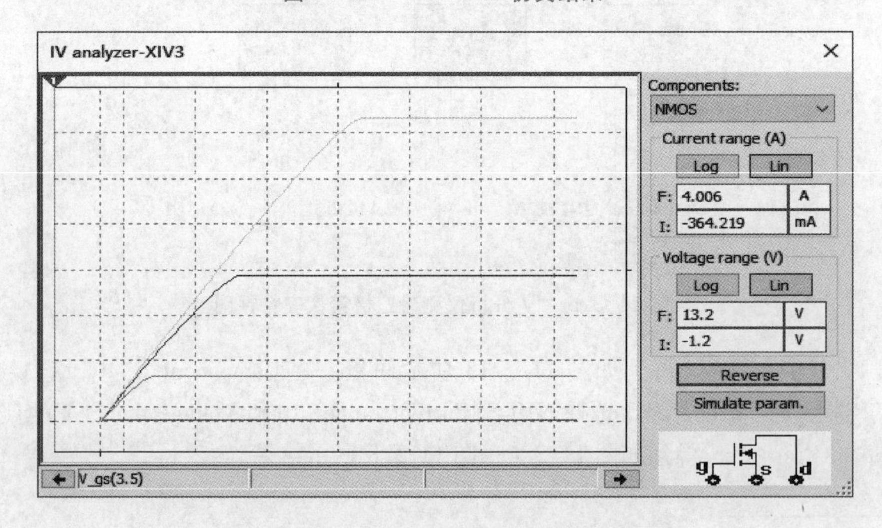

图 11. 3. 8　NMOS 仿真结果

11.3.2 基本放大电路

1. BJT 放大电路

BJT 放大电路如图 11.3.9 所示，交流输入信号为 5 mV，频率为 1 kHz。

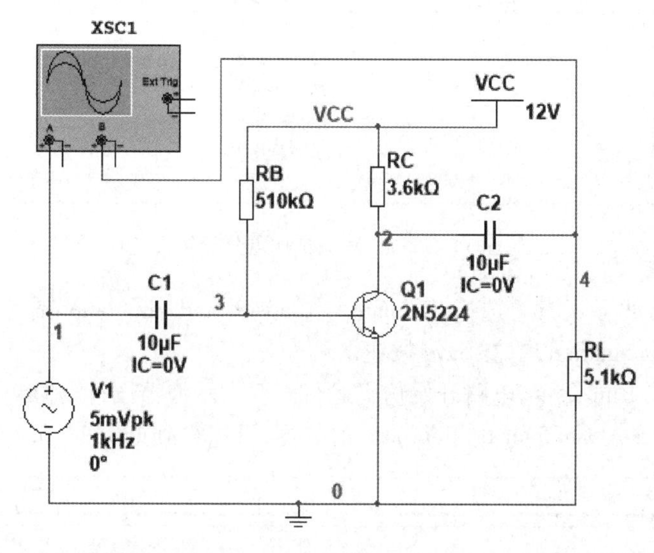

图 11.3.9 BJT 放大电路

(1) 静态分析。选择 Simulate→Analyses and Simulation 命令，在弹出的对话框中选择 DC Operating Point，将要分析的变量放入右边对话框中，单击 Save 按钮，如图 11.3.10 所示。

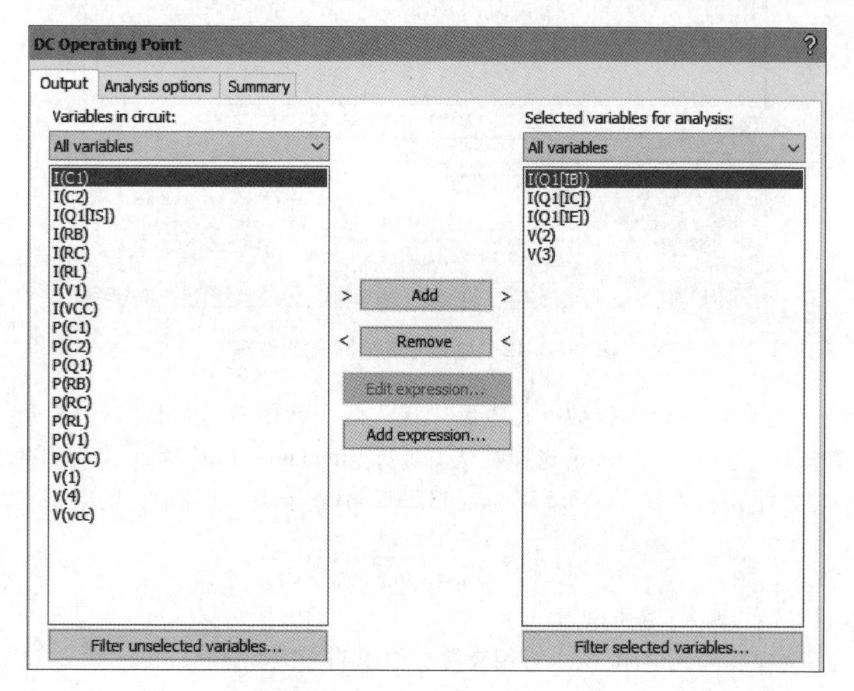

图 11.3.10 直流工作点分析对话框

选择 Simulate→Run 命令，得出结果如图 11.3.11 所示。可以看出，$U_{CE}=6.407$ V，$U_{BE}=$

0.626 V, I_B = 22 μA, I_C = 1.55 mA，三极管 Q1 工作在放大区，电流放大系数 β = 1.55 mA/22 μA = 70。

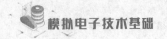

DC Operating Point Analysis

	Variable	Operating point value
1	V(2)	6.40697
2	V(3)	626.97034 m
3	I(Q1[IB])	22.30006 u
4	I(Q1[IC])	1.55362 m
5	I(Q1[IE])	-1.57592 m

图 11.3.11　直流工作点分析结果

（2）输入/输出波形观察。选择 Simulate→Analyses and Simulation 命令，在弹出的对话框中选择 Interactive Simulation，单击 Save 按钮。

选择 Simulate→Run 命令，电路开始仿真运行。双击示波器图标，弹出示波器面板，适当选择 Timebase、Channel A、Channel B 和 Y pos. 的数值，可以得到如图 11.3.12 所示结果。

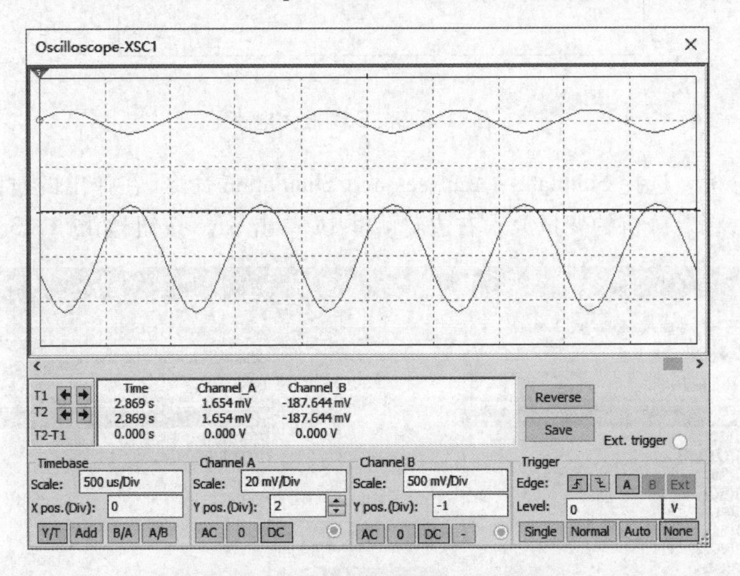

图 11.3.12　放大电路输入/输出波形

（3）测量电路的电压放大倍数。在电路中接入两个万用表，如图 11.3.13 所示。两个万用表均选择电压测量和交流，Set 值选择默认。选择 Simulate→Run 命令，电路开始仿真运行。可以得出两个万用表读数分别为 3.535 mV、427.68 mV。于是，计算电路的电压放大倍数为

$$A_u = \frac{427.68\ \text{mV}}{3.535\ \text{mV}} \approx 121$$

（4）测量电路的输入、输出电阻：

①测量放大电路输入电阻，两个万用表接法如图 11.3.14 所示。

需要注意的是，万用表 XMM1 设置为电压和交流；万用表 XMM2 设置为电流和交流。由于输入信号的峰值为 5 mV，所以万用表测得其有效值为 3.535 mV。根据两万用表的读数，可以计算电路的输入电阻为

$$R_{\mathrm{i}}=\frac{3.535\ \mathrm{mV}}{2.889\ \mu\mathrm{A}}\approx 1.22\ \mathrm{k}\Omega$$

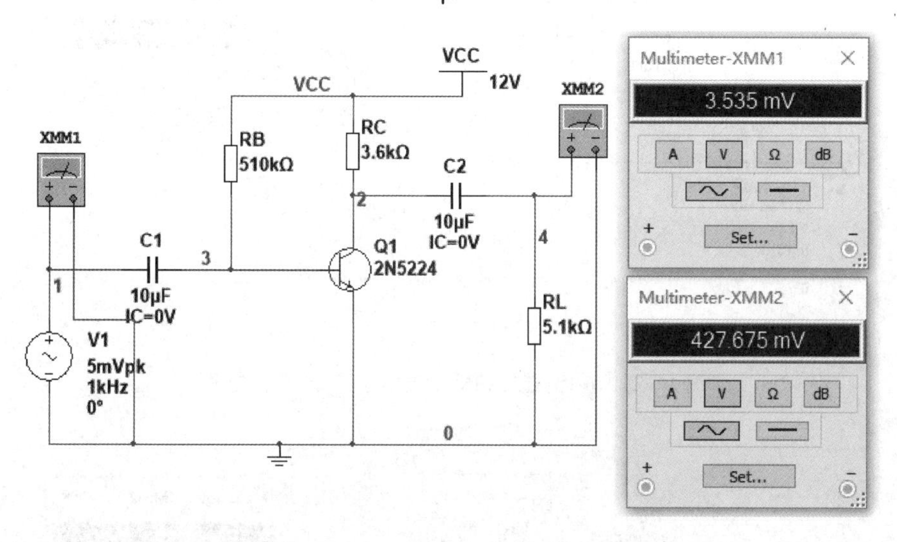

图 11.3.13　测量电压放大倍数仿真电路

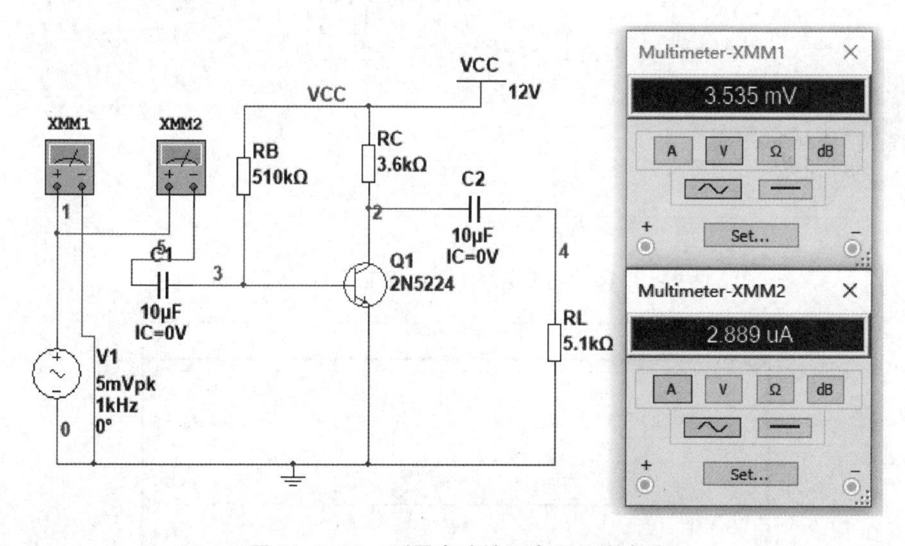

图 11.3.14　测量电路输入电阻仿真电路

②测量放大电路输出电阻。接入电阻 RL 时，用万用表测得输出电压 U_1，如图 11.3.15 所示。

断开电阻 RL 时，用万用表测得输出电压 U_2，如图 11.3.16 所示。

于是，放大电路输出电阻为

$$R_{\mathrm{o}}=\frac{U_2-U_1}{U_1}R_{\mathrm{L}}\approx 3.42\ \mathrm{k}\Omega$$

(5)电路参数变化对输出波形的影响。将电路中电阻 RB 调整为 100 kΩ，输入信号不变。由于 RB 减小，使得静态工作点上移，输出波形出现饱和失真。单击 Run 按钮，可以得到如图 11.3.17 所示饱和失真波形。

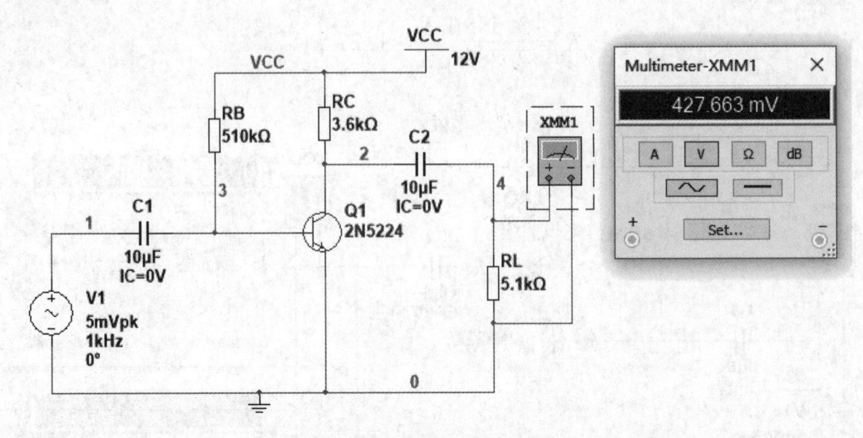

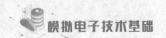

图 11.3.15　测量电路输出电阻电压 U_1 仿真电路

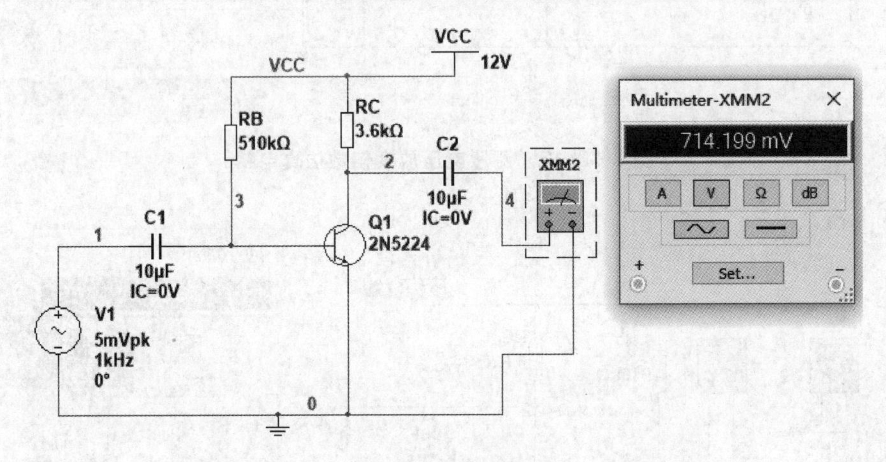

图 11.3.16　测量电路输出电阻电压 U_2 仿真电路

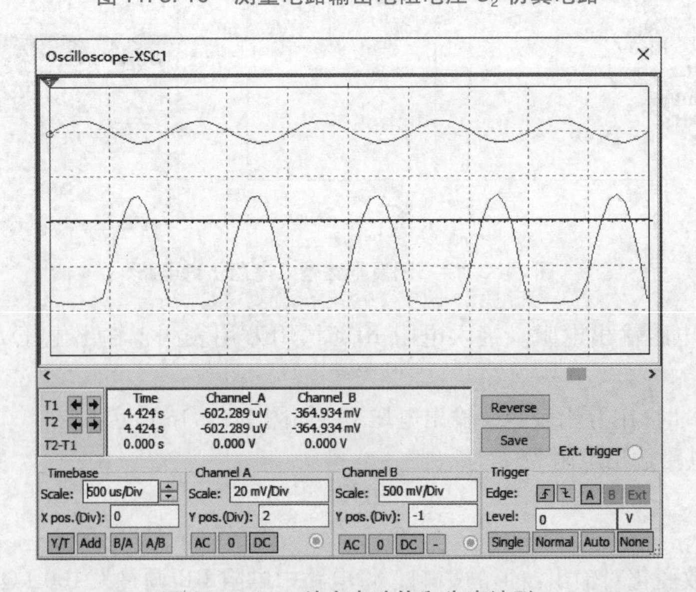

图 11.3.17　放大电路饱和失真波形

将电路中电阻 RB 调整为 700 kΩ，同时输入信号调整为 50 mV。单击 Run 按钮，可以得到放大电路截止失真波形，如图 11.3.18 所示。

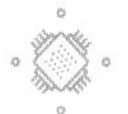

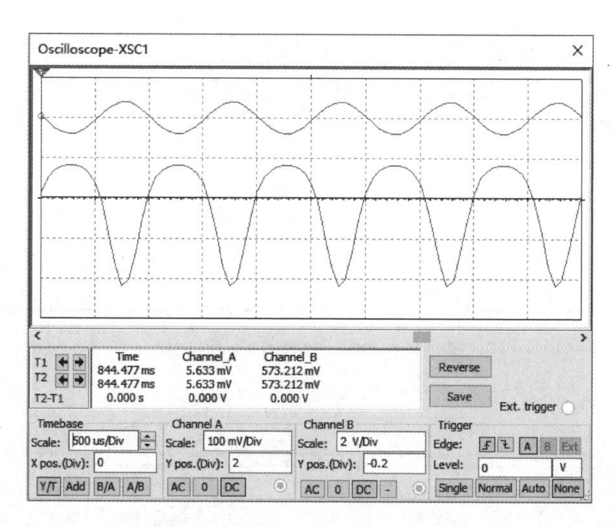

图 11.3.18　放大电路截止失真波形

2. NMOS 放大电路

共源放大仿真电路如图 11.3.19 所示。

(1)静态分析。单击选择 Simulate→Analyses and Simulation 按钮,在弹出的对话框中选择 DC Operating Point,将要分析的变量放入右边对话框中,单击 Save 按钮。运行仿真,得出结果如图 11.3.20 所示。

可以看出,$I_{DQ}=I_{(RD)}=0.579$ mA,$U_{GS}=U(10)-U(8)=1.795$ V,$U_{DS}=U(12)-U(8)=3.621$ V,说明 NMOS 管工作于饱和区。

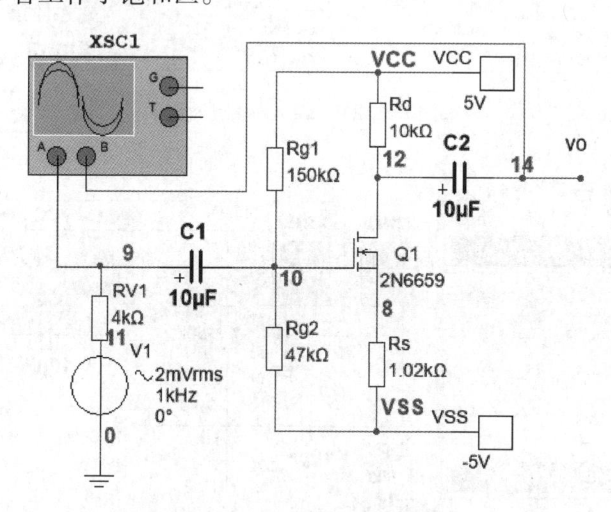

图 11.3.19　共源放大仿真电路

(2)输入/输出波形观察。双击示波器,在示波器控制面板中适当选择 Timebase、Channel A、Channel B 和 Y pos. 的数值,可以得到如图 11.3.21 所示结果。

(3)测量电路的电压放大倍数。测量电路的电压放大倍数仿真电路如图 11.3.22 所示。两个万用表均选择电压测量和交流,Set 值选择默认。可以得出两个万用表读数分别为 1.799 mV、16.643 mV。于是,计算电路的电压放大倍数为 $A_u=\dfrac{16.643\ \text{mV}}{1.799\ \text{mV}}\approx 9.3$。

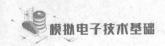

DC Operating Point Analysis

	Variable	Operating point value
1	V(10)	-2.61421
2	V(12)	-788.96979 m
3	V(8)	-4.40953
4	I(RD)	578.89698 u

图 11.3.20 静态工作点分析

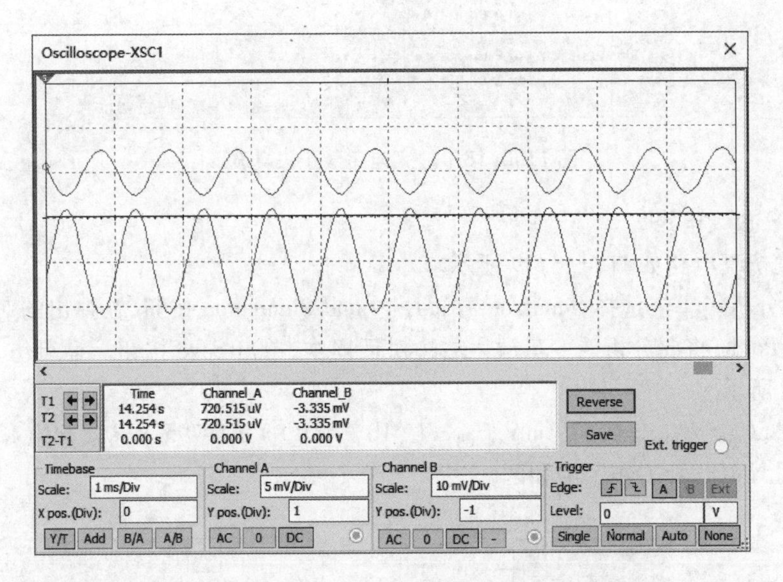

图 11.3.21 输入/输出波形

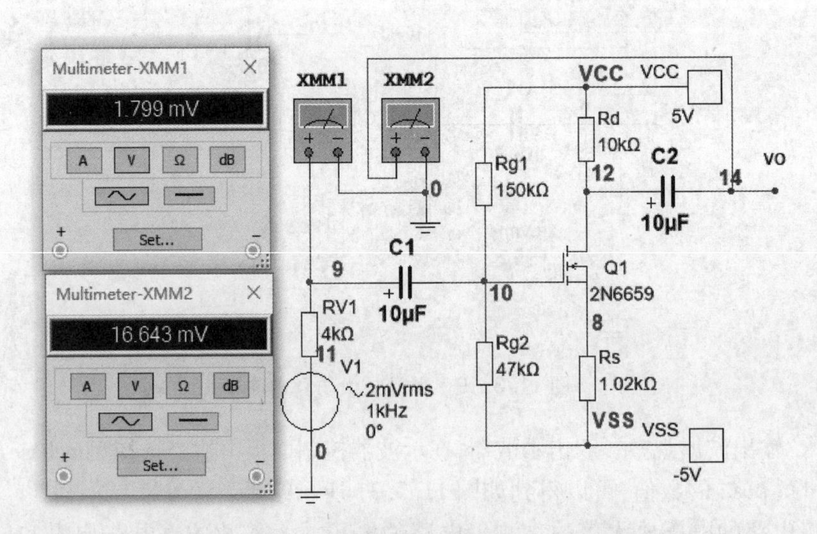

图 11.3.22 测量电路的电压放大倍数仿真电路

（4）测量电路的输入、输出电阻。

①测量电路输入电阻。仿真电路如图 11.3.23 所示，万用表 XMM1 设置为电压和交流；

万用表 XMM2 设置为电流和交流。根据两万用表的读数，可以计算电路的输入电阻为 $R_{\mathrm{i}}=\dfrac{1.799\ \mathrm{mV}}{50.427\ \mathrm{nA}}\approx 35.68\ \mathrm{k\Omega}$。

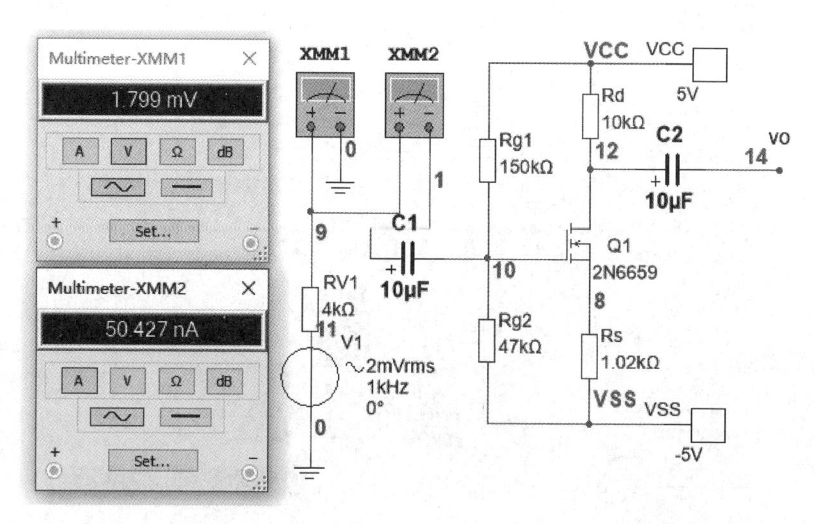

图 11.3.23　测量输入电阻仿真电路

②测量电路输出电阻。在输出端加入有效值为 1 V，频率为 1 kHz 的交流电压，仿真电路如图 11.3.24 所示。根据两万用表的读数，可以计算电路的输出电阻为 $R_{\mathrm{o}}=\dfrac{999.931\ \mathrm{mV}}{101.673\ \mu\mathrm{A}}\approx 9.83\ \mathrm{k\Omega}$。

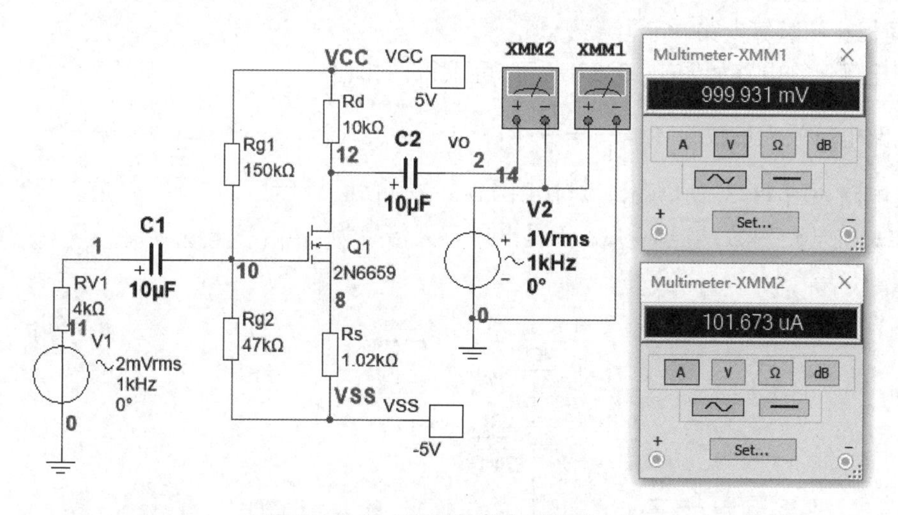

图 11.3.24　测量输出电阻仿真电路

11.3.3　运算放大电路

1. 反相比例运算电路

反相比例运算电路如图 11.3.25 所示。可求得反相比例运算电路电压放大倍数为 $A_u=\dfrac{u_{\mathrm{o}}}{u_{\mathrm{i}}}=-\dfrac{R_{\mathrm{f}}}{R_1}$。

仿真电路如图 11. 3. 26 所示。对比图 11. 3. 25 所示，$R_1=10\ \text{k}\Omega$，$R_1=6.7\ \text{k}\Omega$，$R_f=20\ \text{k}\Omega$，于是电压放大倍数为 $A_u=-R_f/R_1=-2$ V。

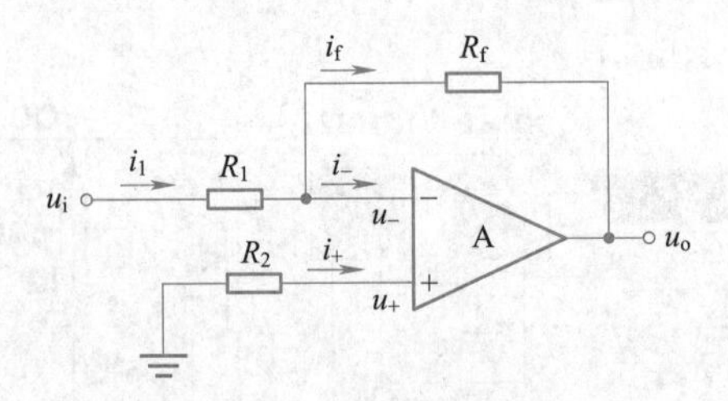

图 11. 3. 25 反相比例运算电路

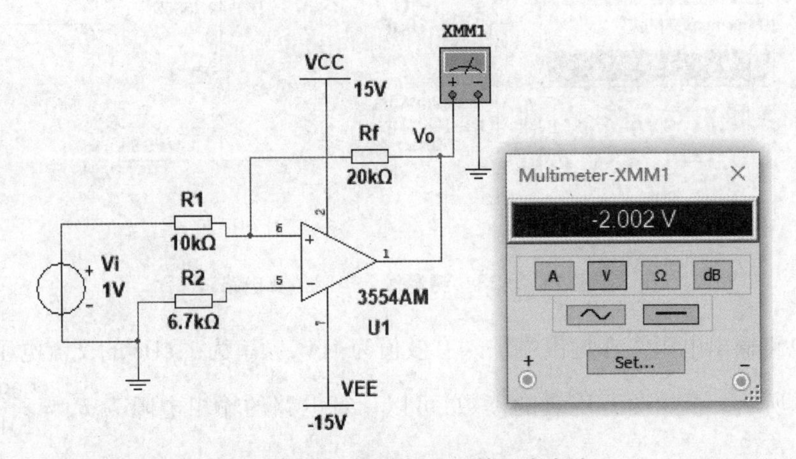

图 11. 3. 26 反相比例运算仿真电路

2. 同相比例运算电路

同相比例运算电路如图 11. 3. 27 所示，可求得同相比例运算电路电压放大倍数为 $A_u=\dfrac{u_o}{u_i}=\dfrac{R_f}{R_1}+1$。

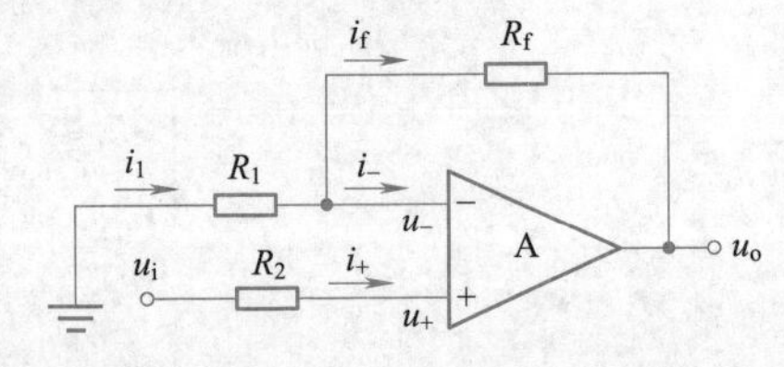

图 11. 3. 27 同相比例运算电路

仿真电路如图 11. 3. 28 所示。对比图 11. 3. 27 可知，$R_1=10\ \text{k}\Omega$，$R_1=6.7\ \text{k}\Omega$，$R_f=20\ \text{k}\Omega$，于是电压放大倍数为 $A_u=R_f/R_1+1=3$ V。

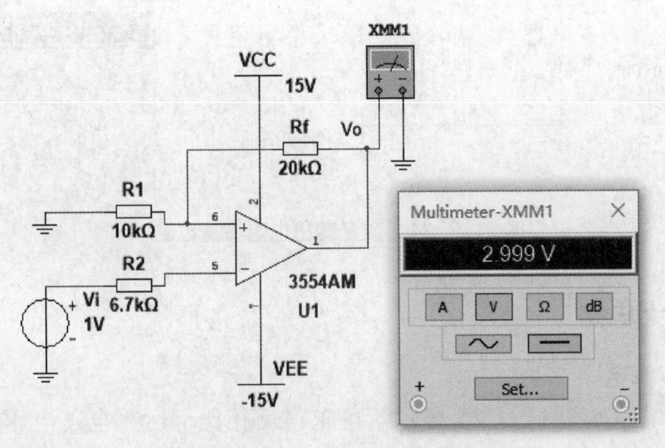

图 11. 3. 28 同相比例运算仿真电路

3. 反相加法电路

反相加法电路如图 11.3.29 所示，可以求得 $u_o=-\frac{R_f}{R_{11}}u_{i1}-\frac{R_f}{R_{12}}u_{i2}$。

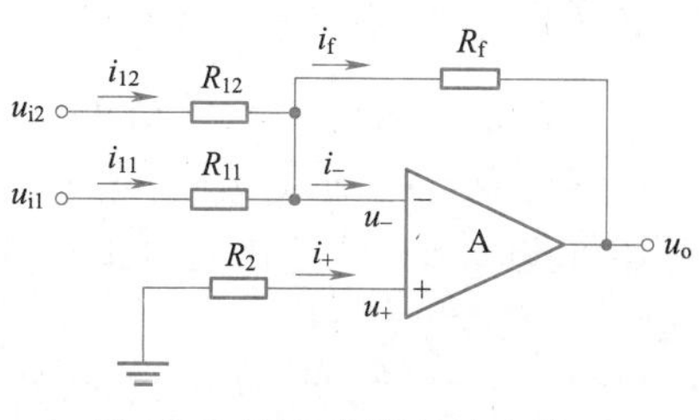

图 11.3.29　反相加法电路

仿真电路如图 11.3.30 所示。对比图 11.3.29 可知，$u_{i2}=2$ V $u_{i1}=1$ V，$R_1=50$ kΩ，$R_2=25$ kΩ，$R_3=14.29$ kΩ，$R_f=100$ kΩ，于是电压放大倍数为 $A_u=-\frac{R_f}{R_{11}}u_{i1}-\frac{R_f}{R_{12}}u_{i2}=-8$ V。

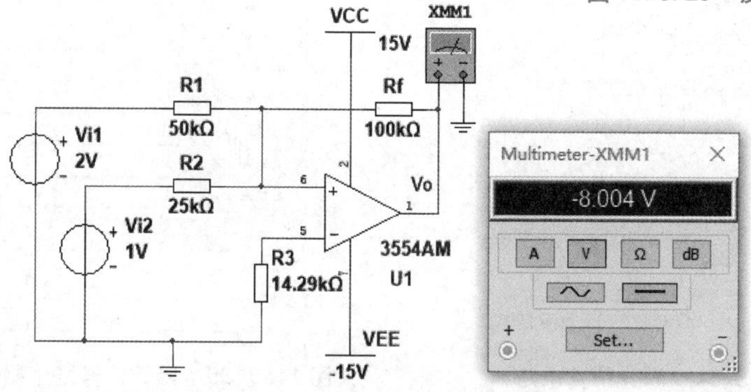

图 11.3.30　反相加法仿真电路

4. 减法运算电路

减法运算电路如图 11.3.31 所示，可以求得 $u_o=\frac{R_f}{R_1}(u_{i2}-u_{i1})$。

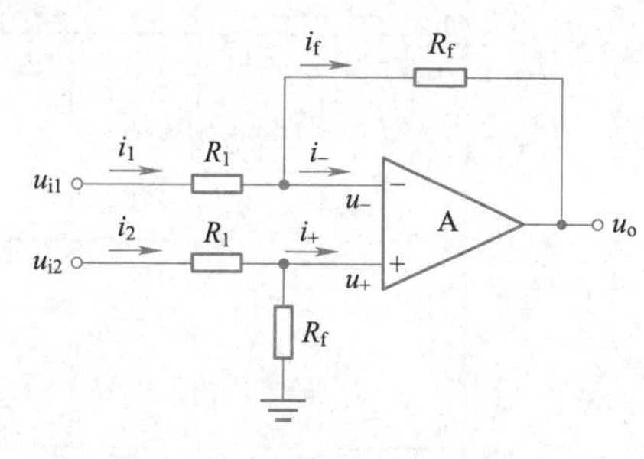

图 11.3.31　减法运算电路

仿真电路如图 11.3.32 所示。对比图 11.3.31 可知，$u_{i1}=2$ V $u_{i2}=4$ V，$R_1=10$ kΩ，$R_2=10$ kΩ，$R_3=30$ kΩ，$R_f=30$ kΩ，于是输出电压 $U_o=\frac{R_f}{R_1}(U_{i2}-U_{i1})=\frac{30}{10}(4-2)$ V $=6$ V。

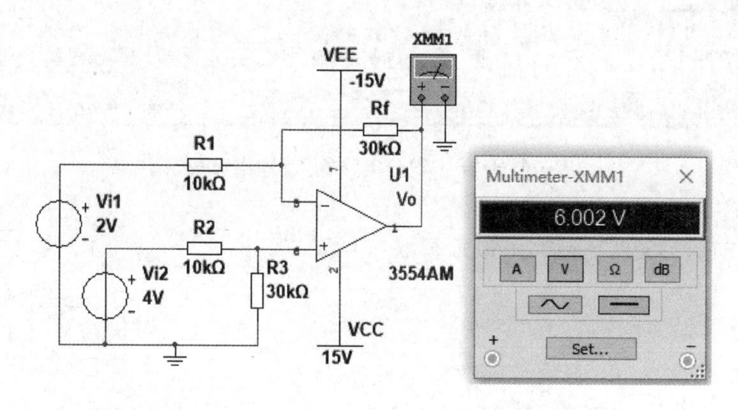

图 11.3.32　反相减法仿真电路

5. 积分电路

积分电路如图 11.3.33 所示，可以求得 $u_o = -\frac{1}{C}\int i_C \mathrm{d}t = -\frac{1}{RC}\int u_i \mathrm{d}t$。

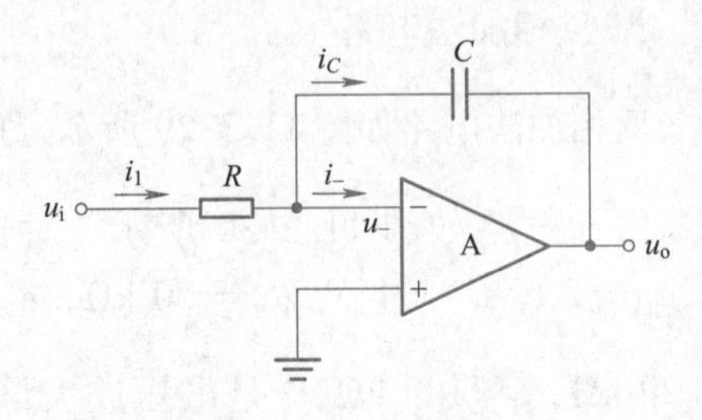

图 11.3.33　积分电路

仿真电路如图 11.3.34 所示。函数信号发生器设置如图 11.3.35 所示。选择 Simulate→Run 命令，电路开始仿真运行，输入输出波形如图 11.3.36 所示。

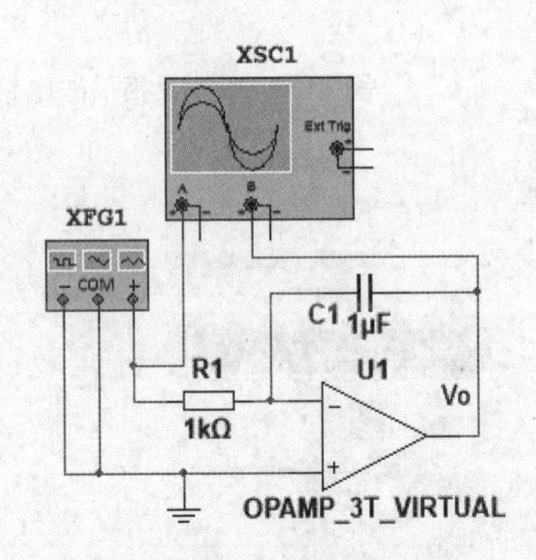

图 11.3.34　积分仿真电路

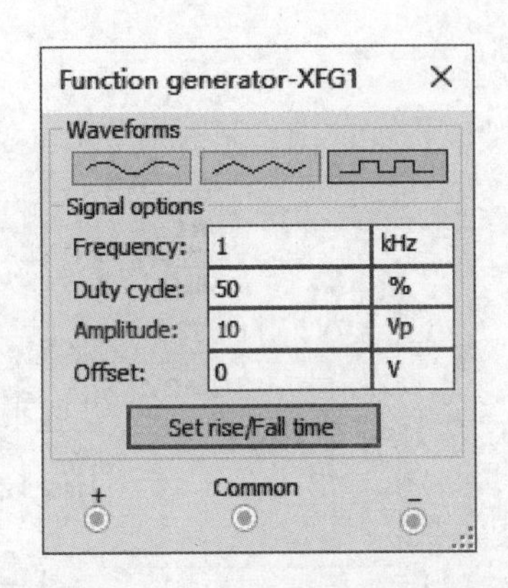

图 11.3.35　函数信号发生器设置

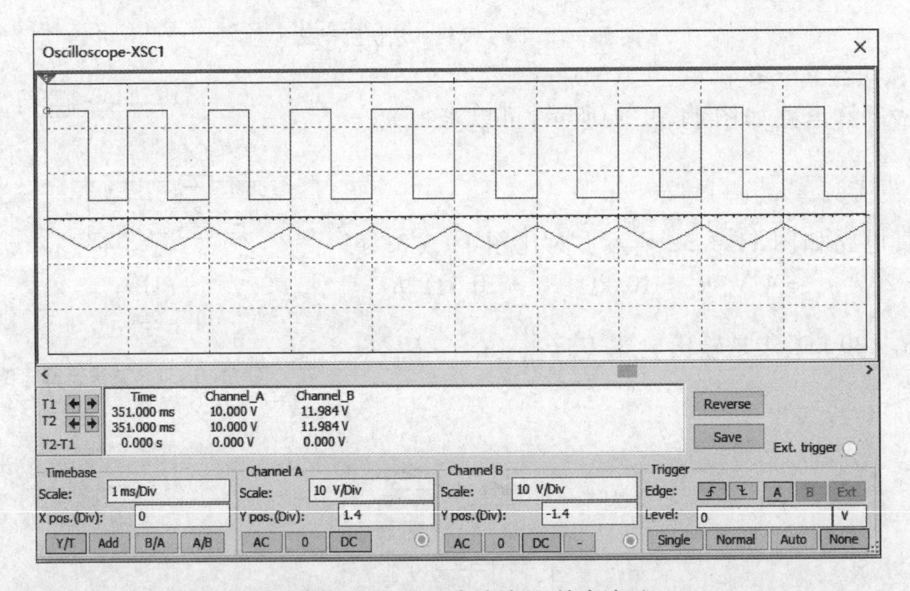

图 11.3.36　积分电路输入/输出波形

6. 微分电路

微分电路如图 11.3.37 所示，可以求得 $u_o = -Ri = -RC\frac{\mathrm{d}u_i}{\mathrm{d}t}$。

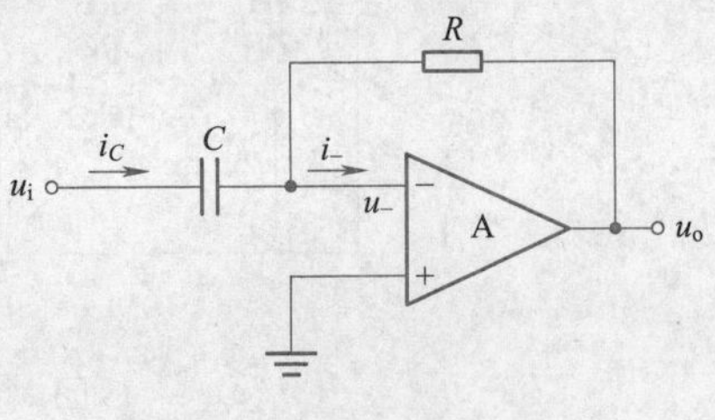

图 11.3.37　微分电路

仿真电路如图 11.3.38 所示。函数信号发生器设置如图 11.3.39 所示。选择 Simulate→Run 命令，电路开始仿真，输入输出波形如图 11.3.40 所示。

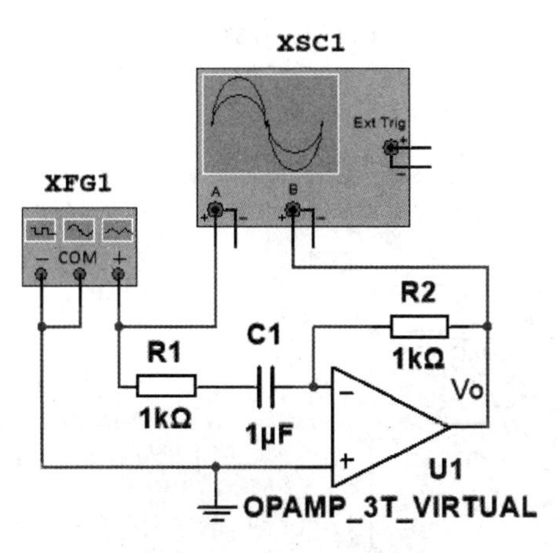

图 11.3.38　微分仿真电路

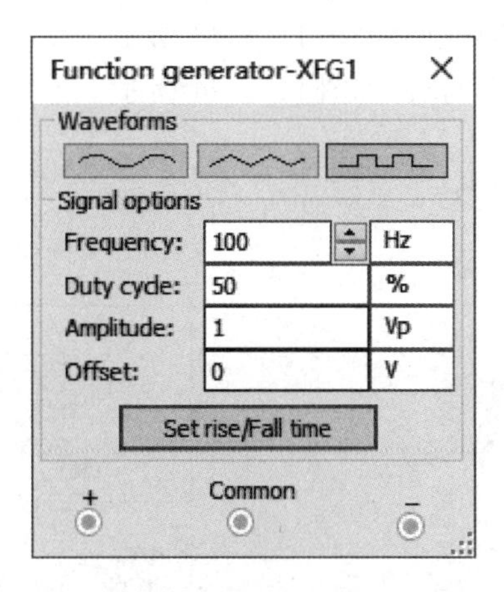

图 11.3.39　函数信号发生器设置

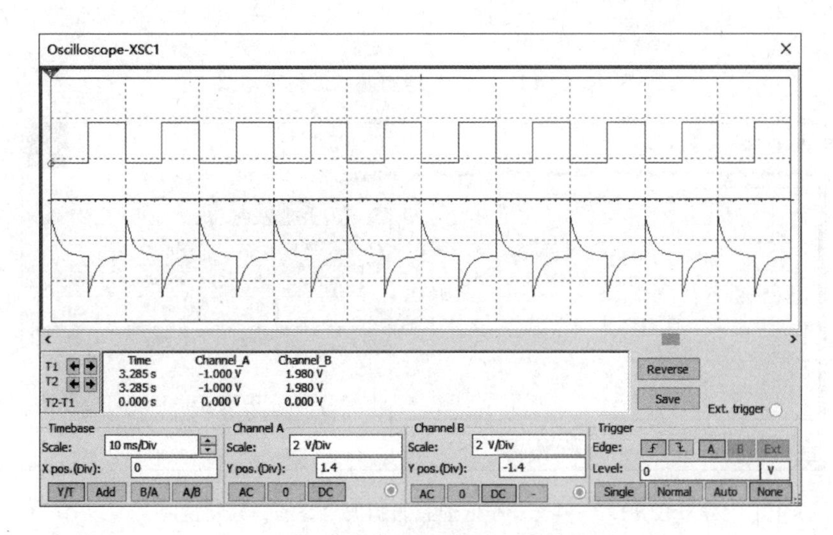

图 11.3.40　微分电路输入/输出波形

11.3.4　有源滤波电路

1. 一阶低通有源滤波电路

一阶低通有源滤波电路如图 11.3.41 所示，其频率响应如图 11.3.42 所示。

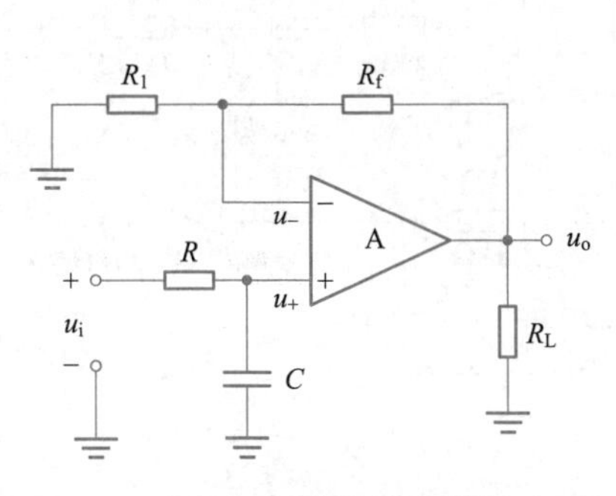

图 11.3.41　一阶低通有源滤波电路

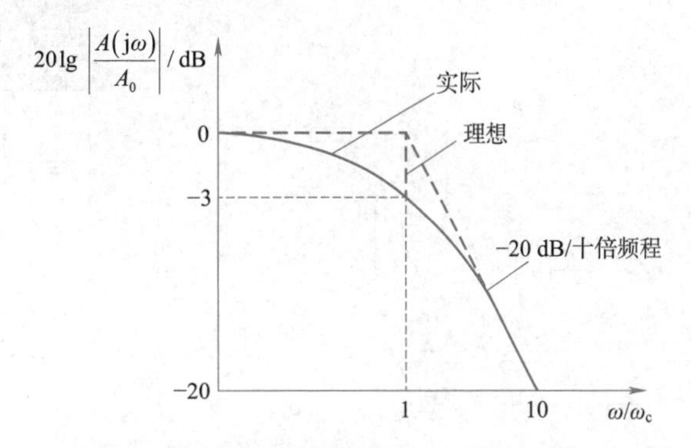

图 11.3.42　一阶低通有源滤波电路频率响应

仿真电路如图 11. 3. 43 所示。启动仿真,单击波特图示仪,可以看到一阶低通有源滤波电路的幅频特性如图 11. 3. 44 所示。

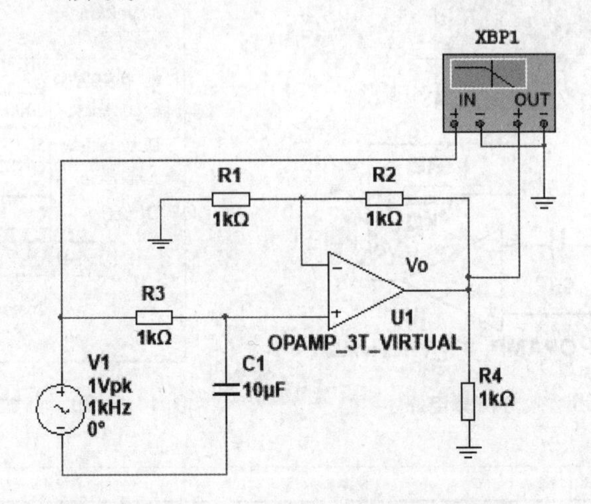

图 11. 3. 43 一阶低通有源滤波仿真电路

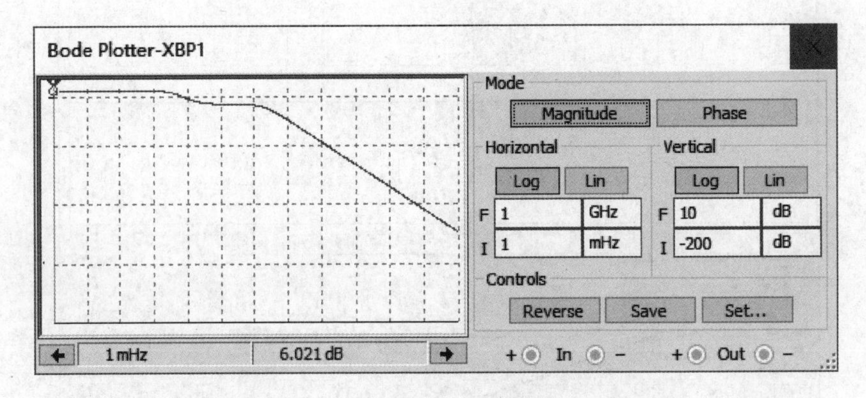

图 11. 3. 44 一阶低通有源滤波电路的幅频特性

2. 二阶低通有源滤波电路

二阶低通有源滤波电路如图 11. 3. 45 所示。仿真电路如图 11. 3. 46 所示,幅频特性如图 11. 3. 47 所示。

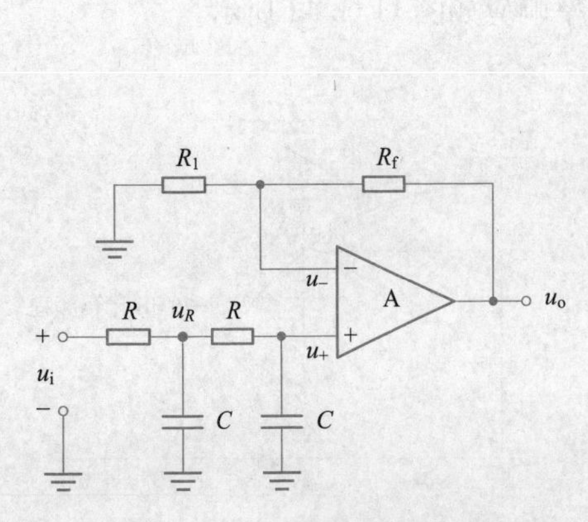

图 11. 3. 45 二阶低通有源滤波电路

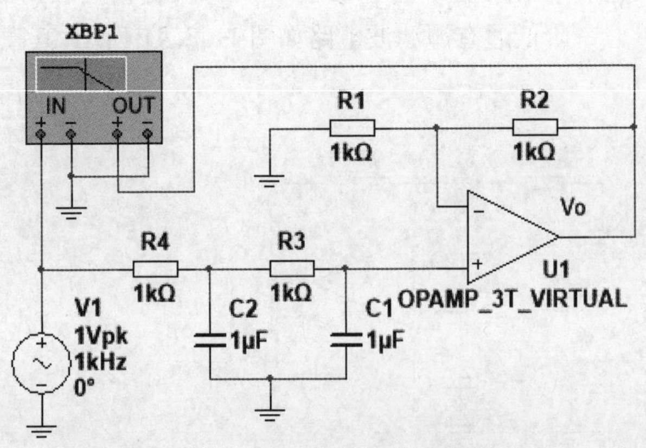

图 11. 3. 46 二阶低通有源滤波仿真电路

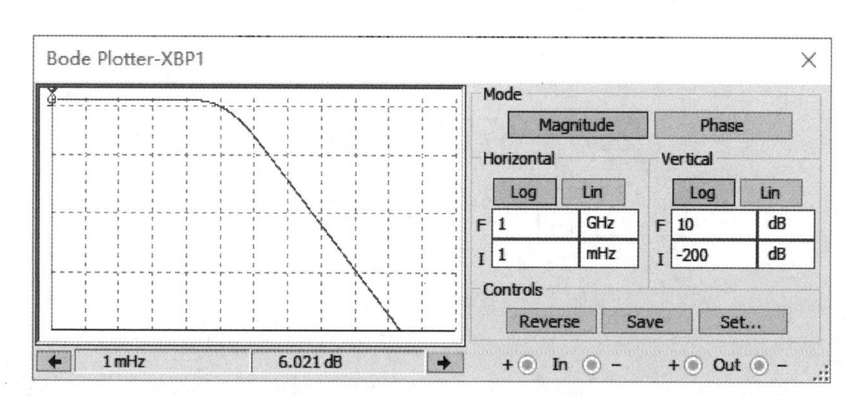

图 11.3.47　二阶低通有源滤波电路的幅频特性

3. 二阶高通有源滤波电路

二阶高通有源滤波电路如图 11.3.48 所示。仿真电路如图 11.3.49 所示，幅频特性如图 11.3.50 所示。

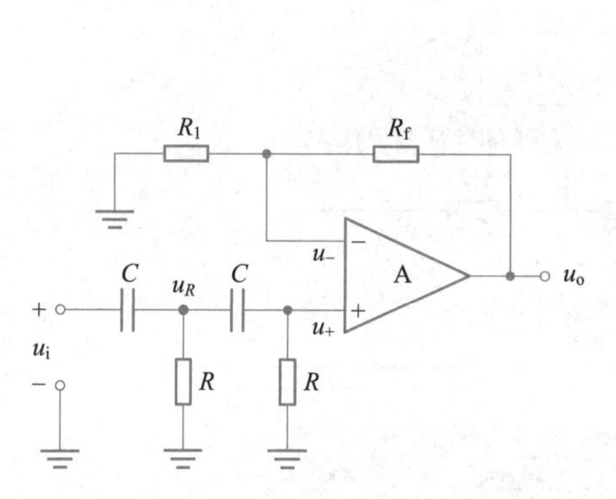

图 11.3.48　二阶高通有源滤波电路

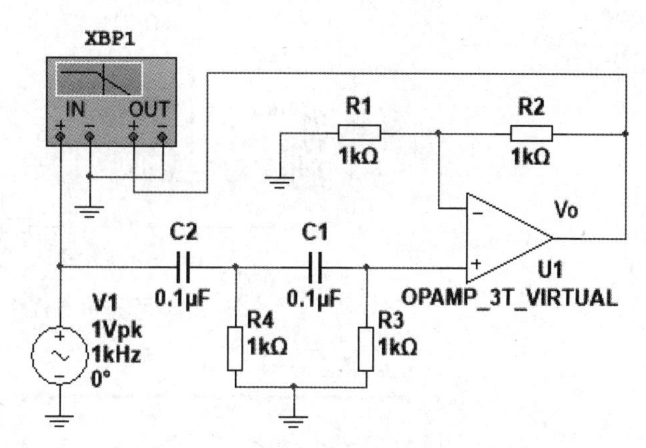

图 11.3.49　二阶高通有源滤波仿真电路

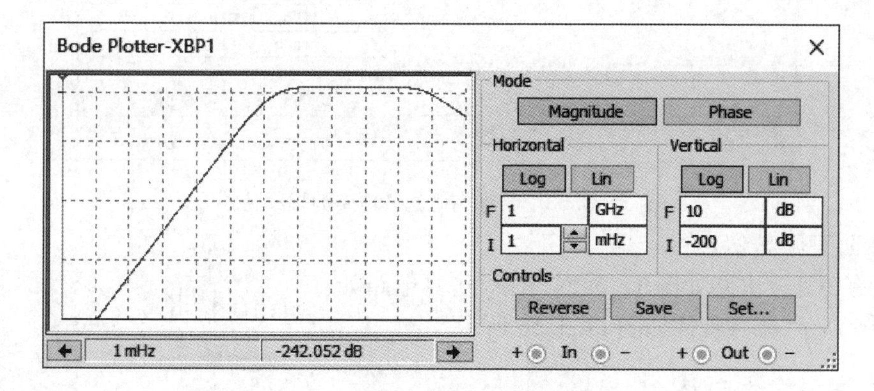

图 11.3.50　二阶高通有源滤波电路的幅频特性

4. 带通有源滤波电路

带通有源滤波电路如图 11.3.51 所示。仿真电路如图 11.3.52 所示，幅频特性如图 11.3.53 所示。

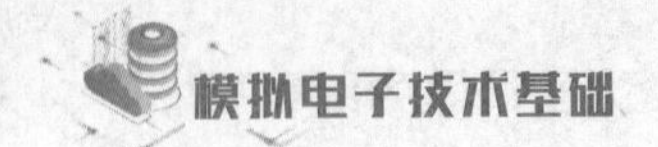

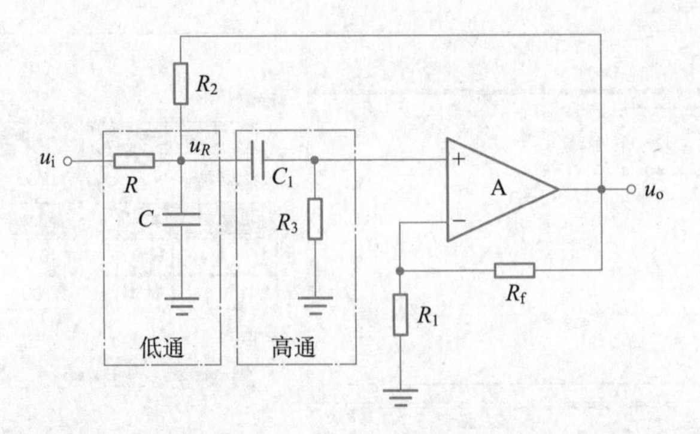

图 11.3.51 带通有源滤波电路

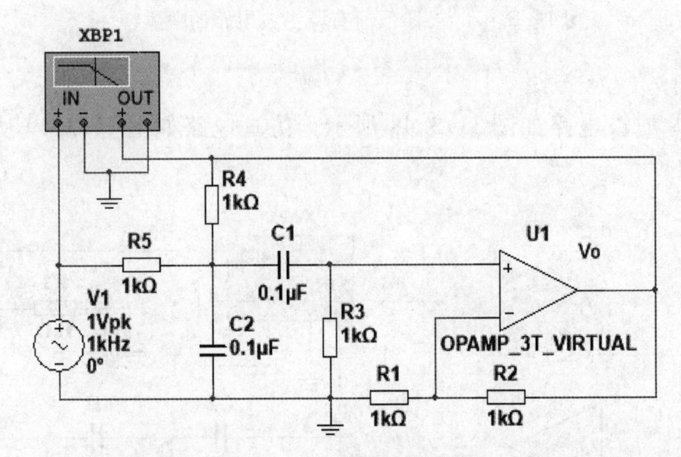

图 11.3.52 带通有源滤波仿真电路

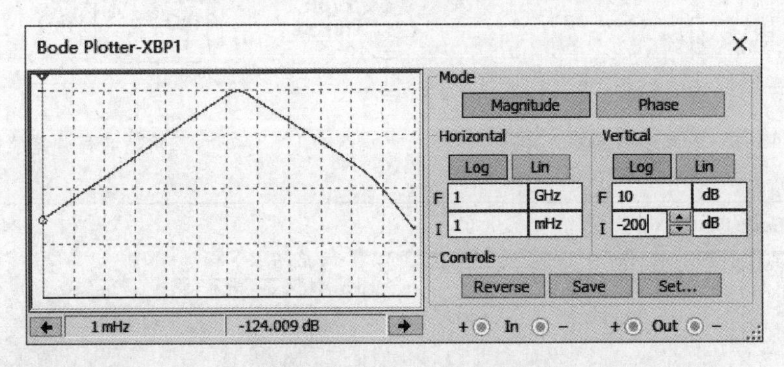

图 11.3.53 带通有源滤波电路的幅频特性

5. 带阻有源滤波电路

带阻有源滤波电路如图 11.3.54 所示，仿真电路如图 11.3.55 所示，幅频特性如图 11.3.56 所示。

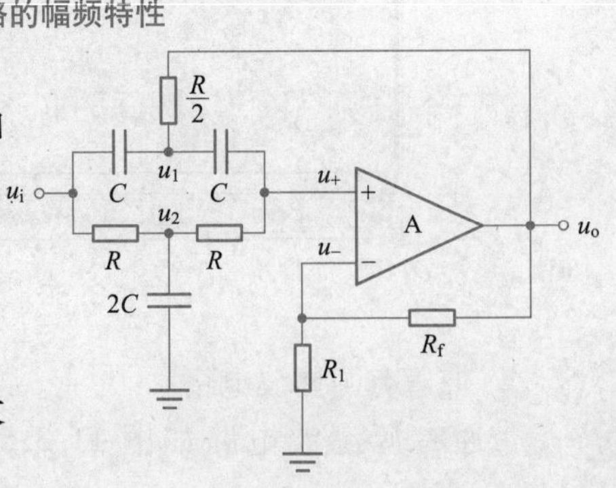

图 11.3.54 带阻有源滤波电路

11.3.5 波形发生电路

1. RC 正弦波振荡电路

仿真电路如图 11.3.57 所示，调节电位器 R6 的大小可以观察波形及出现失真情况。

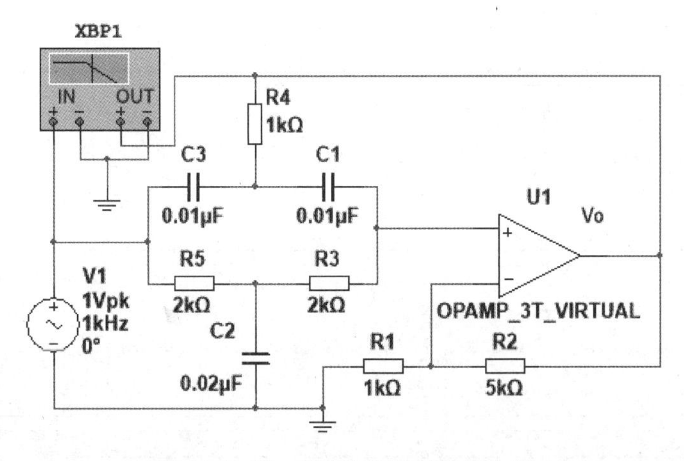

图 11. 3. 55　带阻有源滤波仿真电路

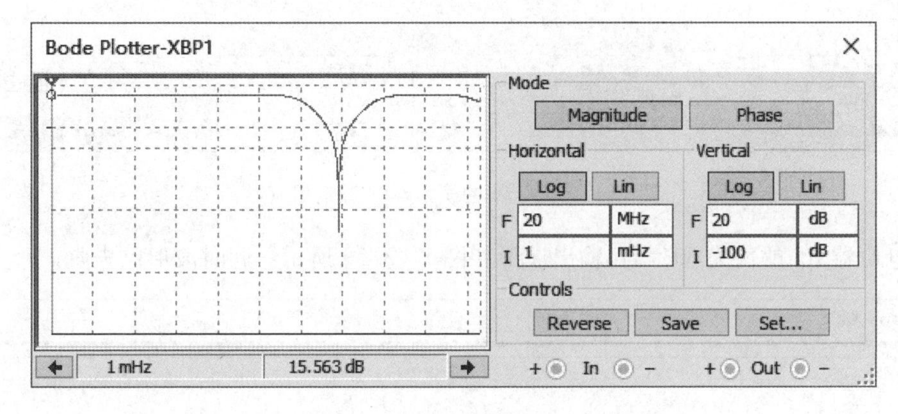

图 11. 3. 56　带阻有源滤波电路的幅频特性

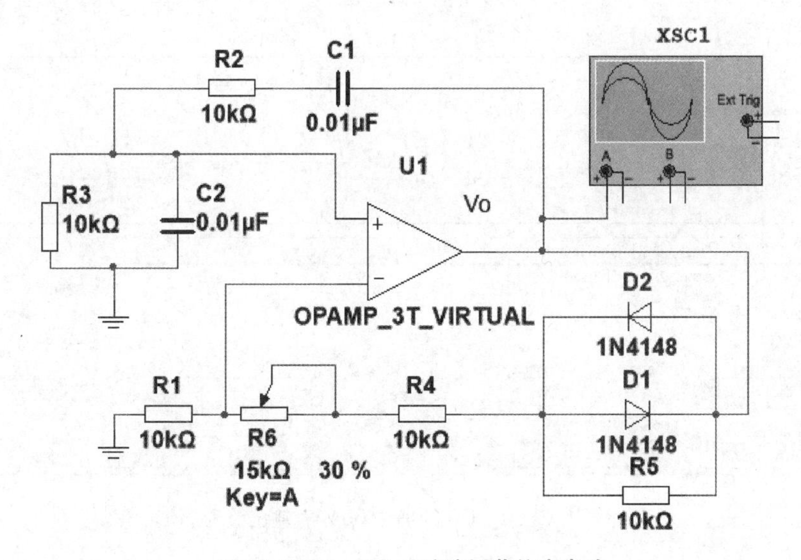

图 11. 3. 57　RC 正弦波振荡仿真电路

当电位器 R6 的值为 50% 时，输出波形如图 11. 3. 58 所示。此时已产生振荡。

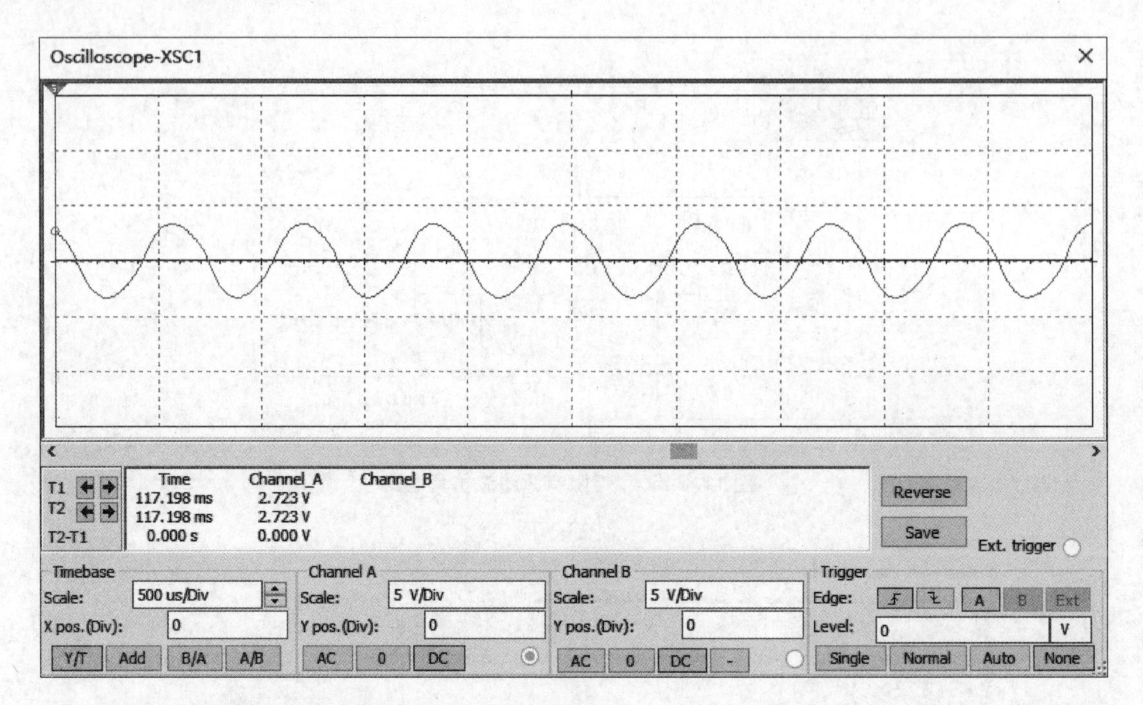

图 11. 3. 58　R6 的值为 50% 时输出波形

当电位器 R6 的值为 60% 时,输出波形如图 11. 3. 59 所示。此时波形已失真。

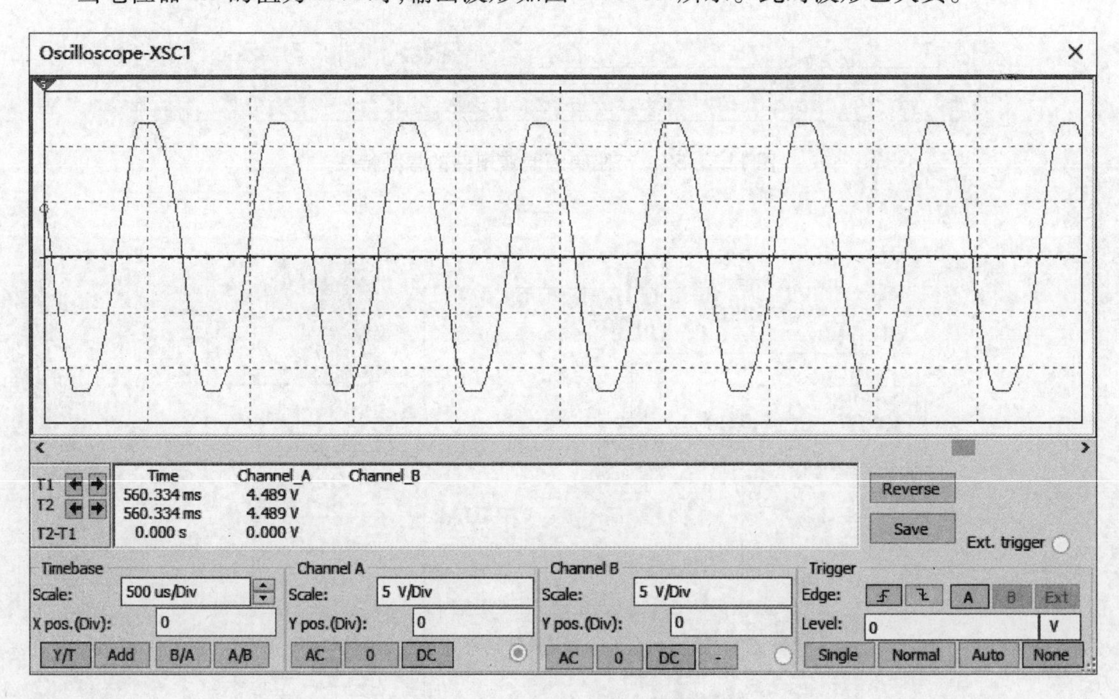

图 11. 3. 59　R6 的值为 60% 时输出波形

2. 方波和三角波发生电路

仿真电路如图 11. 3. 60 所示,仿真结果如图 11. 3. 61 所示。

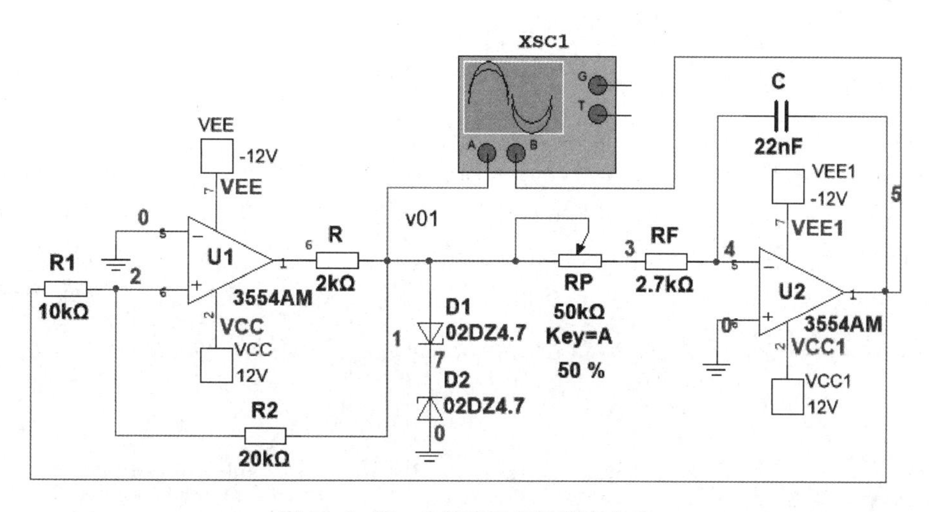

图 11.3.60　方波和三角波仿真电路

电路振荡频率：

$$f = \frac{R_2}{4R_1(R_F + R_P)C}$$

方波幅值：

$$u_{o1} = \pm U_Z$$

三角波幅值：

$$u_{o2} = \frac{R_1}{R_2}U_Z$$

调节 RP 可以改变振荡频率，改变 R_1/R_2 的值可调节三角波幅值。

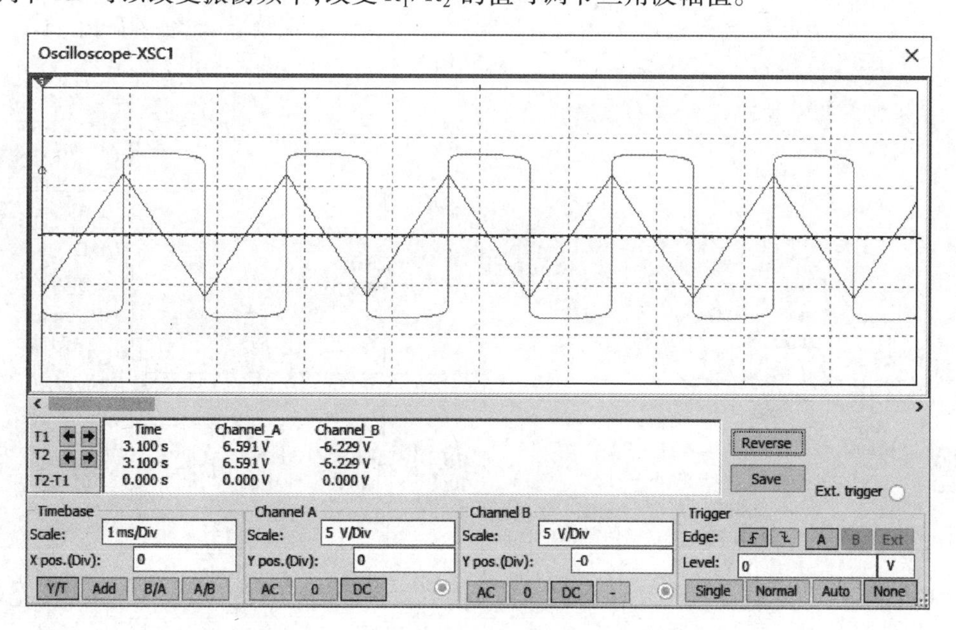

图 11.3.61　方波和三角波发生电路仿真结果

小　结

Multisim 仿真软件是电子电路计算机仿真设计与分析的基础。本章介绍了 Multisim 14 的用户界面与操作方法,Multisim 14 元器件库的选择与使用,Multisim 14 主要仪器仪表的使用,Multisim 14 在模拟电路分析中的应用等。通过对二极管和三极管输出特性虚拟仿真、基本放大电路虚拟仿真、有源滤波电路虚拟仿真、波形发生电路虚拟仿真,增强读者对 Multisim 14 的了解与应用。

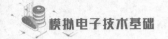

习　题

11.3　Multisim 在模拟电路分析中的应用

11.3.1　电路如图题 11.3.1 所示,分别用示波器观察其输入和输出波形。

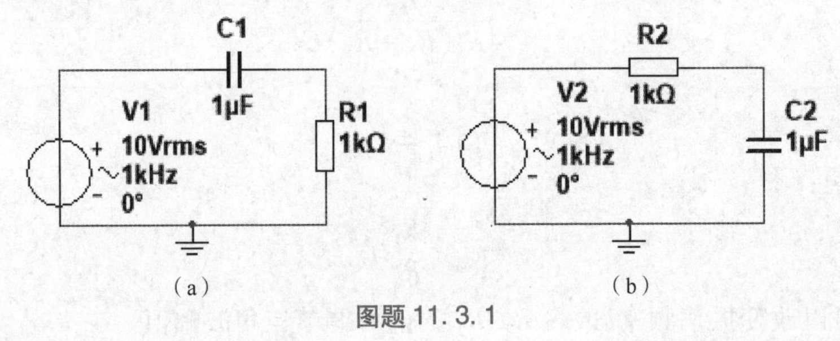

图题 11.3.1

11.3.2　共集电极放大电路如图题 11.3.2(a)所示,共基极放大电路如图 11.3.2(b)所示。

(1)分别对两个电路进行静态工作点分析;

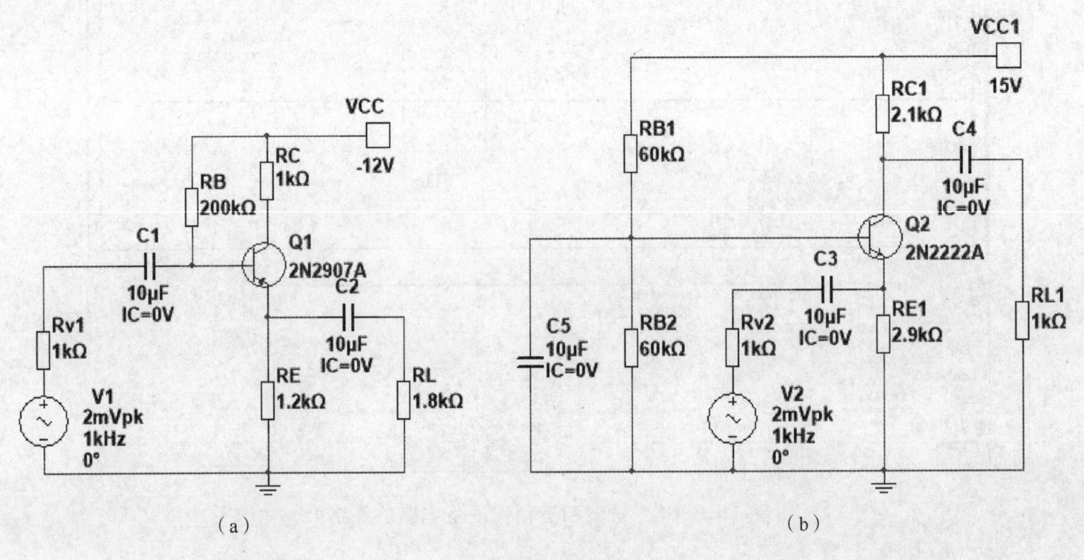

图题 11.3.2

(2) 用示波器分别观察两个电路输入/输出波形；

(3) 用万用表分别测两个电路的电压放大倍数、输入电阻和输出电阻。

11.3.3　电路如图题 11.3.3 所示，函数信号发生器选择正弦波，频率为 1 kHz，振幅为 20 mV，调整 R1 位置，使输出波形最大不失真。

(1) 测出各极静态工作点；

(2) 测量电路电压放大倍数、输入电阻和输出电阻；

(3) 改变电位器 R1 的大小，观察静态工作点的变化，并用示波器观察输出波形是否失真；

(4) 用示波器观察接上负载 RL 和负载 RL 开路时对输出波形的影响；

(5) 用波特图示仪观察电路波特图；

(6) 观察放大电路的幅频特性和相频特性。

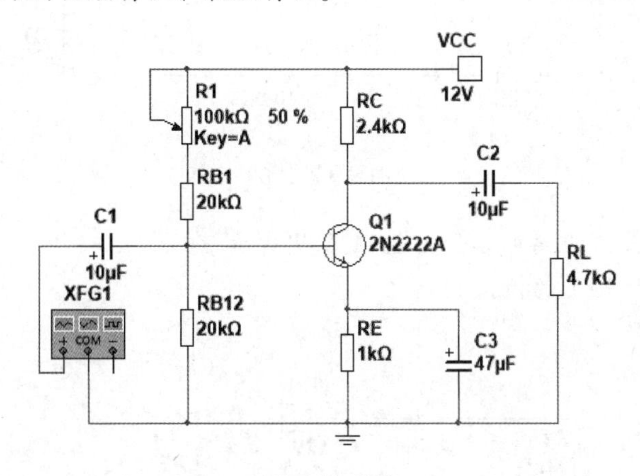

图题 11.3.3

11.3.4　在 Multisim 14 仿真平台上建立一个双端输入、双端输出的差分放大电路。

(1) 输入共模分量时，分别测出单端输出电压和双端输出电压；

(2) 输入差模分量时，分别测出单端输出电压和双端输出电压。

11.3.5　电路如图题 11.3.5 所示，试测输出电压的值。

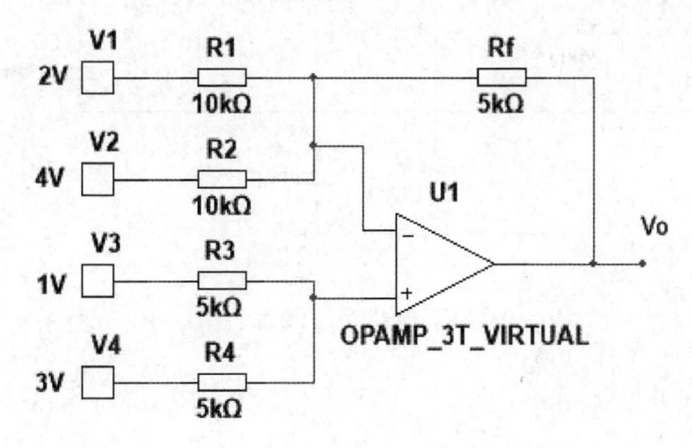

图题 11.3.5

11.3.6　在 Multisim 14 仿真平台上设计一个有源低通滤波电路，要求 1 kHz 以下的频率能通过，试用波特图示仪测出电路的幅频特性。

11.3.7　在 Multisim 14 仿真平台上设计一个有源高通滤波电路，要求 1 kHz 以上的频率能通过，试用波特图示仪测出电路的幅频特性。

11.3.8　滞回比较电路如图题 11.3.8 所示，试用示波器测出门限电压 u_{T+}、u_{T-} 和门限宽度 Δu_T。

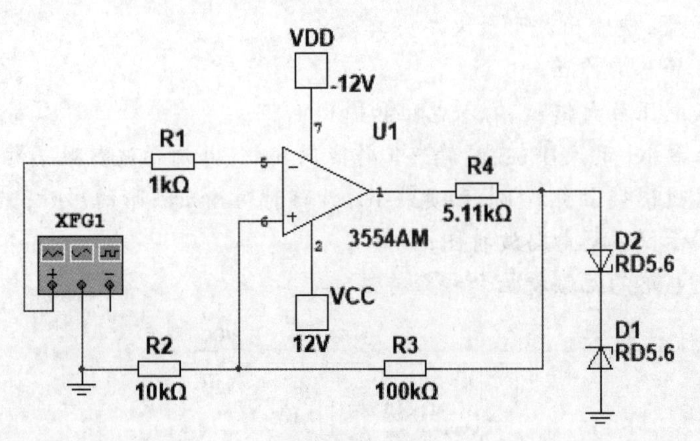

图题 11.3.8

11.3.9　电容三点式振荡电路如图题 11.3.9 所示。

(1)试测出起振时 RP1 的值；

(2)测出振荡频率。

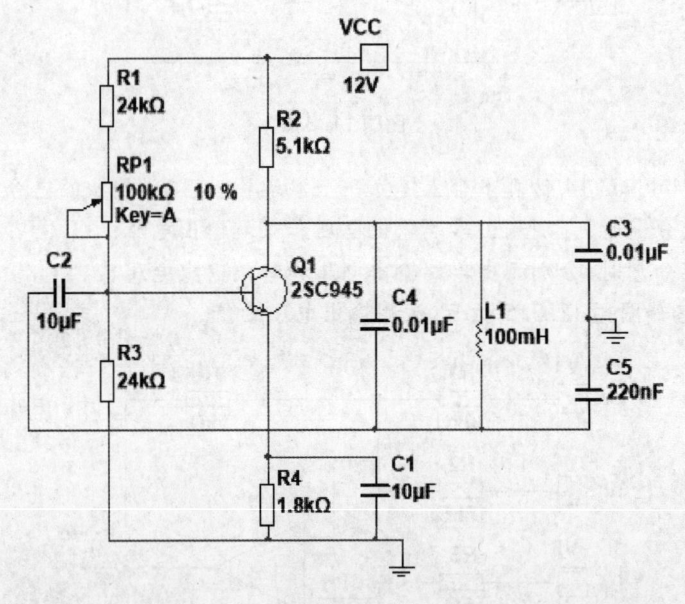

图题 11.3.9

附录A 半导体器件型号命名方法

半导体器件型号命名方法有许多种,这里主要介绍国际上使用较多的几种命名方法。

A.1 我国半导体器件型号命名方法

半导体器件型号由五部分组成,包括场效应管、半导体特殊器件、复合管、PIN 型管、激光器件(型号命名只有第三、四、五部分)。五个部分的意义见表 A.1。

表 A.1 国产半导体器件型号命名方法

第一部分		第二部分		第三部分				第四部分	第五部分
器件电极数目(阿拉伯数字表示)		器件的材料和极性(汉语拼音字母表示)		器件的类别(汉语拼音字母表示)				登记顺序号(阿拉伯数字表示)	规格号(汉语拼音字母表示)
符号	意义	符号	意义	符号	意义	符号	意义	意义	意义
2	二极管	A	N 型,锗材料	P	小信号管	D	低频大功率管($f<3$ MHz,$P_C \geq 1$ W)	反映了极限参数、直流参数和交流参数等的差异	承受反向击穿电压的程度。如规格号为 A、B、C、D …。其中,A 承受的反向击穿电压最低,B 次之……
		B	P 型,锗材料	V	检波管	A	高频大功率管($f \geq 3$ MHz,$P_C \geq 1$ W)		
		C	N 型,硅材料	W	稳压管	T	闸流管		
		D	P 型,硅材料	C	变容管	Y	体效应管		
		E	化合物或合金材料	Z	整流管	B	雪崩管		
3	三极管	A	PNP 型,锗材料	L	整流堆	J	阶跃恢复管		
		B	NPN 型,锗材料	S	隧道管	CS	场效应晶体管		
		C	PNP 型,硅材料	N	噪声管	BT	特殊晶体管		
		D	NPN 型,硅材料	K	开关管	FH	复合管		
		E	化合物或合金材料	X	低频小功率管($f<3$ MHz,$P_C<1$ W)	PIN	PIN 二极管		
				G	高频小功率管($f \geq 3$ MHz,$P_C<1$ W)	GJ	激光二极管		

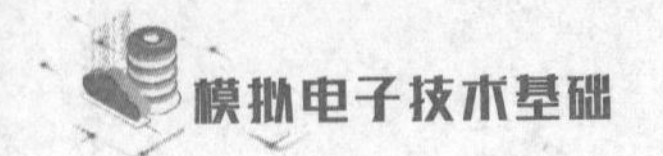

例 A. 1

(1)锗材料 PNP 型低频大功率三极管:

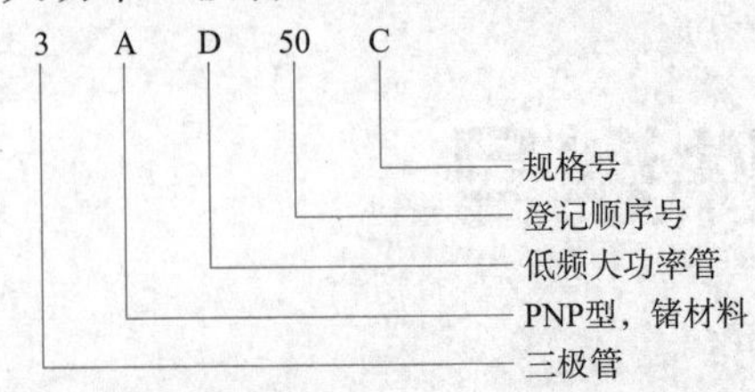

(2)硅材料 NPN 型高频小功率三极管:

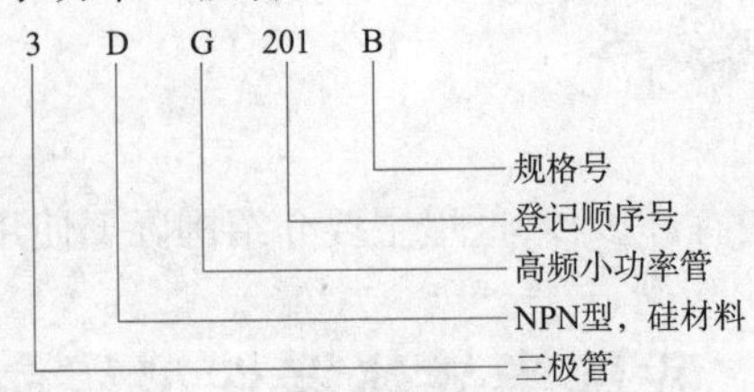

(3)N 型硅材料稳压二极管:

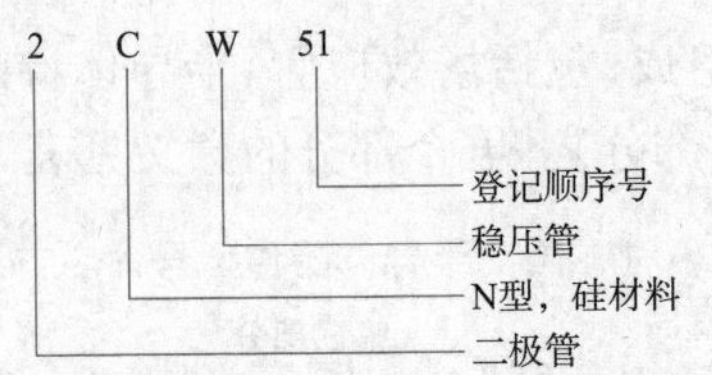

A. 2 国际电子联合会半导体器件型号命名方法

德国、法国、意大利、荷兰、比利时等欧洲国家以及匈牙利、罗马尼亚、南斯拉夫、波兰等东欧国家,大都采用国际电子联合会半导体分立器件命名方法。这种命名方法由四个部分组成,各部分的符号及意义见表 A. 2。

表 A. 2 国际电子联合会半导体器件型号命名方法

第一部分		第二部分				第三部分		第四部分	
器件材料(汉语拼音字母表示)		器件类型及主要特性(字母表示)				登记顺序号(数字或字母加数字表示)		型号分档(用字母表示)	
符号	意义	符号	意义	符号	意义	符号	意义	符号	意义
A	锗材料	A	检波、开关和混频二极管	M	封闭磁路中的霍尔元件	三位数字	通用半导体器件的登记顺序号(同一类型器件使用同一登记顺序号)	A B C D E	同一型号器件按某一参数进行分档的标志
		B	变容二极管	P	光敏元件				
B	硅材料	C	低频小功率三极管	Q	发光器件				
		D	低频大功率三极管	R	小功率晶闸管				
C	砷化镓	E	隧道二极管	S	小功率开关管				
		F	高频小功率三极管	T	大功率晶闸管	一个字母加两位数字	专用半导体器件的登记顺序号(同一类型器件使用同一登记顺序号)		
D	锑化镓	G	复合器件及其他	U	大功率开关管				
		H	磁敏二极管	X	倍增二极管				
R	复合材料	K	开放磁路中的霍尔元件	Y	整流二极管				
		L	高频大功率三极管	Z	稳压二极管,即齐纳二极管				

 A.2

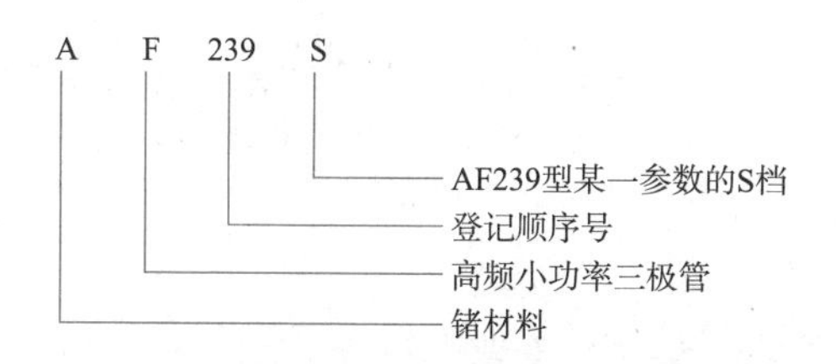

国际电子联合会半导体器件型号命名方法的特点：

(1)这种命名方法被欧洲许多国家采用。因此，凡型号以两个字母开头，并且第一个字母是 A,B,C,D 或 R 的晶体管，大都是欧洲制造的产品，或是按欧洲某一厂家专利生产的产品。

(2)第一个字母表示材料(A 表示锗管，B 表示硅管)，但不表示极性(NPN 型或 PNP 型)。

(3)第二个字母表示器件的类别和主要特点。如 C 表示低频小功率三极管，D 表示低频大功率三极管，F 表示高频小功率三极管，L 表示高频大功率三极管等。若记住了这些字母的意义，不查手册也可以判断出类别。例如 BL49，一见便知是硅大功率专用三极管。

(4)第三部分表示登记顺序号。三位数字表示通用品；一个字母加两位数字表示专用品。登记顺序号相邻的两个型号的特性可能相差很大。例如，AC184 为 PNP 型，而 AC185 则为 NPN 型。

(5)第四部分字母表示同一型号的某一参数(如 h_{FE} 或 N_F)进行分档。

(6)型号中的符号均不反映器件的极性(NPN 型或 PNP 型)。极性的确定需查阅手册或测量。

A.3 美国半导体器件型号命名方法

美国晶体管或其他半导体器件的型号命名方法种类较多。这里介绍的是美国晶体管标准型号命名方法，即美国电子工业协会(EIA)规定的半导体器件型号命名方法，见表 A.3。

表 A.3 美国电子工业协会半导体器件型号命名法

第一部分 表示用途类型的符号		第二部分 PN 结的数目(数字表示)		第三部分 美国电子工业协会(EIA)注册标志		第四部分 美国电子工业协会(EIA)登记顺序号		第五部分 器件分档(字母表示)	
符号	意义	符号	意义	符号	意义	符号	意义	符号	意义
JAN 或 J	军用品	1	二极管	N	该器件已在美国电子工业协会注册登记	多位数字	该器件在美国电子工业协会的登记顺序号	A B C D 等	同一型号的不同分档
		2	三极管						
无	非军用品	3	三个 PN 结器件						
		n	n 个 PN 结器件						

例 A.3

(1)JAN2N2904：

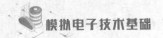

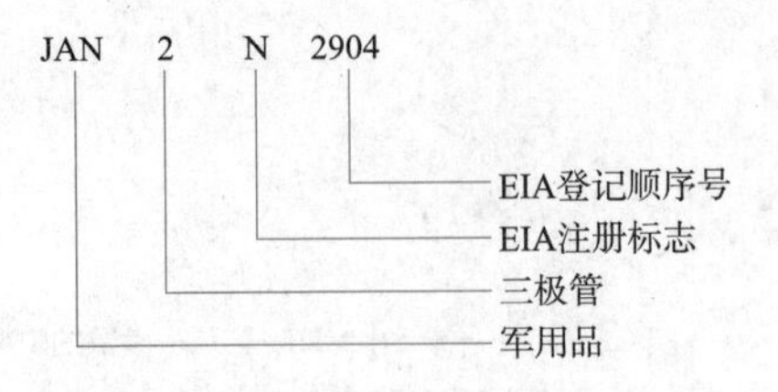

(2)1N4001：

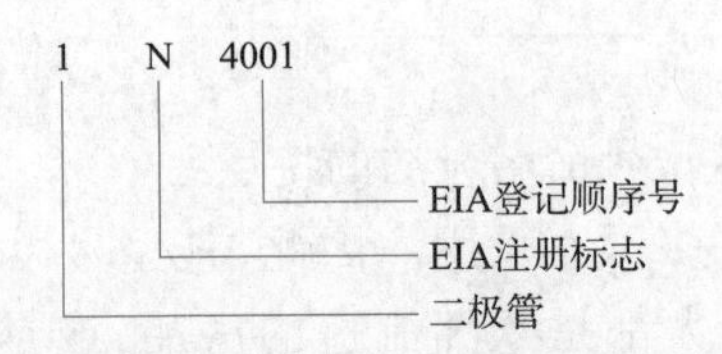

美国半导体器件型号命名方法的特点：

(1)型号命名法规定较早,又未做过改进,型号内容很不完备。例如,对于材料、极性、主要特性和类型,在型号中不能反映出来。例如,2N 开头的既可能是一般晶体管,也可能是场效应管。因此,一些厂家会按自己制定的型号命名方法命名。

(2)组成型号的第一部分是前缀,第五部分是后缀,中间的三部分为型号的基本部分。

(3)除去前缀以外,凡型号以 1N、2N 或 3N……开头的晶体管分立器件,大都是美国制造的,或按美国专利在其他国家制造的产品。

(4)第四部分数字只表示登记顺序号,而不含其他意义。因此,登记顺序号相邻的两器件可能特性相差很大。例如,2N3464 为硅 NPN 高频大功率管,而 2N3465 为 N 沟道场效应管。

(5)不同厂家生产的性能基本一致的器件,都使用同一个登记顺序号。同一型号中某些参数的差异常用后缀字母表示。因此,型号相同的器件可以通用。

(6)登记顺序号数大的通常是近期产品。

A.4 日本半导体器件型号命名方法

日本半导体器件(包括晶体管)或其他国家按日本专利生产的这类器件,都是按日本工业标准(JIS)规定的命名法(JIS-C-702)命名的。

日本半导体器件的型号由五至七部分组成。通常只用到前五部分。前五部分符号及意义见表 A.4。表中未列出第六、七部分的符号及意义,通常是各公司自行规定的。

第六部分的符号表示特殊的用途及特性,其常用的符号有：

M：松下公司用来表示该器件符合日本防卫厅海上自卫队参谋部有关标准登记的产品。

N：松下公司用来表示该器件符合日本广播协会(NHK)有关标准的登记产品。

Z：松下公司用来表示专用通信用的可靠性高的器件。

H：日立公司用来表示专为通信用的可靠性高的器件。

K：日立公司用来表示专为通信用的塑料外壳的可靠性高的器件。

T：日立公司用来表示收发报机用的推荐产品。

G：东芝公司用来表示专为通信设备制造的器件。

S：三洋公司用来表示专为通信设备制造的器件。

第七部分的符号,常被用来作为器件某个参数的分档标志。例如,三菱公司常用 R、G、Y

等字母；日立公司常用 A、B、C、D 等字母，作为直流放大系数 h_{FE} 的分档标志。

表 A.4 日本半导体器件型号命名法

第一部分		第二部分		第三部分		第四部分		第五部分	
类型或有效电极数（数字表示）		日本电子工业协会（EIAJ）的注册产品		器件的极性及类型（字母表示）		日本电子工业协会的登记顺序号（数字表示）		原型号的改进产品（字母表示）	
符号	意义	符号	意义	符号	意义	符号	意义	符号	意义
0	光电（光敏）二极管、晶体管及其组合管			A	PNP 型高频管				
				B	PNP 型低频管				
1	二极管			C	NPN 型高频管				
2	三极管，具有两个以上 PN 结的其他晶体管			D	NPN 型低频管				
		S	表示已在日本电子工业协会（EIAJ）注册登记的半导体器件	F	P 控制极晶闸管	四位以上的数字	从 11 开始，表示在日本电子工业协会注册登记的顺序号。不同公司性能相同的器件可以使用同一登记顺序号，其数字越大表示越是近期产品	A B C D E F 等	用字母表示对原来型号的改进产品
3 …	具有四个有效电极或具有三个 PN 结的晶体管			G	N 控制极晶闸管				
				H	N 基极单结晶体管				
				J	P 沟道场效应管				
n	具有 n 个有效电极或具有 $n-1$ 个 PN 结的晶体管			K	N 沟道场效应管				
				M	双向晶闸管				

例 A.4

(1)2SC502A（日本收音机中常用的中频放大管）：

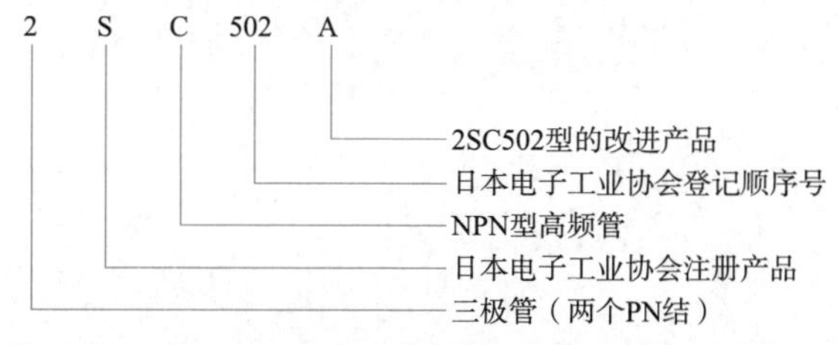

(2)2SA495（日本夏普公司 GF-9494 录音机用小功率管）：

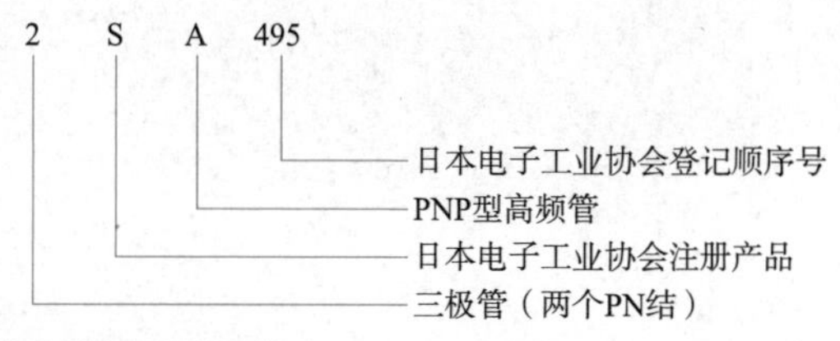

日本半导体器件型号命名方法的特点：

(1)型号中的第一部分是数字，表示器件的类型和有效电极数。例如，用“1”表示二极管，用“2”表示三极管。而屏蔽用的接地电极不是有效电极。

(2)第二部分均为字母 S，表示日本电子工业协会注册产品，而不表示材料和极性。

(3)第三部分表示极性和类型。例如用 A 表示 PNP 型高频管，用 J 表示 P 沟道场效应管。但是，第三部分既不表示材料，也不表示功率的大小。

(4)第四部分只表示在日本工业协会（EIAJ）注册的登记顺序号，并不反映器件的性能。登记顺序号相邻的两个器件的某一性能可能相差很远。例如，2SC2680 的最大额定耗散功率为20 mW,而25C2681的最大额定耗散功率为100 W。但是,登记顺序号能反映产品时间的先后。登记顺序号的数字越大,越是近期产品。

(5)第六、七两部分的符号和意义各公司不完全相同。

(6)日本有些半导体器件的外壳上标记的型号,常采用简化标记的方法,即把2S省略。例如,2SD764简化为D764,2SC502A简化为C502A。

(7)在低频管(2SB和2SD型)中,也有工作频率很高的。例如,2SD355的特征频率f_T为100 MHz,所以,它也可当高频管用。

(8)日本通常把$P_{CM} \geq 1$ W的功率管,称为大功率管。

附录B 半导体集成电路型号命名方法

半导体集成电路型号主要由前缀、序号和后缀三部分组成，其中前缀和序号是关键，前缀是厂家代号或种类、器件的厂标代号，序号包括国际通用系列型号和代号。

B.1 国家标准规定的半导体集成电路型号命名方法

国家标准 GB 3430—1989《半导体集成电路型号命名方法》规定，我国生产的半导体集成电路型号由五部分组成，各部分的符号及意义见表 B.1。

表 B.1 半导体集成电路符号含义

第一部分		第二部分		第三部分	第四部分		第五部分	
字头符号		电路类型		用数字和字符表示器件的系列和品种代号	用字母表示温度范围		用字母表示封装形式	
符号		意义			符号	意义	符号	意义
		T	TTL 电路	TTL 分为：	C	0～70℃	F	多层陶瓷扁平
		H	HTL 电路	54/74×××	G	-25～70℃	B	塑料扁平
		E	ECL 电路	54/74H×××	L	-25～80℃	H	黑陶瓷扁平
		C	CMOS 电路	54/74L×××	E	-40～85℃	D	多层陶瓷双列直插
		M	存储器	54/74LS×××	R	-55～85℃	J	黑陶瓷双列直插
		μ	微型机电路	54/74AS×××	M	-55～125℃	P	塑料双列直插
		F	线性放大器	54/74ALS×××			S	塑料单列直插
		W	稳压器	54/74AF×××			K	金属菱形
C	符合国家标准	B	非线性电路				T	金属圆形
		J	接口电路				C	陶瓷芯片载体
		AD	A/D 电路				E	塑料芯片载体
		DA	D/A 电路	CMOS 分为：			G	网络阵列
		D	音响、电视电路	400 系列				
		SC	通信专用电路	54/74HC×××				
		SS	敏感电路	54/74HCT×××				
		SW	钟表电路					

凡是家用电器专用集成电路(音响类、电视类)的型号,一律采用四部分组成,将第一部分的字母省去,用DX××形式。

除上述国家标准外,在我国还广泛使用其他型号命名方法命名的半导体集成电路。表B.2为国内非国标集成电路生产厂家的字头符号含义,供使用、识别和代换时参考。

表B.2　国内非国标集成电路生产厂家的字头符号含义(部分)

字头字符	生产厂家	字头字符	生产厂家
D	国产机场电路标准字头	FS	贵州都匀四四三三厂
B、BO、BW、5G	北京市半导体器件五厂	FY、FZ	上海八三三一厂
BGD	北京半导体器件研究所	LD	西安延河无线电厂
BH	北京半导体器件三厂	NT	南通晶体管厂
CA	广州音响电器厂	SL、5G	上海无线电十六厂
CH	上海无线电十四厂	SG	四四三一厂
CF、GF	常州半导体厂	TB	天津半导体器件五厂
DG	北京八七八厂	W	北京半导体器件五厂
F、XFC	甘肃秦七四九厂	X、BW	电子工业部第二十四研究所
F、FC、SF	上海无线电七厂	XG	国营新光电工厂
FD	苏州半导体器件总厂	19	上海无线电十九厂

B.2　进口半导体集成电路型号命名方法

(1)日本三洋半导体公司(SANYO)。日本三洋半导体公司半导体集成电路型号由两部分组成:第一部分字头符号码,表示各种集成电路的类型;第二部分电路型号数,表示产品的序号,无具体含义。表B.3给出这种半导体集成电路型号中第一、二部分字符的具体含义。

表B.3　日本三洋公司集成电路符号含义(部分)

第一部分		第二部分
LA	单块双极线性	用数字表示电路型号
LB	双极数字	
LC	CMOS	
LE	MNMOS	
LM	PMOS、NMOS	
STK	厚膜	

(2)日本日立公司(HITACHI)。日本日立公司生产的半导体集成电路型号由五部分组成:第一部分表示字头符号;第二部分用数字表示电路使用范围;第三部分用数字表示电路型号;第四部分表示工艺;第五部分表示材质。表B.4所示为部分日立公司半导体集成电路型号具体含义。

表 B.4 日本日立公司半导体集成电路型号含义(部分)

第一部分		第二部分		第三部分	第四部分		第五部分	
字头	含义	数字	含义		字母	含义	字母	含义
HA	模拟电路	11	高频用	用数字表示电路型号	A	改进型	P	塑料
HD	数字电路	12	高频用					
HM	存储器(RAM)	13	音频用					
HN	存储器(ROM)	14	音频用					

(3)日本东芝公司(TOSHIBA)。日本东芝公司生产的集成电路型号由三部分组成:第一部分用字母表示字头符号;第二部分用数字表示电路型号;第三部分表示封装形式。表 B.5 所示为部分日本东芝公司集成电路型号含义。

表 B.5 日本东芝公司集成电路型号含义(部分)

第一部分		第二部分	第三部分	
字母	含义		字母	含义
TA	双极线性	用数字表示电路型号	A	改进型
TC	CMOS		C	陶瓷封装
TD	双极数字		M	金属封装
TM	MOS		P	塑料封装

附录C 电阻器型号、参数和标识方法

C.1 电阻器的型号命名方法

根据GB/T 2470—1995《电子设备用固定电阻器、固定电容器型号命名方法》的规定，我国电阻器的型号由四部分组成，如图C.1所示。

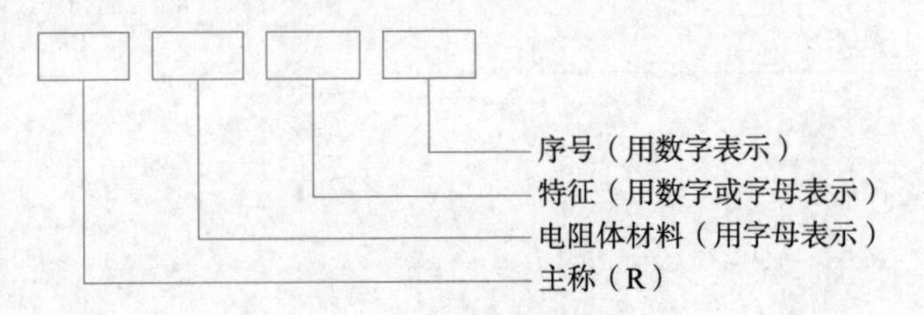

图C.1 电阻器型号的组成

第一部分为产品的主称，电阻器的主称用字母R表示。

第二部分为产品的材料，用字母表示，含义见表C.1。

第三部分为产品的主要特征，用数字或字母表示，含义见表C.2。

第四部分为序号，一般用数字表示，以区别外形尺寸和性能参数。

表C.1 材料的字母含义

符号	含义
H	合成膜
I	玻璃釉膜
J	金属膜
N	无机实心
S	有机实芯
T	碳膜
X	线绕
Y	氧化膜

表C.2 特征的数字或字母的含义

符号	含义
1	普通
2	普通
3	超高频
4	高阻
5	高温
6	
7	精密
8	高压
9	特殊
G	功率型

例 C.1

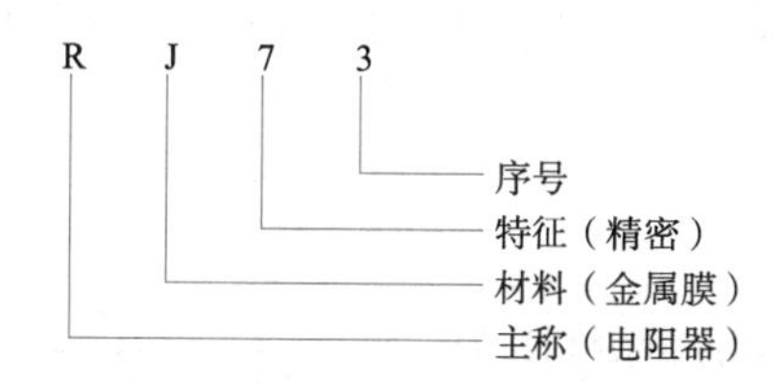

C.2 电阻器的参数

C.2.1 标称阻值

为了便于生产和使用，规定了一系列阻值作为电阻器(电位器)阻值的标准值，这一系列阻值称为电阻的标称阻值，简称标称值。电阻器的标称值为表 C.3 所列数字的 10n 倍，其中，n 为正整数、负整数或 0。

表 C.3 标称阻值

系列	精度等级	标称阻值/Ω
E_{24}	Ⅰ	1.0 1.1 1.2 1.3 1.5 1.6 1.8 2.0 2.2 2.4 2.7 3.0 3.3 3.6 3.9 4.3 4.7 5.1 5.6 6.2 6.8 7.5 8.2 9.1
E_{12}	Ⅱ	1.0 1.2 1.5 1.8 2.2 2.7 3.3 3.9 4.7 5.6 6.8 8.2
E_6	Ⅲ	1.0 1.5 2.2 3.3 4.7 6.8

C.2.2 阻值精度

市场上成品电阻器的精度大都为Ⅰ、Ⅱ级，Ⅲ级的很少采用。精密电阻器(电位器)的标称阻值为 E192、E96、E48 系列，其精度等级分别为 005、01 或 00、02 或 0，仅供精密仪器或特殊电子设备使用。表 C.4 为电阻器(电位器)精度等级所对应的允许偏差，除表中规定外，精密电阻器的允许偏差可分为：±2%、±1%、±0.2%、±0.05%、±0.02% 以及 ±0.01% 等

表 C.4 允许偏差

精度等级	005	01 或 00	02 或 0	Ⅰ	Ⅱ	Ⅲ
允许偏差	±0.5%	±0.1%	±2%	±5%	±10%	±20%

C.2.3 额定功率

电阻器的额定功率通常是指在正常的气候条件(如温度、大气压等)下，电阻器长时间连续工作所允许消耗的最大功率。电阻器的额定功率系列见表 C.5。对于同一类电阻器，额定功率的大小决定它的几何尺寸，额定功率越大，其外形尺寸也就越大。

表 C.5 电阻器的额定功率系列

类别	额定功率/W
绕线电阻	0.05，0.125，0.25，0.75，2，3，4，5，6，6.5，7.5，8，10，16，25，40，50，75，100，150，250，500
非绕线电阻	0.05，0.125，0.25，0.5，1，2，5，10，25，50，100

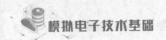

C.3 电阻器阻值标识方法

C.3.1 直标法

直标法就是将电阻器的类别、标称阻值、允许偏差以及额定功率直接标注在电阻器的外表面上，如图 C.2 所示。

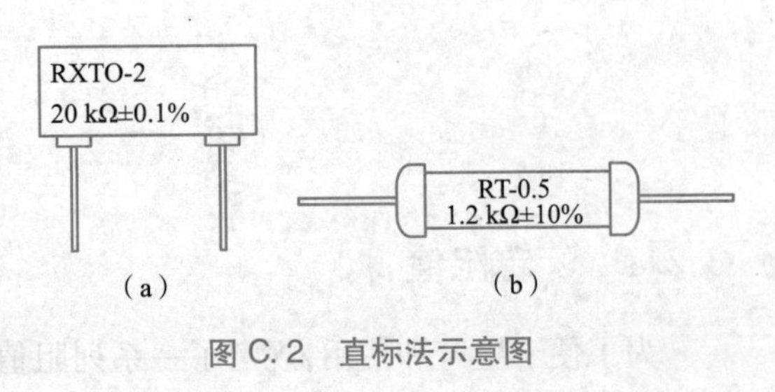

图 C.2 直标法示意图

图 C.2(a)表示标称阻值为 20 kΩ、允许偏差为 ±0.1%、额定功率为 2 W 的线绕电阻器；图 C.2(b)表示标称阻值为 1.2 kΩ、允许偏差为 ±10%、额定功率为 0.5 W 的碳膜电阻器。

C.3.2 色标法

色标法指的是采用不同颜色的色带或色点，标识在电阻器的表面上，来表示电阻器的电阻值的大小以及允许偏差。小型化的电阻器都采用这种标注方法，各种颜色所对应的数值见表 C.6。

表 C.6 各种颜色所对应的数值

颜色	有效数字	倍率 $n(10^n)$	允许偏差%
棕	1	1	±1
红	2	2	±2
橙	3	3	
黄	4	4	
绿	5	5	±0.5
蓝	6	6	±0.2
紫	7	7	±0.1
灰	8	8	
白	9	9	
黑	0	0	
金	—	1	±5
银	—	2	±10
无	—	—	±20

色标法有两位有效数字(四环)和三位有效数字(五环)两种，如图 C.3 所示。

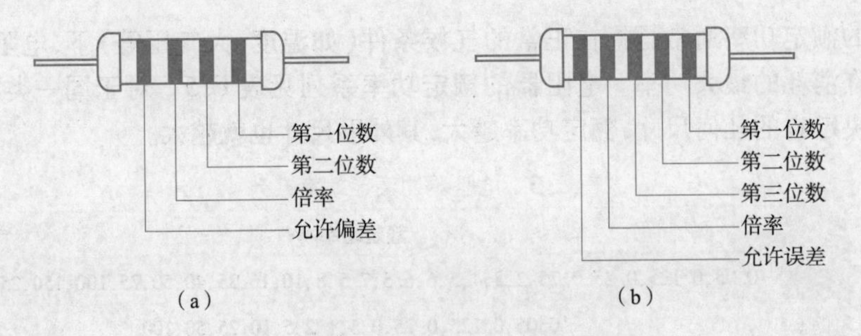

图 C.3 两种色标法的数值识别示意图

附录D

书中常用文字符号说明

a	二极管阳极	d	场效应管的漏极
A	增益,电压放大倍数	e	发射极
A_0	同相放大器电压增益	f_{BW}	放大电路的通频带
A_c	共模电压增益	f_H	放大电路的上限截止频率
A_d	差模电压增益	f_L	放大电路的下限截止频率
A_f	反馈放大电路的闭环增益	f_M	二极管最高工作频率
A_u	电路的电压增益	f_T	特征频率
A_{us}	电路源电压增益	$\dot{F}$	反馈网络反馈系数
A_i	放大电路的电流增益	g	场效应管的栅极
A_r	放大电路的互阻增益	g_m	低频跨导
A_g	放大电路的互导增益	i_-	集成运放反相输入端电流
$\lvert A_{um} \rvert$	放大电路中频段的电压增益	i_+	集成运放同相输入端电流
A_{od}	集成运放开环差模电压增益	i_b	基极交流电流
B	衬底	i_c	集电极瞬时电流
b	基极	i_D	二极管电流,漏极电流
C	电容	i_e	发射极交流电流
c	集电极	i_G	栅极电流
C_{DS}	漏源电容	I_B	基极直流电流
C_{GD}	栅漏电容	I_C	集电极直流电流
C_{GS}	栅源电容	I_{CBO}	集电结反向饱和电流
C_{ox}	栅极与衬底间氧化层单位面积电容	I_{CEO}	集电极与发射极之间的反向电流

I_{CM}　集电极最大允许电流

$I_{\mathrm{D(AV)}}$　整流二极管的平均电流

I_{DSS}　饱和漏极电流

I_{E}　发射极直流电流

I_{F}　二极管最大整流电流

$I_{\mathrm{o(AV)}}$　输出电流的平均值

$I_{\mathrm{om}-}$　输出电流振幅

I_{S}　PN 结反向饱和电流

I_{Z}　稳压管稳定电流

k　二极管阴极

K_{CMR}　共模抑制比

K_{n}　电导常数

K'_{n}　本征导电因子

K_{γ}　纹波系数

L　电感

P_{C}　集电极功率损耗

P_{CM}　集电极最大允许功耗

P_{DM}　漏极最大允许耗散功率

P_{E}　输入功率

P_{om}　输出功率

P_{ZM}　稳压管最大耗散功率

Q　品质因数

r_{be}　基极与发射极之间的交流电阻

r_{ce}　集电极与发射极之间的交流电阻

r_{d}　二极管动态电阻

r_{ds}　漏源交流电阻

r_{Z}　稳压管动态电阻

R_{d}　漏极电阻

R_{D}　二极管直流电阻

R_{f}　反馈电阻

R_{g}　栅极电阻

R_{i}　输入电阻

R_{if}　反相比例运算电路的输入电阻

R_{L}　负载电阻

R_{o}　输出电阻

R_{of}　反相比例运算电路的输出电阻

R_{P}　可变电阻器

R_{s}　源极电阻

R_{Tc}　管壳与散热片热阻

R_{Tf}　散热片与空气热阻

R_{GS}　栅源电阻

s　场效应管的源极

S　输出电压的脉动系数

S_{I}　电流调整率

S_{r}　稳压系数

S_{rip}　纹波抑制比

S_{T}　输出电压温度系数

S_{U}　电压调整率

T_{a}　环境温度

T_{j}　结温

u_{-}　集成运放反相输入端电位

u_{+}　集成运放同相输入端电位

u_{DS}　漏源电压

u_{GD}　栅漏电压

u_{GS}　栅源电压

u_{i}　输入信号

u_{o}　输出信号

u_{OH}　输出高电平

u_{OL}	输出低电平	U_{th}	阈值电压
u_{om}	集成运放输出电压最大值	U_{TN}	N 沟道 MOSFET 的阈值电压
u_{REF}	参考电压	U_{TP}	P 沟道 MOSFET 的阈值电压
u_{T}	门限电压	U_{Z}	稳压管稳定电压
u_{T+}	上门限电压	$U_{L\gamma}$	谐波电压总的有效值
u_{T-}	下门限电压	U_{om-}	输出电压振幅
$U_{(BR)CBO}$	集电极与基极间的反向击穿电压	U_{P}	PN 结阳极电位
$U_{(BR)CEO}$	集电极与发射极间的反向击穿电压	U_{N}	PN 结阴极电位
$U_{(BR)DS}$	漏源击穿电压	$\dot{X}_{f}$	反馈信号
$U_{(BR)EBO}$	发射极与基极间的反向击穿电压	$\dot{X}_{i}$	输入信号
$U_{(BR)GS}$	栅源击穿电压	$\dot{X}_{o}$	输出信号
$U_{D(on)}$	二极管导通电压	α	共基电流放大系数
U_{ic}	共模输入信号电压	β	共射电流放大系数
U_{id}	差模输入信号电压	δ	放大电路时域响应的倾斜率
$U_{o(AV)}$	输出电压的平均值	η	放大电路的效率
U_{oc}	共模输出信号电压	μ_{n}	反型层中电子迁移率
U_{od}	差模输出信号电压	ξ	电源利用系数
U_{P}	夹断电压	τ	积分时间常数
U_{RM}	二极管最高反向工作电压,整流二极管承受的最大反向电压	ω_{c}	特征角频率
		Δu_{T}	门限宽度

附录E 波特图的绘制方法

1. 横坐标的选取方法

在电子技术领域,信号频率一般为几赫到几十兆赫。如果横坐标轴(频率)采用线性刻度,则很难表示比较大的频率范围。为了能把如此宽广的频率范围在一张图上表示出来,幅频特性和相频特性的横坐标轴采用对数刻度。此时,每一个十倍频率范围(例如 1 ~ 10 Hz、10 ~ 100 Hz 等,简称十倍频程)在横坐标轴上所占的长度是相等的。

2. 幅频特性

由于放大电路的电压增益可以从几倍到几百万倍,其变化范围非常广,所以在绘制放大电路的幅频特性时,为了能把如此宽广的电压增益变化范围在一张图上表示出来,其纵坐标轴也采用对数刻度 $20\lg\left|\dot{A}_u\right|$,单位是分贝(dB)①。用这种坐标系画出的幅频特性称为对数幅频特性。

3. 相频特性

对于相频特性来说,由于放大电路的相位变化范围并不大,所以,纵坐标仍然用原来的“度(°)”表示。

电路频率特性的这种画法是由 H. W. Bode 提出来的,所以又称波特(Bode)图。

4. 单时间常数 RC 低通电路的波特图

如果要逐点画出波特图是比较麻烦的。为了便于实用,在满足工程精度要求的前提下,可以用近似的画法。对 5.2.1 节所述的低通滤波电路进行分析,其幅频特性和相频特性分别为

$$20\lg\left|\dot{A}_u\right| = -10\lg[1+(f/f_H)^2]$$

$$\varphi = -\arctan(f/f_H)$$

如果采用近似的画法,有如下对应关系:

f	$20\lg\left\|\dot{A}_u\right\|$	φ
$\ll f_H$	$\approx -10\lg 1 = 0$ dB	$\approx 0°$
$0.1f_H$	≈ 0 dB	$-5.71° \approx 0°$

① 这个单位来自功率增益的表示法。输出功率与输入功率之比取常用对数,即 $\lg p_o/p_i$,其单位为贝(bel),而更小的单位是分贝(decibel),即 $A_p = 10\lg\frac{p_o}{p_i}$(dB)。如为电压增益,则 $A_u = 20\lg U_o/U_i$(dB)。

f_H	≈ -3 dB ≈ 0 dB	$-45°$
$10f_H$	≈ -20 dB	$-84.29° \approx -90°$
$100f_H$	≈ -40 dB	$-90°$

按照上述关系画出的单时间常数 RC 低通电路的波特图如图 5.2.2 所示。图中的虚线表示电路实际的频率特性,而实线表示近似的频率特性。对于电路的幅频特性来说,二者的最大误差为 +3 dB;对于相频特性来说,二者之间的最大误差为 ±5.71°,发生在近似特性的转折处(即 f_H 处)。

附录F

图形符号对照表

图形符号对照表见表 F. 1。

表 F. 1　图形符号对照表

名　称	软件中的画法	国家标准画法
二极管		
蓄电池		
晶体管		
场效应管		
电压源		

部分习题参考答案

第1章

1.1.1 (1)b,a (2)c,c (3)a,b (4)c (5)b,a (6)b,a (7)b,a

1.3.1 图略

1.3.2 $U=2.6$ V $I=7.6$ mA

1.3.3 图略

1.3.4 (a)导通,−6 V (b)截止,−12 V (c)D_1 导通,D_2 截止,0 V
(d)D_1 截止,D_2 导通,−6 V

1.3.5 图略

1.4.1 图略

1.4.2 (a)能正常工作,$U_{o1}=6$ V (b)不能正常工作,$U_{o2}=5$ V

1.4.3 $U_o=U_i-10-10=U_i-20$

第2章

2.1.1 (1)C,A,B (2)B (3)B (4)A (5)A (6)A (7)C,A (8)C (9)B (10)B

2.1.2 (1)× (2)√ (3)× (4)√ (5)×

2.1.3 (a)NPN型管,电流1.01 mA,$\beta_a=1\ \text{mA}/10\ \mu\text{A}=100$;
(b)NPN型管,电流5 mA,$\beta=5\ \text{mA}/100\ \mu\text{A}=50$

2.1.4 略

2.1.5 电极A是集电极,电极B是发射极,电极C是基极,BJT为PNP型管

2.2.1 略

2.3.1 (1)B (2)A (3)C (4)A (5)C (6)C (7)C (8)A (9)B (10)A,B

2.3.2 (a)不能。V_{BB}将输入信号短路。
(b)可以。
(c)不能。输入信号与基极偏置是并联关系而非串联关系。
(d)不能。BJT基极回路因无限流电阻而烧毁。
(e)不能。输入信号被电容C_2短路。
(f)不能。输出始终为零

2.3.3 (a)共射放大电路,$I_{BQ}=\dfrac{V_{CC}-U_{BEQ}}{R_1+R_2+(1+\beta)R_3}$,$I_{CQ}=\beta I_{BQ}$,$U_{CEQ}=V_{CC}-(1+\beta)I_{BQ}R_c$,

$\dot{A}_u=-\beta\dfrac{R_2/\!/R_3}{r_{be}}$,$R_i=r_{be}/\!/R_1$,$R_o=R_2/\!/R_3$;

(b)共基放大电路,$I_{BQ}=\left(\dfrac{R_2}{R_2+R_3}V_{CC}-U_{BEQ}\right)\Big/[R_2/\!/R_3+(1+\beta)R_1]$,$I_{CQ}=\beta I_{BQ}$,$U_{CEQ}=$

$V_{CC}-I_{CQ}R_4-I_{EQ}R_1$，$\dot{A}_u=\dfrac{\beta R_4}{r_{be}}$，$R_i=R_1/\!/\dfrac{r_{be}}{1+\beta}$，$R_o=R_4$

2.3.4 接A，饱和区；接B，放大区；接C，截止区

2.3.5 空载时：$I_{BQ}=20\ \mu A$，$I_{CQ}=2\ mA$，$U_{CEQ}=6\ V$；最大不失真输出电压峰值约为5.3 V，有效值约为3.75 V；带载时：$I_{BQ}=20\ \mu A$，$I_{CQ}=2\ mA$，$U_{CEQ}=3\ V$；最大不失真输出电压峰值约为2.3 V，有效值约为1.63 V

2.3.6 (1)$I_{BQ}=40\ \mu A$，$I_{CQ}=2\ mA$，$U_{CEQ}=4\ V$；(2)$A_u=-116$，$R_i\approx 0.863\ k\Omega$，$R_o\approx R_c=4\ k\Omega$

2.3.7 (1)$U_{BQ}=2\ V$，$I_{EQ}=1\ mA$，$I_{BQ}=10\ \mu A$，$U_{CEQ}=5.7\ V$　(3)$A_u=-7.7$，$R_i\approx 3.7\ k\Omega$，$R_o=R_c=5\ k\Omega$　(4)$U_{BQ}=2\ V$，$I_{EQ}=1\ mA$，$I_{BQ}=5\ \mu A$，$U_{CEQ}=5.7\ V$　(5)$\dot{A}_u=-1.92$（减小），$R_i=4.1\ k\Omega$（增大），$R_o=5\ k\Omega$（不变）

2.3.8 (1)$I_{BQ}\approx 32.3\ \mu A$，$I_{EQ}\approx 2.61\ mA$，$U_{CEQ}=7.17\ V$　(2)$R_L=\infty$时，$A_u\approx 0.996$，$R_i\approx 110\ k\Omega$，$R_o\approx 37\ \Omega$；$R_L=3\ k\Omega$时，$\dot{A}_u\approx 0.992$，$R_i\approx 76\ k\Omega$，$R_o\approx 37\ \Omega$

2.3.9 (a)不能 (b)构成NPN型管，上端为集电极，中端为基极，下端为发射极 (c)不能 (d)构成PNP型管，上端为发射极，中端为基极，下端为集电极 (e)构成NPN型管，上端为集电极，中端为基极，下端为发射极

第3章

3.2.1 反向，小，反

3.2.2 错误

3.2.3 错误

3.3.1 电压，电流

3.3.2 有两种载流子同时参与导电，只有多数载流子参与导电

3.3.3 多数，不能

3.3.4 正、负或者零

3.3.5 正，大于U_{TN}

3.3.6 负值，正值

3.3.7 高，低，好，大，较差，较差，较小

3.3.8 正确

3.3.9 正确

3.3.10 错误

3.3.11 正确

3.3.12 (a)N沟道耗尽型，$U_{TN}=-3\ V$；
(b)P沟道增强型，$U_{TP}=-4\ V$；
(c)P沟道耗尽型，$U_{TP}=2\ V$

3.3.13 (a)P沟道增强型MOSFET，$U_T=-1\ V$；
(b)N沟道耗尽型MOSFET，$U_P=-1\ V$

3.3.14 (1)N沟道；
(2)$I_D=3.9\ mA$；
(3)$I_D=18.9\ mA$

3.3.15 略

3.5 场效应管放大电路

3.5.1 (a)能放大;
(b)不能放大,因为自偏压电路不适用于增强型器件;
(c)能放大;
(d)不能放大,因为自偏压电路不适用于增强型器件

3.5.2 $I_{DQ}=63.9\ mA, U_{DSQ}=11.2\ V$

3.5.3 (a)$U_{DS}=4\ V$;
(b)$U_{DS}=-1\ V$

3.5.4 (a)截止区;
(b)击穿区;
(c)可变电阻区;
(d)饱和(恒流)区

3.5.5 (a)截止;
(b)放大

3.5.6 (1)略;
(2)$\dot{A}_u\approx-3.3, \dot{A}_{us}\approx-3.3$;
(3)$R_i=R_{g3}+R_{g1}//R_{g2}\approx2.01\ M\Omega, R_o=R_d=10\ k\Omega$

3.5.7 $\dot{A}_u=0.822, R_i=R_{g1}//R_{g2}=0.4\ M\Omega, R_o=429\ \Omega$

3.5.8 $\dot{A}_{us}=0.866, R_i=R_{g1}//R_{g2}=120\ k\Omega, R_o=R//(1/g_m)=79\ \Omega$

3.5.9 (1)$R_{g1}=12.5\ k\Omega$;
(2)$\dot{A}_u=-3, R_i=R_{g3}+R_{g1}//R_{g2}=2.01\ M\Omega, R_o=R_d=10\ k\Omega$

第4章

4.1.1 直接耦合

4.1.2 电路1的温漂参数较小

4.1.3 (1)$I_{C1}=0.074\ 5\ mA, I_{C2}=0.895\ mA, U_o=4.57\ V$;
(2)$A_u=299$;
(3)$R_i=8.66\ k\Omega, R_o=5.2\ k\Omega$

4.1.4 (1)$R_i=6.67\ k\Omega, R_o=84\ \Omega$;
(2)$A_u=-18.09; A_{us}=-13.93$
(3)$U_o=-135.8\ mV$

4.1.5 (1)Ⅱ+Ⅰ+Ⅱ;
(2)Ⅱ+Ⅰ+Ⅱ;
(3)Ⅰ+Ⅱ+Ⅰ

4.1.6 $A_u=36.9, R_i=47\ M\Omega, R_o=3\ k\Omega$

4.2.1 克服温漂;利用参数对称的差分对管

4.2.2 有用信号的增益越大;温漂越大

4.2.3 差模增益与共模增益;抑制温漂能力越强

4.2.4 输出差模量与输入差模量;输出共模量与输入共模量

4.2.5 B;A;B;A

4.2.6 (a)不能 (b)不能 (c)能 (d)能 (e)能

4.2.7 (1)$I_{C1}=0.26$ mA,$I_{B1}=5.29$ μA,$U_{C1}=5.64$ V;
(2)$A_d=-34.1$;
(3)$R_i=21$ kΩ,$R_o=72$ kΩ

4.2.8 (1)$I_{C1}=I_{C2}=0.26$ mA,$U_{C1}=5.64$ V,$U_{C2}=15$ V;
(2)$\dot{A}_d=-47.2$,$R_i=10.6$ kΩ,$R_o=30$ kΩ;
(3)$U_o=5$ V

4.2.9 射极电阻在电路中引入了共模负反馈,具有较强的抑制零漂的作用。$K_{CMR}=48.47$ dB

4.2.10 (1)$U_o=9.2$ V;
(2)$u_o=168.8\sin\omega t$ mV

4.2.11 $U_{i1}=1.009$ mV

4.2.12 (1)$I_{C1}=I_{C2}=1$ mA,$U_{C1}=4.3$ V,$U_{C2}=2.92$ V;
(2)$\dot{A}_d=11.7$,$R_i=13.7$ kΩ,$R_o=4.7$ kΩ

4.2.13 (1)$I_{C1}=0.12$ mA,$I_{C2}=1$ mA;
(2)$R_c=8.7$ kΩ;
(3)$\dot{A}_d=-648$,$R_i=44.4$ kΩ;$R_o=12$ kΩ

4.2.14 (1)$I_D=0.098$ mA,$U_{GS}=-1.37$ V;
(2)$A_u=8$

4.3.1 A;B

4.3.2 B;B

4.3.3 A;A;B

4.3.4 D;C

4.3.7 (1)$R_1=R_2=50$ kΩ,$R_3=8.4$ kΩ,$R_4=12.2$ kΩ,$R_6=71.5$ kΩ;
(2)$A_u=-747.2$;
(3)$R_i=27.2$ kΩ,$R_o=21.8$ Ω

4.3.8 $A_{uo}=200\ 200$

4.3.9 (1)$u_O=-15$ V,$i_1=-37.5$ pA;
(2)略;
(3)略

4.3.10 (1)$i_I=0$,$i_1=i_2=1$ mA,$u_O=10$ V;$i_L=10$ mA;
(2)$A_u=10$,$A_i=\infty$,$A_P=\infty$;
(3)$R_1=10$ kΩ,$R_2=90$ kΩ

4.3.11 (a)$u_O=4$ V,$i_1=i_2=0.33$ mA,$i_3=i_4=-0.2$ mA,$i_L=0.8$ mA,$i_O=1$ mA;
(b)$u_O=-150\sin\omega t$ mV,$i_1=i_2=10\sin\omega t$ μA,$i_L=-30\sin\omega t$ μA,$i_O=-40\sin\omega t$ μA;
(c)$u_{O1}=-1.2$ V,$u_O=1.8$ V

第5章

5.1.1 低频:电路中存在耦合电容和旁路电容;高频:BJT 的结电容。

5.1.2 0.707;3

5.2.1 1.59 Hz;波特图略

5.3.1 $g_m = 38.5$ mS;$r_{b'e} = 1.3$ kΩ;$r_{bb'} = 100$ Ω;$C_\pi = 24.5$ pF;
$C_\mu = 3$ pF;$r_{ce} = 100$ kΩ;$f_\beta = 5$ MHz

5.4.1 −135°; −225°

5.4.2 中频电压增益; 通频带;选用特征频率高、C_μ 小的晶体管

5.4.3 (1)$\dot{A}_u = \dfrac{-Kjf/10^2}{(1 + jf/10^5)(1 + jf/10^2)}$

(2)略。

5.4.4 $\dot{A}_{um} = 80 \approx 38$ dB,$f_H = 1$ MHz,$f_L = 20$ Hz

5.4.5 85.96 Hz ~ 5.24 kHz

5.4.7 $f_H = 200$ kHz, $f_L = 10.6$ Hz

5.5.1 直接,共基极或者共集电极

5.5.2 60 dB;1 000

5.5.3 (1)两级。第一级 $f_H = 10$ kHz,$f_L = 10$ Hz;第二级 $f_H = 10$ kHz,$f_L = 100$ Hz。

(2)$\dot{A}_{um} = 100$,$f_H = 6.4$ kHz, $f_L = 100$ Hz

5.6.1 电路的高频和低频响应都很好。原因是频域响应和时域响应是分别从频域和时域角度对同一放大电路进行分析,因此两者之间存在内在的联系。一个频带很宽的放大电路同时也是一个很好的方波信号放大电路。

第6章

6.1.1 ~ 6.6.6 略

6.6.7 电流负反馈,电压负反馈,直流负反馈,交流负反馈

6.6.8 串联负反馈,电压负反馈

6.6.9 正,负

6.6.10 (1)电压并联负反馈;(2)电压串联负反馈;(3) 电流并联负反馈;(4)电压并联负反馈;(5) 电压并联负反馈;(6)电流并联负反馈

6.6.11 电压;电流;电压;电压

6.6.12 略

6.6.13 0.91 V

6.6.14 $25\sin \omega t$ μA,$250\sin \omega t$ μA,$275\sin \omega t$ μA

6.6.15 ~ 6.6.17 略

6.6.18 (a)电流串联负反馈组态。其电压增益表达式可写为

$$A_{uf} = \frac{u_o}{u_i} = 1 + \frac{R_L}{R_f}$$

(b)电流并联负反馈组态。其电压增益表达式为

$$A_{uf} = \frac{u_o}{u_i} = \frac{R_L}{R_2}\left(1 + \frac{R_f}{R_3}\right)$$

(c)电压串联负反馈组态。其电压增益表达式为

$$A_{uf}=\frac{u_o}{u_i}=1+\frac{R_f}{R_1}$$

(d)电流串联负反馈组态。其电压增益表达式为

$$A_{uf}=-\frac{R_L/\!/R_c}{R_{e1}}$$

6.6.19　A_1 引入电压串联负反馈组态，A_2 引入电压并联负反馈组态。闭环电压增益为

$$A_{uf}=\frac{u_o}{u_i}=-\frac{R_5}{R_4}\left(1+\frac{R_3}{R_2}\right)$$

第7章

7.1.1　C

7.1.2　B

7.1.3　比例电路、加法电路、减法电路、积分电路、微分电路

7.1.4　常量，0，∞，0

7.1.5　反相比例

7.1.6　微分

7.1.8　(a)0.45 V　(b) −0.15 V　(c)0.3 V　(d)0.8 V　(e)10 V

7.1.10　(1)$U_c=4$ V，$U_b=0$V，$U_e=-0.7$ V　(2)100

7.1.11　$u_o=\frac{R_1R_2u_{i3}+R_1R_3u_{i2}+R_2R_3u_{i1}}{R_1R_2+R_1R_3+R_2R_3}$；当 $R_1=R_2=R_3$ 时，$u_o=\frac{u_{i1}+u_{i2}+u_{i3}}{3}$

7.1.12　$a=-12$，$b=-6$，$c=8$，$R_f=60$ kΩ

7.1.14　$u_o=-8u_{i1}-2u_{i2}+\frac{22}{7}u_{i3}+\frac{44}{7}u_{i4}$

7.1.15　$i_L=\frac{u_{i2}-u_{i1}}{R_1}$

7.1.16　$u_{o1}=5$ V，$u_{o2}=-5$ V，$u_o=8$ V

7.1.17　$u_o=-\frac{1}{C}\int\left(\frac{u_{i1}}{R_1}+\frac{u_{i2}}{R_2}\right)dt$

7.1.18　(1) $u_{o1}=-\frac{R_4}{R_1}u_{i1}+\frac{(R_1+R_4)R_3}{R_1(R_2+R_3)}u_{i2}$；

(2) $u_o=-\frac{1}{C}\int\left[-\frac{R_4}{R_1R_5}u_{i1}+\frac{(R_1+R_4)R_3}{R_1R_5(R_2+R_3)}u_{i2}+\frac{1}{R_6}u_{i3}\right]dt$；

(3) $u_o=-\frac{1}{RC}\int(-u_{i1}+u_{i2}+u_{i3})dt$

7.1.19　(1) $u_o=\frac{1}{RC}\int u_{i2}dt$；

(2) $u_o=-\frac{1}{RC}\int u_{i1}dt$；

(3) $u_o=\frac{1}{RC}\int(u_{i2}-u_{i1})dt$

7.1.20　$u_o=-\left[\left(\frac{R_2}{R_1}+\frac{C_1}{C_2}\right)u_i+\frac{1}{R_1C_2}\int u_i dt+R_2C_1\frac{du_i}{dt}\right]$

7.2.1 D

7.2.2 C

7.2.3 A

7.2.4 B

7.2.5 有源

7.2.6 模拟滤波器、数字滤波器;低通电路、高通电路、带通电路、带阻电路

7.2.7 −20 dB,−40 dB,高,快

7.2.12 $u_o = sCRu_i$

7.2.13 (a)$\frac{u_o}{u_i} = \frac{R_L}{R_L - R + sCRR_L}$;

(b)$\frac{u_o}{u_i} = \frac{sCRR_L}{R_L - R + sCRR_L}$;

(c)$\frac{u_o}{u_i} = \frac{sCRR_1 - R_2}{(sCR+1)R_1}$;

(d)$\frac{u_o}{u_i} = \frac{R_1 - sCRR_2}{(sCR+1)R_1}$

7.2.15 $\frac{u_o}{u_i} = -\frac{2sCR+1}{(sCR)^2}$

7.3.1 高电平输出、低电平输出

7.3.7 $u_T = 2$ V

7.3.8 (1)$u_{T+} = 4.5$ V,$u_{T-} = 0$ V,$\Delta u_T = 4.5$ V

第8章

8.1.1 (1)A (2)B (3)BDE

8.1.2 (1)× (2)√ (3)× (4)×、×、√ (5)×、√、√

8.2.1 (1)$V_{CC} \geqslant 12$ V (2)$I_{CM} \geqslant 1.5$ A,$|U_{(BR)CEO}| \geqslant 24$ V (3)$P_V \approx 11.46$ W

(4)$P_{CM} \geqslant 1.8$ W (5)$U_i \approx 8.49$ V

8.2.2 (1)$P_{OM} = 1\,225$ W,$P_{T1} = P_{T2} = 5.02$ W,$P_V = 22.29$ W,$\eta \approx 54.96\%$

(2)$P_{OM} = 25$ W,$P_{T1} = 2P_{T2} \approx 6.85$ W,$P_V = 31.85$ W,$\eta \approx 78.5\%$

8.3.1 $V_{CC} \geqslant 24$ V

8.3.2 2.25 W

8.3.3 (1)$P_O = 3.54$ W (2)$P_V \approx 5$ W

8.3.4 (1)$U_{C2} = 6$ V,调整 R_1 或 R_3 (2)$P_{T1} = P_{T2} = 1\,156$ mW$\gg P_{CM}$,会烧坏功率管

8.3.5 $P_O = 16$ W,$P_V \approx 21.6$ W,$P_T \approx 5.6$ W,$\eta \approx 74.1\%$

第9章

9.1.1 略

9.1.2 (1)×(2)×(3)×(4)×

9.2.1 (a)不能振荡。根据瞬时极性法分析可知,将反馈回路从 T_1 栅极断开,并加极性为(+)的正弦信号,经信号传输从 T_2 发射极输出,且信号极性为(−),因此 $\varphi_a =$

180°。考虑到 RC 串并联选频网络在 $f=f_0=1/2\pi RC$ 时，$\varphi_f=0°$，因此反馈回 T_1 栅极的信号为(－)，即 $\varphi_a+\varphi_f\neq 0°$ 或 360°，不满足相位平衡条件。

(b)可能振荡。$\varphi_a=180°$，且三节 RC 移相网络的最大相移可接近 270°，因此总有 f_0 满足 $\varphi_a+\varphi_f\neq 0°$，故可能振荡。

9.2.2 3.55 kΩ，1 592 Hz

9.2.3 (1)上"－"下"＋" (2)输出严重失真，几乎为方波；输出为零

(3)输出为零；输出严重失真，几乎为方波

9.2.4 (1)图中 D_1、D_2 起到稳幅的作用。当 u_o 幅值很小时，二极管 D_1、D_2 接近于开路，由 D_1、D_2 和 R_3 组成的并联支路的等效电阻近似为 4.5 kΩ，放大倍数 $A=(R_1+R_2+R_3)/R_1=3.1>3$，有利于起振；反之，当 u_o 的幅值较大时，D_1 或 D_2 导通，由 R_3、D_1 和 D_2 组成的并联支路的等效电阻减小，理想情况下可近似为 0 kΩ，因此，放大倍数 A 随之下降，幅值趋于稳定。

(2)8.35 V

9.3.1 (a)不能振荡(b)可能振荡(c)不能振荡(d)可能振荡

9.3.2 (a)$f_0=\dfrac{1}{2\pi\sqrt{LC_3}}=\dfrac{1}{2\pi\sqrt{L\dfrac{C_1C_2C_3}{C_1C_2+C_1C_3+C_2C_3}}}$；

(b)$f_0=\dfrac{1}{2\pi\sqrt{L(C_3+C_4)}}=\dfrac{1}{2\pi\sqrt{L\left(\dfrac{C_1C_2C_3}{C_1C_2+C_1C_3+C_2C_3}+C_4\right)}}$

杂散电容对振荡频率影响很小。

9.3.3 (a)在电感反馈回路中加耦合电容。

(b)在输入端(基极)加耦合电容，且将变压器的同名端改为一次侧的上端和二次侧的上端为同名端，或它们的下端为同名端。

(c)在 2 端与 e 点间加一隔直电容

9.5.1 略

9.5.2 (1)0 V(2)6 V

9.6.1 略

第 10 章

10.1.1 (1)略 (2)$0.9U_2$，$\dfrac{0.9U_2}{R_L}$ (3)$\dfrac{0.45U_2}{R_L}$，$2\sqrt{2}U_2$

10.1.2 (1)均为上"＋"下"－"；(2)均为全波整流；(3)18 V，－18 V (4)18 V，－18 V

10.1.3 √

10.2.1 (1)取 $U_2=\dfrac{U_L}{1.2}=20\ \text{V}$ 和 $U_{RM}=\sqrt{2}U_2=\sqrt{2}\times 20\ \text{V}=28.2\ \text{V}$

选 2CPID($U_{RM}=100\ \text{V}$，$I_{DM}=500\ \text{mA}$)

(2)要求电容电压 $>U_{RM}=\sqrt{2}U_2=28.2\ \text{V}$。故选择 1 000 μF/50 V 的电解电容器

(3)变压器二次电压 U_2 和电流 I_2：

$U_2=24\ \text{V}/1.2=20\ \text{V}$

$I_2 = (1.5 \sim 2) I_L = (1.5 \sim 2) \times 2 I_D$（$I_D$ 为二极管电流）

（4）纹波电压 $U_r = \dfrac{I_L}{2fC} = \dfrac{120\ \text{mA}}{2 \times 50 \times 1\,000 \times 10^{-3}} = 1.2\ \text{mV}$

10.2.2 （1）C 开路时，电路相当纯电阻负载的全波整流电路。

$$U_L = 0.9U_2 = 18\ \text{V}$$

C 短路时，$U_L = 0$，此时负载相当于短路，$D_1 \sim D_4$ 整流管会因电流过大而损坏。

（2）$U_L = 28$ V，此时是 $R_L = \infty$，$U_L = \sqrt{2} U_2 = 28$ V。

$U_L = 18$ V，此时无电容，$U_L = 0.9U_2 = 18$ V。

$U_L = 24$ V，此时 $U_L = 1.2U_2$，电路正常工作。

$U_L = 9$ V，此时 $U_L = 0.45U_2$，此时电容开路，同时有一个整流管烧断或未接入

10.2.3 C_1 右+左-，5 V；C_2 上+下-，10 V

10.2.4 （1）D_2，D_4 接反了；（2）略

10.2.5 （1）√ （2）×

（2）①$u_L = 0.9u_i = 9$ V；

②$u_L = \sqrt{2} u_i = 10\sqrt{2}$ V；

③$u_L = (1.1 \sim 1.2) u_i = 11 \sim 12$ V；

④半波整流，$u_L = 0.45u_i = 4.5$ V

10.3.1 （1）600 Ω；（2）250 Ω 至无穷大

10.3.2 （1）√ （2）√ （3）×

10.4.1 $I_L \approx \left(1 + \dfrac{R_2}{R_1}\right) I'_0$

参考文献

[1] NEAMEN D A. Microelectronics: Circuit analysis and design[M]. 3rd ed. New York: McGraw-Hill Companies, Inc., 2007.

[2] PAYNTER R T. Introductory electronic devices and circuits[M]. 7th ed. New Jersey: Prentice-Hall Inc., 2005.

[3] SEDRA A S, SMITH K C. Microelectronic circuits[M]. 6th ed. New York: Oxford University Press, 2009.

[4] RASHIE M H. Microelectronic circuits: Analysis and design[M]. 2nd ed. Cengage Learning, Inc., 2009.

[5] 童诗白,华成英. 模拟电子技术基础[M]. 5版. 北京:高等教育出版社,2015.

[6] 康华光. 电子技术基础:模拟部分[M]. 6版. 北京:高等教育出版社,2013.

[7] 吴运昌. 模拟集成电路原理与应用[M]. 广州:华南理工大学出版社,2004.

[8] 江小安,董秀峰. 模拟电子技术[M]. 3版. 西安:西安电子科技大学出版社,2014.

[9] 曾令琴. 模拟电子技术[M]. 北京:电子工业出版社,2009.

[10] 孙肖子. 实用电子电路手册:模拟电路分册[M]. 北京:高等教育出版社,1991.

[11] 周润景. Multisim 电路系统设计与仿真教程[M]. 北京:机械工业出版社,2018.

[12] 赵全利. Multisim 电路设计与仿真:基于 Multisim 14.0 平台[M]. 北京:机械工业出版社,2022.